Gasturbinen Handbuch
Meherwan P. Boyce

Springer
*Berlin
Heidelberg
New York
Barcelona
Hongkong
London
Mailand
Paris
Singapur
Tokio*

Meherwan P. Boyce

Gasturbinen Handbuch

Mit 398 Abbildungen

Übersetzung aus dem Englischen
Karl Schmitt

Originaltitel
Gas Turbine Engineering Handbook
Gulf Publishing Company, Houston, Texas

Springer

Autor
Meherwan P. Boyce

Übersetzer
Dr.-Ing. Karl Schmitt, Berlin

Lektorat/Redaktion
gaby maas, Berlin

ISBN 3-540-63216-6 Springer-Verlag Berlin Heidelberg New York

Die Deutsche Bibliothek – CIP-Einheitsaufnahme
Boyce, Meherwan P.: Gasturbinen-Handbuch / Meherwan P. Boyce. Übers. von K. Schmitt. – Berlin ; Heidelberg ; New York ; Barcelona ; Hongkong ; London ; Mailand ; Paris ; Singapur ; Tokio : Springer, 1998 (VDI-Buch)
ISBN 3-540-63216-6

Dieses Werk ist urheberrechtlich geschützt. Die dadurch begründeten Rechte, insbesondere der Übersetzung, des Nachdrucks, des Vortrags, der Entnahme von Abbildungen und Tabellen, der Funksendung, der Mikroverfilmung oder der Vervielfältigung auf anderen Wegen und der Speicherung in Datenverarbeitungsanlagen, bleiben, auch bei nur auszugsweiser Verwertung, vorbehalten. Eine Vervielfältigung dieses Werkes oder von Teilen dieses Werkes ist auch im Einzelfall nur in den Grenzen der gesetzlichen Bestimmungen des Urheberrechtsgesetzes der Bundesrepublik Deutschland vom 9. September 1965 in der jeweils geltenden Fassung zulässig. Sie ist grundsätzlich vergütungspflichtig. Zuwiderhandlungen unterliegen den Strafbestimmungen des Urheberrechtsgesetzes.

© Springer-Verlag Berlin Heidelberg 1999
Printed in Germany

Die Wiedergabe von Gebrauchsnamen, Warenbezeichnungen usw. in diesem Werk berechtigt auch ohne besondere Kennzeichnung nicht zu der Annahme, daß solche Namen im Sinn der Warenzeichen- und Markenschutzgesetzgebung als frei zu betrachten wären und daher von jedermann benutzt werden dürfen.

Sollte in diesem Werk direkt oder indirekt auf Gesetze, Vorschriften oder Richtlinien (z.B. DIN, VDI, VDE) Bezug genommen oder aus ihnen zitiert worden sein, so kann der Verlag keine Gewähr für die Richtigkeit oder Aktualität übernehmen. Es empfiehlt sich, gegebenenfalls für die eigenen Arbeiten die vollständigen Vorschriften oder Richtlinien in der jeweils gültigen Fassung hinzuzuziehen.
Umschlaggestaltung: Struve & Partner, Heidelberg
Satz: Datenkonvertierung durch MEDIO, Berlin
SPIN: 10567216   68/3020 - 5 4 3 2 1 0 – Gedruckt auf chlorfreiem Papier.

Vorbemerkung des Autors

Das *Gasturbinen Handbuch* diskutiert die Konstruktion, Fertigung, Installation, Betrieb und Instandhaltung von Gasturbinen. Es wurde geschrieben, um einen Gesamtüberblick für den erfahrenen Ingenieur zu liefern, der in einem spezialisierten Bereich der Gasturbinentechnik arbeitet, und für den Jungingenieur oder Absolventen, der zum ersten Mal im Turbomaschinenbereich arbeitet. Das Buch wird sehr nützlich sein, als Nachschlagewerk für studentische Lehrveranstaltungen zu Turbomaschinen und auch für In-House Unternehmenslehrgänge im Bereich der Petrochemie, der Energieerzeugung und der Off-Shore-Industrien.

Gasturbinenanwendungen in der Petrochemie, Energieerzeugung und Off-Shore-Industrie sind in den letzten paar Jahren wie Pilze aus dem Boden geschossen. An diese Anwender und Hersteller von Gasturbinen ist dieses Buch gerichtet. Es wird dem Hersteller einen Eindruck von einigen der Probleme geben, die im Zusammenhang mit Maschinen im Feldeinsatz auftreten, und es wird dem Betreiber helfen, maximale Leistungseffektivität und hohe Verfügbarkeit der Gasturbinen zu erreichen.

Ich war in Forschung, Konstruktion, Betrieb und Instandhaltung von Gasturbinen seit den frühen 60er Jahren tätig. Ich habe auch Kurse im Hauptstudium- und Vorstudium-Bereich an der Universität von Oklahoma und Texas A&M University und nun i.allg. in der Industrie gehalten. Der Enthusiasmus der Studenten im Zusammenhang mit diesen Kursen gab mir die Inspiration, diese Anstrengung des Buchprojekts vorzunehmen. Die vielen Kurse, die ich in den vergangenen 15 Jahren gelehrt habe, waren eine Bildungserfahrung für mich und auch für die Studenten. Das Texas-A&M-University-Turbomachinery-Symposium, das ich seit 7 Jahren organisieren und ihm vorstehen durfte, hat einen großen Beitrag zu den Betriebs- und Instandhaltungsabschnitten dieses Buches gegeben. Die Diskussionen und Konsultationen, die aus meiner Tätigkeit mit hochprofessionellen Personen resultieren, wurden ein Hauptbeitrag sowohl zu meinem persönlichen und beruflichen Leben als auch zu diesem Buch.

Ich habe versucht, die Hauptgegenstände aus verschiedenen Veröffentlichungen (und manchmal unterschiedlichen Ansichten) zusammenzuführen, um hiermit eine verdichtete, allgemeine Behandlung von Gasturbinen zu erreichen. Viele Illustrationen, Kurven und Tabellen wurden verwandt, um das Verständnis des beschreibenden Textes zu erweitern. Mathematische Behandlungen wurden absichtlich auf einem Minimum gehalten, so daß die Leser jegliche Probleme identifizieren und lösen können, bevor sie hiermit eine spezifische Auslegung durchführen. Zusätzlich führen die Referenzen die Leser zu Informationsquellen, die ihnen helfen werden, spezifische Probleme zu untersuchen und zu lösen. Es besteht die Hoffnung, daß dieses Buch als ein Referenztext dienen wird, nachdem es sein erstes Ziel erreicht hat, die Leser in den breiten Bereich der Gasturbinen einzuführen.

Ich möche den vielen Ingenieuren danken, deren veröffentlichte Arbeiten und Diskussionen ein Eckstein dieses Werks geworden sind. Ich möchte speziell all meinen graduierten Studenten und früheren Kollegen von der Fakultät der Texas A&M University danken, ohne deren Engagement und Hilfe dieses Buch nicht möglich gewesen wäre. Spezieller Dank geht an das Advisory Committee des Texas-A&M-University-Turbomachinery-Symposium und an Dr. C. M. Simmang, Vorstand des Texas A&M University Department of Mechanical Engineering, der wichtig für die Initiierung des Manuskripts war, und an Janet Broussard für die Erstellung der Erstform des Manuskripts. Außerordentlicher Dank gilt ebenfalls der kompetenten Führung von William Lowe und Scott Becken der Gulf Publishing Company. Ihre Kooperation und ihre Sorgfalt ermöglichten die Umwandlung des Rohmanuskripts zum fertigen Buch. Schließlich möchte ich meinen speziellen Dank an meine Frau Zarine richten, für ihre jederzeit gegebene Hilfe und ihr konstantes Engagement während dieses Projekts.

Ich hoffe aufrichtig, daß dieses Buch so interessant zu lesen sein wird, wie es für mich war, es zu schreiben, und daß es eine nützliche Referenz für das schnell wachsende Feld der Turbomaschinen sein wird.

Meherwan P. Boyce
Houston, Texas

Vorwort

Der alexandrinische Wissenschaftler Hero (ca. 120 v. Chr.) würde die heutige moderne Gasturbine kaum als einen Nachfolger seines Aeolipile erkennen. Diese Vorrichtung produzierte keine Wellenarbeit – sie wirbelte nur. In den nachfolgenden Jahrhunderten wurde das Prinzip des Aeolipile in der Windmühle (A. D. 900-1100) und dann wieder im angetriebenen Bratspieß (1600) angewandt. Die erste erfolgreiche Gasturbine ist wahrscheinlich weniger als ein Jahrhundert alt.

Bis vor kurzem sah sich der Konstruktionsingenieur bei seiner Suche nach einer hocheffizienten Turbine mit 2 prinzipiellen Anforderungen konfrontiert: (1) Die Temperatur des Gases am Turbineneintritt des Turbinenbereichs muß hoch sein und (2) der Kompressor und der Turbinenbereich müssen beide mit hohem Wirkungsgrad arbeiten. Metallurgische Entwicklungen haben beständig die Einlaßtemperaturen angehoben, während ein besseres Verständnis der Aerodynamik teilweise verantwortlich für eine Verbesserung des Wirkungsgrads radialer und axialer Kompressoren und radial eingeströmter und axial durchströmter Turbinen ist.

Heute gibt es viele andere zu berücksichtigende und zu bedenkende Punkte, mit denen sich die Konstruktions- und Betriebsingenieure von Gasturbinen konfrontiert sehen. Dies beinhaltet Lager, Dichtungen, Brennstoffe, Schmierung, Auswuchtung, Kupplungen, Abnahmeversuche und Instandhaltung. Das *Gasturbinen Engineering Handbuch* liefert notwendige Daten und hilfreiche Anmerkungen, um die Ingenieure bei ihren Anstrengungen zur Erreichung optimaler Leistung für jede Gasturbine unter allen Bedingungen zu unterstützen.

Meherwan Boyce ist kein Fremder im Gasturbinenbereich. Für mehr als eine Dekade war er sehr aktiv mit den Techniken von Turbomaschinen in Industrie, akademischen Bereichen, Forschung und Veröffentlichungen beschäftigt. Die Etablierung des jährlichen Texas-A&M-University-Turbomachinery-Symposiums kann zu seinen Hauptbeiträgen zum Feld der Turbomaschinen gezählt werden. Dr. Boyce leitete die nachfolgenden 7 Symposien, bevor er seine eigene Consulting und Engineering Gesellschaft gründete. Das 10. Symposium wurde kürzlich gehalten und zog mehr als 1200 Ingenieure aus vielen unterschiedlichen Ländern an.

Dieses wichtige neue Handbuch kommt von einem erfahrenen Ingenieur zur bestpassenden Zeit. Niemals waren die Energiekosten höher, noch gibt es ein Versprechen, daß sie ihren Preishöchststand erreicht haben. Dr. Boyce kennt diese Sorgen, und mit seinem Handbuch hat er eine Anleitung und die Mittel geliefert, um hiermit den optimalen Gebrauch jeder Einheit von Energie zu erreichen, die zu einer Gasturbine geliefert wird. Das Handbuch sollte seinen Platz in allen Referenzbüchereien für Ingenieure und Techniker finden, die auch nur eine kleine Verantwortlichkeit für Auslegung und Betrieb von Gasturbinen haben.

Clifford M. Simmang
Department of Mechanical Engineering
Texas A&M University
College Station, Texas

Anmerkung des Übersetzers

Diese Übersetzung des „Gas Turbine Engineering Handbook" von Meherwan P. Boyce, Gulf Publishing Company, wurde erstellt, um Erfahrungen aus dem englischsprachigen Raum für die im deutschsprachigen Raum schnell wachsende Anzahl von Gasturbinenanwendungen leichter zugänglich zu machen.

Eine Eigenart der amerikanischen technischen Termini sind unkomplizierte Zusammensetzungen von Begriffen. Die wörtlichen Übersetzungen in diesem Buch lauten z.B. „Plattenrippen-Industrie-Regenerator" oder „Flugtriebwerk-Legierungen". Die genauer dem Deutschen entsprechenden Übersetzungen hätten lauten müssen „Industrieregeneratoren in Plattenrippenbauweise" oder gar „Regeneratoren für den Industrieeinsatz in der Bauweise mit Plattenrippen". Der zweite Begriff hätte auch übersetzt werden können mit „Legierungen für Flugtriebwerke" oder „Legierungen, die in Flugtriebwerken eingesetzt werden". Der kürzeren, mehr dem Amerikanischen entsprechenden Form, wurde in dieser Übersetzung meistens der Vorzug gegeben. Dies allein schon deshalb, damit der Buchumfang nicht um weitere 100 Seiten anschwillt.

Ich hoffe, mit der Übersetzung Betreibern, Serviceleistenden, Herstellern und auch Studenten eine nützliche Hilfe für Projektierung, Errichtung, Betrieb und Instandhaltung von Gasturbinenanlagen geben zu können.

Dr.- Ing. Karl Schmitt
Berlin, im Sommer 1998

Inhaltsverzeichnis

1	Ein Überblick über Gasturbinen		3
	1.1	Industriegasturbinen in Schwerbauweise (Heavy Duty)	8
	1.2	Luftfahrtabgeleitete Gasturbinen	10
	1.3	Mittelgroße Gasturbinen	12
	1.4	Kleine Gasturbinen	13
	1.5	Hauptkomponenten der Gasturbine	14
		1.5.1 Kompressoren	14
		1.5.2 Regeneratoren	16
		1.5.3 Brennkammern	17
		1.5.4 Turbinen	22
	1.6	Dampfgeneratoren mit Wärmerückgewinnung	24
2	Analyse des theoretischen und realen Zyklus		26
	2.1	Allgemeiner Brayton-Zyklus	26
		2.1.1 Effekt der Regeneration	28
		2.1.2 Zwischenkühlungs- und Wiedererwärmungseffekte	30
	2.2	Analyse des wirklichen Zyklus	33
		2.2.1 Der einfache Zyklus	33
		2.2.2 Einfacher Zyklus mit geteilten Wellen	35
		2.2.3 Der regenerative Zyklus	37
		2.2.4 Der zwischengekühlte einfache Zyklus	38
		2.2.5 Der wiedererwärmte Zyklus	40
		2.2.6 Der zwischengekühlte regenerative Wiedererwärmungszyklus	41
		2.2.7 Der Dampfeinspritzzyklus	42
		2.2.8 Der regenerative Zyklus mit Verdampfung	45
		2.2.9 Der Brayton-Rankine-Zyklus	48
	2.3	Zusammenfassung	50
3	Leistungscharakteristika der Kompressoren und Turbinen		53
	3.1	Thermodynamik der Luftströmung in den Turbomaschinen	53
		3.1.1 Ideales Gas	54
		3.1.2 Kompressibilitätseffekt	56
	3.2	Die Aerothermischen Gleichungen	57
		3.2.1 Die Kontinuitätsgleichung	58
		3.2.2 Die Impulsgleichung	58
		3.2.3 Die Energiegleichung	61
	3.3	Wirkungsgrade	62
		3.3.1 Adiabater Wirkungsgrad	62
		3.3.2 Polytroper Wirkungsgrad	64
	3.4	Dimensionsanalyse	65
	3.5	Leistungscharakteristika der Kompressoren	70
	3.6	Leistungscharakteristika von Turbinen	72
	3.7	Leistungsberechnung zur Gasturbine	74

4	**Normen zur mechanischen Ausrüstung**		81
	4.1 API-Norm 616		82
	4.2 API-Norm 617		87
	4.3 API-Norm 613		90
	4.4 API-Norm 614		92
	4.5 API-Norm 670		96
	4.6 Spezifikation		97
5	**Rotordynamik**		104
	5.1 Mathematische Analyse		104
		5.1.1 Ungedämpftes freies System	107
		5.1.2 Gedämpftes System	108
		5.1.3 Erzwungene Schwingungen	111
		5.1.4 Auslegungsüberlegungen	115
	5.2 Anwendungen für rotierende Maschinen		116
		5.2.1 Steife Aufhängungen	116
		5.2.2 Flexible Aufhängungen	118
	5.3 Kritische Drehzahlberechnungen für Rotor-Lager-Systeme		120
	5.4 Elektromechanische Systeme und Analogien		123
		5.4.1 Kräfte an einem Rotor/Lager- System	124
		5.4.2 Rotor-Lager-System-Instabilitäten	126
		5.4.3 Selbsterregte Instabilitäten	129
	5.5 Campbell-Diagramm		135
	5.6 Literatur		140
6	**Radialkompressoren**		145
	6.1 Komponenten der Radialkompressoren		147
		6.1.1 Einlaßleitschaufeln	152
		6.1.2 Laufrad	154
		6.1.3 Einströmteil	159
		6.1.4 Zentrifugalabschnitt eines Laufrads	160
		6.1.5 Gründe der Strömungsabweichung (Slip) in einem Laufrad	162
		6.1.6 Stodola-Verschiebungsfaktor	165
		6.1.7 Stanitz-Verschiebungsfaktor	166
		6.1.8 Diffusoren	166
		6.1.9 Schneckengehäuse (Scroll oder Volute)	169
	6.2 Leistung des Radialkompressors		171
		6.2.1 Rotorverluste	172
		6.2.2 Statorverluste	175
	6.3 Kompressorpumpen		177
		6.3.1 Pumpdetektion und -steuerung	179
	6.4 Radiale Prozeßkompressoren		182
		6.4.1 Kompressorkonfiguration	185
		6.4.2 Laufradfertigung	187
	6.5 Literatur		188
7	**Axial durchströmte Kompressoren**		190
	7.1 Nomenklatur für Schaufeln und Gitter		192
	7.2 Elementare Tragflügeltheorie		194
	7.3 Laminarumströmte Tragflügel		197
	7.4 Gitterversuche		198
	7.5 Geschwindigkeitsdreiecke		205
	7.6 Reaktionsgrad		207
	7.7 Radiales Gleichgewicht		212

7.8		Diffusionsfaktor	213
7.9		Die Regel für den Eintrittsstoß	213
7.10		Die Abweichungsregel	215
7.11		Strömungsabriß im Kompressor (stall)	221
	7.11.1	Rotierender Strömungsabriß	221
	7.11.2	Oszillierender Strömungsabriß	224
	7.11.3	Individueller Strömungsabriß an der Schaufel	224
7.12		Leistungscharakteristika eines Axialkompressors	224
7.13		Analyse des Strömungsabrisses in einem Axialkompressor	227
7.14		Literatur	229

8 Radial eingeströmte Turbinen ... 230
- 8.1 Beschreibung ... 232
- 8.2 Theorie ... 234
- 8.3 Überlegungen zur Turbinenauslegung ... 239
- 8.4 Verluste in einer radial eingeströmten Turbine ... 241
- 8.5 Leistung einer radial eingeströmten Turbine ... 243
- 8.6 Literatur ... 246

9 Axial durchströmte Turbinen ... 247
- 9.1 Geometrie der Turbine ... 247
  - 9.1.1 Reaktionsgrad ... 249
  - 9.1.2 Nützlichkeitsfaktor ... 250
  - 9.1.3 Arbeitsfaktor ... 250
  - 9.1.4 Geschwindigkeitsdiagramme ... 251
- 9.2 Impulsturbine ... 253
- 9.3 Die Reaktionsturbine ... 256
- 9.4 Kühlungskonzepte für Turbinenschaufeln ... 258
  - 9.4.1 Konvektive Kühlung ... 259
  - 9.4.2 Aufprallkühlung ... 260
  - 9.4.3 Filmkühlung ... 260
  - 9.4.4 Transpirationskühlung ... 260
  - 9.4.5 Wasserkühlung ... 260
- 9.5 Konstruktionen zur Kühlung der Turbinenschaufeln ... 260
  - 9.5.1 Konvektive und Prallkühlung / Konstruktion mit eingebauten Streben ... 261
  - 9.5.2 Film- und Konvektionskühlungskonstruktion ... 262
  - 9.5.3 Konstruktion mit Transpirationskühlung ... 262
  - 9.5.4 Konstruktion mit vielen kleinen Löchern ... 265
  - 9.5.5 Wassergekühlte Turbinenschaufeln ... 266
- 9.6 Aerodynamik der gekühlten Turbine ... 266
- 9.7 Turbinenverluste ... 268
- 9.8 Literatur ... 272

10 Brennkammern ... 275
- 10.1 Termini zur Verbrennung ... 277
- 10.2 Verbrennung ... 278
- 10.3 Brennkammerkonstruktionen ... 280
  - 10.3.1 Flammenstabilisierung ... 284
  - 10.3.2 Verbrennung und Verdünnung ... 284
  - 10.3.3 Filmkühlung der heißen Brennkammerwände ... 285
- 10.4 Brennstoffverdampfung und -zündung ... 285
  - 10.4.1 Überlegungen zur Brennkammerkonstruktion ... 287
  - 10.4.2 Luftverschmutzungsprobleme ... 289

10.5		Typische Brennkammeranordnungen	291
10.6		Literatur	295

11 Werkstoffe 299
11.1 Allgemeines, metallurgisches Verhalten in Gasturbinen 301
    11.1.1 Kriechen und Bruch 301
    11.1.2 Dehnbarkeit und Bruch 303
    11.1.3 Thermische Ermüdung 303
    11.1.4 Korrosion 305
    11.1.5 Reaktionen nickel-basierter Legierungen 305
11.2 Werkstoffe für Gasturbinenschaufeln 307
11.3 Legierungen für Turbinenräder 308
11.4 Zukunftswerkstoffe 309
    11.4.1 Schaufelwerkstoffe 309
    11.4.2 Werkstoffe für Turbinenräder 311
    11.4.3 Keramische Werkstoffe 312
11.5 Beschichtungen für Gasturbinenwerkstoffe 312
    11.5.1 Zukunftsbeschichtungen 316
    11.5.2 Neuere Fortschritte in Beschichtungstechnologien 316

12 Brennstoffe 318
12.1 Brennstoffspezifikation 320
12.2 Brennstoffeigenschaften 325
12.3 Brennstoffbehandlung 328
12.4 Schwere Brennstoffe 334
12.5 Reinigung von Turbinenkomponenten 336
12.6 Brennstoffwirtschaftlichkeit 337
12.7 Betriebserfahrung 339
12.8 Literatur 340

13 Lager und Dichtungen 343
13.1 Lager 343
13.2 Prinzipien zur Lagerauslegung 345
13.3 Die Kippsegment-Wellenzapfenlager 350
13.4 Lagermaterialien 353
13.5 Lager- und Welleninstabilitäten 354
13.6 Axiallager 355
13.7 Faktoren, die die Axiallagerausrichtung berühren 358
13.8 Leistungsverlust des Axiallagers 359
13.9 Dichtungen 360
13.10 Berührungsfreie Dichtungen 361
    13.10.1 Labyrinthdichtungen 361
    13.10.2 Ringdichtungen 365
13.11 Mechanische Dichtungen 368
13.12 Auswahl der mechanischen Dichtungen und Anwendung 373
    13.12.1 Produkt 373
    13.12.2 Zusätzliche Produktüberlegungen 375
    13.12.3 Dichtungsumgebung 375
    13.12.4 Überlegung zum Dichtungsaufbau 376
    13.12.5 Ausrüstung 376
    13.12.6 Sekundärpackung 376
    13.12.7 Dichtungsflächenkombinationen 376
    13.12.8 Dichtungsstutzenplatte 377
    13.12.9 Hauptkörper der Dichtung 377

13.13	Dichtungssysteme	377
13.14	Zugehöriges Ölsystem	379
13.15	Literatur	381

14 Getriebe ... 382
14.1	Getriebetypen		383
14.2	Faktoren, die die Verzahnungskonstruktionen berühren		385
	14.2.1	Druckwinkel	386
	14.2.2	Helix-Winkel	387
	14.2.3	Zahnhärte	389
	14.2.4	Kerbentstehung	389
	14.2.5	Zahngenauigkeit	390
	14.2.6	Lagertypen	390
	14.2.7	Servicefaktor	391
	14.2.8	Getriebegehäuse	392
	14.2.9	Schmierung	392
14.3	Herstellungsverfahren		393
	14.3.1	Wälzfräsen	393
	14.3.2	Fräsen und Schaben	394
	14.3.3	Schaben und Läppen	394
	14.3.4	Schleifen	394
	14.3.5	Verzahnungs-Rating	395
14.4	Getriebegeräusch		396
14.5	Installation und anfänglicher Betrieb		396
14.6	Literatur		399

15 Schmierung ... 403
15.1	Basis Ölsystem		403
	15.1.1	Schmierölsystem	403
	15.1.2	Dichtungsölsystem	409
15.2	Schmiermittelauswahl		411
15.3	Ölsammlung und Prüfung		411
15.4	Ölverschmutzung		412
15.5	Filterauswahl		413
15.6	Säuberung und Spülung		415
15.7	Kupplungsschmierung		416
15.8	Schmierungsmanagement-Programm		417
15.9	Literatur		419

16 Spektrumanalyse ... 420
16.1	Schwingungsmessungen		425
	16.1.1	Wegaufnehmer	426
	16.1.2	Geschwindigkeitsaufnehmer	427
	16.1.3	Beschleunigungsaufnehmer	427
16.2	Aufzeichnung von Daten		429
16.3	Interpretation von Schwingungsspektren		429
16.4	Subsynchrone Schwingungsanalyse mittels RTA		434
16.5	Synchrone und harmonische Spektren		438
16.6	Literatur		443

17 Auswuchtung ... 444
17.1	Rotorunwucht		444
17.2	Auswuchtverfahren		450
	17.2.1	Orbitalauswuchtung	450

		17.2.2	Modalauswuchtung	453
		17.2.3	Mehrebenenauswuchtung (Einflußkoeffizientenmethode)	454
	17.3	Anwendung von Auswuchttechniken		456
	17.4	Nutzeranweisungen für Mehrebenen-Auswuchtung		460
	17.5	Literatur		462

18 Kupplungen und Ausrichtung 463
	18.1	Zahnkupplungen		465
		18.1.1	Ölgefüllte Kupplungen	469
		18.1.2	Fettgefüllte Kupplungen	470
		18.1.3	Kontinuierlich geschmierte Kupplungen	470
		18.1.4	Ausfallmoden von Zahnkupplungen	471
	18.2	Metallmembrankupplungen		473
	18.3	Metallscheibenkupplungen		476
	18.4	Turbomaschinen-Vergrößerungen		478
	18.5	Wellenausrichtungen		481
		18.5.1	Das Verfahren zur Wellenausrichtung	483
	18.6	Literatur		489

19 Regelungssysteme und Instrumentierung 491
	19.1	Schwingungsmessungen		491
	19.2	Druckmessungen		492
	19.3	Temperaturmessungen		493
		19.3.1	Thermoelemente	494
		19.3.2	Widerstandstemperaturfühler	494
	19.4	Regelungssysteme		495
		19.4.1	Hochfahrsequenz	496
	19.5	Monitoring- und Diagnosesysteme		499
		19.5.1	Anforderungen an ein effektives Diagnosesystem	500
		19.5.2	Diagnostiksystemkomponenten und Funktionen	501
		19.5.3	Dateneingabe	502
		19.5.4	Anforderungen an die Instrumentierung	502
		19.5.5	Typische Instrumentierung (Minimale Anforderungen für jede Maschine)	503
		19.5.6	Empfehlenswerte Instrumentierung (Optional)	503
		19.5.7	Kriterien für die Sammlung aerothermischer Daten	504
		19.5.8	Druckabfall im Filtersystem	507
		19.5.9	Temperatur- und Druckmessungen für Kompressoren und Turbinen	507
		19.5.10	Auswahl der Schwingungsinstrumentierung	508
		19.5.11	Auswahl von Systemen zur Analyse von Schwingungsdaten	508
	19.6	Nebenanlagen-Systemüberwachung		510
		19.6.1	Brennstoffsystem	510
		19.6.2	Drehmomentmessung	511
		19.6.3	Bezugslinie für Maschinen	512
		19.6.4	Datentrends	512
		19.6.5	Aerothermische Kompressorcharakteristika und Kompressorpumpen	515
	19.7	Fehlerdiagnose		516
	19.8	Kompressoranalyse		516
		19.8.1	Brennkammeranalyse	517
		19.8.2	Turbinenanalyse	518
		19.8.3	Turbinenwirkungsgrad	520
	19.9	Diagnosen mechanischer Probleme		522

		19.9.1	Datengewinnung	523
	19.10	Zusammenfassung		524

20 Versuche und Überprüfungen an Kompressoren ... 525
- 20.1 Versuchsplanungen ... 525
- 20.2 Klassifikation von Versuchen ... 527
  - 20.2.1 Klasse 1 ... 527
  - 20.2.2 Klasse 2 und Klasse 3 ... 527
- 20.3 Rohranordnungen ... 530
  - 20.3.1 Verrohrung am Einlaß ... 531
  - 20.3.2 Verrohrung am Austritt ... 532
  - 20.3.3 Geschlossener Rohrkreislauf ... 533
- 20.4 Datenaufnahme ... 534
  - 20.4.1 Druckmessungen ... 537
  - 20.4.2 Temperaturmessungen ... 539
  - 20.4.3 Strömungsmessungen ... 540
  - 20.4.4 Leistungsmessung ... 542
  - 20.4.5 Drehzahlmessungen ... 543
- 20.5 Versuchsverfahren ... 543
- 20.6 Versuchsberechnungen ... 544
- 20.7 Literatur ... 552

21 Instandhaltungstechniken ... 553
- 21.1 Personaltraining ... 553
  - 21.1.1 Basistraining für Maschinisten ... 553
  - 21.1.2 Praktisches Training ... 554
  - 21.1.3 Auffrischungstraining ... 554
- 21.2 Werkzeuge und Werkstattausrüstung ... 554
- 21.3 Austauschteile ... 555
- 21.4 Verbesserung der Maschinenzuverlässigkeit ... 555
  - 21.4.1 Inspektion ... 555
  - 21.4.2 Endoskop-Inspektion ... 558
- 21.5 Reinigung von Turbomaschinen ... 559
  - 21.5.1 Verschmutzungsindikatoren ... 560
  - 21.5.2 Reinigungstechniken ... 560
- 21.6 Instandhaltung des Heißgasbereichs ... 562
- 21.7 Kompressorinstandhaltung ... 565
- 21.8 Lagerinstandhaltung ... 566
  - 21.8.1 Spielprüfungen ... 567
  - 21.8.2 Axiallagerausfall ... 568
- 21.9 Kupplungsinstandhaltung ... 571
- 21.10 Rückverjüngung gebrauchter Turbinenschaufeln ... 572
  - 21.10.1 Betriebsschäden in Turbinenschaufeln ... 572
- 21.11 Reparatur und Rehabilitation von Turbomaschinenfundamenten ... 574
  - 21.11.1 Installationsdefekte ... 576
  - 21.11.2 Erhöhung von Masse und Festigkeit ... 577
- 21.12 Anfahrverfahren für große Maschinen ... 578
- 21.13 Typische Probleme, die an Gasturbinen auftreten ... 579
- 21.14 Literatur ... 590

Sachverzeichnis ... 591

Teil I

Konstruktion Theorie und Praxis

1 Ein Überblick über Gasturbinen

Eine Gasturbine ist ein Triebwerk, das im Vergleich zu seiner Größe und seinem Gewicht einen großen Energiebetrag produziert. Die Gasturbine wurde in den vergangen 15 Jahren weltweit zunehmend in der petrochemischen Industrie und in Kraftwerken eingesetzt. Die kompakte Bauart, das niedrige Gewicht und die verschiedenen einsetzbaren Treibstoffe machen es zur natürlichen Antriebsmaschine auf Offshore-Plattformen. Heute gibt es Gasturbinen, die mit Erdgas, Dieselkraftstoff, Naphtha, Methan, Erdöl, Gasen mit niedrigen Brennwerten, verdampften Antriebsölen und auch mit Abgasen betrieben werden. Gasturbinen können in der petrochemischen Industrie in 4 große Gruppen klassifiziert werden:
1. „Heavy-Duty"-Industriegasturbinen in schwerer Ausführung
2. Luftfahrtabgeleitete Gasturbinen
3. Gasturbinen mittlerer Baugrößen
4. Kleine Gasturbinen

In der Vergangenheit wurde die Gasturbine als eine relativ uneffektive Antriebsmaschine im Vergleich zu anderen Antriebsmaschinen betrachtet. Ihre Effektivität lag in einem niedrigen Bereich bei etwa 15%. Trotz dieser schlechten Effektivität war sie aufgrund ihrer Kompaktheit und des niedrigen Gewichts für bestimmte Anwendungen attraktiv. Der begrenzende Faktor für die meisten Gasturbinen war die Turbineneinlaßtemperatur. Mit neuartigen Bauarten mittels Luftkühlung und auch mit Durchbrüchen in der Schaufelmetallurgie konnten höhere Turbinentemperaturen erreicht werden. Regeneration war sehr nützlich, um die Wärmerate von 5,3–5,9 kWh_{Br} Brennwert pro kWh Leistungsabgabe (18.000–20.000 Btu/kWh) bis etwa 3,5 kWh_{Br}/kWh (12.000 Btu/kWh) zu verbessern. Eine weitere Reduktion dieses Werts mittels Regeneratoren ist durch metallurgische Probleme eingeschränkt. Durch Kombination des Gasturbinenzyklus mit einem Dampfturbinenzyklus erhielt man Wärmeraten von etwa 2,3 kWh_{Br}/kWh (8000 Btu/kWh).

Abbildung 1-1 zeigt einen Vergleich verschiedener Wärmeraten in 4 unterschiedlichen Zyklustypen. Es ist leicht erkennbar, daß mit steigenden Turbinentemperaturen die Wärmeraten attraktiver werden.

Einige Faktoren, die bei der Auswahl der am besten geeigneten Antriebsmaschine berücksichtigt werden müssen, sind die Kapitalkosten, die Zeitspanne vom Planungsbeginn bis zur Fertigstellung, die Instandhaltungs- und die Treib-

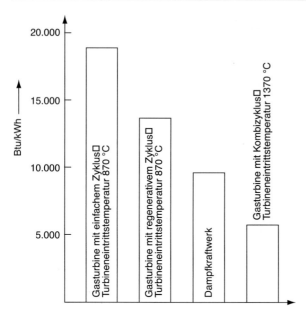

Abb. 1-1. Vergleich der Wärmeraten für 4 Zyklustypen

stoffkosten. Tabelle 1-1 zeigt die Kosten für verschiedene Antriebsmaschinen. Die Gasturbine hat die niedrigsten Instandhaltungs- und Kapitalkosten. Sie hat auch die schnellste Zeit zur Errichtung und Fertigstellung mit Vollastbetrieb im Vergleich zu allen anderen Antriebsmaschinen. Ihr Nachteil ist die hohe Wärmerate. Die Kombination von Kraftwerkzyklen scheint hierbei eine attraktive Alternative zu sein.

Die Konstruktion jeder Gasturbine muß grundlegende Kriterien erfüllen, die auf Betriebsannahmen beruhen. Die wichtigsten hiervon sind:
1. Hohe Effektivität
2. Hohe Zuverlässigkeit und somit hohe Verfügbarkeit
3. Leichter Service
4. Leichte Installation und Inbetriebnahme
5. Einhaltung von Umweltstandards
6. Einbeziehung von Neben- und Regelsystemen mit hohen Zuverlässigkeiten
7. Flexibilität zur Erreichung verschiedenster Service- und Kraftstoffanforderungen.

Ein Blick auf jedes einzelne dieser Kriterien ermöglicht dem Benutzer ein besseres Verständnis der Anforderungen.

Die 2 Faktoren, die bestimmend für die hohe Turbineneffektivität sind, sind Temperatur und Druckverhältnisse. Der Effekt der Temperatur ist hierbei sehr dominant – für jeweils 55,6 °C Temperaturanstieg (100 °F) steigt die Leistungsabgabe um etwa 10%, mit einem Anstieg des Wirkungsgrads um 1,5%. Höhere

Tabelle 1-1. Analyse verschiedener Kraftwerkstypen

Kraftwerkstyp	Kapitalkosten ($/kW)	Wärmerate (Btu/kWh)	Instandhaltung (Mils/kWh)	Brennstoffkosten ($/10^6 Btu)	Kosten M/Btu Jährlicher Nullbetrieb	Kosten $kW 6770 h/Jahr	Zeit von Planung zur Inbetriebnahme	Wachstumspotential	Luft/Wasser
Einfachzyklusgasturbinen (1090 °C)	170	10.500	15	3,12	31	324	1–2 Jahre	bis 1540 °C	NO$_x$/0,0
Kombizyklusgasturbinen (1090 °C)	270	8500	1,6	3,12		276	1–2 Jahre	bis 1540 °C	NO$_x$/0,4
Standarddampf	600	9400	25	1,1	110	224	6–8 Jahre	keines	NO$_x$/1,0
Kombizyklus mit synthetischem Brennstoff (1200 °C)	290	7300	14	3,12	54	266	4–5 Jahre	bis 1540 °C	NO$_x$/0,4
Zyklus mit Vergasung (1200 °C)	540	8100	30	1,1	102	204	4¼–5 Jahre	bis 1540 °C	Bestwert/0,5
Kombizyklus mit Wirbelschichtkohlevergasung (920 °C)	515	9100	25/30	1,1	96	204	4¼–5 Jahre	Dampfzusatz	bessere Werte/0,70
Geschlossener Zyklus (920 °C) nuklear	900	7040 Oberer Zyklus mit Helium, unterer Zyklus mit Ammoniak	25/30	1,1			5–6 Jahre	1040 °C	bessere Werte/0,70

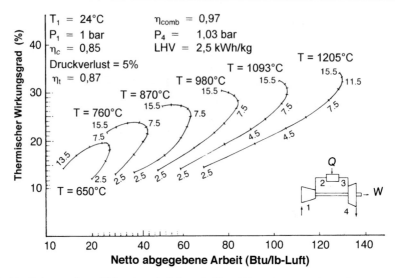

Abb. 1-2. Leistungskennfelder des einfachen Zyklus (*LHV*: Low Heating Value = Unterer Heizwert; 100 Btu/lb$_{Luft}$ = 13,3 · 10^{-3} kWh/kg$_{Luft}$)

Turbineneinlaßtemperaturen verbessern die Wirkungsgrade in Gasturbinen mit einfachem Zyklus. Der Einsatz von Regeneratoren ist eine weitere Möglichkeit zur Erzielung höherer Wirkungsgrade. Abbildung 1-2 zeigt das Kennfeld einer Gasturbine mit einfachem Zyklus als Funktion des Druckverhältnisses und der Turbineneinlaßtemperatur. Abbildung 1-3 zeigt die Auswirkungen von Druckverhältnis und Temperaturen auf die Wirkungsgrade und die Arbeitsabgabe für einen regenerativen Zyklus. Der Effekt des Druckverhältnisses ist mit diesem

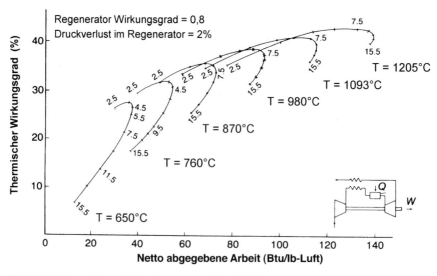

Abb. 1-3. Leistungskennfelder des regenerativen Zyklus

Zyklus umgekehrt zu dem im einfachen Zyklus. Regeneratoren können den Wirkungsgrad um 15–20% bei heute üblichen Betriebstemperaturen erhöhen. Die optimalen Druckverhältnisse sind etwa 7:1 für ein regeneratives System, im Vergleich zu 18:1 für den einfachen Zyklus, bei heute üblichen höheren Turbineneinlaßtemperaturen, die 1100 °C (2000 °F) erreichen.

Um hohe Zuverlässigkeits-Kennzahlen zu erreichen, muß der Konstrukteur viele Faktoren berücksichtigen. Einige der wichtigeren zu berücksichtigenden Punkte sind hierbei die Spannungen in den Schaufeln und Wellen, die aerodynamischen Schaufelbelastungen, die Materialintegrität, die Nebenaggregate und die Regelsysteme. Die für den hohen Wirkungsgrad erforderlichen hohen Temperaturen haben sehr negative Auswirkungen auf die Lebensdauer der Turbinenschaufeln. Nur mit guter Kühlung können die Temperaturen im Schaufelmaterial bei etwa 540–620 °C (1000–1250 °F) gehalten werden. Es werden Kühlungssysteme mit geeigneten Schaufelbeschichtungen und Materialien benötigt, um eine hohe Zuverlässigkeit der Turbinen zu sichern.

Gute Zugänglichkeit für Service und Instandhaltung ist ein wichtiger Teil jeder Konstruktion, da schnelle Revisionen hohe Verfügbarkeit der Turbinen bewirken und somit die Betriebskosten senken. Ein moderner vollständiger Service kann ausgeführt werden, wenn geeignete Kontrollen durchgeführt werden: Auslaßtemperaturüberwachung, Wellenschwingungsüberwachung, Kompressor-Pumpschutzüberwachung. Der Konstrukteur sollte auch Endoskopieöffnungen vorsehen, um schnelle visuelle Kontrollen der heißen Teile im System vornehmen zu können. Gehäuseteilfugen für schnelle Öffnung, Montageauswuchthilfen für leichten Zugang zu den Auswuchtebenen und leicht auszubauende Verbrennungskammern, bei denen nicht der gesamte Heißgasbereich entfernt werden muß, sind einige der vielen Wege, die zur Serviceerleichterung beitragen.

Die leichte Installation und Inbetriebnahme ist ein weiterer Grund für den Gebrauch von Gasturbinen. Eine Gasturbineneinheit kann im Herstellerwerk geprüft und montiert werden. Die Nutzung einer Einheit sollte sorgfältig geplant werden, um so wenig Startzyklen wie möglich zu benötigen. Viele Start- und Abschaltphasen während der Inbetriebnahme mindern stark die Lebensdauer einer Einheit.

Die Berücksichtigung von Umweltaspekten ist kritisch für die Konstruktion jedes Systems. Die Auswirkungen des Systems auf die Umwelt müssen innerhalb gesetzlich vorgeschriebener Grenzen liegen und somit vom Konstrukteur sorgfältig beachtet werden. Die Verbrennungskammern sind hierfür die kritischsten Komponenten. Mit großer Sorgfalt in der Konstruktion müssen niedrige Rauch- und niedrige NO_x-Ausstöße gesichert werden. Nasse Brennkammer könnten vorherrschend werden, falls neue Umweltvorschläge in bezug auf NO_x-Emissionen zu gesetzlichen Vorschriften werden. Lärm ist ein anderer wichtiger zu kontrollierender Faktor. Luftgeräusche können durch Reduzierung der Einlaßgeschwindigkeiten und den Einsatz geeigneter Einlaßgeräuschdämpfer gemindert werden. Bemerkenswerte Arbeiten der NASA an der Entwicklung der Kompressorgehäuse haben die Lärmabgabe stark reduziert.

Hilfs- und Steuerungssysteme müssen sorgfältig ausgeführt werden, da sie oft für den Stillstand vieler Einheiten verantwortlich sind. Schmiersysteme gehören zu den kritischsten Hilfssystemen. Sie müssen mit einem Reservesystem ausgeführt werden und sollten hierbei so ausfallsicher wie möglich sein. Steuerungssysteme müssen Beschleunigungszeitkarten für die Startphasen enthalten, und sie müssen auch die verschiedenen Pumpschutz-Abblasventile steuern. Bei Betriebsdrehzahl müssen sie die Kraftstoffversorgung regulieren und Schwingungen, Temperaturen und Drücke innerhalb der Maschine überwachen.

Flexibilität in den Betriebszuständen und Kraftstoffen sind Kriterien, die ein Turbinensystem verbessern, aber sie sind nicht für jede Anwendung notwendig. Die heutige Energieknappheit betont die Wichtigkeit beider Kriterien: Flexibilität im Betriebszustand erlaubt es, die Einheit näher an ihrem Auslegungspunkt und somit den Betrieb bei höherer Effektivität zu betreiben. Diese Flexibilität kann zu einer Zwei-Wellen-Konstruktion mit einer Leistungsturbine führen, die separat und nicht am Gasgenerator angeschlossen ist. Anwendungen für verschiedene Brennstoffe werden heute zunehmend benötigt, speziell wenn einzelne Brennstoffe zu unterschiedlichen Zeiten im Jahr knapp werden.

Die vorgenannten Kriterien sind einige von vielen, die vom Konstrukteur erfüllt werden müssen, um erfolgreiche Einheiten auszulegen.

1.1
Industriegasturbinen in Schwerbauweise (Heavy Duty)

Diese Gasturbinen wurden kurz nach dem Zweiten Weltkrieg konstruiert und in den frühen 50er Jahren auf dem Markt eingeführt. Die frühen Heavy-Duty-Gasturbinenkonstruktionen waren im wesentlichen eine Erweiterung der Dampfturbinenkonstruktionen. Beschränkungen bzgl. Gewicht und Raum waren keine wichtigen Faktoren für diese fest installierten Einheiten. Somit enthalten die Konstruktionen Charakteristika mit dickwandigen Gehäusen, mit horizontalen Teilfugen, Gleitlagern in separaten Lagergehäusen (sleeve bearings), mit großvolumigen Brennkammern, dicken Querschnitten von Lauf- und Leitschaufeln und großen Eintrittsflächen. Das durchschnittliche Druckverhältnis dieser Einheiten variiert von 5:1 bei den früheren Einheiten bis zu 15:1 für die heute in Betrieb befindlichen Einheiten. Die Turbineneintrittstemperaturen wurden erhöht und erreichen auf einigen Einheiten bis zu 1070 °C (1950 °F). Die Temperaturen in Entwicklungsprojekten erreichen bis zu 1650 °C (3000 °F) und würden, falls dies umsetzbar wäre, die Gasturbinen zu sehr effektiven Einheiten machen. Das Hochtemperatur-Turbinen-Technologieprogramm, das vom U.S. Departement of Energy gesponsert wird, strebt neben anderen Zielen diese hohen Temperaturen an.

Bei den Heavy-Duty-Industriegasturbinen werden meistens axial durchströmte Kompressoren und Turbinen verwandt. In den meisten USA-Konstruktionen werden ringförmig angeordnete Brennkammern eingesetzt (can-annular combustors), wie in Abb. 1-4 dargestellt. Separat angeordnete, große Einzel-

1.1 Industriegasturbinen in Schwerbauweise (Heavy Duty)

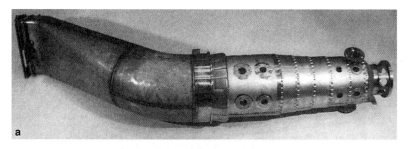

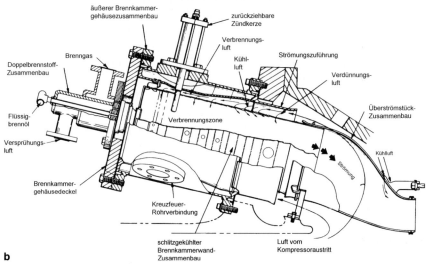

Abb. 1-4a. Brennkammer für ringförmige Anordnung (can-annular combustor) mit Übertragungsstück (© Rolls-Royce Limited); **b** typische Brennkammer für ringförmige Anordnung (Mit freundlicher Genehmigung der General Electric Company)

brennkammern (s. Abb. 1-5) werden in europäischen Konstruktionen eingesetzt. Diese Brennkammern haben dicke Wände und sind sehr haltbar. Die Brennkammerbewandungen (liners) sind speziell für niedrige Rauch- und NO_x-Emissionen ausgelegt. Viele dieser Einheiten können flexibel mit zwei Brennstoffen betrieben werden (dual fuel).

Die großen Eintrittsquerschnitte reduzieren die Eintrittsgeschwindigkeiten und somit auch die Luftgeräusche. Der Druckanstieg in jeder Kompressorstufe ist reduziert, womit ein großer stabiler Betriebsbereich erreicht wird.

In den meisten dieser Einheiten wurden Nebenaggregatmodule über eine beträchtliche Stundenanzahl geprüft. Sie haben für den Dauereinsatz ausgelegte Pumpen und Motoren; die Steuerungssysteme haben dauerhaltbare Regler. Elektronische Regler sind bei einigen der neueren Modelle eingeführt.

Die Vorteile der schweren (Heavy-Duty)-Gasturbinen sind ihre lange Lebensdauer, die hohe Verfügbarkeit und geringfügig höhere, allgemeine Effektivität. Der Geräuschpegel dieser Turbinen ist deutlich niedriger als bei Luftfahrtturbi-

Abb. 1-5. Seitlich angebrachte Brennkammer (Mit freundlicher Genehmigung der Brown Boveri Turbomaschinen, Inc.)

nen. Die größten Einzelkunden schwerer Gasturbinen sind die Versorger elektrischer Netze, da diese Turbinen oftmals die Grundlastversorgung bereitstellen. Dies gilt speziell in hoch industrialisierten Entwicklungsländern.

1.2
Luftfahrtabgeleitete Gasturbinen

Strahltriebwerksgasturbinen bestehen aus 2 Basiskomponenten: ein luftfahrtabgeleiteter Gasgenerator und eine freie Leistungsturbine. Der Gasgenerator dient zur Produktion der Gasenergie oder der Gasleistung in PS. Der Gasgenerator ist von einem Luftfahrtaggregat abgeleitet – mit Modifikationen –, um Industriekraftstoffe zu verbrennen. Konstruktionsinnovationen sind üblicherweise eingefügt, um die erforderliche Charakteristik für lange Lebensdauer in der bodenbasierten Umwelt zu erreichen. Am Austritt des Gasgenerators liegt der Druck der Verbrennungsgase bei etwa 3,1 bar (30 psi) und die Temperatur bei 590 °C (1100 °F).

Die freie Leistungsturbine konvertiert die Gasenergie zu mechanischer Drehenergie oder entsprechender Bremsleistung. Die Leistungsturbine ist mit einem Zwischenstück eng an den Gasgenerator angeflanscht. Sie expandiert die Verbrennungsprodukte des Gasgenerators über eine oder zwei Turbinenstufen. Die verbleibende Gasenergie wird in die Atmosphäre abgeblasen. Die von der Leistungsturbine abgegebene Rotationsleistung ist dann für die mechanische Kupplungsverbindung zur angetriebenen Maschine verfügbar. Die Leistungs-

1.2 Luftfahrtabgeleitete Gasturbinen

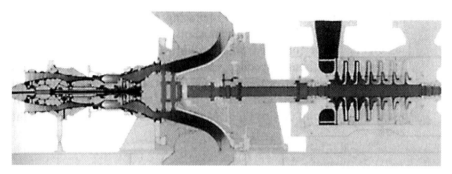

Abb. 1-6. Luftfahrtabgeleitete Gasturbine, die einen radialen Gaskompressor antreibt (©Rolls-Royce Limited)

turbine ist nicht luftfahrtabgeleitet und wird üblicherweise von einem Systemlieferanten (package supplier) konstruiert und gefertigt.

Der Systemlieferant ist der Hauptvertragspartner für die komplette Jet-Gasturbine. Diese beinhaltet die Grundplatten, die Ölschmierungssysteme, die Treibstoff- und Regelsysteme, die Bedientafeln für Betrieb und Maschinenschutz (s. Anlagenschema Abb. 1-6). Ausrüstung und Zubehör werden dann in der Fabrik zusammengebaut und die Einheit mechanisch getestet, bevor sie zur Installation vor Ort geliefert wird.

Die luftfahrtabgeleitete Turbine wird hauptsächlich für den Gastransport und auf Gasreinjektions-Plattformen eingesetzt. Diese Anwendungen machen etwa 80% aller Verkäufe aus. Ebenfalls werden sie als Spitzenlastmaschinen in Kraftwerken eingesetzt. Die Vorteile für die Betreiber dieser Art von Antrieben sind:

1. *Vorteilhafte Installationskosten.* Größe und Gewicht der Geräte erlauben es, sie als komplette Einheit innerhalb der Herstellerfabrik zusammenzubauen und zu testen. In der Regel wird der Zusammenbau (package) des angetriebenen Pipelinekompressors mit den zugehörigen Aggregaten und Steuerungstafeln, wie sie vom Betreiber spezifiziert wurden, dort vorgenommen. Aufgrund dieses Zusammenbaus und der erfolgten Fehlerbeseitigung im Herstellerwerk ist die sofortige Installation vor Ort möglich.
2. *Anpassung an Fernsteuerungen.* Die Betreiber streben eine Reduzierung der Betriebskosten durch Automatisierung ihrer Pipelinesysteme an. Alle neuen Stationen werden heutzutage für fernüberwachten unbemannten Betrieb der Kompressionsgeräte konstruiert. Jet-Gasturbinen eignen sich besonders für automatisierte Steuerungen, da die Versorgungseinheiten nicht komplex sind, keine Wasserkühlung erforderlich ist (Kühlung durch „Öl-zu-Luft"-Austausch) und die Startvorrichtung (Gasexpansionsmotor) wenig Energie benötigt und sehr zuverlässig ist. Sicherheitsvorrichtungen und Instrumentierungen lassen sich gut für Zwecke der Fernsteuerung und Leistungsüberwachung der Maschinen anpassen.
3. *Instandhaltungskonzept.* Der nicht vor Ort (off-site) erstellte Instandhaltungsplan paßt gut zu den Systemen, bei denen ein Minimum an Betriebspersonal

und unbemannte Stationen die Ziele sind. Die Techniker führen wenige Betriebseinstellungen durch und leisten die Kalibrierung der Instrumente. Andererseits läuft die Jet-Gasturbine ohne Inspektionen, bis die Überwachungsgeräte einen Abbau oder einen plötzlichen Leistungswechsel anzeigen. Der oben genannte Plan zeigt hierfür einen Austausch des Gasgenerators an, um ihn zur Reparatur in die Fabrik zu schicken, während eine andere Einheit installiert ist. Der maximale Stillstand beträgt etwa 8 h.

1.3 Mittelgroße Gasturbinen

Mittelgroße Gasturbinen liegen zwischen 3700 und 11.200 kW (5000 und 15.000 PS). Diese Einheiten sind in der Konstruktion den großen Gasturbinen in schwerer Ausführung ähnlich. Sie werden üblicherweise mit geteiltem Gehäuse ausgeführt. Dieser Bautyp ist im Teillastbereich effizient. Der gute Wirkungsgrad wird erhalten, indem der Gasgenerator der Turbine mit maximaler Effektivität betrieben wird, während die Leistungsturbine über einen großen Drehzahlbereich arbeitet. Der Kompressor ist üblicherweise ein subsonischer, axialer Kompressor mit 10-16 Stufen, der ein Druckverhältnis von etwa 5:1–11:1 liefert.

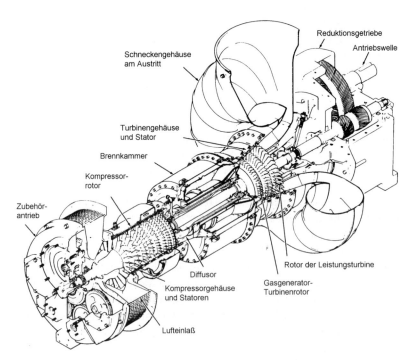

Abb. 1-7. Darstellung einer aufgeschnittenen mittelgroßen Gasturbine (Mit freundlicher Genehmigung der Solar Turbines Incorporated)

Die meisten amerikanischen Konstruktionen haben ringförmig angeordnete Brennkammern (can-annular) (etwa 5–10 Brennkammern, die in ringförmiger Anordnung montiert werden) oder eine Ringbrennkammer. Die meisten europäischen Konstruktionen haben seitlich angebrachte Brennkammern und niedrigere Turbineneintrittstemperaturen. Abbildung 1-7 zeigt eine mittelgroße Gasturbine.

Die Turbine des Gasgenerators ist üblicherweise eine zwei- bis dreistufige Axialturbine mit luftgekühlten Leit- und Laufschaufeln in der ersten Stufe. Die Leistungsturbine ist eine oftmals ein- oder zweistufige, axial durchströmte Turbine. Mittelgroße Gasturbinen werden auf Offshore-Plattformen eingesetzt und finden zunehmend Gebrauch in petrochemischen Anlagen. Die Turbine mit einfachem Zyklus hat einen niedrigen Wirkungsgrad. Dieser kann jedoch durch den Gebrauch von Regeneratoren, die ihre Wärme aus den Austrittsgasen beziehen, deutlich verbessert werden. In Prozeßanlagen werden die Austrittsgase genutzt, um Dampf zu erzeugen. Die Kombizyklusanlage (Luft-Dampf) mit Kraft-Wärme-Kopplung hat sehr hohe Wirkungsgrade und ist der Trend für die Zukunft.

1.4 Kleine Gasturbinen

Viele kleine Gasturbinen, die weniger als 3700 kW (5000 HP) liefern, werden ähnlich den bisher vorgestellten größeren Gasturbinen konstruiert. Es gibt jedoch auch viele Konstruktionen, die radiale Kompressoren beinhalten oder Kombinationen von radialen und axialen Kompressoren, wie auch radial eingeströmte Turbinen. Eine kleine Turbine besteht oftmals aus einem einstufigen Radialkompressor, der ein Druckverhältnis von etwa 4:1 liefert, einer einfachen Brennkammer, bei der Temperaturen von etwa 870 °C (1600 °F) erreicht werden und einer radial eingeströmten Turbine. Abbildung 1-8 ist der Querschnitt einer typischen kleinen radialen Gasturbine. Luft wird durch ein Einlaßrohr (1) dem Radialkompressor zugeleitet (2), der mit hohen Drehzahlen rotiert und Energie auf die Luft überträgt. Nachdem die Luft das Laufrad (3), das Druck und Geschwindigkeit erhöht, verlassen hat, passiert sie einen hocheffizienten Diffusor (4), der die Geschwindigkeitsenergie in statischen Druck umwandelt. Die komprimierte Luft strömt mit niedriger Geschwindigkeit durch ein Druckgehäuse (5) zur Verbrennungskammer (6). Ein Anteil der Luft erreicht den Verbrennungskopf, vermischt sich mit dem Treibstoff und brennt kontinuierlich. Der verbleibende Anteil tritt durch die Wände der Brennkammer und vermischt sich mit den heißen Gasen. Gute Kraftstoffversprühung und gesteuerte Vermischung sichern eine gleichmäßige Temperaturverteilung im heißen Gas, das durch den Heißgasbereich (volute) (7) zum Turbineneintrittsbereich strömt (8). Hohe Beschleunigung und Expansion der Gase durch die Einströmleitschaufel und die Turbine (9) erzeugen die Rotationsenergie, die zum Antrieb der Arbeitsmaschine und der Versorgungseinheiten benötigt wird. Der Wirkungsgrad einer kleinen Turbine ist aufgrund der Beschränkungen bei der Turbineneintrittstemperatur und

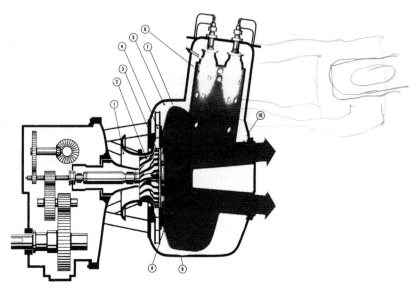

Abb. 1-8. Querschnitt einer typischen kleinen Gasturbine (Mit freundlicher Genehmigung der North American Turbine Corp.)

der niedrigeren Wirkungsgrade der Komponenten üblicherweise viel niedriger als der einer großen Einheit. Die Turbineneintrittstemperatur ist begrenzt, da die Turbinenschaufeln ungekühlt sind. Radial durchströmte Kompressoren und Laufräder haben aufgrund ihrer Bauart niedrigere Wirkungsgrade als ihre axial durchströmten Gegenstücke.

Diese Einheiten sichern mit ihrer einfachen Bauart viele Stunden problemfreien Betrieb. Eine Möglichkeit zur Verbesserung der niedrigen Gesamtwirkungsgrade von 15–18% ist der Gebrauch der Restwärme der Turbineneinheit. Hiermit können hohe thermische Wirkungsgrade (30–35%) erreicht werden, da fast die gesamte, nicht in mechanische Energie umgewandelte Wärme am Turbinenaustritt verfügbar ist und der größte Anteil dieser Energie in nützliche Arbeit umgewandelt werden kann.

Abschnitt 1.5 beschäftigt sich mit verschiedenen Hauptkomponenten der Gasturbine.

1.5
Hauptkomponenten der Gasturbine

1.5.1
Kompressoren

Ein Kompressor ist eine Maschine, die Druckenergie auf ein Arbeitsfluid überträgt. Der Turbokompressor, der in diesem Abschnitt diskutiert wird, transferiert Energie mit dynamischen Mitteln von einem rotierenden Teil auf ein kontinuierlich strömendes Fluid. Die 2 Arten von Kompressoren, wie sie in Gasturbinen eingesetzt werden, sind axialer und radialer Bauweise. Einige kleine Gasturbinen setzen eine Kombination axialer Kompressoren, gefolgt von einer radialen Einheit, ein.

Axial durchströmte Kompressoren. Ein axial durchströmter Kompressor komprimiert sein Arbeitsfluid, indem er dieses zuerst beschleunigt und dann verzögert, um die Druckerhöhung zu erhalten. Das Fluid wird in einer Reihe von Schaufeln oder rotierenden Strömungskanälen (dem Rotor) beschleunigt und in einer Reihe von stationären Schaufeln verzögert (dem Stator). Die Verzögerung im Stator wandelt die im Rotor erhaltene Geschwindigkeitserhöhung in einen Druckanstieg um. Ein Rotor und ein Stator sind zusammen eine Stufe im Kompressor. Ein Kompressor besteht i.d.R. aus mehreren Stufen. Eine zusätzliche Reihe fester Schaufeln (Einlaßleitrad) wird häufig am Kompressoreintritt eingesetzt, um sicherzustellen, daß die Luft mit dem erforderlichen Eintrittswinkel in den Rotor der ersten Stufe einströmt. Zusätzlich zu den Statoren verzögert ein Diffusoraustritt des Kompressors das Fluid weiter und steuert seine Geschwindigkeit, wenn es in die Brennkammer eintritt. Abbildung 1-9 zeigt einen axial durchströmten Kompressor, gefolgt von einem radialen Kompressor, einer ringförmigen Brennkammer und einer axial durchströmten Turbine.

In einem Axialkompressor passiert die Luft eine Stufe nach der anderen mit einem leichten Druckanstieg in jeder Stufe. Indem niedrige Druckanstiege im Bereich von 1,1:1 – 1,4:1 produziert werden, erhält man sehr hohe Wirkungsgrade. Der Gebrauch von vielen Stufen erlaubt Gesamtdruckverhältnisse bis zu 18:1.

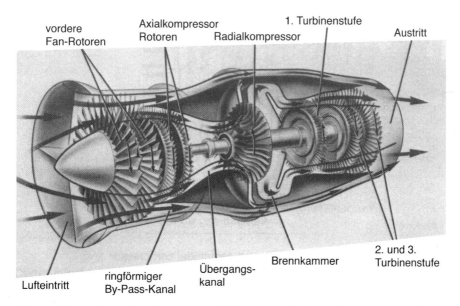

Abb. 1-9. Skizze einer aufgeschnittenen Luftfahrt-Gasturbine (© Rolls-Royce Limited)

Radialkompressoren. Im radial- oder gemischt durchströmten Kompressor tritt die Luft in axialer Richtung in den Kompressor ein und verläßt diesen in radialer Richtung in den Diffusor. Diese Kombination von Rotor (oder Laufrad) und Diffusor macht eine Einzelstufe aus. Die Luft tritt zuerst in den Radialkompressor am Einströmteil ein, wie in Abb. 1-10 gezeigt. Das Einströmteil ist üblicherweise ein integrales Teil des Laufrads und ist einem axialdurchströmten Kompressorrotor sehr ähnlich. Viele europäische Konstruktionen haben dieses Einströmteil separat. Die Luft geht dann durch eine 90°-Umlenkung und tritt in den Diffusor aus, der aus einem schaufellosen Raum gefolgt von einem beschaufelten Diffusor besteht. Vom Austritt des Diffusors tritt die Luft in ein Schneckengehäuse oder einen Sammelraum ein. Das Druckverhältnis pro Stufe in einem Radialkompressor kann an produzierten Einheiten von etwa 1,5:1–5:1 variieren. Einige experimentelle Einheiten haben Druckverhältnisse von mehr als 12:1 in einer einzigen Stufe erreicht. Der Radialkompressor ist etwas weniger effektiv als der axial durchströmte Kompressor, doch er hat eine höhere Stabilität, d.h., daß sein Betriebsbereich breiter ist (Pump- bis Schluckgrenze).

1.5.2
Regeneratoren

Regeneratoren in schwerer Ausführung werden für Anwendungen in großen Gasturbinen im 3,5- bis 75-MW-Bereich (5000–100.000 PS) ausgelegt. Der Gebrauch von Regeneratoren in Verbindung mit Industriegasturbinen erhöht die

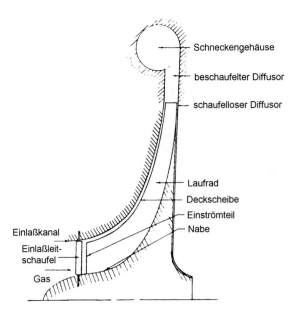

Abb. 1-10. Schema eines Radialkompressors

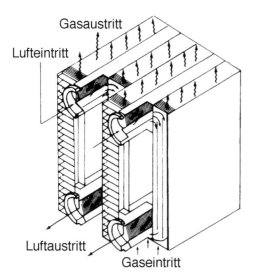

Abb. 1-11. Ein typischer Plattenrippen-Industrie-Regenerator für Gasturbinen

Zykluseffektivität deutlich und liefert einen vorteilhaften Beitrag zum Energiemanagement, indem der Treibstoffverbrauch bis zu 30% reduziert wird.

Abbildung 1-11 zeigt die Arbeitsweise eines Regenerators. In den meisten heute eingesetzten regenerativen Gasturbinen tritt die Umgebungsluft in den Einlaßfilter ein und wird bis etwa 7,9 bar (100 psi) komprimiert, wobei eine Temperatur von 260 °C (500 °F) erreicht wird. Die Luft wird dann zum Regenerator geleitet, der sie bis etwa 480 °C (900 °F) aufheizt. Die aufgeheizte Luft erreicht die Brennkammer, in der sie weiter aufgeheizt wird, bevor sie in die Turbine eintritt. Nachdem das Gas in der Turbine expandiert wurde, hat es etwa 540 °C (1000 °F) und der Druck liegt im wesentlichen auf dem Niveau des Umgebungsdrucks. Das Gas wird durch den Regenerator geführt. Dort wird die Abwärme auf die einströmende Luft transferiert. Das Gas wird durch den Abgasschornstein in die Umgebungsluft abgeleitet. Die Wärme, die andernfalls in die Luft abgeführt und verloren wäre, wird so effektiv eingesetzt, daß der Anteil des Treibstoffs, der zum Betrieb der Turbine konsumiert wird, deutlich vermindert werden kann. In einer 22.400 kW-(30.000 PS)Turbine wärmt der Regenerator eine Luftmasse von etwa 4540 t (10 Mio. pound) pro Tag vor.

1.5.3
Brennkammern

Alle Gasturbinenbrennkammern haben die gleiche Funktion: Sie erhöhen die Temperatur des Hochdruckgases. Jedoch gibt es verschiedene Methoden, die Brennkammern an der Gasturbine anzuordnen. Die Konstruktionen lassen sich in 4 Kategorien aufteilen (Abb. 1-12):

1 Ein Überblick über Gasturbinen

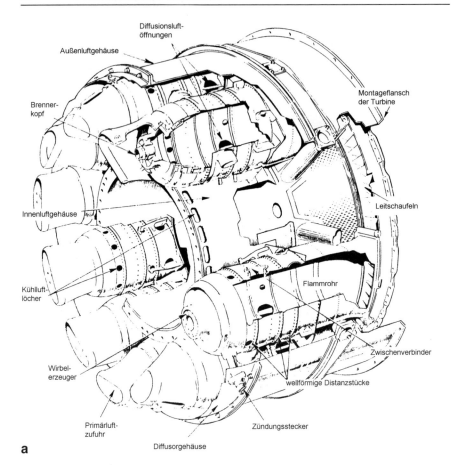

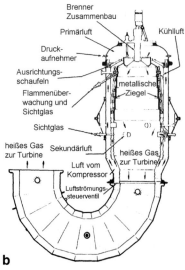

Abb. 1-12a. Ringförmig angeordnete Brennkammern für Gasturbinen des Luftfahrttyps (© Rolls-Royce Limited); **b** eine typische seitliche Einzelbrennkammer für eine Industrieturbine (© Brown Boveri Turbomachinery, Inc.)

1.5 Hauptkomponenten der Gasturbine

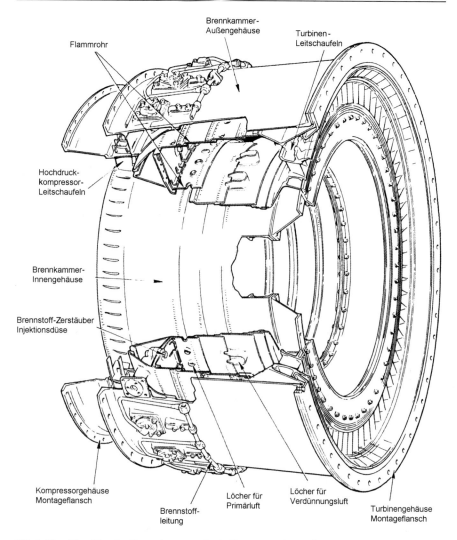

Abb. 1-12c. Ringförmige Brennkammer (© Rolls-Royce Limited)

1. Rohrförmig (seitliche Brennkammern)
2. Ringförmig angeordnete Einzelbrennkammern (can-annular)
3. Ringförmige Brennkammer
4. Extern (experimentell)

Rohrförmig (seitliche Brennkammer): Diese Ausführung findet man an großen Industrieturbinen, speziell bei europäischen Konstruktionen und bei einigen kleinen Fahrzeuggasturbinen. Sie offerieren die Vorteile einfacher Ausführung, leichter Instandhaltung und langer Lebensdauer aufgrund der niedrigen Raten der freigegebenen Wärme. Diese Brennkammern können Gleichstrom- und Gegenstromausführungen sein. In der Gegenstromausführung tritt die Luft zwischen der Verbrennungskammer und dem Gehäuse in den Ringraum ein. Sie strömt dann durch eine Heißgasleitung zur Turbine. Gegenstromausführungen haben minimale Längen.

Ringförmig angeordnete Brennkammern und Ringbrennkammer: In Luftfahrtanwendungen, in denen die Querschnittsfläche wichtig ist, werden entweder ringförmig angeordnete Einzelbrennkammern (cans) oder Ringbrennkammern gebraucht, um vorteilhafte radiale und kreisförmige Profile zu erhalten, da eine große Anzahl von Treibstoffdüsen eingesetzt wird. Die Ringbrennkammer ist speziell in neuen Luftfahrtausführungen populär; jedoch wird die Ausführung mit ringförmig angeordneten Brennkammern aufgrund der Entwicklungsschwierigkeiten im Zusammenhang mit den Ringbrennkammern nach wie vor eingesetzt. Die Popularität von ringförmigen Brennkammern steigt mit höheren Temperaturen oder Gasen mit niedrigeren Brennwerten, da hierbei die Menge der erforderlichen Kühlluft viel niedriger ist, als in Konstruktionen mit ringförmig angeordneten Einzelbrennkammern. Das liegt an der viel kleineren Oberfläche im Brennraum. Die Menge der erforderlichen Kühlluft wird bei Anwendungen von Gasen mit niedrigen Brennwerten zu einem wichtigen Gesichtspunkt, da die meiste Luft hierbei in der Primärzone genutzt wird und wenig für die Filmkühlung verbleibt. Entwicklungen von Konstruktionen mit ringförmig angeordneten Einzelbrennkammern benötigen nur Versuche mit einer Einzelbrennkammer, wohingegen die ringförmige Brennkammer als eine Einheit behandelt werden muß und viel mehr Hardware und Kompressor-Volumenstrom benötigt. Ringförmig angeordnete Brennkammern können für geradlinige Durchströmung und für Umkehrströmung ausgelegt werden. Wenn Einzelbrennkammern in Kreisringanordnung in Flugzeugen genutzt werden, wird die geradlinige Durchströmung eingesetzt, während die Umkehrströmungsanordnung in Industrietriebwerken angewandt werden kann. Ringbrennkammern sind fast immer geradlinig durchströmt.

Externe Anordnungen (experimentell): Der Wärmetauscher für eine Gasturbine mit externer Verbrennung ist ein direkt gefeuerter Lufterhitzer. Das Ziel eines Lufterhitzers ist der Erhalt hoher Temperaturen mit einem minimalen Druckabfall. Er besteht aus einer rechteckigen Kiste mit einem flachen Konvektionsbereich an seinem Oberteil. Das äußere Gehäuse des Erhitzers besteht aus Kohlenstoffstahl, auf dem leichte Verkleidungsmaterialien angeordnet sind, um Isolation und Wärmerückstrahlung zu erhalten.

Die Innenseite des Erhitzers besteht aus „Wicket-type"-Windungen (umgekehrtem „U"), die von einem Einlaßrohr größeren Durchmessers gehalten werden, und einem Rückführleiter, der an den 2 Längen des Erhitzers geführt wird. Der Erhitzer hat eine Anzahl von Überströmleitungen für Luft. Der in Abb. 1-13 gezeigte hat 4 Überströmleitungen. Jede Überströmleitung besteht aus 11 Wicklungen, dies gibt eine Summe von 44. Die Wicklungen sind aus verschiedenen Materialien gemacht, da die Temperaturen von etwa 150–930 °C (300–1700 °F)

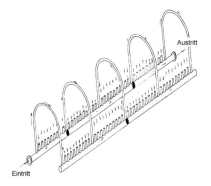

Abb. 1-13. Ein direkt gefeuerter Erhitzer mit 4 Überströmbereichen

ansteigen. Deshalb können diese Wicklungen im Bereich von rostfreiem Stahl, Typ 304, bis RA 330 an den Hochtemperaturenden liegen.

Der Vorteil dieser (Wicket-)Konstruktion ist die glatte Übertragung in den U-Rohren mit minimalen Druckverlusten. Die U-förmigen Rohre erlauben auch, daß die Wicklungen frei von Temperaturspannungen expandieren können. Aufgrund dieser Eigenschaft besteht keine Notwendigkeit von Entspannungs- und Ausdehnungsverbindungen. Die Wicklungen werden an leicht zu öffnenden Bereichen montiert, um dadurch Reinigungen, Reparaturen oder das Auswechseln nach längeren Einsatzperioden zu erleichtern.

An einem Ende des Erhitzers ist eine horizontal gefeuerte Brennkammer angebracht. Die Flamme steht entlang der zentralen Längsachse des Erhitzers. Dadurch sind die Wicklungen (wickets) der offenen Flamme ausgesetzt und können eine maximale Rate von Strahlungswärme aufnehmen. Die Rohre sollten ausreichend weit von der Flamme entfernt sein, um überhitzte Stellen oder Flammendurchschlag zu vermeiden.

Die Luft des Kompressors tritt in den Einlaßverteiler ein und wird durch den ersten Satz von Wicklungen verteilt. Ein Umlenkblech am Einlaß verhindert, daß die Luft weiter hinter den Satz von Wicklungen strömt. Sie wird dann zum Umlenkkopf geleitet und trifft schließlich gegen das zweite Umlenkblech. Diese Anordnung enthält verschiedene Durchtritte und hilft, den Druckabfall durch Strömungsreibung zu minimieren. Schließlich wird die Luft in den Endbereich des Einlaßverteilers eingeleitet und tritt am Einlaß der Gasturbine aus.

Die Brennkammer sollte für den Gebrauch von vorgewärmter Verbrennungsluft ausgelegt sein. Vorgewärmte Verbrennungsluft erhält man, indem ein Teil des Gasturbinenaustritts abgezweigt wird. Die Luft der Turbine ist saubere, trockene Luft. Um zusätzliche Wärmeenergie vom Austrittsgas zurückzugewinnen, wird eine Dampfwindung in den Konvektionsbereich des Erhitzers eingebracht. Der Dampf wird für Dampfinjektionen in den Kompressoraustritt oder zum Antreiben einer Dampfturbine benötigt. Die Kamingastemperatur am Austritt des Erhitzers sollte bei etwa 320 °C (600 °F) liegen.

1.5.4
Turbinen

Es gibt 2 Turbinentypen. Dies sind die axial durchströmten und die radial eingeströmten Turbinen. Die axial durchströmte Turbine wird in mehr als 80% aller Anwendungen eingesetzt.

Axial durchströmte Turbinen. Die axial durchströmte Turbine hat – wie ihr Gegenstück, der axial durchströmte Kompressor – Strömungen, die in axiale Richtung ein- und austreten. Es gibt 2 Typen axialer Turbinen: den Impuls- und den Reaktionstyp. Die Impulsturbine hat ihre gesamte Enthalpieabsenkung in der Düse. Deshalb erreicht sie eine sehr hohe Geschwindigkeit, die am Rotor eintritt. Die Reaktionsturbine teilt die Enthalpieabsenkung in der Düse und im Rotor. Abbildung 1-14 zeigt ein Schema einer axial durchströmten Turbine.

Radial eingeströmte Turbine. Die radial eingeströmte Turbine (inward-flow radial turbine) wird seit vielen Jahren eingesetzt. Sie ist im Prinzip ein Radialkompressor mit umgekehrter Durchströmung und gegenläufiger Rotation. Sie wird für niedrige Lasten eingesetzt und hat einen schmaleren Betriebsbereich als die Axialturbine.

Radial eingeströmte Turbinen werden erst seit kurzem eingesetzt, da bis jetzt wenig über sie bekannt war. Axialturbinen haben sich eines ausgesprochenen Zuspruchs erfreut, da sie über einen niedrigen Querschnitt verfügen, was sie für die Luftfahrtindustrie geeignet macht. Jedoch ist die axiale Maschine sehr viel länger als die radiale Maschine, womit sie für bestimmte Anwendungen unpassend ist. Radiale Turbinen werden bei Turboladern und einigen Expandertypen eingesetzt.

Die radial eingeströmte Turbine hat viele Komponenten, die ähnlich wie im Radialkompressor sind. Es gibt 2 Typen radial eingeströmter Turbinen: den „Cantilever"-Typ und den Mischstrom-Typ. Der Cantilever-Typ (Abb. 1-15) ist einer axial durchströmten Turbine ähnlich, er hat jedoch eine radiale Beschaufelung. Diese Cantilever-Turbine ist jedoch nicht populär, da Konstruktions- und Produktionsschwierigkeiten bestehen.

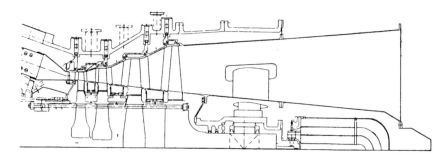

Abb. 1-14. Schema einer axial durchströmten Turbine (Genehmigt von Westinghouse Electric Corporation)

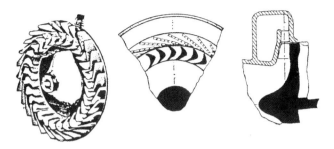

Abb. 1-15. Radial eingeströmte Turbine des „Cantilever"-Typs

Die Mischstrom-Turbine (Abb. 1-16) ist fast identisch mit einem Radialkompressor. Jedoch haben die Komponenten verschiedene Funktionen. Das Schneckengehäuse wird gebraucht, um das Gas gleichmäßig um die Peripherie der Turbine zu verteilen.

Die Düsen, die die Strömung zur Laufradeintrittskante beschleunigen, sind üblicherweise gerade Leitschaufeln ohne ein Tragflügelprofil. Der Wirbel ist ein schaufelloser Raum und erlaubt einen Druckausgleich. Die Strömung tritt an der Eintrittskante radial in den Rotor ein. Sie hat eine vernachlässigbare axiale Geschwindigkeit und verläßt den Rotor durch das Ausströmteil (exducer) in axiale Richtung mit geringem radialen Geschwindigkeitsanteil.

Die radial eingeströmte Turbine ist in Abb. 1-17 dargestellt. Diese Turbinen werden aufgrund ihrer niedrigeren Produktionskosten eingesetzt; teilweise auch, weil die Düsenbeschaufelung keine Krümmung oder Tragflügelprofile benötigt.

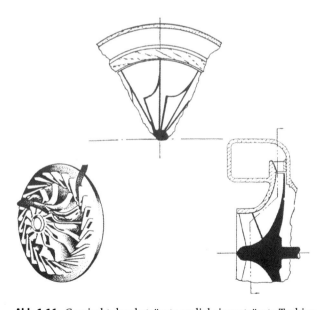

Abb. 1-16. Gemischt durchströmte, radial eingeströmte Turbine

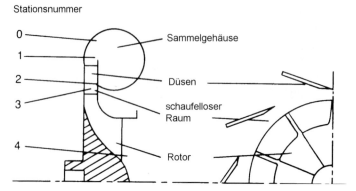

Abb. 1-17. Komponenten einer radial eingeströmten Turbine

1.6
Dampfgeneratoren mit Wärmerückgewinnung

Die Effektivität einer Gasturbine kann erhöht werden, indem mit den Abgasen Dampf produziert wird. Der Dampf kann eingesetzt werden, um eine Dampfturbine für ein Kraftwerk anzutreiben oder in Prozeßzyklusanwendungen in petrochemischen Anlagen. Bis zu einem Drittel Mehrenergie kann aus den Abgasen gewonnen werden.

Das Herz eines Wärmerückgewinnungssystems ist der Kessel im Dampfgenerator, wie in Abb. 1-18 dargestellt. Er ist ein Gegenstromwärmetauscher mit konvektivem Wärmeaustausch. Die heißen Auslaßgase passieren eine Serie von

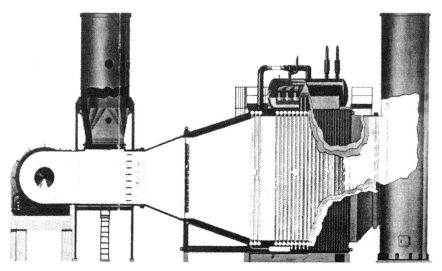

Abb. 1-18. Auslaßgas-Dampfgenerator mit Zusatzfeuerung (Mit Genehmigung der Henry Vogt Machine Company)

Rohrbündeln, durchströmen die Überhitzungsbündel, den Verdampfer und schließlich den Economizer.

In einigen Zyklen erwärmt die Luft auch den Niedrigdruck- oder Speisewassererwärmungsbereich. Kaltes Speisewasser von den Kesselspeisepumpen strömt herunter und wird erwärmt, zuerst im Economizer und dann im Verdampfer. Das Wasser verläßt den Dampfkessel als Dampf und passiert den Überhitzer.

2 Analyse des theoretischen und realen Zyklus

Die nachfolgende thermodynamische Analyse ist ein Überblick über den Standardluft-Brayton-Zyklus und seine verschiedenen Modifikationen. Diese Modifikationen werden untersucht, um ihre Auswirkung auf den Basiszyklus festzustellen.

2.1
Allgemeiner Brayton-Zyklus

Eine vereinfachte Anwendung des ersten Hauptsatzes der Thermodynamik auf den Standardluft-Brayton-Zyklus – dargestellt in Abb. 2-1 (mit der Annahme, daß keine Änderungen bei der kinetischen und potentiellen Energie auftreten) – hat die folgenden Beziehungen:
Arbeit am Kompressor

$$W_c = \dot{m}_a (h_2 - h_1) \tag{2-1}$$

Arbeit an der Turbine

$$W_c = (\dot{m}_a + \dot{m}_f)(h_3 - h_4) \tag{2-2}$$

Totale abgegebene Arbeit

$$W_{cyc} = W_t - W_c \tag{2-3}$$

Dem System zugeführte Wärme

$$Q_{23} = \dot{m}_f \cdot Heizwert(Brennstoff) = (\dot{m}_a + \dot{m}_f)h_3 - \dot{m}_a h_2 \tag{2-4}$$

Somit ist der gesamte Zyklus-Wirkungsgrad

$$\eta_{cyc} = \frac{W_{cyc}}{Q_{23}} \tag{2-5}$$

Ein vereinfachter Ansatz zur Berechnung des Gesamtwirkungsgrads des Zyklus kann aus den vorstehenden Beziehungen erhalten werden, nachdem bestimmte Annahmen eingeführt werden: (1) $\dot{m}_f \ll \dot{m}_a$, (2) die spezifische Wärme c_p und das spezifische Wärmeverhältnis γ bleiben während des Zyklus konstant, (3) das Druckverhältnis in Kompressor und Turbine ist gleich, (4) alle Komponenten

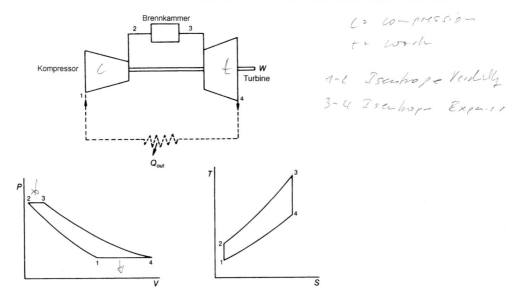

Abb. 2-1. Der Standardluft-Brayton-Zyklus

arbeiten verlustfrei. Mit diesen Annahmen erhält man die folgenden Beziehungen für den Wirkungsgrad:

$$\eta_{cyc} = 1 - \frac{1}{r_p^{\frac{\gamma-1}{\gamma}}} \tag{2-6}$$

$$\eta_{cyc} = 1 - \frac{T_1}{T_2} \tag{2-7}$$

$$\eta_{cyc} = 1 - \frac{T_4}{T_3} \tag{2-8}$$

Aus dem Vergleich der Gln. (2-6 bis 2-8) kann leicht ersehen werden, daß der Gesamtwirkungsgrad des Zyklus verbessert werden kann, indem das Druckverhältnis erhöht, die Einlaßtemperatur gemindert oder die Turbineneintrittstemperatur erhöht wird. Jedoch zeigen diese Beziehungen nicht den quantitativen Effekt auf den Zykluswirkungsgrad oder die in den Beziehungen beinhalteten Ungenauigkeiten bei hohen Druckverhältnissen, hohen Turbineneintrittstemperaturen und den Verlusten in den Komponenten.

Um eine bessere Beziehung zwischen dem thermischen Gesamtwirkungsgrad und der Turbineneintrittstemperatur, den Gesamtdruckverhältnissen und der abgegebenen Leistungen zu erhalten, betrachten wir die nachfolgenden Beziehungen. Für einen maximalen thermischen Gesamtwirkungsgrad ergibt Gl. (2-9) das optimale Druckverhältnis für fixierte Eintrittstemperaturen und Wirkungsgrade an Kompressor und Turbine:

$$(r_p)_{opt} = \left[\frac{T_3 \eta_t}{T_1 + \eta_t T_3 - T_3} - \sqrt{\left(\frac{T_3 \eta_t}{T_1 + \eta_t T_3 - T_3}\right)^2 - \sqrt{\left(\frac{\eta_c \eta_t T_3^2 - \eta_t \eta_c T_1 T_3 + \eta_t T_1 T_3}{T_1^2 + \eta_1 T_1 T_3 - T_1 T_3}\right)}} \right]^{\frac{\gamma-1}{\gamma}}$$

(2-9)

Gleichung (2-9) reduziert sich zu

$$(r_p)_{opt} = \left(\frac{T_3}{T_1}\right)^{\frac{\gamma}{\gamma-1}}$$

(2-10)

unter der Annahme, daß Kompressor und Turbine verlustfrei arbeiten ($\eta_c = \eta_t = 1$). Jedoch ist diese vereinfachte Annahme nicht genau. Das optimale Druckverhältnis für maximale abgegebene Arbeit ist mit Gl. (2-11) beschrieben:

$$(r_p)_{opt} = \left[\left(\frac{T_1}{T_3}\right)\left(\frac{1}{\eta_c \eta_t}\right)\right]^{\frac{\gamma}{2-2\gamma}}$$

(2-11)

Die Gln. (2-9) und (2-11) ergeben eine relativ genaue Analyse, jedoch sind die zwei Werte nicht notwendigerweise gleich. Die Diskrepanz zwischen diesen Gleichungen und der kompletteren Analyse beruht darauf, daß in den vorgenannten Gleichungen folgende Annahmen getroffen wurden:
(1) $m_f \ll m_a$, (2) c_p und γ sind konstant innerhalb des Systems und (3) das Druckverhältnis im System bleibt konstant. Der Vorteil der Gln. (2-9) und (2-11) ist, daß sie eine schnelle überschlägige Analyse der Zyklen erlauben.

2.1.1
Effekt der Regeneration

In einem einfachen Gasturbinenzyklus ist die Turbinenaustrittstemperatur fast immer deutlich höher als die Temperatur der Luft, die den Kompressor verläßt. Es liegt somit nahe, daß die benötigte Kraftstoffmenge durch den Einsatz eines Regenerators reduziert werden kann. In diesem wärmen die heißen Turbinenaustrittsgase die Luft zwischen Kompressor und Verbrennungskammer vor. Abbildung 2-2 zeigt eine schematische Darstellung des regenerativen Zyklus und seiner Leistung im T-S-Diagramm. Im Idealfall verläuft die Strömung durch den Regenerator bei konstantem Druck. Der Wirkungsgrad des Regenerators ist durch folgende Beziehung beschrieben:

$$\eta_{reg} = \frac{T_3 - T_2}{T_5 - T_2}$$

(2-12)

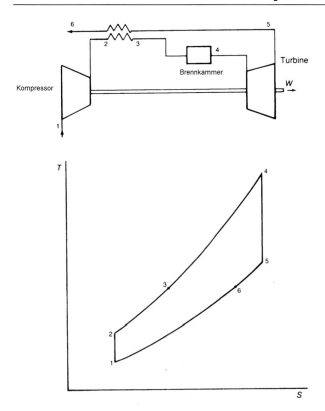

Abb. 2-2. Der regenerative Gasturbinenzyklus

Somit kann der Gesamtwirkungsgrad für diesen Systemzyklus beschrieben werden mit:

$$\eta_{cyc} = \frac{\eta_t(h_4 - h_5) - (h_2 - h_1)/\eta_c}{h_4 - (h_5 - h_2')\eta_{reg} + h_2'} \quad (2\text{-}13)$$

Hierbei ist h_2' die wirkliche Enthalpie der Luft am Kompressoraustritt. Um eine Erhöhung des Regeneratorwirkungsgrads zu erreichen, muß die Wärmeübertragungsfläche vergrößert werden. Dies verursacht einen Anstieg von Kosten, Druckabfall und dem Raumbedarf der Einheit.

Abbildung 2-3 zeigt die Verbesserung im Zykluswirkungsgrad aufgrund von Wärmerückgewinnung für eine Gasturbine im einfachen offenen Zyklus bei einem Druckverhältnis von 4,33:1 und 650 °C (1200 °F) Einlaßtemperatur. Der Zykluswirkungsgrad fällt mit ansteigendem Druckabfall im Regenerator. Der Terminus „Regenerativer Wärmetauscher" wird für dieses System verwandt. In diesem wird der Wärmeübergang zwischen beiden Strömungen erreicht, indem ein drittes Medium abwechselnd in die zwei Strömungen eingebracht wird (die Wärme strömt nacheinander in und aus dem dritten Medium, das somit zykli-

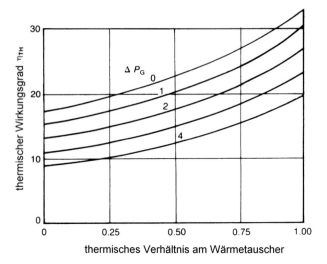

Abb. 2-3. Variation des Gasturbinenzyklus-Wirkungsgrads mit der Wärmetauscher-Leistung. ΔP_G Druckabfall an der Wärmetauscher-Gasseite, lb/psi (1 lb/psi = 0,03 kg/bar)

schen Temperaturwechseln unterliegt). In einem rekuperativen Wärmetauscher hat jedes Element der wärmeübertragenden Oberfläche eine konstante Temperatur, und mittels Gasen in Gegenstromanordnungen ist die Temperaturverteilung in der Matrix in Strömungsrichtung so, daß eine optimale Leistung bei den gegebenen Wärmeübertragungsbedingungen erreicht wird. Diese optimale Temperaturverteilung kann idealerweise in einem Gegenstromregenerator erreicht werden und wird auch in einem Kreuzstromregenerator nahezu erreicht.

Die Matrix, die die maximale Strömung pro Flächeneinheit erlaubt, wird im kleineren Regenerator für eine gegebene thermische und Druckverlust-Leistung erreicht. Ein Material mit einer hohen Wärmekapazität pro Volumeneinheit wird bevorzugt, da diese Eigenschaft die Schaltzeit vergrößert und dazu tendiert, die Übergabeverluste zu reduzieren. Eine andere zu bevorzugende Eigenschaft des Aufbaus ist die niedrige thermische Konduktivität in Richtung der Gasströmung. Alle Leckagen innerhalb des Regenerators sollen vermieden werden. Eine Leckage von 3% reduziert die Regeneratoreffektivität von 80 auf 71%.

2.1.2
Zwischenkühlungs- und Wiedererwärmungseffekte

Die Nettoarbeit eines Gasturbinenzyklus ist gegeben mit

$$W_{cyc} = W_t - W_c \tag{2-14}$$

und kann entweder durch Verminderung der Kompressorarbeit vergrößert werden oder durch Vergrößerung der Turbinenarbeit. Dies sind die Ziele, die mit Zwischenkühlung und Wiedererwärmung verfolgt werden.

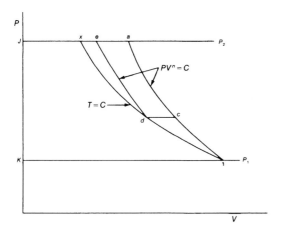

Abb. 2-4. Mehrstufige Kompression mit Zwischenkühlung

Kompressoren mit vielen Stufen werden manchmal gebraucht, um eine Kühlung zwischen den Stufen zu ermöglichen und die absolut aufzuwendende Arbeit zu reduzieren. Abbildung 2-4 zeigt einen polytropen Kompressionsprozeß 1-a auf der P-V-Ebene. Wenn hierbei keine Änderungen in der kinetischen Energie auftreten, ist die geleistete Arbeit durch das Gebiet 1-a-j-k-1 dargestellt. Eine konstante Temperaturlinie ist als 1-x gezeigt. Wenn die polytrope Kompression von Zustand 1 zu Zustand 2 in 2 Teile geteilt wird, 1-c und d-e, und dazwischen mit konstantem Druck nach $T_d = T_1$ gekühlt wird, dann ist die geleistete Arbeit durch die Fläche 1-c-d-e-i-k-1 dargestellt. Die Fläche c-a-e-d-c repräsentiert die Arbeit, die in zweistufiger Kompression durch Zwischenkühlung auf die Anfangstemperaturen gespart werden kann. Der optimale Druck für Zwischenkühlung für spezifizierte Werte P_1 und P_2 ist

$$P_{opt} = \sqrt{P_1 P_2}$$

Deshalb vergrößert sich die Nettoarbeit des Zyklus ohne Änderung der Turbinenarbeit, wenn ein einfacher Gasturbinenzyklus derart modifiziert wird, daß die Kompressionen in zwei oder mehr adiabaten Prozessen mit Zwischenkühlung ausgeführt werden.

Der thermische Wirkungsgrad eines idealen einfachen Zyklus wird durch einen zusätzlichen Zwischenkühler verkleinert. Abbildung 2-5 zeigt ein Schema eines derartigen Zyklus. Der ideale einfache Gasturbinenzyklus ist 1-2-3-4-1, der Zyklus mit zusätzlicher Zwischenkühlung ist 1-a-b-c-2-3-4-1. Beide Zyklen sind in ihrer idealen Form reversibel und können durch eine Anzahl von Carnot-Zyklen simuliert werden. Somit nähern diese kleinen Zyklen sich mit zunehmender Anzahl dem Carnot-Zyklus an, wenn der einfache Gasturbinenzyklus 1-2-3-4-1 in eine Anzahl von Zyklen wie m-n-o-p-m aufgeteilt wird. Der Wirkungsgrad eines solchen Carnot-Zyklus ist durch folgende Beziehung gegeben:

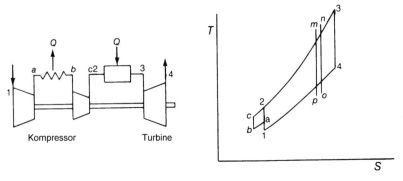

Abb. 2-5. Luftstandard mit Zwischenkühlungszyklus

$$\eta_{cyc} = 1 - \frac{T_m}{T_p}$$

Wenn die spezifische Wärme konstant ist, dann gilt

$$\frac{T_3}{T_4} = \frac{T_m}{T_p} = \frac{T_2}{T_1} = \left(\frac{P_2}{P_1}\right)^{\frac{\gamma-1}{\gamma}} \tag{2-15}$$

Alle diese Carnot-Zyklen ergeben zusammen den einfachen Gasturbinenzyklus mit dem gleichen Wirkungsgrad. Alle Carnot-Zyklen, in die der Zyklus *a-b-c-2-a*, ähnlich wie oben, aufgeteilt sein kann, haben ebenfalls einen gemeinsamen Wert für den Wirkungsgrad, der niedriger ist, als wenn die Carnot-Zyklen den Zyklus 1-2-3-4-1 ausmachen. Somit führt der Zusatz eines Zwischenkühlers, der zum einfachen Zyklus noch *a-b-c-2-a* hinzufügt, zu einer Verringerung des Zykluswirkungsgrads.

Das Hinzufügen eines Zwischenkühlers zu einem regenerativen Gasturbinenzyklus vergrößert den thermischen Wirkungsgrad des Zyklus und die abgegebene Leistung, da die Wärme, die für den Prozeß *c*-3 in Abb. 2-5 erforderlich ist, vom heißen Turbinenabgas aus dem Regenerator erhalten werden kann, statt durch Verbrennung von zusätzlichem Kraftstoff.

Die Turbinenarbeit und als Konsequenz auch die Nettoarbeit des Zyklus kann vergrößert werden, ohne die Kompressorarbeit oder die Turbineneinlaßtemperatur zu ändern. Dies wird durch Aufteilung der Turbinenexpansion in zwei oder mehrere Teile mit Erwärmung bei konstantem Druck vor jeder Expansion erreicht. Diese Zyklusmodifikation ist bekannt als Nachheizung (Reheating) (Abb. 2-6). Mit ähnlicher Begründung, wie sie im Zusammenhang mit Zwischenkühlung angewandt wurde, kann der thermische Wirkungsgrad eines einfachen Zyklus durch zusätzliche Zwischenerhitzung verringert werden, während die abgegebene Leistung vergrößert wird. Jedoch kann eine Kombination von Regenerator und Zwischenerwärmer den thermischen Wirkungsgrad vergrößern.

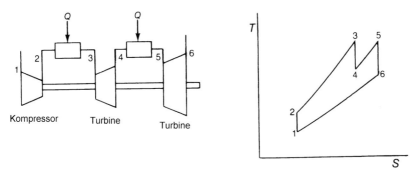

Abb. 2-6. Nacherhitzungszyklus und T-S-Diagramm

2.2
Analyse des wirklichen Zyklus

Abschnitt 2.1 behandelt den theoretischen Zyklus. Die abgegebene Arbeit und der Wirkungsgrad aller wirklichen Zyklen ist deutlich kleiner als die der zugehörigen idealen Zyklen. Dies liegt am Effekt von Kompressor- und Turbinenwirkungsgraden sowie an den Druckverlusten im System.

2.2.1
Der einfache Zyklus

Der einfache Zyklus ist der am meisten verbreitete Zyklus, der z.Zt. im Feld eingesetzt wird. Der wirkliche, offene, einfache Zyklus zeigt gemäß Abb. 2-7 die Ineffektivität von Kompressor und Turbine und den Druckverlust innerhalb des Verbrennungsbereichs. Mit dem Kompressorwirkungsgrad η_c und dem Turbinenwirkungsgrad η_t ist die wirkliche Kompressorarbeit und die wirkliche Turbinenarbeit gegeben mit:

$$W_{ca} = \frac{W_c}{\eta_c} = \dot{m}_a \left(h_2 - h_1 \right) / \eta_c \tag{2-16}$$

$$W_{ta} = \left(\dot{m}_a + \dot{m}_f \right) \left(h_{3a} - h_4 \right) \eta_t \tag{2-17}$$

Somit ist die wirklich abgegebene Arbeit

$$W_{act} = W_{ta} - W_{ca} \tag{2-18}$$

Der wirkliche Kraftstoffbedarf zur Erhöhung der Temperatur von 2a nach 3a ist

$$\dot{m}_f = \frac{h_{3a} - h_{2a}}{(LHV)\eta_b} \tag{2-19}$$

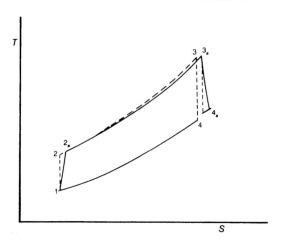

Abb. 2-7. T-S-Diagramm des wirklichen, offenen, einfachen Zyklus

Somit kann der Gesamtzykluswirkungsgrad mit folgender Gleichung berechnet werden:

$$\eta = \frac{W_{act}}{\dot{m}_f (LHV)} \tag{2-20}$$

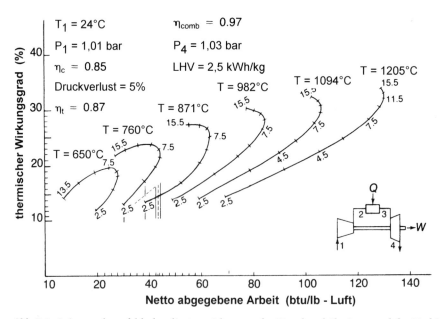

Abb. 2-8. Leistungskennfeld, das die Auswirkungen des Druckverhältnisses und der Turbineneintrittstemperatur im einfachen Zyklus darstellt (LHV: Low Heating Value = Unterer Heizwert; 100 Btu/lb$_{Luft}$ = 13,3·10^{-3} kWh/kg$_{Luft}$)

Die Analyse dieses Zyklus zeigt, daß eine Erhöhung der Einlaßtemperatur zur Turbine eine Erhöhung des Zykluswirkungsgrads hervorruft. Das optimale Druckverhältnis variiert mit der Turbineneinlaßtemperatur zu einem Optimum von etwa 7,5:1 bei einer Temperatur von 1205 °C (2660 °R). Das Druckverhältnis für maximale Arbeit variiert jedoch von etwa 5:1 zu etwa 12,5:1 für die gleichen zugehörigen Temperaturen.

Somit kann aus Abb. 2-8 ersehen werden, daß für maximale Leistung ein Druckverhältnis von 9,5:1 bei einer Temperatur von 980 °C (2260 °R) optimal ist. Der Einsatz eines axial durchströmten Kompressors benötigt 16 Stufen mit einem Druckverhältnis von 1,151:1 pro Stufe. Ein 16stufiger Kompressor ist eine relativ konservative Auslegung. Wenn das Druckverhältnis auf 1,252:1 pro Stufe vergrößert würde, dann wäre die Anzahl der Stufen gleich 10. Das letztgenannte Druckverhältnis wurde mit hohen Wirkungsgraden erreicht. Diese Reduktion der Stufenanzahl bedeutet eine große Gesamtkostenminderung. Erhöhungen der Turbinentemperaturen erzeugen eine große Verbesserung von Wirkungsgrad und Leistung. Somit werden Temperaturen im 1090 °C (2000 °F)-Bereich am Turbineneinlaß zum Stand der Technik.

2.2.2
Einfacher Zyklus mit geteilten Wellen

Der einfache Zyklus mit geteilten Wellen wird hauptsächlich für hohe Drehmomente und großen Lastbereich eingesetzt. Abbildung 2-9 zeigt ein Schema für einen einfachen Zyklus mit 2 Wellen. Die erste Turbine treibt den Kompressor, die zweite wird als Leistungsquelle eingesetzt. Mit der Annahme, daß die Anzahl der Stufen im einfachen Zyklus mit geteilter Welle größer ist als an der Einwellenmaschine, ist der Wirkungsgrad des Zyklus mit geteilter Welle am Auslegungspunkt etwas höher. Dies beruht auf dem Wiedererwärmungsfaktor. Ist jedoch die Anzahl der Stufen gleich, dann liegt keine Änderung im Gesamtwirkungsgrad vor. Im H-S-Diagramm sind einige Beziehungen zwischen Turbinen zu finden. Da es Aufgabe der Hochdruckturbine ist, den Kompressor anzutreiben, lauten die anzuwendenden Gleichungen:

$$h_{4a} = h_3 - W_{ca} \tag{2-21a}$$

$$h_4 = h_3 - \left(W_{ca} / \eta_t\right) \tag{2-21b}$$

Somit kann die abgegebene Arbeit durch folgende Beziehung dargestellt werden:

$$W_a = \left(\dot{m}_f\right)\left(h_{4a} - h_5\right)\eta_t \tag{2-22}$$

Im Zyklus mit geteilter Welle liegen der Kompressor und die ihn antreibende Turbine bei der ersten Welle, während auf der zweiten Welle die die Antriebsmaschine treibende freie Turbine liegt. Die beiden Wellen können bei vollständig unterschiedlichen Drehzahlen betrieben werden. Der Vorteil der Gasturbine

36 2 Analyse des theoretischen und realen Zyklus

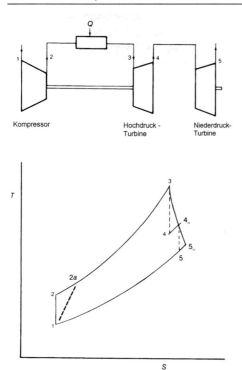

Abb. 2-9. Der Gasturbinenzyklus mit geteilter Welle

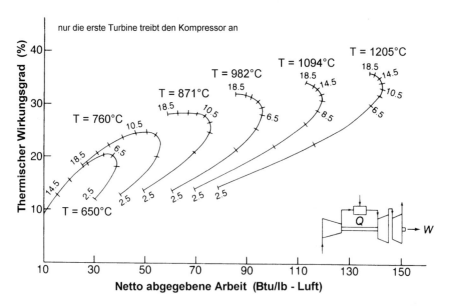

Abb. 2-10. Leistungskennfeld, das die Auswirkungen von Druckverhältnis und Turbineneintrittstemperatur eines Zyklus mit geteilter Welle zeigt (vgl. Abb. 2-8)

mit geteilter Welle ist ihr hohes Drehmoment. Eine freie Leistungsturbine erzeugt ein sehr hohes Drehmoment bei niedrigen Drehzahlen. Ein sehr hohes Drehmoment bei niedriger Drehzahl ist nützlich für Fahrzeugantriebe, jedoch bei konstantem Vollastbetrieb hat es wenig oder keinen Wert. Sein Einsatz sollte auf variable mechanische Antriebsanwendungen begrenzt bleiben.

2.2.3
Der regenerative Zyklus

Der regenerative Zyklus wird heute aufgrund knapper Kraftstoffreserven und hohen Kraftstoffkosten zunehmend bestimmt. Die benötigte Treibstoffmenge kann durch den Gebrauch des Regenerators reduziert werden. In diesem wird das heiße Turbinenaustrittsgas genutzt, um die Luft zwischen Kompressor und Brennkammer vorzuwärmen. Gemäß Abb. 2-11 und der Definition eines Regenerators ist die Temperatur am Austritt des Regenerators

$$T_3 = T_{2a} + \eta_{reg}\left(T_5 - T_{2a}\right) \tag{2-23}$$

Hierbei ist T_{2a} die wirkliche Temperatur am Kompressoraustritt. Der Regenerator erhöht die Lufttemperatur, die in die Brennkammer eintritt, reduziert hierbei das Brennstoff-zu-Luft-Verhältnis und erhöht den thermischen Wirkungsgrad.

Ein Regenerator mit einem angenommenen Wirkungsgrad von 80% hat einen etwa 40% höheren Wirkungsgrad des regenerativen Zyklus als sein Gegenstück im einfachen Zyklus (s. Abb. 2-11). Die abgegebene Arbeit für eine bestimmte Menge Luft ist etwa die gleiche oder etwas kleiner als die, die man in einem ein-

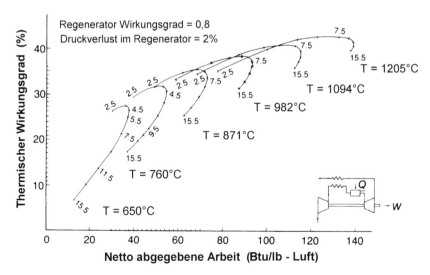

Abb. 2-11. Leistungskennfeld, das die Auswirkungen von Druckverhältnis und Turbineneintrittstemperatur eines regenerativen Zyklus zeigt (vgl. Abb. 2-8)

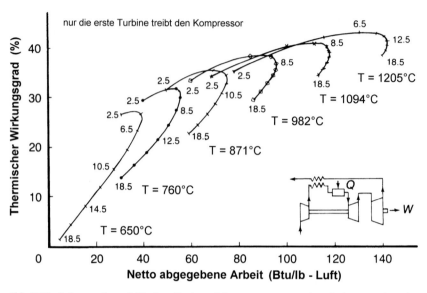

Abb. 2-12. Leistungskennfeld, das die Auswirkungen von Druckverhältnis und Turbineneintrittstemperatur eines regenerativen Zyklus mit geteilter Welle zeigt

fachen Zyklus erhält. Der Punkt, bei dem ein maximaler Wirkungsgrad im regenerativen Zyklus erreicht wird, liegt bei einem niedrigeren Druckverhältnis als im einfachen Zyklus. *Doch das optimale Druckverhältnis für die maximale Arbeit ist in beiden Zyklen etwa gleich.* Somit gilt für die Konstruktion von Gasturbinen, daß das Druckverhältnis so gewählt werden sollte, daß der maximale Vorteil mit beiden Zyklen erreicht werden kann, da in den meisten Fällen eine regenerative Option angeboten wird. Es ist nicht korrekt zu sagen, daß ein Regenerator abseits des optimalen Betriebspunkts nicht effektiv sein würde. Jedoch sollte eine gründliche Analyse durchgeführt werden, bevor große Ausgaben getätigt werden.

Die regenerative Turbine mit geteilter Welle ist der Einwellenmaschine sehr ähnlich. Der Vorteil dieser Turbine ist der gleiche wie zuvor erwähnt, ein hohes Drehmoment bei niedriger Drehzahl. Der Zykluswirkungsgrad ist auch etwa der gleiche. Abbildung 2-12 zeigt die Leistung, die von einem derartigen Zyklus erwartet werden kann.

2.2.4
Der zwischengekühlte einfache Zyklus

Ein einfacher Zyklus mit Zwischenkühler kann die totale Kompressorarbeit vermindern und die netto abgegebene Arbeit verbessern. Abbildung 2-5 zeigt den einfachen Zyklus mit Zwischenkühlung zwischen den Kompressoren. Folgende Annahmen wurden zur Betrachtung dieses Zyklus getroffen: (1) Kompressor-

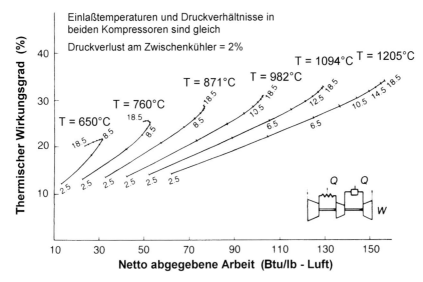

Abb. 2-13. Leistungskennfeld, das die Auswirkungen von Druckverhältnis und Turbineneintrittstemperatur eines zwischengekühlten Zyklus zeigt

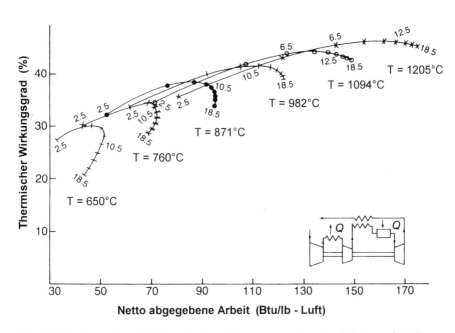

Abb. 2-14. Leistungskennfeld, das die Auswirkungen von Druckverhältnis und Turbineneintrittstemperatur eines zwischengekühlten regenerativen Zyklus zeigt (vgl. Abb. 2-8)

2 Analyse des theoretischen und realen Zyklus

Zwischenkühlertemperatur gleich Einlaßtemperatur, (2) Kompressorwirkungsgrade etwa gleich, (3) Druckverhältnisse in beiden Kompressoren sind gleich und identisch zu $\sqrt{P_2/P_1}$.

Der zwischengekühlte einfache Zyklus vermindert die vom Kompressor aufgenommene Arbeit. Die Reduktion in der aufgenommenen Arbeit wird durch das Kühlen der Einlaßtemperatur in der zweiten und den folgenden Stufen des Kompressors erreicht. Es wird auf die Temperatur der Umgebungsluft heruntergekühlt und das gleiche Gesamtdruckverhältnis aufrecht erhalten. Die Kompressorarbeit kann dann durch folgende Beziehung beschrieben werden:

$$W_c = \left(h_a - h_1\right) + \left(h_c - h_1\right) \tag{2-24}$$

Dieser Zyklus produziert eine Erhöhung der abgegeben Arbeit von 30%, doch ist der Gesamtwirkungsgrad etwas vermindert, wie Abb. 2-13 zeigt. Ein zwischengekühlter regenerativer Zyklus kann die abgegebene Arbeit und den thermischen Wirkungsgrad erhöhen. Diese Kombination ergibt eine Wirkungsgraderhöhung von etwa 12% und eine Vergrößerung der abgegebenen Arbeit von etwa 30% (s. Abb. 2-14). Der maximale Wirkungsgrad tritt jedoch im Vergleich zu einfachen oder wiedererwärmten Zyklen bei niedrigeren Druckverhältnissen auf.

2.2.5
Der wiedererwärmte Zyklus

Der regenerative Zyklus verbessert den Wirkungsgrad eines Zyklus mit geteilter Welle, doch er bringt keine zusätzliche Arbeit pro durchströmter Luftmasse. Um dieses weiterführende Ziel zu erreichen, muß das Konzept der Wiedererwär-

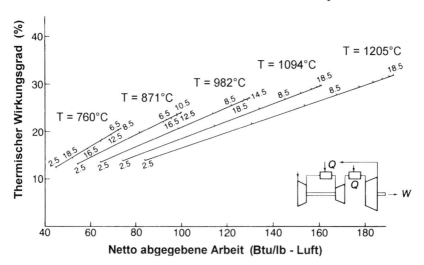

Abb. 2-15. Leistungskennfeld, das die Auswirkungen von Druckverhältnis und Turbineneintrittstemperatur eines Zyklus mit Wiedererwärmung und geteilter Welle zeigt

mung angewandt werden. Der in Abb. 2-6 dargestellte Wiedererwärmungszyklus besteht aus einer 2stufigen Turbine mit einer Brennkammer vor jeder Stufe. Die Annahmen, die in diesem Kapitel gemacht werden, beruhen darauf, daß die Aufgabe der Hochdruckturbine nur im Kompressorantrieb liegt, und daß das Gas, das die Turbine verläßt, dann auf gleiche Temperatur wie im ersten Verbrenner wieder erwärmt wird, bevor es in die Niederdruck- oder Nutzleistungsturbine eintritt. Dieser Wiedererwärmungszyklus hat eine niedrigere Effektivität als im einfachen Zyklus, doch er produziert etwa 35% mehr Wellenleistung (s. Abb. 2-15).

2.2.6
Der zwischengekühlte regenerative Wiedererwärmungszyklus

Der Carnot-Zyklus ist der optimale Zyklus, alle anderen Zyklen liegen unterhalb dieses Optimums. Maximale thermische Effektivität wird erreicht, indem die isotherme Kompression angenähert und die Expansion des Carnot-Zyklus

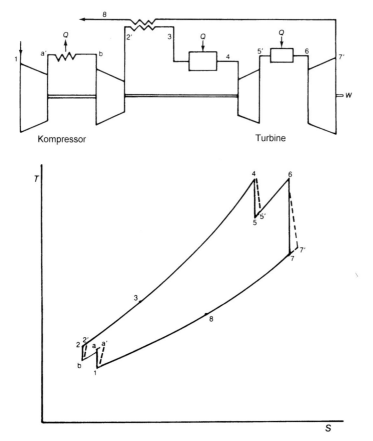

Abb. 2-16. Der zwischengekühlte regenerative wiedererwärmte Gasturbinenzyklus mit geteilter Welle

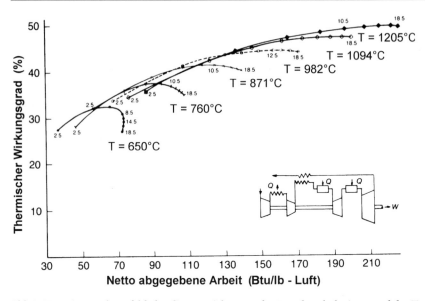

Abb. 2-17. Leistungskennfeld, das die Auswirkungen des Druckverhältnisses und der Turbineneintrittstemperatur an einem zwischengekühlten, regenerativen, wiedererwärmten Zyklus mit Wellenteilung darstellt (vgl. Abb. 2-8)

durchgeführt wird, oder durch Zwischenkühlung in der Kompression und Wiedererwärmung im Expansionsprozeß. Abbildung 2-16 zeigt den zwischengekühlten, regenerativen Wiedererwärmungszyklus, der sich diesem optimalen Zyklus in einer praktikablen Art annähert. Dieser Zyklus erreicht die maximale Effektivität und abgegebene Arbeit der bisher beschriebenen Zyklen. Mit Einfügen eines Zwischenkühlers in den Kompressor verschiebt sich das Druckverhältnis für den maximalen Wirkungsgrad zu viel höheren Verhältnissen, wie in Abb. 2-17 dargestellt.

2.2.7
Der Dampfeinspritzzyklus

Dampfeinspritzungen wurden in Kolbenmaschinen und Gasturbinen seit mehreren Jahren eingesetzt. Dieser Zyklus kann eine Antwort auf die gegenwärtigen Sorgen bzgl. Luftverschmutzung und höheren Wirkungsgraden sein. Korrosionsprobleme sind das Haupthindernis in einem derartigen System. Das Konzept ist einfach und geradlinig: Wasser wird in den Luftaustritt des Kompressors injiziert und erhöht die Massenstromrate durch die Turbine, wie in Abb. 2-18 schematisch dargestellt. Der Dampf, der stromab des Kompressors injiziert wird, erhöht nicht die Arbeit, die zum Antrieb des Kompressors erforderlich ist; er wird mit dem Austrittsgas der Turbine erzeugt. Typischerweise tritt Wasser mit 1,01 bar (14,7 psia) und 27 °C (80 °F) in die Pumpe und den Regenerator ein. Dort wird es mit bis zu 4,1 bar (60 psia) oberhalb des Kompressoraustritts auf die gleiche

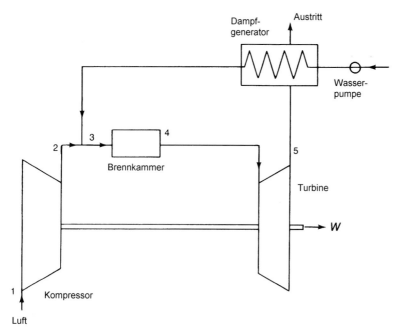

Abb. 2-18. Der Dampfinjektionszyklus

Temperatur wie die Kompressoraustrittsluft gebracht. Der Dampf wird hinter dem Kompressor injiziert, jedoch weit vor dem Verbrenner, um eine gute Mischung zu erzeugen. Dies hilft, die Primärzonentemperatur im Verbrenner und den NO_x-Ausstoß zu reduzieren. Die Enthalpie des Zustands 3 (h_3) ist die Mischungsenthalpie von Luft und Dampf. Die folgende Beziehung beschreibt die Strömung an diesem Punkt:

$$h_3 = \left(\dot{m}_a h_{2a} + \dot{m}_s h_{3a}\right) / \left(\dot{m}_a + \dot{m}_s\right) \qquad (2\text{-}25)$$

Die Enthalpie, die in die Turbine eintritt, ist wie folgt gegeben:

$$h_4 = \left(\left(\dot{m}_a + \dot{m}_f\right) h_{4a} + \dot{m}_s h_{4s}\right) / \left(\dot{m}_a + \dot{m}_f + \dot{m}_s\right) \qquad (2\text{-}26)$$

mit dem Brennstoffanteil, der zu diesem Zyklus addiert werden muß, als

$$\dot{m}_f = \frac{h_4 - h_3}{\eta_b \left(LHV\right)} \qquad (2\text{-}27)$$

Die Enthalpie, die die Turbine verläßt, ist

$$h_5 = \left(\left(\dot{m}_a + \dot{m}_f\right) h_{5a} + \dot{m}_s h_{5s}\right) / \left(\dot{m}_a + \dot{m}_f + \dot{m}_s\right) \qquad (2\text{-}28)$$

somit ist die totale Arbeit durch die Turbine gegeben mit

$$W_t = \left(\dot{m}_a + \dot{m}_s + \dot{m}_f\right)\left(h_4 - h_5\right)\eta_t \qquad (2\text{-}29)$$

und der Gesamtwirkungsgrad des Zyklus ist

$$\eta = \frac{W_t - W_c}{\dot{m}_f (LHV)} \qquad (2\text{-}30)$$

Der Zyklus führt zu einer Erhöhung der abgegebenen Arbeit und einer leichten Erhöhung des gesamten thermischen Wirkungsgrads.

Die Abb. 2-19 und 2-20 zeigen den Effekt verschiedener Raten der Dampfinjektion und der Turbineneinlaßtemperaturen auf das System. Mit etwa 5% der Injektion bei 982 °C (2260 °R) und einem Druckverhältnis von 8,5:1, wird eine 20%ige Erhöhung der abgegebenen Arbeit mit einer Erhöhung von etwa 1–2% des Zykluswirkungsgrads über dem, der erfahrungsgemäß im einfachen Zyklus vorliegt, erreicht. Die Annahme hierbei ist, daß Dampf bei einem Druck von etwa 4,1 bar (60 psi) über dem Druck der am Kompressor austretenden Luft injiziert und daß der gesamte Dampf durch die Wärme am Turbinenaustritt erzeugt wird. Berechnungen zeigen, daß dort ausreichend Verlustwärme vorliegt, um diese Ziele zu erreichen.

Der große Vorteil dieses Zyklus liegt im niedrigen Produktionsniveau von Stickoxiden. Dieses niedrige Niveau wird durch den Dampf erreicht, der in die Diffusorwände des Kompressoraustritts, jedoch weit vor der Brennkammer injiziert wird, um eine gleichmäßige Mischung von Dampf und Luft in diesem Bereich zu erzeugen. Die gleichmäßige Mischung reduziert den Sauerstoffanteil der Brennstoff-zu-Luft-Mischung und erhöht seine Wärmekapazität, die wie-

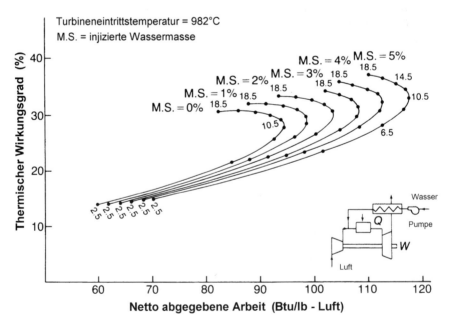

Abb. 2-19. Leistungskennfeld, das die Auswirkungen von Druckverhältnis und Dampfströmungsrate auf den Dampfinjektionszyklus darstellt (vgl. Abb. 2-8)

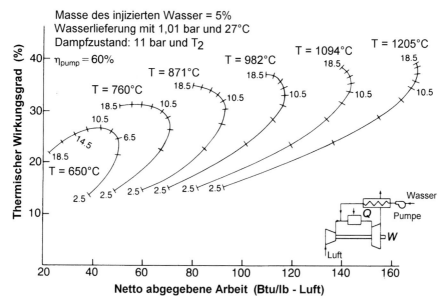

Abb. 2-20. Leistungskennfeld, das die Auswirkungen von Druckverhältnissen und Turbineneintrittstemperaturen bei einer festen Dampfrate in einem Dampfinjektionszyklus darstellt

derum die Temperatur der Verbrennungszone und das erzeugte NO$_x$ reduziert. Feldversuche zeigen, daß ein 5%iger Gewichtsanteil Dampf den Anteil von NO$_x$-Emissionen auf akzeptable Niveaus reduziert. Das hierbei auftretende Hauptproblem ist Korrosion. Das Korrosionsproblem wird gegenwärtig untersucht und es werden Fortschritte erzielt. Die Attraktivität diese Systems liegt darin, daß keine großen Modifikationen erforderlich sind, um ein existierendes System auszustatten. Der Ort der Wasserinjektion ist sehr wichtig für den guten Betrieb des Systems und des Zyklus.

2.2.8
Der regenerative Zyklus mit Verdampfung

Dieser Zyklus, der in Abb. 2-21 dargestellt ist, ist ein regenerativer Zyklus mit Wasserinjektion. Theoretisch hat er die Vorteile sowohl der Dampfinjektion als auch der regenerativen Systemreduktionen von NO$_x$-Emissionen und auch einen höheren Wirkungsgrad. Die abgegebene Arbeit dieses Systems ist etwa die gleiche, wie sie im Dampfinjektionszyklus erreicht wird, doch ist der thermische Wirkungsgrad des Systems viel höher.

Ein Hochdruckverdampfer wird zwischen Kompressor und Regenerator eingesetzt, um Wasserdampf in den Luftstrom hinzuzufügen und im Prozeß die Temperatur dieser Mischströmung zu reduzieren. Die Mischung tritt dann mit einer niedrigeren Temperatur in den Regenerator ein und erhöht den Tempera-

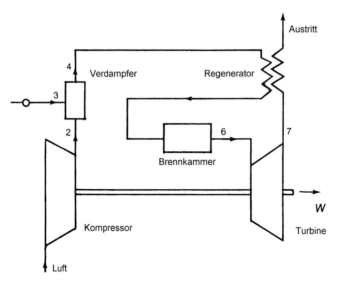

Abb. 2-21. Der regenerative Zyklus mit Verdampfung

turunterschied über den Regenerator. Die Erhöhung des Temperaturunterschieds reduziert die Temperatur der Austrittsgase deutlich, so daß diese Austrittsgase, die sonst verloren wären, die indirekte Quelle der Wärme zur Verdampfung von Wasser sind. Sowohl die Luft, als auch das verdampfte Wasser passieren den Regenerator, die Brennkammer und die Turbine. Das Wasser tritt mit 27 °C (80 °F) und 1,01 bar (14,7 psia) durch eine Pumpe in den Verdampfer ein. Es verläßt diesen als Dampf bei 27 °C (80 °F) und 4,14 bar (60 psia) oberhalb des Kompressoraustritts. Dann wird es in den Luftstrom eingespritzt.

Die beschreibenden Gleichungen sind die gleichen wie im vorangegangenen Zyklus für die Turbinensektion, doch ist die zusätzliche Wärme durch den Regenerator verändert. Die folgenden Gleichungen enthalten diese Änderung der hinzugeführten Wärme. Nach dem ersten Hauptsatz der Thermodynamik ist die Mischtemperatur (T4) mit folgender Beziehung gegeben:

$$T_4 = \frac{\dot{m}_a c_{pa} T_2 + \dot{m}_s c_{pw}(T_s - T_3) - \dot{m}_s h_{fg}}{\dot{m}_a c_{pa} + \dot{m}_s c_{ps}} \tag{2-31}$$

Die Enthalpie des Gases, das den Regenerator verläßt, ist gegeben mit der Beziehung

$$h_5 = h_4 + \eta_{reg}(h_7 - h_4) \tag{2-32}$$

Ähnlich wie beim regenerativen Zyklus hat der regenerative Zyklus mit Verdampfung höhere Wirkungsgrade bei niedrigeren Druckverhältnissen. Die Abb. 2-22 und 2-23 zeigen die Leistung dieses Systems bei verschiedenen Dampfinjektionsraten und verschiedenen Turbineneintrittstemperaturen. Ähnlich dem Dampfinjektionszyklus, wird der Dampf mit etwa 4,45 bar (50 psi) höherem Druck als die am Kompressor austretende Luft injiziert. Korrosion im Regene-

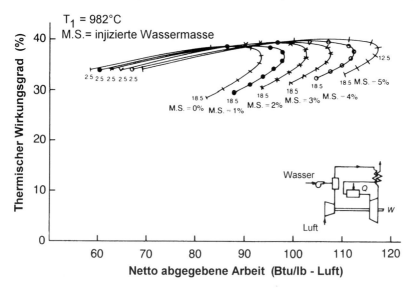

Abb. 2-22. Leistungskennfeld, das die Auswirkungen von Druckverhältnis und Dampfmassenstrom eines regenerativen Zyklus mit Verdampfung zeigt (vgl. Abb. 2-8)

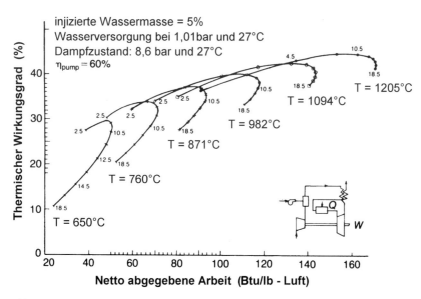

Abb. 2-23. Leistungskennfeld, das die Auswirkungen von Druckverhältnis und Turbineneintrittstemperatur eines regenerativen Zyklus mit Verdampfung und einem festen Dampfmassenstrom zeigt

rator ist ein Problem dieses Systems. Wenn die Regeneratoren nicht gründlich sauber sind, neigen sie zur Ausbildung heißer Stellen (hot spots). Dies kann zu Feuern führen. Mit geeigneten Regeneratorkonstruktionen kann dieses Poblem gelöst werden. Das NO_x-Emissionsniveau ist niedrig und erfüllt EPA-Vorschriften.

2.2.9
Der Brayton-Rankine-Zyklus

Die Kombination der Gasturbine mit der Dampfturbine ist eine attraktive Möglichkeit, speziell für Kraftwerke und Prozeßindustrien, in denen Dampf gebraucht wird. In diesem Zyklus wird das heiße Gas vom Turbinenaustritt genutzt, um in einem zusätzlich gefeuerten Kessel überhitzten Dampf mit hohen Temperaturen für die Dampfturbine zu produzieren, wie in Abb. 2-24 dargestellt.

Die Berechnungen für die Gasturbine sind die gleichen, wie für den einfachen Zyklus. Die Berechnungen für die Dampfturbine sind:

Dampfgenerator Wärme

$$_4Q_1 = h_{1s} - h_{4s} \tag{2-33}$$

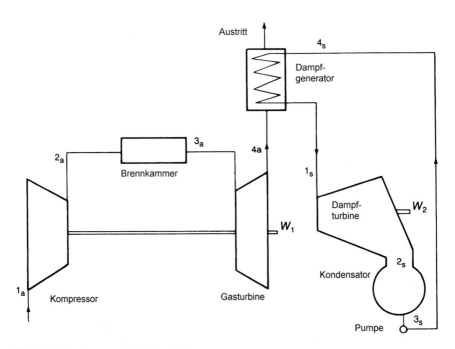

Abb. 2-24. Der Brayton-Rankine-Zyklus

Turbinenarbeit

$$W_{ts} = \dot{m}_s \left(h_{1s} - h_{2s} \right) \tag{2-34}$$

Pumparbeit

$$W_p = \dot{m}_s \left(h_{4s} - h_{3s} \right) / \eta_p \tag{2-35}$$

Die Arbeit des Kombizyklus ist gleich der Summe der Nettoarbeit der Gasturbine und der Dampfturbinenarbeit. Etwa ein Drittel bis zur Hälfte der ausgelegten Leistung ist als Energie in den Austrittsgasen verfügbar. Die Austrittsgase der Turbine werden zur Gewinnung von Wärme aus dem Wärmerückgewinnungskessel benötigt. Somit kann diese Wärme zum Gesamtzyklus hinzugezählt werden. Die folgenden Gleichungen beschreiben die Gesamtzyklusarbeit und den thermischen Wirkungsgrad:

Gesamtzyklusarbeit

$$W_{cyc} = W_{ta} + W_{ts} - W_c - W_p \tag{2-36}$$

Gesamter Zykluswirkungsgrad

$$\eta = \frac{W_{cyc}}{\dot{m}_f \left(LHV \right)} \tag{2-37}$$

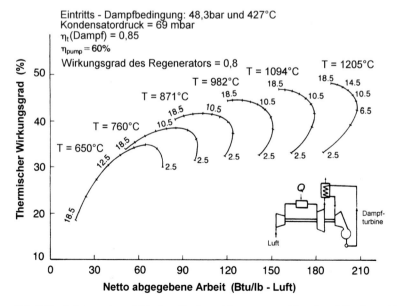

Abb. 2-25. Leistungskennfeld, das die Auswirkungen von Druckverhältnis und Turbineneintrittstemperatur eines Brayton-Rankine-Zyklus zeigt (vgl. Abb. 2-8)

Dieses System zeigt, wie aus Abb. 2-25 ersichtlich, daß die Nettoarbeit etwa die gleiche ist, wie sie in einem Dampfinjektionszyklus erwartet wird. Doch die Wirkungsgrade sind viel höher. Die Nachteile dieses Systems sind seine hohen Anfangskosten, die jedoch ebenso hoch wie im Dampfinjektionszyklus sind. Der NO_x-Anteil der Abgase bleibt gleich wie in einer Gasturbine mit einfachem Zyklus. Dieses System wird aufgrund seines hohen Wirkungsgrads weitverbreitet genutzt.

2.3
Zusammenfassung

Der Zweck der vorhergehenden Abschnitte lag darin, die individuellen Auswirkungen der wichtigsten Modifikationen, die an Gasturbinen mit einfachem Zyklus durchgeführt werden können, darzustellen. Die Resultate, die in den Kur-

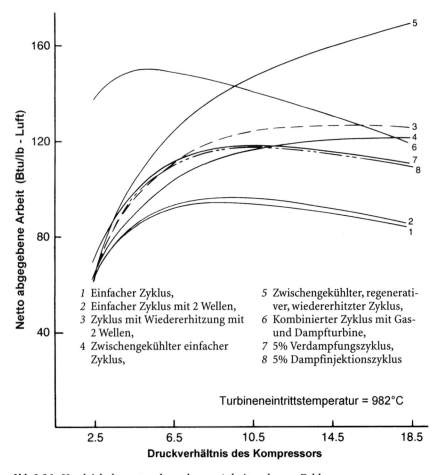

Abb. 2-26. Vergleich der netto abgegebenen Arbeit mehrerer Zyklen

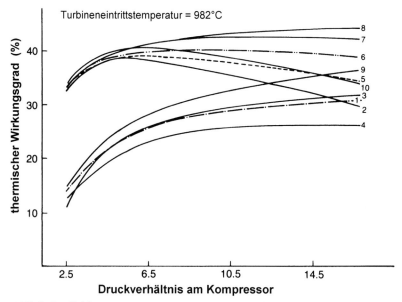

1 Einfacher Zyklus,
2 Regenerativer Zyklus,
3 Einfacher Zyklus mit 2 Wellen,
4 Wiedererhitzungszyklus mit 2 Wellen,
5 Zyklus mit Regeneration und Wiedererhitzung mit 2 Wellen,
6 Zwischengekühlter und regenerativer Zyklus,
7 Zwischengekühlter, regenerativer, wiedererwärmter Zyklus,
8 Kombinierter Zyklus mit Dampf und Gas,
9 5% Dampfinjektionszyklus,
10 5% Verdampfungszyklus

Abb. 2-27. Vergleich des thermischen Wirkungsgrads mehrerer Zyklen

ven gezeigt wurden, können aufgrund unterschiedlicher örtlicher Bedingungen differieren. Die Abb. 2-26 und 2-27 können benutzt werden, um einen Betreiber bei der Spezifikation seines Bedarfs zu unterstützen.

Sie ergeben einen guten Vergleich der Auswirkungen der verschiedenen Zyklen auf die abgegebene Arbeit und den thermischen Wirkungsgrad. Die Kurven sind für Turbineneintrittstemperaturen von 982 °C (2260 °R) gezeichnet. Diese Temperatur wird z.Zt. von Herstellern benutzt. Die Austrittsarbeit des regenerativen Zyklus ist der Austrittsarbeit des einfachen Zyklus sehr ähnlich. Die Austrittsarbeit des regenerativen wiedererwärmten Zyklus ist dem wiedererwärmten Zyklus ebenfalls sehr ähnlich. Deshalb wurden diese beiden Zyklen in Abb. 2-26 ausgelassen. Die meiste Arbeit pro Luftmasse kann vom zwischengekühlten regenerativen wiedererwärmten Zyklus erwartet werden.

Der Zyklus mit dem bestem Wirkungsgrad ist der Brayton-Rankine-Zyklus. Dieser Zyklus hat ein ausgezeichnetes Potential in Kraftwerken und in der Prozeßindustrie, in der Dampfturbinen in vielen Bereichen im Einsatz sind. Die Anfangskosten des Systems sind hoch. Sie können jedoch in vielen Fällen, in denen Dampfturbinen bereits genutzt werden, deutlich reduziert werden.

Regenerative Zyklen werden ebenfalls aufgrund der hohen Kosten für Brennstoffe zunehmend populär. Die Regeneratoren sollten nicht ohne sorgfältige Prüfung in existierende Einheiten eingebaut werden. Der Regenerator ist am effizientesten bei niedrigen Druckverhältnissen. Selbstreinigende (Cleansing) Turbinen mit abrasiven Zusätzen können ein Problem in regenerativen Einheiten hervorrufen, da die Reinigungsteile (Cleansers) sich im Regenerator festsetzen und dort heiße Stellen (Hot Spots) hervorrufen können.

Systeme mit Wasserinjektionen stecken noch in den Kinderschuhen, und es sind wenig Daten zu ihrem Betrieb im Feld verfügbar. Korrosionsprobleme im Diffusor des Kompressors und in der Brennkammer sind die hauptsächlichen Bedenken. Die Erhöhung von Arbeit und Wirkungsgrad mit einer Reduktion im NO_x-Wert machen den Prozeß sehr attraktiv.

Zyklen mit geteilten Wellen sind für den Einsatz bei Maschinen mit veränderlichen Drehzahlen interessant. Die der Konstruktion zugrunde liegenden Charakteristika einer derartigen Maschine sind hoher Wirkungsgrad und hohe Drehmomente bei niedrigen Drehzahlen.

3 Leistungscharakteristika der Kompressoren und Turbinen

Dieses Kapitel untersucht die Gesamtleistungscharakteristika von Kompressoren und Turbinen. Die Leser werden mit den Maschinen, die unter dem allgemeinen Terminus „Turbomaschinen" klassifiziert werden, vertraut gemacht. Pumpen und Kompressoren werden eingesetzt, um Druck zu produzieren; Turbinen produzieren Arbeit. Diese Maschinen haben einige gemeinsame Charakteristika. Das Hauptelement ist der Rotor mit den Schaufeln oder den Leitschaufeln. Der Pfad des Fluids im Rotor kann axial, radial oder eine Kombination aus beiden sein. Es gibt 3 Methoden, um die Elemente des Turbomaschinenbetriebs zu untersuchen.
1. Durch Untersuchung der Kräfte und Geschwindigkeitsdiagramme können einige allgemeine Beziehungen zwischen der Strömungsmenge, dem Druck, der Geschwindigkeit und der Leistung gefunden werden.
2. Durch gründliche, experimentelle Untersuchungen können die Beziehungen zwischen den verschiedenen Variablen untersucht werden.
3. Es kann die Dimensionsanalyse angewandt werden, um Faktoren abzuleiten, deren Gruppierung Licht auf das allgemeine Verhalten werfen kann. Hierbei wird die vorliegende Mechanik der Strömung nicht näher betrachtet.

Die Analyse, die in diesem Kapitel vorgestellt wird, zeigt die typischen Leistungsdiagramme, die bei Turbomaschinen erwartet werden können. Das Leistungsverhalten abseits vom Betriebspunkt ist auch wichtig, um die Trends und Betriebskurven zu verstehen.

3.1
Thermodynamik der Luftströmung in den Turbomaschinen

Die Bewegung eines Gases kann auf 2 verschiedenen Wegen untersucht werden: (1) die Untersuchung der Bewegungen jedes Gaspartikels, um den Ort, die Geschwindigkeit, die Beschleunigung und die Zustandsänderung mit der Zeit festzustellen, (2) die Untersuchung jedes Partikels, um seine *Variation* in Geschwindigkeit, Beschleunigung und dem Status mehrerer Partikel an jedem Ort in Raum und Zeit festzustellen.

Mit der Untersuchung der Bewegung jedes einzelnen Fluidpartikels untersuchen wir die *Lagrangsche Bewegung*; mit der Untersuchung des Strömungsfelds im Raum die *Eulersche Bewegung*. Dieses Buch untersucht die Eulersche Bewegung der Strömung. Die Strömung wird als vollständig beschrieben betrachtet, wenn Größe, Richtung und thermodynamische Zustandsgrößen des Gases an jedem Punkt im Raum festgestellt sind.

Das Verstehen der grundlegenden Beziehungen von Druck, Temperatur und Strömungstyp ist erforderlich, um die Strömung in Turbomaschinen zu verstehen. Eine ideale Strömung in Turbomaschinen existiert, wenn kein Wärmeübergang zwischen dem Gas und seiner Umgebung vorliegt und die Entropie des Gases nicht geändert wird. Diese Strömung ist als *reversible adiabate Strömung* charakterisiert. Zur Beschreibung dieser Strömung müssen die totalen und statischen Bedingungen von Druck, Temperatur und das Konzept des idealen Gases verstanden sein.

3.1.1
Ideales Gas

Ideales Gas erfüllt die Zustandsgleichung $PV = MRT$ oder $P/\varrho = MRT$, hierbei steht P für den Druck, V für das Volumen, ϱ für die Dichte, M für die Masse, T für die Temperatur des Gases und R für die Gaskonstante pro Masseneinheit unabhängig von Druck und Temperatur. In den meisten Fällen ist die ideale Gasgleichung ausreichend, um die Strömung innerhalb von 5% der wirklichen Bedingungen zu beschreiben. Wenn die perfekten Gasgesetze nicht angewandt werden können, kann der Kompressibilitätsfaktor des Gases Z eingeführt werden:

$$Z(P,T) = \frac{PV}{RT} \tag{3-1}$$

Abbildung 3-1 zeigt die Beziehung zwischen Kompressibilitätsfaktor, Druck und Temperatur, ausgedrückt mit reduziertem Druck und reduzierter Temperatur:

$$P_r = \frac{P}{P_c} \qquad T_r = \frac{T}{T_c} \tag{3-2}$$

P_c und T_c sind der Druck und die Temperatur des Gases am kritischen Punkt.

Statischer Druck ist der Druck des bewegten Fluids. Der statische Druck eines Gases ist in alle Richtungen gleich. Er ist eine skalare Punktfunktion. Er kann gemessen werden, indem ein Loch in das Rohr gebohrt und ein Drucksensor hieran angeschlossen wird.

Der *totale Druck* ist der Druck des Gases, das in einer reversiblen adiabaten Weise zum Stillstand gebracht wurde. Er kann mit einem Pitot-Rohr gemessen werden, das in die Strömung gehalten wird. Das Gas wird an der Spitze des Meßrohrs zum Stillstand gebracht. Die Beziehung zwischen totalem und statischem Druck ist gegeben mit

$$P_t = P_s + \frac{\rho V^2}{2g_c} \tag{3-3}$$

3.1 Thermodynamik der Luftströmung in den Turbomaschinen

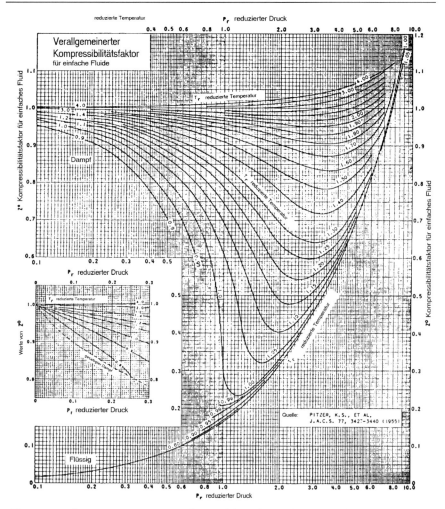

Abb. 3-1. Verallgemeinerter Kompressibilitätsfaktor für einfaches Fluid (Entnommen aus Journal of the American Chemical Society, ©1955, American Chemical Society)

Hierbei ist $\varrho V^2/2g_c$ der dynamische Druckanteil, der die Geschwindigkeit des bewegten Gases beinhaltet.

Statische Temperatur ist die Temperatur des strömenden Gases. Diese Temperatur steigt an, aufgrund der zufälligen Bewegungen der Fluidmoleküle. Die statische Temperatur kann nur von einem relativ zum bewegten Gas ruhenden Ort gemessen werden. Die Messung der statischen Temperatur ist eine schwierige, wenn nicht unmögliche Aufgabe.

Totale Temperatur ist der Temperaturanstieg im Gas, wenn seine Geschwindigkeit in einer reversiblen, adiabaten Weise zum Stillstand gebracht wurde. Die totale Temperatur kann durch Einbringen eines Thermoelements, eines Widerstandstemperaturmeßfühlers oder eines Thermometers in die Strömung gemessen werden. Die Beziehung zwischen der totalen Temperatur und der statischen Temperatur lautet:

$$T_t = T_s + \frac{V^2}{2c_p g_c} \tag{3-4}$$

3.1.2
Kompressibilitätseffekt

Der Kompressibilitätseffekt ist in Maschinen mit hohen Machzahlen wichtig. Die *Machzahl* ist das Verhältnis der Geschwindigkeit zur Schallgeschwindigkeit des Gases bei einer gegebenen Temperatur $M \equiv V / a$. Die *Schallgeschwindigkeit* ist als die Änderung des Verhältnisses zwischen dem Druck des Gases zu seiner Dichte bei konstanter Entropie beschrieben

$$a^2 \equiv \left(\frac{\partial P}{\partial \varrho}\right)_{s=c} \tag{3-5}$$

In inkompressiblen Fluiden geht der Wert der Schallgeschwindigkeit gegen Unendlich. Für isentrope Strömungen kann die Zustandsgleichung des perfekten Gases geschrieben werden als

$P / \varrho^\gamma = \text{const}$

Deshalb gilt

$\ln P - \gamma \ln \varrho = \text{const}$ (3-6)

Durch Differentiation der vorstehenden Gleichung wird die folgende Beziehung erhalten:

$$\frac{dP}{P} - \gamma \frac{d\varrho}{\varrho} = 0 \tag{3-7}$$

Für eine isentrope Strömung kann die Schallgeschwindigkeit geschrieben werden als

$a^2 = dP/d\varrho$

Deshalb ist

$a^2 = \gamma P/d\varrho$ (3-8)

Durch Einsetzen der allgemeinen Zustandsgleichung und der Definition der Schallgeschwindigkeit erhält man die folgende Beziehung:

$a^2 = \gamma g_c R T_s$ (3-9)

Bei dieser ist T_s (statische Temperatur) die Temperatur des bewegten Gasstroms.

Da die statische Temperatur nicht gemessen werden kann, muß der Wert der statischen Temperatur mittels Nutzung der Messungen des statischen Drucks, des totalen Drucks und der Temperatur berechnet werden. Die Beziehung zwischen statischem Druck und totaler Temperatur ist gegeben mit

$$\frac{T_t}{T_s} = 1 + \frac{V^2}{2g_c c_p T_s} \tag{3-10}$$

Hierbei kann die spezifische Wärme c_p als konstantes Volumen geschrieben werden:

$$c_p = \frac{\gamma R}{\gamma - 1} \tag{3-11}$$

γ ist das Verhältnis der spezifischen Wärmen

$$\gamma = \frac{c_p}{c_v}$$

Durch Kombination der Gln. (3-10) und (3-11) erhält man folgende Beziehung:

$$\frac{T_1}{T_s} = 1 + \frac{\gamma - 1}{2} M^2 \tag{3-12}$$

Die Beziehung zwischen den totalen und den statischen Bedingungen ist isentrop; deshalb gilt

$$\frac{T_1}{T_s} = \left(\frac{P_t}{P_s}\right)^{\frac{\gamma-1}{\gamma}} \tag{3-13}$$

Die Beziehung zwischen dem totalen und dem statischen Druck kann geschrieben werden als

$$\frac{P_t}{P_s} = \left(1 + \frac{\gamma - 1}{2} M^2\right)^{\frac{\gamma}{\gamma-1}} \tag{3-14}$$

Durch Messung des totalen und des statischen Drucks und der Anwendung der Gl. (3-14) kann die Machzahl berechnet werden; mit Gl. (3-12) die statische Temperatur, da die totale Temperatur gemessen werden kann. Schließlich kann mit der Definition der Machzahl die Geschwindigkeit der Gasströmung berechnet werden.

3.2
Die Aerothermischen Gleichungen

Die Gasströmung wird mit den 3 grundlegenden Aerothermischen Gleichungen definiert: (1) Kontinuität, (2) Impuls und (3) Energie.

3.2.1
Die Kontinuitätsgleichung

Die Kontinuitätsgleichung ist eine mathematische Formulierung des Gesetzes der Massenerhaltung eines Gases, das als Kontinuum betrachtet wird. Das Gesetz der Massenerhaltung besagt, daß die Masse eines Volumens, das sich im Fluid bewegt, unverändert bleibt

$\dot{m} = \varrho A V$

mit

$\dot{m}$ = Massenstrom
ϱ = Fluiddichte
A = Strömungsquerschnitt
V = Gasgeschwindigkeit.

Die vorstehende Gleichung kann in der differentiellen Form geschrieben werden:

$$\frac{dA}{A} + \frac{dV}{V} + \frac{d\varrho}{\varrho} = 0 \qquad (3\text{-}15)$$

3.2.2
Die Impulsgleichung

Die Impulsgleichung ist eine mathematische Formulierung des Gesetzes der Impulserhaltung. Es besagt, daß die Änderungsrate des linearen Impulses eines Volumens, das sich im Fluid bewegt, gleich ist zu den Oberflächen- und Körperkräften, die das Fluid angreifen. Abbildung 3-2 zeigt die Geschwindigkeitskomponenten in einer verallgemeinerten Turbomaschine. Die Geschwindigkeitsvektoren sind in 3 zueinander senkrecht stehende Komponenten aufgelöst: die axiale Komponente (V_a), die tangentiale (V_θ) und die radiale (V_m).

Die Untersuchungen jeder einzelnen Geschwindigkeit zeigt, daß folgende Charakteristika festgestellt werden können: Änderungen in der Größenordnung der axialen Geschwindigkeit rufen eine Axialkraft hervor, die im Axiallager aufgenommen werden muß. Die Änderung der radialen Geschwindigkeit führt zu radialen Kräften, die im Radiallager aufzunehmen sind. Die tangentiale Komponente ist die einzige Komponente, die eine Kraft hervorruft, die mit einer Änderung des Dralls korrespondiert; die anderen zwei Geschwindigkeitskomponenten haben keine Auswirkung auf diese Kraft – ausgenommen die evtl. auftretende Lagerreibung.

Durch Anwendungen des Impulserhaltungsprinzips kann die Änderung des Dralls, die durch Änderungen der Tangentialgeschwindigkeit auftritt, bestimmt werden. Diese ist gleich der Summe aller Kräfte, die auf den Rotor wirken. Diese Summation ergibt das Netto-Drehmoment am Rotor und eine bestimmte Masse

3.2 Die Aerothermischen Gleichungen

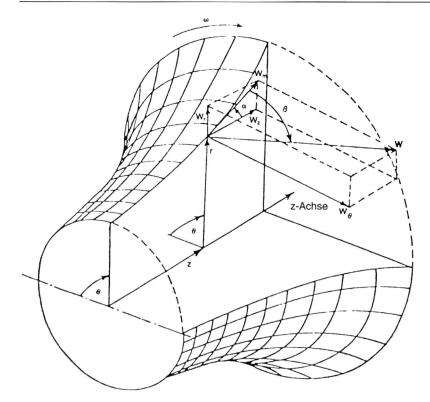

Abb. 3-2. Geschwindigkeitsvektoren in der Rotorströmung des Kompressors

eines Fluids, die in die Turbomaschine mit der Anfangsgeschwindigkeit V_{θ_1} am Radius r_1 eintritt und mit der tangentialen Geschwindigkeit V_{θ_2} am Radius r_2 austritt. Unter der Annahme, daß der Massenstrom durch die Turbomaschine unverändert bleibt, kann das durch Änderung der Winkelgeschwindigkeit hervorgerufene Drehmoment geschrieben werden als

$$\tau = \frac{\dot{m}}{g_c}\left(r_1 V_{\theta_1} - r_2 V_{\theta_2}\right) \qquad (3\text{-}16)$$

Die Änderungsrate im Energietransfer kg·m/s (ft-lb$_f$/sec) ist das Produkt von Drehmoment und der Winkelgeschwindigeit (ω)

$$\tau\omega = \frac{\dot{m}}{g_c}\left(r_1 \omega V_{\theta_1} - r_2 \omega V_{\theta_2}\right) \qquad (3\text{-}17)$$

Somit kann der totale Energietransfer geschrieben werden als

$$E = \frac{\dot{m}}{g_c}\left(U_1 V_{\theta_1} - U_2 V_{\theta_2}\right) \qquad (3\text{-}18)$$

3 Leistungscharakteristika der Kompressoren und Turbinen

Hierbei sind U_1 und U_2 die linearen Geschwindigkeiten des Rotors am jeweiligen Radius. Die vorstehende Relation pro Einheit des Massenstroms wird

$$H = \frac{1}{g_c}\left(U_1 V_{\theta_1} - U_2 V_{\theta_2}\right) \tag{3-19}$$

H ist der Energietransfer pro Massenstromeinheit m·kg$_f$/kg$_m$ (ft-lb$_f$/lb$_m$) oder der Strömungsdruck. Gleichung (3-19) ist bekannt als die Eulersche Turbinengleichung.

Die dargestellte, auf den Drall bezogene Bewegungsgleichung kann in andere Formen transformiert werden, die leichter zum Verständnis der grundlegenden Komponenten der Maschinenauslegung führen. Um die Strömung in einer Turbomaschine nachvollziehen zu können, muß das Konzept der absoluten und relativen Geschwindigkeiten verstanden worden sein. Die *absolute Geschwindigkeit* (V) ist die Gasgeschwindigkeit aus der Sicht eines stationären Koordinatensystems. Die *relative Geschwindigkeit* (W) ist die Geschwindigkeit relativ zum Rotor. In Turbomaschinen hat die in den Rotor eintretende Luft eine relative Geschwindigkeitskomponente parallel zu den Rotorschaufeln und eine absolute Geschwindigkeitskomponente parallel zu den stationären Leitschaufeln. Mathematisch kann diese Beziehung ausgedrückt werden als

$$\vec{V} = \vec{W} + \vec{U} \tag{3-20}$$

Hierbei ist die absolute Geschwindigkeit (V) die algebraische Addition der relativen Geschwindigkeit (W) und der linearen Rotorgeschwindigkeit (U). Die

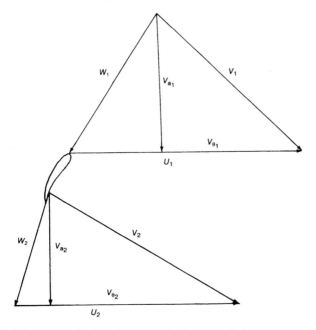

Abb. 3-3. Geschwindigkeitsdreiecke für einen Axialkompressor

absolute Geschwindigkeit kann in ihre Komponenten aufgelöst werden: die radiale oder Meridiangeschwindigkeit (V_m) und die tangentiale Komponente V_θ. Mit Hilfe von Abb. 3-3 erhält man folgende Beziehungen:

$$V_1^2 = V_{\theta_1}^2 + V_{m_1}^2$$

$$V_2^2 = V_{\theta_2}^2 + V_{m_2}^2$$

$$W_1^2 = \left(U_1 - V_{\theta_1}\right)^2 + V_{m_1}^2$$

$$W_2^2 = \left(U_2 - V_{\theta_2}\right)^2 + V_{m_2}^2 \tag{3-21}$$

Durch Einsetzen dieser Beziehungen in die Eulersche Turbinengleichung ergibt sich folgende Beziehung:

$$H = \frac{1}{2g_c}\left[\left(V_1^2 - V_2^2\right) + \left(U_1^2 - U_2^2\right) + \left(W_2^2 - W_1^2\right)\right] \tag{3-22}$$

3.2.3
Die Energiegleichung

Die Energiegleichung ist die mathematische Formulierung des Energieerhaltungsgesetzes. Es besagt, daß die Rate, mit der Energie in ein Volumen eines bewegten Fluides eintritt, gleich ist der Rate der geleisteten Arbeit an den Grenzflächen des Fluids innerhalb des Volumens und der Änderungsrate der Energie innerhalb des bewegten Fluids. Die Energie in einem bewegten Fluid setzt sich aus interner, Strömungs-, kinetischer und potentieller Energie zusammen.

$$\varepsilon_1 + \frac{P_1}{\varrho_1} + \frac{V_1^2}{2g_c} + Z_1 + {}_1Q_2 = \varepsilon_2 + \frac{P_2}{\varrho_2} + \frac{V_2^2}{2g_c} + Z_2 + {}_1(Arbeit)_2 \tag{3-23}$$

Für isentrope Strömung kann die Energiegleichung wie folgt beschrieben werden, wobei für die Addition von interner und Strömungsenergie die Enthalpie (h) des Fluids eingeführt wird:

$${}_1(Arbeit)_2 = (h_1 - h_2) + \left(\frac{V_1^2}{2g_c} - \frac{V_2^2}{2g_c}\right) + (Z_1 - Z_2) \tag{3-24}$$

Die Kombination der Energie- und Impulsgleichungen führt zu folgender Beziehung:

$$(h_1 - h_2) + \left(\frac{V_1^2}{2g_c} - \frac{V_2^2}{2g_c}\right) + (Z_1 - Z_2) = \frac{1}{g_c}\left[U_1 V_{\theta_1} - U_2 V_{\theta_2}\right] \tag{3-25}$$

Mit der Annahme, daß keine Änderung bei der potentiellen Energie vorliegt, kann die Gleichung geschrieben werden

$$(h_1 - h_2) + \left(\frac{V_1^2}{2g_c} - \frac{V_2^2}{2g_c}\right) + (Z_1 - Z_2) = \frac{1}{g_c}\left[U_1 V_{\theta_1} - U_2 V_{\theta_2}\right] \tag{3-26}$$

Mit der Annahme, daß das Gas thermisch und kalorisch perfekt ist, wird die Gleichung zu

$$T_{1t} - T_{2t} = \frac{1}{c_p g_c}\left[U_1 V_{\theta_1} - U_2 V_{\theta_2}\right] \tag{3-27}$$

für isentrope Strömung,

$$\frac{T_{2t}}{T_{1t}} = \left(\frac{P_{2t}}{P_{1t}}\right)^{\frac{\gamma-1}{\gamma}} \tag{3-28}$$

durch Kombination der Gln. (3-27) und (3-28)

$$T_{1t}\left[1 - \left(\frac{P_{2t}}{P_{1t}}\right)^{\frac{\gamma-1}{\gamma}}\right] = \frac{1}{c_p g_c}\left[U_1 V_{\theta_1} - U_2 V_{\theta_2}\right] \tag{3-29}$$

3.3
Wirkungsgrade

3.3.1
Adiabater Wirkungsgrad

Die Arbeit in einem Kompressor oder einer Turbine unter idealisierten Verhältnissen geschieht bei konstanter Entropie, wie in Abb. 3-4 bzw. 3-5 dargestellt. Die tatsächlich geleistete Arbeit ist mit der gestrichelten Linie angedeutet. Der isentrope Wirkungsgrad des Kompressors kann mit den absoluten Änderungen der Enthalpie geschrieben werden

$$\eta_{ad_c} = \frac{\text{Isentrope Arbeit}}{\text{Wirkliche Arbeit}} = \frac{(h_{2t} - h_{1t})\,id}{(h_{2't} - h_{1t})\,act} \tag{3-30}$$

Diese Gleichung kann für thermisch und kalorisch perfektes Gas mit den totalen Drücken und Temperaturen umgeschrieben werden

$$\eta_{ad_c} = \left[\left(\frac{P_{2t}}{P_{1t}}\right)^{\frac{\gamma-1}{\gamma}} - 1\right] / \left[\frac{T_{2t}}{T_{1t}} - 1\right] \tag{3-31}$$

Der Prozeß zwischen 1 und 2' kann mit folgender Zustandsgleichung definiert werden:

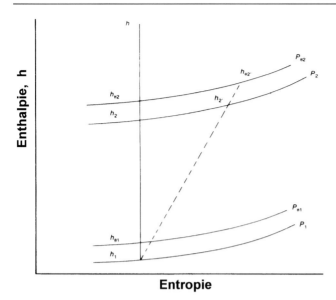

Abb. 3-4. Entropie-Enthalpie-Diagramm eines Kompressors

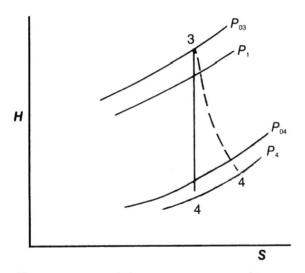

Abb. 3-5. Entropie-Enthalpie-Diagramm einer Turbine

$$\frac{P}{\varrho^n} = \text{const} \tag{3-32}$$

Hier ist n der Polytropenexponent. Der adiabate Wirkungsgrad wird dargestellt durch

$$\eta_{ad_c} = \left[\left(\frac{P_{2t}}{P_{1t}}\right)^{\frac{\gamma-1}{\gamma}} - 1\right] / \left[\left(\frac{P_{2t}}{P_{1t}}\right)^{\frac{n-1}{n}} - 1\right]$$

(3-33)

Der isentrope Wirkungsgrad der Turbine kann mit der totalen Enthalpieänderung beschrieben werden

$$\eta_{ad_t} = \frac{\text{Wirkliche Arbeit}}{\text{Isentrope Arbeit}} = \frac{h_{3t} - h_{4't}}{h_{3t} - h_{4t}}$$

(3-34)

Diese Gleichung kann für thermisch und kalorisch perfektes Gas mit den totalen Drücken und Temperaturen umgeschrieben werden:

$$\eta_{ad_t} = \frac{\left[1 - \frac{T_{4't}}{T_{3t}}\right]}{1 - \left(\frac{P_{4t}}{P_{3t}}\right)^{\frac{\gamma-1}{\gamma}}}$$

(3-35)

3.3.2
Polytroper Wirkungsgrad

Der polytrope Wirkungsgrad ist ein anderes Konzept, das oft bei Kompressoruntersuchungen eingesetzt wird. Es wird als kleiner Stufen- oder infinitesimaler Stufenwirkungsgrad bezeichnet, der der wirkliche aerodynamische Wirkungsgrad ist, wobei der Druckverhältniseffekt ausgenommen bleibt. Der Wirkungsgrad ist der gleiche, als wenn das Fluid inkompressibel und identisch mit dem hydraulischen Wirkungsgrad wäre:

$$\eta_{pc} = \frac{\left[1 + \frac{dP_{2t}}{P_{1t}}\right]^{\frac{\gamma-1}{\gamma}} - 1}{\left[1 + \frac{dP_{2t}}{P_{1t}}\right]^{\frac{n-1}{n}} - 1}$$

(3-36)

Dies kann expandiert werden mit

$$\frac{dP_{2t}}{P_{1t}} \ll 1$$

Unter Vernachlässigung der Termini 2. Ordnung erhält man folgende Beziehung:

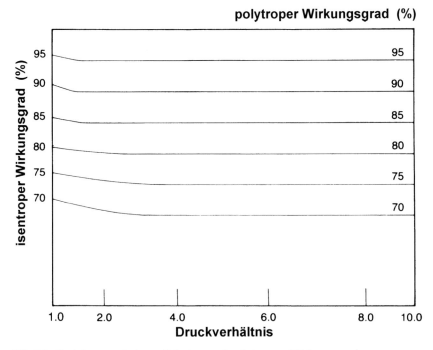

Abb. 3-6. Beziehung zwischen adiabatem und polytropem Wirkungsgrad

$$\eta_{pc} = \frac{\frac{\gamma-1}{\gamma}}{\frac{n-1}{n}} \tag{3-37}$$

Aus dieser Beziehung ist ersichtlich, daß der polytrope Wirkungsgrad der Grenzwert des isentropen Wirkungsgrads ist, bei dem die Druckerhöhung gegen Null geht. Der Wert des polytropen Wirkungsgrads ist hierbei höher als der des zugehörigen adiabaten Wirkungsgrads. Abbildung 3-6 zeigt die Beziehung zwischen adiabatem und polytropem Wirkungsgrad, wenn das Druckverhältnis über den Kompressor ansteigt. Abbildung 3-7 zeigt die Beziehungen über die Turbine.

Eine andere Charakteristik des polytropen Wirkungsgrads ist, daß er bei einer mehrstufigen Einheit gleich dem Stufenwirkungsgrad ist, wenn jede Stufe den gleichen Wirkungsgrad hat.

3.4 Dimensionsanalyse

Turbomaschinen können mittels *Dimensionsanalyse* miteinander verglichen werden. Diese Analyse produziert verschiedene geometrisch ähnliche Parame-

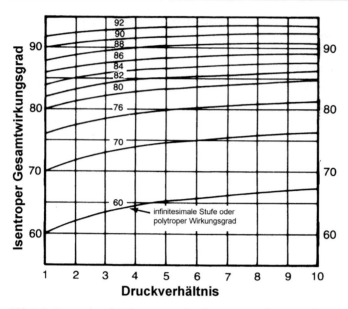

Abb. 3-7. Expansion des Gesamt- und polytropen Wirkungsgrads

ter. Die Dimensionsanalyse ist eine Prozedur, bei der die Variablen, die eine physikalische Situation darstellen, in dimensionslose Gruppen reduziert werden. Diese dimensionslosen Gruppen können eingesetzt werden, um die Leistung verschiedener Maschinentypen zu vergleichen. Die Dimensionsanalyse, wie sie bei Turbomaschinen vorgenommen wird, kann eingesetzt werden für:
(1) Vergleich der Daten verschiedener Maschinentypen – das ist eine nützliche Technik in der Entwicklung von Schaufelgittern und Schaufelprofilen.
(2) Um aus verschiedenen Maschineneinheiten auszuwählen, basierend auf maximalem Wirkungsgrad und der erforderlichen Druckerhöhung.
(3) Zur Vorhersage der Leistungen eines Prototyps aus durchgeführten Versuchen mit Modellen in kleineren Maßstäben oder bei niedrigeren Geschwindigkeiten.

Die Dimensionsanalyse führt zu verschiedenen dimensionslosen Parametern. Diese basieren auf den Dimensionen Masse (M), Länge (L) und Zeit (T). Aufbauend auf diesen Elementen kann man verschiedene unabhängige Parameter erhalten, wie Dichte (ϱ), Viskosität (μ), Drehzahl (N), Durchmesser (D) und Geschwindigkeit (V). Diese unabhängigen Parameter führen zur Formulierung verschiedener dimensionsloser Gruppen, die in der Strömungsmechanik von Turbomaschinen gebraucht werden. Die Reynolds-Zahl ist das Verhältnis von Trägheits- zu Zähigkeitskräften

$$R_e = \frac{\varrho V D}{\mu} \tag{3-38}$$

mit
ϱ = Dichte des Gases
V = Geschwindigkeit
D = Durchmesser des Laufrades
μ = Viskosität des Gases.

Die spezifische Drehzahl vergleicht Förderhöhe und Volumenstrom in geometrisch ähnlichen Maschinen bei verschiedenen Drehzahlen

$$N_s = \frac{N\sqrt{Q}}{H^{3/4}} \qquad (3\text{-}39)$$

mit
H = adiabate Förderhöhe
Q = Volumenstrom
N = Drehzahl.

Der spezifische Durchmesser vergleicht Förderhöhe und Volumenströme in geometrisch ähnlichen Maschinen mit verschiedenen Durchmessern

$$D_s = \frac{DH^{1/4}}{\sqrt{Q}} \qquad (3\text{-}40)$$

Die Durchflußzahl ist die Größe des Volumenstroms ausgedrückt in dimensionsloser Form:

$$\Phi = \frac{Q}{ND^3} \qquad (3\text{-}41)$$

Die Druckziffer ist der Druck oder Druckanstieg in dimensionsloser Form:

$$\psi = \frac{H}{N^2 D^2} \qquad (3\text{-}42)$$

Die vorstehenden Gleichungen sind einige der wichtigsten dimensionslosen Parameter. Wenn die Strömung dynamisch ähnlich bleiben soll, müssen alle Parameter konstant bleiben; da dies jedoch im praktischen Sinne nicht möglich ist, muß eine Auswahl getroffen werden.

Bei der Auswahl von Turbomaschinen wird durch Selektieren der spezifischen Drehzahl und des spezifischen Durchmessers der am besten passende Kompressor festgelegt (Abb. 3-8a), gleiches gilt für die Turbine (Abb. 3-8b). Aus Abb. 3-8a ist klar erkennbar, daß bei hoher Förderhöhe und niedrigem Volumenstrom eine Kolbenmaschineneinheit erforderlich ist, bei mittlerer Förderhöhe und mittlerem Volumenstrom eine radiale Einheit und bei hohem Volumenstrom und niedriger Förderhöhe eine axial durchströmte Einheit. Abbildung 3-8a zeigt auch den Wirkungsgrad dieser verschiedenen Kompressoren. Dieser Vergleich kann bei den unterschiedlichen Kompressoren gemacht werden. Während die Ergebnisse aus Abb. 3-8a,b bei tatsächlichen Maschinen variieren können, geben

3 Leistungscharakteristika der Kompressoren und Turbinen

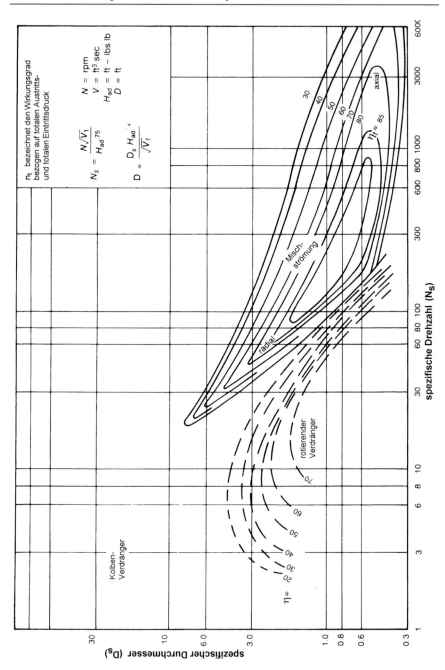

Abb. 3-8a. Kompressor-Kennfeld (rpm = min^{-1}, ft^3/sec = 0,0283 m^3/sec; ft-lbs/lb = m; ft = 0,3048 m)

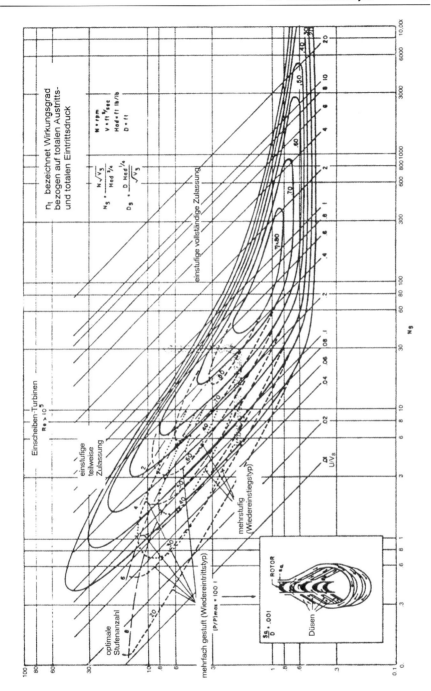

Abb. 3-8b. Turbinen-Kennfeld (Balje, O.E., „A Study of Reynolds Number Effects in Turbomachinery," Journal of Engineering for Power, ASME Trans., Vol. 86, Series A, p. 227)

sie doch eine gute Vorstellung der Turbomaschine, die für die Förderhöhe bei höchstmöglichem Wirkungsgrad erforderlich ist.

Strömungs- und Druckkoeffizienten können genutzt werden, um verschiedene Charakteristika bei vom Auslegungspunkt abweichendem Betrieb festzulegen. Die Reynolds-Zahl berührt die Strömungsberechnung für Oberflächenreibung und Geschwindigkeitsverteilungen.

Wird die Dimensionsanalyse eingesetzt, um die Leistungen aus Versuchen an kleineren Einheiten zu berechnen oder vorherzusagen, dann ist es physikalisch nicht möglich, alle Parameter konstant zu halten. Die Variationen der endgültigen Ergebnisse hängen vom Maßstab und den Unterschieden im Strömungsmedium ab. Es ist bei jeder dimensionslosen Untersuchung wichtig, die Grenzen der Parameter zu verstehen, und daß beim geometrischen Hochrechnen (scale-up) die verschiedenen Parameter konstant bleiben müssen. Viele dieser maßstäblichen Hochrechnungen haben große Probleme gemacht, weil Spannungen, Schwingungen und andere dynamische Faktoren unzureichend berücksichtigt wurden.

3.5
Leistungscharakteristika der Kompressoren

Die Leistungscharakteristika der Kompressoren können auf verschiedene Weise dargestellt werden. Die üblicherweise angewandte Praxis ist die Eintragung der Geschwindigkeitslinien als Funktion des gelieferten Drucks und des Volumenstroms. Abbildung 3-9 zeigt ein Leistungskennfeld für einen Radialkompressor. Die Linien konstanter Drehzahl sind Linien konstanter, aerodynamischer Geschwindigkeit, nicht Linien mechanischer Drehzahlen.

Die tatsächlichen Massenstromraten und Geschwindigkeiten werden mit dem Faktor ($\sqrt{\theta/\delta}$) bzw. mit ($1/\sqrt{\theta}$) korrigiert. Diese geben die Variationen von Temperatur und Druck am Einlaß wieder. Die Pumplinie schneidet sich mit verschiedenen Drehzahllinien an den Punkten, bei denen der Kompressorbetrieb instabil wird. Ein Kompressor pumpt, wenn die Hauptströmung für kurze Zeitintervalle in umgekehrte Richtung durch den Kompressor strömt. Währenddessen sinkt der hintere Druck (am Kompressoraustritt) und die Hauptströmung nimmt wieder ihre richtige Strömungsrichtung an. Diesem Prozeß folgt ein Anstieg des Austrittdrucks, wodurch die Hauptströmung schließlich wieder in Umkehrrichtung gezwungen wird. Wenn dieser nichtstationäre Prozeß nicht aufgehalten wird, kann er irreparable Schäden an der Maschine verursachen. Linien mit konstantem adiabatem Wirkungsgrad (manchmal als „Wirkungsgradinseln" bezeichnet (efficiency islands)) sind ebenfalls im Kompressorkennfeld dargestellt. Eine Bedingung, die als „Schluckgrenze" bezeichnet wird, zeigt den maximal möglichen Massenstrom an, der bei Betriebsdrehzahl durch den Kompressor strömen kann (Abb. 3-9). Der Volumenstrom kann nicht weiter erhöht werden, da er nach diesem Punkt hinter Machzahl = 1 im kleinsten Querschnitt des Kompressors liegt; dieses Phänomen ist bekannt als „Steinwall" (Stone walling). Hier tritt ein schneller Abfall von Wirkungsgrad und Druckverhältnis auf.

3.5 Leistungscharakteristika der Kompressoren

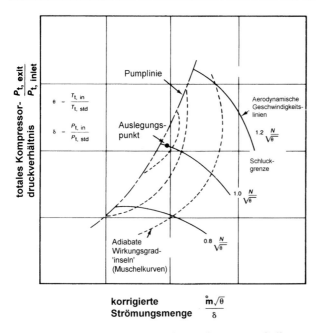

Abb. 3-9. Typische Leistungscharakteristika eines Radialkompressors

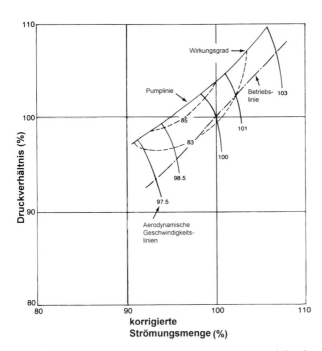

Abb. 3-10. Typisches Strömungskennfeld für einen axial durchströmten Kompressor

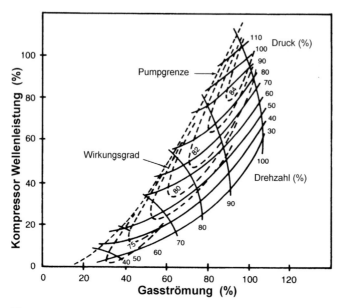

Abb. 3-11. Typisches Kompressorkennfeld mit Drehzahllinien als Funktion von Leistung und Strömungsmenge

Abbildung 3-10 zeigt ein ähnliches Leistungskennfeld für einen axial durchströmten Kompressor. Zu beachten ist der schmalere Betriebsbereich für den axial durchströmten Kompressor im Vergleich zum Radialkompressor. Abbildung 3-11 zeigt ein typisches Kompressorkennfeld aus einem etwas anderen Blickwinkel. Auf diesem Kennfeld sind die Linien konstanter, aerodynamischer Geschwindigkeit Funktionen der Leistung und der Strömungsmenge. Konstante Drucklinien und Wirkungsgradinseln sind im selben Kennfeld dargestellt.

3.6
Leistungscharakteristika von Turbinen

Die zwei Turbinentypen – axial durchströmte und radial eingeströmte – können weiter in Impuls- und Reaktionsturbinen aufgeteilt werden. In Impulsturbinen tritt der gesamte Enthalpieabfall in den Düsen auf, während in den Reaktionsturbinen ein Teil des Abfalls in den Leitschaufeln und ein anderer in den Laufradschaufeln auftritt.

In der Turbine variieren der Einlaßdruck und die Temperatur am stärksten. Zwei Diagramme sind erforderlich, um diese Charakteristika darzustellen. Abbildung 3-12 zeigt ein Leistungskennfeld, das die Wirkung der Turbineneintrittstemperatur und des Drucks auf die abgegebene Leistung und die Förderrate darstellt. Die Förderrate ist eine Funktion von Anfangsdruck und -temperatur, während die Leistung vom Wirkungsgrad der Einheit, der Förderrate und der verfügbaren Energie (Turbineneintrittstemperatur) abhängt. Die Auswirkung des Wirkungsgrads mit der Drehzahl ist in Abb. 3-13 dargestellt. Sie zeigt auch den Unterschied zwischen einer Impuls- und einer 50%-Reaktionsturbine. Eine Impulsturbine ist eine Null-Reaktionsturbine.

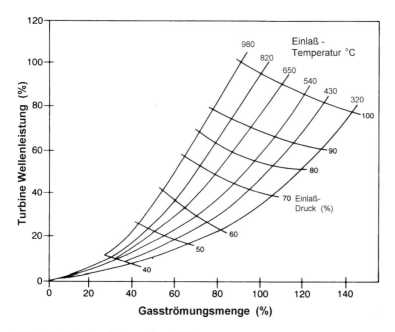

Abb. 3-12. Turbinenleistungskennfeld

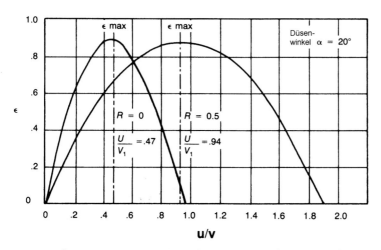

Abb. 3-13. Änderung des Nützlichkeitsfaktors mit U/V für R = 0 und R = 0,5. (Aus *Principles of Turbomachinery* von Dennis G. Shephard, 1956 Macmillan Publishing Co., Inc.)

3.7
Leistungsberechnung zur Gasturbine

Nachfolgend ist eine Beispielsberechnung für Techniken, die zur Untersuchung der Leistung einer Gasturbine angewandt werden, dargestellt. Ein Test wurde mit einer GE-Frame-5-Einfachzyklus-Einwelleneinheit gemacht, s. Abb. 3-14. Die Auslaßenergie dieser Einheit wurde in einem Wärmerückgewinnungskessel wiedergewonnen. Dieser lieferte mit zusätzlicher Gasfeuerung 79.400 kg/h (175.000 lbs/hr) Dampf mit 45,8 bar (650 psig) und 399 °C (750 °F). Die Turbine hat eine kleine Dampfturbine, die als Startereinheit fungiert. Abbildung 3-15 zeigt schematisch das System. Die Gasturbine wurde von 25% Last bis Vollast betrieben. Vollast lag dann vor, wenn die automatische Turbinenregelung übernahm. Diese wurde durch die Austrittstemperatur ausgelöst.

Abbildung 3-16 zeigt die Auswirkung des Wirkungsgrads als Funktion der Last für den Kompressor und die Turbine. Die Turbinenwirkungsgrade bei Teillast sind stärker beeinflußt als die Kompressorwirkungsgrade. Die Abweichung resultiert aus dem Kompressorbetrieb bei relativ konstanter Einlaßtemperatur, Druck und Druckverhältnis, während die Turbineneintrittstemperatur stark variiert (Abb. 3-17). Das Turbinendruckverhältnis bleibt jedoch ziemlich konstant. Der Rückdruck an der Turbine wurde mit einem relativ konstanten Wert von 768,4 mmHg (30,25 inches Hg) abs. gemessen. Dieser Wert ruft einen Rückdruck von etwa 230 mm (9 inch) H$_2$O an der Turbine hervor. Der Wirkungsgrad des Kompressors basiert auf folgender Gleichung:

$$\eta_c = \frac{T_{t1}\left[\left(\frac{P_{t2}}{P_{t1}}\right)^{\frac{(\gamma-1)}{\gamma}} - 1\right]}{\Delta T_{act}} \qquad (3\text{-}43)$$

mit

T_{t1} = Einlaßtemperatur
P_{t2} = Druck am Kompressorauslaß
P_{t1} = Druck am Kompressoreinlaß
ΔT_{act} = tatsächlicher Temperaturanstieg im Kompressor
γ = spezifisches Wärmeverhältnis; mittlerer Wert zwischen Ein- und Auslaßtemperatur wurde eingesetzt.

Die Berechnung des Turbinenwirkungsgrads ist komplexer. Der erste Teil ist die Berechnung der Turbineneintrittstemperatur. Sie basiert auf folgender Gleichung:

$$T_{t3} = \frac{\dot{m}_a c_{p2} T_{t2} + \eta_b \dot{m}_f (LHV - Erdgas)}{c_{p3} c_{p3} (\dot{m}_f + \dot{m}_a)} \qquad (3\text{-}44)$$

3.7 Leistungsberechnung zur Gasturbine

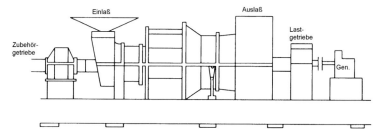

Abb. 3-14. Typische Industriegasturbine

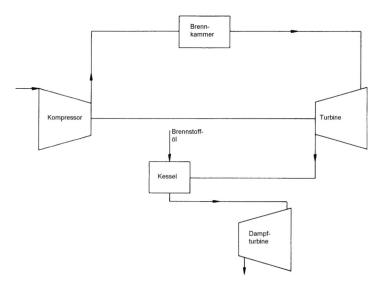

Abb. 3-15. Schema einer Kombizyklus-Gasturbine

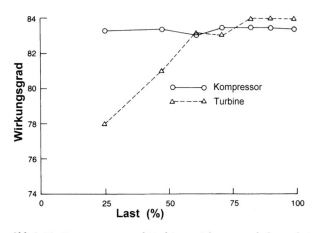

Abb. 3-16. Kompressor- und Turbinenwirkungsgrad als Funktion der Last

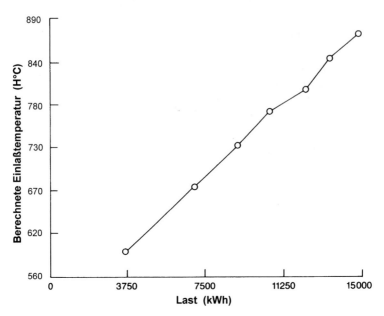

Abb. 3-17. Turbineneinlaßtemperatur als Funktion der Turbinenlast

mit

T_{t2} = Temperatur am Auslaß des Kompressors
c_P = spezifische Wärme bei konstantem Druck
$\dot{m}_f$ = Massenstrom des Brennstoffs
$\dot{m}_a$ = Massenstrom der Luft
η_b = Verbrennungswirkungsgrad
(LHV) = niedrigerer Heizwert des gelieferten Erdgases (950 btu/cu ft und spezifische Gravität 0,557).

Der Wert des Massenstroms der Luft ergab sich durch Messung der Einströmungen in die Gasturbine. Hierbei wurde ein „Ion-Gun"-Geschwindigkeitsmesser eingesetzt. Abbildung 3-18 zeigt die Werte, die über den Einlaßquerschnitt erhalten wurden. Diese Werte ergeben eine mittlere Strömungsrate von 326.924 kg/h (720.868 lbs/hr). Sie liegt innerhalb experimenteller Genauigkeit. Der Temperaturabfall in der Turbine basiert auf dem Energiegleichgewicht und ergibt sich aus folgender Gleichung:

$$\Delta T_{tact} = \frac{W_{load}}{\eta_{gen}(\dot{m}_f + \dot{m}_a)c_{P_{avg}}} + \frac{\dot{m}_a c_{P_{cavg}}}{\dot{m}_f + \dot{m}_a c_{P_{tavg}}} \Delta T_{cact} \qquad (3\text{-}45)$$

mit

W_{load} = Generatorausgangsleistung in kW
η_{gen} = Generatorwirkungsgrad
$c_{P_{tavg}}$ = mittlere spezifische Wärme in der Turbine

$c_{P_{cavg}}$ = mittlere spezifische Wärme im Kompressor
ΔT_{tact} = Temperaturabfall in der Turbine.

Die auf diese Weise berechnete Temperaturabsenkung wurde mit der Absenkung verglichen, die sich durch Subtraktion der gemessenen mittleren Auslaßtemperatur von der mit Gl. (3-45) erhaltenen Einlaßtemperatur ergibt. Der Unterschied zwischen diesen beiden Methoden war etwa 20° am Hochtemperaturaustritt. Die zweite Methode ergibt eine niedrigere Absenkung, was darauf hinweist, daß die aufgezeichnete Temperatur niedriger als die tatsächliche ist. Dieses Ergebnis konnte erwartet werden, da die Thermoelemente ein Stück hinter den Turbinenschaufeln plaziert waren, und somit nicht die tatsächliche Austrittstemperatur des Gases gemessen hatten. Dieser Kommentar kritisiert nicht das Regelungspaket, da dieses mit einer Basisaustrittstemperatur arbeitet.

Der Turbinenwirkungsgrad kann nun mit folgender Beziehung berechnet werden:

$$\eta_t = \frac{\Delta T_{tact}}{T_{t3}\left\{\left[1-\frac{1}{\left(\frac{P_{t3}}{P_{t4}}\right)^{\frac{\gamma-1}{\gamma}}}\right]\right\}}$$

(3-46)

Der Wert von γ ist ein mittlerer Wert in der Turbine.

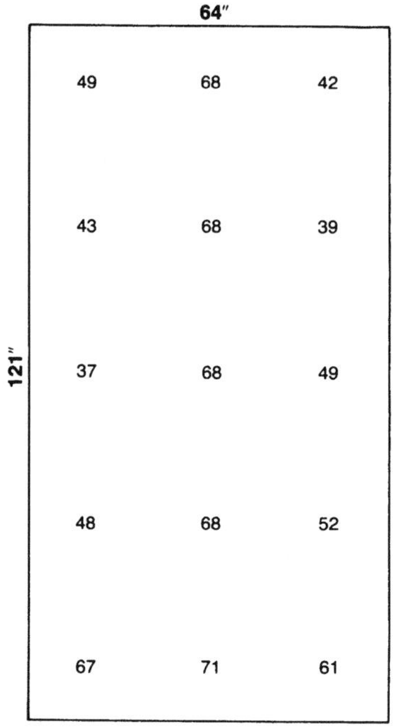

Mittlere Geschwindigkeit = 16,3 m/s (55,3 ft/sec)
Angenommene Versperrung = 2,8
Einlaßfläche = 5,184 m² (53,8 ft²)
Mittlere Luftdichte = 1,317 kg/m³ (0,071 lb/ft³)
Massenstromrate = 326.900 kg/h (720.868 lb/hr)
Prozentabweichung = +0,1%

Abb. 3-18. Typisches Einlaßgeschwindigkeitsprofil für eine Industriegasturbine

3 Leistungscharakteristika der Kompressoren und Turbinen

Die Gasturbine ist mit einem Dampfrückgewinnungskessel verbunden. Das Austrittsgas der Turbine wird benutzt, um das Feuer im Kessel zu unterstützen. Der thermische Wirkungsgrad der Gasturbine wurde mit folgender Beziehung berechnet:

$$\eta_{ad} = \frac{W_{load} \times 3412}{(LHV) \times Q_{ft}} \tag{3-47}$$

mit
LHV = Heizwert $8,3 \cdot 10^{-86}$ kWh/m^3 (= 1 Btu/ft^3)
Q_{ft} = Volumenstromrate des Brennstoffs zur Turbine, 0,028 m^3/h (= 1ft^3/hr).

Der Wirkungsgrad des Gesamtsystems basiert auf folgender Gleichung:

$$\eta_{sad} = \frac{W_{load} \times 3412}{(LHV) \times Q_{ft} - \dot{m}_{sb}(h_s - h_{fw}) + (LHV)Q_{fb}} \tag{3-48}$$

mit
$\dot{m}_{sb}$ = Massenstrom des Dampfes vom Wärmerückgewinnungskessel
h_s = Enthalpie des überhitzten Dampfes
h_{fw} = Enthalpie des Speisewassers
Q_{fb} = Volumenstromrate von Brennstoff zum Kessel.

Abbildung 3-19 zeigt den thermischen Wirkungsgrad der Turbine und des Brayton-Rankine-Zyklus (Gasturbinenaustritt wird im Kessel genutzt) basierend auf dem Gasheizwert. Ebenfalls wird dargestellt, daß unterhalb 50% der ausgelegten Last der Kombizyklus nicht effektiv ist. Bei Vollast sind die Vorteile, die der Kombizyklus bietet, offensichtlich. Abbildung 3-20 zeigt den Brennstoffverbrauch als eine Funktion der Last, und Abb. 3-21 zeigt die Menge des erzeugten Dampfes im Wärmerückgewinnungskessel.

3.7 Leistungsberechnung zur Gasturbine

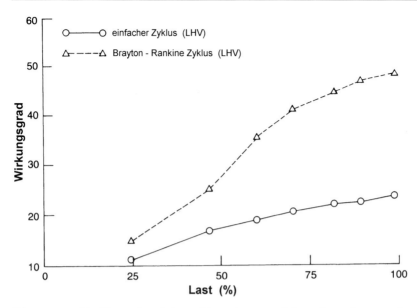

Abb. 3-19. Kombizyklus und einfacher Zykluswirkungsgrad als Funktion der Gasturbinenlast

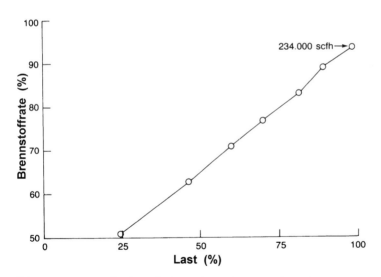

Abb. 3-20. Brennstoffverbrauch als Funktion der Gasturbinenlast

80 3 Leistungscharakteristika der Kompressoren und Turbinen

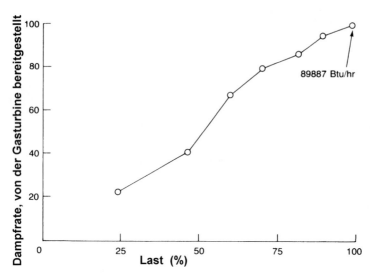

Abb. 3-21. Dampf, der durch die Austrittsgase der Dampfturbine als eine Funktion der Gasturbinenlast erzeugt wird

4 Normen zur mechanischen Ausrüstung

Das American Petroleum Institute (API) beschreibt Normen für die mechanische Ausrüstung, die eine Hilfe für die Spezifikation und die Auswahl von Ausrüstungen zum allgemeinen Gebrauch in der petrochemischen Industrie darstellen. Die Absicht dieser Spezifikationen ist, zur Entwicklung von Gerätschaften hoher Qualität mit einem hohen Grad an Sicherheit und Standardisierung beizutragen. Die Probleme und Erfahrungen der Betreiber wurden beim Schreiben dieser Spezifikation berücksichtigt. Der Arbeitskreis, der diese Spezifikation schreibt, setzt sich aus Betreibern, Anlagenerrichtern und Herstellern zusammen. Somit bringen die Mitglieder des Arbeitskreises sowohl Erfahrungen als auch Know-how mit. Nachfolgend werden einige der anwendbaren API-Normen für die Gasturbine und den Radialkompressor aufgeführt:

API-Norm 613
Getriebeeinheiten für Sonderanwendungen im Raffineriebereich
API-Norm 614
Schmierungen, Wellenabdichtungen und Regelungsölsysteme für besondere Anwendungen
API-Norm 616
Verbrennungsgasturbinen für allgemeine Raffinerieeinsätze
API-Norm 617
Radialkompressoren für allgemeine Raffinerieeinsätze
API-Norm 670
Berührungslose Schwingungs- und Axialstandsüberwachungssysteme
API-Norm 671
Kupplungen für Spezialanwendungen, i. allg. Raffinerieeinsatz

Zwei neue, für den Gasturbinenbetreiber nützliche Normen werden erarbeitet: eine für luftfahrtabgeleitete Gasturbinen, eine andere für Getriebeeinheiten für Sonderanwendungen. Ein Blick auf die allgemeinen, die Gasturbine betreffenden Spezifikationen hilft, die API-Norm 616, die die Verbrennungsgasturbine für allgemeinen Raffinerieeinsatz beschreibt, zu verstehen. Die API-Normen werden nicht detailliert aufgeführt, sondern einige der wichtigeren Punkte und andere verfügbare Optionen werden diskutiert. Es wird nachdrücklich empfohlen, daß die Leser sich alle mechanischen Gerätenormen der API besorgen.

4.1
API-Norm 616

Diese Norm will die minimalen notwendigen Spezifikationen abdecken, um einen hohen Grad an Zuverlässigkeit der Gasturbine mit offenem Zyklus zu erhalten. Dies bezieht sich auf den Raffinerieeinsatz für mechanische Antriebe, Generatorantriebe und die Erzeugung von heißem Gas. Diese Norm beschreibt auch die Erfordernisse an das notwendige zugehörige Gerät, unter Bezugnahme auf andere aufgeführte Normen in direkter oder indirekter Weise.

Sektion I dieser Normen definiert Termini, die in der Norm und in der Industrie benutzt werden. Sektion II beschreibt das Grunddesign der Einheit. Dies berührt Gehäuse, Rotoren und Wellen, Räder und Schaufeln, Brennkammern, Dichtungen, Lager, Rohrverbindungen bei kritischen Geschwindigkeiten und Rohrverbindungen zu zugehörigen Geräten, Montageplatten, wetterunabhängige Betreibbarkeit und akustische Behandlung.

Die Spezifikationen fordern Zweilagerkonstruktionen. Diese sind in Einwelleneinheiten einzusetzen, da Dreilagerkonfigurationen zu deutlichen Schwierigkeiten führen können. Dies gilt speziell, wenn das Zentrallager in der heißen Zone Ausrichtungsprobleme hervorruft. Das bevorzugt einzusetzende Gehäuse ist eine horizontal geteilte Einheit mit leichtem Sichtzugang zum Kompressor und zur Turbine. Sie erlaubt auch Auswuchtebenen, die im Feld einzusetzen sind, ohne die Hauptgehäusekomponenten zu entfernen. Die stationäre Beschaufelung soll leicht entfernbar sein, ohne daß der Rotor herausgenommen werden muß.

Eine Forderung der Normen ist, daß die fundamentale Eigenfrequenz der Schaufeln mind. zweimal so hoch wie die maximale Dauerdrehzahl sein soll und mind. 10% von der Durchlauffrequenz aller stationären Teile entfernt sein muß. Erfahrungen haben gezeigt, daß die Eigenfrequenz mind. viermal so hoch wie die maximale Dauerdrehzahl sein soll. Vorsicht sollte an Einheiten geübt werden, wenn eine große Änderung der Schaufelzahl zwischen den Stufen vorliegt. Eine kontroverse Forderung der Spezifikationen liegt darin, daß die rotierenden Beschaufelungen oder Labyrinthe von gedeckten, rotierenden Schaufeln für leichte Berührung ausgelegt werden sollen. Eine leichte Berührung der Labyrinthe ist üblicherweise akzeptabel, doch kann starke Berührung der Schaufelspitzen zu großen Problemen führen. Einige Hersteller schlagen vor, dynamische Labyrinthe einzusetzen. Was auch immer letztlich getan wird, Schaufelversagen oder Gehäusebeschädigungen müssen vermieden werden.

Labyrinthdichtungen sollten an allen externen Punkten eingesetzt werden, und die Sperrgasdrücke sollten nahe den atmosphärischen Bedingungen gehalten werden. Die Lager können als Lagerschalen- oder Kippsegmentlager ausgeführt werden. Kippsegmentlager werden empfohlen, da sie weniger empfindlich bei Ölwirbeln sind und Ausrichtprobleme besser tolerieren.

Kritische Drehzahlen einer Turbine, die unterhalb ihrer ersten Kritischen betrieben wird, sollten mind. 20% oberhalb der Dauerbetriebsdrehzahl liegen. Für Turbinen, die oberhalb der ersten Kritischen betrieben werden, sollte die kritische Drehzahl mind. 10% unterhalb der Dauerbetriebsdrehzahl liegen. Die anderen Kritischen sollten mind. 20% oberhalb der Dauerbetriebsdrehzahl sein. Der Terminus, der üblicherweise für Einheiten benutzt wird, die unterhalb ihrer ersten kritischen Drehzahl eingesetzt werden, lautet: die Einheit hat eine „steife Welle". Für Einheiten, die oberhalb ihrer ersten Kritischen betrieben werden, heißt es: sie haben eine „flexible Welle". Torsionskritische sollten mind. 10% von der ersten oder zweiten Harmonischen der Rotationsfrequenz entfernt sein. Die maximale Unwucht darf nicht größer als 0,05 mm (2,0 mils) an Rotoren mit Drehzahlen unterhalb 4000 min^{-1} sein; 0,04 mm (1,5 mils) für Drehzahlen von 4000–8000 min^{-1}, 0,025 mm (1,0 mil) für Drehzahlen zwischen 8000 und 12.000 min^{-1} und 0,013 mm (0,5 mils) für Drehzahlen oberhalb 12.000 min^{-1}. Diese Forderungen sind in jeder Ebene zu erfüllen und enthalten auch das Wellen-„Runout". Es gibt nur wenige Einheiten, die alle diese Spezifikationen erfüllen. Um zu untersuchen, ob die maximale Unwucht eine sehr hohe Kraft hervorruft, sollte eine Berechnung der Kräfte an den Lagern durchgeführt werden.

In den Vorschriften der neuen API-Norm 617 (für Radialkompressoren) ist das Konzept des Verstärkungsfaktors AF (amplification factor) eingeführt. Der Verstärkungsfaktor wird definiert als das Verhältnis der kritischen Drehzahl zu der Drehzahländerung zur Standardabweichung (Wurzel aus der Summe der Quadrate) der kritischen Amplituden (s. Abb. 4-1). Der Verstärkungsfaktor sollte < 8, vorzugsweise etwa 5 sein. Der gleiche Wert sollte für Gasturbinen angewandt werden.

Auswuchtforderungen in den Normen besagen, daß der Rotor mit seinen Schaufeln dynamisch, ohne die Kupplungen, auszuwuchten ist, doch, falls vorhanden, mit den halben Keilen an ihrer Position. In den Spezifikationen wird nicht diskutiert, ob diese Auswuchtung bei hohen oder niedrigen Drehzahlen auszuführen ist. Die Auswuchtungen, die in den meisten Werkstätten durchgeführt werden, werden bei niedrigen Drehzahlen vorgenommen. Eine Diskussion der Auswuchtungen mit hohen Drehzahlen folgt in Kap. 17. Die Forderungen an die Auswuchtungen im Feld sollten spezifiziert sein.

In Sektion III wird das Schmierungssystem für die Turbine diskutiert. Dieses System folgt eng den Ausführungen der API-Norm 614 und wird detailliert in Kap. 15 diskutiert. Separate Schmierungssysteme für verschiedenartige Sektionen der Turbine und des angetriebenen Geräts können geliefert werden. Viele Lieferanten und einige Hersteller stellen 2 separate Schmierungssysteme zur Verfügung, eines für heiße und eines für kalte Lager. Diese und andere Schmierungssysteme sollten in den Spezifikationen im Detail ausgeführt werden.

Sektion IV beschreibt die Einlaß- und Auslaßsysteme in den Gasturbinen. Diese Systeme bestehen aus einem Einlaßfilter, Schalldämpfern, Rohrverbindungen und Expansionsaufhängungen. Ihre Auslegung kann für die gesamte Konstruktion einer Gasturbine kritisch sein. Sorgfältige Filtration ist ein Muß, andernfalls treten Probleme mit Schaufelverschmutzungen und Erosionen auf. Die Standards sind minimal für Spezifikationen, die ein weites Metallnetz fordern, um den Eintritt von Fremdkörpern (aus dem Rohrleitungssystem) zu verhindern.

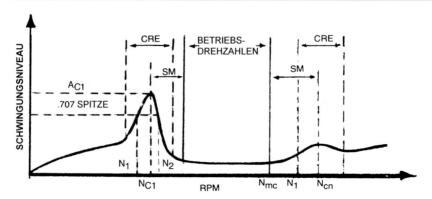

N_{C1} = Erste Kritische des Rotors, Zentralfrequenz, Zyklen pro Minute
N_{cn} = Kritische Drehzahl, n-te
N_+ = Abschaltdrehzahl
N_{mc} = Maximale Dauerdrehzahl, 105%
N_1 = Anfangsdrehzahl (kleiner) bei 0,707 x Spitzenamplitude (kritische)
N_2 = Endwert (größer) bei 0,707 x Spitzenamplitude (kritische)
N_2-N_1 = Spitzenbreite am „halben Leistungspunkt"
AF = Verstärkungsfaktor (amplification factor)
  = $N_{C1}/(N_2$-$N_1)$
SM = Separationsbereich (Separation Margin)
CRE = Kritische Reaktionshüllkurve (Critical Response Envelope)
A_{c1} = Amplitude von N_{c1}
A_{cn} = Amplitude von N_{cn}

Abb. 4-1. Rotor-Reaktionsdiagramm (Abbildung 7 der Norm 617, Radialkompressoren für allgemeine Raffinerieeinsätze, 4. Edition 1979, Wiedergabe mit Genehmigung des Amerikanischen Petroleum Institute)

Hierzu gehört auch ein Regen- oder Schneeschild zum Schutz der Elemente und ein Differenzdruckalarm. Die meisten Hersteller empfehlen heute hocheffiziente Filter, die 2 Filterstufen haben. Eine Stufe mit Fliehkraftwirkung, um Partikel oberhalb 5 µm zu entfernen, gefolgt von Filtereinsätzen, um Partikel unterhalb dieser Größe zu entfernen. Differenzdruckalarme werden von vielen Herstellern beigefügt, jedoch ist der Trend bei den Betreibern, diese zu ignorieren. Es wird empfohlen, daß den Differenzdrücken – wie in der Vergangenheit – mehr Aufmerksamkeit gewidmet wird, um hocheffizienten Betrieb zu sichern.

Schalldämpfer sind ebenfalls minimal spezifiziert. In den vergangenen Jahren konnten erhebliche Fortschritte beim NASA-Programm für „ruhige Maschinen" erzielt werden. Es sind nun einige gute Nachschalldämpfer am Markt verfügbar, und Einlässe werden akustisch behandelt.

Sektion V behandelt die Anlaßgeräte für Gasturbinen. Anlaßgeräte variieren unabhängig vom Aufstellort der Einheit. Die Anlaßantriebe beinhalten Elektromotoren, Dampfturbinen, Dieselmotoren, Expansionsturbinen und hydraulische Motoren. Die Größenfestlegung einer Anlaßeinheit hängt davon ab, ob die Einheit eine Einwellen- oder eine Mehrwellenturbine mit einer freien Leistungsturbine ist. Vom Lieferanten wird die Bereitstellung von Drehzahl/Drehmoment-Kurven für die Turbine und das angetriebene Gerät gefordert. Hierbei soll das Drehmoment der Anlaßeinheit überlagert eingezeichnet sein. In einer Konstruktion mit einer freien Leistungsturbine muß die Anlaßeinheit nur das Moment zum Starten des Gasgeneratorsystems aufbringen. In einer Einwellenturbine muß sie das gesamte Drehmoment aufbringen. Um Wellenverbiegungen zu vermeiden, sind, speziell für große Einheiten, Wellendrehvorrichtungen in den Spezifikationen empfohlen. Sie sollten immer eingeschaltet sein, nachdem die Einheit „heruntergefahren" wurde, und in Betrieb bleiben, bis der Rotor abgekühlt ist.

Sektion VI beschreibt Getriebe und Kupplungen. Getriebe haben die API-Norm 613 zu erfüllen. Diese ist in Kap. 14 vertiefend erläutert. Getriebeeinheiten sollten mit doppelten Schrägverzahnungen und mit Axiallagern ausgestattet sein. Lastzahnräder sollten eine Wellenverlängerung haben, die Messungen der Torsionsschwingungen erlaubt. Bei Hochgeschwindigkeitszahnrädern soll das Schmiermittel auch zu guter Kühlung beitragen. Um Verziehungen zu vermeiden, wird das Auftragen des Öls auf die Zähne und die Oberflächen der Einheiten empfohlen.

Die Kupplungen sind so auszulegen, daß sie die notwendigen Gehäuse- und Wellenausdehnungen aufnehmen können. Die Expansion ist ein Grund für die breite Akzeptanz trockener, flexibler Kupplungen. Eine flexible Membrankupplung toleriert Winkelausrichtfehler in höherem Maße, aber eine Zahnkupplung ist besser zur Aufnahme axialer Bewegungen geeignet. Die Zugangsmöglichkeit für heiße Ausrichtungsüberprüfung muß bereitgestellt werden. Kapitel 18 gibt eine detailliertere Analyse von Kupplungen und heißen Ausrichtüberprüfungen. Die Kupplungen sollten unabhängig vom Rotorsystem dynamisch ausgewuchtet werden.

Sektion VII beschreibt Steuerungen, Instrumentierungen und elektrische Systeme in einer Gasturbine. Die Ausführungen dieser Norm sind das Minimum, das ein Betreiber für den sicheren Betrieb benötigt. Weitere Details zur Instrumentierung und zur Steuerung sind in Kap. 19 und 20 beschrieben.

Das Anlaßsystem kann manuell, semiautomatisch oder automatisch sein, jedoch sollte es in allen Fällen eine kontrollierte Beschleunigung zur minimalen Reglergeschwindigkeit liefern. Zusätzlich auch, obgleich dies in der Norm nicht gefordert wird, bis zur vollen Drehzahl. Einheiten, die keine gesteuerte Beschleunigung bis zur vollen Drehzahl haben, hatten Düsen der 1. und 2. Stufe ausgebrannt, wenn Verbrennungen auftraten. Eine Spülmöglichkeit des Systems ist unumgänglich, auch im manuellen Betriebsmodus. Ausreichend Zeit für die Spülung des Systems sollte gegeben werden. Das Volumen des gesamten Auslaßsystems sollte mind. fünfmal ausgespült werden können.

Der Regler soll die Steuerung mit variabler Drehzahl liefern. Dies geschieht mit einem passenden Aktuator, der die externen Steuerungssignale empfangen kann. Der Regler sollte die Einheit so steuern, daß 105% der maximalen Dauerdrehzahl nicht überschritten werden kann. Mehrwellenturbinen benötigen die Steuerung des Gasgenerators und der freien Leistungsturbine. Das Aufkommen von Mikroprozessoren wird eine drastische Änderung in der Auslegung der Regler bringen.

Für die Gasturbinen sollten Alarme geliefert werden. Die Standardforderungen für Alarme sind das Aufzeigen von Fehlfunktionen bzgl. Öl- und Brennstoffdruck, hoher Auslaßtemperatur, hohem Differenzdruck über dem Luftfilter, zu hohem Schwingungsniveau, zu niedrigem Ölstand im Tank, hohem Differenzdruck über den Ölfiltern und hoher Ölablaßtemperaturen von den Zahnrädern. Abschaltungen treten im Zusammenhang mit niedrigen Öldrücken, hohen Auslaßtemperaturen und Flammendurchschlag in der Brennkammer auf. Es wird empfohlen, daß Abschaltungen auch mit zu hohen Axiallagertemperaturen und zu hohen Temperaturdifferenzen in der Auslaßtemperaturverteilung eingesetzt werden sollen. In den Normen empfohlene Schwingungsdetektoren sind berührungslose Aufnehmer. Zur Zeit liefern die meisten Hersteller Geschwindigkeitsaufnehmer, die auf das Gehäuse montiert werden. Sie sind jedoch unzureichend. Eine Kombination von berührungslosen Aufnehmern und Beschleunigungsaufnehmern wird benötigt, um den stetigen Betrieb und die Diagnosefähigkeiten an der Einheit zu gewährleisten. Kapitel 19 vertieft viele dieser benötigten Anforderungen.

Sektion VIII behandelt Brennstoffsysteme. Sie können viele Probleme hervorrufen, da Brennstoffdüsen besonders anfällig sind. Ein System für gasförmige Brennstoffe besteht aus Brennstoffilter, Regulatoren und Blenden. Brennstoff wird mit einem Druck von etwa 4,1 bar (60 psi) oberhalb des Kompressoraustrittsdrucks injiziert. Hierfür ist ein Kompressionssystem für Gas erforderlich. Es empfiehlt sich, Auffangbehälter oder Zentrifugen zu verwenden, damit keine Flüssiganteile ins Gassystem übertragen werden.

Flüssige Brennstoffe benötigen Verdampfung und Behandlung, um Natrium- und Vanadiumanteile zu verhindern. Die Lebensdauer einer Einheit kann drastisch reduziert werden, wenn flüssige Brennstoffe nicht sorgfältig und hinreichend behandelt wurden. Mehr Details hierzu sind in Kap. 11 und 12 beschrieben. Typische Brennstoffsysteme sind in Abb. 4-2 dargestellt.

Sektion IX behandelt die Werkstoffe in Turbinen. Empfohlene Werkstoffe werden in den Normen betont. Einige der Empfehlungen sind Kohlenstoffstähle für Grundplatten, wärmebehandelte Schmiedestähle für Kompressorräder, wärmebehandelte geschmiedete Edelstähle für Turbinenräder und geschmiedeter Stahl für Kupplungen. Die Norm legt keine bestimmten Schaufelmaterialien fest, doch die meisten Turbinen benutzen heute Inconel-Schaufeln für Hochtemperaturen und Nimonic-Schaufeln für Niedrigtemperaturen.

Sektion X behandelt verschiedene Inspektionen und Überprüfungen. Die 3 Grundüberprüfungen sind hydrostatisch, mechanisch und für Leistungen. Hydrostatische Tests sind für drucktragende Teile mit Wasser bei mind. 1,5fachem Wert des maximalen Betriebsdrucks auszuführen. Die mechanischen Dauertests an den Maschinen sind für einen Zeitraum von mind. 4 h bei maximaler Dauergeschwindigkeit durchzuführen. Dieser Test wird üblicherweise bei Nullast-Bedingungen durchgeführt. Die Lagertragfähigkeit und Schwingungs-

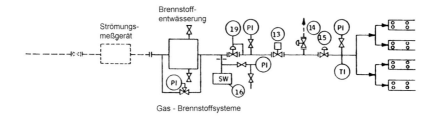
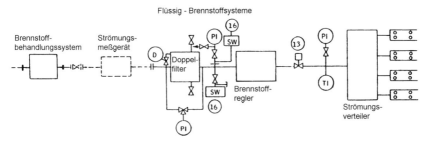

Abb. 4-2. Brennstoffsysteme für Gasturbinen (Abbildung C-2 und C-3 der Norm 616, Verbrennungsgasturbinen für allgemeinen Raffinerieeinsatz, 1. Ausgabe, 1968, Wiedergabe mit Genehmigung, American Pertoleum Institute)

niveaus werden überprüft, und auch die gesamte mechanische Betreibbarkeit. Bei diesem Test sollte ein Repräsentant des Betreibers zugegen ist, der soviel Testdaten wie möglich aufzeichnet. Diese Daten sind für weitere Überprüfungen der Einheit hilfreich, auch können sie als Bezugsdaten benutzt werden. Leistungsüberprüfungen sollten bei maximaler Leistung mit normaler Brennstoffzusammensetzung durchgeführt werden. Die Tests sollen die ASME-PTC-22 erfüllen.

Sektion XI beschreibt die Vorbereitungen der Einheit für den Versand. Sektion XII die erforderlichen Zeichnungen und Daten. Sektion XIII die Projektbeschreibungen und Garantiebedingungen.

4.2 API-Norm 617

Diese Norm wird hier beschrieben, da die meisten Gasturbinen in der petrochemischen Industrie Radialkompressoren antreiben. Das Konzept liefert den Lesern einen Überblick über die Anforderungen an Radialkompressoren. Der Standard wurde 1979 überarbeitet und soll Radialkompressoren beschreiben, die mehr als 0,35 bar (5 lbs/sq in.) Überdruck liefern.

Sektion I widmet sich den Definitionen verschiedener Technologien, die im Feld und in der Norm benutzt werden.

Sektion II behandelt die Auslegung und Konstruktion der Gehäuse, der Einlaßbeschaufelung, rotierende Elemente, Dichtungen, Lager und Rotordynamik.

Die Gehäuse für die meisten dieser Kompressoren, außer für Hochdruckkompressoren, sollten horizontal (axial) geteilt werden. Wenn der partielle Druck von H_2 einen Wert von 14 bar (200 psig) überschreitet, ist das Gehäuse vertikal (radial) zu teilen. Die Berechnung des Partialdrucks von Wasserstoff ist mit folgender Beziehung gegeben.

Maximaler Gehäusearbeitsdruck für axial geteilte Gehäuse (psig)

$$= \frac{200}{\% H_2 / 100} \tag{4-1}$$

Die Gehäuse sollten eine Korrosion bis 3,2 mm (1/8 inch) tolerieren und ausreichende Festigkeit und Steifigkeit haben, um eine Änderung der Ausrichtung bis 0,05 mm (0,002 inches) aufnehmen zu können. Diese Forderung gilt für die ungünstigste Kombination von Druck, Drehmoment und maximalen Rohrspannungen.

Die rotierenden Elemente bestehen aus dem Laufrad und der Welle. Die Welle sollte aus wärmebehandeltem Schmiedestahl in einem Stück gefertigt sein, mit konusförmigen Wellenenden für die Aufnahme der Kupplungen. Zwischenstufenbuchsen sollten erneuerbar und aus einem Material gefertigt sein, das im speziellen Anwendungsfall korrosionsresistent ist. Der Bereich an den Rotorwellen, an dem die berührungslosen Aufnehmer messen, sollte konzentrisch mit den Lagerzapfen und frei von Oberflächenbeschädigungen oder anderen Oberflächendiskontinuitäten sein. Die Oberflächengüte sollte etwa 0,4–0,8 µm (16–32 microinches) Standardabweichung haben, und die Fläche sollte demagnetisiert und behandelt sein. Der elektromechanische Auslauf sollte nicht mehr als 25% der maximal erlaubten Spitze-zu-Spitze-Schwingungsamplitude erreichen – oder 6 µm (0,25 mils), je nachdem was größer ist. Eine Verchromung der Welle im Sensorbereich ist inakzeptabel, auch wenn dies nicht ausdrücklich in der Norm erwähnt ist. Die maximale Schwingung sollte 50 µm (2,0 mils) nicht überschreiten. Dies ist mit folgender Beziehung gegeben:

$$Maximale\ Schwingung = \sqrt{\frac{12.000}{rpm}} + 0,25\sqrt{\frac{12.000}{rpm}} \tag{4-2}$$
$$\text{(Schwingung) (Abweichung)}$$

Bei der Notabschaltdrehzahl der Antriebsmaschine (105% für eine Gasturbine) sollte die Schwingung dieses Niveau um nicht mehr als 13 µm (0,5 mils) überschreiten.

Die Laufräder können offen (stationäre Deckscheibe) oder geschlossen (rotierende Deckscheibe) sein. Solange die Spitzengeschwindigkeiten unter 305 m/s (1000 ft/sec) sind, können geschlossene Laufräder eingesetzt werden. Laut Norm können die Laufräder geschweißt, genietet, gefräst oder gegossen sein. Genietete Laufräder sind kaum akzeptabel, speziell wenn die Laufradbelastung hoch ist. Die Laufräder werden auf die Welle mit einer Schrumpfpassung mit oder ohne Passfeder aufgezogen. Schrumpfpassungen sollten sorgfältig ausgeführt werden, da exzessive Schrumpfpassungen u.U. Hysteresiswirbel hervorrufen können. Eine Beschreibung dieses Phänomens ist in Kap. 5 gegeben. Bei Kompressoren, deren Axialschub aufgrund der Laufräder ausgeglichen werden muß, ist vorzugsweise ein Ausgleichskolben einzusetzen.

Es können viele Dichtungsarten eingesetzt werden. Sie sind in der Norm im Detail beschrieben. Labyrinthdichtungen können zusätzlich zum Labyrinth Kohlenstoffringe beinhalten. Dichtungen mit mechanischem Kontakt sind auch mit Labyrinthen und Schlingen auszustatten, um Ölleckagen zu minimieren. Sperrgas kann eingesetzt werden, um eine Kontaminierung des Öls zu vermeiden.

Der Kompressor muß in einem Bereich abseits jeglicher Kritischer betrieben werden. Der Verstärkungsfaktor, der den Ernst der Kritischen anzeigt, ist mit folgender Beziehung gegeben:

$$AF = \frac{kritische\ Drehzahl}{Spitzenbreite\ des\ Punkts\ mit\ halber\ Leistung}$$
$$= \frac{Nc_1}{N_2 - N_1} \tag{4-3}$$

Hierbei sind (N_2-N_1) die Drehzahlen, die zur 0,707 Spitze der kritischen Amplitude gehören.

Der Verstärkungsfaktor sollte unterhalb 8 und vorzugsweise unterhalb 5 liegen. Eine Kurve mit der Rotorreaktion ist in Abb. 4-1 gezeigt. Die Betriebsdrehzahl für Einheiten, die unterhalb ihrer ersten Kritischen betrieben werden, sollte mind. 20% unterhalb der Kritischen liegen. Für Einheiten, die oberhalb ihrer ersten Kritischen betrieben werden, muß die Betriebsdrehzahl mind. 15% oberhalb der Kritischen und/oder 20% unterhalb aller Kritischen sein. Die bevorzugten Lager für die verschiedenen Installationstypen sind Kippsegment-Radiallager und die selbstausgleichenden Kippsegment-Axiallager. Radial- und Axiallager sollten mit eingebetteten Temperatursensoren ausgestattet sein, mit denen die Segmentoberflächentemperaturen detektiert werden.

Sektion III behandelt Zubehörkomponenten wie Kupplungen, Getriebekästen, Schmiersysteme und Steuerungen.

Sektion IV behandelt die verschiedenen Überprüfungen und deren Anforderungen. Die Hauptüberprüfungen sind die hydrostatischen, die Überprüfungen mit Laufradüberdrehzahl und die mechanischen und Leistungsüberprüfungen. Der hydrostatische Test besteht daraus, alle drucktragenden Teile mit dem 1,5fachen ihrer maximalen Arbeitsdrücke zu überprüfen. Der Überdrehzahltest am Laufrad setzt jedes Laufrad einer Drehzahl von 115% seiner maximalen Betriebsdrehzahl für eine minimale Dauer von 1 min aus. Der mechanische Lauftest besteht aus 10% Inkrementen über seinem gesamten Drehzahlbereich. Der Kompressor läuft für mind. 15 min mit einer Überdrehzahl von 110%, dann wird die Drehzahl reduziert und der Kompressor läuft 4 h bei maximaler Betriebsdrehzahl. Der Betreiber sollte bei diesen Überprüfungen zugegen sein und die

Schwingungssignale aufzeichnen. Diese können später als grundlegende Daten genutzt werden. Der Leistungstest ist entsprechend ASME-Powercode Test 10 durchzuführen. Die Normen fordern ein Minimum von 5 Punkten, inklusive Pumpen und Überlast. Dieses Minimum ist nicht hinreichend, und der Betreiber sollte mind. 3 Drehzahllinien mit einem Minimum von 3 Punkten pro Linie inklusive dem Pumppunkt fordern. Diese Überprüfungen sind sehr teuer (US$ 80.000), und in vielen Fällen kann die Einheit nicht bei Vollastbedingungen oder mit dem wirklichen Gas überprüft werden. Die Testergebnisse sind deshalb zu korrigieren, damit die wirklichen Betriebsbedingungen dargestellt werden. Feldüberprüfungen sind hierzu geeigneter. Wenn ein Feldtest vorgesehen ist, muß sorgfältige Planung in der Auslegungs- und Planungsstufe geleistet werden.

Sektion V und VI behandeln die Garantie-Gewährleistungs- und Lieferantendaten.

4.3
API-Norm 613

Diese Norm deckt die Getriebe für spezielle Anwendungen ab. Sie sind definiert als Getriebe, die entweder wirkliche Ritzelgeschwindigkeiten von mehr als 2.900 min^{-1} oder Geschwindigkeiten von mehr als 25 m/s (5000 ft/min) im Zahneingriff oder beides haben. Die Norm bezieht sich auf nach außen gewölbte Zähne, die in den Maschineneinheiten zur Drehzahlreduzierung oder -erhöhung angewandt werden.

Sektion I der Norm definiert den Zweck und die angewandten Termini und beinhaltet eine Liste von Normen und Beschreibungen für Referenzzwecke. Vom Einkäufer werden Entscheidungen zur Leistungsübertragung pro Zahn und den festgelegten Einlaß- und Auslaßdrehzahlen benötigt.

Sektion II beinhaltet grundlegende Auslegungsinformationen und bezieht sich auf AGMA[1]-Norm 421. Spezifikationen für Kühlwassersysteme sind ebenso gegeben wie Informationen über die Bezeichnungen zum Wellenzusammenbau und zur Wellenrotation. Die zahnbezogene Leistung ist die maximal abgebbare Leistung der Antriebsmaschine. Normalerweise ist die Leistungsfestlegung für Getriebeeinheiten zwischen der Antriebsmaschine und einer angetriebenen Einheit 110% der maximalen Leistung, die von der angetriebenen Einheit benötigt wird, oder 110% der maximal abgebbaren Leistung der Antriebsmaschine, je nachdem welche größer ist. Sektion II diskutiert auch den Zähne-„pitting"-Index oder den K-Faktor, der definiert wird durch

$$K = (Zähne-\text{„}pitting\text{"}-Index) = \frac{W_t}{F \cdot d} \cdot \frac{(R+1)}{R} \qquad (4\text{-}4)$$

---

[1] American Gear Manufacturers Association

4.3 API-Norm 613

mit

W_t = übertragende tangentiale Belastung, in Pounds am Betriebseingriffsdurchmesser
 = 126 · zähnebezogende Leistung/(Ritzel min^{-1} · d)
F = Nettoeingriffsflächenweite, Zoll (inches)
d = Ritzeleingriffsdurchmesser, Zoll (inches)
R = Verhältnis (Anzahl der Zähne im Rad / Zähnezahl im Ritzel)

Der zulässige K-Faktor ist gegeben mit

$$\text{zugelassenes } K = \text{Materialindexnummer/Servicefaktor} \tag{4-5}$$

Servicefaktoren und Materialindexnummerntafeln sind für verschiedene typische Anwendungen bereitgestellt. Diese erlauben die Feststellung des K-Faktors. Zähne, Zahngröße und Geometrie werden derart ausgewählt, daß bei Biegebelastung bestimmte Grenzen nicht überschritten werden. Die Biegespannung ist gegeben durch

$$S_t = \left(\frac{W_t \times P_{nd}}{F}\right) \times (SF) \times \left(\frac{1{,}8\cos\psi}{J}\right) \tag{4-6}$$

mit

S_t = Biegespannungszahl
W_t = wie definiert in (4-4)
P_{nd}= normaler diametraler Eingriff
F = Nettobreite der Eingriffläche, inches
ψ = Helixwinkel
J = Geometriefaktor (von AGMA 226)
SF = Servicefaktor

Sektion II enthält auch Auslegungsparameter für Gehäuse, Verbindungsaufhängungen und Verschraubungsmethoden. Einige Kriterien für Service und Größe sind enthalten.

Kritische Drehzahlen beziehen sich auf die Eigenfrequenzen der Zähne und des Rotorlageraufhängungssystems. Eine Feststellung der kritischen Drehzahl wird auf Basis der Eigenfrequenzen des Systems und der Kräftereaktionen ausgeführt. Typische Kraftfunktionen werden durch Rotorunwucht, Ölfilter, Ausrichtungsfehler und synchrone Wirbel hervorgerufen.

Zahnradelemente müssen in mehreren Ebenen dynamisch ausgewuchtet sein. An den Stellen, an denen Keile oder Paßfedern in den Kupplungen gebraucht werden, müssen die halben Keile vor Ort angebracht werden. Die maximal erlaubte Unwuchtkraft bei maximaler Betriebsdrehzahl soll 10% der statischen Gewichtsbelastung am Lagerzapfen nicht überschreiten. Die maximal erlaubte residuale Unwucht in der Ebene an jedem Lagerzapfen wird mit folgender Beziehung bestimmt:

$$F = mr\omega^2 \tag{4-7}$$

Die Kraft darf 10% der statischen Lagerzapfenbelastung nicht überschreiten,

$$mr = \frac{0{,}1W}{\omega^2} \qquad (4\text{-}8)$$

Mit der Korrekturkonstanten kann die Gleichung geschrieben werden als

$$\text{Max. Unwuchtkraft} = \frac{56{,}347 \times stat.\ Belastung\ am\ Lagerzapfen}{(rpm)^2} \qquad (4\text{-}9)$$

Das Ergebnis von Gl. (4-9) folgt in Inch-Ounces: (1 inch) = 25,4 mm, (1 Ounce) = 28,3 g.

Die doppelte Amplitude ungefilterter Schwingungen in jeder Ebene, die an der Welle unmittelbar an jedem Radiallager gemessen wird, soll 0,05 mm (2 mils) oder den Wert

$$Mil = \sqrt{\frac{12.000}{rpm}}$$

(1 Mil = 0,0254 mm) nicht überschreiten, wobei *rpm* die maximale Dauerdrehzahl ist. Für Getriebe ist es sinnvoller, die Instrumentierung mit Beschleunigungsaufnehmer durchzuführen. Auslegungsspezifikationen für Lager, Dichtungen und Schmierungen sind auch in Sektion II gegeben.

Sektion III beschreibt Komponenten wie Kupplungen, Kupplungswächter, Montageplatten, Rohrleitungen, Instrumentierungen und Steuerungen.

Sektion IV beschreibt Inspektions- und Überprüfungsprozeduren. Dem Einkäufer ist erlaubt, das Gerät während der Herstellung zu inspizieren, nachdem er den Lieferanten benachrichtigt hat. Alle Schweißnähte in rotierenden Teilen müssen eine 100%ige Inspektion erhalten. Um einen mechanischen Testlauf auszuführen, muß die Einheit bei maximaler Dauerdrehzahl betrieben werden, bis Lager- und Schmieröltemperaturen stabil sind. Dann ist die Drehzahl auf 110% der maximalen Dauerdrehzahl zu erhöhen und die Maschine für 4 h zu betreiben.

Sektion V und VI enthalten grundlegende Informationen bzgl. Garantie, Gewährleistung und Lieferantendaten. Weitere Details zu den Getrieben werden in Kap. 14 beschrieben.

4.4
API-Norm 614

Diese Norm beschreibt die Minimalanforderungen für Schmierölsysteme, Öl-Wellenabdichtungssysteme und zugehörige Steuerungssysteme für spezielle Anwendungen. Sektion I enthält eine Definition mit Termini und einigen wichtigen zugehörigen Veröffentlichungen. Sektion II beinhaltet Grundsätze der Konstruktion.

Schmierungssysteme sollten derart ausgelegt werden, daß sie alle Bedingungen für einen ununterbrochenen Betrieb über 3 Jahre erfüllen. Typische Schmiermittel sind Kohlenwasserstofföle mit Viskositäten von etwa 150 SUS bei 37,8 °C (100 °F). Ölbehälter sollten so abgedichtet sein, daß sie den Eintritt von Schmutz und Wasser verhindern und am Boden eine Krümmung aufweisen, die eine Entwässerung erlaubt. Die Arbeitskapazität des Behälters sollte für mind. 5 min Ölversorgung ausreichen. Ein typischer Ölbehälter ist in Abb. 4-3 dargestellt. Das Ölsystem sollte eine Hauptölpumpe und eine Reserveölpumpe haben. Jede Pumpe muß ihren eigenen Antrieb haben, der nach API-Norm 610 zu dimensionieren ist. Die Pumpenkapazitäten sollten auf dem Maximalverbrauch des Systems basieren, zuzügl. eines Aufschlags von mind. 15%. Für Sperrölsysteme sollte die

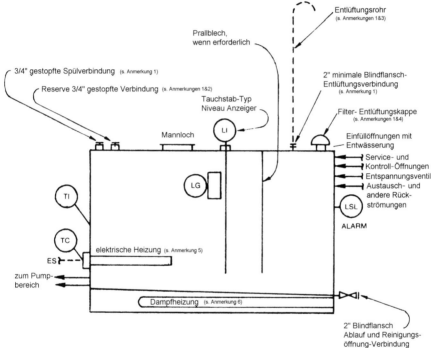

Anmerkungen:
1. Wird in jedem Behälterbereich benötigt, wenn ein gasdichtes Prallblech benutzt wird.
2. Der Einkäufer kann eine bestimmte Reinigungsführung zusätzlich zur oberen Reserveverbindung spezifizieren.
3. Falls erforderlich, ist das Entlüftungsrohr vom Einkäufer bereitzustellen.
4. Eine optionale, dichte Kappe kann bereitgestellt werden, wenn dies vom Einkäufer spezifiziert wird.
5. Der Einkäufer kann eine elektrische Heizung spezifizieren.
6. Der Einkäufer kann eine Dampfheizung spezifizieren.

Abb. 4-3. Standardölbehälter (Abbildung A-2 der Norm 614, Schmierung, Wellenabdichtungen und Steuerungsölsysteme für spezielle Anwendungen, 1. Ausgabe 1973, Wiedergabe mit Genehmigung des American Petroleum Institute)

Pumpenkapazität die maximale Kapazität plus 20% oder 10 gpm sein, je nachdem, welcher Wert größer ist. Die Reserveölpumpe sollte eine automatische Hochlaufsteuerung haben, um den sicheren Betrieb zu gewährleisten, falls die Hauptpumpe ausfällt. Es sollten Doppelölkühler vorhanden sein, wobei jeder so auszulegen ist, daß er den gesamten Kühlstrom aufnehmen kann. Doppelölfilter für die gesamte Strömung sollten stromab der Kühler vorhanden sein. Die Filtration sollte 0,25 mm (10 microns) nominal sein. Der Druckabfall für saubere Filter sollte 0,35 bar bei 38 °C (5 psi bei 100 °F) Betriebstemperatur während normaler Strömung nicht überschreiten.

Überkopfbehälter, Reiniger und Entgasungsbehälter werden in Sektion II beschrieben. Jegliche Rohrverschweißung ist entsprechend Sektion IX der ASME-Norm durchzuführen. Die Verrohrung ist aus nahtlosen Kohlenstoffstählen aufzubauen, mit minimalen „Schedule" 80 für Größen 1, 1 $\frac{1}{2}$" und kleiner und einem Minimum von „Schedule" 40 für Rohrgrößen 2" und größer.

Sektion III bezieht sich auf Instrumentierung und Steuerung. Das Schmierungssteuerungssystem sollte ein kontrolliertes Hochfahren, einen stabilen Betrieb und eine Warnung bei anormalen Bedingungen sowie eine Stillsetzung der Hauptmaschine im Falle einer möglichen Beschädigung ermöglichen. Eine Liste mit benötigten Alarmen und Stillsetzungsvorrichtungen ist bereitgestellt. Abbildung 4-4 zeigt ein Schema eines Dichtungs-, Schmierungs- und Steuerungsölsystems.

Sektion IV beschreibt Inspektionen und Überprüfungen. Der Einkäufer hat das Recht, die Arbeiten zu inspizieren und Subkomponenten zu überprüfen, wenn er den Lieferanten vorher informiert. Alle Kühler, Filter, Sammel- und andere Druckbehälter sollten hydrostatisch bei dem 1–1,5fachen des Auslegungsdrucks überprüft werden. Kühlwassertaschen und andere wassertragenden Komponenten sollten bei 1–1,5fachem Auslegungsdruck geprüft werden. Der Überprüfungsdruck sollte nicht < 7,93 bar (115 psig) sein. Die Überprüfungen sollten eine Mindestdauer von 30 min haben.

Betriebsüberprüfungen sollten sein:
1. Feststellung und Korrektur jeglicher Leckage.
2. Feststellung der Entspannungsdrücke und Überprüfung des ordentlichen Betriebs von jedem Entspannungsventil.
3. Ausführung einer Filterkühlerauswechselung ohne ein Anfahren der Reservepumpe durchzuführen.
4. Demonstration, daß die Steuerungsventile eine hinreichende Kapazität, Reaktion und Stabilität aufweisen.
5. Demonstration, daß das Öldrucksteuerungsventil den Öldruck steuern kann.

Sektion V beschreibt die Auslieferungsvorbereitungen und Prozeduren, Sektion VI die Forderungen für Zeichnungen und Daten, Sektion VII die Anwendungsvorschläge. Eine detailliertere Diskussion der API-Norm 614 findet sich in Kap. 15.

4.4 API-Norm 614

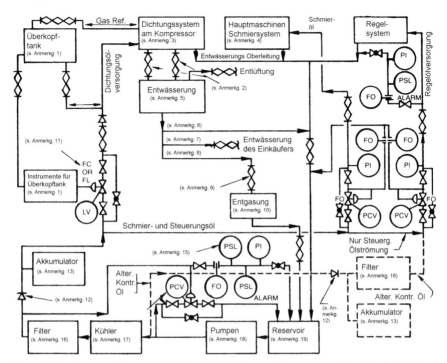

Dieser Aufbau ist nur gültig, wenn der Druck der Dichtungsölversorgung höher ist als der Druck der Steuerungsölversorgung.

Anmerkung:
1. Überkopftank mit Instrumentierung
2. Verbindungen durch den Lieferanten, wenn die Entwässerungen auf der Kompressorgrundplatte montiert sind.
3. Dichtungsölsystem nur am Kompressor
4. Schmierungssystem nur an der Hauptmaschine
5. Schwimmergesteuerte, innerhalb der Dichtungen liegende Entwässerungen für transmitter-gesteuerte Entwässerungen in den Dichtungen.
6. Entwässerung zum Reservoir
7. Entwässerung zu den Entwässerungen des Einkäufers
8. Entwässerung zur Entgasungstrommel
9. Verbindungen durch den Lieferanten, wenn der Entgaser auf der Kompressorgrundplatte montiert ist.
10. Entgasungstrommel
11. Der Einkäufer muß die gewünschte Aktion bei Fehlversagen für den LV spezifizieren.
12. Wegfall des Überprüfungsventils, wenn der Akkumulator nicht benutzt wird.
13. Direktkontakttypakkumulator oder Blasentypakkumulator, wenn benötigt.
14. Wegfall des Bypass-PCV-Kreislaufs, wenn Radialpumpen genutzt werden.
15. Schalten zu Start-Stand-by-Pumpen
16. Einfacher oder Doppelölfilter
17. Einfacher oder Doppelölkühler
18. Primärpumpen
19. Ölreservoir

Abb. 4-4. Kombination von Dichtungen, Schmierung und Steuerungsölsystemen mit einem Überkopftank. (Abbildung A-32 der Norm 614, Schmierungen, Wellenabdichtungen und Steuerungsölsysteme für spezielle Anwendungen, 1. Ausgabe 1973, Wiedergabe mit Genehmigung des American Petroleum Institute)

4.5
API-Norm 670

Diese Norm beschreibt die minimalen Anforderungen für berührungslose Schwingungen in einem axial positionierten Überwachungssystem. Sektion I erläutert die Termini, die in der Industrie für diese Art von Systemen gebraucht werden.

Sektion II beschreibt die Genauigkeitsanforderungen und die Temperaturbereiche. Die Genauigkeit der Schwingungskanäle sollte eine Linearität von ± 5% von 200 mV per mV (mil) Empfindlichkeit über einen minimalen Betriebsbereich von 80 mV (mils) erfüllen. Für die axiale Position muß die Linearität des Kanals ± 5% bei 200 mV pro mV (mil) Empfindlichkeit und ±1,0 mV (mil) einer geraden Linie über einem minimalen Betriebsbereich von 80 mV (mil) sein. Die Temperatur sollte die Linearität des Systems nicht mehr als 5% über einem Temperaturbereich von −34 bis +176 °C (−30 bis +350 °F) berühren. Dies gilt für Aufnehmer und Übertragungskabel.

Der Oszillatordemodulator ist eine Signalaufbereitungseinrichtung, die mit −24 V direktem Strom gespeist wird. Sie sendet ein Radiofrequenzsignal zum Aufnehmer und demoduliert den Aufnehmerausgang. Die Linearität sollte über einen Temperaturbereich von −34 bis +65 °C (−30 bis +150 °F) aufrecht erhalten werden. Die Monitore und die Energieversorgung sollte ihre Linearität von −29 bis +65 °C (−20 bis +150 °F) stabil halten. Die Aufnehmer, Kabel, Oszillatordemodulatoren und die Energieversorgungen, die auf einen einzigen Turbosatz installiert sind, sollten physikalisch und elektrisch auswechselbar sein.

Sektion III beschreibt die konventionelle Hardware für die berührungslosen Schwingungs- und Axialstandsüberwachungssysteme, bestehend aus Aufnehmern, Kabeln, Verbindungsstücken, Oszillatordemodulator, Energieversorgung und Monitoren. Die Spitzendurchmesser der Aufnehmer sollten 4,83–4,95 mm (0,19–0,195 inches) mit einem Körperdurchmesser von 1/4 bis 28 UNF-2A Verschraubung sein, oder 7,62–7,93 mm (0,3–0,312 inches) mit einem Körperdurchmesser von 3/8 bis 24 UNF-24A Verschraubung. Die Aufnehmerlänge beträgt etwa 25 mm (1 inch). Überprüfungen, die an den Aufnehmern verschiedener Hersteller durchgeführt wurden, zeigen, daß die 7,62–7,93 mm (0,3–0,312 inches) Aufnehmer in den meisten Fällen eine bessere Linearität haben. Die integrierten Aufnehmerkabel haben einen Überzug aus Tetrafluorethylen, einen flexiblen Edelstahlpanzer, der bis auf 100 mm (4 inches) des Verbindungsteils anwächst. Die gesamte physikalische Länge sollte etwa 0,9 m (36 inches), gemessen von der Aufnehmerspitze bis zum Ende des Verbindungsstücks, sein. Die elektrische Länge des Aufnehmers und des integrierten Kabels sollte 1,8 m (6 ft) sein. Die Verbindungskabel sollten koaxial mit elektrischen und physikalischen Längen von 2,74 m (108 inches) sein. Der Oszillatordemodulator arbeitet mit einer Standardspannungsversorgung von −24 V DC und wird für eine elektrische Standardlänge von 4,6 m (15 ft) kalibriert. Diese Länge paßt zum integralen Kabel und der Verlängerung des Aufnehmers. Monitore sollten mit einer Energieversorgung von 117 V ± 5% mit den spezifizierten Linearitätsanforderungen betrieben werden. Viele Abschaltungen durch Leistungsversorgungsunterbrechungen sind unabhängig vom Modus oder der Dauer zu vermeiden. Ein Ausfall der Leistungsversorgung sollte einen Alarm auslösen.

Sektion IV beschreibt die Positionierung der radialen und axialen Aufnehmer. Die radialen Aufnehmer sollten innerhalb von 76 mm (3 inches) vom Lager angebracht werden, und es sollten 2 radiale Aufnehmer an jedem Lager sein. Es muß darauf geachtet werden, daß die Aufnehmer nicht an den Nodalpunkten angebracht werden. Die 2 Aufnehmer sollten in einer 90°-Anordnung (± 5°) bei einem 45° (± 5°) Winkel von jeder Seite der vertikalen Mittellinie angebracht werden. Vom Antriebsende des Maschinenzugs gesehen wird der x-Aufnehmer an der rechten Seite der vertikalen Linie und der y-Aufnehmer an der linken Seite der vertikalen Linie angebracht werden. Die Abb. 4-5 und 4-6 zeigen Schutzsysteme für eine Turbine und einen Getriebekasten.

Die axialen Aufnehmer sollten einen Sensor haben, der die Welle selbst innerhalb von 305 mm (12 inches) der aktiven Oberfläche der Stirnfläche aufnimmt und mit dem anderen Aufnehmer, der an der bearbeiteten Oberfläche an der Axialfläche aufnimmt. Die Aufnehmer sollten so montiert sein, daß sie in gegensätzliche Richtungen zeigen. Temperaturaufnehmer, die in die Lager eingebettet sind, sind oftmals nützlicher als Wegaufnehmer, die Axiallagerausfälle verhüten sollen. Dies liegt an der Ausdehnung der Wellengehäuse und der Wahrscheinlichkeit, daß die Aufnehmer zu weit von der Stirnfläche angebracht sind.

Bei der Auslegung eines Systems zum Schutz von Axiallagern ist es notwendig, kleine Änderungen in der axialen Bewegung des Rotors zu messen, die ähnlich groß wie die Filmdicke des Schmieröls sind.

Die Genauigkeit der Aufnehmersysteme und der Aufnehmermontage muß sorgfältig analysiert werden, um Temperaturdrifts zu minimieren. Die Drifts durch Temperaturänderungen können inakzeptabel hoch werden.

Eine funktionelle Alternative zum Gebrauch von Wegaufnehmern zum Lagerschutz ist die Lagertemperatur, der Lagertemperaturanstieg (Lagertemperatur minus der Lageröltemperatur) und die Änderungsrate in der Lagertemperatur. Eine Matrix, die diese Funktionen kombiniert, ergibt eine positive Anzeige der Lagerbelastungen.

Eine Phasenwinkelanzeige sollte ebenfalls mit jedem Turbosatz geliefert werden. Diese Anzeige sollte ein Ereignis pro Umdrehung aufzeichnen. Bei zwischengeschalteten Getriebekästen sollte ein Mark- und Phasenwinkelübertrager für jede unterschiedliche Umdrehungsdrehzahl verfügbar sein.

Die Sektionen V und VI beinhalten Dokumentationen, Zeichnungen, Lieferungen, Anwendungsvorschläge, Garantie und Gewährleistung.

4.6
Spezifikation

Die vorstehenden API-Normen sind Richtlinien für Maschinenzuganwendungen. Je mehr Informationen vorhanden sind, die während der Untersuchung des Pro-

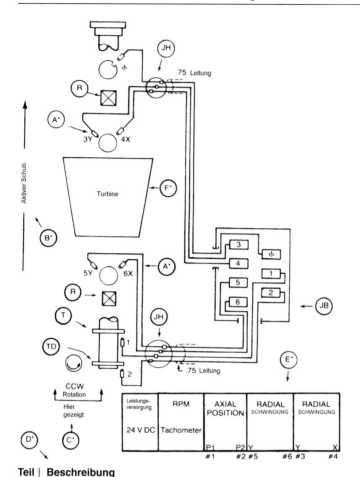

Teil	Beschreibung
1	Primärer Axialstandaufnehmer. Lieferant und Modellnummer.
2	Sekundärer Axialstandaufnehmer. Lieferant und Modellnummer.
3Y	Radiale Schwingungsaufnehmer am Niederdruckende. 45° Off TDC. Lieferant und Modellnummer.
4X	Radiale Schwingungsaufnehmer am Niederdruckende. 45° Off TDC. Lieferant und Modellnummer.
5Y	Radialer Schwingungsaufnehmer am Hochdruckende. 45° Off TDC. Lieferant und Modellnummer.
6X	Radialer Schwingungsaufnehmer am Hochdruckende. 45° Off TDC. Lieferant und Modellnummer.
f	Phasenwinkelaufnehmer. 45° von TDC. Lieferant und Modellnummer.
R	Radiallager – Beschreibung.
T	Axiallager – Beschreibung.
JH	Fitting – Beschreibung.
JB	Anschlußbox – Beschreibung.
TD	Sekundäre Axialstandaufnehmer Zielfläche – Beschreibung

Abb. 4-5. Übliche Schutzsysteme für eine Turbine. (Abbildung C-1 der Norm 670, Berührungslose Schwingungs- und Axialstandsüberwachungssysteme, 1. Ausgabe, Wiedergabe mit Genehmigung des American Petroleum Institute)

4.6 Spezifikation

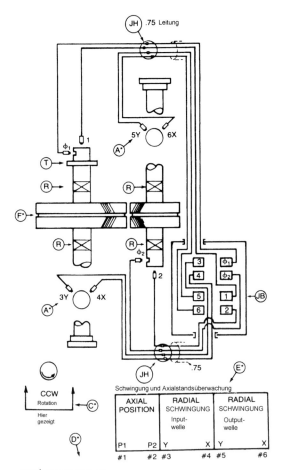

Teil	Beschreibung
1	Primärer Axialstandaufnehmer. Lieferant und Modellnummer. Zielfläche.
2	Sekundärer Axialstandaufnehmer. Lieferant und Modellnummer. Zielfläche.
3Y	Eingangswellenende, radialer Schwingungsaufnehmer. 45° Off TDC. Lieferant und Modellnummer.
4X	Eingangswellenende, radialer Schwingungsaufnehmer. 45° Off TDC. Lieferant und Modellnummer.
5Y	Auslaßwellenende, radialer Schwingungsaufnehmer. 45° Off TDC. Lieferant und Modellnummer.
6X	Auslaßwellenende, radialer Schwingungsaufnehmer. 45° Off TDC. Lieferant und Modellnummer.
f	Phasenwinkelaufnehmer (2).
1&2	Lieferant und Modellnummer.
R	Radiallager – Beschreibung.
T	Axiallager – Beschreibung.
JH	Fitting – Beschreibung.
JB	Anschlußbox – Beschreibung.

Abb. 4-6. Typische Schutzsysteme für einen Getriebekasten. (Abbildung C-3 der Norm 670, Berührungslose Schwingungs- und Axialstandsüberwachungssysteme, 1. Ausgabe, 1976, Wiedergabe mit Genehmigung des American Petroleum Institute)

jektvorschlags gegeben werden, um so größer ist die Auswahl für das jeweilige Problem. Die nachfolgende Liste enthält Punkte, die der Betreiber berücksichtigen sollte, um die verschiedenen Angebote zu bewerten. Einige dieser Punkte sind in den API-Normen beschrieben.

Tabelle 4-1 zeigt die Hauptpunkte, die ein Ingenieur zur Bewertung von verschieden Gasturbineneinheiten berücksichtigen muß. Tabelle 4-2 zeigt die wichtigen Punkte, die vom Lieferanten anzugeben sind. Die wichtigen Punkte, die für Radialkompressoren zu berücksichtigen sind, sind in Tabelle 4-3 aufgelistet. Diese Tabellen versetzen den Ingenieur in die Lage, eine gute Überprüfung aller kritischen Punkte durchzuführen, und sichern somit, daß er Einheiten mit hoher Sicherheit und Effektivität einkauft.

Tabelle 4-1. Punkte, die für eine Gasturbine zu berücksichtigen sind

1	–	Kompressortyp
2	–	Anzahl der Stufen und Druckverhältnisse
3	–	Schaufeltypen, Schaufel- und Räderanordnungen
4	–	Anzahl der Lager
5	–	Lagertyp
6	–	Axiallagertyp
7	–	Kritische Drehzahlen
8	–	Torsionskritische
9	–	Campbell-Diagramme
10	–	Auswuchtebenen
11	–	Auswuchtkolben
12	–	Brennkammertyp
13	–	Nasse und trockene Brennkammer
14	–	Brennstoffdüsentypen
15	–	Übertragungsstücke
16	–	Turbinentyp
17	–	Leistungsübertragung – Kupplungsarten
18	–	Anzahl der Stufen
19	–	Freie Leistungsturbine
20	–	Turbineneintrittstemperatur
21	–	Brennstoffarten
22	–	Brennstoffadditive
23	–	Kupplungstypen
24	–	Ausrichtungsdaten
25	–	Auslaßdiffusor
26	–	Leistungskurven von Turbine und Kompressor
27	–	Getriebeübersetzungen
28	–	Zeichnungen

Zubehörkomponenten

1	–	Schmierungssysteme
2	–	Zwischenkühler
3	–	Einlaßfiltrationssysteme
4	–	Steuerungssysteme
5	–	Schutzsysteme

4.6 Spezifikation

Tabelle 4-2. Lieferantenforderungen, die vom Betreiber des Kompressorzugs zu liefern sind

1 – Das zu fördernde Gas (jede Strömung)
  Zusammensetzung von Mol. %, Vol. % oder Gew.%. In welchem Ausmaß variiert die Zusammensetzung? Korrosionseffekte. Grenzen für die Austrittstemperatur, die Probleme mit dem Gas hervorrufen können.
2 – Quantität, die von jeder Stufe gefördert werden muß Stufenquantität und Einheit der Messungen.
  Falls durch Volumen: a. ob trocken oder naß
  b. Druck- und Temperaturreferenzpunkte
3 – Einlaßbedingungen für jede Stufe
  Barometer
  Druck am Kompressorflansch. Status, ob Überdruck oder absolute Temperatur am Kompressorflansch
  Relative Feuchtigkeit
  Feuchtigkeit
  Verhältnis der spezifischen Wärmen
  Kompressibilität
4 – Austrittsbedingungen
  Druck am Kompressorflansch. Status, ob Überdruck oder absolute Kompressibilität. Status Temperaturdifferenz
5 – Zwischenstufenbedingungen
  Temperaturdifferenz zwischen Gas aus dem Kühler und Wasser in dem Kühler
  Gibt es abströmendes oder zuströmendes Gas zwischen den Stufen?
  Zwischen welchen Drücken kann dies vorliegen? Zeige den zulässigen Bereich.
  Falls Gas entfernt, behandelt und zwischen den Stufen zurückgeführt wird, zeige den Druckverlust.
  Welche quantitative Änderung liegt vor?
  Wenn dies die Gaszusammensetzung berührt, sollte die resultierende Analyse bereitgestellt werden (Verhältnis der spezifischen Wärmen, relativen Feuchtigkeit und Kompressibilität bei dem spezifischen Zwischenstufendruck und -temperatur)
6 – Veränderliche Bedingungen
  Die erwartete Veränderung der Einlaßbedingungen – Druck, Temperatur, relative Feuchtigkeit, MW usw.
  Status der erwarteten Änderung im Austrittsdruck
  Es ist besonders wichtig, daß die Änderungsbedingungen in Bezug zueinander stehen.
  Wenn die relative Feuchtigkeit von 50–100% variiert und die Einlaßtemperatur von 18–38 °C (0–100 °F), korrespondiert dann die 100% relative Feuchte (RH) mit 38 °C (100 °F)? Variationen der Bedingungen werden am besten in tabularer Form mit allen Bedingungen in jeder Spalte dargestellt.
7 – Strömungsdiagramm
  Führe ein Schema der Strömungen mit ihren zugehörenden Steuerungen auf.
8 – Regulierung
  Was muß gesteuert werden – Druck, Strömungen oder Temperatur?
  Zeige die zulässige Variation in kontrollierten Punkten.
  Ist die Regulierung manuell oder automatisch?
  Falls automatisch, sind die Betriebseinrichtungen und/oder Instrumente beinhaltet?
  Wieviel Kontrollstufen sind in einem Durchlauf erforderlich?

Tabelle 4-2. (Fortsetzung)

- 9 – Kühlwasser
  Temperatur – maximal und minimal
  Druck am Einlaß und Gegendruck, falls vorhanden
  Sind offene oder geschlossene Kühlsysteme gefordert?
  Wasserquellen
  Frisch-, Salz- oder abgestandenes Wasser
  Verschlammt oder korrosiv?
- 10 – Antrieb
  Spezifiziere den Typ des Antriebs.
  Elektrischer Motortyp, Strombedingungen, Leistungsfaktor, Zubehör, Servicefaktor, Temperaturanstieg, Umgebungstemperatur
  Dampfeinlaß- und Auslaßdruck, Einlaßtemperatur und Qualität, Wichtigkeit der minimalen Wasserate
  Brenngas – Gasanalyse, verfügbarer Druck, Untergrenze des Grenzheizwerts
  Getriebe – AGMA-Rate falls spezial
- 11 – Allgemein
  Akzeptanz von Petroleumschmiermittel?
  Innen- oder Außeninstallation?
  Bodenfläche, spezielle Formen? Liefern Sie eine Skizze.
  Bodenmaterial, Charakter
  Liste der erforderlichen Zubehörteile und der bereitzustellenden Ersatzteile
  Pulsationsdämpfer oder Einlaß- oder Austrittsschalldämpfer, die zu liefern sind
- 12 – Spezifikationen
  Liefere jedem Anbieter 3 Kopien mit jeder Spezifikation des speziellen Projekts. Die vollständige Information ermöglicht allen Herstellern, auf der gleichen Basis im Wettbewerb anzubieten, und unterstützt den Einkäufer bei der Bewertung der Angebote.

Tabelle 4-3. Punkte, die für einen Radialkompressor zu berücksichtigen sind

- 1 – Anzahl der Stufen
- 2 – Druckverhältnis und Massenströmung (pro Gehäuse)
- 3 – Gasdichtungstypen (innere Dichtung und Öldichtungen)
- 4 – Lagertypen (Radial)
- 5 – Koeffizienten zur Lagersteifigkeit
- 6 – Axiallagertypen ((Tapered land), nicht ausgleichende Kippsegmente und Kingsbury)
- 7 – Axialströmungen
- 8 – Temperatur für Lagerzapfen und Axiallager (Betriebstemperatur)
- 9 – Kritische Drehzahldiagramme
  Drehzahl über Lagersteifigkeitskurve
- 10 – Laufradtyp
  a. gedeckt oder ungedeckt
  b. Beschaufelungen
  c. Befestigung der Schaufeln an Nabe und Deckscheibe
- 11 – Anbringung der Laufräder an der Welle
  a. Schrumpfpassungen
  b. Keilbefestigung
  c. andere

Tabelle 4-3. (Fortsetzung)

12 – Campbell-Diagramme der Laufräder
   a. Anzahl der Schaufeln (Laufräder)
   b. Anzahl der Schaufeln (Diffusor)
   c. Anzahl der Schaufeln (Leitschaufeln)
13 – Ausgleichskolben
14 – Auswuchtebenen (Ort)
   Wie ist ausgewuchtet (Details)
15 – Gewicht des Rotors (zusammengebaut)
   a. geteiltes Gehäuse
   b. Topfformgehäuse
16 – Daten der Torsionsschwingungen (Biegekritische)
17 – Ausrichtdaten
18 – Kupplungstypen zwischen Tandems
19 – Leistungskurven (separate Gehäuse)
   a. Pumpgrenze
   b. Pumplinien
   c. aerodynamische Geschwindigkeiten
   d. Wirkungsgrad
20 – Zwischenkühlertyp
   a. Temperaturabfall
   b. Druckabfall
   c. Effektivität
21 – Leistungskurven

5 Rotordynamik

Der gegenwärtige Trend bei rotierenden Maschinen geht in Richtung Erhöhung der Auslegungsdrehzahlen. Hierbei erhöhen sich auch die durch Schwingungen hervorgerufenen Betriebsprobleme – und somit die Wichtigkeit der Schwingungsanalyse. Ein gründliches Studium der Schwingungsanalyse wird bei der Diagnose von Rotordynamikproblemen helfen.

Dieses Kapitel widmet sich den Fundamenten der Schwingungstheorie bzgl. ungedämpften und gedämpften, freien, oszillierenden Systemen. Die Anwendung der Schwingungstheorie zur Lösung rotordynamischer Probleme wird dann diskutiert. Zunächst werden die Analyse kritischer Drehzahlen und die Auswuchttechniken untersucht. Der letzte Teil des Kapitels diskutiert wichtige Auslegungskriterien für rotierende Maschinen, spezielle Lagertypen und Auslegungs- und Auswahlprozeduren.

5.1
Mathematische Analyse

Das Studium von Schwingungen war auf Musiker beschränkt, bis die klassische Mechanik sich soweit entwickelt hatte, um eine Analyse dieses komplexen Phänomens zu erlauben. Die Newtonsche Mechanik erlaubt einen Ansatz, der konzeptionell leicht zu verstehen ist. Lagrangsche Mechanik ergibt einen weiterentwickelten Ansatz, doch er ist intuitiv schwieriger aufzunehmen. Da dieses Buch auf grundlegenden Konzepten beruht, werden wir das Thema mit dem Gebrauch Newtonscher Mechanik angehen.

Schwingungssysteme werden in 2 Hauptkategorien unterteilt: Erzwungene und Freie. Ein freies System schwingt durch die Kräfte, die inhärent im System sind. Dieser Systemtyp vibriert mit einer oder einem mehrfachen seiner natürlichen Eigenfrequenzen, die Eigenschaften des elastischen Systems sind. Erzwungene Schwingungen werden durch externe Kräfte hervorgerufen, die auf das System wirken. Dieser Schwingungstyp tritt mit der Frequenz der anregenden Kraft auf. Diese Fremdgröße ist unabhängig von der Eigenfrequenz des Systems. Wenn die Frequenz der anregenden Kraft und die Frequenz der Eigenschwingung übereinstimmt, wird eine Resonanzbedingung erreicht, und gefährliche, große Amplituden können resultieren. Alle schwingenden Systeme sind Gegenstand einer bestimmten Form von Dämpfung, die von der Energiedissipation durch Reibung oder andere Widerständen abhängt.

5.1 Mathematische Analyse

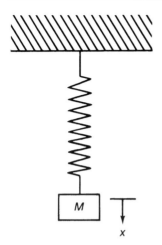

Abb. 5-1. System mit einem Freiheitsgrad

Die Anzahl unabhängiger Koordinaten, die die Systembewegungen beschreiben, werden als Freiheitsgrade des Systems bezeichnet. Ein System mit einem Freiheitsgrad benötigt eine einzige, unabhängige Koordinate, um die Schwingungskonfiguration komplett zu beschreiben. Ein klassisches Feder-Masse-System, wie in Abb. 5-1 dargestellt, ist ein System mit einem Freiheitsgrad.

Systeme mit zwei oder mehr Freiheitsgraden schwingen in komplexer Weise, bei der Frequenz und Amplitude keine definierten Beziehungen aufweisen. Innerhalb der vielen Arten ungeordneter Bewegungen gibt es einige sehr spezielle Typen geordneter Bewegungen, die als prinzipielle Schwingungsmoden bezeichnet werden.

Während der prinzipiellen Schwingungsmoden folgt jeder Punkt im System definierten Mustern gemeinsamer Frequenzen. Ein typisches System mit zwei oder mehr Freiheitsgraden ist in Abb. 5-2 dargestellt. Dieses System kann ein Seil sein, das zwischen 2 Punkten eingespannt ist, oder eine Welle zwischen 2 Lagern. Die gestrichelte Linie in Abb. 5-2 zeigt die verschiedenen, prinzipiellen Schwingungsmoden.

Die meisten Schwingungsbewegungen sind periodisch. Periodische Bewegungen wiederholen sich in gleichen Zeitintervallen. Eine typische, periodische Bewegung ist in Abb. 5-3 dargestellt. Die einfachste Form periodischer Bewegung ist die harmonische Bewegung, die durch Sinus- oder Kosinusfunktionen beschrieben werden kann. Es gilt zu beachten, daß eine harmonische Bewegung

Abb. 5-2. System mit unendlichen Freiheitsgraden

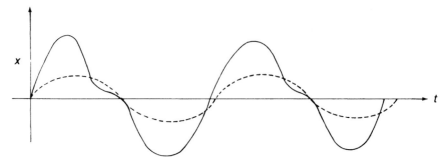

Abb. 5-3. Periodische Bewegung mit harmonischen Komponenten

immer periodisch ist, jedoch periodische Bewegungen nicht immer harmonisch. Die harmonische Bewegung eines Systems kann durch folgende Beziehung dargestellt werden:

$$x = A\sin\omega t \tag{5-1}$$

Jedoch kann Geschwindigkeit und Beschleunigung dieses Systems durch Differentiation der Gleichungen nach der Zeit t festgestellt werden

$$\text{Geschwindigkeit} = \frac{dx}{dt} = A\omega\cos\omega t = A\omega\sin\left(\omega t + \frac{\pi}{2}\right) \tag{5-2}$$

$$\text{Beschleunigung} = \frac{d^2x}{dt^2} = -A\omega^2 \sin\omega t = A\omega^2 \sin\left(\omega t + \pi\right) \tag{5-3}$$

Die vorstehenden Gleichungen zeigen, daß Geschwindigkeit und Beschleunigung auch harmonisch sind. Sie können durch Vektoren dargestellt werden, die 90° und 180° dem Vektor der Auslenkung voreilen. Abbildung 5-4 zeigt die verschiedenen harmonischen Bewegungen von Auslenkung (Weg), Geschwindigkeit und Beschleunigung. Die Winkel zwischen den Vektoren werden als Phasenwin-

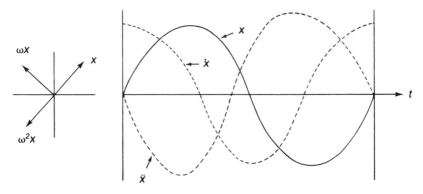

Abb. 5-4. Harmonische Bewegung von Weg, Geschwindigkeit und Beschleunigung

kel bezeichnet; deshalb kann man sagen, daß die Geschwindigkeit vor der Auslenkung mit 90° führt, und daß die Beschleunigung in gegenläufige Richtung wirkt im Vergleich zur Auslenkung, oder daß sie vor der Auslenkung mit 180° führt.

5.1.1
Ungedämpftes freies System

Dieses System ist das einfachste aller Schwingungssysteme. Es besteht aus einer Masse, die an einer Feder mit vernachlässigbarer Masse aufgehängt ist. Abbildung 5-5 zeigt dieses einfache System mit einem Freiheitsgrad. Wenn die Masse von ihrem ursprünglich im Gleichgewicht befindlichen Punkt ausgelenkt und losgelassen wird, dann verhalten sich die Auslenkungskraft, die Rückstellkraft der Feder ($-Kx$) und die Beschleunigung entsprechend Newtons 2. Gesetz. Die daraus resultierende Gleichung kann wie folgt geschrieben werden:

$$m\ddot{x} = -Kx \qquad (5\text{-}4)$$

Diese Gleichung wird als Bewegungsgleichung des Systems bezeichnet und kann auch wie folgt geschrieben werden:

$$\ddot{x} + \frac{K}{m}x = 0 \qquad (5\text{-}5)$$

Die Annahme, daß die harmonische Funktion diese Gleichung erfüllt, führt zu einer Lösung in der Form

$$x = C_1 \sin\omega t + C_2 \cos\omega t \qquad (5\text{-}6)$$

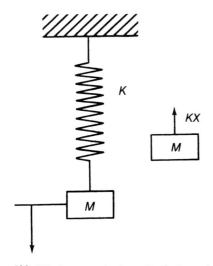

Abb. 5-5. System mit einem Freiheitsgrad (Feder-Masse-System)

Durch Substitution der Gl. (5-6) in Gl. (5-5) erhält man folgende Beziehung:

$$\left(-\omega^2 + \frac{K}{M}\right) x = 0$$

Diese kann mit jedem Wert x erfüllt werden. Dafür gilt

$$\omega = \sqrt{\frac{K}{M}} \qquad (5\text{-}7)$$

Somit hat das System eine einzige, natürliche Eigenfrequenz, die mit der Beziehung in Gl. (5-7) gegeben ist.

5.1.2
Gedämpftes System

Dämpfung ist die Dissipation von Energie. Es gibt verschiedene Dämpfungstypen – viskose Dämpfung, Reibungs- oder Coulombsche Dämpfung und feste Dämpfung. Viskose Dämpfung tritt bei Körpern auf, die sich durch ein Fluid bewegen. Reibungsdämpfung tritt üblicherweise bei rutschenden trockenen Oberflächen auf. Feste Dämpfung, oft auch als Strukturdämpfung bezeichnet, beruht auf interner Friktion innerhalb des Materials selbst. Ein Beispiel eines freischwingenden Systems mit viskoser Dämpfung ist nachfolgend gegeben.

Wie in Abb. 5-6 gezeigt, ist die viskose Dämpfungskraft proportional zur Geschwindigkeit und wird mit folgender Beziehung ausgedrückt:

$$F_{damp} = -c\dot{x}$$

Hierbei ist c der Koeffizient der viskosen Dämpfung. Der Newtonsche Ansatz ergibt die Bewegungsgleichung wie folgt:

$$m\ddot{x} = -kx - c\dot{x} \qquad (5\text{-}8)$$

Sie kann auch geschrieben werden als

$$m\ddot{x} + c\dot{x} + kx = 0$$

Die Lösung für diese Gleichung wird mit folgendem Ansatz gefunden:

$$x = c\,(e^{rt}) \qquad (5\text{-}9)$$

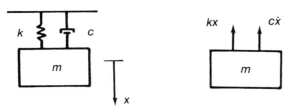

Abb. 5-6. Freie Schwingung mit viskoser Dämpfung

der dann in Gl. (5-8) substituiert wird und zu folgender charakteristischen Gleichung führt:

$$\left(r^2 + \frac{c}{m}r + \frac{k}{m}\right)e^{rt} = 0 \tag{5-10}$$

Diese Gleichung wird für alle Werte von t erfüllt, wenn

$$r_{1,2} = \frac{-c}{2m} \pm \sqrt{\frac{c^2}{4m^2} - \frac{k}{m}} \tag{5-11}$$

wovon man die allgemeine Lösung

$$x = e^{\frac{-c}{2m}t}\left[C_1 e^{\sqrt{\frac{c^2}{4m^2} - \frac{k}{m}}(t)} + C_2 e^{-\sqrt{\frac{c^2}{4m^2} - \frac{k}{m}}(t)}\right] \tag{5-12}$$

erhält.

Die Art der Lösung, die mit Gl. (5-19) gegeben ist, hängt von der Art der Wurzeln r_1 und r_2 ab. Das Verhalten dieses gedämpften Systems hängt davon ab, ob die Wurzeln real, imaginär oder null sind. Der kritische Dämpfungskoeffizient c_c kann nun definiert werden als derjenige, welcher die Radikale = Null macht. Somit erhält man die Gleichung

$$\frac{c^2}{4m^2} = \frac{k}{m}$$

die geschrieben werden kann als

$$\frac{c}{2m} = \sqrt{\frac{k}{m}} = \omega_n \tag{5-13}$$

Man kann deshalb den Dämpfungsanteil in jedem System mit dem Dämpfungsfaktor

$$\zeta = \frac{c}{c_c} \tag{5-14}$$

spezifizieren.

Überdämpftes System. Wenn $c^2/4m^2 > k/m$, dann ist der Ausdruck unter dem Radikalenzeichen positiv und die Wurzeln sind real. Wird die Bewegung als eine Funktion der Zeit aufgetragen, erhält man die Kurve in Abb. 5-7. Dieser Typ nichtschwingender Bewegung wird als aperiodische Bewegung bezeichnet.

Kritisch gedämpftes System. Wenn $c^2/4m^2 = k/m$, dann ist der Ausdruck unter dem Radikalenzeichen Null und die Wurzeln r_1 und r_2 sind gleich. Wenn die Radikale Null ist und die Wurzeln gleich sind, dann baut sich die Auslenkung am schnellsten von ihrem Anfangswert ab, wie in Abb. 5-8 dargestellt. Die Bewegung ist in diesem Fall auch aperiodisch.

Dieser sehr spezielle Fall ist als kritische Dämpfung bekannt. Der Wert von c ist für diesen Fall gegeben durch

$$\frac{c_{cr}^2}{4m^2} = \frac{k}{m}$$

$$c_{cr}^2 = 4m^2 \frac{k}{m} = 4mk$$

Somit ist

$$c_{cr} = \sqrt{4mk} = 2m\sqrt{\frac{k}{m}} = 2m\omega_n$$

Unterdämpftes System. Wenn $c^2/4m^2 < k/m$, dann sind die Wurzeln r_1 und r_2 imaginär und die Lösung ist eine oszillierende Bewegung, wie in Abb. 5-9 dargestellt. Alle vorstehenden Fälle von Bewegung sind charakteristisch für verschiedene oszillierende Systeme, obwohl ein spezifischer Fall von der Anwendung abhängt. Das unterdämpfte System zeigt seine Eigenfrequenz der Schwingung. Wenn $c^2/4m^2 < k/m$, dann sind die Wurzeln r_1 und r_2 imaginär und gegeben mit

$$r_{1,2} = \pm i \sqrt{\frac{k}{m} - \frac{c^2}{4m^2}} \tag{5-15}$$

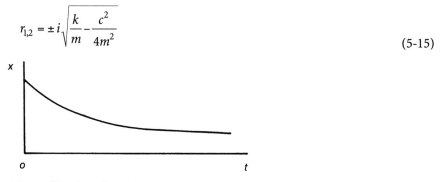

Abb. 5-7. Überdämpftes Abklingen

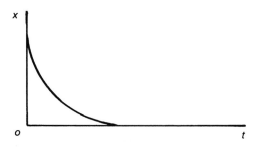

Abb. 5-8. Kritisch gedämpftes Abklingen

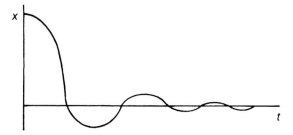

Abb. 5-9. Unterdämpftes Abklingen

Dann wird die Antwort

$$x = e^{-(c/2m)t} \left[C_1 e^{i\sqrt{\frac{k}{m} - \frac{c^2}{4m^2}}} + C_2 e^{-i\sqrt{\frac{k}{m} - \frac{c^2}{4m^2}}} \right]$$

die wie folgt geschrieben werden kann

$$x = e^{-(c/2m)t} \left[A\cos\omega_d t + B\sin\omega_d t \right] \tag{5-16}$$

5.1.3
Erzwungene Schwingungen

Bisher war das Studium der schwingenden Systeme auf freie Schwingungen begrenzt, bei denen kein externer Eingriff in das System vorliegt. Ein freischwingendes System schwingt mit seiner natürlichen Resonanzfrequenz, bis die Frequenz durch Energiedissipation mittels Dämpfung stirbt.

Nachfolgend wird der Einfluß der externen Anregung berücksichtigt. In der Praxis werden dynamische Systeme durch externe Kräfte angeregt, die selbst in ihrer Natur periodisch sind. Betrachten wir das System in Abb. 5-10.

Die externe angreifende periodische Kraft hat eine Frequenz ω, die unabhängig von den Systemparametern variieren kann. Die Bewegungsgleichung für dieses System kann mit jeder der vorstehend beschriebenen Methoden erhalten werden. Der Newtonsche Ansatz wird hier aufgrund seiner konzeptionellen Einfachheit angewandt. Das Diagramm mit dem freien Körper der Masse m ist in Abb. 5-11 dargestellt.

Die Bewegungsgleichung für die Masse m ist gegeben mit

$$m\ddot{x} = F\sin\omega t - kx - c\dot{x} \tag{5-17}$$

und kann umgeschrieben werden als

$$m\ddot{x} + c\dot{x} + kx = F\sin\omega t$$

mit der Annahme, daß die stationäre Oszillation dieses Systems mit folgender Beziehung beschrieben werden kann

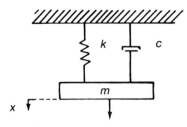
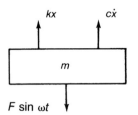

Abb. 5-10. System mit erzwungener Schwingung

Abb. 5-11. Diagramm eines freien Massenkörpers *(M)*

$$x = D \sin(\omega t - \theta) \tag{5-18}$$

D = Amplitude der stationären Oszillation
θ = Phasenwinkel, mit dem die Bewegung der einwirkenden Kraft nachläuft.
Die Geschwindigkeit und Beschleunigung für das System ist mit folgenden Beziehungen gegeben:

$$v = \dot{x} = D\omega \cos(\omega t - \theta) = D\omega \sin\left(\omega t - \theta + \frac{\pi}{2}\right) \tag{5-19}$$

$$a = \ddot{x} = D\omega^2 \sin(\omega t - \theta) = D\omega^2 \sin\left(\omega t - \theta + \frac{\pi}{2}\right) \tag{5-20}$$

Durch Einsetzen der vorstehenden Beziehungen in die Bewegungsgleichung (5-17) ergibt sich

$$mD\omega^2 \sin(\omega t - \theta) - cD\omega \sin\left(\omega t - \theta + \frac{\pi}{2}\right) - D\sin(\omega t - \theta) + F\sin\omega t = 0 \tag{5-21}$$

Trägheitskraft + Dämpfungskraft + Federkraft + Einwirkende Kraft = Null.
 In der vorstehenden Gleichung läuft die Auslenkung der einwirkenden Kraft mit einem Phasenwinkel θ nach, und die Federkraft wirkt gegenläufig zur Auslenkungsrichtung. Die Dämpfungskraft läuft der Auslenkung mit 90° nach und ist deshalb der Richtung der Geschwindigkeit entgegengesetzt. Die Trägheitskraft ist in Phase mit der Auslenkung und wirkt in die entgegengesetzte Richtung zur Beschleunigung. Dies ist in Übereinstimmung mit der physikalischen Interpretation der harmonischen Bewegung. Das Vektordiagramm (Abb. 5-12) zeigt die verschiedenen Kräfte, die auf den Körper einwirken. Dieser führt eine erzwungene Schwingung mit viskoser Dämpfung aus. Somit erhält man vom Vektordiagramm den Wert des Phasenwinkels und die Amplitude der stationären Oszillation.

$$D = \frac{F}{\sqrt{\left(k - m\omega^2\right)^2 + c\omega^2}} \tag{5-22}$$

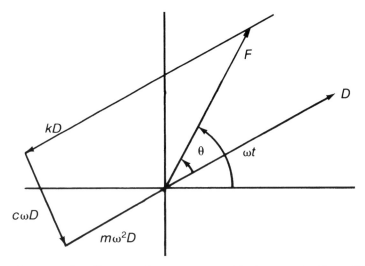

Abb. 5-12. Vektordiagramm der erzwungenen Schwingung mit viskoser Dämpfung

$$\tan\theta = \frac{c\omega}{k - m\omega^2} \qquad (5\text{-}23)$$

Die dimensionslose Form von D und θ kann beschrieben werden als

$$D = \frac{F/k}{\sqrt{\left(1 - \frac{\omega^2}{\omega_n^2}\right) + \left(2\zeta\frac{\omega}{\omega_n}\right)^2}} \qquad (5\text{-}24)$$

$$\tan\theta = \frac{2\zeta\frac{\omega}{\omega_n}}{1 - \left(\frac{\omega}{\omega_n}\right)} \qquad (5\text{-}25)$$

mit

$\omega_n = \sqrt{k/m}$ = natürliche Frequenz

$\zeta = \dfrac{c}{c_2}$ = Dämpfungsfaktor

$c_r = 2m\omega_n$ = kritischer Dämpfungskoeffizient.

Nach diesen Gleichungen ist der Effekt des Verstärkungsfaktors (Magnification) (D/F/k) und des Phasenwinkels (θ) hauptsächlich eine Funktion des Frequenzverhältnisses ω/ω_n und des Dämpfungsfaktors ζ. Die Abb. 5-13a,b zeigen diese Beziehungen. Der Dämpfungsfaktor hat großen Einfluß auf die Amplitude und den Phasenwinkel in der Resonanzregion. Für kleine Werte von $\omega/\omega_n \ll 1$ sind

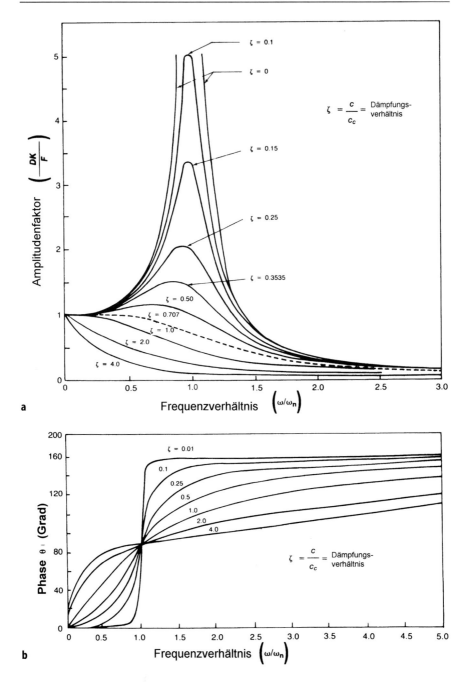

Abb. 5-13a. Amplitudenfaktor als Funktion des Frequenzverhältnisses r für mehrere viskose Dämpfungen; **b** Phasenwinkel als eine Funktion des Frequenzverhältnisses für mehrere viskose Dämpfungen

die Terme für die Trägheits- und Dämpfungskräfte klein und resultieren in einem kleinen Phasenwinkel. Für einen Wert von $\omega/\omega_n = 1$ ist der Phasenwinkel 90°. Die Amplitude erreicht bei Resonanz unendlich und der Dämpfungsfaktor wird Null. Der Phasenwinkel vollzieht eine fast 180°-Verschiebung für leichte Dämpfung, wenn er das kritische Frequenzverhältnis durchläuft. Für große Werte von $\omega/\omega_n \gg 1$ erreicht der Phasenwinkel 180° und die einwirkende Kraft muß fast vollständig aufgebracht werden, um die große Trägheitskraft zu überwinden.

5.1.4 Auslegungsüberlegungen

Die Auslegung rotierender Maschinen für den Betrieb mit hoher Drehzahl erfordert eine sorgfältige Analyse. Die Diskussion im vorangegangenen Abschnitt zeigt eine elementare Analyse derartiger Probleme. Sobald in einer Auslegung festgestellt wird, daß ein Problem vorliegt, ist es eine gänzlich andere Sache, die Auslegung zu ändern, um das Problem zu beseitigen. Die folgenden Abschnitte diskutieren einige Beobachtungen und grundlegende Hinweise, die auf den in den vorstehenden Abschnitten vorangegangenen Analysen beruhen.

Natürliche Frequenz (Eigenfrequenz). Dieser Parameter ist für einen einzigen Freiheitsgrad durch $\omega_n = \sqrt{k/m}$ gegeben. Eine Erhöhung der Masse vermindert ω_n und eine Erhöhung der Federkonstante k erhöht ω_n. Die Untersuchung eines gedämpften Systems führt dazu, daß die Eigenfrequenz des gedämpften Systems $\omega_d = \omega_n\sqrt{1-\zeta^2}$ ist, und somit niedriger als ω_n.

Unwucht. Bei allen rotierenden Maschinen kann davon ausgegangen werden, daß sie Unwucht haben. Unwucht ruft eine Anregung mit Rotationsdrehzahl hervor. Die natürliche Frequenz des Systems ist ω_n, bekannt auch als die kritische Wellendrehzahl. Aus der Studie des erzwungenen-gedämpften Systems können folgende Schlüsse gezogen werden: (1) das Amplitudenverhältnis erreicht seinen $\omega_d = \omega_n\sqrt{1-\zeta^2}$ maximalen Wert bei und (2) die gedämpfte Eigenfrequenz ω_d erreicht nicht die Analyse des zwangsgedämpften Systems. Der wichtigere Parameter ist ω_n, die natürliche Frequenz des ungedämpften Systems.

Ohne Dämpfung wird das Amplitudenverhältnis bei $\omega_d = \omega_n$ unendlich. Aus diesem Grunde sollte die kritische Drehzahl der rotierenden Maschine einen sicheren Abstand zur Betriebsdrehzahl haben.

Kleine Maschinen haben kleine Werte der Masse m und große Werte für die Federkonstante k (Lagersteifigkeit). Diese Konstruktion erlaubt eine Maschine mit kleiner Baugröße und niedrigen Betriebsdrehzahlen, die im Bereich unterhalb ihrer kritischen Drehzahlen betrieben werden kann. Dieser Bereich ist als unterkritischer Betrieb bekannt und sehr empfehlenswert, wenn er wirtschaftlich durchgeführt werden kann.

Die Auslegung von großen, rotierenden Maschinen – Radialkompressoren, Gas- und Dampfturbinen und großen elektrischen Generatoren – führt zu einem anderen Problem. Die Masse des Rotors ist üblicherweise groß und es gibt eine praktische obere Grenze für die einzusetzende Wellengröße. Diese Maschinen werden auch bei hohen Drehzahlen betrieben.

Diese Situation kann durch Konstruktion eines Systems, bei dem eine sehr niedrige kritische Drehzahl vorliegt und bei dem die Maschine oberhalb dieser kritischen Drehzahl betrieben wird, aufgelöst werden. Dies ist bekannt als überkritischer Betrieb. Das Hauptproblem besteht darin, daß während dem Hochlauf und dem Herunterlaufen die Maschine ihre kritische Drehzahl durchlaufen muß. Um gefährlich hohe Amplituden während dieser Zeitabschnitte zu vermeiden, muß eine ausreichende Dämpfung in den Lagern und dem Fundament eingebracht werden.

Die natürlichen Strukturfrequenzen der meisten großen Systeme finden sich auch im niederfrequenten Bereich. Es muß sorgfältig darauf geachtet werden, Resonanzkopplungen zwischen der Struktur und dem Fundament zu vermeiden. Die Anregungen in rotierenden Maschinen werden von rotierenden Unwuchtmassen erzeugt. Diese Unwuchten resultieren aus 4 Faktoren:

1. Eine ungleiche Verteilung von Masse über die geometrische Achse des Systems. Diese Verteilung ist der Grund für die Abweichung des Massenschwerpunkts vom Rotationszentrum.
2. Ein Durchhängen der Welle aufgrund des Rotorgewichts vergrößert den Abstand zwischen Massen- und Rotationszentrum. Zusätzliche Diskrepanzen können auftreten, wenn die Welle verbogen ist.
3. Statische Exzentrizitäten werden durch die Wellenrotation über ihren geometrischen Mittellinien verstärkt.
4. Wenn die Welle in Radiallagern gestützt ist, kann sie einen Orbit beschreiben, so daß die Rotationsachse aus dem geometrischen Zentrum der Lager rotiert.

Diese Unwuchtkräfte wachsen als eine Funktion von ω^2, womit die Auslegung und der Betrieb von Maschinen mit hoher Drehzahl eine komplexe und hochgenaue Aufgabe darstellt. Auswuchten ist die einzig verfügbare Methode zur Eingrenzung der Anregungskräfte.

5.2
Anwendungen für rotierende Maschinen

5.2.1
Steife Aufhängungen

Das einfachste Modell einer rotierenden Maschine besteht aus einer großen Scheibe, die auf eine biegsame Welle montiert ist, und deren Enden an festen Aufhängungen gestützt sind. Die festen Aufhängungen behindern eine rotierende Maschine bei jeder lateralen Bewegung, doch sie erlauben freie Winkelbewegungen. Eine flexible Welle wird oberhalb ihrer ersten Kritischen betrieben. Die Abb. 5-14a,b zeigen eine derartige Welle. Das Massenzentrum auf der Scheibe „e" ist von der Wellenmittellinie oder dem geometrischen Zentrum der Scheibe, aufgrund von Herstellungs- und Materialabweichungen, abgelenkt. Wenn diese Scheibe mit einer Rotationsdrehzahl ω rotiert, ruft die Masse eine Auslenkung hervor, so daß das Zentrum der Scheibe einen Orbit mit dem Radius δ_r zum Zentrum der Lagermittellinie beschreibt. Wenn die Flexibilität der Welle durch die radiale Steifigkeit (K_r) dargestellt wird, wird eine Rückstellkraft auf die Scheibe $K_r\delta_r$ hervorgerufen, die die Zentrifugalkraft zu $m\omega^2(\delta_r + e)$ ausgleicht. Durch Gleichsetzen der 2 Kräfte erhält man

$$K_r\delta = m\omega^2(\delta_r + e)$$

Deshalb wird

$$\delta_r = \frac{m\omega^2 e}{K_r - m\omega^2} = \frac{(\omega/\omega_n)^2 e}{1-(\omega/\omega_n)^2} \tag{5-26}$$

wobei $\omega_n = \frac{K_r}{m}$ die natürliche Frequenz der lateralen Schwingung der Welle mit Scheibe bei Drehzahl 0 ist.

Die vorstehende Gleichung zeigt, wenn $\omega < \omega_n$, ist δ_r positiv. Hieraus folgt: liegt die Betriebsdrehzahl unterhalb der kritischen Drehzahl, führt das System eine Rotation durch, bei der das Massenzentrum außerhalb des geometrischen Zentrums liegt. Bei Betrieb oberhalb der kritischen Drehzahl ($\omega > \omega_n$) tendiert die Wellenauslenkung δ_r gegen unendlich. Tatsächlich ist diese Schwingung durch äußere Kräfte gedämpft. Für sehr hohe Drehzahlen ($\omega \gg \omega_n$) ist die Amplitude δ_r gleich $-e$; dies bedeutet, daß die Scheibe um ihren Schwerpunkt rotiert.

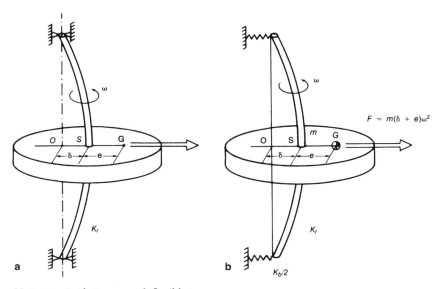

Abb. 5-14a. Steife Lagerung; **b** flexible Lagerung

5.2.2
Flexible Aufhängungen

Der vorangegangene Abschnitt diskutiert eine flexible Welle mit festen bzw. steifen Lagern. In der realen Welt sind die Lager nicht steif, sondern zeigen eine gewisse Flexibilität. Wenn die Flexibilität des Systems mit K_b gegeben ist, dann hat jede Aufhängung eine Steifigkeit von $K_b/2$. In solch einem System ist die Flexibilität des gesamten lateralen Systems mit folgender Beziehung zu berechnen:

$$\frac{1}{K_t} = \frac{1}{K_r} + \frac{1}{K_b} = \frac{K_b + K_r}{K_r K_b} \tag{5-27}$$

$$K_t = \frac{K_b K_r}{K_r + K_b}$$

Deshalb ist die natürliche Eigenfrequenz

$$\omega_{nt} = \sqrt{\frac{K_t}{m}} = \sqrt{\frac{K_r K_b}{K_b + K_r}/m}$$

$$\omega_{nt} = \sqrt{\frac{K_r}{m}}\sqrt{\frac{K_b}{K_b + K_r}}$$

$$\omega_{nt} = \omega_n \sqrt{\frac{K_b}{K_b + K_r}} \tag{5-28}$$

Aus dem vorstehendem Ausdruck folgt: ist $K_b \ll K_r$ (sehr steife Aufhängung), wird $\omega_{nt} = \omega_n$. Oder es ergibt sich die natürliche Frequenz des steifen Systems. Für ein System mit einer endlichen Steifigkeit dieser Aufhängungen, d.h. $K_b \geq K_r$ oder $K_b \leq K_r$, wird $\omega_n < \omega_{nt}$. Somit ruft die Flexibilität eine Verringerung der natürlichen Frequenz des Systems hervor. Ein Auftragen der natürlichen Frequenz als Funktion der Lagersteifigkeit auf eine logarithmische Skala liefert eine Kurve wie in Abb. 5-15 dargestellt.

Wenn $K_b \ll K_r$, dann ist $\omega_{nt} = \omega_n K_b/K_r$. Deshalb ist ω_{nt} proportional zur quadratischen Wurzel von K_b, oder log ω_{nt} ist proportional zu einer Hälfte von log K_b. Diese Beziehung ist mit einer geraden Linie mit einer Steigung von 0,5 in Abb. 5-15 dargestellt. Wenn $K_b \gg K_r$, dann ist die totale, effektive, natürliche Frequenz gleich der natürlichen Frequenz des steifen Körpers. Die tatsächliche Kurve liegt unterhalb dieser zwei geraden Linien (Abb. 5-15).

Das Kennfeld der kritischen Drehzahl (Abb. 5-15) kann erweitert werden, so daß es die zweite, dritte und die höheren kritischen Drehzahlen beinhaltet. Ein derart ausgedehntes Kennfeld mit kritischen Drehzahlen kann sehr nützlich

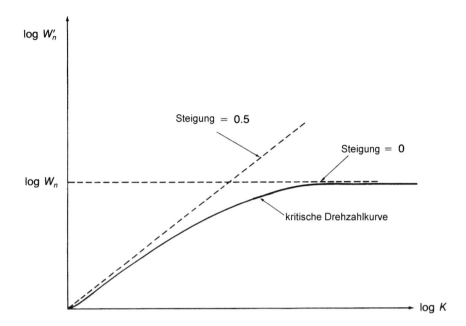

Abb. 5-15. Diagramm mit kritischer Drehzahl

sein, um die dynamische Region festzustellen, in der ein gegebenes System betrieben wird. Man erhält den Bereich der kritischen Drehzahlen eines Systems, indem die tatsächliche Aufhängung über der Drehzahlkurve überlagert und auf dem Kennfeld der kritischen Drehzahlen eingetragen wird. Ein Überschneidungspunkt dieser beiden Kurven definiert die Lage der kritischen Drehzahlen des Systems.

Wenn die vorstehend beschriebenen Überschneidungen auf der geraden Linie liegen, die auf dem Kennfeld der kritischen Drehzahlen eine Steigung von 0,5 hat, dann ist die kritische Drehzahl lagerkontrolliert. Diese Bedingung wird oft als „Festkörperkritische" bezeichnet.

Wenn die Überschneidung unterhalb der Linie mit Steigung 0,5 liegt, dann sagt man, daß das System eine „biegekritische Drehzahl" hat. Es ist wichtig, diese Punkte zu identifizieren, da sie die zunehmende Wichtigkeit der Biegesteifigkeit über der Aufhängungssteifigkeit aufzeigen.

Die Abb. 5-16a,b zeigen die Schwingungsmoden einer gleichmäßigen Welle, die an ihren Enden flexibel aufgehängt ist. Abbildung 5-16a zeigt feste Aufhängungen und einen flexiblen Rotor, Abb. 5-16b flexible Aufhängungen und feste Rotoren.

Um die Wichtigkeit des Konzepts kritischer Drehzahlen zusammenzufassen, sollte man sich ins Gedächtnis rufen, daß dieses Konzept die Identifikation des Betriebsbereichs des Rotor-Lager-Systems/möglicher Modenanstieg (shapes) und der ungefähren Orte von Spitzenamplituden erlaubt.

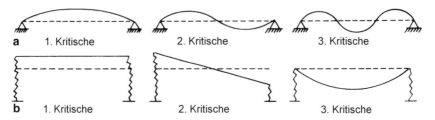

Abb. 5-16a. Steife Lagerung und ein flexibler Rotor; **b** flexible Lagerung und feste Rotoren

5.3
Kritische Drehzahlberechnungen für Rotor-Lager-Systeme

Nachfolgend werden Methoden zur Berechnung ungedämpfter und gedämpfter kritischer Drehzahlen dargestellt. Die Darstellungen sind eng an die Arbeiten von Prohl [1] und Lund [2] angelehnt. Es können Computerprogramme entwickelt werden, die die in diesem Abschnitt aufgeführten Gleichungen verwenden, um Schätzungen der kritischen Drehzahlen eines gegebenen Rotors für Lagersteifigkeiten und Dämpfungsparameter zu verwenden.

Die von Prohl und Lund vorgeschlagene Methode zur Berechnung der kritischen Drehzahlen hat verschiedene Vorteile. Mit dieser Methode kann jede Ordnung kritischer Frequenzen kalkuliert werden, und die Rotorkonfiguration ist nicht in der Anzahl der Durchmesseränderungen oder in der Anzahl aufgezogener Scheiben beschränkt. Zusätzlich können Wellenaufhängungen als steif oder mit beliebigen Werten für die Dämpfung und Steifigkeit angenommen werden. Der gyroskopische Effekt im Zusammenhang mit dem Trägkeitsmoment der zugehörigen Scheiben kann auch berücksichtigt werden. Möglicherweise ist der größte Vorteil dieser Technik jedoch die relative Einfachheit, mit der alle diese Fähigkeiten genutzt werden können.

Der Rotor wird zuerst in eine Anzahl von Stationspunkten aufgeteilt. Dies beinhaltet die Wellenenden, die Punkte auf der Welle, an denen Durchmesseränderungen auftreten, die Punkte, auf denen Scheiben aufgezogen sind, und die Lagerpositionen. Die Wellenbereiche, die diese Stationspunkte verbinden, werden im Modell als massenlose Abschnitte angesehen, die die flexible Steifigkeit enthalten, um die Längen, Durchmesser und Elastizitätsmodule dieser Abschnitte darzustellen. Die Masse jedes Abschnitts wird zur Hälfte aufgeteilt und jedem Ende des Abschnitts zugeschlagen. Dort wird es jeweils zu den Massen der aufgezogenen Scheiben und Kupplungen addiert.

Die Berechnung der kritischen Drehzahlen einer rotierenden Welle wird mit Gleichungen durchgeführt, die die Belastungen und Verformungen von Station $n-1$ zu Station n beschreiben. Die Wellenscherung V kann mit folgender Beziehung berechnet werden

$$V_n = V_{n-1} + M_{n-1}\omega^2 Y_{n-1} \tag{5-29}$$

5.3 Kritische Drehzahlberechnungen für Rotor-Lager-Systeme

und dem Biegemoment

$$M_n = M_{n-1} + V_n Z_n$$

Der Winkelversatz wird mit

$$\theta_n = \beta_n \left[\frac{M_{n-1}}{2} + \frac{M_n}{2} \right] + \theta_{n-1} \tag{5-30}$$

berechnet; hierbei ist β die Flexibilitätskonstante.
Die vertikale lineare Auslenkung ist

$$Y_n = \beta_n \left[\frac{M_{n-1}}{3} + \frac{M_n}{6} \right] Z_n + \theta_{n-1} Z_n + Y_{n-1} \tag{5-31}$$

Wenn ein flexibles Lager an Station n von der linken zur rechten Seite gekreuzt wird, gelten folgende Beziehungen:

$$K_{xx} Y_n = -\left[(V_n)_{Rechts} - (V_n)_{Links} \right] \tag{5-32}$$

$$K_{\theta\theta} \theta_n = \left[(M_n)_{Rechts} - (M_n)_{Links} \right] \tag{5-33}$$

$$(\theta_n)_{Rechts} = (\theta_n)_{Links} \tag{5-34}$$

$$(Y_n)_{Rechts} = (Y_n)_{Links} \tag{5-35}$$

Die anfänglichen Randbedingungen sind $V_1 = M_1 = 0$ für ein freies Ende. Um Anfangswerte für Y_1 und θ_1 zu berücksichtigen, wird die Berechnung in 2 Teilen durchgeführt, mit folgenden Annahmen:

Teil 1 $Y_1 = 1{,}0$ $\theta_1 = 0{,}0$

Teil 2 $Y_1 = 0{,}0$ $\theta_1 = 1{,}0$

Für jeden Teil starten die Berechnungen am freien Ende und sie werden, mittels der Gln. (5-29 bis 5-35), von Station zu Station fortgesetzt, bis das andere Ende erreicht ist. Die Werte für die Scherung und das Moment am entfernten Ende hängen von den Anfangswerten mit folgenden Beziehungen ab:

$$V_n = V_{n'Teil1} Y_1 + V_{n'Teil2} \theta_1 \tag{5-36}$$

$$M_n = M_{n'Teil1} Y_1 + M_{n'Teil2} \theta_1$$

Die kritische Drehzahl ist die Drehzahl, bei der $V_n = M_n = 0$ ist. Dies erfordert eine Iteration der angenommenen Rotationsdrehzahl, bis diese Bedingung erfüllt ist.

Zur Berücksichtigung struktureller Dämpfung müssen revidierte Beziehungen benutzt werden. Für ein System, das vertikale und horizontale Wellenbewegung erlaubt, ist die Änderung in der Scherung und des Moments über eine Station gegeben mit

$$\begin{bmatrix} -V'_x \\ -V'_y \\ M'_x \\ M'_y \end{bmatrix}_n = \begin{bmatrix} -V_x \\ -V_y \\ M_x \\ M_y \end{bmatrix}_n + \begin{bmatrix} s^2 mX \\ s^2 mY \\ s^2 J_T \theta + s\omega J_P \phi \\ s^2 J_T \phi - s\omega J_P \theta \end{bmatrix}_n + (K + sB)_n \begin{bmatrix} X \\ Y \\ \phi \\ \theta \end{bmatrix}_n \quad (5\text{-}37)$$

Die Berechnung von Parametern zwischen Stationen nutzen folgende Beziehungen:

$$X_{n+1} = X_n + Z_n \theta_n + C_1 \left[Z^2_n \left(M'_{xn} - \varepsilon M'_{yn} \right)/2 + C_2 \left(V'_{yn} - \varepsilon V'_{xn} \right) \right]$$

$$Y_{n+1} = Y_n + Z_n \phi_n + C_1 \left[Z^2 \left(M'_{yn} + \varepsilon M'_{xn} \right)/2 + C_2 \left(V'_{yn} - \varepsilon V'_{xn} \right) \right]$$

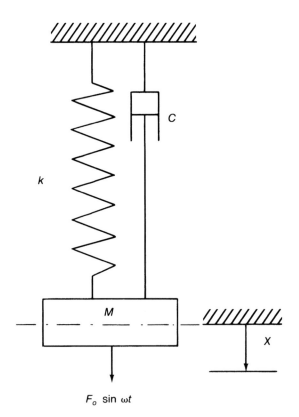

Abb. 5-17. Erzwungene Schwingung mit viskoser Dämpfung

$$\theta_{n+1} = \theta_n + C_1 \left[Z_n \left(M'_{xn} - \varepsilon M'_{yn} \right) + Z^2_n \left(V'_{xn} - \varepsilon V'_{yn} \right) / 2 \right]$$

$$\phi_{n+1} = \phi_n + C_1 \left[Z_n \left(M'_{yn} + \varepsilon M'_{xn} \right) + Z^2_n \left(V'_{yn} \varepsilon V'_{xn} \right) / 2 \right]$$

$$M_{x,n+1} = M'_{xn} + Z_n V'_{xn}$$

$$M_{y,n+1} = M'_{yn} + Z_n V'_{yn}$$

$$V_{x,n+1} = V'_{xn}$$

$$V_{y,n+1} = V'_{yn}$$

Hierbei ist

$$C_1 = 1/(EI)_n \sqrt{1+\varepsilon^2} \tag{5-38}$$

$$C_2 = \frac{Z_n^2}{6} - \frac{(Z\_EI)_n}{(\alpha GA)_n}$$

mit
E = Youngs Elastizitätsmodul
I = sektionelles Trägheitsmoment
G = Schermodulus
ε = logarithmisches Dekrement der internen Wellendämpfung, geteilt durch die vertikale Wellenposition
α = Formfaktor des Querschnitts (α = 0,75 für kreisförmige Querschnitte).

5.4
Elektromechanische Systeme und Analogien

Wenn physikalische Systeme so komplex sind, daß mathematische Lösungen nicht möglich sind, dann können experimentelle, auf verschiedenen Analogien beruhende Techniken eine Lösungsmöglichkeit darstellen. Elektrische Systeme, die analog zu mechanischen Systemen sind, sind üblicherweise die leichteste, billigste und schnellste Lösung des Problems. Die Analogie zwischen den Systemen ist mathematischer Art und basiert auf der Ähnlichkeit der Differentialgleichungen. Thomson [3] hat eine exzellente Abhandlung dieses Themas in seinem Buch über Schwingungen geschrieben. Einige Highlights werden nachfolgend aufgeführt.

Ein erzwungen gedämpftes System ist in Abb. 5-17 dargestellt. Dieses System hat eine Masse M, die an einer Feder K aufgehängt ist. Diese hat eine Federkonstante und einen Dämpfer. Der viskose Dämpfungskoeffizient ist c

$$M \frac{dv}{dt} + cv + K \int_0^t v\, dt = f(t) \tag{5-39}$$

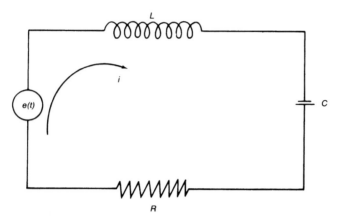

Abb. 5-18. Ein Kraft-Spannungs-System

Es kann ein Kraft-Spannungs-System, wie in Abb. 5-18 dargestellt, konstruiert werden, um dieses mechanische System darzustellen.

Die Gleichung, die dieses System beschreibt, bei dem *e(t)* die Spannung ist und die Kraft repräsentiert, während Induktion L, Kapazität C und Widerstand R für die Größen Masse, Federkonstante, viskose Dämpfung stehen, wird wie folgt geschrieben:

$$L\frac{di}{dt} + Ri + \frac{1}{C}\int_0^t i\,dt = e(t) \tag{5-40}$$

Eine Kraft-Strom-Analogie kann ebenfalls erhalten werden, wenn die Masse durch die Kapazität, die Federkonstante durch die Induktivität und der Widerstand durch die Konduktivität dargestellt ist (s. Abb. 5-19). Dieses System wird von folgender Beziehung wiedergegeben:

$$C\frac{de}{dt} + Ge + \frac{1}{L}\int_0^t e\,dt = i(t) \tag{5-41}$$

Der Vergleich der Gln. (5-40) und (5.41) zeigt, daß die mathematischen Beziehungen alle ähnlich sind. Die Gleichungen erhalten die analogen Werte. Eine Übersicht zu diesen Beziehungen zeigt Tabelle 5-1.

5.4.1
Kräfte an einem Rotor/Lager- System

Es gibt viele Kraftarten, die an ein Rotor-Lager-System angreifen. Die Kräfte können in 3 Kategorien klassifiziert werden: (1) Lager und Fundamentkräfte, (2) Kräfte, die durch Rotorbewegungen generiert wurden, und (3) Kräfte am Rotor. Tabelle 5-2 von Reiger [4] liefert eine exzellente Beschreibung dieser Kräfte.

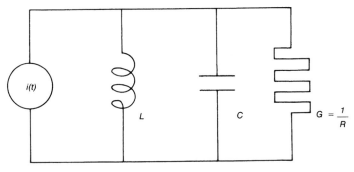

Abb. 5-19. Kraft-Strom-Analogie

Kräfte, die zum Gehäuse und Fundament übertragen wurden. Diese Kräfte können entstehen durch: Fundamentinstabilität, andere nahegelegene Maschinen mit Unwucht, Rohrdehnungen (strains), Rotation in Gravitations- oder magnetischen Feldern oder Anregungen der Eigenfrequenzen von Gehäuse oder Fundament. Sie können konstant oder variabel mit plötzlichen Belastungen sein. Die Auswirkungen dieser Kräfte auf das Rotor-Lager-System können groß sein. Rohrausdehnungen können zu schweren Ausrichtungsproblemen und ungewollten Kräften auf die Lager führen. Der Betrieb von Kolbenmaschinen im gleichen Aufstellbereich kann Fundamentkräfte hervorrufen und dadurch den Rotor der Turbomaschine anregen.

Kräfte durch Rotorbewegungen. Diese Kräfte können in zwei Kategorien unterteilt werden: (1) Kräfte durch mechanische und Materialeigenschaften und (2) Kräfte, die durch verschiedene Belastungen des Systems hervorgerufen werden. Die Kräfte durch mechanische und Materialeigenschaften sind ungleich verteilt und werden durch einen Mangel an Homogenität im Material, durch Rotordurchbiegung und durch elastische Hysterese des Rotors hervorgerufen. Die Kräfte, die durch Belastungen des Systems hervorgerufen werden, sind viskose und hydrodynamische Kräfte im Rotor-Lager-System und verschiedene schaufelbelastende Kräfte, die im Betriebsbereich der Einheit variieren.

Tabelle 5-1. Elektromechanische Systemanalogien

Mechanische Parameter		Elektrische Parameter			
		Kraft-Spannungs-Analogie		Kraft-Strom-Analogie	
Kraft	F	Spannung	e	Strom	i
Geschwindigkeit	$\dot{x}$ oder v	Strom	i	Spannung	e
Auslenkung	$x = \int_0^t v\,dt$	Ladung	$q = \int_0^t i\,dt$		
Masse	M	Induktivität	L	Kapazität	C
Dämpfung Koeffizient	c	Widerstand	R	Konduktivität	G
Federkonstante	k	Kapazität	C	Induktivität	L

Kräfte am Rotor. Rotorkräfte können hervorgerufen werden durch: Antriebsdrehmomente, Kupplungen, Getriebe, Ausrichtfehler und axiale Kräfte von Kolben und Schubunwucht. Sie können zerstörerisch wirken und resultieren häufig in der totalen Zerstörung einer Maschine.

5.4.2
Rotor-Lager-System-Instabilitäten

Instabilitäten im Rotor-Lager-System können das Ergebnis verschiedener zwingender Mechanismen sein. Ehrich [5], Gunther [6], Alford [7] und andere haben bemerkenswerte Arbeit geleistet, um diese Instabilitäten zu identifizieren. Man kann diese Instabilitäten in 2 generelle, jedoch ausgesprochen unterschiedliche Kategorien unterteilen: (1) die erzwungene oder Resonanzinstabilität, die von äußeren Mechanismen in der Frequenz der Oszillationen abhängt, (2) die selbsterregenden Instabilitäten, die von äußeren Stimuli und von der Frequenz unabhängig sind. Tabelle 5-3 zeigt eine Charakterisierung der 2 Kategorien der Schwingungsstimuli.

Erzwungene (Resonanz-)Schwingung. In erzwungenen Schwingungen ist üblicherweise die antreibende Frequenz in rotierenden Maschinen die Wellendrehzahl oder Vielfache dieser Drehzahl.

Diese Drehzahl wird kritisch, wenn die Frequenz der Anregung zu einer der Eigenfrequenzen des Systems gleich ist. Bei erzwungener Schwingung ist das System eine Funktion der Frequenzen. Diese Frequenzen können auch Vielfache der Rotordrehzahl sein, die durch Frequenzen, die von der Drehzahlfrequenz abweichen, angeregt werden, wie die Schaufelpassierfrequenzen, die Zahneingriffsfrequenzen des Getriebes und andere Komponenten-Frequenzen. Abbildung 5-20 zeigt, daß für erzwungene Schwingungen die kritische Frequenz bei jeder Wellendrehzahl konstant bleibt. Die kritischen Drehzahlen treten bei halber, einfacher und zweifacher Rotorfrequenz auf. Die Wirkung der Dämpfung in erzwungener Schwingung reduziert die Amplitude, doch sie berührt nicht die Frequenz, bei der dieses Phänomen auftritt.

Tabelle 5-2. Kräfte, die an ein Rotor-Lager-System angreifen

Quelle der Kraft	Beschreibung	Anwendungen
1. Kräfte, die auf das Fundament, das Gehäuse oder die Lagerfüße übertragen werden	Konstante, unidirektionale Kraft; Konstante Kraft, rotierend	Konstante, lineare Beschleunigung; Rotation im Gravitations- oder magnetischen Feld
	Variable Kraft, in eine Richtung	Aufgezwungene, zyklische Grund- oder Fundamentbewegung
	Plötzliche, zufällige Kräfte	Luftverpuffung, Explosion oder Erdbeben; Maschine mit Unwucht in der Nähe

Tabelle 5-2. (Fortsetzung)

Quelle der Kraft	Beschreibung	Anwendungen
2. Kräfte, die durch Rotorbewegung hervorgerufen wurden	Rotierende Unwucht: Residual- oder verbogene Welle	Liegen in allen rotierenden Maschinen vor
	Corioliskräfte	Bewegung entlang einer Kurve mit variierendem Radius; Raumanwendung; Analyse in rotationssymmetrischen Koordinaten
	Elastische Hysterese des Rotors	Eigenschaft des Rotormaterials, die auftritt, wenn der Rotor zyklisch verformt wird, durch Verbiegung oder in axiale Richtung
	Coulombsche Reibung	Dämpfung im Aufbau, die durch Relativbewegungen zwischen aufgeschrumpften Teilen hervorgerufen wird; Lagerwirbel bei trockener Reibung
	Fluidreibung	Viskose Scherung der Lager; Fluideinschlüsse in der Turbomaschine, Verwindung
	Hydrodynamische Kräfte, statisch	Kapazität der Lagerbelastung; starke Druckkräfte im Schneckengehäuse
	Hydrodynamische Kräfte, dynamisch	Lagersteifigkeit und Dämpfungseigenschaften
	Nichtähnlicher, elastischer Strahl (beam) Steifigkeits-Reaktionskräfte	Rotoren mit verschiedenen, lateralen Steifigkeiten im Rotor; „slotted" Rotoren, elektrische Maschinen, Schlüsselweg; Bedingungen mit abrupten Drehzahländerungen
	Gyroskopische Momente	Signifikant für flexible Rotoren mit Scheiben bei hohen Drehzahlen
3. Anwendungen für den Rotor	Antriebsdrehmoment	Betrieb mit Beschleunigung oder konstanter Drehzahl
	Zyklische Kräfte	Inneres Drehmoment in Verbrennungsmaschinen und Zwangskomponenten

5 Rotordynamik

Tabelle 5-2. (Fortsetzung)

Quelle der Kraft	Beschreibung	Anwendungen
	Oszillierende Momente	Ausrichtfehler an Kupplungen, Propellern und Lüftern; interner Verbrennungsmotorantrieb
	Transiente Momente	Getriebe mit Indexing- oder Anordnungsfehlern
	Starke Kräfte am Rotor	Antriebsgetriebekräfte; falsch ausgerichtete Zusammenbauten mit drei oder mehr Rotorlagern
	Gravitation	Nichtvertikale Maschinen, nichtgeräumige (spatial) Anwendungen
	Magnetisches Feld: stationär oder rotierend	Rotierende, elektrische Maschinen
	Axiale Kräfte	Ausgleichskolben der Turbomaschine, zyklische Kräfte von Propeller oder Lüfter; selbsterregte Lagerkräfte; pneumatischer Hammer

Typische Stimuli für erzwungene Schwingungen sind:
1. *Unwucht.* Dieser Stimulus wird durch Materialfehler, Toleranzen usw. hervorgerufen. Der Massenschwerpunkt weicht hierbei von der geometrischen Achse ab und führt zu Zentrifugalkräften, die auf das System wirken.
2. *Asymmetrische Flexibilität.* Die Durchbiegung in einer Rotorwelle ruft eine periodische Anregungskraft hervor, zweimal pro Umdrehung.
3. *Wellenausrichtfehler.* Dieser Stimulus tritt auf, wenn die Rotor- und die Lagermittellinie sich nicht überdecken. Ausrichtfehler können auch von einer externen Stelle hervorgerufen werden, wie dem Antrieb zu einem Radialkompressor. Flexible Kupplungen und bessere Ausrichtungstechniken werden eingesetzt, um die großen Reaktionskräfte zu reduzieren.

Periodische Belastungen. Diese Art der Belastung durch externe Kräfte auf den Rotor wird durch Getriebe, Kupplungen und Fluiddruck, der auf die Beschaufelung wirkt, hervorgerufen.

Tabelle 5-3. Charakteristika erzwungener und selbsterregter Schwingungen

	Erzwungene oder Resonanzschwingung	Selbsterregte oder Instabilitätsschwingung
Beziehung Frequenz/Drehzahl	$N_F = N_{rpm}$ oder N oder rationaler Bruchteil	Konstant und relativ unabhängig von der Rotationsdrehzahl

5.4 Elektromechanische Systeme und Analogien

Tabelle 5-3. (Fortsetzung)

	Erzwungene oder Resonanzschwingung	Selbsterregte oder Instabilitätsschwingung
Beziehung Amplitude/Drehzahl	Spitze in engen Bändern der Drehzahl	„Aufblühen" (blossoming) bei Anlauf und Anstieg mit weiter steigender Drehzahl
Einfluß der Dämpfung	Zusätzliche Dämpfung reduziert die Amplitude; keine Änderung in der Drehzahl, bei der sie auftritt	Zusätzliche Dämpfung kann zu einer höheren Drehzahl führen. Die Amplitude wird nicht materiell beeinflußt
Systemgeometrie	Mangel axialer Symmetrie; externe Kräfte	Unabhängig von der Symmetrie, kleine Abweichungen zu einem axialsymmetrischen System; Amplitude wird sich selbst fortpflanzen
Schwingungsfrequenz	Bei oder in der Nähe der kritischen oder Eigenfrequenz der Welle	wie nebenstehend
Vermeidung	1. Kritische Frequenz oberhalb der Drehzahl 2. Axialsymmetrisch 3. Dämpfung	1. Betriebsdrehzahl unterhalb Einsatzdrehzahl 2. Beseitigt Instabilität, führt höhere Dämpfung ein

5.4.3 Selbsterregte Instabilitäten

Die selbsterregten Instabilitäten werden durch Mechanismen charakterisiert, bei denen Wirbel mit ihrer eigenen kritischen Frequenz auftreten, die unabhängig von externen Stimuli sind. Diese selbsterregten Schwingungen können zerstörerisch sein, da sie alternierende Spannungen induzieren, die zu Dauerbrüchen in rotierenden Geräten führen. Die wirbelnden Bewegungen, die diese Instabilitäten charakterisieren, generieren tangentiale Kräfte, normal zu der radialen Verformung der Welle und in einer Größenordnung proportional zu dieser Verformung. Die Instabilitäten, die unter diese Kategorie fallen, werden üblicherweise als Verwirbelung (whirling) oder „Whip" (whipping) bezeichnet. Im Bereich der Rotationsdrehzahl, bei der derartige Kräfte starten, überwinden sie die externe, stabilisierende Dämpfungskraft und induzieren eine Wirbelbewegung mit anwachsender Amplitude. Die Einsatzdrehzahl (Abb. 5-21) paßt nicht zu irgendeiner bestimmten Rotationsfrequenz. Die Dämpfung, die von einer Verschiebung dieser Frequenz resultiert, führt nicht zu einer Verringerung der Amplitude, wie bei erzwungener Schwingung. Wichtige Beispiele für derartige Instabilitäten sind zu finden bei: Hysterese-, trockene Reibungs-(whip), Öl-

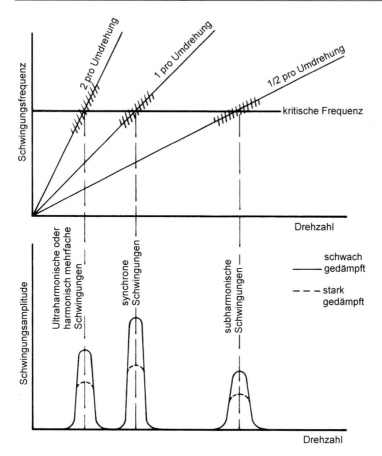

Abb. 5-20. Charakteristika einer erzwungenen Schwingung oder Resonanz in rotierenden Maschinen [5]

(whip) und aerodynamische Wirbel sowie Wirbel durch Fluid, das im Rotor gefangen ist. In einem selbsterregten System generieren Reibungen oder Fluidenergiedissipation die destabilisierenden Kräfte.

Hysteresewirbel. Diese Wirbel treten in flexiblen Rotoren bei Schrumpfpassungen auf. Wenn eine radiale Verformung auf die Welle wirkt, wird eine neutrale Dehnungsachse induziert, die normal zur Verformungsrichtung auftritt. Betrachtungen 1. Ordnung zeigen, daß die Achse neutraler Spannung mit der Achse neutraler Dehnung übereinstimmt und eine Rückstellkraft entwickelt, die senkrecht zur Achse der neutralen Spannung steht. Die rückstellende Kraft ist dann parallel und wirkt entgegengesetzt zur induzierten Kraft. Dies bedeutet, daß eine interne Reibung in der Welle existiert, die eine Phasenverschiebung in der Spannung hervorruft. Daraus ergibt sich, daß die neutrale Dehnungsachse und die neutrale Spannungsachse verschoben sind, so daß die resultierende Kraft nicht parallel zur Verformung ist. Die tangentiale Kraft senkrecht zur Ver-

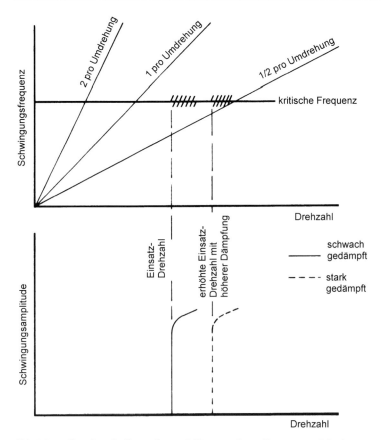

Abb. 5-21. Charakteristika und Instabilitäten oder selbsterregte Schwingungen in rotierenden Maschinen [5]

formung ruft eine Wirbelinstabilität hervor. Wenn der Wirbel beginnt, steigt die Zentrifugalkraft an und ruft eine größere Verformung hervor – dies führt zu größerer Spannung und nochmals größeren Wirbelkräften. Diese wachsende Wirbelbewegung kann evtl. so destruktiv sein, wie in Abb. 5-22a abgebildet.

Eine anfänglich auftretende Unwucht ist oftmals erforderlich, um die Wirbelbewegung zu starten. Newkirk [8] hat vermutet, daß die Wirkung durch die Kontaktflächen der Verbindung in einem Rotor (Schrumpfpassungen) hervorgerufen wird, und nicht durch Defekte im Rotormaterial. Dieses Wirbelphänomen tritt nur bei Rotationsdrehzahlen oberhalb der ersten Kritischen auf. Das Phänomen kann verschwinden und dann bei einer höheren Drehzahl wieder erscheinen. Einiger Erfolg konnte erzielt werden, indem dieser Wirbeltyp durch die Verminderung der separaten Teile reduziert werden konnte, durch Beschränkung der Schrumpfpassungen und durch Überprüfung der angebauten Elemente.

Trockener Reibungswirbel. Dieser „Whip"-Typ tritt erfahrungsgemäß auf, wenn die Oberfläche einer rotierenden Welle mit einer ungeschmierten, statio-

132 5 Rotordynamik

nären Führung in Kontakt kommt. Die Auswirkungen entstehen bei ungeschmierten Lagerzapfen, bei Kontakt im Radialspiel von Labyrinthdichtungen und bei Verlust des Spiels in hydrodynamischen Lagern.

Abbildung 5-22b zeigt dieses Phänomen. Liegt Kontakt zwischen der Oberfläche und den rotierenden Wellen vor, induziert die Coulombsche Reibung eine

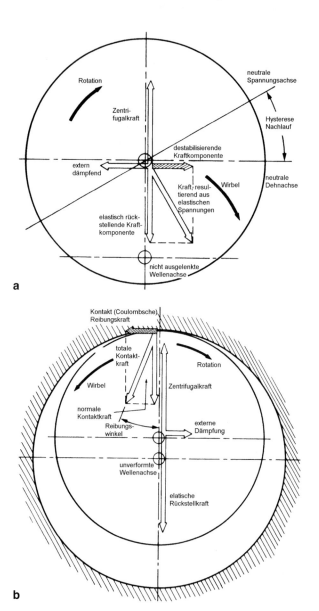

Abb. 5-22a. Hysteresewirbel; **b** Trockenreibungswirbel [5]

tangentiale Kraft am Rotor. Diese Reibungskraft ist ungefähr proportional zur radialen Komponente der Kontaktkraft, die eine Instabilitätsbedingung hervorruft. Die Wirbelrichtung ist der Wellenrichtung entgegengesetzt.

Ölwirbel. Diese Instabilität beginnt, wenn ein Fluid in den Raum zwischen Welle und Lageroberflächen mit einer Geschwindigkeit ungefähr der halben Wellenoberflächengeschwindigkeit zirkuliert. Abbildung 5-23a zeigt den Mechanismus des Ölwirbels. Der Druck, der sich im Öl entwickelt, liegt nicht symmetrisch über dem Rotor. Da in dem Fluid, das in dem schmalen Spiel zirkuliert, viskose Verluste auftreten, existieren auf der oberen Seite der Strömung höhere Drücke als auf der unteren Seite. Hieraus resultiert wieder eine Tangentialkraft. Eine Wirbelbewegung existiert, wenn die Tangentialkraft eine inhärente Dämpfung überschreitet. Die Welle muß mit ungefähr dem Zweifachen der kritischen Drehzahl rotieren, damit diese Wirbelbewegungen auftreten. Somit ist das Verhältnis der Frequenz zur Drehzahl für Ölwirbel nahe 0,5. Dieses Phänomen ist nicht auf die Lager beschränkt, es kann auch in den Dichtungen auftreten.

Der offensichtlichste Weg, Ölwirbel zu verhindern, ist die Beschränkung der maximalen Rotordrehzahl unterhalb des Bereichs seiner zweifachen kritischen Drehzahl. Durch Änderung der Ölviskosität oder durch Steuerung der Öltemperatur kann Öl-Whip manchmal reduziert oder eliminiert werden. Lagerkonstruktionen, die Nuten oder Kippsegmentlager enthalten, sind ebenfalls effektiv, um Ölwirbelinstabilitäten zu verhindern.

Aerodynamische Wirbel. Obwohl der Mechanismus bisher nicht vollständig verstanden wurde, konnte gezeigt werden, daß aerodynamische Komponenten, wie Kompressorräder oder Turbinenräder, kreuzgekoppelte Kräfte aufgrund der Räderbewegungen hervorrufen können. Abbildung 5-23b zeigt, wie solche Kräfte induziert werden können.

Die Beschleunigung oder Verzögerung des Prozeßfluids ruft eine Netto-Tangentialkraft an der Beschaufelung hervor. Wenn das Spiel zwischen Rad und Gehäuse am Kreisumfang variiert, kann auch eine Änderung der Tangentialkräfte an der Beschaufelung erwartet werden, die in eine Netto-Destabilisierungskraft resultiert, wie in Abb. 5-23b dargestellt. Die resultierende Kraft der Kreuzkopplungen aus Winkelbewegung und Radialkraft kann den Rotor destabilisieren und eine Wirbelbewegung hervorrufen.

Der aerodynamische Kreuzkopplungseffekt wird mit äquivalenter Steifigkeit quantifiziert. In axial durchströmten Maschinen [5] gilt z.B.

$$K_{xy} = -K_{yx} = \frac{\beta T}{D_p H} \tag{5-42}$$

mit
β = effektive Steigung gegen Versatz über die Kurve der Schaufelhöhen
T = Stufendrehmoment
D_P = mittlerer Teilungsdurchmesser
H = mittlere Schaufelhöhe.

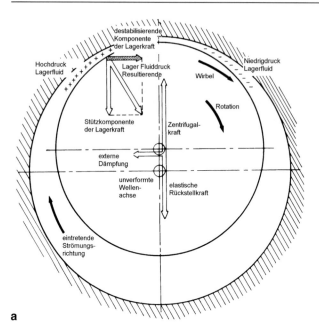

Abb. 5-23a. Ölwirbel; **b** aerodynamische Kreuzkoppelung [5]

Die Steifigkeit, die aus der vorstehenden Quantifizierung resultiert, kann in Programmen zur Berechnung der kritischen Drehzahl in gleicher Weise für die Lagerkoeffizienten genutzt werden.

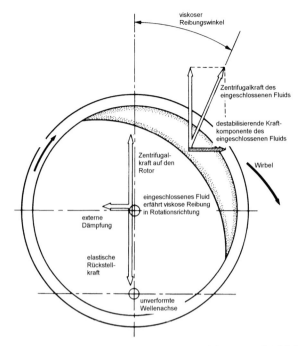

Abb. 5-24. Wirbel durch im Rotor eingeschlossenes Fluid [5]

Wirbel von im Rotor eingeschlossenem Fluid. Dieser Wirbeltyp tritt auf, wenn Flüssigkeiten in einem internen Rotorhohlraum eingeschlossen wurden. Der Mechanismus dieser Instabilität ist in Abb. 5-24 dargestellt. Das Fluid strömt nicht in radiale, sondern in tangentiale Richtung. Die Instabilität tritt zwischen den ersten und zweiten kritischen Drehzahlen auf. Tabelle 5-4 zeigt eine übersichtliche Zusammenfassung sowohl für die Vermeidung als auch die Diagnose von Selbsterregung und Instabilität in rotierenden Wellen.

5.5 Campbell-Diagramm

Das Campbell-Diagramm ist ein Überblick aus der Vogelperspektive für die bereichsweisen Schwingungsanregungen, die in einem laufenden System auftreten können. Es kann aus Konstruktionskriterien oder aus Maschinenbetriebsdaten erzeugt werden. Ein typisches Campbell-Diagramm ist in Abb. 5-25 aufgezeichnet. Die Motorrotationsdrehzahl ist über der X-Achse aufgetragen, die Systemfrequenz über der Y-Achse. Die fächerförmigen Linien sind Ordnungslinien der Maschinen: halbe, einfache, zweifache, dreifache, vierfache, fünffache, zehnfache Ordnung der Maschine usw. Diese Form der Auslegungsstudien ist speziell dann notwendig, wenn ein Axialkompressor konstruiert wird, um sowohl die natürlichen Schaufelfrequenzen, die durch die Arbeitsdrehzahl erregt werden können, als auch die zugehörigen Harmonischen und Subharmonischen zu untersuchen. Als Beispiel soll die Beschaufelung der 2. Stufe in einem hypothetischen Kompressor betrachtet werden. Seine erste flexible, natürliche Frequenz ist berechnet und liegt bei 200 Hz. Aus dem Campbell-Diagramm kann ersehen werden, daß eine erzwungene Frequenz von 12.000 min^{-1}, die durch Betrieb des Kompressors bei 12.000 min^{-1} hervorgerufen wird, die erste flexible Frequenz der Schaufeln bei 200 Hz erregt (200 Hz · 60 = 12.000 min^{-1}). Es gibt auch 5 Einlaßleitschaufeln vor der Schaufelreihe der 2. Stufe. Der Betrieb des Kompressors bei 2400 min^{-1} erregt die 200-Hz-Eigenfrequenz der Schaufeln (200 Hz · 60 = 5 · 2400 min^{-1}).

Nach Berechnung der natürlichen Frequenzen der Schaufeln und Studie möglicher Anregungsquellen im Campbell-Diagramm ist es übliche Praxis, die Bandspreizung der natürlichen Frequenzen durch Überprüfung der Schaufeln auf einem Schütteltisch zu kontrollieren. Diese Bandspreizung der natürlichen Frequenzen, die im Campbell-Diagramm aufgetragen ist, zeigt nun, daß der Betrieb des Kompressors zwischen 11.700 und 12.600 min^{-1} vermieden werden sollte. Wenn im Kompressor mehrere Schaufelreihen und mehrere Quellen der Erregung vorliegen, wird der Konstrukteur mit der schwierigen Aufgabe konfrontiert, die Laufschaufel- und Leitschaufelreihen so zu konstruieren, daß strukturelle und aerodynamische Kriterien erfüllt werden können. Natürliche Schaufelfrequenzen werden durch rotatorische und aerodynamische Belastungen berührt. Diese müssen berücksichtigt werden. In den meisten Axialkompressoren gibt es spe-

Tabelle 5-4. Charakteristika von Rotorinstabilitäten

Instabilitätstyp	Einsatz	Frequenzantwort	Hervorgerufen durch
Erzwungene Schwingung Unwucht	Jede Drehzahl	$N_f = N$	Inhomogenität im Werkstoff
Wellenausrichtfehler	Jede Drehzahl	$N_f = 2N$	Antreibende und angetriebene Maschine ist fehlausgerichtet
Selbsterregte Schwingung Hysteresewirbel	$N > N_1$	$N_f \approx N_1$ $N_f = 0{,}5\,N$	Schrumpfpassungen und aufgebaute Teile
Hydrodynamischer Wirbel (Oil Whip)	$N > 2N_1$	$N_f \leq 0{,}5\,N$	Flüssigfilmlagerungen und Dichtungen
Aerodynamischer Wirbel	$N > N_1$	$N_f = N_1$	Kompressor und Turbine, Spitzenspieleffekte, Ausgleichskolben
Trockenreibungswirbel	Jede Drehzahl	$N_{fl} = -nN$	Welle in Kontakt mit stationärer Führung
Eingeschlossenes Fluid	$N_1 < N < 2N$	$N_f = N_1$ $0{,}5N < N_f < N$	Flüssigkeit oder Dampf im Rotorbereich festgehalten

5.5 Campbell-Diagramm

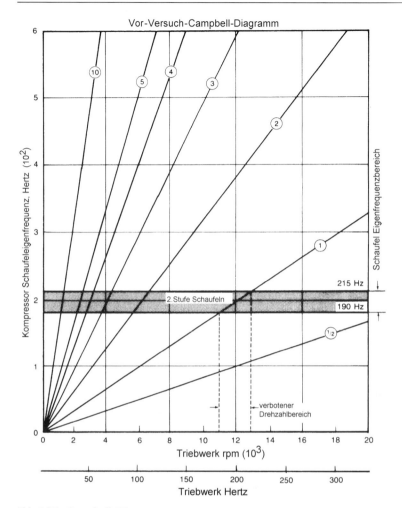

Abb. 5-25. Campbell-Diagramm

zifische Betriebsdrehzahlbereiche, die eingeschränkt sind, um Schaufelversagen durch Materialermüdung zu vermeiden.

Um sicherzustellen, daß die Schaufelspannungen innerhalb der für die Dauerhaltbarkeit erforderlichen Grenzen des Kompressors liegen, ist es übliche Praxis, Dehnmeßstreifen zur Spannungsmessung in die Beschaufelung von ein oder zwei Prototypmaschinen einzusetzen. Hiervon wird ein Campbell-Diagramm abgeleitet, in dem die gemessenen Daten aufgetragen werden. Um Daten zu messen, kann ein Laufrad auch auf einen Schütteltisch montiert werden. Dieser hat einen variablen Frequenzbereich zwischen 0 und 10.000 Hz. Beschleunigungsaufnehmer können an verschiedenen Positionen des Laufrads angebracht werden, um die Frequenzantworten mittels einem Spektrumanalysator zu erhalten (Abb. 5-26).

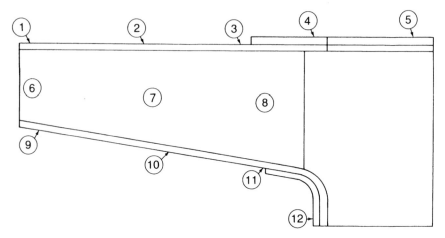

Abb. 5-26. Positionen der Beschleunigungsaufnehmer am Versuchslaufrad

Zu Beginn werden Testläufe durchgeführt, um die wichtigsten kritischen Frequenzen des Laufrads zu identifizieren. Die Verläufe der Moden können dann für jede der kritischen Frequenzen visuell ermittelt werden. Diese Modenvisualisierungen erhält man, indem Salz gleichmäßig auf die Scheibenoberfläche verteilt wird. Der Schüttler wird bei einer bestimmten Frequenz gehalten, bei deren Wert eine gegebene kritische Frequenz während eines bestimmten Zeitabschnitts erregt wird, so daß die Salzteilchen den Verlauf der Moden anzeigen. Das Salz sammelt sich in den Nodalregionen. Bei niedrigeren Werten dieser kritischen Frequenzen werden Fotos aufgenommen. Diese Fotos erlauben eine qualitative Identifikation der zu jeder Frequenz passenden Verläufe der Moden. Abbildung 5-27 zeigt ein Laufrad mit den Verläufen der Moden.

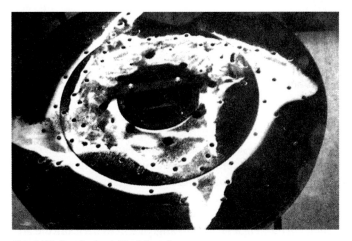

Abb. 5-27. Laufrad mit Nodalpunkten

5.5 Campbell-Diagramm

Die nächste Stufe in dieser Prüfprozedur ist die Aufzeichnung gemessener Beschleunigungen an verschiedenen Scheiben-, Schaufel- und Deckscheibenpositionen bei niedrigeren, kritischen Frequenzen. Das Ziel dieser Prüfungen ist es, die hohen und niedrigen Erregungsregionen quantitativ zu identifizieren. Für diesen Test wird eine Region mit 6 oder 5 Schaufeln als ausreichend groß angenommen, um für das gesamte Laufrad repräsentativ zu sein. Die Ergebnisse derartiger Tests werden in einem Campbell-Diagramm dargestellt. Abbildung 5-28 zeigt so eine Darstellung für ein Laufrad. Anregungsfrequenzlinien werden dann vertikal im Campbell-Diagramm aufgetragen. Eine Linie, die die Auslegungsdrehzahl darstellt, wird horizontal aufgetragen. Ein Problemgebiet kann an den

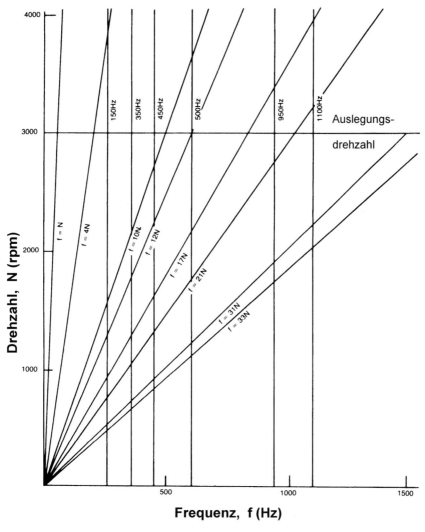

Abb. 5-28. Campbell-Diagramm am Versuchslaufrad

Stellen existieren, an denen die Linien der Anregungsfrequenzen und Vielfachen der Betriebsdrehzahl sich mit der Linie der Konstruktionsdrehzahl überschneiden. Wenn z.B. ein Laufrad 20 Schaufeln hat, eine Auslegungsdrehzahl von 3000 min^{-1} (50 Hz) und eine kritische Frequenz von 1000 Hz, dann wird das Laufrad sehr wahrscheinlich ernsthaft erregt, da die kritische Betriebsdrehzahl exakt 20 N ist. In einem Campbell-Diagramm wird sich im vorstehenden Beispiel die Betriebsdrehzahllinie exakt mit der 1000-Hz-Frequenzlinie und der Linie mit der 20-N-Steigung überschneiden.

Ein gedecktes Laufrad mit 20 Laufschaufeln und einer Auslegungsdrehzahl von 3000 min^{-1} wurde geprüft. Der erste Erregungsmodus des Laufrads mit 12 Laufschaufeln trat bei einer Frequenz von 150 Hz auf. Dies resultierte in einen einfachen Schirmmodus, der am Kontaktpunkt zwischen den zwei hinteren Deckscheiben (shrouds) lag. Bei 350 Hz existierte ein gekoppelter Modus. Bei diesen 2 Frequenzen ist es die hintere Deckscheibe, die die anregende Kraft darstellt. Bei 450 Hz existierte ein Modus mit 2 Durchmessern. Er ist durch 4 nodale Radiallinien gekennzeichnet, und in vielen Fällen kann dies der schwierigste Modus sein. Dieser Modus ist durch die vordere Deckscheibe und das Laufradauge erregt. Ein Doppelschirmmodus trat bei 600 Hz auf. Bei den letzten 2 Frequenzen erfuhr das Schaufelauge eine hohe Erregung. Das Campbell-Diagramm (Abb. 5-28) zeigt, daß bei Auslegungsdrehzahl diese Frequenz gut mit der 12-N-Linie übereinstimmt. Diese Übereinstimmung ist nicht wünschenswert, da die Anzahl der Schaufeln 12 ist, und es die Erregungskraft sein kann, die ein Problem hervorruft. Bei 950 Hz existiert ein Modus mit 3 Durchmessern und bei 1100 Hz ein Modus mit 4 Durchmessern. Bei 1100 Hz ist die Schaufelspitzenfrequenz die dominierende, erzwingende Funktion. Dieses Laufrad scheint bei 600 Hz in Schwierigkeiten zu sein, da die Frequenz dann mit der Anzahl der Schaufeln übereinstimmt. Um dieses Problem zu verschieben, wurde empfohlen, entweder die Anzahl der Schaufeln auf 15 zu erhöhen oder die Laufschaufeln aus dickerem Material auszuführen. Diese Art der Analyse ist meistens während des Konstruktionsstadiums sinnvoll, so daß Probleme verhindert werden können. Eine Analyse kann auch im Feldeinsatz hilfreich sein. Wenn ein Problem existiert, dann kann die Maschine bei unterschiedlichen Drehzahlen betrieben werden, um Katastrophen zu vermeiden.

5.6
Literatur

1. Prohl, M.A.: General Method of Calculating Critical Speeds of Flexible Rotors. Trans. ASME, J. Appl. Mech. 12/3 (1945), A142–A148
2. Lund, J.W.: Stability and Damped Critical Speeds of a Flexible Rotor in Fluid Film Bearings. ASME Paper No. 73-DET-103
3. Thomson, W.T.: Mechanical Vibrations. 2nd edition, Prentice-Hall, Inc., Englewood Cliffs, N.J. 1961
4. Reiger, D.: The Whirling of Shafts. Engineer, London 158 (1934) 216–228
5. Ehrich, F.F.: Identification and Avoidance of Instabilities and Self-Excited Vibrations in Rotating Machinery. ASME Paper 72-DE-21, General Electric Co., Aircraft Engine Group, Group Engineering Division, May 11, 1972

6. Gunter, E.J., Jr.: Rotor Bearing Stability. Proceedings of the 1st Turbomachinery Symposium, Texas A&M University, October, 1972, pp. 119–141
7. Alford, J.S.: Protecting Turbomachinery from Self-Excited Rotor Whirl. J. Eng. Power, ASME Transactions, October, 1965, pp. 333–344
8. Newkirk, B.L.: Shaft Whipping. General Electric Review 27 (1924) 169

Teil II
Hauptkomponenten

6 Radialkompressoren

Radialkompressoren werden bei kleinen Gasturbinen eingesetzt und sind in den meisten von Gasturbinen angetriebenen Kompressorsätzen die angetriebenen Einheiten. Sie sind ein integraler Teil der petrochemischen Industrie, wo sie einen weitverbreiteten Einsatz finden. Dieser beruht auf ihrem problemlosen Betrieb, der großen Toleranz für Prozeßschwankungen und ihrer im Vergleich zu anderen Kompressortypen hohen Zuverlässigkeit. Radialkompressoren variieren in der Größe der Druckverhältnisse von 1:3 pro Stufe bis zu 12:1 bei experimentellen Modellen. Die nachfolgenden Diskussionen sind auf die Druckverhältnisse unterhalb 3,5:1 beschränkt, da diese Kompressortypen im Einsatz in der petrochemischen Industrie dominieren. Die gute Auswahl eines Kompressors ist eine komplexe und wichtige Entscheidung. Der erfolgreiche Betrieb vieler Betriebe hängt vom problemlosen und effizienten Kompressorbetrieb ab. Um die beste Auswahl und gute Instandhaltung eines Radialkompressors zu sichern, muß der Ingenieur über Wissen aus vielen Engineeringdisziplinen verfügen.

In einem typischen Radialkompressor wird das strömende Fluid durch schnell rotierende Laufradschaufeln durch das Laufrad gezwungen. Die Geschwindigkeit des Fluids wird in Druck umgewandelt. Dies geschieht teilweise im Laufrad

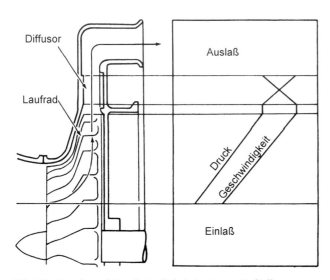

Abb. 6-1. Druck und Geschwindigkeit in einem Radialkompressor

und teilweise in stationären Diffusoren. Der größte Teil der Geschwindigkeit, die aus dem Laufrad austritt, wird im Diffusor in Druckenergie umgewandelt. Dies ist in Abb. 6-1 dargestellt. In der Praxis ist es üblich, den Kompressor so auszulegen, daß die Hälfte des Druckanstiegs im Laufrad und die andere Hälfte im Diffusor auftritt. Der Diffusor besteht im wesentlichen aus Leitschaufeln, die tangential zum Laufrad angeordnet sind. Diese Leitschaufelpassagen divergieren, um die Geschwindigkeitshöhe in Druckenergie umzuwandeln. Die inneren Kanten der Leitschaufeln sind in Richtung der resultierenden Luftströmung aus dem Kompressor ausgerichtet (s. Abb. 6-2).

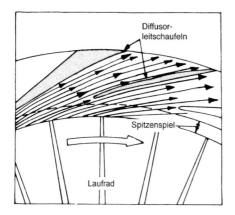

Abb. 6-2. Strömung, die in einen beschaufelten Diffusor eintritt

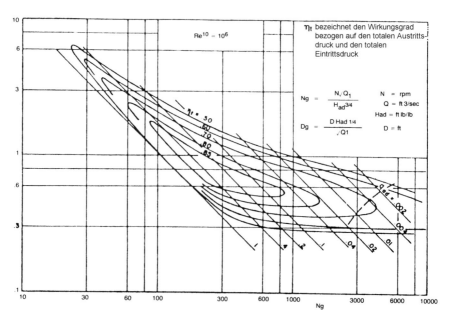

Abb. 6-3. Radialkompressorkennfeld [1]

Radialkompressoren werden generell für höhere Druckverhältnisse und niedrigere Volumenströme eingesetzt – im Vergleich zu niedrigeren Stufendruckverhältnissen und höheren Volumenströmen in Axialkompressoren. Abbildung 6-3 zeigt ein Kennfeld für Radialkompressoren, das den Effekt spezifischer Drehzahlen (N_s) und spezifische Durchmesser (D_s) auf ihren Wirkungsgrad darstellt. Der beste Wirkungsgrad für den Betrieb von Radialkompressoren liegt in einem spezifischen Bereich zwischen $60 < N_s < 1500$. Spezifische Drehzahlen von mehr als 3000 benötigen üblicherweise einen axial durchströmten Kompressor. In einem Radialkompressor ist der Winkelimpuls eines Gases, das durch das Laufrad strömt, leicht erhöht, da der Austrittsdurchmesser des Laufrads signifikant größer ist als der Einlaßdurchmesser. Der Hauptunterschied zwischen Radial- und Axialkompressoren ist die Änderung des Durchmessers am Ein- und Auslaß. Die Strömung, die am Radialkompressor austritt, verläuft üblicherweise senkrecht zur Rotationsachse.

6.1 Komponenten der Radialkompressoren

Die Terminologie, die zur Definition der Komponenten eines Radialkompressors genutzt wird, ist in Abb. 6-4 dargestellt. Ein Radialkompressor besteht aus Einlaßleitschaufeln, einem Einströmteil, einem Laufrad, einem Diffusor und einem Schneckengehäuse (Radialdiffusor). Die Einlaßleitschaufeln (IGVs: Inlet Guide Vanes) werden nur in einem transsonischen Kompressor mit hohem Druckver-

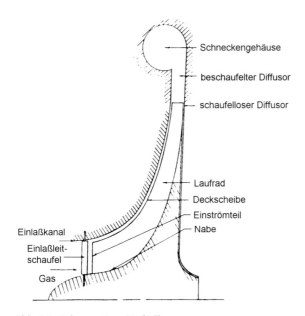

Abb. 6-4. Schema eines Radialkompressors

hältnis eingesetzt. Die Laufräder eines Radialkompressors werden mit und ohne Deckscheibe hergestellt, wie in Abb. 6-5 und 6-6 dargestellt.

Das Fluid tritt durch einen Einlaßkanal in den Kompressor ein und erhält einen Vordrall in den IGVs. Es strömt dann ohne jeden Eintrittsstoßwinkel in ein Einströmteil, und seine Strömungsrichtung wird von axial in radial umgelenkt. Dem Fluid wird in diesem Stadium Energie vom Rotor zugeführt, während es durch das Laufrad fließt und komprimiert wird. Es wird dann in den Diffusor ausgelassen, in dem kinetische Energie in statischen Druck umgewandelt wird. Die Strömung tritt dann in das Schneckengehäuse ein. Abbildung 6-1 zeigt die Druck- und Geschwindigkeitsvariation durch den Kompressor.

Abb. 6-5. Geschlossene Laufräder (Genehmigt durch Elliott Company, Jeannette, PA)

Abb. 6-6. Offenes Laufrad

6.1 Komponenten der Radialkompressoren

Es gibt 2 Arten von Energieeinströmsystemen: ein einflutiges und ein doppelflutiges Einströmteil, wie in Abb. 6-7 dargestellt.

Ein doppelflutiges Einströmteil halbiert den Einlaßstrom, so daß ein kleinerer Einströmteil-Spitzendurchmesser benutzt werden kann, womit die Einströmteil-Spitzenmachzahl reduziert wird. Jedoch ist diese Konstruktion in viele Konfigurationen schwierig zu integrieren.

Es gibt 3 Laufradschaufeltypen, wie in Abb. 6-8 gezeigt. Diese werden nach den Austrittswinkeln definiert [2]. Laufräder mit Austrittswinkeln $\beta_2 = 90°$ haben radiale Schaufelung, Laufräder mit $\beta_2 < 90°$ haben rückwärts gekrümmte Schaufeln und Laufräder mit $\beta_2 > 90°$ haben vorwärts gekrümmte Schaufeln. Sie haben unterschiedliche Charakteristika der theoretischen Förderhöhenbeziehung zueinander, wie in Abb. 6-9 gezeigt. Obgleich die in Abb. 6-9 dargestellte vorwärtsgekrümmte Förderhöhe die größte ist, so sind in der tatsächlichen Praxis die Förderhöhencharakteristika aller Laufräder ähnlich denen des rückwärts gekrümmten Laufrads. Tabelle 6-1 zeigt die Vor- und Nachteile verschiedener Laufräder.

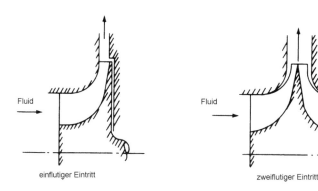

Abb. 6-7. Einströmteil-Systeme

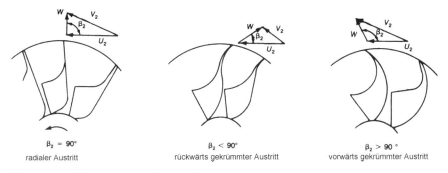

Abb. 6-8. Verschiedene Laufradbeschaufelungen

6 Radialkompressoren

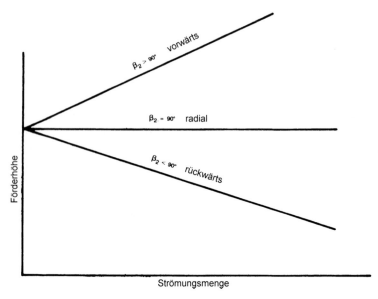

Abb. 6-9. Förderhöhe/Volumenstrom-Charakteristika für verschiedene Auslaßschaufelwinkel

Die Euler-Gleichung, die auf einfacher, eindimensionaler Strömungstheorie basiert, gibt die theoretische Arbeit pro Massenstrom an, wenn dieser das Laufrad passiert. Sie ist gegeben durch

Tabelle 6-1. Die Vor- und Nachteile der verschiedenen Laufradformen

Laufradtypen	Vorteile	Nachteile
Radiale Beschaufelung	1. Vernünftiger Kompromiß zwischen der Übertragung niedriger Energie und hoher absoluter Austrittsgeschwindigkeit 2. Keine komplexe Biegespannung 3. Leichte Herstellbarkeit	1. Pumpgrenze ist relativ nahe
Rückwärts gekrümmte Beschaufelung	1. Niedrige kinetische Energie am Auslaß = niedrige Diffusoreinlaß-Machzahl 2. Weiter Pumpbereich	1. Niedriger Energietransfer 2. Komplexe Biegespannung 3. Schwierige Herstellung
Vorwärts gekrümmte Beschaufelung	1. Hoher Energietransfer	1. Hohe kinetische Energie am Auslaß = große Diffusoreinlaß-Machzahl 2. Pumpbereich ist kleiner als mit radialen Schaufeln 3. Komplexe Biegespannung 4. Schwierige Herstellung

6.1 Komponenten der Radialkompressoren

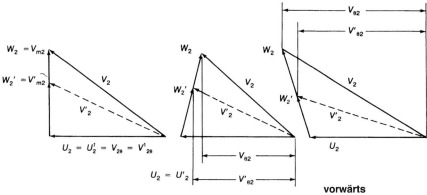

radiale Beschaufelung   rückwärts gekrümmte Schaufeln   vorwärts gekrümmte Schaufeln

Abb. 6-10. Geschwindigkeitsdreiecke

$$H = \frac{1}{g_c}\left[U_1 V_{\theta 1} - U_2 V_{\theta 2}\right] \tag{6-1}$$

mit

H = Arbeit pro Massenstrom
U_2 = Laufrad-Umfangsgeschwindigkeit
U_1 = Einströmgeschwindigkeit am mittleren radialen Eintritt
$V_{\theta 2}$ = absolute tangentiale Strömungsgeschwindigkeit am Laufradaustritt
$V_{\theta 1}$ = absolute tangentiale Luftgeschwindigkeit am Einströmteileintritt.

Für den axialen Einlaß $V_{\theta 1} = 0$ gilt

$$H = -\frac{1}{g_c}\left(U_2 V_{\theta 2}\right) \tag{6-2}$$

Mit den Annahmen – konstante Rotationsgeschwindigkeit, kein Schlupf, axiale Einströmrichtung – werden die Geschwindigkeitsdreiecke (Abb. 6-10) dargestellt. Für einen radialen Einströmwinkel ist die absolute, tangentiale Strömungsgeschwindigkeit am Laufradaustritt konstant – auch wenn die Strömungsmenge vergrößert oder verkleinert wird. Deshalb gilt

$$H \approx U_2 V_{\theta 2}'' \approx U_2 V_{\theta 2} \approx U_2 V_{\theta 2}' \tag{6-3}$$

Strömungsmenge erhöht

Strömungsmenge vermindert

Für rückwärtsgekrümmte Schaufeln ist die absolute, tangentiale Strömungsgeschwindigkeit am Laufradaustritt mit der Reduktion der Strömungsmengen ver-

6 Radialkompressoren

größert und mit einer Vergrößerung der Strömungsmengen verkleinert, wie mit folgender Gleichung gezeigt:

$$H \approx -U_2 V_{\theta 2}'' > -U_2 V_{\theta 2} < U_2 V_{\theta 2}' \qquad (6\text{-}4)$$

Für vorwärtsgekrümmte Schaufeln ist die absolute, tangentiale Strömungsgeschwindigkeit am Laufradaustritt mit der Reduktion der Strömungsmengen verkleinert und mit einer Verminderung der Strömungsmengen vergrößert, wie folgende Gleichung zeigt:

$$H \approx -U_2 V_{\theta}'' < U_2 V_{\theta 2} > U_2 V_{\theta}' \qquad (6\text{-}5)$$

6.1.1
Einlaßleitschaufeln

Die Einlaßleitschaufeln (IGVs) geben dem Fluid eine Umfangsgeschwindigkeit am Einlaß des Einströmteils [3, 4]. Diese Funktion wird als Vordrall bezeichnet. Abbildung 6-11 zeigt das Geschwindigkeitsdiagramm am Einlaß des Einströmteils mit und ohne IGVs.

Die IGVs sind direkt vor dem Einströmteil, wo ein axialer Eintritt nicht möglich ist, installiert, und radial in einem Einlaßrohr angeordnet.

Ein positiver Leitschaufelwinkel produziert einen Vordrall in Richtung der Laufradrotation, ein negativer Leitschaufelwinkel produziert einen Vordrall in die gegenläufige Richtung. Der Nachteil eines positiven Vordralls ist, daß eine positive Einlaßwirbelgeschwindigkeit den Energietransfer reduziert. $V_{\theta 1}$ ist entsprechend der Euler-Gleichung positiv und definiert mit

$$H = \frac{1}{g_c}\left[U_1 V_{\theta 1} - U_2 V_{\theta 2}\right] \qquad (6\text{-}6)$$

Ohne Vordrall (ohne Einlaßleitschaufeln am axialen Eintritt) ist $V_{\theta 1} = 0$. Dann ist die Arbeit nach Euler $H = -U_2 V_{\theta 2}$.

Mit positivem Vordrall bleibt der erste Term der Euler-Gleichung $H = U_1 V_{\theta 1} - U_2 V_{\theta 2}$. Deshalb wird die Arbeit nach Euler mit dem Gebrauch von positivem Vordrall reduziert. Auf der anderen Seite vergrößert negativer Vordrall den Energietransfer um den Betrag $U_1 V_{\theta 1}$. Dies resultiert in eine größere Druckhöhe, die im Falle negativen Vordralls mit den gleichen Größen von Laufraddurchmesser und Drehzahl produziert wird.

6.1 Komponenten der Radialkompressoren

Der positive Vordrall vermindert die relative Machzahl am Einlaß des Einströmteils. Jedoch wird sie durch negativen Vordrall vergrößert. Eine relative Machzahl ist definiert durch

$$M_{rel} = \frac{W_1}{a_1} \quad (6\text{-}7)$$

mit
M_{rel} = relative Machzahl
W_1 = relative Geschwindigkeit am Einlaß des Einströmteils
a_1 = Schallgeschwindigkeit bei Einlaßbedingung am Einströmteil.

Der Zweck der Installation von Einlaßleitschaufeln ist die Verminderung der relativen Machzahl am Einlaß der Spitze des Einströmteils (Laufradauge), da die höchste relative Geschwindigkeit am Einlaß des Einströmteils an der Spitze ist. Wenn die relative Geschwindigkeit nahe der Schallgeschwindigkeit oder darüber ist, dann treten Verdichtungsstöße im Einlaßbereich auf. Eine Schockwelle produziert Stoßverluste und drosselt das Einströmteil. Abbildung 6-12 zeigt die Auswirkung des Einlaßvordralls auf den Kompressorwirkungsgrad [5].

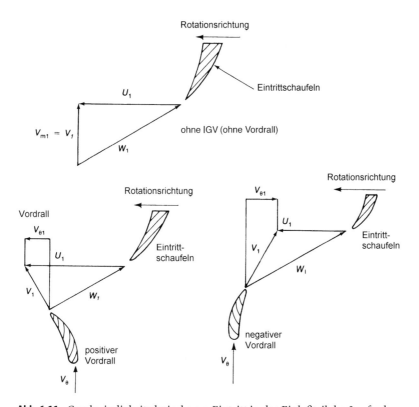

Abb. 6-11. Geschwindigkeitsdreiecke am Eintritt in das Einlaßteil des Laufrads

Es gibt 3 Vordrallarten:
1. *Freier-Wirbel-Vordrall.* Dieser Typ wird dargestellt durch $r_1 V_{\theta 1}$ = konstant, in bezug auf den Einlaßradius des Einströmteils. Diese Vordrallverteilung zeigt Abb. 6-13. $V_{\theta 1}$ hat ein Minimum am Deckscheibenradius im Einströmteileinlaß. Somit ist es nicht effektiv, die relative Machzahl auf diese Art zu verringern.
2. *Erzwungener-Wirbel-Vordrall.* Dieser Typ wird dargestellt mit $V_{\theta 1}/r_1$ = konstant. Diese Vordrallverteilung ist auch in Abb. 6-14 gezeigt. V_θ hat ein Maximum am Deckscheibenradius des Einströmteileinlasses. Es trägt somit zu einer Verringerung der relativen Machzahl am Einlaß bei.
3. *Kontrollierter-Wirbel-Vordrall.* Dieser Typ wird dargestellt durch $V_\theta = AR_1 + B/r_1$, wobei A und B Konstante sind. Diese Gleichung zeigt den ersten Typ mit $A = 0, B \neq 0$ und den zweiten Typ mit $B = 0, A \neq 0$.

Die Verteilungen der Eulerschen Arbeit am Laufradaustritt in bezug auf die Laufradbreite sind in Abb. 6-14 gezeigt. Nach Abb. 6-14 sollte sich die Vordrallverteilung nicht nur nach der relativen Machzahl am äußeren Radius des Einlasses des Einströmteils richten, sondern auch von der Verteilung der Eulerschen Arbeit am Laufradaustritt abhängen. Gleiche Strömungsbedingungen am Laufradaustritt, bei Berücksichtigung der Laufradverluste, sind wichtige Faktoren, um eine gute Kompressorleistung zu erhalten.

6.1.2
Laufrad

Ein Laufrad in einem Radialkompressor überträgt Energie auf das Fluid. Das Laufrad besteht aus 2 Basiskomponenten: (1) ein Einströmteil, wie ein axialdurchströmter Rotor und (2) die radiale Beschaufelung, in der Energie durch Zentrifugalkräfte übertragen wird. Die Strömung tritt in axialer Richtung in das Laufrad ein und verläßt es in radialer Richtung. Die Geschwindigkeitsvariationen von der Nabe zum Austrittsdurchmesser, die sich aus den Änderungen der Strömungsrichtungen ergeben, verkomplizieren die Auslegungsprozedur für Radialkompressoren. C. H. Wu [6] hat die dreidimensionale Theorie in einem Laufrad vorgestellt; jedoch ist es schwierig, diese für die Strömung in einem Laufrad mit der vorstehenden Theorie zu lösen, ohne bestimmte vereinfachende Bedingungen einzusetzen. Andere haben es als eine quasi-dreidimensionale Lösung behandelt [7-10]. Sie setzt sich aus 2 Lösungen zusammen: eine für die Meridianoberfläche (Nabe zum Austrittsdurchmesser) und die andere für die Strömungsoberfläche der Umdrehung (Schaufel zu Schaufel). Diese Oberflächen sind in Abb. 6-15 dargestellt.

Durch Anwendung der vorgenannten Methode mit einer numerischen Lösung zu den komplexen Strömungsgleichungen ist es möglich, Laufradwirkungsgrade von mehr als 90% zu erreichen. Das wirkliche Strömungsphänomen in einem Laufrad ist komplizierter als das berechnete. Ein Beispiel [11] dieser komplizier-

6.1 Komponenten der Radialkompressoren

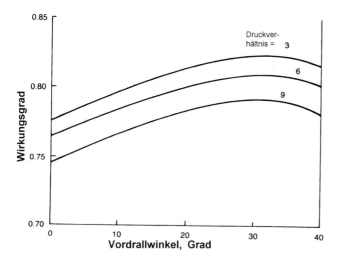

Abb. 6-12. Geschätzter Effekt des Einlaßvorwirbels [5]

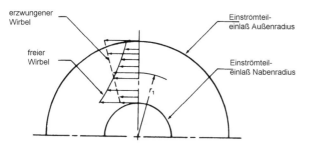

Abb. 6-13. Muster der Vorwirbelverteilung

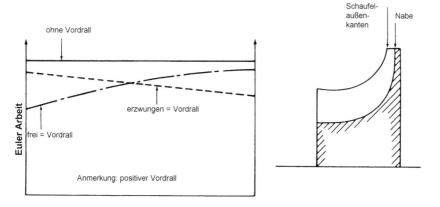

Abb. 6-14. Verteilungen der Eulerschen Arbeit an einem Laufradaustritt

6 Radialkompressoren

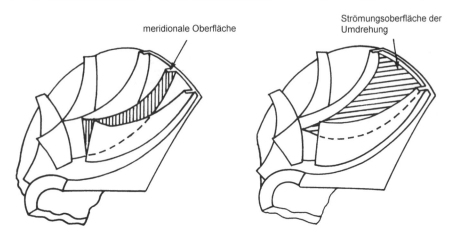

Abb. 6-15. Zweidimensionale Oberfläche für eine Strömungsanalyse

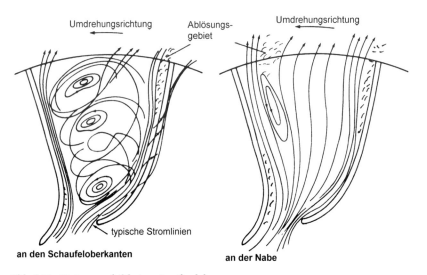

Abb. 6-16. Strömungsbild einer Laufradebene

ten Strömung ist in Abb. 6-16 dargestellt. Die Strömungslinien überschneiden sich nicht, doch sie sind in der Nähe der Nabe tatsächlich in verschiedenen beobachteten Strömungsebenen. Abbildung 6-17 zeigt die Strömung in der Meridianebene mit Ablösungsregionen am Einströmteil und am Austritt.

Experimentelle Studien der Laufraddurchströmung haben gezeigt, daß die Verteilungen der Geschwindigkeiten auf den Schaufeloberflächen unterschiedlich zu den theoretisch vorhergesagten Verteilungen sind. Es ist wahrscheinlich, daß die Diskrepanzen zwischen theoretischen und experimentellen Ergebnissen auf Sekundärströmungen beruhen, die durch Druckverluste und Grenzschichtablösungen in der Schaufeldurchströmung hervorgerufen werden. Hochleistungslaufräder sollten, wenn möglich, mit Hilfe theoretischer Methoden konstruiert werden, um die Strömungsverteilungen auf den Schaufeloberflächen zu untersuchen.

Beispiele theoretischer Geschwindigkeitsverteilungen in der Laufradbeschaufelung eines Radialkompressors [12] sind in Abb. 6-18 dargestellt. Die Beschaufelung sollte so ausgelegt werden, daß große Verzögerungen oder Beschleunigungen der Strömungen im Laufrad, die zu hohen Verlusten und Strömungsablösungen führen, ausgeschlossen bleiben. Strömungslösungen mit Potential-

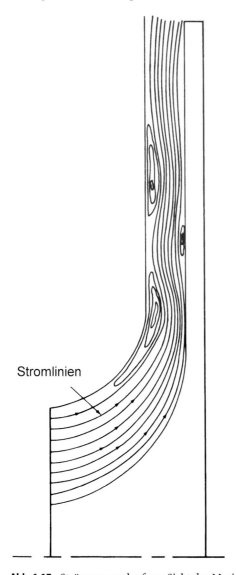

Abb. 6-17. Strömungsverlauf aus Sicht der Meridianebene

6 Radialkompressoren

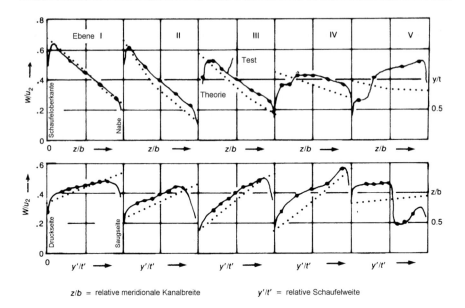

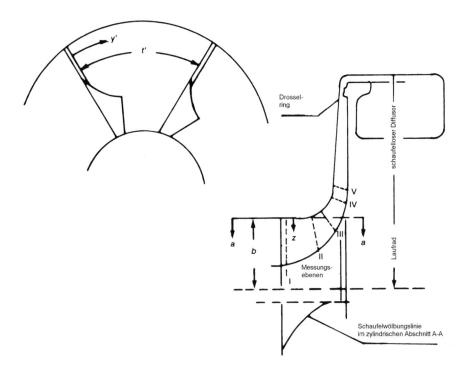

Abb. 6-18. Geschwindigkeitsprofile in einem Radialkompressor

theorie beschreiben die Strömung gut in Regionen mit ausreichendem Abstand zu den Schaufeloberflächen, in denen Grenzschichteffekte vernachlässigbar sind. In einem Radiallaufrad rufen die viskosen Scherkräfte eine Grenzschicht mit reduzierter kinetischer Energie hervor. Wenn die kinetische Energie unterhalb eines bestimmten Limits reduziert wird, stagniert die Strömung in diesem Bereich und kehrt sich dann um.

6.1.3
Einströmteil

Die Funktion eines Einströmteils ist die Vergrößerung des Winkelmoments des Fluids ohne Vergrößerung seines Rotationsradiuses. In einer Sektion eines Einströmteils sind die Schaufeln in Strömungsrichtung verbogen, wie in Abb. 6-19 dargestellt. Das Einströmteil ist ein axialer Rotor und ändert die Strömungsrichtung vom Einlaßströmungswinkel zur axialen Richtung. Es hat die größte relative Geschwindigkeit im Laufrad und kann dann, wenn es nicht sorgfältig ausgelegt ist, die Schluckgrenze an seinem engsten Eintrittsquerschnitt (throat) erreichen (s. Abb. 6-19).

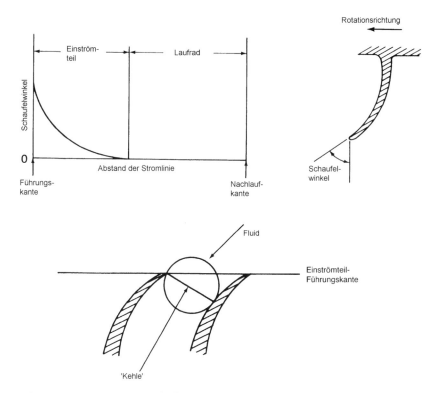

Abb. 6-19. Einströmteil im Radialkompressor

6 Radialkompressoren

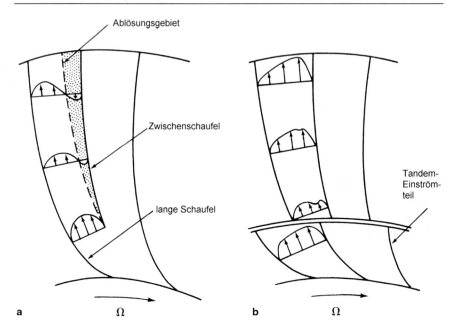

Abb. 6-20. Strömung im Laufrad. **a** ohne Tandem-Einströmteil, **b** mit Tandem-Einströmteil

Es gibt 3 Arten von Einströmteil-Krümmungslinien in axiale Richtung: kreisförmige, parabolische und elliptische Bögen. Kreisförmige Bogenkrümmungslinien werden in Kompressoren mit niedrigen Druckverhältnissen benutzt, während elliptische Bögen gute Leistungen bei hohen Druckverhältnissen produzieren, wenn die Strömung transsonische Machzahlen hat.

Aufgrund von Verdichtungsstößen im Eintrittsteil haben viele Kompressoren Konstruktionen mit geteilten Beschaufelungen (splitter-blade). Die Strömungsform [13] in derartigen Einströmteilabschnitten ist in Abb. 6-20a dargestellt. Diese Strömungsformen weisen auf eine Ablösung auf der Saugseite der geteilten Schaufeln hin. Andere Ausführungen werden mit Tandemeinströmteilen hergestellt. In Tandemeinströmteilen ist der Einströmteilabschnitt leicht gedreht, wie in Abb. 6-20b gezeigt. Diese Modifikation liefert zusätzliche kinetische Energie in die Grenzschicht, die andernfalls zur Ablösung neigt [14].

6.1.4
Zentrifugalabschnitt eines Laufrads

In diesem Bereich des Laufrads tritt die Strömung über das Einströmteil ein und verläßt das Laufrad in radiale Richtung. Die Strömung ist in diesem Abschnitt nicht komplett durch die Schaufeln geführt, und somit ist der effektive Austrittswinkel des Fluids nicht gleich dem Schaufelaustrittswinkel.

6.1 Komponenten der Radialkompressoren

Um die Strömungsabweichungen (die dem Effekt des Abweichungswinkels in axialdurchströmten Maschinen ähnlich sind) zu berücksichtigen, wird folgender Abweichungsfaktor (slip factor) gebraucht:

$$\mu = \frac{V_{\theta 2}}{V_{\theta 2\infty}} \tag{6-8}$$

Hier ist $V_{\theta 2}$ die tangentiale Komponente der absoluten Austrittsgeschwindigkeit mit einer endlichen Anzahl von Schaufeln und $V_{\theta 2\infty}$ die tangentiale Komponente der absoluten Austrittsgeschwindigkeit, wenn das Laufrad eine unendliche Anzahl von Schaufeln hätte (keine Verminderung der relativen Geschwindigkeit am Austritt).

Mit radialen Schaufeln am Austritt ergibt sich

$$\mu = \frac{V_{\theta 2}}{U_2} \tag{6-9}$$

Die Strömung in einem rotierenden Schaufelkanal im Laufrad ist eine Vektorsumme der Strömung des stationären Laufrads und der Strömung durch die Rotation des Laufrads, wie in Abb. 6-21 dargestellt.

In einem stationären Laufrad wird die Strömung der Schaufelkontur folgen und tangential zu ihr das Laufrad verlassen. Ein hoher Gegendruckgradient entlang der Schaufelkontur und hieraus folgende Strömungsablösung ist nicht als allgemeine Möglichkeit berücksichtigt.

Trägheits- und Zentrifugalkräfte sind die Ursache, daß das Fluidelement sich näher zu und entlang der führenden Oberfläche der Beschaufelung in Richtung Austritt bewegt. Wenn es erst die Schaufelkanäle verläßt und dort positive Schaufelkräfte nicht mehr wirken können, dann verzögern sich diese Fluidelemente.

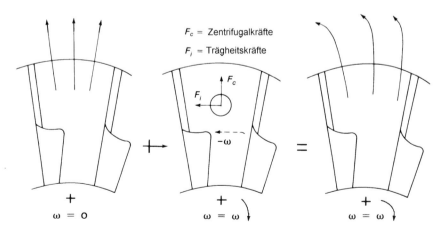

Abb. 6-21. Kräfte und Strömungscharakteristika in einem Radialkompressor

6.1.5
Gründe der Strömungsabweichung (Slip) in einem Laufrad

Der genaue Grund des Abweichungsphänomens, das innerhalb eines Laufrads auftritt, ist nicht bekannt. Jedoch können einige generelle Gründe aufgeführt werden, um zu erklären, warum die Strömung verändert wird.

Corioliszirkulation. Aufgrund des Druckradients zwischen den Wänden zweier benachbarter Schaufeln folgen die Corioliskräfte, die Zentrifugalkräfte und das Fluid dem Helmholtzschen Wirbelgesetz. Der hieraus resultierende kombinierte Gradient ruft eine Bewegung des Fluids von einer Wand zur anderen und zurück hervor. Diese Bewegung erzeugt im Strömungskanal eine Zirkulation, wie in Abb. 6-22 dargestellt. Aus dieser Zirkulation resultiert ein Geschwindigkeitsgradient am Laufradaustritt mit einer Nettoänderung im Austrittswinkel.

Grenzschichtentwicklung. Die Grenzschicht, die sich innerhalb des Laufradkanals entwickelt, führt dazu, daß das strömende Fluid eine verkleinerte Austrittsfläche erfährt, wie in Abb. 6-23 gezeigt. Dieser kleinere Austritt wird verursacht durch eine evtl. vorhandene Strömung innerhalb der Grenzschicht [15]. Das Fluid, das diesen kleineren Bereich verlassen will, muß seine Geschwindigkeit erhöhen. Diese Erhöhung ergibt eine höhere relative Austrittsgeschwindigkeit. Da die Meridiangeschwindigkeit konstant bleibt, muß die Erhöhung der relativen Geschwindigkeit von einer Verkleinerung der absoluten Geschwindigkeit begleitet sein.

Obgleich es kein neuer Ansatz ist, wird die Steuerung der Grenzschicht häufiger denn je genutzt. Sie wurde erfolgreich bei Tragflügelkonstruktionen angewandt, damit diese eine verzögerte Ablösung haben, wodurch größere nutzbare Angriffswinkel erzielt werden. Die Kontrolle der Strömung über einem Tragflügel erhält man auf 2 Arten: (1) mit Schlitzen durch den Tragflügel und (2) durch Injektion eines Stroms schnell bewegter Luft.

Regionen mit Ablösungen treten auch in vorstehend beschriebenen Radiallaufrädern auf. Die Anwendung des gleichen Konzepts (Ablösung ruft Verluste

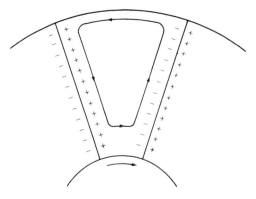

Abb. 6-22. Corioliszirkulation

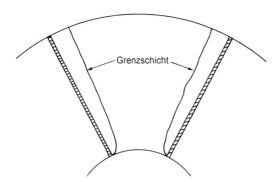

Abb. 6-23. Grenzschichtentwicklung

in Wirkungsgrad und Leistung hervor) reduziert und verzögert ihre Formierung. Durch Herauslenkung des langsam strömenden Fluids wird ein Einströmen von schneller strömendem Fluid in die Ablösungsregion herbeigeführt. Dies reduziert den Aufbau der Grenzschicht und vermindert somit die Ablösung.

Zur Kontrolle der Grenzschicht im Radiallaufrad werden Schlitze in der Laufradbeschaufelung am Punkt der Ablösung eingesetzt. Zur Realisierung der vollständigen Möglichkeiten dieses Systems sollten die Schlitze in eine Richtung und konvergierend in einem Querschnittsbereich von den Druck- zu den Saugseiten sein (s. Abb. 6-24). Das Fluid, das durch diese Schlitze austritt, vergrößert seine Geschwindigkeit und legt sich an die Saugseiten der Schaufeln an. Daraus resultiert eine Verschiebung der Ablösungsregion näher an die Spitze des Laufrads, womit Verschiebung und Verluste reduziert und große Grenzschichtregionen formiert werden. Die Schlitze müssen an der Stelle der Strömungsablösung in den Schaufeln angebracht sein. Experimentelle Ergebnisse zeigen Verbesserungen in Druckverhältnis, Wirkungsgrad und Pumpcharakteristik des Laufrads, wie in Abb. 6-24 dargestellt.

Leckage. Fluidströmung von einer Seite der Schaufel auf die andere wird als Leckage bezeichnet. Leckagen reduzieren den Energietransfer vom Laufrad zum Fluid und vermindern den Geschwindigkeitswinkel am Austritt.

Anzahl der Leitschaufeln. Je größer die Anzahl der Schaufeln, desto geringer ist die Belastung der Schaufeln und je mehr Fluid folgt den Schaufeln. Mit höheren Schaufelbelastungen neigt die Strömung dazu, sich an den Druckflächen zu gruppieren und einen Geschwindigkeitsgradienten am Austritt herbeizuführen.

Schaufeldicke. Aufgrund von Herstellungsproblemen und physikalischen Notwendigkeiten sind die Laufradschaufeln dick. Wenn Fluid das Laufrad verläßt, führen die Schaufeln die Strömung nicht mehr und die Geschwindigkeit wird sofort abgesenkt. Da die Meridiangeschwindigkeit verringert wird, sinken sowohl die relativen als auch die absoluten Geschwindigkeiten und ändern den Austrittswinkel des Fluids.

Eine rückwärtsgekrümmte Laufradschaufel kombiniert diese Effekte. Der Winkel der Austrittsgeschwindigkeit für das Laufrad mit den verschiedenen

164 6 Radialkompressoren

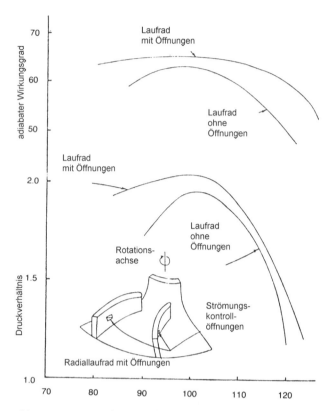

Abb. 6-24. Prozent der ausgelegten Strömung – laminare Strömungskontrolle in einem Radialkompressor

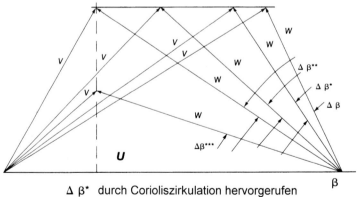

Δ β* durch Corioliszirkulation hervorgerufen
Δ β** durch Grenzschichteffekte hervorgerufen
Δ β*** durch Schaufeldicke hervorgerufen

Abb. 6-25. Auswirkung verschiedener Parameter auf die Austrittsgeschwindigkeitsdreiecke

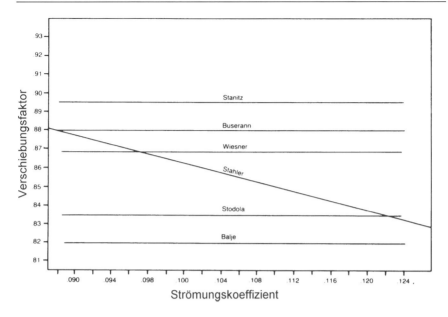

Abb. 6-26. Mehrere Verschiebungsfaktoren als eine Funktion der Strömungskoeffizenten

Änderungen des Verschiebungsphänomens ist in Abb. 6-25 dargestellt. Dieses Dreieck zeigt, daß aktuelle Arbeitsbedingungen weit von den projektierten Auslegungsbedingungen verschoben sind.

Einige empirische Gleichungen wurden für diesen Verschiebungsfaktor abgeleitet [16-21] (s. Abb. 6-26). Diese empirischen Gleichungen sind begrenzt. Zwei der üblicheren Verschiebungsfaktoren werden hier besprochen.

6.1.6
Stodola-Verschiebungsfaktor

Das zweite Helmholtz-Gesetz besagt, daß die Wirbelintensität eines reibungsfreien Fluids sich nicht mit der Zeit ändert. Somit muß, wenn die Strömung am Einlaß in ein Laufrad nicht rotiert, die absolute Strömung innerhalb des Laufrads ohne Rotation bleiben. Da das Laufrad eine Winkelgeschwindigkeit ω hat, muß das Fluid eine Winkelgeschwindigkeit $-\omega$ relativ zum Laufrad haben. Diese Fluidbewegung wird als relativer Wirbel bezeichnet. Wenn es keine Strömung durch das Laufrad gäbe, würde die Strömung in den Laufradkanälen mit einer Winkelgeschwindigkeit rotieren, die gleich und entgegengesetzt zur Winkelgeschwindigkeit des Laufrads ist.

Zur ungefähren Beschreibung der Strömung nimmt Stodolas Theorie an, daß die Verschiebung durch den relativen Wirbel hervorgerufen wird. Er wird als Rotation eines Zylinders in der Strömung angenommen, der am Ende des Schaufelkanals eine Winkelgeschwindigkeit von $-\omega$ gegenüber seiner eigenen Achse hat. Der Stodola-Verschiebungsfaktor ist gegeben durch

$$\mu = 1 - \frac{\pi}{Z}\left[1 - \frac{\sin\beta_2}{\frac{V_{m2}\cot\beta_2}{U_2}}\right]$$ (6-10)

mit
β_2 = der Schaufelwinkel
Z = die Anzahl der Schaufeln
V_{m2} = die Meridiangeschwindigkeit
U_2 = Schaufelspitzengeschwindigkeit.

Berechnungen, die diese Gleichungen anwenden, ergeben niedrigere Ergebnisse als experimentell gefundene Werte.

6.1.7
Stanitz-Verschiebungsfaktor

Stanitz berechnete Schaufel-zu-Schaufel-Lösungen für 8 Laufräder und schloß hieraus, daß für Bedingungen, die durch die Lösungen abgedeckt wurden, U eine Funktion der Anzahl der Schaufel (Z) und der Schaufelaustrittswinkel (β_2) ungefähr das gleiche ist für kompressible wie für oder inkompressible Strömungen

$$\mu = 1 - \frac{0{,}63\pi}{Z}\left[1 - \frac{1}{\frac{W_{m2}}{U_2}\cot\beta_2}\right]$$ (6-11)

Stanitz' Lösungen galten für $\pi/4 < \beta_2 < \pi/2$. Diese Gleichung führt zu guten Ergebnissen für radiale oder fast radiale Beschaufelung im Vergleich zu experimentellen Resultaten.

6.1.8
Diffusoren

Diffundierende Kanäle haben immer eine wesentliche Rolle gespielt, um gute Leistungen von Turbomaschinen zu erzielen. Ihre Rolle besteht darin, die maximal mögliche kinetische Energie, die das Laufrad verläßt, mit einem minimalen Druckverlust zu erhalten. Der Wirkungsgrad der Radialkompressorkomponenten wurde durch Weiterentwicklung ihrer Leistung stetig verbessert [22, 23]. Jedoch kann eine signifikante, weitere Verbesserung des Wirkungsgrads nur durch Verbesserung der Charakteristika der Druckrückgewinnung der diffundierenden Elemente dieser Maschinen erreicht werden, da diese Elemente die niedrigsten Wirkungsgrade haben.

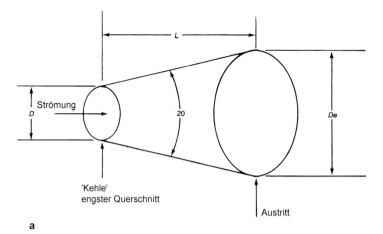

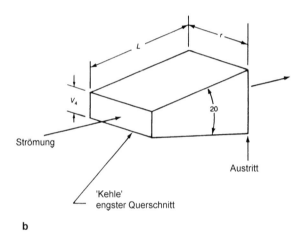

Abb. 6-27. Geometrische Klassifikation von Diffusoren; **a** konischer Diffusor mit geraden Wänden, **b** rechtwinkliger Diffusor mit geraden Wänden

Die Leistungscharakteristika eines Diffusors sind komplizierte Funktionen von Diffusorgeometrie, Einlaß- und Auslaßströmungsbedingungen. Abbildung 6-27 zeigt typische Diffusoren klassifiziert durch ihre Geometrie. Die Auswahl eines optimalen Kanaldiffusors für eine bestimmte Aufgabe ist schwierig, da sie aus einer Anzahl beinahe unendlich vieler Querschnittsverläufe und Bandkonfigurationen gewählt werden muß. In radial und gemischt durchströmten Kompressoren führt die Anforderung nach hoher Leistung und Kompaktheit zum Gebrauch von beschaufelten Diffusoren, wie in Abb. 6-28 dargestellt. Abbildung 6-28 zeigt auch den Strömungsbereich eines Schaufelinsel-Diffusors (Vane-Island).

168　6 Radialkompressoren

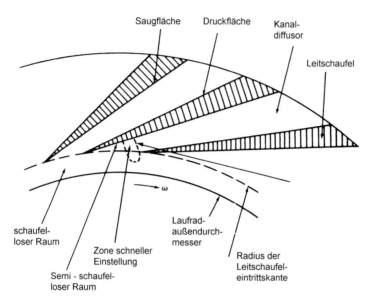

Abb. 6-28. Strömungsbereiche eines beschaufelten Diffusors

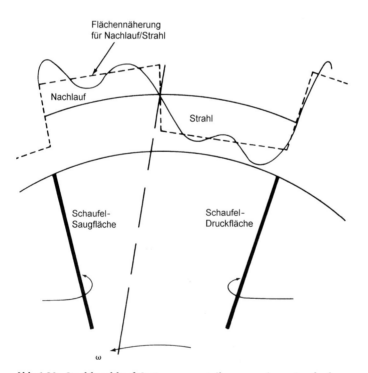

Abb. 6-29. Strahlnachlauf, Strömungsverteilung aus einem Laufrad

Eine Verbindung der Strömungsrichtung zwischen dem Laufrad und dem Diffusor ist komplex, weil die Strömungswege von einem rotierenden System in ein stationäres wechseln. Diese komplexe, nichtstationäre Strömung ist stark beeinflußt durch den Nachlauf (Jet-wake) [24] des Strömungsstrahls, der das Laufrad verläßt, wie aus Abb. 6-29 ersichtlich. Die dreidimensionalen Grenzschichten, die Sekundärströmungen in den schaufellosen Regionen und die Strömungsablösung an den Schaufeln beeinflussen auch die Gesamtströmung im Diffusor.

Die Strömung im Diffusor wird üblicherweise als stationär angenommen, um die gesamte geometrische Konfiguration des Diffusors zu erhalten. In einem Kanaldiffusor rufen die viskosen Scherkräfte eine Grenzschicht mit reduzierter, kinetischer Energie hervor. Wenn die kinetische Energie unterhalb eines bestimmten Limits reduziert wird, beginnt die Strömung in diesem Bereich zu stagnieren und sich dann umzukehren. Die Strömungsumkehr ruft eine Ablösung in diesem Diffusorbereich hervor, die in Wirbelverluste, Mischverluste und veränderte Strömungswinkel resultiert. Ablösungen sollten vermieden oder verzögert werden, um die Kompressorleistung zu verbessern.

Der Radialkompressor mit hohem Druckverhältnis hat einen schmalen, doch stabilen Betriebsbereich. Er ist schmal aufgrund der Nähe zur Pump- und Schluckgrenze. Das Wort „Pumpen" wird weitverbreitet angewandt, um den nichtstabilen Betrieb des Kompressors auszudrücken. Pumpen ist eine Strömungsunterbrechungsperiode während unstabilem Betrieb. Die nichtstationären Strömungsphänomene während des Einsetzens von Pumpen in einem Radialkompressor mit hohem Druckverhältnis rufen eine Oszillation des Massenstroms durch den Kompressor während angenommenem „stabilem" Betrieb hervor. Der Druck im engsten Querschnitt des Diffusors steigt während der Vorlaufperiode bis zum Sammeldruck (Collector Pressure) P_{col} zu Beginn des Pumpens. Alle Druckanzeigen (außer Plenum-Druck) sinken plötzlich am Punkt des Pumpens. Der plötzliche Druckwechsel kann mit dem gemessenen Auftreten der Rückströmung vom Kollektor durch das Laufrad während der Periode zwischen den zwei plötzlichen Änderungen erklärt werden.

6.1.9
Schneckengehäuse (Scroll oder Volute)

Der Zweck des Schneckengehäuses ist, das Fluid, das das Laufrad oder den Diffusor verläßt, zu sammeln und es zum Austrittsrohr des Kompressors zu führen. Das Schneckengehäuse hat einen wichtigen Einfluß auf den Gesamtwirkungsgrad des Kompressors. Die Konstruktion von Schneckengehäusen umfaßt 2 Denkweisen. *Erstens* ist das Winkelmoment des Fluids im Schneckengehäuse konstant, wobei alle Reibungseffekte vernachlässigt werden. Die Tangentialgeschwindigkeit $V_{5\theta}$ ist die Geschwindigkeit an jedem Radius im Schneckengehäuse. Die folgende Gleichung zeigt die Beziehung, wenn das Winkelmoment konstant gehalten wird

$$V_{5\theta} r = \text{konstant} = K \tag{6-12}$$

Mit der Annahme, daß keine Leckagen auftreten und ein konstanter Druck um die Laufradperipherie anliegt, ist die Beziehung der Strömung in jedem Bereich Q_θ zu der Gesamtströmung im Laufrad Q gegeben mit

$$Q_\theta = \frac{\theta}{2\pi} Q \qquad (6\text{-}13)$$

Somit kann die Bereichsverteilung an jedem Sektor θ mit folgender Beziehung gegeben werden:

$$A_\theta = Q\, r \cdot \frac{\theta}{2\pi} \cdot \frac{L}{K} \qquad (6\text{-}14)$$

mit
r = Radius des Schwerpunkts
L = Breite des Volumens.

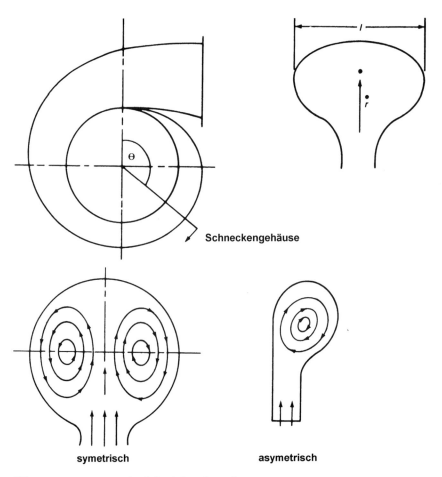

Abb. 6-30. Strömungsverläufe im Schneckengehäuse

Zweitens ist das Schneckengehäuse mit der Annahme, daß Druck und Geschwindigkeit unabhängig von θ sind, zu konstruieren. Die Flächenverteilung im Schneckengehäuse ist gegeben mit

$$A_\theta = K \frac{Q}{V_{5\theta}} \frac{\theta}{2\pi}$$

(6-15)

Zur Definition des Querschnitts des Schneckengehäuses bei gegebenem θ muß Form und Fläche der Sektion entschieden werden. Der Strömungsverlauf in verschiedenen Schneckengehäusen ist in Abb. 6-30 gezeigt. Die Strömung im asymmetrischen Schneckengehäuse hat einen einfachen Wirbel anstatt des Doppelwirbels im symmetrischen Gehäuse. Wenn das Laufrad direkt in das Schneckengehäuse liefert, ist es besser, wenn die Schneckengehäusebreite größer als die Laufradbreite ist. Diese Erweiterung resultiert in eine Strömung hinter dem Laufrad, die durch den Wirbel, der in der Spalte zwischen Laufrad und Gehäuse generiert wird, eingegrenzt ist.

Bei Strömungen, die von den Auslegungsbedingungen abweichen, existiert am Umfang ein Druckgradient an der Laufradspitze und bei gegebenem Radius im Schneckengehäuse. Bei niedrigen Strömungsraten steigt der Druck mit dem peripheren Abstand zur Zunge des Schneckengehäuses. Bei hohen Strömungsmengen sinkt der Druck mit dem Abstand zur Zunge. Diese Bedingung ergibt sich, weil die Strömung in der Nähe der Zunge durch die äußere Wand des Strömungskanals geführt wird. Der Druckgradient am Umfang reduziert den Wirkungsgrad weg vom Auslegungspunkt. Ungleicher Druck am Laufradaustritt resultiert in nichtstationäre Strömungen in den Strömungskanälen des Laufrads, dies ruft Strömungsumkehr und Ablösung im Laufrad hervor.

6.2
Leistung des Radialkompressors

Die Berechnung der Leistung eines Radialkompressors sowohl bei den Auslegungsbedingungen als auch bei Bedingungen abseits des Auslegungspunkts erfordert Wissen über die verschiedenen Verluste, die in einem Radialkompressor auftreten können.

Die sorgfältige Berechnung und gute Bestimmung der Verluste in einem Radialkompressor ist genauso wichtig wie die Berechnung der Schaufelbeladungsparameter. Wenn die richtigen Parameter nicht überwacht werden, sinkt der Wirkungsgrad. Die Untersuchungen verschiedener Verluste ist eine Kombination von experimentellen Ergebnissen und der Theorie. Die Verluste sind in 2 Gruppen unterteilt: (1) Verluste, die im Rotor auftreten, und (2) Verluste im Stator.

Ein Verlust ist üblicherweise als Wärme- oder Enthalpieverlust ausgedrückt. Ein sinnvoller Weg ist, sie in einer nichtdimensionalen Weise auszudrücken, wobei die Schaufelgeschwindigkeit am Austritt genutzt werden kann. Die verfügbare theoretische, totale Förderhöhe (Δq_{tot}) ist gleich der Förderhöhe, die durch die Energiegleichung

$$q_{th} = \frac{1}{U_2^2}(U_2 V_{\theta 2} - U_1 V_{\theta 1})$$
(6-16)

zuzüglich der Verlusthöhe durch Scheibenreibung (Δq_{df}) bestimmt ist, resultierend aus Rückströmungen (Δq_{rc}) der Luft zurück vom Diffusor in den Rotor

$$q_{tot} = q_{th} + \Delta q_{df} + \Delta q_{re}$$
(6-17)

Die adiabate Förderhöhe, die tatsächlich am Rotoraustritt verfügbar ist, ist gleich der theoretischen Höhe minus der durch den Verdichtungsstoß im Rotor erzeugten Wärme (Δq_{sh}), den Einströmverlusten (Δq_{in}) und den Schaufelbeladungen (Δq_{bl}), den Spielen zwischen dem Rotor und dem Ausströmgehäuse (Δq_c) und den viskosen Verlusten, die in der Strömungspassage auftreten (Δq_{sf})

$$q_{ia} = q_{th} - \Delta q_{in} - \Delta q_{sh} - \Delta q_{bl} - \Delta q_c - \Delta q_{sf}$$
(6-18)

Deshalb ist der adiabate Wirkungsgrad im Laufrad

$$\eta_{imp} = \frac{q_{ia}}{q_{tot}}$$
(6-19)

Die Berechnung des gesamten Stufenwirkungsgrads muß auch die Verluste enthalten, die im Diffusor auftreten. Somit ist die gesamte wirkliche adiabate Förderhöhe, die erhalten wird, gleich der wirklichen adiabaten Förderhöhe des Laufrads minus den Förderhöhenverlusten im Diffusor, die durch Nachlauf hinter der Laufradbeschaufelung (Δq_w) auftreten, minus den Verlusten eines Teils der kinetischen Höhe am Austritt des Diffusors (Δq_{ed}) und den Verlusten der Höhe durch Reibungskräfte (Δq_{osf}), die in dem beschaufelten oder unbeschaufelten Diffusorraum auftreten

$$q_{oa} = q_{ia} - \Delta q_w - \Delta q_{ed} - \Delta q_{osf}$$
(6-20)

Der gesamte adiabate Wirkungsgrad in einem Laufrad ist mit folgender Beziehung gegeben:

$$\eta_{ov} = \frac{q_{oa}}{q_{tot}}$$
(6-21)

Die individuellen Verluste können nun berechnet werden. Diese Verluste sind in 2 Kategorien aufgeteilt: (1) Verluste im Rotor und (2) Verluste im Diffusor.

6.2.1
Rotorverluste

Rotorverluste sind in folgende Kategorien aufgeteilt:
Verlust durch Verdichtungsstoß am Rotoreintritt. Dieser Verlust wird durch einen Verdichtungsstoß hervorgerufen, der am Rotoreintritt auftreten kann. Der Einlaß an der Rotorbeschaufelung sollte keilförmig sein, um dort einen leichten,

6.2 Leistung des Radialkompressors

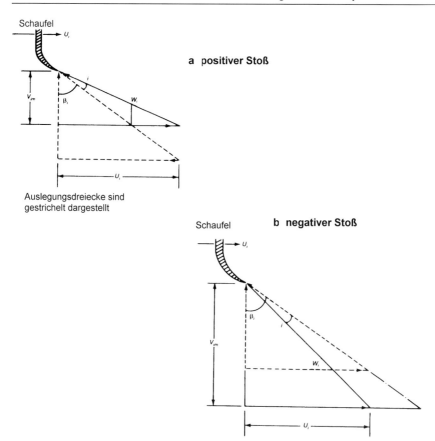

Abb. 6-31. Einlaßgeschwindigkeitsdreiecke bei Stoßwinkeln $\neq 0$

schrägen Verdichtungsstoß aufrecht zu erhalten. Er sollte dann graduell zur Schaufeldicke expandieren, um einen zusätzlichen Verdichtungsstoß zu vermeiden. Wenn die Schaufeln stumpf sind, entsteht ein gebogener Verdichtungsstoß, der eine Ablösung der Strömung von der Schaufelbewandung hervorruft, wodurch die Verluste erhöht werden [25].

Einströmverlust. Bei Zuständen, die vom Auslegungspunkt abweichen, tritt die Strömung in das Einströmteil mit einem Anströmwinkel ein, der entweder positiv oder negativ ist, wie in Abb. 6-31 dargestellt. Ein positiver Einströmwinkel ruft eine Reduktion der Strömung hervor. Fluid, das sich mit einem solchen Einströmwinkel der Beschaufelung nähert, erfährt eine plötzliche Änderung des Geschwindigkeitsvektors am Schaufeleintritt, um auf den Schaufeleintrittswinkel ausgerichtet zu werden. Ablösungen an der Schaufel können hierbei Verluste hervorrufen.

Scheibenreibungsverlust. Dieser Verlust resultiert aus Scherreibungen auf der hinteren Oberfläche des Rotors, wie in Abb. 6-32 ersichtlich. Unabhängig davon,

174 6 Radialkompressoren

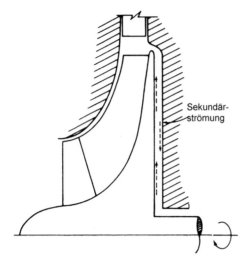

Abb. 6-32. Sekundärströmungen auf der Rückseite eines Laufrads

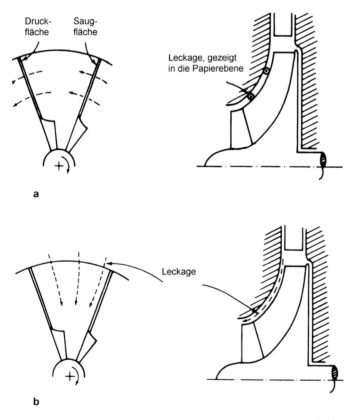

Abb. 6-33. Leckage bei Spielverlust; **a** offenes (ungedecktes) Laufrad, **b** gedecktes Laufrad

ob der Verlust für einen radialeingeströmten Kompressor oder für eine radialeingeströmte Turbine angestzt wird – bei gegebener Scheibendicke ist er stets gleich. Verluste in den Dichtungen, Lagern und Getriebekästen gehen auch in diesen Verlust ein. Die Gesamtverluste können als externe Verluste bezeichnet werden. Wenn die Spalte nicht in der Größenordnung der Grenzschichtdicke ist, sind die Verluste der Spaltengröße vernachlässigbar [26]. Die Scheibenreibung in einem Gehäuse ist niedriger als die einer freien Scheibe, da ein Wirbelkern vorliegt, der mit halber Winkelgeschwindigkeit rotiert.

Diffusorschaufelverlust. Dieser Verlust entwickelt sich aufgrund negativer Geschwindigkeitsgradienten in der Grenzschicht. Eine Verzögerung der Strömung erhöht die Grenzschichtdicke und ist der Anlaß für Strömungsablösungen. Der Gradient des Gegendrucks, gegen den ein Kompressor normalerweise arbeitet, erhöht die Wahrscheinlichkeit von Ablösungen und ruft signifikante Verluste hervor [27].

Spielverluste. Wenn ein Fluidteilchen eine translatorische Bewegung relativ zu einem nichtinertialen, rotierenden Koordinatensystem hat, erfährt es die Corioliskraft. Eine Druckdifferenz tritt zwischen den treibenden und den getriebenen Oberflächen einer Laufradbeschaufelung auf, die durch die Coriolisbeschleunigung hervorgerufen wird. Der kleinste und geringste Widerstand gebende Pfad für das strömende Fluid zur Neutralisierung der Druckdifferenz ist durch das Spiel zwischen Rotorlaufrad und dem stationären Gehäuse gegeben. Mit einem Laufrad mit Deckscheibe ist eine solche Leckage von der Druckseite zur Saugseite einer Laufradbeschaufelung nicht möglich. Statt dessen wird aufgrund der Existenz eines Druckgradienten im Spiel zwischen Gehäuse und Laufraddeckscheibe, der entlang der in Abb. 6-33 aufgezeigten Richtung dominiert, der Spielverlust hervorgerufen. Spitzendichtungen am Laufradauge können diesen Verlust deutlich reduzieren.

Dieser Verlust kann ziemlich substantiell sein. Die Leckageströmung erfährt eine große Expansion und Kontraktion, die durch Temperaturvariation über der Lücke des Spiels hervorgerufen werden. Dies berührt sowohl die Leckageströmung als auch die Strömung, in die sie austritt [28].

Oberflächenreibungsverlust. Ein Oberflächenreibungsverlust ist der Verlust durch Scherkräfte an der Laufradbewandung, der durch turbulente Reibung hervorgerufen wird. Dieser Verlust wird bestimmt, indem die Strömung in einem äquivalenten kreisförmigen Querschnitt mit einem hydraulischen Durchmesser betrachtet wird. Der Verlust wird dann auf der Basis der wohlbekannten Rohrströmungs-Druckverlustgleichungen berechnet [29].

6.2.2
Statorverluste

Rezirkulationsverlust. Dieser Verlust tritt auf, weil eine Rückströmung in den Laufradaustritt eines Kompressors vorliegt. Dies ist eine direkte Funktion des Luftaustrittwinkels. Wenn die Strömung durch den Kompressor sinkt, tritt eine

Erhöhung des absoluten Strömungswinkels am Austritt des Laufrads auf, wie in Abb. 6-34 dargestellt. Ein Teil des Fluids rezirkuliert vom Diffusor in das Laufrad, und seine Energie wird in das Laufrad zurückgeführt.

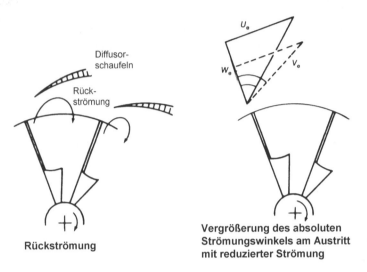

Abb. 6-34. Rezirkulationsverluste

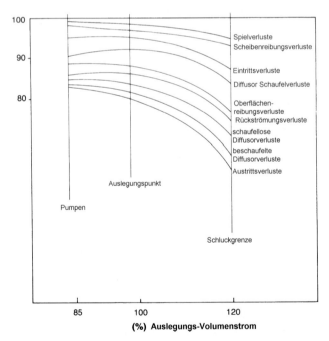

Abb. 6-35. Verluste in einem Radialkompressor

Nachlaufmischverlust. Dieser Verlust tritt an den Laufradschaufeln auf. Er wird durch einen Nachlauf im schaufellosen Raum hinter dem Rotor hervorgerufen und durch einen symmetrisch um die Rotationsachse verlaufenden Diffusor minimiert.

Verlust im schaufellosen Diffusor. Dieser Verlust entsteht in einem schaufellosen Diffusor und ergibt sich aus Reibung und dem absoluten Strömungswinkel.

Verlust im beschaufelten Diffusor. Der Verlust im beschaufelten Diffusor basiert auf Versuchsergebnissen am konischen Diffusor. Er ist eine Funktion der Laufradschaufelbeladung und des Radiusverhältnisses im schaufellosen Raum. Er berücksichtigt auch den Schaufeleintrittswinkel und die Oberflächenreibung an den Leitschaufeln.

Austrittsverlust. Der Austrittsverlust beruht auf der Annahme, daß eine Hälfte der kinetischen Energie, die den schaufellosen Diffusor verläßt, verloren geht.

Verluste sind komplexe Phänomena und, wie vorstehend diskutiert, eine Funktion vieler Faktoren, einschl. Einlaßbedingungen, Druckverhältnissen, Schaufelwinkeln und Strömungsgeschwindigkeiten. Abbildung 6-35 zeigt die Verluste, wie sie in einer typischen Radialstufe bei einem Druckverhältnis unter 2:1 mit rückwärts gekrümmten Schaufeln verteilt sind. Diese Abbildung gibt nur Richtwerte wieder.

6.3
Kompressorpumpen

Eine Darstellung, die die Variation des totalen Druckverhältnisses über einen Kompressor als eine Funktion der Massenstromrate bei verschiedenen Geschwindigkeiten zeigt, ist als Leistungskennfeld bekannt. Abbildung 6-36 zeigt eine solche Darstellung.

Die wirklichen Massenstromraten und Geschwindigkeiten werden mit den Faktoren $\sqrt{\theta/\delta}$ und $1/\sqrt{\theta}$ korrigiert, um die Variation der Einlaßbedingungen von Temperatur und Druck zu berücksichtigen. Die Pumplinie trifft die verschiedenen Geschwindigkeitslinien, bei denen der Kompressorbetrieb instabil wird. Ein Kompressor „pumpt", wenn die Richtung der Hauptströmung im Kompressor sich umkehrt und innerhalb kurzer Zeitperioden vom Austritt zum Eintritt strömt. Wenn dem nicht Einhalt geboten wird, kann dieser nichtstationäre Prozeß zu irreparablen Schäden der Maschine führen. Linien mit konstantem adiabatischem Wirkungsgrad (manchmal als Wirkungsgradinseln oder Muschelkurven bezeichnet) sind auch im Kompressorkennfeld aufgetragen. Ein Zustand, der als „Schluckgrenze" oder „stone walling" bezeichnet wird, ist im Kennfeld markiert. Er zeigt die maximal mögliche Massenstromrate durch den Kompressor bei Betriebsdrehzahl.

Das Kompressorpumpen ist ein Phänomen, dem besondere Aufmerksamkeit geschenkt wird, jedoch ist es noch nicht vollständig verstanden. Es ist eine Form des nichtstabilen Betriebs und sollte sowohl in der Auslegung als auch im Betrieb vermieden werden. Pumpen wurde traditionell als die untere Grenze des stabi-

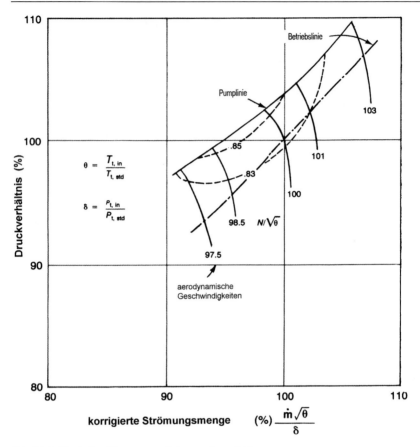

Abb. 6-36. Typisches Kompressorleistungskennfeld

len Betriebs in einem Kompressor definiert. Es beinhaltet die Strömungsumkehr. Diese Umkehr der Strömung tritt auf, weil eine aerodynamische Instabilität innerhalb des Systems vorliegt. Üblicherweise ist ein Teil des Kompressors der Grund der aerodynamischen Instabilität, obgleich auch der Systemaufbau der Grund für die Vergrößerung dieser Instabilität sein kann.

Abbildung 6-36 zeigt ein typisches Leistungskennfeld für einen Radialkompressor mit Wirkungsgradinseln und Linien konstanter, aerodynamischer Drehzahlen. Das totale Druckverhältnis kann als eine Änderung der Strömung und der Drehzahl angesehen werden. Kompressoren werden üblicherweise bei einer Arbeitslinie betrieben, die einen Sicherheitsabstand zur Pumplinie einhält.

Pumpen hat oftmals begleitende Symptome, wie exzessive Schwingungen und hörbare Geräusche; jedoch gab es auch Fälle, in denen Pumpprobleme nicht hörbar waren und Ausfälle hervorgerufen wurden. Es wurden ausführliche Untersuchungen zum Pumpen durchgeführt. Schwache quantitative Universalität der Kapazitäten der aerodynamischen Beladung verschiedener Diffusoren und

6.3 Kompressorpumpen

Laufräder und ein ungenaues Wissen über das Verhalten der Grenzschicht machen eine exakte Vorhersage der Strömungen in Turbomaschinen im Auslegungsstadium schwierig. Jedoch ist es ziemlich klar, daß die grundlegende Ursache des Pumpens aerodynamischer Strömungsabriß ist. Der Strömungsabriß kann entweder im Laufrad oder im Diffusor auftreten.

Wenn das Laufrad die Ursache des Pumpens zu sein scheint, liegt der Beginn der Strömungsablösung im Einströmbereich. Eine Verminderung der Massenstromrate, eine Erhöhung der Rotationsdrehzahl des Laufrads oder beides können das Kompressorpumpen hervorrufen.

Pumpen kann im Diffusor durch Strömungsablösung, die am Diffusoreintritt geschieht, verursacht werden. Ein Diffusor besteht üblicherweise aus einem schaufellosen Raum mit dem Vordiffusionsbereich. Dieser liegt vor dem Einströmteil, das die meisten Schaufeln im beschaufelten Diffusor enthält. Der schaufellose Raum nimmt die vom Radiallaufrad erzeugte Geschwindigkeit auf und diffundiert die Strömung, so daß sie in die beschaufelte Diffusorpassage mit einer niedrigeren Geschwindigkeit eintritt. Hiermit werden mögliche Stoßverluste und resultierende Ablösung der Strömung vermieden. Wenn im schaufellosen Diffusor ein Strömungsabriß auftritt, tritt die Strömung nicht in das nachgeschaltete Einströmteil ein. Es erfolgt eine Strömungsablösung, die schließlich eine Strömungsumkehr und somit das Pumpen des Kompressors hervorruft. Strömungsabriß im schaufellosen Diffusor kann auf zwei Wegen hervorgerufen werden – durch erhöhte Laufraddrehzahl oder verminderte Strömungsrate.

Ob Pumpen durch Verminderung der Strömungsgeschwindigkeit oder Erhöhung der Drehzahl hervorgerufen wird; in beiden Fällen kann das Einströmteil des Laufrads oder des schaufellosen Diffusors den Abriß der Strömung verursachen. Hierbei ist es schwierig festzustellen, wo der Strömungsabriß zuerst auftritt. Ausführliche Versuche haben gezeigt, daß in einem Kompressor mit einem niedrigeren Druckverhältnis das Pumpen zuerst im Diffusorbereich auftritt. Für Einheiten mit Stufendruckverhältnissen über 3:1 beginnt das Pumpen wahrscheinlich im Einströmteil des Laufrads.

6.3.1
Pumpdetektion und -steuerung

Pumpdetektionsvorrichtungen können in 2 Gruppen aufgeteilt werden: (1) statische und (2) dynamische Vorrichtungen. Heute sind statische Pumpdetektionsvorrichtungen weit verbreitet im Einsatz. Es müssen noch zusätzliche Forschungsarbeiten durchgeführt werden, bevor dynamische Detektionsvorrichtungen allgemein eingesetzt werden können. Eine dynamische Vorrichtung wird möglicherweise die Erfordernisse und Hoffnungen vieler Ingenieure für eine Steuerungseinrichtung, die Abriß und Pumpen feststellen und verhindern kann, erfüllen. Es ist klar, daß solche Detektionsvorrichtungen mit einer Regelungsvorrichtung verbunden werden müssen, um den nichtstabilen Betrieb eines Kompressors zu vermeiden.

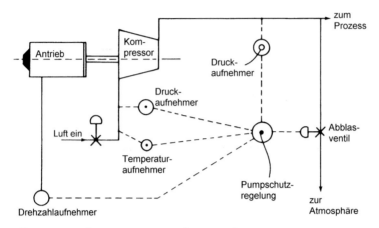

Abb. 6-37. Druckorieniertes Pumpschutz-Regelsystem

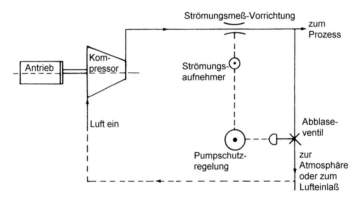

Abb. 6-38. Strömungsorientiertes Pumpschutz-Regelsystem

Statische Pumpdetektionsvorrichtungen verfolgen den Ansatz, Strömungsabriß und Pumpen durch Messungen des Kompressorzustands zu vermeiden. Sie sollen sicherstellen, daß ein voreingestellter Wert nicht überschritten wird. Wenn dieser Grenzwert erreicht oder überschritten wird, werden Steuerungsaktionen ausgeführt. Ein typisches, druckorientiertes Pumpverhütungsregelsystem ist in Abb. 6-37 dargestellt. Der Drucksensor zeigt den Druck an und steuert eine Vorrichtung, die ein Abblaseventil öffnet. Eine temperaturmessende Vorrichtung korrigiert die Anzeigen der Strömungen und der Drehzahlen mit dem Temperatureffekt. Eine typische, strömungsorientierte Vorrichtung zeigt Abb. 6-38.

In allen statischen Pumpdetektionsvorrichtungen ist das wirkliche Phänomen der Strömungsumkehr (Pumpen) nicht direkt angezeigt. Angezeigt werden andere Zustände, die in Verbindung zum Pumpen stehen. Gesetzte Steuerungsgrenzwerte beruhen auf früheren Erfahrungen und einer Studie der Kompressorcharakteristika.

6.3 Kompressorpumpen

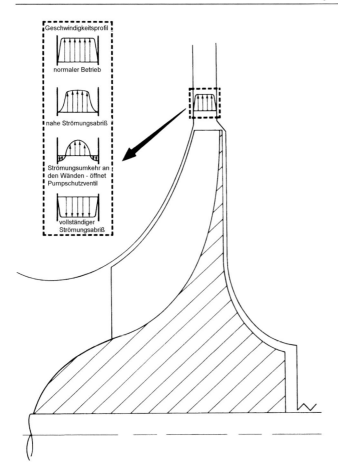

Abb. 6-39. Grenzschicht-Pumpvorhersagetechnik

Die dynamischen Pumpdetektionen und Steuerungsmethoden hierfür werden gegenwärtig untersucht. Der Ansatz ist, den Beginn der Strömungsumkehr zu detektieren, bevor dieser den kritischen Punkt des Pumpens erreicht. Bei dieser Prozedur wird ein Grenzschichtsensor benutzt.

Der Autor hat ein Patent für ein dynamisches Pumpdetektionssystem, das einen Grenzschichtfühler benutzt. Dieses wurde in Feldversuchen getestet. Das System besteht aus speziell montierten Fühlern im Kompressor, um die Strömungsumkehr in der Grenzschicht zu detektieren, wie in Abb. 6-39 dargestellt. Das Konzept geht davon aus, daß die Grenzschicht umgekehrt wird, bevor die gesamte Einheit zu pumpen beginnt. Da das System den tatsächlichen Einsatz des Pumpvorgangs mißt, indem die Strömungsumkehr angezeigt wird, ist es nicht abhängig vom Molekulargewicht des Gases und ist nicht durch die Verschiebung der Pumplinie berührt.

Der Gebrauch von Druck- und Beschleunigungsaufnehmern am Gehäuse in den Austrittsrohren war die übliche Instrumentierung, um Kompressorpumpen zu detektieren. Hierbei wurde herausgefunden: wenn die Einheit den Pumpzustand erreicht, werden die Schaufelpassierfrequenzen (Anzahl der Schaufeln mal Drehzahl) und ihre zweite und dritte Harmonische erregt. In einer endlichen Anzahl von Versuchen wurde festgestellt: wenn die zweite Harmonische der Schaufelpassierfrequenzen die gleiche Größenordnung erreicht wie die Schaufelpassierfrequenzen, ist die Einheit dem Pumpen sehr nahe.

6.4
Radiale Prozeßkompressoren

Diese Kompressoren haben Laufräder mit sehr niedrigem Druckverhältnis (1,1–1,3) und somit große Bereiche zwischen Pump- und Schluckgrenze. Abbildung 6-40 zeigt einen Querschnitt eines typischen, mehrstufigen Radialkompressors, wie er in der Prozeßindustrie gebraucht wird.

Die übliche Methode zur Klassifizierung von Radialkompressoren des Prozeßtyps, die durch Gasturbinen angetrieben werden, basiert auf der Anzahl der Laufräder und der Gehäusekonstruktionen. Tabelle 6-2 zeigt 3 Radialkompressortypen. Für jeden Kompressortyp werden die ungefähren Werte für maximalen Druckbereich, Fördervolumen und Bremsleistung ebenfalls gezeigt. Gehäusetypen, die in Sektionen aufgeteilt sind, haben Laufräder, die üblicherweise auf der verlängerten Motorwelle montiert sind. Ähnliche Sektionen werden zusammengeschraubt, um die erforderliche Anzahl von Stufen zu erhalten. Das Gehäusematerial ist entweder aus Stahl oder Gußeisen. Diese Maschinen benötigen minimale Überwachung und Instandhaltung und sind ziemlich wirtschaftlich in

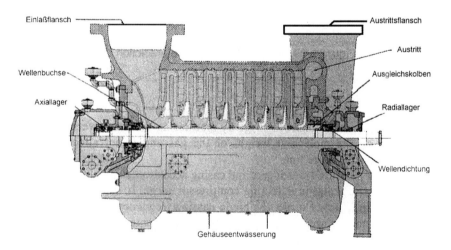

Abb. 6-40. Querschnitt eines typischen, mehrstufigen Radialkompressors (Genehmigung Elliott Company, Jeannette PA)

Tabelle 6-2. Klassifizierung von industriellen Radialkompressoren, basierend auf der Gehäusekonstruktion. (100 psi = 6,9 bar; 1 cfm = 0,028 m³/min; 1 PS = 0,746 kW)

Gehäusetyp	Ungefähre maximale Einordnungen		
	Ungefährer Druck (bar)	Ungefähre Kapazität am Einlaß (m³/min)	Ungefähre Leistungs- anforderung (kW)
1. Abschnittweise, üblicherweise Mehrstufig	0,69* (10 psig)	560* (20.000 cfm)	447* (600 PS)
2. Horizontal geteilt Einstufig (Doppel- flutig) Mehrstufig	1,035* (15 psig) 69 (1000 psig)	18200* (650.000 cfm) 5600* (200.000 cfm)	7460* (10.000 PS) 26110 (35.000 PS)
3. Vertikal geteilt Einstufig (Einflutig) Überhängend Pipeline Mehrstufig	3,105* (30 psig) 82,8 (1200 psig) mehr als 379,5 (< 5500 psig)	7000* (250.000 cfm) 700 (25.000 cfm) 560 (20.000 cfm)	7460* (10.000 PS) 14920 (20.000 PS) 11190 (15.000 PS)

* Basierend auf Luft bei atmosphärischen Einlaßbedingungen

Abb. 6-41. Horizontal geteilter Radialkompressor mit gedeckten Rotoren (Genehmigung durch Elliott Company)

Abb. 6-42. Barrel-Typ-Kompressor (Genehmigung Elliott Company, Jeannette PA)

ihrem Betriebsbereich. Die in Sektionen aufgeteilte Gehäusekonstruktion wird vielfach genutzt, um Luft für Verbrennungen in Öfen und Schmelzöfen zu leiten.

Der horizontal geteilte Typ hat eine Gehäuseteilfläche, die horizontal über die Mittelsektion und die Spitze verläuft. Die unteren Hälften sind verschraubt und mit Paßstiften zusammengefügt, wie in Abb. 6-41 dargestellt. Dieser Konstruktionstyp wird für große, vielstufige Einheiten bevorzugt eingesetzt. Die internen Teile wie Wellen, Laufräder, Lager und Dichtungen sind durch Entfernung der oberen Hälfte leicht zugänglich für Reparaturen und Inspektionen. Das Gehäusematerial ist aus Gußeisen oder Gußstahl.

Es gibt verschiedene Arten von Barrel- oder Radialkompressoren. Niederdrucktypen mit fliegenden Laufrädern werden für Verbrennungsprozesse, Belüftung und Transportanwendungen genutzt. Barrelgehäuse mit vielen Stufen werden für Hochdrücke genutzt, in denen die horizontale Teilfugenverbindung nicht adäquat ist. Abbildung 6-42 zeigt einen Barrelkompressor im Hintergrund und die Einbauteile des Kompressors im Vordergrund. Sobald das Gehäuse vom Barrel entfernt ist, ist es horizontal geteilt.

6.4.1
Kompressorkonfiguration

Zur sorgfältigen Konstruktion eines Radialkompressors muß man die Betriebsbedingungen kennen – den Gastyp, Druck, Temperatur und Molekulargewicht. Man muß auch die Korrosionseigenschaften des Gases kennen, so daß eine gute, metallurgische Auswahl getroffen werden kann. Gasschwankungen durch Prozeßinstabilitäten müssen einbezogen werden, so daß der Kompressor ohne Pumpen betrieben werden kann [30].

Radialkompressoren für industrielle Anwendungen haben relativ niedrige Druckverhältnisse pro Stufe. Diese Bedingung ist erforderlich, damit die Kompressoren einen weiten Betriebsbereich haben können, während Spannungsbeträge auf einem Minimum gehalten werden. Aufgrund der niedrigen Druckverhältnisse für jede Stufe kann eine einzige Maschine eine Anzahl von Stufen in einem „Barrel" haben, um das geforderte Gesamtdruckverhältnis zu liefern. Abbildung 6-43 zeigt einige der vielen Konfigurationen. Einige Faktoren, die bei der Auswahl einer Konfiguration zur Erfüllung der Werksanforderungen zu berücksichtigen sind, werden nachstehend genannt:

1. Zwischenkühlung zwischen Stufen kann die verbrauchte Leistung deutlich reduzieren.
2. Gegenläufige (Rücken-zu-Rücken-) Laufräder erlauben einen ausgeglichenen Rotorschub und minimierte Überlastung der Axiallager.
3. Kalte Einlaß- oder heiße Auslaßgase in der Mitte des Gehäuses reduzieren Öldichtungs- und Schmierungsprobleme.
4. Einzelner Einlaß oder einzelner Auslaß reduziert externe Verrohrungsprobleme.
5. Leicht im Feld zugängliche Auswuchtebenen können die Auswuchtzeit im Feld deutlich reduzieren.
6. Ausgleichkolben ohne externe Leckage reduzieren stark den Verschleiß an den Axiallagern.
7. Heiße und kalte Abschnitte an Gehäusen, die benachbart sind, reduzieren thermische Gradienten und somit Gehäuseverzug.
8. Horizontal geteilte Gehäuse können leichter für Inspektionen geöffnet werden als vertikal geteilte. Sie reduzieren die Instandhaltungszeiten.
9. Fliegende Rotoren rufen kleinere Ausrichtunsprobleme hervor, weil die Ausrichtung von Wellenenden nur an der Kupplung zwischen dem Kompressor und der Antriebsmaschine erforderlich ist.
10. Kleinere Hochdruckkompressoren, die die gleiche Arbeit leisten, reduzieren Fundamentprobleme, doch haben sie einen deutlich reduzierten Betriebsbereich.

6 Radialkompressoren

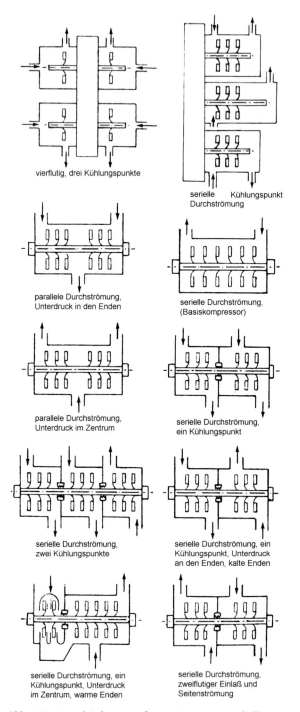

Abb. 6-43. Verschiedene Konfigurationen von Radialkompressoren

6.4.2
Laufradfertigung

Die Laufräder von Radialkompressoren sind entweder mit oder ohne Deckscheibe. Offene Laufräder ohne Deckscheibe werden hauptsächlich in einstufigen Anwendungen gebraucht. Sie werden mit hochentwickelten Gießtechniken oder durch dreidimensionales Fräsen gefertigt. Solche Laufräder werden in den meisten Fällen für die Stufen mit hohem Druckverhältnis eingesetzt. Das gedeckte Laufrad wird aufgrund seiner niedrigen Stufendruckverhältnisse üblicherweise in Prozeßkompressoren eingesetzt. Die niedrigen Spannungen an den Spitzen in dieser Anwendung begründen die Freigabefähigkeit dieser Konstruktion. Abbildung 6-44 zeigt verschiedene Fertigungstechniken. Der am weitesten verbreitete Konstruktionstyp ist in A und B dargestellt. Hier sind die Schaufeln bis zur Nabe eingeschweißt und gedeckt. In B sind die Nähte voll durchgeschweißt. Der Nachteil dieses Konstruktionstyps ist die Behinderung der aerodynamischen Durchströmung. In C sind die Schaufeln teilweise mit den Abdeckungen maschinell bearbeitet und dann in der Mitte verschweißt. Für schwach zurückgekrümmte Schaufeln war diese Technik nicht sehr erfolgreich, und es gab Schwierigkeiten, eine glatte Kontur um die führende Kante zu erhalten.

D veranschaulicht eine Schweißtechnik mit großer Kehlnaht. Sie wird eingesetzt, wenn die Höhe der Schaufelkanäle zu klein ist (oder der rückwärts gerich-

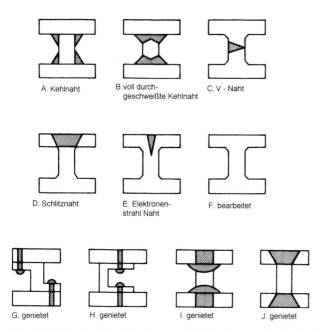

Abb. 6-44. Verschiedene Fertigungstechniken für radiale Laufräder

tete Anstellwinkel zu hoch), um eine konventionelle Füllschweißung zu erlauben. In E steckt die Elektronenstrahltechnik noch in ihren Kinderschuhen, und es ist zusätzliche Arbeit erforderlich, um sie zu perfektionieren. Ihr Hauptnachteil besteht darin, daß die Elektronenstrahlschweißung vorzugsweise auf Zug belastet werden sollte, sie jedoch in der Konfiguration von E scherbelastet wird. Die Konfigurationen von G bis J benutzen Niete. In den Fällen, in denen die Nietköpfe in den Strömungskanal ragen, wird die aerodynamische Leistung reduziert.

Werkstoffe zur Herstellung dieser Laufräder sind üblicherweise niedrig legierte Stahl, wie AISI 4140oder AISI 4340. AISI 4140 ist für die meisten Anwendungen befriedigend; AISI 4340 wird für die großen Laufräder, welche hohe Festigkeiten fordern, genutzt. Für korrosive Gase wird AISI 410 rostfreier Stahl (etwa 12% Chrom) eingesetzt. Monel K-500 wird bei halogenen Gasatmosphären genutzt, aufgrund seiner Beständigkeit gegen Funk. Titanlaufräder wurden für Chloreinsätze angewandt. Aluminium legierte Laufräder wurden in einer großen Anwendungszahl genutzt, speziell bei niedrigeren Temperaturen (unter 148,9° C [300° F]). Mit neuen Entwicklungen bei Aluminiumlegierungen vergrößert sich dieser Bereich. Aluminium und Titan sind manchmal aufgrund ihrer niedrigen Dichte ausgewählt. Diese niedrige Dichte kann eine Verschiebung der kritischen Drehzahl des Rotors mit vorteilhaften Effekten hervorrufen.

6.5
Literatur

1. Balje, O.E.: A Study of Reynolds Number Effects in Turbomachinery. J. Eng. Power, ASME Trans. 86, Series A (1964) 227
2. Anderson, R.J., Ritter, W.K., and Dildine, D.M.: An Investigation of the Effects of Blade Curvature on Centrifugal Impeller Performance. NACA TN-1313 (1947)
3. Woodhouse, H.:Inlet Conditions of Centrifugal Compressors for Aircraft Engines Superchargers and Gas Turbines. J. Inst. Aeron. Sc. 15 (1948) 403
4. Shouman, A.R. and Anderson J.R.: The Use of Compressor-Inlet Prewhirl for the Control of Small Gas Turbines. J. Eng. Power, Trans. ASME 86, Series A (1964) 136–140
5. Rodgers, C. and Sapiro, L.: Design Considerations for High-Pressure-Ratio Centrifugal Compressors. ASME Paper No. 73-GT-31
6. Wu, C.H.: A General Theory of Three-Dimensional Flow in Subsonic and Supersonic Turbomachines of Axial, Radial, and Mixed-Flow Type. NACA TN-2604 (1952)
7. Stanitz, J.D. and Prian, V.D.: A Rapid Approximate Method for Determining Velocity Distribution on Impeller Blades of Centrifugal Compressors. NACA TN-2421 (1951)
8. Boyce, M.P. and Bale, Y.S.: A New Method for the Calculations of Blade Loadings in Radial-Flow Compressors. ASME Paper No. 71-GT-60
9. Katsanis, T.: Use of Arbitrary Quasi-Orthogonals for Calculating Flow Distribution in the Meridional Plane of a Turbomachine. NAS TND-2546 (1964)
10. Senoo, Y. and Nakase, Y.: A Blade Theory of an Impeller with an Arbitrary Surface of Revolution. ASME Paper No. 71-GT-17
11. Boyce, M.P.: A Practical Three-Dimensional Flow Visualization Approach to the Complex Flow Characteristics in a Centrifugal Impeller. ASME Paper No. 66-GT-83
12. Senoo, Y. and Nakase, Y.: An Analysis of Flow Through a Mixed Flow Impeller. ASME Paper No. 71-GT-2
13. Bammert, K. and Rautenberg, M.: On the Energy Trnasfer in Centrifugal Compressors. ASME Paper No. 74-GT-121
14. Boyce, M.P. and Nishida, A.: Investigation of Flow in Centrifugal Impeller with Tandem Inducer. JSME Paper, Tokyo, Japan, May 1977

15. Boyce, M.P.: New Developments in Compressor Aerodynamics. Proceedings of the 1st Turbomachinery Symposium, Texas A&M, Oct. 1972
16. Stodola, A.: Steam and Gas Turbines. McGraw-Hill Book Co., 1927
17. Stanitz, J.D.: Two-Dimensional Compressible Flow in Conical Mixed-Flow Compressors. NACA TN-1744 (1948)
18. Wiesner, F.J.: A review of Slip Factors for Centrifugal Impellers. J. Eng. Power, ASME Trans., Oct. 1967, 558
19. Stahler, A.F.: The Slip Factor of a Radial Bladed Centrifugal Compressor. ASME Paper No. 64-GTP-1
20. Balje, O.E.: Loss and Flow-Path Studies on Centrifugal Compressors, Parts 1 & 11. ASME Paper Nos. 70_GT-1 2-A and 70-GT-1 2-B
21. Coppage, J.E. et al.: Study of Supersonic Radial Compressors for Refrigeration and Pressurization Systems. WADC Technical Report 55-257, Astia Document No. AD 110467 (1956)
22. Klassen, H.A.: Effects of Inducer Inlet and Diffuser Throat Areas on Performance of a Low-Pressure Ratio Sweptback Centrifugal Compressor. NASA TM X-3148, Lewis Research Center, Jan. 1975
23. Rodgers, C.: Influence of Impeller and Diffuser Characteristics and Matching on Radial Compressor Performances. SAE Preprint 268B, Jan. 1961
24. Eckhardt, D.: Instantaneous Measurements in the Jet-Wake Discharge Flow of a Centrifugal Compressor Impeller. ASME Paper No. 47-GT-90
25. Owczarek, J.A.: Fundamentals of Gas Dynamics. International Textbook Company, Pennsylvania, 1968, pp. 165–197
26. Schlichting, H.: Boundary Layer Theory. 4th edition, McGraw-Hill Book Co., 1962, pp. 547–550
27. Boyce, M.P. and Bale, Y.S.: Diffusion Loss in a Mixed-Flow Compressor. Intersociety Energy Conversion Engineering Conference, San Diego, Paper No. 729061, Sept. 1972
28. Boyce, M.P. and Desai, A.R.: Clearance Loss in a Centrifugal Impeller. Proc. Of the 8th Intersociety Energy Conversion Engineering Conference, Aug. 1973, Paper No.7391 26, p. 638
29. Dallenback, F.: The Aerodynamic Design and Performance of Centrifugal and Mixed-Flow Compressors. SAE International Congress, Jan.1961
30. Boyce, M.P.: How to Achieve On-Line Availability of Centrifugal Compressors. Chemical Weekly, June 1978, p. 115-127

7 Axial durchströmte Kompressoren

Ein axial durchströmter Kompressor komprimiert sein Arbeitsfluid, indem er es zuerst beschleunigt und dann verzögert, um den Druckanstieg zu erhalten. Das Fluid wird in einer Reihe rotierender Tragflügel (Schaufeln) beschleunigt. Die Schaufelreihe ist im Rotor angebracht. Dann wird das Fluid in einer Reihe stationäre Schaufel (dem Stator) verzögert. Die Verzögerung im Stator wandelt den Geschwindigkeitsanstieg, der im Rotor erhalten wurde, zum Druckanstieg. Ein Kompressor besteht aus mehreren Stufen. Ein Rotor und ein Stator ergeben eine Stufe im Kompressor. Eine zusätzliche Reihe befestigter Schaufeln (Einlaßleitschaufeln) wird oftmals benutzt, um am Kompressoreintritt sicherzustellen, daß die Luft mit dem erforderlichen Winkel in den Rotor der ersten Stufe eintritt. Ergänzend zu den Statoren wird ein Diffusor am Austritt des Kompressors eingesetzt. Dieser verzögert das Fluid zusätzlich und steuert dessen Geschwindigkeit am Kompressoraustritt. Obgleich das Arbeitsfluid jedes kompressible Fluid sein kann, soll nachfolgend nur Luft betrachtet werden.

In einem axialen Kompressor passiert die Luft eine Stufe nach der anderen. In jeder Stufe wird der Druck leicht erhöht. Mit der Produktion von niedrigen Druckanstiegen in der Größenanordnung von 1,1:1 bis 1,4:1 können sehr hohe Wirkungsgrade erreicht werden. Die Verwendung mehrerer Stufen erlaubt Gesamtdruckanstiege von bis zu 17:1. Abbildung 7-1 zeigt einen mehrstufigen Hochdruckkompressor in axialer Bauweise. Der niedrige Druckanstieg pro Stufe vereinfacht die Berechnung zur Auslegung des Kompressors, indem die Luftströmung als inkompressibel betrachtet wird.

Ebenso wie andere rotierende Maschinenarten kann auch ein Axialkompressor mit zylindrischen Koordinatensystemen beschrieben werden. Die Z-Achse läuft entlang der Länge der Kompressorwelle, der Radius r wird außerhalb der Welle gemessen und der Rotationswinkel θ ist der Winkel, der von den drehenden Schaufeln (Abb. 7-2) durchlaufen wird. Dieses Koordinatensystem wird in der nachfolgenden Diskussion für Axialkompressoren benutzt.

Abbildung 7-3 zeigt die Änderung des Drucks, der Geschwindigkeit und der totalen Enthalpie für die Strömung durch mehrere Stufen eines Axialkompressors. Es wird deutlich, daß sich die Schaufellängen und damit der kreisringförmige Strömungsquerschnitt zwischen Welle und Deckscheibe mit zunehmender Länge des Kompressors vermindern. Diese Reduktion des Strömungsquerschnitts kompensiert den Anstieg der Fluiddichte, wenn dieses komprimiert wird, und erlaubt eine konstante axiale Geschwindigkeit. In den meisten vorläu-

7 Axial durchströmte Kompressoren

Abb. 7-1. Ein mehrstufiger Hochdruck-Axialkompressor (Genehmigung von Westinghouse Electric Corporation).

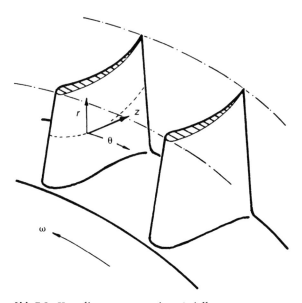

Abb. 7-2. Koordinatensystem eines Axialkompressors

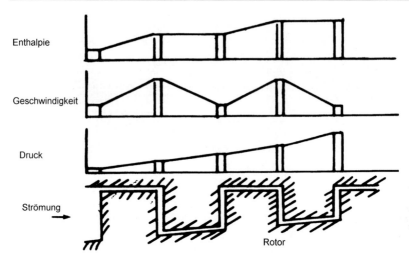

Abb. 7-3. Enthalpie-, Geschwindigkeits- und Druckänderung durch einen Axialkompressor

figen Berechnungen, die bei der Kompressorauslegung eingesetzt werden, wird die mittlere Schaufelhöhe als Schaufelhöhe der Stufe eingesetzt.

7.1
Nomenklatur für Schaufeln und Gitter

Da für die Beschleunigung und Verzögerung im Kompressor Tragflügel eingesetzt werden, basiert ein Großteil der Theorie und Forschung, die sich mit der Strömung im Axialkompressor beschäftigt, auf Studien an isolierten Tragflügeln. Die Nomenklatur und die Methoden, die die Schaufelkonturen im Kompressor beschreiben, sind fast identisch zu denen der Flugzeugtragflügel. Forschungen in Axialkompressoren beinhalten mehrere Schaufeln in einer Reihe, um einen Kompressorrotor oder Stator zu simulieren. Eine derartige Reihe wird als Kaskade oder Gitter bezeichnet. Wenn Schaufeln diskutiert werden, werden alle Winkel, die die Schaufeln beschreiben, sowie ihre Orientierung in bezug auf die Welle des Kompressors gemessen (Z-Achse).

Die Tragflügel sind auf der einen Seite konvex und auf der anderen konkav gekrümmt, wobei der Rotor gegen die konkave Seite rotiert. Die konkave Seite wird als Druckseite der Schaufel bezeichnet und die konvexe als Saugseite. Die Profillänge eines Tragflügels ist eine gerade Linie, die von der führenden Kante zur hinteren Kante des Tragflügelprofils gezogen wird. Die Profillänge (chord) ist die Länge der Profillinie (s. Abb. 7-4). Die Sehne ist eine Linie, die halb zwischen den beiden Oberflächen gezogen wird. Der Abstand zwischen der Sehne und der Profillinie ist die Wölbung (camber) der Schaufel. Der Wölbungswinkel θ ist der Drehwinkel der Sehne. Der Schaufelverlauf wird beschrieben, indem das Verhältnis der Schaufellänge zur Sehne an einer bestimmten Länge der Schau-

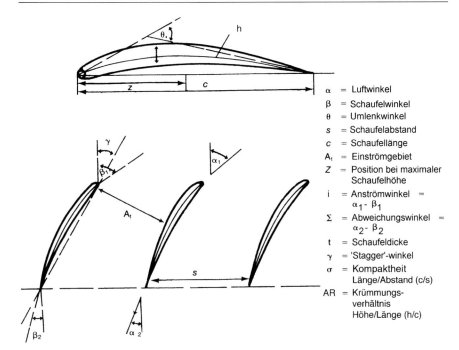

Abb. 7-4. Schaufelprofil Nomenklatur

fellinie spezifiziert wird. Dieser Punkt wird von der vorderen Schaufelkante gemessen. Das Krümmungsverhältnis AR (aspect ratio) ist das Verhältnis der Schaufellänge zur Sehnenlänge. Der Terminus „hub-to-tip ratio" wird häufig statt Krümmungsverhältnis benutzt. Das Krümmungsverhältnis wird wichtig, wenn dreidimensionale Strömungscharakteristika untersucht werden. Es wird festgelegt, wenn der Massenstrom und die axiale Geschwindigkeit bestimmt werden.

Der Schaufelabstand S_b (pitch) eines Gitters ist der Abstand zwischen den Schaufeln. Er wird üblicherweise zwischen den Konturlinien an der führenden oder hinteren Kante der Schaufel gemessen. Das Verhältnis der Sehnenlänge zur Gitterweite ist die Kompaktheit σ (solidity) der Gitter. Die Kompaktheit mißt die relative Überschneidung von einer Schaufel zur nächsten. Wenn die Kompaktheit im Bereich von 0,5–0,7 liegt, dann weisen die Versuchsdaten eines isolierten Tragflügels, mit Hilfe derer ein Normprofil ausgewählt werden soll, erhebliche Genauigkeit auf. Die gleichen Methoden können bis zu einer Kompaktheit von etwa 1 mit reduzierter Genauigkeit angewandt werden. Wenn die Kompaktheit in der Größenordnung 1,0–1,5 liegt, dann sind Gitterdaten notwendig. Für Kompaktheit oberhalb 1,5 kann die Kanaltheorie angewandt werden. Der Großteil der heutigen Auslegung liegt im Bereich der Gitter.

Der Schaufelaustrittswinkel β_1 ist der Winkel, der mit einer tangential zum vorderen Ende der Schaufellinie gezogenen Linie und der Kompressorachse gebildet wird. Der Schaufelauslaßwinkel β_2 ist der Winkel einer tangential zum Ende der Sehne gezogenen Linie. Die Subtraktion $\beta_2-\beta_1$ ergibt den Schaufelkrümmungswinkel. Der Winkel, den die Schaufellinie mit der Achse des Kompressors bildet, ist γ, der Anstellwinkel der Schaufel (setting oder stagger angle). Schaufeln mit hohem Dickenverhältnis (aspect ratio, AR) sind oftmals vorverdreht, so daß bei voller Betriebsdrehzahl die auf die Schaufeln wirkenden Zentrifugalkräfte die Schaufeln zurückdrehen, und der aerodynamische Auslegungswinkel erreicht wird. Der Vordrehwinkel an der Spitze der Schaufeln mit AR-Verhältnissen von etwa 4 liegt zwischen 2 und 4°.

Der Lufteinlaßwinkel α_1, mit dem Luft gegen die Schaufeln einströmt, unterscheidet sich von β_1. Der Unterschied liegt im Eintrittsstoßwinkel i. Der Angriffswinkel α ist der Winkel zwischen der Richtung der eingelassenen Luft und der Schaufellinie. Wenn die Luft von den Schaufeln gedreht wird, übt sie einen Widerstand gegen diese aus und verläßt sie mit einem größeren Winkel als β_2. Der Winkel, mit dem die Luft die Schaufeln verläßt, ist der Luftaustrittswinkel α_2. Der Unterschied zwischen β_2 und α_2 ist der Abweichungswinkel δ. Der Luftdrehungswinkel ist die Differenz zwischen α_1 und α_2 und wird manchmal als Ablenkungswinkel bezeichnet.

Die Originalarbeiten von NACA und NASA sind die Basis, auf der die meisten modernen Axialkompressoren ausgelegt sind. NACA hat eine große Anzahl von Schaufelprofilen getestet. Die Testdaten wurden publiziert. Die Gitterdaten, die von NACA erhalten wurden, beruhen auf den aufwendigsten Arbeiten dieser Art. In den meisten kommerziellen Axialkompressoren werden Schaufelprofile aus der Reihe NACA 65 eingesetzt [1]. Diese Schaufelprofile werden üblicherweise mit einer Schreibweise ähnlich der folgenden spezifiziert: 65-(18) 10. Dies bedeutet, daß die Schaufelprofile einen Auftriebskoeffizienten von 1,8 haben, einen Profilverlauf von 65 und ein Verhältnis der Dicke zur Schaufellänge von 10%. Der Auftriebskoeffizient kann direkt auf den Schaufelsehnenwinkel mit der folgenden Beziehung für Schaufeln der 65-Serie bezogen werden:

$$\theta \approx 25 C_L .$$

7.2
Elementare Tragflügeltheorie

Wenn ein einzelner Tragflügel parallel zur Geschwindigkeit der strömenden Luft liegt, verläuft die Strömung über den Tragflügel, wie in Abb. 7-5a dargestellt. Die Luft strömt um den Körper, indem sie sich an der führenden Kante aufteilt und am Ende des Körpers wieder zusammengeführt wird. Der Hauptstrom selbst erfährt keine permanente Ablenkung durch die Präsenz des Tragflügels. Die Kräfte, die auf den Tragflügel ausgeübt werden, entstammen der lokalen Strömungsverteilung und der Strömungsreibung auf der Oberfläche. Wenn der Tragflügel gut ausgelegt ist, folgt die Strömung den Stromlinien mit wenig oder keiner Turbulenz.

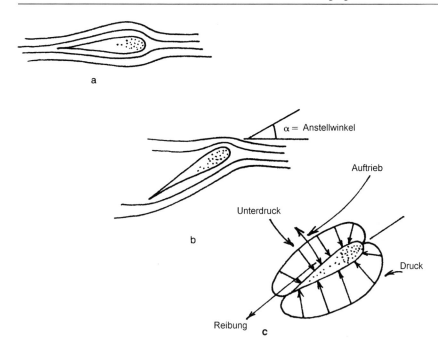

Abb. 7-5. Strömung um einen Tragflügel bei verschiedenen Anströmwinkeln

Ist der Tragflügel mit einem Anstellwinkel zur Luftströmung gesetzt (wie in Abb. 7-5b), wird eine größere Störung hervorgerufen und die Stromlinienverläufe ändern sich. Die Luft erfährt eine lokale Ablenkung. In einigem Abstand vor und nach dem Körper ist die Strömung jedoch nach wie vor parallel und gleichförmig. Die Störungen im vorderen Strömungsbereich sind im Vergleich zu den Störungen im hinteren Strömungsbereich vernachlässigbar klein. Die lokale Abweichung der Luftströmung kann entsprechend dem Newtonschen Gesetz nur hervorgerufen werden, wenn die Schaufel Kraft auf die Luft ausübt; somit muß die Reaktion der Luft eine gleiche und entgegengesetzte Kraft auf den Tragflügel ausüben. Diese Kräfte können nur in Form einer Druckströmung auf den Tragflügel auftreten. Durch den Tragflügel hat sich die lokale Druckverteilung geändert, und entsprechend der Bernoulli-Gleichung auch die lokalen Geschwindigkeiten. Eine Untersuchung der Stromlinien um den Körper zeigt, daß über der Oberseite des Tragflügels die Stromlinien enger zueinander verlaufen. Dies erzeugt einen Geschwindigkeitsanstieg und eine Reduktion des statischen Drucks. Auf der Unterseite des Tragflügels erweitern sich die Abstände zwischen den Stromlinien. Dies bewirkt einen Anstieg des statischen Drucks.

Messungen des Drucks an verschiedenen Punkten auf der Oberfläche des Tragflügels ergeben eine Druckverteilung, wie in Abb. 7-5c dargestellt. Die Vektorsumme dieser Parameter erzeugt eine resultierende Kraft, die auf die Schaufel wirkt. Diese Kraft kann in eine Auftriebskomponente L (Lift) mit rechtem Winkel zur ungestörten Luftströmung und einer Reibungskomponente D (drag), die den Tragflügel in Strömungsrichtung verschiebt, zusammengefaßt werden. Für die resultierende Kraft wird angenommen, daß diese auf einen definierten Punkt innerhalb des Tragflügels wirkt, so daß das Verhalten das gleiche ist, als wenn alle individuellen Komponenten gleichzeitig wirken.

Experimente ermöglichen es, die Auftriebs- und Reibungskräfte für alle Werte von Luftströmungsgeschwindigkeiten, Anströmwinkeln und verschiedenen Tragflügelformen zu messen. Somit können für jeden einzelnen Tragflügel die Kräfte repräsentativ wie in Abb. 7-6a dargestellt werden. Mit Anwendung dieser festgestellten Werte ist es möglich, die Beziehungen zwischen folgenden Kräften zu definieren:

$$D = C_D A \rho \frac{V^2}{2}$$

$$L = C_L A \rho \frac{V^2}{2}$$

mit
L = Auftriebskraft
D = Reibungskraft
C_L = Auftriebskoeffizient
C_D = Reibungskoeffizient
A = Oberfläche
ρ = Fluiddichte
V = Fluidgeschwindigkeit.

Es wurden 2 Koeffizienten definiert, CL und CD, die den Bezug zu Geschwindigkeit, Dichte, Fläche, Auftrieb und Reibungskräften herstellen. Diese Koeffizienten können aus Windkanalversuchen berechnet werden und, gemäß Abb. 7-6b, über dem Anstellwinkel für jede benötigte Sektion aufgetragen werden. Diese Kurven können dann für alle zukünftigen Vorhersagen für diese spezielle Tragflügelform angewandt werden.

Die Untersuchung gemäß Abb. 7-6b führt zu dem Schluß, daß es einen Anstellwinkel gibt, der die höchsten Werte für Auftriebskraft und Auftriebskoeffizient hat. Wenn dieser Winkel überschritten wird, tritt ein Strömungsabriß (stall) am Tragflügel auf, und die Reibungskräfte nehmen schnell zu. Ist dieser maximale Winkel erreicht, wird ein großer Prozentsatz der verfügbaren Energie aufgewandt, um die Reibung zu überwinden – eine Verminderung des Wirkungsgrads tritt auf. Es gibt jedoch einen Punkt, der üblicherweise vor dem maximalen Auftriebskoeffizienten liegt, bei dem der wirtschaftliche Betrieb erreicht ist. Durch Messung des effektiven Auftriebs für einen gegebenen Energieaufwand wird dieser Punkt festgestellt.

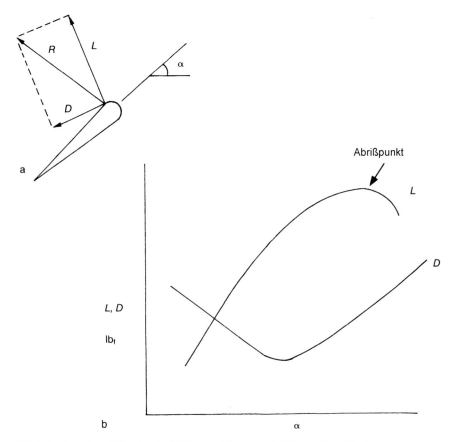

Abb. 7-6. Charakteristika der Auftriebs- und Reibungskräfte am Tragflügel

7.3 Laminarumströmte Tragflügel

Kurz vor und während des Zweiten Weltkriegs wurde den Laminarprofilen viel Aufmerksamkeit gewidmet. Diese Tragflügel sind so ausgelegt, daß der niedrigste Druck an der Oberfläche soweit hinten wie möglich auftritt [2]. Der Grund für diese Auslegung ist, daß die Stabilität der laminaren Grenzschicht wächst, wenn die externe Strömung beschleunigt wird (in der Strömung mit einem Druckabfall), und die Stabilität sinkt, wenn die Strömung gegen ansteigenden Druck gerichtet ist. Eine bemerkenswerte Reduktion in der Oberflächenreibung kann durch die erfolgte Vergrößerung des laminaren Bereichs erhalten werden, sofern die Oberfläche ausreichend glatt ist.

Ein Nachteil dieses Tragflügeltyps ist, daß der Übergang von laminarer zu turbulenter Strömung sich bei kleinen Anstellwinkeln plötzlich nach vorne ver-

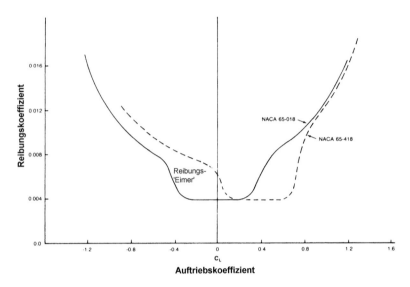

Abb. 7-7. NACA-Messungen von Reibungskoeffizienten für zwei Laminarprofile

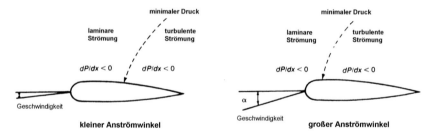

Abb. 7-8. Laminare Tragflügel

schiebt. Diese plötzliche Verschiebung resultiert in einen engen Bereich niedrigen Widerstands. Daraus folgt, daß die Reibung bei moderaten bis großen Anstellwinkeln viel größer ist als an gewöhnlichen Tragflügeln für den gleichen Anstellwinkel (s. Abb. 7-7). Dieses Phänomen kann der Verschiebung des minimalen Druckpunkts nach vorne zugeschrieben werden; deshalb ist der Übergangspunkt von laminarer zu turbulenter Strömung auch zur Nase hin verschoben, wie in Abb. 7-8 dargestellt. Je mehr ein Tragflügel von turbulenter Luftströmung umgeben ist, um so größer ist seine Oberflächenreibung.

7.4
Gitterversuche

Die Schaufeldaten in einem axial durchströmten Kompressor sind von mehreren Gittertypen, weil theoretische Lösungen sehr komplex sind und ihre Genauig-

7.4 Gitterversuche

keit in Frage gestellt wird, da viele Annahmen eingesetzt werden müssen, um die Gleichungen zu lösen. Die gründlichsten und systematischsten Versuche mit Gitter wurden durch die NACA-Mitarbeiter des Lewis Research Centers durchgeführt. Der Großteil der Gitterversuche wurde bei niedrigen Machzahlen und niedrigen Turbulenzgraden durchgeführt.

Das NACA 65-Schaufelprofil wurde in systematischer Weise von Herrig, Emery und Erwin getestet [1]. Die Gitterversuche wurden in einem Gitterwindkanal mit Grenzschichtabsaugung an den hinteren Wänden durchgeführt. Spitzeneffekte wurden in einem speziell konstruierten Wasser-Gitterkanal mit relativer Bewegung zwischen den Wänden und Schaufeln untersucht [3, 4].

Gitterversuche sind nützlich, um alle Aspekte der Sekundärströmung zu untersuchen. Für eine bessere Visualisierung wurden Tests in Wasser-Gittern durchgeführt. Der Strömungsverlauf konnte untersucht werden, indem flüssige Fäden von Dibothylphatalat und Kerosin in die Strömung injiziert wurden. Das Gemisch hat hierbei eine Dichte, die gleich der des Wassers ist. Es ist nützlich, um die Spuren sekundärer Strömung zu verfolgen, da es nicht koaguliert.

Ein Laufrad, das für Luft konstruiert wurde, kann mit Wasser getestet werden, wenn die dimensionslosen Parameter Reynolds-Zahl und spezifische Drehzahl konstant gehalten werden

$$R_e = \frac{\rho_{Luft} V_{Luft} D}{\mu_{Luft}} = \frac{\rho_{Wasser} V_{Wasser} D}{\mu_{Wasser}}$$

$$N_s = \frac{Q_{Luft}}{N_{Luft} D^3} = \frac{Q_{Wasser}}{N_{Wasser} D^3}$$

mit
ρ = Dichte des Mediums
V = Geschwindigkeit
D = Laufraddurchmesser
μ = Viskosität
N = Drehzahl.

Mit dieser Annahme kann diese Strömungsvisualisierungsmethode mit jedem Arbeitsmedium angewandt werden.

Ein konstruierter Apparat besteht aus zwei großen Tanks auf zwei unterschiedlichen Niveaus. Der untere Tank ist komplett aus Plexiglas und erhält eine konstante Strömung vom oberen Tank. Die Strömung, die in den unteren Tank eintritt, kommt durch eine große rechteckige Öffnung, die eine Anzahl von Sieben enthält, so daß keine Turbulenz durch das in den unteren Tank einströmende Wasser hervorgerufen werden kann. In das Mittelstück des unteren Tanks können verschiedene Einsätze für die zu untersuchenden unterschiedlichen Strömungsvisualisierungsprobleme eingebaut werden. Diese modulare Konstruktion erlaubt eine schnelle Auswechslung der Modelle und das Arbeiten an mehr als einem Konzept innerhalb eines Untersuchungszeitraums.

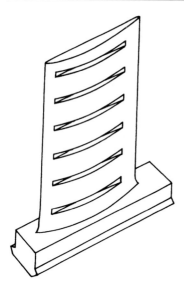

Abb. 7-9. Perspektivische Darstellung behandelter Kompressorschaufeln

Um die Auswirkungen der laminaren Strömung zu untersuchen, werden die Schaufeln mit Schlitzen versehen (Abb. 7-9). Für den Versuch am Aufbau der behandelten Schaufelgitter wurde eine Plexiglaskaskade konstruiert und gebaut. Abbildung 7-10 zeigt das Gitter. Es wurde dann im unteren Bereich des Tanks plaziert und in einer konstanten Höhe fixiert. Abbildung 7-11 zeigt den gesamten Aufbau und Abb. 7-12 die Gitterströmung. Zu beachten ist die große Region mit

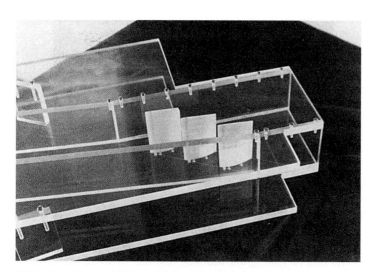

Abb. 7-10. Gittermodell im axial durchströmten Testtank

Abb. 7-11. Versuchsapparat für das axial durchströmte Gittermodell

laminarer Strömung an den behandelten zentralen Schaufeln im Vergleich zu den unbehandelten Schaufeln.

Der gleiche Wasserkanal wurde eingesetzt, um in Versuchen die Auswirkungen der Gehäusebehandlung im axial durchströmten Kompressor zu untersuchen. In dieser Studie wurde dieselbe Reynolds-Zahl und spezifische Drehzahl eingehalten, wie sie in einem tatsächlichen, axial durchströmten Kompressor vorliegt.

In einem tatsächlichen Kompressor rotieren die Beschaufelung und die passierende Strömungsmenge relativ zu den stationären Rippen. Es wäre schwierig für einen stationären Beobachter, Daten aus der rotierenden Schaufelpassage zu erhalten. Falls dieser Beobachter jedoch mit der Schaufelpassage rotieren würde, wären diese Daten viel leichter aufzunehmen. Eine vergleichbare Situation wurde erreicht, indem die Schaufelpassage im Verhältnis zum Beobachter stationär gehalten wurde und die Rippen rotierten. Darüber hinaus war es ausreichend, nur den oberen Bereich der Schaufelpassage zu untersuchen, da eine Gehäusebehandlung ausschl. die Region um die Schaufelspitzen herum berührt. Dies waren die Kriterien in der Auslegung des Apparats.

Die Modellierung der Schaufelpassage erforderte Maßnahmen zur Kontrolle der Strömung in und aus der Passage. Diese Kontrolle wurde erreicht, indem die Schaufeln, die einen Teil der Schaufelpassage formen, innerhalb eines Plexiglasrohrs plaziert wurden. Das Rohr mußte einen ausreichenden Durchmesser haben, damit die erforderliche Strömung durch die Passage keinen Wandeffekt

7 Axial durchströmte Kompressoren

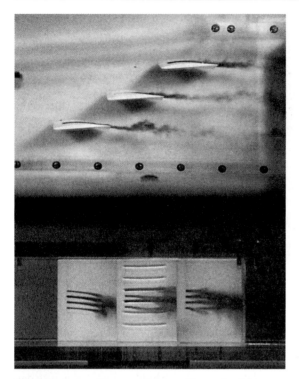

Abb. 7-12. Behandlung von inneren Gitterschaufeln

des Rohrs, der die Strömung beim Eintritt oder beim Verlassen der Schaufelpassage gestört hätte, aufweist. Diese Forderung wurde erfüllt, indem ein Rohr eingesetzt wurde, dessen Durchmesser dreimal größer als der Schaufelabstand war. Der Eintritt in die Beschaufelung wurde so ausgelegt, daß die in die Beschaufelung eintretende Strömung vollentwickelt und turbulent war. Die Strömung in die Passage zwischen den Schaufelspitzen und den rotierenden Rippen war laminar. Diese laminare Strömung wurde in der engen Passage erwartet.

Diverse Schaufelformen konnten ausgewählt werden; deshalb war es erforderlich, für diese Studie eine Form zu wählen, die am repräsentativsten für Überlegungen zur Gehäusebehandlung war. Da vom akustischen Standpunkt in den frühen Stufen der Kompression die Gehäusebehandlung hocheffektiv war, wurde der Punkt maximaler Wölbung so ausgewählt, daß er am hinteren Ende der Schaufel auftrat ($Z = 0,6$ der Schaufellänge). Dieser Schaufelprofiltyp wird weitverbreitet angewendet für transsonische Strömungen und üblicherweise in den frühen Stufen der Kompression genutzt.

Die rotierende Deckscheibe muß in unmittelbarer Nähe der Schaufelspitzen innerhalb des Kanals sein. Um diese Nähe zu erhalten, wurde eine an der Welle befestigte Plexiglasscheibe oberhalb der Schaufeln aufgehängt. Die Plexiglasscheibe wurde bearbeitet (Abb. 7-13). Das Plexiglasrohr wurde mit Schlitzen ver-

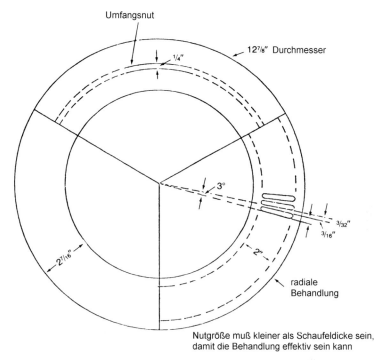

Abb. 7-13. Details mehrerer Gehäusebehandlungen. Jede Behandlung war auf einer separaten Scheibe

sehen, so daß die Scheibe an der Mittellinie des Rohrs zentriert und ihr gestufter Bereich durch die zwei Schlitze des Rohrs geführt werden konnte. Spiele zwischen den Schlitzkanten und der Scheibe wurden minimiert. Ein Schlitz wurde direkt oberhalb des Schaufelpassagenbereichs eingeschnitten. Der andere Schlitz wurde abgedichtet, um Leckagen zu vermeiden. Als die Scheibe in die unmittelbare Nähe der Schaufelspitzen abgesenkt wurde, war die Schaufelpassage komplettiert. Das Spiel zwischen Scheibe und Schaufel wurde bei 0,9 mm gehalten. Die Scheibe agierte als rotierende Deckscheibe, wenn sie sich von oben drehte.

Es gibt nur zwei prinzipielle Gehäusebehandlungskonstruktionen, die sich von der glatten Konstruktion unterscheiden – was einer Nichtbehandlung des Gehäuses gleich kommt. Der erste Typ besteht aus radialen Nuten. Eine radiale Nut ist eine Gehäusebehandlung, in der die Nut im Grunde parallel zur Schaufellinie verläuft. Der zweite Basistyp ist die kreisförmige Nut. Dieser Typ hat seine Nuten senkrecht zur Schaufellinie. Abbildung 7-14 zeigt eine Fotografie zweier Scheiben, die die zwei Gehäusebehandlungsarten zeigen. Die dritte benutzte Scheibe ist blank, was den heutigen Gehäusetyp repräsentiert. Die Resultate zeigen, daß die radiale Gehäusebehandlung am effektivsten ist, um Leckagen zu reduzieren, und auch, um den Abstand der Pump- zur Schlucklinie zu ver-

Abb. 7-14. Zwei Scheiben mit Gehäusebehandlung

größern. Abbildung 7-15 zeigt die Leckage an den Spitzen für verschiedene Gehäusebehandlungen. Abbildung 7-16 zeigt die Geschwindigkeitsverläufe, die bei Anwendung mehrerer Gehäusebehandlungen beobachtet wurden. Zu beachten ist, daß die Behandlung entlang der Schaufellinie (radial) eine maximale Strömung an der Spitze zeigt. Dieses Strömungsmaximum an der Spitze weist darauf hin, daß die Wahrscheinlichkeit des Strömungsabrisses an der Rotorspitze stark reduziert ist.

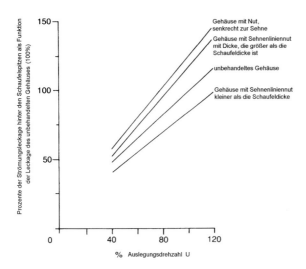

Abb. 7-15. Leckage des Massenstroms an den Spitzen für mehrere Gehäusebehandlungen

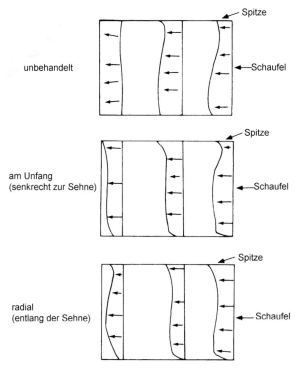

Abb. 7-16. Geschwindigkeitsverläufe, die in der Seitenansicht der Schaufelpassage für verschiedene Gehäusebehandlungen beobachtet wurden

7.5 Geschwindigkeitsdreiecke

Wie schon früher festgestellt, arbeitet ein axial durchströmter Kompressor nach dem Prinzip, Arbeit durch Beschleunigung und Verzögerung in die einströmende Luft zu stecken. Luft tritt in den Rotor mit einer absoluten Geschwindigkeit V und einem Winkel α_1 ein (s. Abb. 7-17). Hierzu kommt vektoriell die Tangentialgeschwindigkeit U der Schaufel, um die resultierende Relativgeschwindigkeit W_1 mit dem Winkel α_2 zu produzieren. Luft, die durch die von den Rotorschaufeln geformte Passage strömt, erhält eine relative Geschwindigkeit W_2 mit einem Winkel α_4. α_4 ist aufgrund der Schaufelkrümmung kleiner als α_2. W_2 ist kleiner als W_1, was aus der Erweiterung der Passagenbreite folgt, da die Schaufeln zum hinteren Ende hin dünner werden. Deshalb tritt eine gewisse Diffusion im Rotorbereich der Stufe auf. Die Kombination der relativen Austrittsgeschwindigkeit mit der Schaufelgeschwindigkeit ergibt eine absolute Geschwindigkeit V_2 am Austritt des Rotors. Die Luft passiert dann den Stator, indem sie in einem Winkel gedreht wird, so daß die Luft in den Rotor der nächsten Stufe mit einem minimalen Stoßwinkel ausgerichtet wird. Die Luft, die in den Rotor eintritt, hat eine

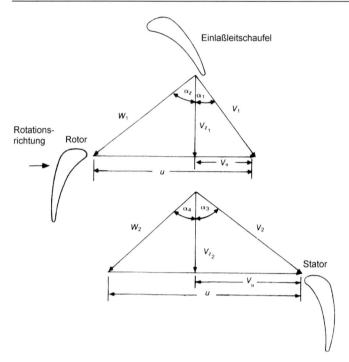

Abb. 7-17. Typische Geschwindigkeitsdreiecke für einen axial durchströmten Kompressor

axiale Komponente mit einer absoluten Geschwindigkeit V_{z1} und eine tangentiale Komponente $V_{\theta 1}$.

Mit der Anwendung der Eulerschen Turbinengleichung

$$H = \frac{1}{g_c}\left[U_1 V_{\theta 1} - U_2 V_{\theta 2}\right] \tag{7-1}$$

und der Annahme, daß die Schaufelgeschwindigkeiten am Ein- und Austritt des Kompressors gleich sind, und mit den Beziehungen

$$V_{\theta 1} = V_{z1} \tan \alpha_1 \tag{7-2}$$

$$V_{\theta 2} = V_{z2} \tan \alpha_3 \tag{7-3}$$

kann Gl. (7-1) geschrieben werden als

$$H = \frac{U_1}{g_c}\left(V_{z1} \tan \alpha_2 - V_{z2} \tan \alpha_3\right) \tag{7-4}$$

Mit der Annahme, daß die axiale Komponente V_z unverändert bleibt, ergibt sich

$$H = \frac{UV_z}{g_c}(\tan\alpha_1 - \tan\alpha_3) \tag{7-5}$$

Die vorstehenden Beziehungen sind als absolute Ein- und Auslaßgeschwindigkeiten dargestellt. Durch Umschreibung der vorstehenden Gleichungen mit dem Schaufelwinkel oder dem relativen Luftwinkel, erhält man die folgenden Beziehungen:

$$U_1 = U_2 = V_{z1}\tan\alpha_1 = V_{z1}\tan\alpha_2 = V_{z2}\tan\alpha_3 + V_{z2}\tan\alpha_1$$

Deshalb ist

$$H = \frac{UV_z}{g_c}(\tan\alpha_2 - \tan\alpha_4) \tag{7-6}$$

Gleichung (7-6) kann umgeschrieben werden, um den Druckanstieg in der Stufe zu berechnen:

$$c_p T_{in}\left[\left(\frac{P_2}{P_1}\right)^{\frac{\gamma-1}{\gamma}} - 1\right] = \frac{UV_z}{g_c}(\tan\alpha_2 - \tan\alpha_4) \tag{7-7}$$

was wiederum umgeschrieben werden kann zu

$$\frac{P_2}{P_1} = \left\{\frac{UV_z}{g_c c_p T_{in}}[\tan\alpha_2 - \tan\alpha_4] + 1\right\}^{\frac{\gamma}{\gamma+1}} \tag{7-8}$$

Die 2 Geschwindigkeitsdreiecke können auf unterschiedliche Arten zusammengeführt werden, um die Änderungen der Geschwindigkeiten zu visualisieren. Eine der Methoden besteht darin, diese Dreiecke zu einer verbindenden Serie zu verknüpfen. Die 2 Dreiecke können auch zusammen dargestellt und überlagert werden. Dies geschieht mit den Seiten, die entweder durch die als konstant angenommene Axialgeschwindigkeit geformt werden (s. Abb. 7-18a), oder der Schaufelgeschwindigkeit als eine gemeinsame Seite, wobei angenommen wird, daß die Einlaß- und Auslaßschaufelgeschwindigkeit die gleiche ist, wie in Abb. 7-18b gezeigt.

7.6 Reaktionsgrad

Der Reaktionsgrad in einem axial durchströmten Kompressor wird als das Verhältnis der Änderung der statischen Druckhöhe im Rotor zu der in der Stufe generierten Höhe definiert

$$R = \frac{H_{Rotor}}{H_{Stufe}} \tag{7-9}$$

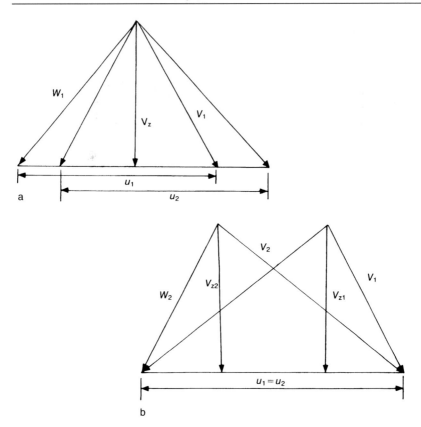

Abb. 7-18. Geschwindigkeitsdreiecke

Die Änderungen der statischen Höhe im Rotor ist gleich der Änderung in der relativen kinetischen Energie:

$$H_r = \frac{1}{2g_c}\left(W_2^2 - W_1^2\right) \tag{7-10}$$

und

$$W_1^2 = V_{z1}^2 + \left(V_{z1}\tan\alpha_2\right)^2 \tag{7-11}$$

$$W_2^2 = V_{z2}^2 + \left(V_{z2}\tan\alpha_4\right)^2 \tag{7-12}$$

Deshalb ist

$$H_r = \frac{V_z^2}{2g_c}\left(\tan^2\alpha_2 - \tan^2\alpha_4\right) \tag{7-13}$$

Somit kann die Reaktion der Stufe geschrieben werden als

$$R = \frac{V_z \tan^2 \alpha_2 - \tan^2 \alpha_4}{2U \tan \alpha_2 - \tan \alpha_4} \tag{7-14}$$

Die Vereinfachung der vorstehenden Gleichung führt zu

$$R = \frac{V_z}{2U}(\tan \alpha_2 + \tan \alpha_4) \tag{7-15}$$

In der symmetrisch, axial durchströmten Stufe sind die Schaufeln und ihre Orientierung im Rotor und Stator gleich um die Drehachse herum angeordnet. Somit kann für eine symmetrische, axial durchströmte Stufe, bei der $V_1 = W_2$ und $V_2 = W_1$ ist, wie in Abb. 7-19 dargestellt, die als Geschwindigkeit gelieferte Förderhöhe entsprechend der Eulerschen Turbinengleichung ausgedrückt werden als

$$H = \frac{1}{2g_c}\left[\left(U_1^2 - U_2^2\right) + \left(V_1^2 - V_2^2\right) + \left(W_2^2 - W_1^2\right)\right] \tag{7-16}$$

$$H = \frac{1}{2g_c}\left(W_2^2 - W_1^2\right) \tag{7-17}$$

Die Reaktion für eine symmetrische Stufe ist 50%.

Die Stufe mit 50% Reaktionsgrad wird weithin angewandt, da hiermit der Anstieg des Gegendrucks sowohl auf den Rotor als auch auf die Statorschaufeloberflächen für einen gegebenen Stufendruckanstieg minimiert wird. Wenn ein Kompressor mit diesem Beschaufelungstyp ausgelegt wird, dann muß in der ersten Stufe eine Einlaßleitbeschaufelung vorgeschaltet werden, die einen Vordrall herbeiführt, damit der korrekte Eintrittswinkel in den Rotor der ersten

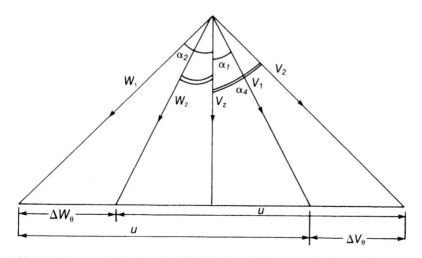

Abb. 7-19. Symmetrisches Geschwindigkeitsdreieck für 50% Reaktionsstufe

Stufe vorliegt. Mit einer hohen, tangentialen Geschwindigkeitskomponente, die von jeder nachfolgenden, stationären Schaufelreihe aufrecht erhalten wird, sinkt die Größenordnung von W_1. Somit sind höhere Schaufelgeschwindigkeiten und axiale Geschwindigkeitskomponenten möglich, ohne den Grenzwert von 0,7–0,75 für die Einlaßmachzahl zu überschreiten. Höhere Schaufelgeschwindigkeiten erlauben Kompressoren mit kleineren Durchmessern und niedrigerem Gewicht.

Ein zusätzlicher Vorteil einer symmetrischen Stufe besteht darin, daß der statische Druckanstieg in den stationären und bewegten Schaufeln gleich ist. Dies resultiert in einen maximalen Anstieg des statischen Drucks in der Stufe. Deshalb kann ein gegebenes Druckverhältnis mit einer minimalen Stufenanzahl erreicht werden. Das ist ein wichtiger Beitrag zum niedrigen Gewicht dieses Kompressortyps. Ein ernstzunehmender Nachteil der symmetrischen Stufe ist der hohe Austrittsverlust, der aus der großen axialen Geschwindigkeitskomponente resultiert. Jedoch sind die Vorteile in Luftfahrtanwendungen von solcher Wichtigkeit, daß üblicherweise der symmetrische Kompressor angewandt wird. In stationären Anwendungen, bei denen Gewicht und Frontquerschnitt weniger wichtig sind, wird eine der anderen Stufentypen benutzt.

Der Terminus „asymmetrische Stufe" wird für Stufen angewandt, deren Werte von der 50% Reaktion abweichen. Die axial eingeströmte Stufe ist ein spezieller Fall einer asymmetrischen Stufe, bei der die eintretende absolute Geschwindigkeit axial ausgerichtet ist. Die bewegten Schaufeln rufen einen Drall in der austretenden Strömung hervor, der dann im nachfolgenden Stator entfernt wird. Aus diesem Drall und dem Geschwindigkeitsdiagramm, wie es in Abb. 7-20 dargestellt ist, folgt, daß der Hauptteil des Stufendruckanstiegs in der bewegten Schaufelreihe auftritt und der Reaktionsgrad hierbei zwischen 60 und 90% variiert. Die Stufe ist für konstanten Energietransfer und konstante axiale Geschwindigkeit bei allen Radien ausgelegt. Hiermit bleibt die Drallströmung in den Räumen zwischen den Schaufelreihen aufrechterhalten.

Der Vorteil einer Stufe mit mehr als 50% Reaktion ist der niedrige Austrittsverlust, der aus den niedrigen, axialen Geschwindigkeiten und Schaufelgeschwindigkeiten resultiert. Aufgrund des niedrigen, statischen Druckanstiegs in

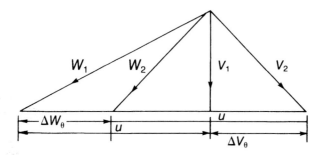

Abb. 7-20. Geschwindigkeitsdiagramm der axialen Eintrittsstufe

den stationären Schaufeln können bestimmte Vereinfachungen eingeführt werden, wie einfach gekrümmte, stationäre Schaufeln. Auf Dichtungen zwischen den Stufen kann hierbei verzichtet werden. Mit diesen Stufentypen wurden höhere Wirkungsgrade erzielt als mit den symmetrischen Stufen – in erster Linie aufgrund des reduzierten Austrittsverlustes. Die Nachteile resultieren aus dem niedrigen, statischen Druckanstieg in den stationären Schaufeln, was eine größere Anzahl von Stufen notwendig macht, um ein gegebenes Druckverhältnis zu erreichen. Dies führt zu einer schweren Bauweise des Kompressors. Die niedrigen, axialen Geschwindigkeiten und Schaufelgeschwindigkeiten, die notwendig sind, um unterhalb der Begrenzungen durch die Einlaßmachzahl zu bleiben, resultieren in große Durchmesser. In stationären Anwendungen, in denen erhöhtes Gewicht und vergrößerte Eintrittsquerschnitte nicht so wichtig sind, wird dieser Bautyp oftmals angewandt, um den Vorteil des höheren Wirkungsgrads in Anspruch zu nehmen.

Die axial ausströmende Stufe zeigt das Diagramm in Abb. 7-21. Hier wird ein anderer spezieller Fall einer asymmetrischen Stufe mit einer Reaktion von mehr als 50% dargestellt. In diesem Konstruktionstyp verläuft die absolute Austrittsgeschwindigkeit in axiale Richtung. Der gesamte statische Druckanstieg geschieht im Rotor, eine statische Druckabsenkung im Stator, so daß der Reaktionsgrad 100% überschreitet. Die Vorteile dieses Stufentyps sind niedrige axiale Geschwindigkeit und Schaufelgeschwindigkeiten, die in den kleinstmöglichen Austrittsverlust resultieren. Diese Ausführung führt zu einer schweren Maschine mit vielen Stufen und großem Durchmesser. Um unterhalb des erlaubten Limits der Einlaßmachzahl zu bleiben, müssen extrem kleine Werte für die Schaufelgeschwindigkeit und die axiale Geschwindigkeit akzeptiert werden. Die axial ausströmende Stufe kann die höchsten Wirkungsgrade erreichen, da sie extrem geringe Austrittsverluste und vorteilhafte Wirkung bei der Auslegung von wirbelfreien Strömungen hat. Dieser Kompressortyp ist besonders gut geeignet für

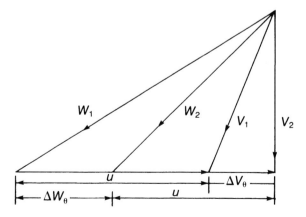

Abb. 7-21. Geschwindigkeitsdiagramm einer Stufe mit axialer Ausströmung

Arbeitskreisläufe mit geschlossenem Zyklus, bei denen kleine Luftmengen mit gehobenem statischem Druck in den Kompressor eingeführt werden. Zwar sind Reaktionen von weniger als 50% möglich, doch führen derartige Auslegungen zu großen Einlaßmachzahlen in den Statorreihen, was entsprechend hohe Verluste verursacht. Die maximale totale Divergenz der Statoren sollte auf ca. 20% limitiert sein, um exzessive Turbulenz zu vermeiden. Die Kombination des großen Einlasses, aufgrund des limitierten Divergenzwinkels, produziert einen langen Stator und somit einen längeren Kompressor.

7.7
Radiales Gleichgewicht

Die Strömung in einem Axialkompressor wird definiert durch die Kontinuität-, Impuls- und Energiegleichungen. Eine komplette Lösung für diese Gleichungen ist aufgrund der Komplexität der Strömung in einem axial durchströmten Kompressor nicht möglich. Bemerkenswerte Arbeiten zu den Auswirkungen radialer Strömung im Axialkompressor sind in [5-7] nachzulesen. Die erste angewandte Vereinfachung berücksichtigt die axiale Symmetrie der Strömung. Diese Vereinfachung geht davon aus, daß die Strömung an jeder radialen und axialen Station innerhalb der Schaufelreihe mit einer über den Kreisumfang gemittelten Bedingung dargestellt werden kann. Eine andere Vereinfachung berücksichtigt die radiale Komponente der Geschwindigkeit als viel kleiner im Vergleich zur axialen Geschwindigkeitskomponente, so daß die radiale vernachlässigt werden kann.

Für den Kompressor mit niedrigem Druck und einem kleinen Querschnittsverhältnis, bei dem der Effekt der Stromlinienkrümmung nicht signifikant ist, wird die einfache radiale Gleichgewichtslösung angewandt. Diese einfache radiale Gleichgewichtslösung beruht auf der Annahme, daß die Änderung der radialen Geschwindigkeitskomponente entlang der axialen Richtung Null ist ($\partial V_{rad} / \partial z = 0$) und daß die Änderung der Entropie in radiale Richtung vernachlässigbar ist ($\partial s / \partial r = 0$). Die Meridiangeschwindigkeit (V_m) ist gleich der axialen Geschwindigkeit (V_z), da der Effekt der Strömungslinienkrümmung nicht signifikant ist. Der radiale Gradient des statischen Drucks wird gegeben mit

$$\frac{\partial P}{\partial r} = \rho \frac{V_\theta^2}{r} \tag{7-18}$$

Mit der einfachen radialen Gleichgewichtsgleichung kann die Berechnung der axialen Geschwindigkeitsverteilung durchgeführt werden. Die Genauigkeit dieser Technik hängt davon ab, wie linear V_θ^2 / r mit dem Radius ist.

Diese Annahme ist für Kompressoren niedriger Leistung gültig, doch sie wird für Schaufeln mit hohen Krümmungsverhältnissen in hoch beladenen Stufen, bei denen die Effekte der Stromlinienkrümmung signifikant werden, ungenau. Die radiale Beschleunigung der Meridiangeschwindigkeit und des Druckgradienten in radiale Richtung muß berücksichtigt werden. Der radiale Gradient des statischen Drucks für die stark gekrümmte Stromlinie kann geschrieben werden mit

$$\frac{\partial p}{\partial r} = \rho \left(\frac{V_\theta^2}{r} \pm \frac{\rho V_m^2 \cos \varepsilon}{r_c} \right) \tag{7-19}$$

Hierbei ist ε der Winkel der Stromlinienkrümmung zur axialen Richtung und r_c der Krümmungsradius.

Um den Krümmungsradius und den Stromlinienverlauf genau festzustellen, muß die Konfiguration der Strömungslinie durch die Schaufelreihe bekannt sein. Die Stromlinienkonfiguration ist eine Funktion des Winkels der Durchtrittsfläche, der Krümmung und der Dickenverteilung der Schaufel und des Strömungswinkels am Ein- und Auslaß der Beschaufelung. Da es keinen einfachen Weg gibt, die Auswirkungen all dieser Parameter zu berechnen, sind die Techniken zur Untersuchung dieser radialen Beschleunigung empirisch. Mit iterativen Lösungen können Beziehungen erhalten werden. Der Effekt der hohen radialen Beschleunigung mit hohen Durchmesserverhältnissen aufgrund der Zuspitzung der Kompressorspitze nach innen kann vernachlässigt werden, so daß die Nabenkrümmung reduziert wird.

7.8
Diffusionsfaktor

Der Diffusionsfaktor, der zuerst von Lieblien [8] definiert wurde, ist ein Kriterium für die Schaufelbeladung

$$D = \left(1 - \frac{W_2}{W_1}\right) + \frac{V_{\theta 1} - V_{\theta 2}}{2\sigma W_1} \tag{7-20}$$

Der Diffusionsfaktor sollte $< 0{,}4$ für die Rotorspitze und $< 0{,}6$ für die Rotornabe und den Stator sein. Die Verteilung des Diffusionsfaktors innerhalb des Kompressors ist nicht richtig definiert. Jedoch ist die Effektivität in den hinteren Stufen kleiner aufgrund von Störungen in den Verteilungen der radialen Geschwindigkeiten in den Schaufelreihen. Experimentelle Ergebnisse zeigen, daß, obwohl der Wirkungsgrad in den hinteren Stufen kleiner ist, die Stufenwirkungsgrade etwa gleich bleiben, wenn die Beladungsgrenzen für die Diffusion nicht überschritten werden.

7.9
Die Regel für den Eintrittsstoß

Für die Auslegung von Tragflügeln bei niedrigen Geschwindigkeiten ist der Betriebsbereich mit niedrigen Verlusten üblicherweise flach, und es ist schwierig, den präzisen Verlauf des Eintrittsstoßwinkels, der zu minimalen Verlusten führt, exakt zu bestimmen (s. Abb. 7-22). Da die Kurven generell symmetrisch sind, wurde der Punkt für minimalen Verlust in der Mitte des Bereichs niedriger

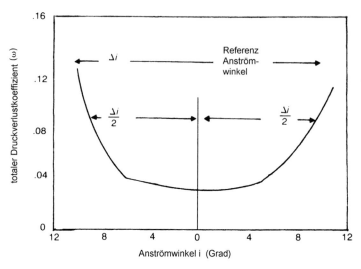

Abb. 7-22. Verlust als Funktion des Eintrittsstoßwinkels

Verluste festgestellt. Der Bereich ist definiert als die Änderung des Eintrittsstoßwinkels in Abhängigkeit zu einem Anstieg des Verlustkoeffizienten bei einem minimalen Wert.

Die folgende Methode zur Berechnung des Eintrittsstoßwinkels ist für gekrümmte Tragflügel anwendbar. Arbeiten bei der NASA mit verschiedenen Gittern sind die Basis für diese Technik [9]. Der Eintrittsstoßwinkel ist eine Funktion der Schaufelkrümmung, die eine indirekte Funktion des Luftumlenkungswinkels

$$i = ki_0 + m\zeta + \delta_m \qquad (7\text{-}21)$$

ist. Hierbei ist i_0 der Eintrittsstoßwinkel für eine Krümmung gleich Null und m ist der Verlauf der Eintrittsstoßwinkelvariation mit dem Luftumlenkwinkel ζ. Der Eintrittsstoßwinkel bei Null-Krümmung ist definiert als eine Funktion des Lufteinlaßwinkels und der Festigkeit, wie in Abb. 7-23 dargestellt. Der dazugehörige Wert von m ist als eine Funktion des Lufteinlaßwinkels und der Festigkeit gegeben (s. Abb. 7-24).

Der Eintrittsstoßwinkel i_0 ist für eine Schaufel mit 10% Dicke. Für Schaufeln, die von dieser 10%-Dicke abweichen, wird ein Korrekturfaktor K benutzt, den man aus Abb. 7-25 erhält.

Der Eintrittsstoßwinkel muß nun für den Machzahleffekt (δ_m) korrigiert werden. Dieser Machzahleffekt des Eintrittsstoßwinkels ist in Abb. 7-26 dargestellt. Der Eintrittsstoßwinkel ist solange nicht betroffen, bis eine Machzahl von 0,7 erreicht wird [10].

Der Eintrittsstoßwinkel ist nun vollständig definiert. Somit kann dann, wenn die Einlaß- und Auslaßwinkel der Luft und die Einlaßmachzahl bekannt sind, der Einlaßschaufelwinkel berechnet werden.

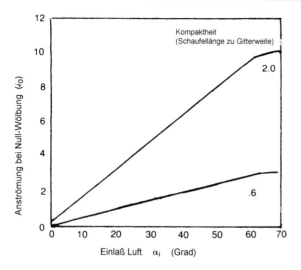

Abb. 7-23. Eintrittsstoßwinkel für Tragflügel mit Krümmung gleich Null

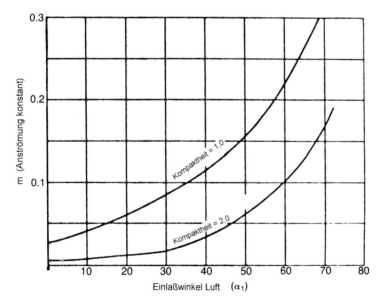

Abb. 7-24. Verlauf der Eintrittsstoßwinkelvariation über dem Luftwinkel

7.10
Die Abweichungsregel

Die Cartersche Regel [11], die besagt, daß der Abweichungswinkel eine direkte Funktion des Krümmungswinkels ist und umgekehrt proportional zur Kom-

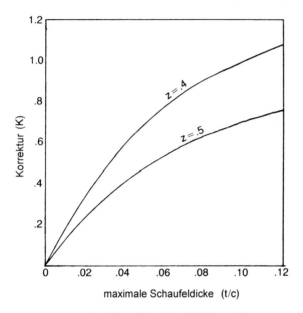

Abb. 7-25. Korrekturfaktor für Schaufeldicke und Eintrittsstoßwinkelberechnung

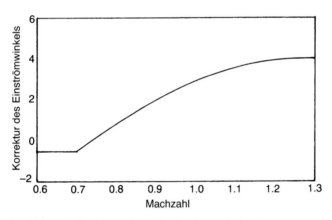

Abb. 7-26. Machzahlkorrektur für Eintrittsstoßwinkel

paktheit ($\delta = m\theta\sqrt{1/\sigma}$), wurde modifiziert [10], um folgende Auswirkungen zu berücksichtigen: Schaufelabstand, Kompaktheit, Machzahl, Schaufelverlauf. Die Abhängigkeit zeigt folgende Beziehung:

$$\delta_f = m_f \theta \sqrt{1/\sigma} + 12{,}15 t/c \left(1 - \theta/8{,}0\right) + 3{,}33 \left(M_1 - 0{,}75\right) \qquad (7\text{-}22)$$

Hierbei ist m_f eine Funktion des Staffelungswinkels, der maximalen Dicke und der Position der maximalen Dicke (s. Abb. 7-27). Der zweite Term der Gleichung

7.10 Die Abweichungsregel

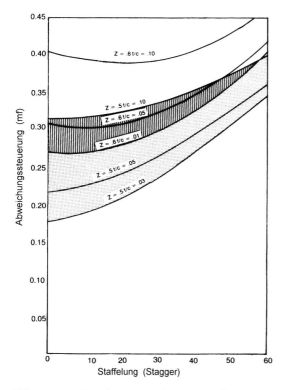

Abb. 7-27. Position des maximalen Dickeneffekts auf die Abweichung

soll nur für Krümmungswinkel $0 < \theta < 8$ genutzt werden. Der dritte Term muß nur genutzt werden, wenn die Machzahl zwischen $0{,}75 < M < 1{,}3$ liegt.

Der Gebrauch von NACA-Gitterdaten zur Berechnung des Austrittswinkels der Luft ist weithin üblich. Mellor [12] hat einige der für Niedriggeschwindigkeiten mit NACA-65-Serien gemessenen Gitterdaten in nützlichen, grafischen Darstellungen wieder aufgetragen. Er hat hierbei den Einlaßwinkel über dem Austrittswinkel der Luft für Schaufelbereiche mit gegebenem Auftrieb und Festigkeit bei mehreren Staffeln aufgetragen. Abbildung 7-28 zeigt die NACA-65-Serien von Tragflügeln.

Die Schaufeln der 65 Serie sind mit einer Tragflügelnotation spezifiziert, die ähnlich ist zu 65-(18) 10. Diese Spezifikation meint, daß ein Tragflügel einen Profilverlauf 65 mit einer Krümmungslinie hat, die zu einem Auftriebskoeffizient $(C_L) = 1{,}8$ korrespondiert und eine ungefähre Dicke von 10 % der Schaufellänge hat. Die Beziehung zwischen dem Krümmungswinkel und dem Auftriebskoeffizient für die Schaufeln der 65 Serie sind in Abb. 7-29 dargestellt.

Die Gitterdaten für niedrige Geschwindigkeit wurden von Mellor [12] so aufgetragen, daß Graphen mit α_2 über α_1 für die Schaufelsektionen mit gegebener Krümmung und Schaufelabstand zu Schaufellängenverhältnis erhalten wurden. Hierbei wurde eine variierende Staffelung γ gesetzt und mit variierendem Ein-

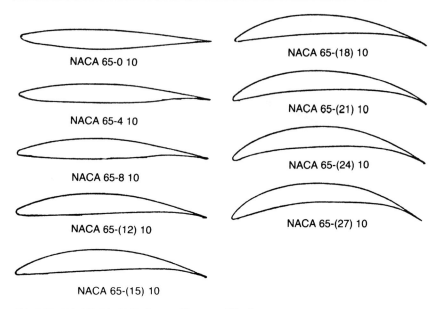

Abb. 7-28. Die NACA-65-Serie von Gittertragflügeln

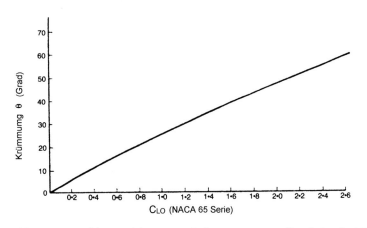

Abb. 7-29. Ungefähre Beziehungen zwischen Krümmung θ und C_{LO} der NACA-65-Serie

trittsstoß ($i = \alpha_1 - \beta_1$) oder Anstellwinkel ($\alpha_1 - \gamma$) getestet (s. Abb. 7-30). Der Bereich jedes Ergebnisblocks ist mit dicken schwarzen Linien gekennzeichnet, die den Anstellwinkel anzeigen, bei dem der Reibungskoeffizient mit 50% über den mittleren Reibungskoeffizient ohne Strömungsabriß ansteigt.

NACA hat „Auslegungspunkte" für jedes überprüfte Gitter angegeben. Jeder Auslegungspunkt wurde auf Basis der glattesten Druckverteilung, die auf den Schaufeloberflächen beobachtet werden konnte, ausgewählt: Wenn die Druckverteilung für einen bestimmten Fall mit niedriger Geschwindigkeit glatt ist,

7.10 Die Abweichungsregel

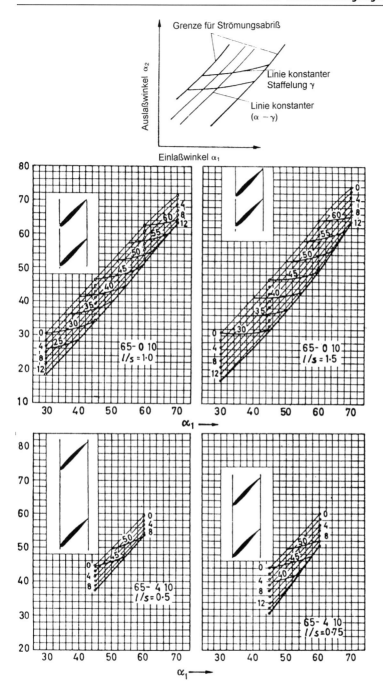

Abb. 7-30. Gitterdaten der NACA-65-Serie (mit Genehmigung von G. Mellor, Massachusetts Institute of Technology, Gas Turbine Laboratory Publication)

7 Axial durchströmte Kompressoren

dann ist es wahrscheinlich, daß dieser Bereich bei hoher Machzahl mit gleicher Zuströmung effektiv betrieben werden kann und daß diese gleiche Zuströmung als ein Auslegungspunkt ausgewählt werden sollte.

Obgleich eine derartige Definition auf den ersten Blick etwas eigenmächtig erscheint, geben die Auftragungen solcher Auslegungspunkte gegen Festigkeit und Krümmung konsistente Kurven. Diese Auslegungspunkte sind in Abb. 7-31 nochmals aufgetragen und zeigen den Anstellwinkel ($\alpha_1 - \gamma$) über dem Verhältnis von Schaufelabstand zu Schaufellänge für verschiedene Krümmungen. Der Auslegungsanstellwinkel eines Gitters mit gegebenem Schaufelabstand zu Schaufellängenverhältnis und Krümmung ist unabhängig von der Staffelung.

Wenn der Konstrukteur komplette Freiheit bei der Auswahl des Schaufelabstands zum Schaufellängenverhältnis, der Krümmung und der Staffelung hat, dann wird eine „Auslegungspunkt"-Auswahl über Versuch und Irrtum durchgeführt, unter Heranziehung der Abb. 7-30 und 7-31. Wird z.B. ein Auslaßwinkel α_2 von 15 bei einem Einlaßwinkel von 35 gefordert, dann wird ein Bezug auf die Kurven der Abbildungen zeigen, daß ein Schaufelabstand zum Schaufellängenverhältnis von 1, eine Krümmung von 1,2 und eine Staffelung von 23 das Gitter ergibt, das an diesem Auslegungspunkt betrieben werden kann. Es gibt eine begrenzte Gitterauswahl für verschiedene Schaufelabstand/Längenverhältnisse, doch genau das Gitter, das für die spezifizierten Luftwinkel am „Auslegungspunkt" betrieben werden kann. Falls z.B. das Schaufelabstand/Längenverhältnis im vorstehenden Beispiel 1 sein soll, dann ist das einzige Gitter, das den Betrieb am Auslegungspunkt erlaubt, die mit der Krümmung 1,2 und der Staffelung 23.

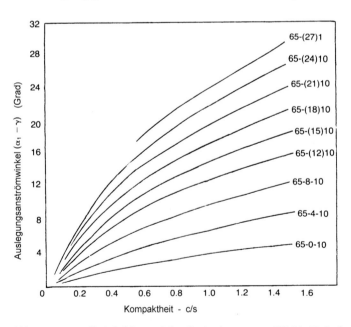

Abb. 7-31. Anstellwinkel ($\alpha_1 - \gamma$) für die Auslegung von NACA-65-Serien

Solch einer Auslegungsprozedur kann nicht immer gefolgt werden. Der Konstrukteur kann auch entscheiden, die Stufe näher zur positiven Strömungsabrißgrenze oder näher zur negativen Abriß-(Schluck-)Grenze auszulegen, um hiermit mehr Flexibilität für Bedingungen des Betriebs abseits des Auslegungspunkts zu erreichen.

7.11 Strömungsabriß im Kompressor (stall)

Es gibt drei unterschiedliche Strömungsabrißphänomene [13]. Rotierender und individueller Strömungsabriß an der Schaufel sind aerodynamische Phänomene. Oszillierender Strömungsabriß (stall flutter) ist ein aeroelastisches Phänomen.

7.11.1 Rotierender Strömungsabriß

Rotierender Strömungsabriß (fortpflanzender Strömungsabriß) besteht aus großen Abrißzonen, die mehrere Schaufelpassagen überdecken und sich in Rotorrichtung mit einem Bruchteil der Rotordrehzahl fortpflanzen. Die Anzahl von Abrißzonen und die Fortpflanzungsrate variieren deutlich. Rotierender Strömungsabriß ist das am häufigsten auftretende Abrißphänomen.

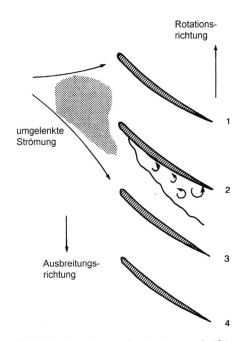

Abb. 7-32. Fortpflanzender Strömungsabriß im Gitter (cascade)

Der Fortpflanzungsmechanismus kann beschrieben werden, indem eine Schaufelreihe als Schaufelgitter, wie in Abb. 7-32 gezeigt, dargestellt wird. Eine Strömungsstörung ruft zuerst an Schaufel 2 die Erreichung der Abrißbedingung hervor. Durch den Strömungsabriß an der Schaufel wird kein ausreichender Druckanstieg produziert, mit dem die Strömung um die Schaufel aufrechterhalten werden kann. Somit entwickelt sich in diesem Bereich eine Strömungsblockade oder eine Zone reduzierter Strömung. Diese Strömungsbehinderung führt zu einer Absenkung der umliegenden Strömungsgeschwindigkeit, so daß der Anstellwinkel an Schaufel 3 ansteigt und an Schaufel 1 sinkt. Der Strömungsabriß pflanzt sich entgegen der Strömungsrichtung relativ zur Schaufelreihe mit einer Rate fort, die etwa der Hälfte der Geschwindigkeit des Schaufelgitters entspricht. Die abgelenkte Strömung läßt die Strömung an den Schaufeln unterhalb der Zone mit umgelenkter Strömung abreißen und führt zu einem Wiederanlegen der Strömung an den Schaufeln oberhalb dieser Zone. Die umgelenkte Strömung oder die Strömungsabrißzone verschiebt sich von der Druckseite zur Saugseite jeder Schaufel gegenläufig zur Richtung der Rotorrotation. Die Abrißzone kann mehrere Schaufelpassagen überdecken. Bei Kompressorversuchen wurde beobachtet, daß die relative Geschwindigkeit der Fortpflanzung kleiner als die Rotordrehzahl ist. Aus der Sicht eines absoluten Bezugsrahmens scheinen die Abrißzonen sich in Richtung der Rotorrotation zu bewegen. Die radiale Ausdehnung der Abrißzone kann vom Beginn der Spitze bis zur gesamten Schaufellänge variieren. Tabelle 7-1 zeigt die Charakteristika der rotierenden Abrißströmung für Axialkompressoren mit einer oder mehreren Stufen.

Tabelle 7-1. Zusammenfassung von Daten mit rotierender Abrißströmung

Einstufige Kompressoren

Geschwindigkeitsdiagramme	Radiusverhältnis Nabe/Spitze	Abrißzonen	Fortpflanzungsrate, Abrißgeschwindigkeit, abs./Rotordrehzahl	Massenstromschwankungen während des Abrisses, $\Delta pV/pV$	Radiale Ausbreitung der Abrißzone	Abrißart
Symmetrisch	0,50	3	0,420	1,39	partiell	fortschreitend
		4	0,475	2,14	partiell	fortschreitend
		5	0,523	1,66	partiell	fortschreitend
	0,90	1	0,305	1,2	total	plötzlich
	0,80	8	0,87	0,76	partiell	fortschreitend
		1	0,36	1,30	total	plötzlich
	0,76	7	0,25	2,14	partiell	fortschreitend
		8	0,25	1,10	partiell	fortschreitend
		5	0,25	1,10	partiell	fortschreitend
		3	0,23	2,02	partiell	fortschreitend
		4	0,48	1,47	total	
		3	0,48	2,02	total	
		2	0,49	1,71	total	

7.11 Strömungsabriß im Kompressor (stall)

Tabelle 7-1. (Fortsetzung)

Einstufige Kompressoren

Geschwindigkeitsdiagramme	Radiusverhältnis Nabe/Spitze	Abrißzonen	Fortpflanzungsrate, Abrißgeschwindigkeit, abs./Rotordrehzahl	Massenstromschwankungen während des Abrisses, $\Delta pV/pV$	Radiale Ausbreitung der Abrißzone	Abrißart
	0,72	6, 8	0,245	0,71=1,33	total	fortschreitend
Freier Wirbel	0,60	1	0,48	0,60	partiell	fortschreitend
		2	0,36	0,60	partiell	fortschreitend
		1	0,10	0,68	total	plötzlich
Fester Körper	0,60	1	0,45	0,60	partiell	fortschreitend
		1	0,12	0,65	total	plötzlich
Wirbel, transonisch	0,50	3	0,816	–	partiell	fortschreitend
		2	0,634	–	total	fortschreitend
	0,50	1	0,565	–	total	plötzlich
	0,40	2	–	–	partiell	fortschreitend

Mehrstufige Kompressoren

Abrißzonen	Fortpflanzungsrate, Abrißgeschwindigkeit, abs./Rotordrehzahl	Radiale Ausbreitung der Abrißzone	Periodizität	Abrißart
3	0,57	partiell	stetig	fortschreitend
4	0,57	partiell	stetig	fortschreitend
5	0,57	partiell	stetig	fortschreitend
6	0,57	partiell	stetig	fortschreitend
7	0,57	partiell	stetig	fortschreitend
4	0,55	partiell	intermittierend	fortschreitend
5	0,55	partiell	intermittierend	fortschreitend
6	0,55	partiell	intermittierend	fortschreitend
1	0,48	partiell	stetig	fortschreitend
1	0,57	partiell	stetig	fortschreitend
2	0,57	partiell	stetig	fortschreitend
3	0,57	partiell	stetig	fortschreitend
4	0,57	partiell	stetig	fortschreitend
1	0,57	partiell	intermittierend	fortschreitend
2	0,57	partiell	intermittierend	fortschreitend
3	0,57	partiell	intermittierend	fortschreitend
4	0,57	partiell	intermittierend	fortschreitend
5	0,57	partiell	intermittierend	fortschreitend
1	0,47	total	stetig	plötzlich
1	0,43	total	stetig	plötzlich
1	0,53	total	stetig	plötzlich

7.11.2
Individueller Strömungsabriß an der Schaufel

Diese Art des Strömungsabrisses tritt auf, wenn die Strömung an allen Schaufeln im Kreisringquerschnitt des Kompressors zur gleichen Zeit abreißt und hierbei kein Mechanismus der Fortpflanzung des Strömungsabrisses vorliegt. Die Umstände, unter denen individueller Strömungsabriß an der Schaufel auftritt, sind gegenwärtig unbekannt. Es scheint so zu sein, daß der Strömungsabriß an der Schaufelreihe sich i.d.R. als ein Typ des fortpflanzenden Strömungsabrißes manifestiert und daß individueller Strömungsabriß an der Schaufel die Ausnahme ist.

7.11.3
Oszillierender Strömungsabriß

Dieses Phänomen wird durch Selbsterregung der Schaufel hervorgerufen und ist aeroelastisch. Es muß von der klassischen Strömungsoszillation unterschieden werden, da es mit Torsionsschwingungen gekoppelt ist, die auftreten, wenn die Geschwindigkeit der freien Strömung über eine Schaufel oder einen Tragflügelbereich eine bestimmte kritische Geschwindigkeit erreicht. Die Abrißoszillationen sind auf der anderen Seite ein Phänomen, das aufgrund des Abrisses der Strömung um die Schaufel auftritt. Strömungsabriß an der Schaufel ruft Karmanwirbel im Nachlauf des Tragflügels hervor. Immer, wenn sich die Frequenz dieser Wirbel mit der Eigenfrequenz des Tragflügels überschneidet, tritt der oszillierende Strömungsabriß auf. Er ist ein Hauptgrund für Schaufelschäden in Kompressoren.

7.12
Leistungscharakteristika eines Axialkompressors

Die Berechnung der Leistung eines Axialkompressors, sowohl am Auslegungspunkt als auch bei hiervon abweichenden Betriebsbedingungen, erfordert Kenntnisse über die verschiedenen Verluste, die in einem Axialkompressor auftreten können.

Die genaue Berechnung und sorgfältige Untersuchung der Verluste innerhalb des Axialkompressors sind ebenso wichtig wie die Berechnung der Schaufelbeladungsparameter, da der Wirkungsgrad sinkt, wenn diese Parameter nicht gut gesteuert werden. Die Untersuchung der verschiedenen Verluste ist eine Kombination von experimentellen Ergebnissen und der Theorie. Die Verluste sind in 2 Gruppen aufgeteilt: (1) Verluste, die im Rotor auftreten, und (2) Verluste, die im Stator auftreten. Die Verluste werden üblicherweise als Verluste von Wärme und Enthalpie ausgedrückt. Ein sinnvoller Weg, die Verluste auszudrücken, ist die Wahl einer dimensionslosen Form, die sich auf die Schaufelgeschwindigkeit bezieht. Die theoretische totale verfügbare Förderhöhe (q_{tot}) ist gleich der aus

7.12 Leistungscharakteristika eines Axialkompressors

der Energiegleichung verfügbaren Förderhöhe ($q_{th} = q_{tot}$) plus der Höhe, die durch Scheibenreibung (df: disk friction) verloren geht.

$$q_{tot} = q_{th} + t_{df} \tag{7-23}$$

Die adiabate Förderhöhe (ia: adiabatic head), die tatsächlich am Rotoraustritt verfügbar ist, ist gleich der theoretischen Förderhöhe (th: theoretical head) minus den Wärmeverlusten durch Verdichtungsstöße im Rotor (sh: heat losses from the shock), den Einströmverlusten (in: incidence loss), den Schaufelbeladungen (bl: blade loadings) und den Profilverlusten, dem Spiel zwischen Rotor und Gehäuserückwand (c: clearance) und den Sekundärverlusten (sf: secondary flow), die in der Strömungspassage auftreten

$$q_{ia} = q_{th} - q_{in} - q_{sh} - q_{bl} - q_c - q_{sf} \tag{7-24}$$

Deshalb ist der adiabate Wirkungsgrad im Laufrad (imp: impeller)

$$\eta_{imp} = \frac{q_{ia}}{q_{tot}} \tag{7-25}$$

Die Berechnung des gesamten Stufenwirkungsgrads muß auch die im Stator auftretenden Verluste beinhalten. Somit ist die tatsächlich erhaltene, adiabate Förderhöhe (oa: overall adiabatic head) gleich der tatsächlichen adiabaten Förderhöhe (ia: adiabatc head impeller) des Laufrads minus den Förderhöhenverlusten, die im Stator auftreten: durch Strömungsnachlauf hinter den Laufradschaufeln (w: wake), von Teilen der kinetischen Förderhöhe am Austritt (ex: exit) des Stators und dem Förderhöhenverlust durch Reibungskräfte (osf: loss of head from frictional forces) die im Stator bestehen

$$q_{oa} = q_{ia} - q_w - q_{ex} - q_{osf} \tag{7-26}$$

Deshalb ist der adiabate Wirkungsgrad in der Stufe

$$\eta_{Stufe} = \frac{q_{oa}}{q_{tot}} \tag{7-27}$$

Die bereits früher erwähnten Verluste können wie folgt beschrieben werden:
1. *Scheibenreibungsverlust.* Dieser Verlust ist ein Oberflächenverlust an den Scheiben, die die Schaufeln des Kompressors umgeben. Er variiert mit verschiedenen Scheibenarten.
2. *Stoßverlust.* Dieser Verlust beruht auf einer Nichtübereinstimmung des Einströmwinkels der Luft und dem Schaufelwinkel. Der Verlust ist minimal bis zu einem Winkel von ±4°, danach steigen die Verluste schnell an.
3. *Schaufelbeladung und Profilverlust.* Dieser Verlust beruht auf negativen Geschwindigkeitsgradienten in der Grenzschicht, die Strömungsablösungen hervorrufen.
4. *Oberflächenreibungsverlust.* Dieser Verlust beruht auf Oberflächenreibung an den Schaufeloberflächen und an den Wänden der Strömungskanäle.

7 Axial durchströmte Kompressoren

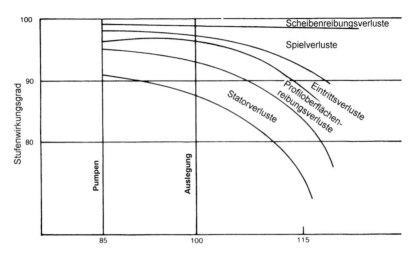

Abb. 7-33. Verluste in einer axialen Kompressorstufe

5. *Spielverlust.* Dieser Verlust beruht auf den Spielen zwischen den Schaufelspitzen und dem Gehäuse.
6. *Nachlaufverlust.* Dieser Verlust wird durch den Strömungsnachlauf, der am Austritt des rotierenden Teils produziert wird, hervorgerufen.
7. *Statorprofil- und Oberflächenreibungsverlust.* Dieser Verlust beruht auf Oberflächenreibung und Anstellwinkel der Strömung, die in den Stator eintritt.
8. *Austrittsverlust.* Dieser Verlust beruht auf der kinetischen Energiehöhe, die den Stator verläßt.

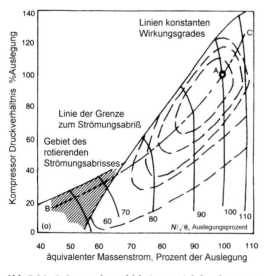

Abb. 7-34. Leistungskennfeld eines axial durchströmten Kompressors

Abbildung 7-33 zeigt die verschiedenen Verluste als Funktion der Strömungsmenge. Zu beachten ist, daß der Kompressor effizienter ist, wenn die Strömung sich den Pumpbedingungen nähert. Abbildung 7-34 zeigt auch ein typisches Kennfeld eines axial durchströmten Kompressors. Man beachte den steilen Anstieg der Linien konstanter Drehzahlen im Vergleich zum Radialkompressor. Der Axialkompressor hat einen viel schmaleren Betriebsbereich als sein Gegenstück im Radialkompressor.

7.13 Analyse des Strömungsabrisses in einem Axialkompressor

Eine typische Schwingungsanalyse identifizierte eine Pumpbedingung in der 5. Stufe eines Axialkompressors. Es wurde ein Druckaufnehmer mit einem Spannungssignal eingesetzt, um das Frequenzspektrum zu erhalten. In den ersten 4 Stufen des Kompressors wurden keine besonderen Schwingungsamplituden aufgezeichnet. Ein Signal wurde bei 48N bemerkt (N ist die Drehzahl), doch die Amplitude war nicht groß und sie fluktuierte nicht. Eine Messung in der Niederdruck-Nebenkammer, die von der 4. Stufe aufgenommen wurde, zeigte ähnliche Charakteristika. Die Hochdruck-Nebenkammer des Kompressors kam nach der 8. Stufe. Eine Messung bei dieser Kammer zeigte ein großes, fluktuierendes 48N-Signal. Da im Laufrad der 5. Stufe 48 Schaufeln waren, wurde erwartet, daß das Problem in der 5. Stufe vorlag. Jedoch waren über der fünften Stufe Schaufelreihen von 86N (2 × 43N), so daß die Analyse nicht eindeutig war. Es wurde festgestellt, daß die Messung bei der Hochdruck-Nebenkammer nur eine sehr kleine Amplitude bei 86N zeigte, im Vergleich zu der hohen Amplitude bei der 48N-Frequenz. Da Schaufelreihen mit 86 Schaufeln näher an der Hochdruck-Nebenkammer lagen, hätte das erwartete Signal 86N sein müssen, im Vergleich zu den 48N unter normalen Betriebsbedingungen. Diese hohe Amplitude von 48N wies darauf hin, daß die 5. Stufe das hohe fluktuierende Signal hervorgerufen hatte. Somit war eine Bedingung des Strömungsabrisses in diesem Bereich wahrscheinlich. Die Abb. 7-35 bis 7-38 zeigen die Spektren bei den Drehzahlen 4100, 5400, 8000 und 9400 min^{-1}. Bei 9400 min^{-1} waren die 2. und 3. Harmonische von 48N auch sehr dominant.

Als nächstes wurde der Druck in der 5. Stufe gemessen. Noch einmal wurde eine hohe Amplitude bei 48N gefunden. Jedoch wurde ein dominierendes Signal auch bei einer Frequenz von 1200 Hz beobachtet. Die Abb. 7-39 und 7-40 zeigen die größten Amplituden bei den Drehzahlen 5800 und 6800 min^{-1} (rpm).

Am Kompressoraustritt existierten herausragende Frequenzen bei 48N bis zu Drehzahlen von 6800 min^{-1}. Bei 8400 min^{-1} waren die 48N- und 86N-Frequenzen etwa von der gleichen Größenordnung – das einzige Signal bei dem die 48N- und 86N-Frequenzen die gleichen waren. Der Druck wurde mit einem statischen Meßpunkt in der Kammer gemessen. Alle anderen Drücke wurden am Laufradaustritt gemessen, was darauf hinwies, daß das Phänomen an den Schaufelspitzen auftrat. Da das Problem an der 5. Stufe isoliert werden konnte, folgte der

Schluß, daß ein Strömungsabriß an der Rotorspitze der 5. Stufe aufgetreten war. Die nachfolgende Untersuchung bestätigte den Verdacht, als Risse an den Schaufelenden gefunden wurden.

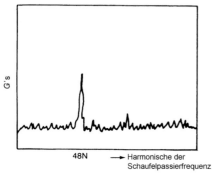

Abb. 7-35. Hochdruck-Nebenkammer 4100 min^{-1} (rpm)

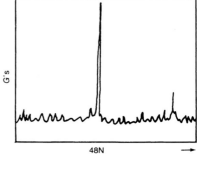

Abb. 7-36. Hochdruck-Nebenkammer 5400 min^{-1} (rpm)

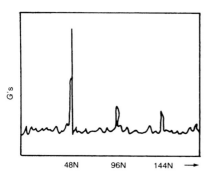

Abb. 7-37. Hochdruck-Nebenkammer 8000 min^{-1} (rpm)

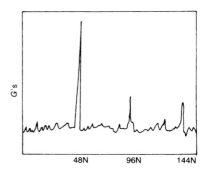

Abb. 7-38. Hochdruck-Nebenkammer 9400 min^{-1} (rpm)

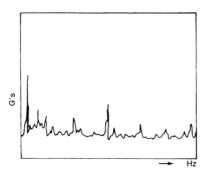

Abb. 7-39. Hochdruck-Nebenkammer 5800 min^{-1} (rpm)

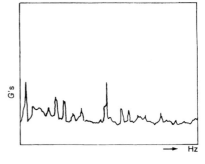

Abb. 7-40. Hochdruck-Nebenkammer 6800 min^{-1} (rpm)

7.14 Literatur

1. Herrig, L.J., Emery, J.C., and Erwin, J.R.: Systematic Two Dimensional Cascade Tests of NACA 65 Series Compressor Blades at Low Speed. NACA R.M. E 55H11 (1955)
2. Boyce, M.P.: Fluid Flow Phenomena in Dusty Air, (Thesis). University of Oklahoma Graduate College, 1969, p. 18
3. Boyce, M.P., Schiller, R.N., and Desai, A.R.: Study of Casing Treatment Effects in Axial-Flow Compressors. ASME Paper No. 74-GT-89
4. Boyce, M.P.: Secondary Flows in Axial-Flow Compressors with Treated Blades. AGARD-CCP-214 pp. 5-1 to 5-13
5. Giamati, C.C., and Finger, H.B.: Design Velocity Distribution in Meridional Plane. NASA SP 36, Chapter VIII (1965), p. 255
6. Hatch, J.E., Giamati, C.C., and Jackson, R.J.: Application of Radial Equilibrium Condition to Axial-Flow Turbomachine Design Including Consideration of Change of Enthropy with Radius Downstream of Blade Row. NACA RM E54A20 (1954)
7. Holmquist, L.O., and Rannie, W.D.: An Approximate Method of Calculating Three-Dimensional Flow in Axial Turbomachines, (Paper). Meeting Inst. Aero. Sci., New York, January 24-28, 1955
8. Lieblein, S., Schwenk, F.C., and Broderick, R.L.: Diffusion Factor for Estimating Losses and Limiting Blade Loading in Axial-Flow Compressor Blade Elements. NACA RM #53001 (1953)
9. Stewart, W.L.: Investigation of Compressible Flow Mixing Losses Obtained Downstream of a Blade Row. NACA RM E54I20 (1954)
10. Boyce, M.P.: Transonic Axial-Flow Compressor. ASME Paper No. 67-GT-47
11. Carter, A.D.S.: The Low-Speed Performance of Related Aerofoils in Cascade. Rep. R.55, British NGTE, Setember, 1949
12. Mellor, G.: The Aerodynamic Performance of Axial Compressor Cascades with Application to Machine Design, (Sc. D. Thesis). M.I.T. Gas Turbine Lab., M.I.T. Rep. No. 38 (1957)
13. Graham, R.W. and Guentert, E.C.: Compressor Stall and Blade Vibration. NASA SP 36, (1965) Chapter XI, p. 311

8 Radial eingeströmte Turbinen

Die radial eingeströmte Turbine wird seit vielen Jahren eingesetzt. Sie tauchte zuerst als eine in der Praxis einsetzbare leistungsproduzierende Einheit im Gebiet der hydraulischen Turbinen auf [1, 2]. Sie ist im Prinzip ein Radialkompressor mit umgekehrter Strömung und gegensätzlicher Rotation. Die radial eingeströmte Turbine wurde als erste im Strahltriebwerkflug in den späten 30er Jahren eingesetzt. Dies wurde als natürliche Kombination für den Radialkompressor im gleichen Triebwerk angesehen. Die Konstrukteure gingen davon aus, daß es leichter sei, den Axialschub durch die 2 Rotoren zu kompensieren, und daß die Turbine aufgrund der beschleunigenden Natur der Strömung einen höheren Wirkungsgrad als der Kompressor mit dem gleichen Rotor habe.

Die Leistung der radial eingeströmten Turbine wird z.Zt. mit größerem Interesse [3, 4] in der Transport- und chemischen Industrie untersucht: In Transportfällen wird diese Turbine in Turboladern sowohl für Zündkerzen gezündete als auch für selbstzündende Dieselmotoren eingesetzt; im Luftfahrtbereich wird sie als Expansionsturbine (Expander) für Umweltregelsysteme benutzt und in der petrochemischen Industrie in Expanderkonstruktionen, Gasverflüssigungsexpandern und in anderen kühltechnischen Systemen angewandt. Radial eingeströmte Turbinen werden auch in verschiedenen kleinen Gasturbinen benutzt, um Hubschrauber anzutreiben und als Reserveeinheiten für die Stromerzeugung.

Der größte Vorteil der radial eingeströmten Turbine liegt darin, daß die bei einer einzigen Stufe produzierten Leistung äquivalent zu der von zwei oder mehr Stufen einer axialen Turbine ist. Dieses Phänomen tritt auf, weil eine radial eingeströmte Turbine üblicherweise eine höhere Geschwindigkeit am Austritt hat als eine axial durchströmte Turbine. Da die Leistungsabgabe eine Funktion der Wurzel der Austrittsgeschwindigkeit ($P \alpha U^2$) für einen gegebenen Volumenstrom ist, ist die Leistung größer als in einer einstufigen, axial durchströmten Turbine.

Die radial eingeströmte Turbine hat noch einen weiteren Vorteil: Ihre Kosten sind viel niedriger als die einer einstufigen oder mehrstufigen, axial durchströmten Turbine. Die radial eingeströmte Turbine hat einen niedrigeren Turbinenwirkungsgrad als eine axial durchströmte Turbine; jedoch können niedrigere Anfangskosten ein Anreiz für die Wahl einer radial eingeströmten Turbine sein [5, 6].

Der Einsatz der radial eingeströmten Turbine ist besonders attraktiv, wenn die Reynolds-Zahl ($R_e = \rho U D/\mu$) niedrig genug wird ($R_e = 10^5 - 10^6$), daß der Wirkungsgrad der axial durchströmten Turbine niedriger als der einer radial einge-

8 Radial eingeströmte Turbinen

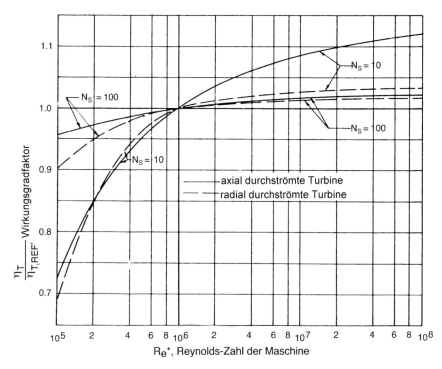

Abb. 8-1. Einfluß der Reynolds-Zahl auf den Stufenwirkungsgrad

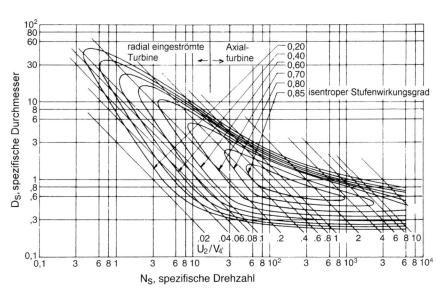

Abb. 8-2. $N_S D_S$-Diagramm für eine Turbinenstufe. Wirkungsgrad auf einer Total-zu-total-Basis; d.h. es bezieht sich auf Ruhebedingungen am Ein- und Austritt. Diagrammwerte sind anwendbar für Maschinen-Reynolds-Zahlen $R_e \geq 10^6$ [7]

strömten Turbine ist, wie in Abb. 8-1 dargestellt. Die Auswirkung spezifischer Drehzahlen ($N_s = \frac{N\sqrt{Q}}{H^{3/4}}$) und spezifischer Durchmesser ($D_s = \frac{DH^{1/4}}{\sqrt{Q}}$) auf den Wirkungsgrad einer Turbine ist in Abb. 8-2 dargestellt. Radial eingeströmte Turbinen sind effizienter bei einer Reynolds-Zahl zwischen 10^5 und 10^6 und spezifischen Drehzahlen unter $N_S = 10$.

8.1
Beschreibung

Die radial eingeströmte Turbine hat viele Komponenten, die denen eines Radialkompressors ähnlich sind. Jedoch unterscheiden sich ihre Namen und Funktionen. Es gibt zwei Arten radial eingeströmter Turbinen: die Cantilever-Turbine und die gemischt durchströmte Turbine. Cantilever-Schaufeln sind oftmals zweidimensional und nutzen nichtradiale Einströmwinkel. Hierbei gibt es keine Beschleunigung der Strömung im Rotor, was einer Impulsturbine oder einer Turbine mit niedriger Reaktion äquivalent ist. Die radial eingeströmte Turbine mit einfach gekrümmten Schaufeln wird aufgrund des niedrigen Wirkungsgrads und der Fertigungsschwierigkeiten wenig genutzt. Dieser Turbinentyp hat zusätzlich auch Schwingungsprobleme an den Rotorschaufeln.

Die radial eingeströmte Turbine kann zum Typ mit einfach gewölbten Schaufeln (cantilever type) (Abb. 8-3) oder zum Typ mit Mischströmung (Abb. 8-4) gehören. Die gemischt durchströmte, radial eingeströmte Turbine ist eine weit verbreitete Konstruktion. Abbildung 8-5 zeigt die Komponenten. Die Schnecke oder der Sammler erhält die Strömung durch ein einziges Rohr. Das Schneckengehäuse hat üblicherweise eine über den Umfang sich verkleinernde Querschnittsfläche. In einigen Konstruktionen werden die Schneckengehäuse als schaufellose Düsen ausgeführt. Die Leitschaufeln in den Düsen werden aus Wirtschaftlichkeitsgrün-

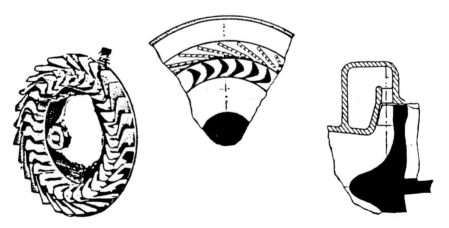

Abb. 8-3. Radial eingeströmte Turbinen mit einfach gekrümmter Beschaufelung

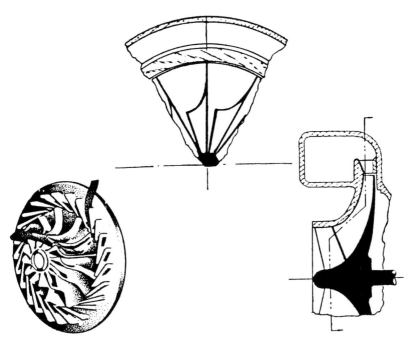

Abb. 8-4. Radial eingeströmte Turbinen mit gemischter Durchströmung

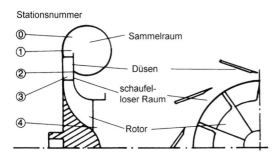

Abb. 8-5. Komponenten einer radial eingeströmten Turbine

den weggelassen, um Erosion in der Turbine zu vermeiden, wenn Fluid oder Festkörper in der Luftströmung sind. Die Reibungsverluste in der Strömung sind in schaufellosen Konstruktionen größer als in beschaufelten Düsenkonstruktionen, aufgrund der Ungleichförmigkeit der Strömung und des größeren Abstands, den die beschleunigte Luftströmung zurücklegen muß. Schaufellose Düsenkonfigurationen werden sehr viel in Turboladern genutzt, bei denen der Wirkungsgrad weniger wichtig ist, da in den meisten Maschinen der Energieanteil in den Auslaßgasen bei weitem den Energiebedarf der Turbolader übertrifft.

Die Düsenschaufeln in einer Turbinenkonstruktion mit Leitschaufeln werden üblicherweise um den Rotor angebracht, um die Strömung in der Turbine so auszurichten, daß die benötigte Wirbelkomponente in der Einlaßgeschwindigkeit erreicht wird. Die Strömung wird durch diese Schaufeln beschleunigt. In Turbinen mit niedrigerer Reaktion tritt die gesamte Beschleunigung in den Düsenschaufeln auf.

Der Rotor oder das Laufrad einer radial eingeströmten Turbine besteht aus Nabe, Schaufeln und in einigen Fällen aus der Deckscheibe. Die Nabe ist der feste axialsymmetrische Anteil des Rotors. Sie bestimmt die innere Grenze des Strömungskanals und wird manchmal als Scheibe bezeichnet. Die Beschaufelung ist integraler Bestandteil der Nabe und übt eine Normalkraft auf die Strömung aus. Der Austrittsbereich der Beschaufelung liegt am Austrittsdurchmesser und ist separat ausgeführt, ähnlich wie das Einströmteil im Radialkompressor. Das Ausströmteil ist gekrümmt, um den tangentialen Geschwindigkeitsanteil am Auslaß zu mindern.

Der Auslaßdiffusor wird genutzt, um die hohe absolute Geschwindigkeit, die am Austritt vorliegt, in statischen Druck umzuwandeln. Wenn diese Umwandlung nicht ausgeführt wird, ist der Wirkungsgrad der Einheit niedrig. Die Umwandlung der Strömung in statische Druckhöhe muß sorgfältig ausgeführt werden, da die Grenzschicht mit niedriger Energie keine großen Gegendruckgradienten tolerieren kann.

8.2
Theorie

Das generelle Prinzip des Energietransfers in einer radial eingeströmten Turbine ist ähnlich dem im Kompressorabschnitt ausgeführten. Abbildung 8-6 zeigt die Geschwindigkeitsvektoren in der Rotorströmung der Turbine.

Die Euler-Turbinengleichung, die bereits vorstehend definiert wurde, gilt für die Strömung in jeder Turbomaschine.

$$H = \frac{1}{g_c}\left(U_3 V_{\theta 3} - U_4 V_{\theta 4}\right) \tag{8-1}$$

Sie kann mit Termini von absoluten und relativen Geschwindigkeiten geschrieben werden.

$$H = \frac{1}{2g_c}\left[\left(U_3^2 - U_4^2\right) + \left(V_3^2 - V_4^2\right) + \left(W_4^2 - W_3^2\right)\right] \tag{8-2}$$

Für eine positive Leistungsabgabe muß die Schaufelspitzengeschwindigkeit und die Kombination der Wirbelgeschwindigkeit am Einlaß größer sein als die am Auslaß. Nach Gl. (8-2) muß die Eintrittsströmung radial sein, so daß der Zentrifugaleffekt genutzt werden kann. Die Geschwindigkeit, die aus der Turbine austritt, wird als nicht rückgewinnbar angesehen; deshalb wird der Nutzungsfaktor als das Verhältnis der totalen Förderhöhe zur totalen Förderhöhe plus der absoluten Austrittsgeschwindigkeit definiert.

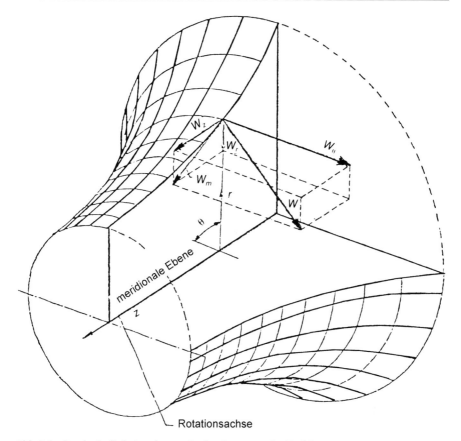

Abb. 8-6. Geschwindigkeitsvektoren in der Strömung im Turbinenrotor

$$\varepsilon = \frac{H}{H + \left(\frac{1}{2}V_4^2\right)}$$

(8-3)

Die relativen Anteile des Energietransfers, die durch eine Änderung des statischen und dynamischen Drucks erhalten werden, werden zur Klassifizierung der Turbomaschine genutzt. Der Parameter zur Beschreibung dieser Beziehung wird als Reaktionsgrad bezeichnet. Reaktion ist in diesem Fall der Energietransfer, der durch die Änderung des statischen Drucks in einem Rotor zum totalen Energietransfer im Rotor ausgedrückt wird.

$$R = \frac{\frac{1}{2g}\left[\left(U_3^2 - U_4^2\right) + \left(W_4^2 - W_3^2\right)\right]}{H}$$

(8-4)

Der Gesamtwirkungsgrad einer radial eingeströmten Turbine ist eine Funktion der Wirkungsgrade verschiedener Komponenten wie der Düse oder des Rotors.

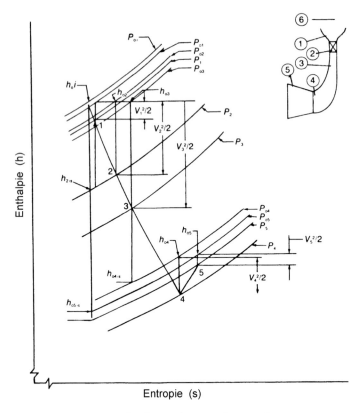

Abb. 8-7. h-s-Diagramm für den Turbinenstufenprozeß

Ein typisches Turbinenexpansions-Enthalpie/Entropie-Diagramm ist in Abb. 8-7 dargestellt. Die totale Enthalpie bleibt durch die Düse konstant, da weder Arbeit noch Wärme zum oder vom Fluid transferiert werden. Innerhalb des Rotors ändert sich die totale Enthalpie. Stromab des Rotors bleibt die totale Enthalpie konstant. Die totalen Druckminderungen in der Düse und im Auslaßdiffusor werden nur durch Reibungsverluste hervorgerufen. In einer idealen Düse oder Diffusor ist der Abfall des totalen Drucks gleich Null. Isentroper Wirkungsgrad wird als das Verhältnis der wirklichen Arbeit zur Senkung der isentropen Enthalpie definiert, die die Expansion vom totalen Einlaßdruck zum totalen Auslaßdruck ist

$$\eta_{is} = \frac{h_{0i} - h_{05}}{h_{0i} - h_{05_{is}}} \tag{8-5}$$

Der Düsenwirkungsgrad kann mit folgender Beziehung ermittelt werden:

$$\eta_{noz} = \frac{h_{0i} - h_2}{h_{0i} - h_{2is}} \tag{8-6}$$

Der Rotorwirkungsgrad mit folgender Beziehung:

$$\eta_{Rotor} = \frac{h_{0i} - h_4}{h_{0i} - h_{4\,is}} \qquad (8\text{-}7)$$

Ähnlich dem Konzept zum Wirkungsgrad kleiner Stufen in einem Kompressor ist der polytrope Wirkungsgrad in einer Turbine gleich der Effektivität kleiner Stufen in einer Turbine. Der isentrope Wirkungsgrad kann mit den totalen Drücken wie folgt beschrieben werden:

$$\eta_{is} = \frac{1 - \left(\dfrac{P_{05}}{P_{oi}}\right)^{\frac{n-1}{n}}}{1 - \left(\dfrac{P_{05}}{P_{oi}}\right)^{\frac{\gamma-1}{\gamma}}} \qquad (8\text{-}8)$$

Hierbei ist P/ρ_n = konstant und repräsentiert den polytropen Prozeß für jeden diesbezüglichen Expansionsprozeß. Der polytrope Wirkungsgrad kann geschrieben werden als

$$\eta_{poly} = dh_{0wirklich}/dh_{0isen}$$

$$= \frac{1 - \left[1 - \dfrac{n-1}{n}\left(\dfrac{\Delta P_o}{P_{oi}}\right), ...,\right]}{1 - \left[1 - \dfrac{\gamma-1}{\gamma}\dfrac{\Delta P_{oi}}{P_{oi}}, ...,\right]}$$

$$= \left(\frac{n-1}{n}\right) / \left(\frac{\gamma-1}{\gamma}\right) \qquad (8\text{-}9)$$

Der polytrope Wirkungsgrad in einer Turbine kann zum isentropen Wirkungsgrad in Bezug gesetzt werden und wird durch Kombination der vorstehenden zwei Gleichungen erhalten

$$\eta_{is} = \frac{1 - \left(\dfrac{P_{05}}{P_{oi}}\right)^{\eta_{poly}\frac{\gamma-1}{\gamma}}}{1 - \dfrac{P_{05}}{P_{oi}}^{\frac{\gamma-1}{\gamma}}} \qquad (8\text{-}10)$$

oder

$$\eta_{poly} = \frac{\ln\left[1 - \eta_{is} + \eta_{is}\left(\dfrac{P_{05}}{P_{oi}}\right)^{\frac{\gamma-1}{\gamma}}\right]}{\left(\dfrac{\gamma-1}{\gamma}\right)\ln\left(\dfrac{P_{05}}{P_{oi}}\right)} \qquad (8\text{-}11)$$

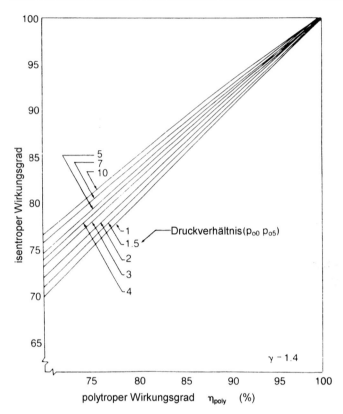

Abb. 8-8. Beziehungen zwischen polytropen und isentropen Wirkungsgraden während der Expansion

Die Beziehung zwischen den beiden Wirkungsgraden ist in Abb. 8-8 aufgetragen. Die mehrstufige Turbine in einem Enthalpie/Entropie-Diagramm wird in Abb. 8-9 gezeigt. Die Untersuchung der Charakteristik einer mehrstufigen Einheit zeigt, daß die isentropen Enthalpieabsenkungen in den inkrementalen Stufen, verglichen mit der isentropen Enthalpieabsenkung einer einzigen Stufe, die die mehrstufigen umfaßt, als Wiedererwärmungsfaktor definiert ist. Da die Drucklinien mit dem Entropieanstieg divergieren, ist die Summe der Isentropieabsenkungen der kleinen Stufen um einiges größer als der gesamte isentrope Anstieg für den gleichen Druck. Somit ist der Wiedererwärmungsfaktor > 1 und der isentrope Wirkungsgrad der Turbine größer als der polytrope Wirkungsgrad.

Der Wiedererwärmungsfaktor kann gegeben werden mit

$$R_f = \frac{\eta_{isen}}{\eta_{poly}} \tag{8-12}$$

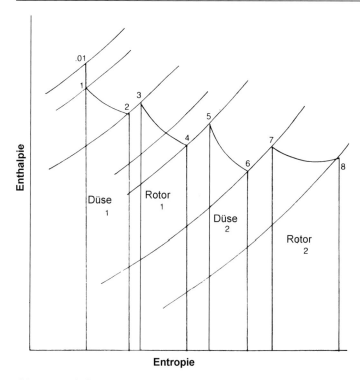

Abb. 8-9. Enthalpie/Entropie-Diagramm für eine mehrstufige Turbine

8.3 Überlegungen zur Turbinenauslegung

Um eine radial eingeströmte Turbine mit höchstem Wirkungsgrad zu konstruieren, muß die Austrittsgeschwindigkeit an der Turbine axial sein. Wenn die Austrittsgeschwindigkeit axial ist, reduziert sich die Euler-Gleichung zu

$$H = U_3 V_{\theta 3} \tag{8-13}$$

da $V_{\theta 4} = 0$ ist für eine axiale Austrittsgeschwindigkeit.

Die Strömung, die in den Rotor einer radial eingeströmten Turbine eintritt, muß einen bestimmten Einströmwinkel haben, der mit dem „Schlupf" der Strömung in einem Radiallaufrad korrespondiert und nicht mit einem Null-Einströmwinkel. Indem dieses Konzept auf die radial eingeströmte Turbine bezogen wird, erhält man die folgende Beziehung für das Verhältnis der Wirbelgeschwindigkeit zur Schaufelspitzengeschwindigkeit:

$$\frac{V_{\theta 3}}{U_3} = \left[1 - \frac{\pi}{2\eta_B} \frac{D_3}{D_3 - D_4}\right] \tag{8-14}$$

8 Radial eingeströmte Turbinen

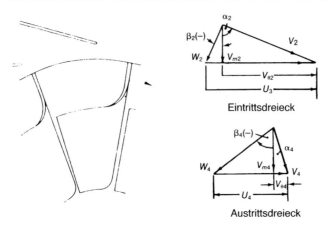

Abb. 8-10. Geschwindigkeitsdiagramme für eine radial eingeströmte Turbine

Dieses Verhältnis liegt üblicherweise im Bereich von 0,8. Ein Verhältnis von D_3/D_4 für radial eingeströmte Rotoren liegt bei 2,2, und η_B ist die Anzahl der Schaufeln.

Mit Hilfe der vorstehenden Beziehungen kann ein Geschwindigkeitsdiagramm für die in die radial eingeströmte Turbine eintretende Strömung gezeichnet werden, wie in Abb. 8-10 dargestellt.

Die Variation der Stufenwirkungsgrade kann als Funktion der Geschwindigkeitsverhältnisse an den Schaufelspitzen beschrieben werden. Das Schaufelspitzengeschwindigkeitsverhältnis ist eine Funktion der Schaufelgeschwindigkeit und der theoretischen Austrittsgeschwindigkeit, wenn die gesamte Enthalpieabsenkung in der Düse auftritt. Dies entspricht folgender Gleichung:

$$\phi = \frac{U}{V_o} \tag{8-15}$$

wobei

$$V_o = \sqrt{2g_c J \Delta H_o}$$

Abbildung 8-11 zeigt die Wirkungsgradvariation mit dem Schaufelspitzengeschwindigkeitsverhältnis. Diese Kurve zeigt auch die Durchlaufdrehzahl (runaway speed). Die Durchlaufdrehzahl wird erreicht, wenn das Drehmoment an der Turbine auf Null abfällt, bei Schaufelgeschwindigkeiten, die größer als die Auslegungsgeschwindigkeit sind. Wenn Ausfälle oberhalb der Spitzengeschwindigkeit auftreten, kann der Rotor als „fail-save"-Rotorkonstruktion bezeichnet werden.

Der Einlaßquerschnitt am äußeren Schaufeldurchmesser des Laufrads kann mit der Kontinuitätsgleichung

$$A_3 = \pi D_3 b_3 - \eta_B t_3 b_3 = \frac{\dot{m}}{\rho V_3 \cos \beta_3} \tag{8-16}$$

berechnet werden, wobei b_3 die Schaufelhöhe und t_3 die Schaufeldicke ist.

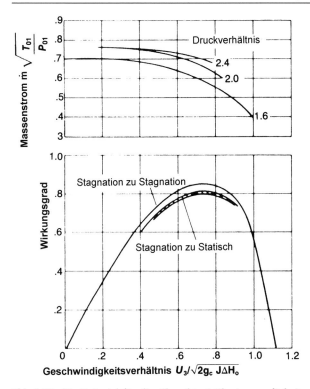

Abb. 8-11. Ein Beispiel für die Charakteristik einer radial eingeströmten Turbine (Genehmigung von Institution of Mechanical Engineers)

Am Austritt der Turbine ist die absolute Austrittsgeschwindigkeit axial. Da die Schaufelgeschwindigkeit am Austritt von der Nabe zur Deckscheibe variiert, erhält man eine Serie von Schaufeldiagrammen, wie in Abb. 8-12 dargestellt.

8.4 Verluste in einer radial eingeströmten Turbine

Verluste in einer radial eingeströmten Turbine ähneln den Verlusten in einem Radiallaufrad [7]. Sie können in 2 Kategorien aufgeteilt werden: interne und externe Verluste. Interne Verluste können in folgende Kategorien aufgeteilt werden:
1. *Schaufelbeladung oder Diffusionsverluste.* Diese Verluste beruhen auf der Beladungsart am Laufrad. Der Anstieg des Impulsverlustes beruht auf dem schnellen Anwachsen der Grenzschicht, wenn die Geschwindigkeit im Wandbereich reduziert wird. Diese Verluste variieren von etwa 7% bei hohem Strömungsdurchsatz bis etwa 12% bei niedrigem Strömungsdurchsatz.
2. *Reibungsverluste.* Reibungsverluste beruhen auf den wandnahen Scherkräften. Sie variieren zwischen etwa 1 und 2% bei einer Strömungsänderung vom niedrigen zum hohen Durchsatz.

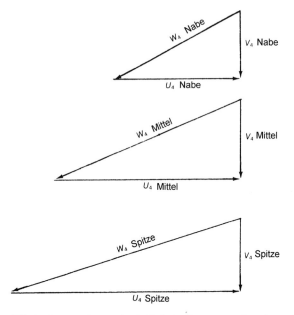

Abb. 8-12. Austrittsgeschwindigkeitsdiagramme für eine radial eingeströmte Turbine

3. *Sekundärverluste.* Diese Verluste werden durch die Bewegung der Grenzschichten in eine Richtung, die von der der Hauptströmungsrichtung abweicht, hervorgerufen. Sie sind in einer gut ausgelegten Maschine klein und üblicherweise unter 1%.
4. *Spielverluste.* Diese Verluste werden durch eine Strömung hervorgerufen, die zwischen der stationären Abdeckung des Laufrads und den Rotorschaufeln vorliegt. Sie sind eine Funktion von Schaufelhöhe und Spiel. Das Spiel ist üblicherweise durch die Toleranzen festgelegt, und für kleinere Schaufelhöhen ist der Verlust i.d.R. ein größerer Prozentsatz. Er variiert zwischen 1 und 2%.
5. *Wärmeverluste.* Diese Verluste entstehen durch Kühlung an den Bewandungen.
6. *Anströmverluste.* Diese Verluste sind bei Auslegungsbedingungen minimal. Sie steigen bei Betrieb abseits des Auslegungspunkts entsprechend an und variieren zwischen 0,5 und 1,5%.
7. *Austrittsverluste.* Das Fluid, das die radial eingeströmte Turbine verläßt, ruft einen Verlust von etwa $1/4$ der totalen Förderhöhe am Austritt hervor. Dieser Verlust variiert zwischen 2 und 5%.

Die externen Verluste beruhen auf Scheibenreibung, Dichtungen, den Lagern und den Zahnrädern. Die Scheibenreibungsverluste sind etwa 0,5%. Die Dichtungs-, Lager- und Zahnradverluste variieren etwa zwischen 5 und 9%.

8.5
Leistung einer radial eingeströmten Turbine

Eine Turbine ist für eine einzige Betriebsbedingung ausgelegt. Diese wird als Auslegungspunkt bezeichnet. In vielen Anwendungen ist es erforderlich, daß die Turbine bei Bedingungen betrieben wird, die vom Auslegungspunkt abweichen. Die Energieabgabe der Turbine kann geändert werden durch: Einstellung der Drehzahl, des Druckverhältnisses und der Turbineneinlaßtemperatur. Unter diesen unterschiedlichen Laufbedingungen weicht der Turbinenbetrieb vom Auslegungspunkt ab.

Um die Charakteristik der Turbine vorherzusagen, ist es notwendig, die Strömungskennlinie der Turbine zu berechnen. Um diese Berechnung durchführen zu können, muß die Strömung inner- und außerhalb der Schaufelkanäle analysiert werden. Dies geschieht, indem zuerst die Strömung in der Meridianebene untersucht wird. Sie wird manchmal als Nabe-zu-Deckscheiben-Ebene bezeichnet. Eine Lösung wird dann für die Strömung in der Schaufel-zu-Schaufel-Ebene erhalten. Sobald diese Lösung vorliegt, können die Strömungen in den beiden Ebenen kombiniert werden, um hiermit ein endgültiges, quasi-dreidimensionales Strömungsbild zu erhalten [8, 9]. Diese Oberflächen sind in Abb. 8-13 dargestellt. Die Geschwindigkeitsverteilung in der Meridianebene variiert zwischen Nabe und Deckscheibe, wie in Abb. 8-14 gezeigt. Die Geschwindigkeitsverteilung zwischen den Oberflächen an der Saug- und Druckseite variiert ebenfalls, da die Schaufeln am Fluid arbeiten und, als ein Ergebnis hiervon, eine Druckdifferenz über die Beschaufelung vorliegen muß. Die Form der Geschwindigkeitsverteilung an der Rotorbeschaufelung, der Nabe und der Deckscheibe und auch zwischen den Saug- und Druckseiten ist in Abb. 8-15 dargestellt.

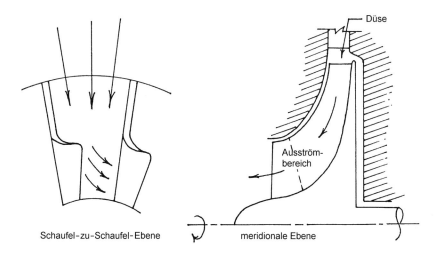

Abb. 8-13. Die zwei Hauptströmungsebenen in einer radial eingeströmten Turbine

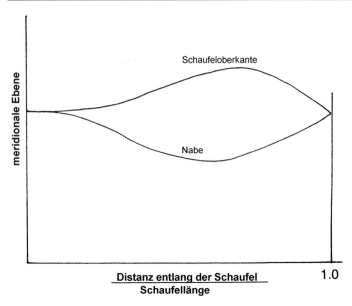

Abb. 8-14. Meridionale Geschwindigkeitsverteilung von Nabe zur Deckscheibe über die Schaufellänge

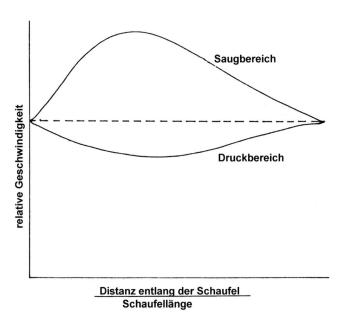

Abb. 8-15. Relative Geschwindigkeitsverteilung von Saug- und Druckseite über die Schaufellänge

8.5 Leistung einer radial eingeströmten Turbine

Die Grenzschicht über den Schaufeloberflächen muß gut mit Energie versorgt sein, so daß keine Ablösungen der Strömungen auftreten können. Abbildung 8-16 zeigt ein Schema der Strömungen in einem radial eingeströmten Laufrad. Die Leistung abseits des Auslegungspunktes [10, 11] zeigt, daß die Wirkungsgrade von radial eingeströmten Turbinen durch Änderungen in der Strömung und im Druckverhältnis nicht in dem Ausmaße wie in einer axial durchströmten Turbine beeinflußt werden.

Innerhalb einer radial eingeströmten Turbine sind die Probleme durch Erosion und Schaufelschwingungen am Ausströmteil vorrangig. Die Größe der eingetragenen Partikel verringert sich mit der Quadratwurzel des Turbinenraddurchmessers. Für Expander in der petrochemischen Industrie wird Einlaßfilterung vorgeschlagen. Der Filter muß normalerweise nach dem Trägheitsprinzip funktionieren, um die meisten der großen Partikel zu entfernen. Das Ermüdungsproblem am Ausströmteil ist für eine Radialturbine kritisch, obgleich es mit der Schaufelbelastung variiert. Das Ausströmteil sollte so ausgelegt werden, daß seine Eigenfrequenz vierfach über der Schaufelpassierfrequenz liegt.

Geräuschprobleme in einer radial durchströmten Turbine beruhen auf 4 Quellen:
1. Druckschwingungen
2. Turbulenz in Grenzschichten
3. Nachlaufgebiete hinter dem Rotor
4. Externe Geräusche

Ernste Geräuschprobleme können durch Druckfluktuationen generiert werden. Diese Geräusche werden durch den Durchlauf der Rotorbeschaufelung und durch die variierenden Geschwindigkeitsfelder, die von den Düsen hervorgerufen werden, erzeugt. Das Geräusch, das durch turbulente Strömung in den Grenzschichten generiert wird, tritt meistens an internen Oberflächen auf. Jedoch ist

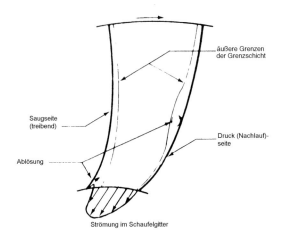

Abb. 8-16. Grenzschichtformierung in einem radial durchströmten Laufrad

diese Geräuschquelle vernachlässigbar. Geräusche, die durch die Rotordurchströmungen generiert werden, beruhen auf den Nachlaufgebieten, die hinter dem Diffusor erzeugt werden. Die Geräusche, die durch das Rotorausströmteil generiert werden, müssen berücksichtigt werden. Das Geräusch besteht aus Hochfrequenzkomponenten und ist proportional zur 8. Potenz der Relativgeschwindigkeit zwischen Nachlauf und freier Strömung. Äußere Geräuschquellen gibt es viele, doch der Getriebekasten ist die primäre Quelle. Intensive Geräusche werden durch Druckfluktuationen hervorgerufen, die aus den Wechselwirkungen der Zähne in den Getriebekästen resultieren. Andere Geräusche können aus Unwuchtbedingungen resultieren und von Schwingungseffekten auf mechanische Komponenten und Gehäuse.

8.6
Literatur

1. Shepard, D.G.: Principles of Turbomachinery. The Macmillan Company, New York 1956
2. Vincent, E.T.: Theory and Design of Gas Turbines and Jet Engines. McGraw-Hill, New York 1950
3. Vavra, M.H.: Radial Turbines. Pt 4. AGARD-VKI Lecture Series on Flow in Turbines (Series No.6), March, 1968
4. Rodgers, C.: Efficiency and Performance Characteristics of Radial Turbines. SAE Paper 660754, Oct., 1966
5. Knoernschild, E.M.: The Radial Turbine for Low Specifics Speeds and Low Velocity Factors. J. Eng. Power, Trans ASME, Ser. A, 83 (1961), pp. 1–8
6. Balje, O.E.: A Contribution to the Problem of Design Radial Turbomachines. Trans. ASME 74 (1952) p. 451
7. Balje, O.E.: A Study of Reynolds Number Effects in Turbomachinery. J. Eng. Power, ASME Trans. Vol. 86, Series A, p. 227
8. Benson, R.S.: A Review of Methods for Assessing Loss Coefficients in Radial Gas Turbines. Int. J. Mech. Sci. 12 (1970), pp. 905–932
9. Katsanis, T. and McNally, W.D.: Revised Fortran Program for Calculating Velocities and Streamlines on a Blade-to-Blade Stream Surface of a Turbomachine. NASA, TMX-1761 (1969)
10. Katsanis, T.: Fortran Program for Quasi-Three Dimensional Calculating of Surface Velocities and Choking Flow for Turbomachine Blade Rows. NASA, TM D-6177 (1971)
11. Futral, S.M. and Wasserbauer, C.A.: Off Design Performance Prediction with Experimental Verification for Radial Inflow Turbine. NASA, TN D-2621 (1965)
12 Todd, C.A. and Futral, S.M.: A Fortran IV Program to Estimate the Off Design Performance of Radial Inflow Turbines. NASA, TN D-5059 (1969)

9 Axial durchströmte Turbinen

Axial durchströmte Turbinen sind die meist eingesetzten Turbinen für kompressible Fluide. Sie treiben die meisten Gasturbineneinheiten – außer die Turbinen mit niedrigeren Leistungen –, und sie sind in den meisten Betriebsbereichen effektiver als radial eingeströmte Turbinen. Die axial durchströmte Turbine wird auch in Dampfturbinenkonstruktionen eingesetzt; jedoch gibt es einige signifikante Unterschiede zwischen den axial durchströmten Turbinenkonstruktionen für Gasturbinen und den Konstruktionen für Dampfturbinen.

Die Entwicklungen der Dampfturbinen gingen den der Gasturbinen um viele Jahre voraus. Somit sind die axial durchströmten Turbinen in Gasturbinen eine Weiterentwicklung der Dampfturbinentechnologie. In den letzten Jahren hat der Trend hoher Turbineneintrittstemperaturen in den Gasturbinen verschiedene Kühlungstechniken erfordert. Diese Techniken werden in diesem Kapitel detailliert beschrieben, wobei besondere Aufmerksamkeit sowohl auf die Effektivität der Kühlung als auch auf die aerodynamischen Effekte gelegt wird. Aus der Entwicklung der Dampfturbinen resultierten 2 Turbinentypen: die Impulsturbine und die Reaktionsturbine. Die Reaktionsturbine in den meisten Dampfturbinenkonstruktionen hat einen 50%igen Reaktionsgrad, der sehr effizient ist. Dieser Reaktionsgrad variiert deutlich bei Gasturbinen und von der Nabe zur Spitze bei Konstruktionen mit einzelnen Schaufeln.

Axial durchströmte Turbinen werden heute mit einem hohen Arbeitsfaktor ausgelegt (Verhältnis der Stufenarbeit zur Wurzel der Schaufelgeschwindigkeit), um niedrigeren Brennstoffverbrauch zu erhalten und das Geräusch der Turbine zu reduzieren. Niedriger Brennstoffverbrauch und niedrige Geräusche erfordern eine Maschinenkonstruktion mit großem By-Pass-Verhältnis. Eine Maschine mit großem By-Pass-Verhältnis erfordert viele Turbinenstufen, um die Stufe für große Strömungsmengen und bei niedriger Geschwindigkeit anzutreiben. Es werden viele Arbeiten durchgeführt, um Turbinenstufen für große Arbeit bei niedriger Drehzahl mit hohem Wirkungsgrad zu entwickeln [1, 2].

9.1
Geometrie der Turbine

Es gibt 3 Statuspunkte innerhalb der Turbine, die zur Analyse der Strömung wichtig sind. Sie sind am Düseneintritt, am Rotoreintritt und am Rotoraustritt angeordnet. Diese drei Orte sind für eine axial durchströmte Turbine in Abb. 9-1 dargestellt.

9 Axial durchströmte Turbinen

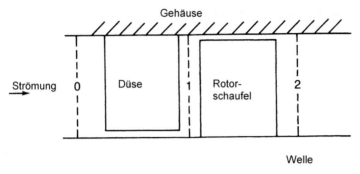

Abb. 9-1. Axial durchströmte Turbine

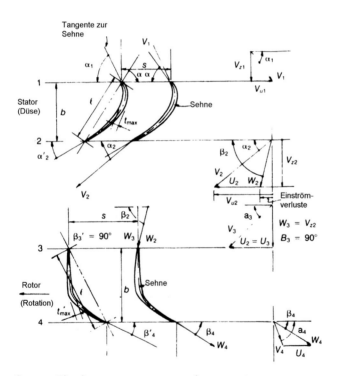

Stator:	Eintritt	$t_s = \alpha_1 - \alpha_1'$	$t_s > 0$		wenn $\alpha_1 > \alpha_1'$
	Abweichung	$\sigma_s = \alpha_2' - \alpha_2$			
	Umlenkung	$t_s = \alpha_1 + \alpha_2$	Sehne θ_s	$= \alpha_1' + \alpha_2'$	
Rotor	Eintritt	$t_r = \beta_2 - \beta_3'$	$t_r > 0$		wenn $\beta_2 > \beta_3'$
	Abweichung	$\sigma_r = \beta_4' - \beta_4$			
	Umlenkung	$t_r = \beta_2 - \beta_4$	Sehne θ_r	$\beta_3' + \beta_4'$	

Abb. 9-2. Stufennomenklatur und Geschwindigkeitsdreiecke

Die Fluidgeschwindigkeit ist eine wichtige Variable für die Strömung und den Energietransfer innerhalb der Turbine. Die absolute Geschwindigkeit V ist die Fluidgeschwindigkeit relativ zu einem stationären Punkt. Absolute Geschwindigkeit ist wichtig, wenn die Strömung über eine stationäre Beschaufelung, wie die Leitschaufeln, untersucht wird. Wenn die Strömung über ein rotierendes Element oder die Rotorbeschaufelung untersucht wird, ist die relative Geschwindigkeit W wichtig. Vektoriell ist die relative Geschwindigkeit definiert mit

$$\vec{W} = \vec{V} - \vec{U} \tag{9-1}$$

Hierbei ist U die tangentiale Geschwindigkeit der Schaufel.

Diese Beziehung ist in Abb. 9-2 dargestellt. Der dort benutzte Index z bezeichnet die axiale Geschwindigkeit, während θ die tangentiale Komponente bezeichnet.

Zwei Winkel sind in Abb. 9-2 definiert. Der erste Winkel ist der Luftwinkel α, der gegen die tangentiale Richtung definiert ist. Er stellt die Richtung der Strömung dar, die die Düsen (Leitschaufeln) verläßt. Im Rotor ist der Luftwinkel der Winkel der absoluten Geschwindigkeit, die den Rotor verläßt. Der Schaufelwinkel β ist der Winkel, den die relative Geschwindigkeit mit der tangentialen Richtung bildet. Es ist der Winkel der Rotorbeschaufelung unter idealen Bedingungen (ohne Stoßwinkel).

9.1.1
Reaktionsgrad

Der Reaktionsgrad in einer axial durchströmten Turbine ist das Verhältnis der Änderung der statischen Enthalpie zur Änderung der totalen Enthalpie

$$R = \frac{h_1 - h_4}{h_{01} - h_{04}} \tag{9-2}$$

Ein Rotor mit einem konstanten Radius und einer axialen Geschwindigkeit, die durchgehend konstant bleibt, kann beschrieben werden mit

$$R = \frac{\left(W_4^2 - W_3^2\right)}{\left(V_3^2 - V_4^2\right) + \left(W_4^2 - W_3^2\right)} \tag{9-3}$$

Aus vorstehender Beziehung kann leicht ersehen werden, daß für eine Null-Reaktionsturbine (Impulsturbine) die relative Austrittsgeschwindigkeit gleich der relativen Eintrittsgeschwindigkeit ist. Die meisten Turbinen haben einen Reaktionsgrad zwischen 0 und 1; negative Reaktionsturbinen haben viel niedrigere Wirkungsgrade und werden üblicherweise nicht benutzt.

9.1.2
Nützlichkeitsfaktor

In einer Turbine kann nicht die gesamte gelieferte Energie in nützliche Arbeit umgewandelt werden – auch nicht mit einem idealen Fluid. Es muß eine gewisse kinetische Energie geben, die am Austritt verloren geht, da eine Austrittsgeschwindigkeit vorliegt. Deshalb ist der Nützlichkeitsfaktor als das Verhältnis der idealen Arbeit zur gelieferten Energie

$$E = \frac{H_{id}}{H_{id} + \frac{V_4^2}{2g}} \tag{9-4}$$

definiert. Dieses Verhältnis kann auch als Geschwindigkeit eines einzelnen Rotors mit konstantem Radius geschrieben werden

$$E = \frac{\left(V_3^2 - V_4^2\right) + \left(W_4^2 - W_3^2\right)}{V_3^2 + \left(W_4^2 - W_3^2\right)} \tag{9-5}$$

9.1.3
Arbeitsfaktor

Zusätzlich zum Reaktionsgrad und dem Nützlichkeitsfaktor wird ein anderer Parameter benutzt, um die Schaufelbeladung zu beschreiben. Dies ist der Arbeitsfaktor

$$\Gamma \equiv \frac{\Delta h_\theta}{U^2} \tag{9-6}$$

Er kann für eine Turbine mit konstantem Radius geschrieben werden als

$$\Gamma = \frac{V_{\theta 3} - V_{\theta 4}}{U} \tag{9-7}$$

Die vorstehende Gleichung kann für den maximalen Nützlichkeitsfaktor, bei dem die absolute Austrittsgeschwindigkeit axial ist und kein Austrittsdrall existiert, weiter modifiziert werden mit

$$\Gamma = \frac{V_{\theta 3}}{U} \tag{9-8}$$

Der Wert des Arbeitsfaktors für eine Impulsturbine (Null-Reaktion) mit einem maximalen Nützlichkeitsfaktor ist 2. In einer 50%igen Reaktionsturbine mit einem maximalen Nützlichkeitsfaktor ist der Arbeitsfaktor gleich 1.

In den letzten Jahren ging die Entwicklung in Richtung zu Turbinen mit hohem Arbeitsfaktor. Der hohe Arbeitsfaktor weist darauf hin, daß die Schau-

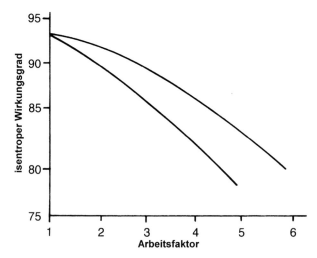

Abb. 9-3. Auswirkung der Stufenarbeit auf den Wirkungsgrad

felbeladung in den Turbinen hoch ist. Der Trend bei vielen Fan-Maschinen geht in Richtung hohes By-Pass-Verhältnis für niedrigen Kraftstoffverbrauch und niedrigere Geräuschniveaus. Bei steigendem By-Pass-Verhältnis verkleinert sich der relative Durchmesser der direkt betriebenen Fan-Turbine, woraus niedrigere Schaufelspitzengeschwindigkeiten resultieren. Niedrigere Schaufelspitzengeschwindigkeiten bedeuten, daß mit konventionellen Arbeitsfaktoren die Anzahl der Turbinenstufen ansteigt. Es werden bemerkenswerte Forschungen durchgeführt, um Turbinen mit hohen Arbeitsfaktoren, hohen Schaufelbeladungen und hohen Wirkungsgraden zu entwickeln. Abbildung 9-3 zeigt die Auswirkung der Turbinenstufenarbeit und des Wirkungsgrads. Dieses Diagramm weist darauf hin, daß der Wirkungsgrad deutlich sinkt, wenn der Arbeitsfaktor steigt. Es gibt wenig Informationen zu Turbinen mit Arbeitsfaktoren oberhalb von 2.

9.1.4
Geschwindigkeitsdiagramme

Eine Untersuchung von verschiedenen Geschwindigkeitsdiagrammen für verschiedene Reaktionsgrade zeigt Abb. 9-4. Diese Schaufelanordnungen mit variierenden Reaktionsgraden sind alle möglich; jedoch sind sie nicht alle sinnvoll [3, 4].

Bei der Untersuchung des Nützlichkeitsfaktors stellt die Austrittsgeschwindigkeit ($V_4^2/2$) die kinetischen Energieverluste oder den nicht genutzten Energieanteil dar. Für maximale Nützlichkeit sollte die Austrittsgeschwindigkeit minimal sein. Aus einer Betrachtung der Geschwindigkeitsdiagramme geht hervor, daß dieses Minimum erreicht ist, wenn die Austrittsgeschwindigkeit axial ist. Dies Geschwindigkeitsdiagramm hat Null-Austrittsdrall. Abbildung 9-5 zeigt

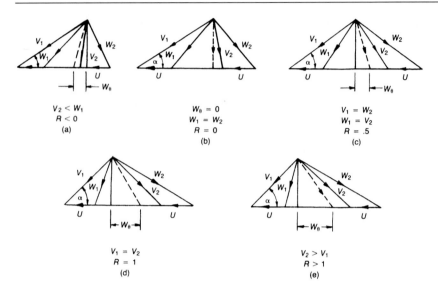

Abb. 9-4. Turbinengeschwindigkeitsdreiecke, die die Auswirkung verschiedener Reaktionsgrade aufzeigen

verschiedene Geschwindigkeitsdiagramme als eine Funktion des Arbeitsfaktors und des Turbinentyps. Es ist ersichtlich, daß in jedem Turbinentyp Null-Austrittsdrall existieren kann.

Diagramm mit Null-Austrittsdrall. In vielen Fällen stellt der tangentiale Winkel der Austrittsgeschwindigkeit ($V_{\theta 4}$) einen Wirkungsgradverlust dar. Eine Schaufel, die für Null-Austrittsdrall ($V_{\theta 4} = 0$) ausgelegt wurde, minimiert die Austrittsverluste. Wenn der Arbeitsparameter < 2 ist, produziert dieser Diagrammtyp den höchsten statischen Wirkungsgrad. Der totale Wirkungsgrad ist auch

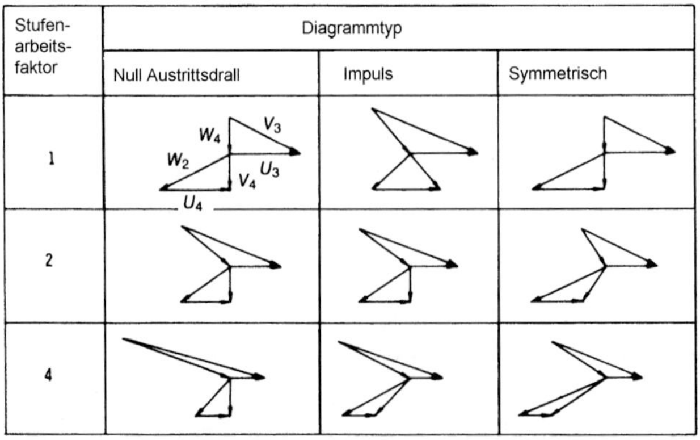

Stufen-arbeits-faktor	Diagrammtyp		
	Null Austrittsdrall	Impuls	Symmetrisch
1			
2			
4			

Abb. 9-5. Auswirkung des Diagrammtyps und des Stufenarbeitsfaktors auf die Form des Geschwindigkeitsdiagramms

ungefähr der gleiche wie bei den anderen Diagrammtypen. Wenn $\Gamma > 2$ ist, dann ist die Stufenreaktion normalerweise negativ – eine Bedingung, die am besten vermieden werden sollte.

Impulsdiagramm. Für den Impulsrotor ist die Reaktion 0, so daß die relative Geschwindigkeit des Gases konstant oder $W_3 = W_4$ ist. Wenn der Arbeitsfaktor < 2 ist, ist der Austrittsdrall positiv. Dies reduziert die Stufenarbeit. Aus diesem Grund sollte ein Impulsdiagramm nur eingesetzt werden, wenn der Arbeitsfaktor 2 oder größer ist. Dieser Diagrammtyp ist eine gute Wahl für die letzte Stufe, weil für $\Gamma > 2$ ein Impulsrotor den höchsten statischen Wirkungsgrad hat.

Symmetrisches Diagramm. Das symmetrische Diagramm wird so ausgeführt, daß die Eintritts- und Austrittsdiagramme die gleiche Form haben: $V_3 = W_4$ und $V_4 = W_3$. Diese Gleichheit bedeutet für die Reaktion

$$R = 0,5 \tag{9-9}$$

Wenn der Arbeitsfaktor $\Gamma = 1$ ist, dann wird der Austrittsdrall gleich 0. Wenn der Arbeitsfaktor ansteigt, dann steigt auch der Austrittsdrall an. Da die Reaktion von 0,5 zu einem hohen Gesamtwirkungsgrad führt, ist diese Auslegung sinnvoll, wenn der Austrittsdrall nicht als Verlust bezeichnet wird, wie dies in den Anfangs- und den Zwischenstufen der Fall ist.

9.2 Impulsturbine

Die Impulsturbine ist der einfachste Turbinentyp. Er besteht aus einer Gruppe von Düsen, gefolgt von einer Reihe von Schaufeln. Das Gas wird in den Düsen entspannt und konvertiert seine hohe thermische Energie in kinetische Energie. Diese Konversion kann durch folgende Beziehung dargestellt werden:

$$V_3 = \sqrt{2\Delta h_0} \tag{9-10}$$

Das Gas wirkt mit hoher Geschwindigkeit auf die Beschaufelung, in der ein großer Anteil der kinetischen Energie des bewegten Gasstroms in Turbinenwellenarbeit umgewandelt wird.

Abbildung 9-6 zeigt eine einstufige Impulsturbine. Der statische Druck in der Düse sinkt mit einem zugehörigen Anstieg der absoluten Geschwindigkeit. Die absolute Geschwindigkeit wird dann im Rotor reduziert, doch der statische Druck und die relative Geschwindigkeit bleiben konstant. Um den maximalen Energietransfer zu erhalten, müssen die Schaufeln mit etwa der halben Geschwindigkeit der Geschwindigkeit des Gasstrahls rotieren. Zwei oder mehr Reihen bewegter Schaufeln werden manchmal in Verbindung mit einer Düse genutzt, um Räder mit niedrigen Schaufelspitzengeschwindigkeiten und Spannungen zu erhalten. Zwischen den bewegten Reihen der Schaufeln befinden sich Leitschaufeln, die das Gas von einer Reihe der bewegten Schaufeln zur nächsten neu ausrichten, wie in Abb. 9-7 dargestellt. Dieser Turbinentyp wird manchmal als Curtis-Turbine bezeichnet.

Abb. 9-6. Ansicht einer einstufigen Impulsturbine mit Geschwindigkeit und Druckverteilungen

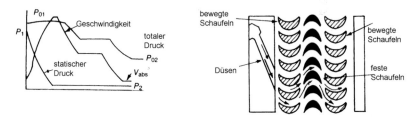

Abb. 9-7. Druck und Geschwindigkeitsverteilungen in einer Curtis-Impulsturbine

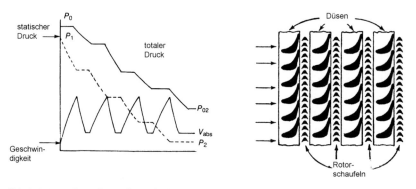

Abb. 9-8. Druck und Geschwindigkeitsverteilung in einer Ratteau-Reaktionsturbine

Ein anderer Impulsturbinentyp ist die „Ratteau"-Turbine (compound turbine). In dieser Turbine wird die Arbeit in mehreren Stufen aufgebracht. Jede Stufe besteht aus einer Düse und einer Schaufelreihe, in der kinetische Energie des Strahls in den Turbinenrotor als nutzbare Arbeit absorbiert wird. Das Gas, das die bewegten Schaufeln verläßt, tritt in den nächsten Düsensatz ein, in dem die Enthalpie weiter sinkt. Die Geschwindigkeit wird erhöht und dann in der nachfolgenden Reihe bewegter Schaufeln absorbiert. Abbildung 9-8 zeigt die Ratteau-Turbine. Der totale Druck und die Temperatur bleiben abgesehen von kleineren Reibungsverlusten in den Düsen unverändert.

Per Definition hat die Impulsturbine einen Reaktionsgrad gleich 0. Dies bedeutet, daß die gesamte Enthalpieabsenkung in der Düse stattfindet und die Austrittsgeschwindigkeit aus der Düse sehr hoch ist. Da es keine Enthalpie-

9.2 Impulsturbine

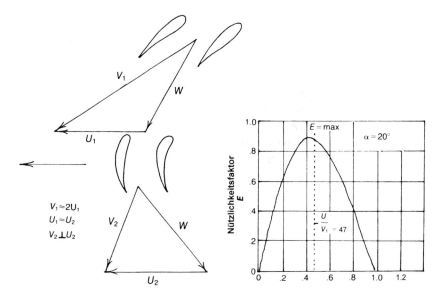

Abb. 9-9. Auswirkung von Geschwindigkeit und Luftwinkel auf den Nützlichkeitsfaktor

änderung im Rotor gibt, ist die in den Rotor eintretende Relativgeschwindigkeit gleich der aus der Rotorschaufel austretenden. Für den maximalen Nutzbarkeitsfaktor muß die absolute Austrittsgeschwindigkeit axial sein, wie in Abb. 9-9 dargestellt. Der Luftwinkel für maximale Nutzbarkeit ist

$$\cos\alpha_3 = \frac{2U}{V_3} \tag{9-11}$$

Der Luftwinkel α ist normalerweise klein, zwischen 12° und 25°. Das Limit für diesen Winkel ist durch die Durchflußgeschwindigkeit ($V_1 \sin\alpha$) festgelegt. Wenn das Limit zu klein ist, dann erfordert der Winkel eine größere Schaufellänge. Der Strömungsfaktor, der das Verhältnis der Schaufelgeschwindigkeit zur Einlaßgeschwindigkeit wiedergibt, ist ein nützlicher Parameter zum Vergleich mit dem Nützlichkeitsfaktor (Abb. 9-9).

Der optimale Wert für U/V_3 ist ein Kriterium, das den maximalen Energietransfer zur Wellenarbeit darstellt. Er zeigt auch die Abweichung vom optimalen Auslegungswert für $\cos\alpha$, der einen Verlust des Energietransfers hervorruft. Dieser Verlust wächst bei Bedingungen abseits vom Auslegungspunkt an, da ein inkorrekter Anstellwinkel des Gases zu den Rotorschaufeln vorliegt. Der maximale Wirkungsgrad der Stufe wird noch bei oder in der Nähe des Werts $U/V_3 = \cos\alpha_3/2$ auftreten.

Die Leistung, die durch die Strömung in einer Impulsturbine entwickelt wird, ist mit der Euler-Gleichung gegeben

$$P = \dot{m}U(V_{\theta3} - V_{\theta4}) = U(v_{\theta3} - v_{\theta4}) \tag{9-12}$$

Diese Gleichung, neu geschrieben mit den absoluten Geschwindigkeiten und dem Düsenwinkel für maximale Nutzbarkeit, kann dargestellt werden als

$$P = \dot{m}U\left(V_{\theta 3}\cos\alpha_3\right) \quad (9\text{-}13)$$

Die relative Geschwindigkeit W bleibt in einer reinen Impulsturbine unverändert, abgesehen von Reibungs- und Turbulenzeffekten. Dieser Verlust variiert von etwa 20% für Turbinen mit sehr hohen Geschwindigkeiten (915 m/s = 3000 ft/sec) bis etwa 8% für Turbinen mit niedrigen Geschwindigkeiten (152 m/s = 500ft/sec). Da für maximale Nutzbarkeit das Schaufelgeschwindigkeitsverhältnis gleich ist zu $(\cos\alpha)/2$, ist die Energie, die in einer Impulsturbine transferiert wird, gleich

$$P = \dot{m}U\left(2U\right) = 2\dot{m}U^2 \quad (9\text{-}14)$$

9.3
Die Reaktionsturbine

Die axial durchströmte Reaktionsturbine ist die meisteingesetzte Turbine. In einer Reaktionsturbine agieren sowohl die Düsen als auch die Schaufeln als Expansionsdüsen. Aus diesem Grund sinkt der statische Druck sowohl in den festen als auch in den bewegten Schaufeln. Die befestigten Schaufeln dienen als Düsen und lenken die Strömung durch die bewegten Schaufeln, mit einer Geschwindigkeit, die etwas höher ist als die Geschwindigkeit der bewegten Schaufeln. In der Reaktionsturbine sind die Geschwindigkeiten üblicherweise wesentlich niedriger und die eintretenden relativen Schaufelgeschwindigkeiten sind fast axial. Abbildung 9-10 zeigt eine schematische Darstellung einer Reaktionsturbine. In den meisten Konstruktionen variiert die Reaktion der Turbine zwischen Nabe und Umfang des Strömungsquerschnitts. Die Impulsturbine weist eine Reaktionsturbine mit einer Reaktion von R=0 auf. Der Nützlichkeitsfaktor für Düsen mit fixiertem Winkel steigt in dem Maße wie die Reaktion 100% erreicht. Für R=1 erreicht der Nützlichkeitsfaktor nicht 1, jedoch einen maximalen endlichen Wert. Die 100%-Reaktionsturbine ist nicht praktikabel, da hierfür hohe Rotorgeschwindigkeiten zur Erreichung eines guten Nützlichkeitsfaktors erforderlich wären. Für Reaktionen

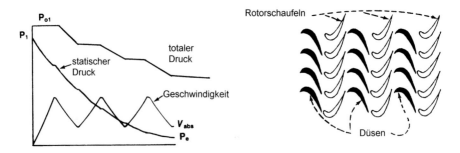

Abb. 9-10. Geschwindigkeit und Druckverteilung in einer dreistufigen Reaktionsturbine

< 0 hat der Rotor eine auf die Strömung wirkende Verzögerung. Diese Wirkung im Rotor ist unvorteilhaft, da sie zu Strömungsverlusten führt.

Die 50%-Reaktionsturbine wurde weithin eingesetzt und hat spezielle Eigenschaften. Das Geschwindigkeitsdiagramm für eine 50%-Reaktion ist symmetrisch. Für einen maximalen Nützlichkeitsfaktor muß die Austrittsgeschwindigkeit V_4 axial sein. Abbildung 9-11 zeigt ein Geschwindigkeitsdiagramm einer 50%-Reaktionsturbine und den Effekt auf den Nützlichkeitsfaktor. Für das Diagramm $W_3 = V_4$ sind die Winkel sowohl der stationären als auch der rotierenden Schaufeln identisch. Deshalb gilt für maximale Nützlichkeit

$$\frac{U}{V_3} = \cos\alpha \tag{9-15}$$

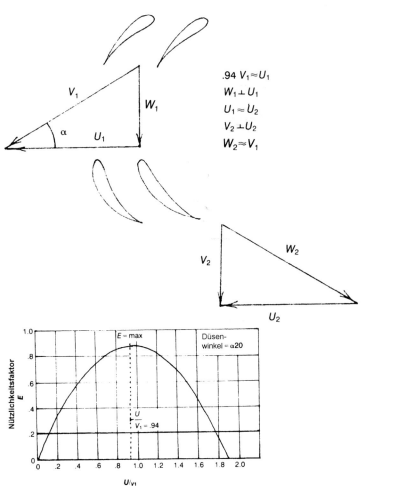

Abb. 9-11. Die Auswirkung der Austrittsgeschwindigkeit und des Luftwinkels auf den Nützlichkeitsfaktor

Die 50%-Reaktionsturbine hat die höchste Effektivität aller Turbinentypen. Gleichung (9-15) stellt die Auswirkung auf den Wirkungsgrad dar. Dieser ist für einen weiten Bereich von Schaufelgeschwindigkeitsverhältnissen relativ klein (0,6–1,3).

Die Leistung, die durch die Strömung der Reaktionsturbine entwickelt wird, ist auch mit der allgemeinen Euler-Gleichung beschrieben. Diese Gleichung kann für maximale Nützlichkeit modifiziert werden mit

$$P = \dot{m}U(V_3 \cos\alpha_3) \tag{9-16}$$

Für eine 50%-Reaktionsturbine reduziert sich (9-16) zu

$$P = \dot{m}U(U) = \dot{m}U^2 \tag{9-17}$$

Die Leistung, die in einer Impulsturbine mit einer einzelnen Stufe produziert wird, ist, bei gleicher Schaufelgeschwindigkeit, doppelt so groß wie in einer Reaktionsturbine. Somit sind die Kosten einer Reaktionsturbine für die gleiche Leistungsmenge viel höher, da sie mehr Stufen benötigt. Es ist übliche Praxis, Turbinen mit vielen Stufen in den ersten paar Stufen mit Impulsturbinen auszulegen, um hiermit die Druckabsenkung zu maximieren und dahinter 50%-Reaktionsstufen in die Turbine einzubauen. Die Reaktionsturbine hat aufgrund von Schaufelsaugeffekten einen höheren Wirkungsgrad. Dieser Kombinationstyp führt zu einem exzellenten Kompromiß, da eine reine Impulsturbine einen sehr niedrigen Wirkungsgrad und eine reine Reaktionsturbine eine sehr große Anzahl von Stufen hätte.

9.4
Kühlungskonzepte für Turbinenschaufeln

Die Turbineneinlaßtemperaturen von Gasturbinen sind in den letzten Jahren deutlich gestiegen und werden weiter steigen. Dieser Trend wurde durch Fortschritte bei Werkstoffen und Technologie ermöglicht und durch den Gebrauch von fortschrittlichen Turbinenschaufelkühlungstechniken. Die Kühlungsluft ist vom Kompressor abgezweigt und wird dann geleitet: zum Stator, zum Rotor und zu anderen Teilen des Turbinenrotors und des Gehäuses, um ausreichende Kühlung zu erhalten. Die Wirkung der Kühlung auf die Aerodynamik hängt vom eingesetzten Kühlungstyp, von der Temperatur der Kühlung im Vergleich zur Hauptstromtemperatur, dem Ort und der Richtung der injizierten Kühlung und der Kühlungsmenge ab. Eine Anzahl dieser Faktoren in kreisringförmigen und zweidimensionalen Gittern wurde experimentell untersucht [5-17].

In Hochtemperatur-Gasturbinen sind das Kühlungssystem für die Turbinenschaufeln, die Leitschaufeln, die hinteren Wandbereiche, die Außenringe der Strömungskanäle und andere Komponenten speziell zu konstruieren, um die Temperaturgrenzen der Metalle einzuhalten. Die Konzepte beruhen auf den folgenden 5 grundlegenden Luftkühlungsverfahren (Abb. 9-12):

9.4 Kühlungskonzepte für Turbinenschaufeln

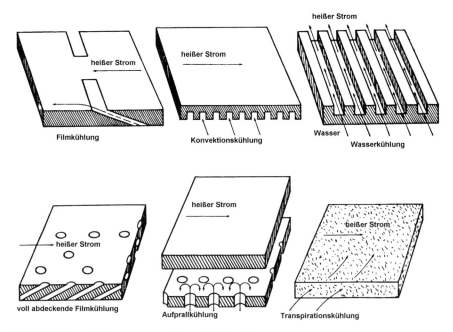

Abb. 9-12. Verschiedene, vorgeschlagene Kühlverfahren

1. Konvektive Kühlung
2. Aufprallkühlung
3. Filmkühlung
4. Transpirationskühlung
5. Wasserkühlung.

Bis in die späten 60er Jahre war konvektive Kühlung das hauptsächliche Mittel zur Kühlung von Gasturbinenschaufeln; Filmkühlung wurde gelegentlich in kritischen Bereichen eingesetzt. Jedoch wurden in den frühen 70er Jahren andere fortschrittliche Kühlungsverfahren herangezogen, da größere Kühlungsanforderungen für neue Triebwerksentwicklungen vorlagen.

9.4.1
Konvektive Kühlung

Diese Form der Kühlung wird erreicht, indem die Kühlluft innerhalb der Turbinenlauf- oder Leitschaufeln strömt und die Wärme aus den Wänden herausleitet. Üblicherweise ist der Luftstrom radial. Er macht viele Umlenkungen durch eine Serpentinenpassage von der Nabe zur Schaufelspitze. Konvektionskühlung ist das am weitesten verbreitete Kühlungskonzept bei heutigen Gasturbinen.

9.4.2
Aufprallkühlung

Bei dieser hochintensiven Form der konvektiven Kühlung wird die Kühlluft auf die inneren Oberflächen in den Tragflügeln mit Hochgeschwindigkeitsluftstrahlen geblasen. Hierdurch wird eine erhöhte Wärmemenge von der Metalloberfläche zur Kühlungsluft transferiert. Diese Kühlungsmethode kann auf die erforderlichen Sektionen im Tragflügel beschränkt werden, um gleichmäßige Temperaturen über die gesamten Oberflächen zu erhalten. Die Führungskante der Schaufeln benötigt z.B. mehr Kühlung als der mittlere oder hintere Schaufelbereich, so daß das Gas dort in einer Prallströmung zugeführt wird.

9.4.3
Filmkühlung

Dieser Kühlungstyp entsteht, indem die Arbeitsluft eine isolierende Schicht zwischen dem heißen Gasstrom und den Wänden der Schaufeln bildet. Der Kühlluftfilm schützt den Tragflügel in der gleichen Weise, in der die Innenwände von Brennkammern gegen die heißen Gase mit sehr hohen Temperaturen geschützt werden.

9.4.4
Transpirationskühlung

Diese Kühlungsmethode erfordert einen Kühlungsstrom, der die porösen Wände des Schaufelmaterials passiert. Die Wärmeübertragung findet direkt zwischen Kühlmittel und heißen Gasen statt. Die Transpirationskühlung ist bei sehr hohen Temperaturen effektiv, da die gesamte Schaufel mit dem Kühlstrom umgeben wird.

9.4.5
Wasserkühlung

Durch eine Anzahl von Rohren, die in die Schaufel eingebracht sind, wird Wasser geleitet. Das Wasser tritt an den Schaufelspitzen als Dampf aus und gewährleistet eine exzellente Kühlung. Diese Methode hält die Temperaturen des Schaufelmetalls unter 540 °C (1000 °F).

9.5
Konstruktionen zur Kühlung der Turbinenschaufeln

Die Einbringung von Schaufelkühlungskonzepten in bestehende Schaufelkonstruktionen ist sehr wichtig. Es gibt 5 verschiedene Konstruktionen zur Schaufelkühlung.

9.5.1
Konvektive und Prallkühlung / Konstruktion mit eingebauten Streben

Die Konstruktion mit eingebauten Streben, die in Abb. 9-13 gezeigt wird, hat einen mit horizontalen Rippen konvektionsgekühlten Mittenbereich und eine prallgekühlte Führungskante. Das Kühlmittel wird durch eine geteilte Nachlaufkante verteilt. Die Luft strömt in der zentralen Öffnung, die durch den Verstrebungseinsatz geformt ist, hoch und durch die Löcher an der Führungskante des Einsatzes, um die führende Schaufelkante von innen mittels Prallkühlung zu kühlen. Die Luft zirkuliert dann durch die horizontalen Rippen in den Zwischenwänden und den Verstrebungen und tritt durch die Schlitze an der hinteren Kante aus. Die Temperaturverteilung für diese Konstruktion ist in Abb. 9-14 dargestellt.

Die Spannungen im Verstrebungseinsatz sind größer als die in den Seitenwänden, die auf der Druckseite der Seitenwände größer als die an der Saugseite. Es tritt deutlich mehr Kriechdehnung an den hinteren als an den vorderen Kanten auf. Die Kriechdehnungsverteilung am Nabenbereich ist unausgeglichen. Dieser mangelnde Ausgleich kann mit einer gleichmäßigeren Wandtemperaturverteilung verbessert werden.

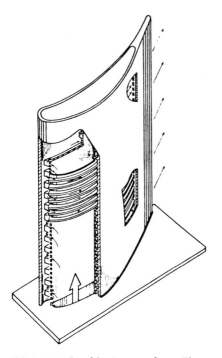

Abb. 9-13. Schaufel mit verstrebtem Einsatz

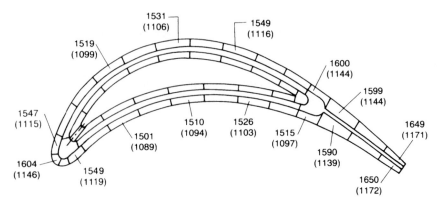

Abb. 9-14. Temperaturverteilung für die Konstruktion mit Verstrebungseinsatz (gekühlt).
(1100 °F = 593 °C; 1150 °F = 621 °C; 1500 °F = 816 °C; 1600 °F = 871 °C)

9.5.2
Film- und Konvektionskühlungskonstruktion

Diese Schaufelkonstruktion ist in Abb. 9-15 dargestellt. Der mittlere Bereich ist konvektiv gekühlt, die vorderen Kanten sind sowohl konvektiv- als auch filmgekühlt. Die Kühlluft wird durch die Schaufelbasis in zwei zentrale und einen vorderen Hohlraum injiziert. Die Luft zirkuliert dann hoch und runter in einer Serie von vertikalen Passagen. An der vorderen Kante passiert die Luft eine Reihe kleiner Löcher in der Wand zur angrenzenden vertikalen Passage, prallt dann auf die innere Oberfläche der Vorderkante und tritt durch Filmkühlungslöcher aus. Die hintere Kante ist durch Luft, die durch Schlitze ausgelassen wird, konvektiv gekühlt. Die Temperaturverteilung für Film- und konvektive Kühlungsauslegung ist in Abb. 9-16 dargestellt. Aus dem Kühlungsverteilungsdiagramm kann ersehen werden, daß der heißeste Bereich an der hinteren Kante ist. Das Gewebe (web), das das am höchsten belastete Schaufelteil ist, ist auch das kühlste Teil der Schaufel.

9.5.3
Konstruktion mit Transpirationskühlung

Diese Konstruktion hat eine verstrebungsunterstützte poröse Schale (Abb. 9-17). Die an der Verstrebung befestigte Schale ist aus Draht (wire), der aus einem porösen Werkstoff hergestellt ist. Entlang dem zentralen, ausgefüllten Raum der Verstrebung strömt Kühlluft. Die Verstrebungen sind hohl, mit mehreren unterschiedlich großen Bohrungen auf der Verstrebungsoberfläche. Die dosierte Luft passiert dann die poröse Schale. Das Schalenmaterial wird mit einer Kombination aus Konvektion und Filmkühlung gekühlt. Aufgrund einer unendlichen Anzahl von Poren auf der Schaufeloberfläche ist dieser Prozeß sehr effektiv. Die Temperaturverteilung ist in Abb. 9-18 gezeigt.

9.5 Konstruktionen zur Kühlung der Turbinenschaufeln

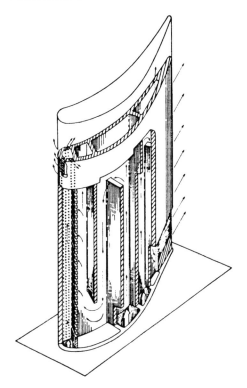

Abb. 9-15. Film- und konvektiv gekühlte Schaufel

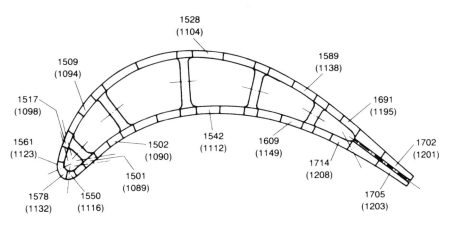

Abb. 9-16. Temperaturverteilung bei einer Konstruktion mit Film- und Konvektivkühlung (gekühlt) (1100 °F = 593 °C; 1150 °F = 621 °C; 1500 °F = 816 °C; 1700 °F = 927 °C)

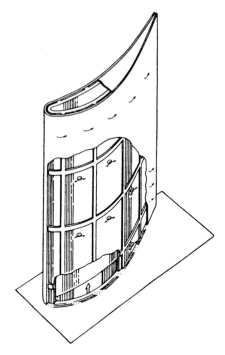

Abb. 9-17. Transpirationsgekühlte Schaufel

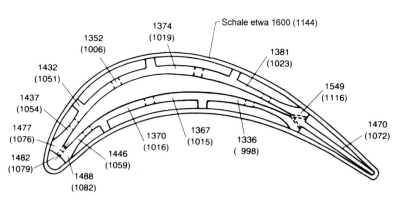

Abb. 9-18. Temperaturverteilung bei transpirationsgekühlter Konstruktion (gekühlt) (1000 °F = 538 °C; 1350 °F = 732 °C; 1400 °F = 760 °C; 1500 °F = 816 °C)

Die hintere Kante der Verstrebung entwickelt die höchste Kriechdehnung. Diese Dehnung erfolgt aufgrund der scharfen Spannungsrelaxation an der Projektion der Hinterkante. Die Kriechdehnung in der Verstrebung ist gut ausgeglichen. Transpirationskühlung erfordert ein Material aus porösen Maschen, das resistent gegen Oxidation bei einer Temperatur von 871 °C (1600 °F) oder mehr ist. Andernfalls wären die überlegenen Kriecheigenschaften dieser Konstruktion nicht signifikant. Da Oxidation die Poren verschließt, ruft ungleiche Kühlung und hohe Temperaturspannungen die Möglichkeit des Schaufelversagens hervor. Der Grund für die überlegene Kriecheigenschaft ist eine relativ niedrige Verstrebungstemperatur (760 °C = 1400 °F im Mittel), die das hohe Niveau von zentrifugalen Spannungen, die erforderlich sind um die poröse Schale zu halten, mehr als kompensiert.

9.5.4
Konstruktion mit vielen kleinen Löchern

Mit dieser speziellen Konstruktion erhält man eine Primärkühlung durch Filmkühlung, bei der kalte Luft durch kleine Löcher über die Tragflügeloberfläche injiziert wird (Abb. 9-19). Die Temperaturverteilung ist in Abb. 9-20 dargestellt.

Diese Löcher sind deutlich größer als die Löcher, die im porösen Material zur Transpirationskühlung vorliegen. Sie sind auch aufgrund ihrer Größe weniger durch Verstopfung und Oxydation gefährdet. In dieser Konstruktion wird die Schale durch Querrippen unterstützt und kann sich unter Triebwerksbetriebsbedingungen ohne eine Verstrebung halten.

Die Konstruktion mit vielen kleinen Löchern hat nach der transpirationsgekühlten Konstruktion das höchste Kriechleben und die beste Dehnungsverteilung zwischen Vorder- und Hinterkante. Sie kommt dem Optimum am nächsten.

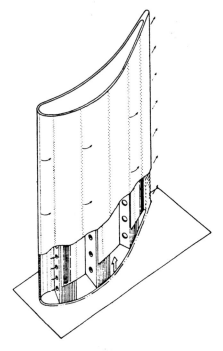

Abb. 9-19. Schaufelkühlung durch Transpiration mit vielen kleinen Löchern

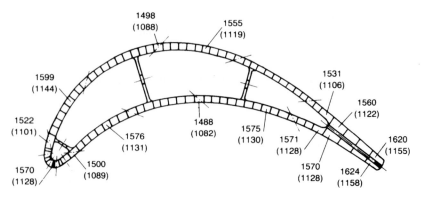

Abb. 9-20. Temperaturverteilung für eine Konstruktion mit vielen kleinen Löchern (gekühlt) (s. °C in Abb. 9-18)

9.5.5
Wassergekühlte Turbinenschaufeln

Bei dieser Konstruktion wird eine Anzahl von Rohren innerhalb der Turbinenschaufel eingebettet, um hiermit Kanäle für das Wasser zu erhalten (Abb. 9-21). In den meisten Fällen sind diese Rohre aus Kupfer, um gute Wärmeübertragungsbedingungen zu schaffen. Das Wasser, das zwischenzeitlich in Dampf umgewandelt wird, erreicht die Schaufelspitzen und wird dann in die Strömung injiziert. Diese Schaufeln sind z.Zt. im experimentellen Stadium [18]. Sie versprechen viel für die Turbine der Zukunft, in der Turbineneintrittstemperaturen von 1650 °C (3000 °F) möglich sein werden. Dieser Kühlungstyp sollte die Schaufelmetalltemperaturen unter 540 °C (1000 °F) halten, so daß hierbei keine Heißkorrosionsprobleme auftreten. Eine Untersuchung der 5 verschiedenen Schaufelkonstruktionen zeigt Tabelle 9-1.

9.6
Aerodynamik der gekühlten Turbine

Die Injektion von Kühlluft in den Turbinenrotor oder Stator ruft eine leichte Verschlechterung des Turbinenwirkungsgrads hervor; jedoch gleichen die höheren

Tabelle 9-1. Zusammenfassung der Experimente zum Kriechleben

	Zeit bis 1% Kriechdehnung (h)	
Schaufelkühlungskonstruktion	Basierend auf Anfangsbedingungen	Basierend auf gemittelten Bedingungen
Verstrebungskonstruktion	2430	47900
Filmkonvektion	186	46700
Transpiration	2533	unendlich
Viele kleine Löcher	4800	33500
Wassergekühlt	150	unendlich

9.6 Aerodynamik der gekühlten Turbine

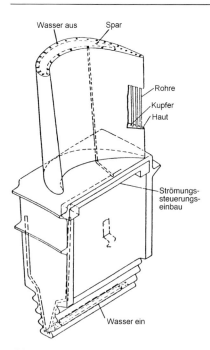

Abb. 9-21. Wassergekühlte Turbinenschaufel (mit Genehmigung der General Electric Company)

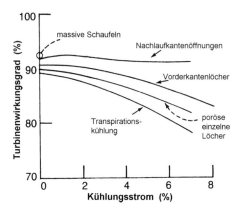

Abb. 9-22. Die Auswirkungen verschiedener Kühlungstypen auf den Turbinenwirkungsgrad

Turbineneintrittstemperaturen diesen Verlust des Turbinenkomponentenwirkungsgrads normalerweise aus [18, 19], wodurch ein Gesamtanstieg des Zykluswirkungsgrads erhalten wird, wie in Abb. 9-22 gezeigt. NASA-Tests mit 3 verschiedenen Typen gekühlter Statorschaufeln wurden an einem speziell gebauten

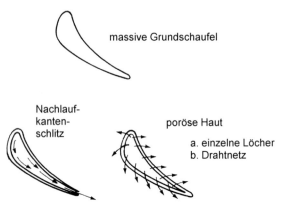

Abb. 9-23. Gekühlte Turbinenschaufeln

76 cm-(30 inch) Turbinenprüfstand mit kalter Luft durchgeführt (Abb. 9-23). Das Profil der äußeren Schale war bei allen drei Schaufeltypen gleich.

Untersuchungen am Totaldruck wurden stromab hinter den Statoren sowohl in der radialen als auch in der Umfangsrichtung durchgeführt, um die Auswirkung der Kühlung und der Statorverluste zu untersuchen. Die Nachlaufspuren am Stator mit einzelnen Bohrungen und am Stator mit Schlitzen an den Hinterkanten zeigen, daß es einen deutlichen Unterschied in den Mustern des totalen Druckverlusts als Funktion des Kühlungstyps und der Menge der zugeführten Kühlungsluft gibt. Steigt der Kühlstrom für die porösen Schaufeln an, steigen auch die Störungen am Strömungsmuster und die Dicke des Nachlaufs an. Als Konsequenz hieraus wachsen die Verluste. In einer Schaufel mit Schlitzen an der Hinterkante steigen die Verluste sofort mit dem Kühlstrom an, da der Nachlauf dicker wird. Jedoch, wenn der Kühlstrom erhöht wird, tendiert er dazu, dem Nachlaufgebiet Energie zuzuführen, und damit die Verluste zu reduzieren. Für einen größeren Kühlstrom muß der Kühldruck erhöht werden, woraus eine Energiezufuhr in die Strömung resultiert.

Durch Vergleich der verschiedenen Kühlungstechniken zeigt sich, daß eine Schaufel mit Schlitzen an der Hinterkante die thermodynamisch wirksamste ist, wie in Abb. 9-23 gezeigt. Eine Statorschaufel aus porösem Material vermindert den Stufenwirkungsgrad deutlich. Dieser Wirkungsgrad zeigt Verluste in der Turbine an, doch er berücksichtigt nicht die Effektivität der Kühlung. Wie weiter vorne gezeigt, sind Schaufeln aus porösem Material effektiver in der Kühlung.

9.7
Turbinenverluste

Ein primärer Grund für Wirkungsgradverluste in axial durchströmten Turbinen ist der Aufbau einer Grenzschicht an den Schaufeln und den hinteren Bewandungen. Die Verluste im Zusammenhang mit der Grenzschicht sind viskose Verluste, Mischverluste und Verluste an der Hinterkante. Um diese Verluste zu berechnen, muß das Wachstum der Grenzschicht an der Schaufel bekannt sein, so daß die Verdrängungsdicke und die Impulsdicke berechnet werden können [20, 21]. Eine typische Verteilung von Verdrängung und Impulsdicke ist in Abb. 9-24 dargestellt. Die Profilverluste dieses Grenzschichtaufbaus beruhen auf einem Verlust des Stagnationsdrucks, der wiederum durch Impulsverlust im viskosen Fluid hervorgerufen wird. Die Schaufelkrümmung und der Druckgradient, dem die Strömung ausgesetzt ist, sind hauptsächliche Faktoren für diese Art von Strömungsverlusten. Die Verluste an den hinteren Wänden beruhen ebenfalls auf Impulsverlusten, und obwohl sie auch vom Profil und Druckgradient abhängen, so sind doch die Profilformen und der Druckgradient deutlich unterschiedlich. Verluste an den hinteren Wänden sind oftmals mit Sekundärverlusten kombiniert, da angrenzende Schaufelprofile einen Druckgradienten von der Druck- zur Saugoberfläche hervorrufen. Die Schaufelbelastung wird somit durch den Druckunterschied an den gegenüberliegenden Seiten der gleichen Schaufel hervorgerufen. Der Druckgradient über der Schaufelpassage induziert

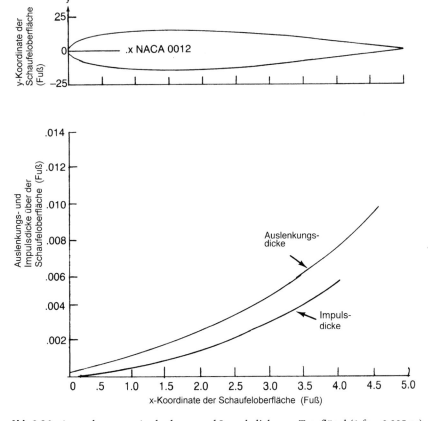

Abb. 9-24. Anwachsen von Auslenkung und Impulsdicke am Tragflügel (1 ft = 0,305 m)

Tabelle 9-2. Werte der Turbinenverluste in allen Stufen

Mechanische Verluste	Verluste (%)
Profil	2-4
Endwand	1,5-4
Sekundärströmung	1-2
Rotoreinströmung	1-3
Spitzenspiel	$1^{1}/_{2}$-3
Radscheibe	1-2

Strömungen von höherem zu niedrigerem Druck. Diese Sekundärströmung ruft Verluste hervor und resultiert in Wirbeln am Strömungsaustritt.

Verluste durch das Spiel an den Schaufelspitzen treten auf, wenn die Schaufelspitze keine mechanische Berührung mit dem umgebenden Gehäuse hat und wenn der Druckgradient über der Schaufeldicke eine Strömungsleckage durch die Spiellücke induziert [22, 23]. Diese Strömung über der Spitze ruft Turbulenz und Druckabfall hervor und überschneidet sich mit der Hauptströmung des Volumenstroms. Alle diese Effekte tragen zu den Verlusten durch Spiel an den Spitzen bei. Ein anderer Verlust wird durch Stoßverluste in der Strömung hervorgerufen, wenn der Winkel des strömenden Gases und der Schaufelwinkel nicht übereinstimmen. Dies führt zu einer abrupten Änderung der Strömungsrichtung an der Eintrittskante der Schaufel [4]. In einem Axialkompressor treten Scheibenverluste auf [24, 25], da ein kleines Spiel zwischen dem Gehäuse und den Laufradscheiben besteht. Das hierin gefangene Fluid ruft viskose Energiedissipationen hervor, wenn es durch die Rotorbewegung geschert wird. Tabelle 9-2 zeigt den ungefähren Wert derartiger Verluste in den gesamten Stufen.

Es wurde eine einfache, doch effektive Technik zur Berechnung der Verluste in einer axial durchströmten Turbine entwickelt [26]. Bei dieser Verlustberechnung wird die Schaufelgeometrie, der Raum zwischen den Schaufeln, das Aspektverhältnis, das Eckenverhältnis und der Effekt der Reynolds-Zahl berücksichtigt. Jedoch werden Faktoren wie Stoßwinkel, die Dicke der Schaufelhinterkante und der Machzahl-Effekt nicht berücksichtigt. Die Vernachlässigung des Machzahl-Effekts ruft ein Problem in den hochbeladenen Stufen hervor. Die optimale Kompaktheit ($\sigma = c/s$) der Schaufeln wird berechnet mit

$$\sigma = 2{,}5 \left(\cot\alpha_2 + \cot\alpha_1\right)\sin^2\alpha_2 \qquad (9\text{-}18)$$

Der Verlustkoeffizient kann nun berechnet werden mit

$$\omega = \left(\frac{10^5}{Re}\right)^{\frac{1}{4}} [(1+\omega_\theta)(0{,}975 + 0{,}075/AR) - 1]\,\omega_i \qquad (9\text{-}19)$$

wobei AR das Aspektverhältnis (h/c) ist, w_θ der Verlust aus der Schaufelgeometrie (s. Abb. 9-25), ω_i der Verlust durch den Eintrittswinkel (Stoßverlust) (s. Abb. 9-26) und $Re = V_3 D_n/\nu_3$ wobei $D_n = (2AR\,s\,\sin\alpha_2)/(\sigma\sin\alpha_2 + AR)$ ist.

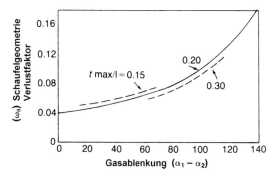

Abb. 9-25. Schaufelgeometrieverluste

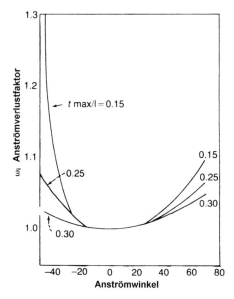

Abb. 9-26. Stoßwinkelverluste

Die Änderung der Enthalpie ist gegeben mit

$$h_{2a} = h_{2s} + \omega V_3^2 / 2 \tag{9-20}$$

Dieser Verlust ist nun nochmals für den Rotor zu berechnen.

Die Definition der Charakteristika einer Turbine abseits des Auslegungspunkts ist genauso wichtig wie die Charakteristika am Auslegungspunkt [27, 28]. Abbildung 9-27 zeigt die Auswirkung des Verhältnisses von Drehzahl zum Druck auf die abgegebene Leistung. Aus diesem Diagramm ist ersichtlich, daß die Turbineneintrittstemperatur und das Druckverhältnis die 2 Faktoren sind, die die abgegebene Leistung der Turbine am deutlichsten berühren. Um diese Leistungscharakteristika abseits des Auslegungspunkts zu erhalten, ist es notwendig, die

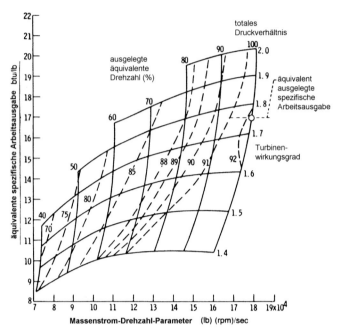

Abb. 9-27. Turbinenleistungskennfeld (10 Btu/lb = 0,1 kWh/kg)

Auswirkung mehrerer dimensionsloser Parameter zu untersuchen, wie den Druck- und den Temperaturkoeffizienten als eine Funktion des Strömungskoeffizienten [29, 30]. Andere Techniken, die zum Studium der Strömungsphänomena und der Strömungsverteilung durch die Schaufeln genutzt werden, sind auch zur Feststellung der Bedingungen abseits des Auslegungspunkts zu nutzen.

9.8
Literatur

1. Evans, D.C.: Highly Loaded Multi-stage Fan Drive. Turbine-Velocity Diagram Study, NASA CR-1862 (1971)
2. Evans, D.C. and Wolfmeyer, G.W.: Highly Loaded Multi-stage Fan Drive. Turbine-Plain Blade Configuration. NASA CR-1964, NASA CR-1964, (1972)
3. Shepherd, D.G.: Principles of Turbomachinery. The Macmillan Company, New York 1956
4. Horlock, J.K.: Axial Flow Turbine. Butterworth and Company Ltd., London 1966
5. Whitney, W.J., Szanca, E.M., Moffitt, T.P., and Monroe, D.E.: Cold-Air Investigation of a Turbine for High-Temperature Engine Application, I-Turbine Design and Overall Stator Performance. NASA, TN D-3751 (1967)
6. Prust, H.W., Jr., Schum, H.J. and Behning, F.P.: Cold-Air Investigation of a Turbine for High-Temperature Engine Application. II-Detailed Analytical and Experimental Investigation of Stator Performance. NASA, TN D-4418 (1968)
7. Whitney, W.J., Szanca, E.M., Bider, B., and Monroe, D.E.: Cold-Air Investigation of a Turbine for High-Temperature Engine Application III-Overall Stage Performance. NASA, TN D-4389 (1968)

8. Whitney, W.J., Szanca, E.M., and Behning, F.P.: Cold-Air Investigation of a Turbine with Stator Blade Trailing Edge Coolant-Ejection. I-Overall Stator Performance. NASA, TM X-1901 (1969)
9. Prust, H.W., Jr., Behning, F.P., and Bider, B.: Cold-Air Investigation of a Turbine with Stator Blade Trailing Edge Coolant Ejection. II-Detailed Stator Performance. NASA, TM X-1963 (1970)
10. Szanca, E.M., Schum, H.J., and Prust, H.W., Jr.: Cold-Air Investigation of a Turbine with Transpiration-Cooled Stator Blades. I-Performance of Stator with Discrete Hole Blading. NASA, TM X-2094 (1970)
11. Prust, H.W., Jr., Schum, H.J., and Szanca, E.M.: Cold-Air Investigation of a Turbine with Transpiration-Cooled Stator Blades. I-Performance of Stator with Discrete Hole Blading. NASA, TX X-2094 (1970)
12. Szanca, E.M., Schum, H.J., and Behnong, F.P.: Cold-Air Investigation of a Turbine with Transpiration-Cooled Stator Blades. II-Stage Performance with Discrete Hole Stator Blades. NASA, TM X-2133 (1970)
13. Behning, F.P., Prust, H.W., Jr.; and Moffitt, T.P.: Cold-Air Investigation of a Turbine with Transpiration-Cooled Stator Blades. III-Performance of Stator with Wire-Mesh Shell Blading. NASA, TM X-2166 (1971)
14. Behning, F.P., Schum, H.J., and Szanca, E.M.: Cold-Air Investigation of a Turbine with Transpiration-Cooled Stator Blades. IV-Stage Performance with Wire-Mesh Shell Blading. NASA, TM X-2176 (1971)
15. Moffitt, T.P., Prust, H.W., Jr., Szanca, E.M., and Schum, H.J.: Summary of Cold-Air Tests of a Single-Stage Turbine with Various Stator Cooling Techniques. NASA, TM X-52969 (1971)
16. Glassman, A.J., and Moffitt, T.P.: New Technology in Turbine Aerodynamics. Proceeding of the 1st Turbomachinery Symposium. Texas A&M University 1972, p. 105
17. Prust, H.W., Jr., and Helon, R.M.: Effect of Trailing Edge Geometry and Thickness on the Performance of Certain Turbine Stator Blading. NASA, TN D-6637 (1972)
18. Whitney, W.J.: Comparative Study of Mixed and Isolated Flow Methods for Cooled Turbine Performance Analysis. NASA, TM X-1572 (1968)
19. Whitney, W.J.: Analytical Investigation of the Effect of Cooling Air on Two-Stage Turbine Performance. NASA, TM X-1728 (1969)
20. Cohen, C.B. and Reshotko, E.: The Compressible Laminar Boundary Layer with Heat Transfer and Arbitrary Pressure Gradient. NACA, TR 1294 (1956)
21. Sasman, P.K. and Gresei, R.J.: Compressible Turbulent Boundary Layer with Pressure Gradients and Heat Transfer. AIAA J. Vol. 1, Jan. 1966, pp. 19–25
22. Balje, O.E.: Axial Cascade Technology and Application to Flow Path Designs. J. Eng. Power, ASME Transactions 90A (1968), pp.309–340
23. Balje, O.E. and Binsley, R.L.: Axial Turbine Performance Evaluation. J. Eng. Power, ASME Transactions, 90A (1960), pp. 217–232
24. Daily, J.W. and Nece, R.E.: Chamber Dimension Effects on Induced Flow and Frictional Resistance of Enclosed Rotating Disks. J. Basic Eng., ASME Transaction 82D (1960), pp. 217–232
25. Mann, R.W. and Marston, C.A.: Friction Drag on Bladed Disks in Housings as a Function of Reynolds Number. Axial and Radial Clearance and Blade Aspect Ratio and Solidity. J. Basic Eng., ASME Transaction 83 D (1961), pp. 719–723
26. Thompson, W.E.: Aerodynamics of Turbines. Proceedings of the 1st Turbomachinery Symposium, Texas A&M University 1972, p. 90
27. Carter, A.F. and Lenherr, F.K.: Analysis of Geometry and Design Point Performance of Axial Flow Turbine Using Specified Meridional Velocity Gradients. NASA, CR-1456 (1969)
28. Carter, A.F., Platt, M., and Lenherr, F.K.: Analysis of Geometry and Design Point Performance of Axial Flow Turbines. Part I-Development of the Analysis Methods and the Loss Coefficient Correlation. NASA, CR-1181 (1968)

29. Brown, L.E.: Axial Flow Compressor and Turbine Loss Coefficients: A Comparison of Several Parameters. J. Eng. Power, ASME Transaction 94A (1972), pp. 193–201
30. Flagg, E.E.: Analytical Procedure and Computer Program for Determining the Off-Design Performance of Axial flow Turbines. NASA, CR-710 (1967)

10 Brennkammern

Die Wärme, die in den Gasturbinen-Braytonzyklus eingegeben wird, wird von einer Brennkammer (combustor) geliefert. Die Brennkammer nimmt die Luft vom Kompressor auf und gibt sie mit angehobener Temperatur zur Turbine (im Idealfall ohne Druckverlust). Somit ist die Brennkammer ein direkt gefeuerter Lufterwärmer, in dem Treibstoff fast stöchiometrisch mit einem Drittel oder weniger der vom Kompressor gelieferten Luft verbrannt wird. Verbrennungsprodukte werden dann mit dem verbleibenden Luftanteil gemischt, um eine passende Turbineneintrittstemperatur zu erreichen. Es gibt viele Brennkammertypen. Die drei Haupttypen sind rohrförmig, Rohre in Kreisringanordnung und kreisringförmig. Neben den vielen Konstruktionsunterschieden haben alle Gasturbinenverbrennungskammern 3 Eigenheiten: (1) eine Rückströmungszone, (2) eine Verbrennungszone (mit einer Rückströmungszone, die sich zur Verdünnungszone ausdehnt) und (3) eine Verdünnungszone. Die Rückströmungszone hat die Aufgabe zu verdampfen, teilweise zu verbrennen und den Treibstoff für eine schnelle Verbrennung innerhalb der verbleibenden Verbrennungszone vorzubereiten. Im Idealfall sollte am Ende der Verbrennungszone der gesamte Kraftstoff verbrannt sein, so daß die Funktion der Verdünnungszone allein die Vermischung des heißen Gases mit der Verdünnungsluft ist. Die Mischung, die die Kammer verläßt, sollte eine Temperatur- und Geschwindigkeitsverteilung haben, die für die Leitschaufeln und die Turbine akzeptabel ist. Generell kann gesagt werden, daß die Zuleitung der Verdünnungsluft so abrupt ist, daß, falls die Verbrennung am Ende der Verbrennungszone noch nicht beendet ist, eine Auslöschung eintritt, die die vollständige Verbrennung verhindert. Jedoch gibt es bei einigen Kammertypen Beweise dafür, daß ein Teil der Verbrennung auch in der Verdünnungszone auftritt, wenn die Verbrennungszone überreich betrieben wird.

Verbrennungseinlaßtemperaturen hängen vom Druckverhältnis der Maschine ab, dem Last- und dem Maschinentyp und ob die Turbine regenerativ ist oder nicht. Nichtregenerative Einlaßtemperaturen variieren zwischen 120–520 °C (250–960 °F), während regenerative Einlaßtemperaturen in einem Bereich von 370–590 °C (700–1100 °F) liegen. Verbrennerauslaßtemperaturen liegen bei großen Industrieturbinen im Bereich von 650–870 °C (1200–1600 °F) und 790–1260 °C (1450–2300 °F) in kleineren Luftfahrttyp-Maschinen [1, 2]. Brennkammerdrücke für Vollastbetrieb variieren zwischen 3,1 bar (45 psia) für kleine Maschinen bis zu 25,5 bar (370 psia) bei komplexen Maschinen. Treibstoffraten ändern sich mit der Luft, und Kraftstoffverdampfer können für Strömungsbereiche bis zu 100:1 erforderlich sein. Jedoch ist die Änderung im Treibstoff-zu-Luft-Verhältnis zwischen Leerlauf und Vollastbedingungen üblicherweise in einem variablen Bereich unterhalb des Faktors 3. Während transienten Bedingungen variieren die Treibstoff-zu-Luft-Verhältnisse. Bei Entlastungen und während Beschleunigungen wird ein viel höheres Treibstoff-zu-Luft-Verhältnis benötigt, da die Temperaturen schnell ansteigen. Bei Verzögerungen können die Bedingungen deutlich magerer sein. Somit ist eine Brennkammer, die über einen weiten Bereich verschiedener Mischungen ohne die Gefahr eines Durchbrennens betrieben werden kann, mit einfacheren Regelungssystemen zu betreiben.

Die Brennkammerleistung wird am Wirkungsgrad, dem Druckabfall der Brennkammer und der Ebenheit der Auslaßtemperaturprofile gemessen.

Der Verbrennungswirkungsgrad ist ein Maß für die vollständige Verbrennung. Diese berührt den Treibstoffverbrauch direkt, da der Wärmewert des unverbrannten Treibstoffs nicht zur Erhöhung der Turbineneintrittstemperatur genutzt wird. Zur Berechnung des Brennkammerwirkungsgrads wird die tatsächliche Wärmeerhöhung des Gases ins Verhältnis zum theoretischen Wärmeeintrag des Treibstoffs gesetzt (Heizwert) [3].

Der Wirkungsgrad wird errechnet durch

$$\frac{\Delta h_{wirklich}}{\Delta h_{theoretisch}} = \frac{\left(\dot{m}_a + \dot{m}_f\right)h_3 - \dot{m}_a h_2}{\dot{m}_f \left(LHV\right)}$$

mit

η = Wirkungsgrad
$\dot{m}_a$ = Massenstrom der Luft
$\dot{m}_f$ = Massenstrom des Kraftstoffs
h_3 = Enthalpie des Gases, das die Brennkammer verläßt
h_2 = Enthalpie des Gases, das in die Brennkammer eintritt
LHV = Heizwert des Brennstoffs.

Der Druckverlust in der Brennkammer ist ein Hauptproblem, da er sowohl Brennstoffverbrauch als auch abgegebene Leistung berührt. Der totale Druckverlust liegt üblicherweise im Bereich von 2–8% des statischen Drucks. Dieser Verlust entspricht dem der Absenkung des Kompressorwirkungsgrads. Das Ergebnis ist erhöhter Brennstoffverbrauch und niedrigere Leistungsabgabe, was Größe und Gewicht des Triebwerks beeinflußt.

Die Gleichmäßigkeit der Austrittsprofile an der Brennkammer berührt das nutzbare Niveau der Turbineneintrittstemperatur, da die mittlere Gastemperatur durch die Spitzengastemperatur limitiert ist [4]. Die Gleichmäßigkeit sichert eine adäquate Lebensdauer der Düse, die von der Betriebstemperatur abhängt. Die mittlere Einlaßtemperatur zur Turbine berührt sowohl Treibstoffverbrauch als auch Leistungsabgabe. Ein großer Brennkammeraustrittsgradient reduziert die mittlere Gastemperatur und somit auch die Leistungsabgabe und den Wirkungsgrad. Daher muß die Übergangszahl (traverse number) einen niedrigen Wert haben – zwischen 0,05 und 0,15 in der Düse.

Ebenso wichtig sind die Faktoren, die den befriedigenden Betrieb und die Lebensdauer der Brennkammer berühren. Um einen befriedigenden Betrieb zu erreichen, muß die Flamme selbsterhaltend sein, und die Verbrennung muß im Bereich von Kraftstoff/Luft-Verhältnissen stabil sein, um Zündverlust während transientem Betrieb zu vermeiden. Moderate Metalltemperaturen sind notwendig, um lange Lebensdauer zu sichern. Steile Temperaturgradienten, die Risse verursachen, müssen ebenfalls vermieden werden. Kohlenstoffablagerungen können das Übergangsstück verziehen und das Strömungsmuster verändern und so Druckverluste hervorrufen. Rauch ist aus Umweltgründen zu vermeiden, ebenso wie Verschmutzungen des Wärmetauschers [5]. Die Minimierung von Kohlenstoffablagerungen und Rauchemissionen hilft auch, einen befriedigenden Betrieb zu sichern.

10.1
Termini zur Verbrennung

Bevor mit der Konstruktion der Brennkammern fortgesetzt wird, ist die Definition einiger Termini notwendig:
1. *Referenzgeschwindigkeit.* Die theoretische Geschwindigkeit für die Strömung der Brennkammereintrittsluft durch eine Fläche, die gleich der maximalen Querschnittsfläche des Brennkammergehäuses ist 7,6 m/s (25 fps) in einer Brennkammer mit Umkehrströmung; 24,4–41,1 m/s (80–135 fps) in einer gerade durchströmten Turbojetbrennkammer).
2. *Profilfaktor.* Das Verhältnis zwischen der maximalen und der mittleren Austrittstemperatur.
3. *Durchquerungszahl (Temperaturfaktor).* (1) Die Spitzengastemperatur minus der mittleren Gastemperatur geteilt durch den mittleren Temperaturanstieg in der Düsenkonstruktion. (2) Der Unterschied zwischen der höchsten und der mittleren, radialen Temperatur.
4. *Stöchiometrische Proportionen.* Die Bestandteil-Proportionen der Reaktanzen sind so, daß genau ausreichend viele Oxidationsmoleküle vorhanden sind, um eine komplette Reaktion zu stabilen Molekülformen des Produkts zu bringen.
5. *Äquivalenzverhältnis.* Das Verhältnis des Sauerstoffanteils bei stöchiometrischen und tatsächlichen Bedingungen:

$$\phi = \frac{\text{(Sauerstoff/Brennstoff stöchiometrisch)}}{\text{(Sauerstoff/Brennstoff bei tatsächlich Bedingungen)}}$$

6. *Druckabsenkung.* Ein Druckverlust tritt in einem Kompressor durch Diffusion, Reibung und Impuls auf. Der Druckverlustwert liegt zwischen 2 und 10% des statischen Drucks (Kompressoraustrittsdruck). Der Wirkungsgrad des Triebwerks wird um einen gleichen Prozentsatz reduziert.

10.2 Verbrennung

In ihrer einfachsten Form ist Verbrennung ein Prozeß, in dem Material oder Treibstoff verbrannt wird. Ob ein Zündholz angezündet oder ein Jettriebwerk befeuert wird – die hierbei beinhalteten Prinzipien sind die gleichen und die Produkte der Verbrennung sind ähnlich.

Die Verbrennung von Erdgas ist eine chemische Reaktion, die zwischen Kohlenstoff oder Wasserstoff und Sauerstoff geschieht. Wärme wird freigegeben, wenn die Reaktion eintritt. Die Produkte der Verbrennung sind Kohlendioxid und Wasser. Die Reaktion ist

$$CH_4 + 4O \longrightarrow CO_2 + 2H_2O + Wärme$$
(Methan + Sauerstoff) (Kohlendioxid + Wasser + Wärme)

4 Teile Sauerstoff sind erforderlich, um 1 Teil Methan zu verbrennen. Die Produkte der Verbrennung sind 1 Teil Kohlendioxid und 2 Teilen Wasser. 1 m^3 Methan produziert 1 m^3 Kohlendioxidgas.

Sauerstoff, der für die Verbrennung genutzt wird, ist in der Atmosphäre vorhanden. Die chemische Zusammensetzung der Luft ist etwa 21% Sauerstoff und 79% Stickstoff oder 1 Teil Sauerstoff zu 4 Teilen Stickstoff. Mit anderen Worten, für jeden m^3 Sauerstoff, der in der Luft enthalten ist, gibt es etwa 4 m^3 Stickstoff.

Sauerstoff- und Stickstoffmoleküle enthalten jeweils 2 Atome Sauerstoff oder Stickstoff. Wenn man festhält, daß 1 Teil oder Molekül Methan 4 Teile Sauerstoff für die komplette Verbrennung erfordert und die Sauerstoffmoleküle 2 Atome enthalten oder 2 Teile, ist das volumetrische Verhältnis von Methan und Sauerstoff wie folgt:

$$1CH_4 + 2(O_2 + 4N_2) \longrightarrow 1CO_2 + 8N_2 + 2H_2O + Wärme$$

Die vordere Gleichung ist die wirkliche chemische Gleichung für den Verbrennungsprozeß. 1 m^3 Methan benötigt tatsächlich 2 m^3 Sauerstoff für die Verbrennung.

Da Sauerstoff in der Luft enthalten ist, die auch Stickstoff enthält, kann der Reaktionsprozeß wie folgt beschrieben werden:

$$1CH_4 + 2(O_2 + 4N_2) \longrightarrow 1CO_2 + 8N_2 + 2H_2O + Wärme$$
(Methan + Luft) (Kohlendioxid + Stickstoff + Wasser + Wärme)

1 m^3 Methan benötigt 10 m^3 Luft (2 m^3 Sauerstoff und 8 m^3 Stickstoff) für die Verbrennung. Die Produkte sind Kohlendioxid, Stickstoff und Wasser. Das Verbrennungsprodukt von 1 m^3 Methan führt zu einem Gesamtvolumen von 9 m^3 Kohlendioxidgas. Zusätzlich enthält das verbrannte Gas etwas Ethan, Propan und andere Kohlenwasserstoffe. Das Ergebnis der Verbrennung von 1 m^3 Methan ist 9,33 m^3 des inerten Verbrennungsgases.

10.2 Verbrennung

Falls der Verbrennungsprozeß nur die Reaktionen hervorrufen würde, die in der vorstehenden Diskussion gezeigt wurden, bräuchten keine Maßnahmen zur Steuerung durchgeführt zu werden. Jedoch treten andere Reaktionen auf, durch die unerwünschte Produkte entstehen.
Die chemische Reaktion, die zur Entstehung von Salpetersäure während des Verbrennungsprozesses führt, ist wie folgt:

$$2N + 5O + H_2O \longrightarrow 2NO + 3O + H_2O \longrightarrow 2HNO$$
$$\text{(Stickoxid)} \qquad \text{(Salpetersäure)}$$

Das in der vorstehenden Reaktion benötigte Wasser ist das bei der Verbrennung entstandene Wasser. Die mittlere Reaktion, die vorstehend gezeigt wurde (Salpetersäureentstehung), geschieht nicht während des Verbrennungsprozesses, sondern nachdem die Stickoxide weiter zu Stickstoffdioxid (NO_2) oxidiert und abgekühlt sind. Deshalb ist es notwendig, die Entstehung von Stickoxid während des Verbrennungsprozesses zu kontrollieren, um seine abschließende Umwandlung in Salpetersäure zu vermeiden. Die Entstehung von Stickoxid während der Verbrennung kann durch Reduktion der Verbrennungstemperatur eingeschränkt werden. Normale Verbrennungstemperaturen liegen zwischen 1870 und 1930 °C (3400–3500 °F). Bei diesen Temperaturen ist das Volumen des Stickoxids im Verbrennungsgas etwa 0,01%. Wenn die Verbrennungstemperatur gesenkt wird, ist die Menge des Stickoxids deutlich reduziert. Durch Aufrechterhaltung einer Temperatur unter 1540 °C (2800 °F) im Verbrenner wird das Volumen des Stickoxids unterhalb des maximalen Limits von 20 Teilen pro Million (0,002%) sein. Dieses Minimum wird durch Injektion von nicht brennbarem Gas (flue gas) um die Brennkammer herum erreicht, um die Verbrennungszone zu kühlen.
Schwefelige Säure ist ein anderes übliches Nebenprodukt der Verbrennung. Diese Reaktion ist wie folgt:

$$H_2S + 4O \longrightarrow SO_3 + H_2O \longrightarrow H_2SO_4$$
$$\text{(Schwefeloxid)} \quad \text{(Schwefelsäure)}$$

Die Entstehung von Schwefelsäure während des Verbrennungsprozesses kann nicht wirtschaftlich vermieden werden. Die beste Methode der Beseitigung der Schwefelsäure als Verbrennungsprodukt ist, vorher den Schwefel aus dem Brenngas herauszunehmen. Zwei unterschiedliche Entschwefelungsprozesse werden eingesetzt, um den Schwefel aus dem Brenngas zu entfernen.
Die Menge des Sauerstoffs im Verbrennungsgas wird durch Kontrolle des Luft/Treibstoff-Verhältnisses in der Primärzone kontrolliert. Wie vorstehend angemerkt, ist das ideale Volumenverhältnis von Luft zu Methan 10:1. Wenn weniger als 10 Volumen Luft mit 1 Volumen Methan benutzt werden, wird das Verbrennungsgas Kohlenmonoxid enthalten. Die Reaktion läuft wie folgt ab:

$$1CH_4 + 1\frac{1}{2}(O_2 X 4N_2) \longrightarrow 2H_2O + 1CO + 6N_2 + \textit{Wärme}$$

In Gasturbinen gibt es sehr viel Luft, so daß das Kohlenmonoxid-Problem dort nicht auftritt.

10.3
Brennkammerkonstruktionen

Die einfachste Brennkammer ist ein geradwandiges Rohr, das den Kompressor und die Turbine verbindet (s. Abb. 10-1). Tatsächlich ist diese Anordnung in der Praxis nicht realisierbar, aufgrund des exzessiven Druckverlusts, der bei Verbrennung mit hohen Geschwindigkeiten auftritt. Der fundamentale Druckverlust bei Verbrennung ist proportional zur Wurzel der Luftgeschwindigkeit. Da Kompressoraustrittsgeschwindigkeiten in Größenordnungen bis zu 150 m/s (500 ft/sec) liegen, kann der Verbrennungsdruckverlust bis zu einem Viertel des im Kompressor produzierten Druckanstiegs ausmachen. Aus diesem Grund wird die in die Brennkammer eintretende Luft vorher zu niedrigen Geschwindigkeiten hin verzögert. Durch die Verzögerung kann der Verbrennungsdruckverlust bis zur Hälfte reduziert werden.

Jedoch sind auch mit einem Diffusor die Geschwindigkeiten noch zu hoch, um eine stabile Verbrennung zu erlauben. Mit Flammgeschwindigkeiten von einigen 0,3 m/s (fps) kann eine stetige Flamme nicht durch einfache Injektion in einen Luftstrom mit einer Geschwindigkeit, die eine oder zwei Größenordnungen größer ist, produziert werden. Auch wenn sie anfangs gezündet wird, wird die Flamme stromab getragen und kann nicht mit einer gleichmäßigen Zündung aufrecht erhalten werden. Ein Prallblech muß eingesetzt werden, um eine Region niedriger Geschwindigkeit zu erzeugen, und hierbei auch Strömungsumkehr zur Flammenstabilisation, wie in Abb. 10-2 dargestellt. Das Prallblech erzeugt eine Wirbelregion in der Strömung, in die kontinuierlich die zu verbrennenden Gase einströmen, vermischt werden und die Verbrennungsreaktion vollenden. Es ist die stationäre Zirkulation, die die Flamme stabilisiert und kontinuierliche Zündung liefert. Das Verbrennungsproblem wird dann zu einem Problem, bei dem gerade genug Turbulenz für Mischung und Verbrennung produziert werden muß, um ein Übermaß zu vermeiden, das zu erhöhtem Druckverlust führen würde.

Es ist vorteilhaft, die Steuerungseigenarten eines stabilisierenden Systems analysieren zu können, so daß ein guter Verbrennungswirkungsgrad in bezug

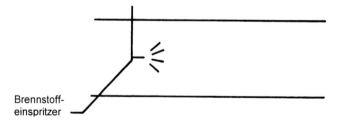

Abb. 10-1. Einfaches Verbrennungsrohr mit geraden Wänden

10.3 Brennkammerkonstruktionen

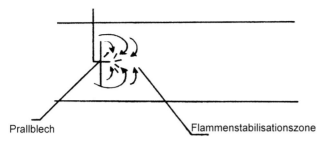

Prallblech　　　　　　　　　　Flammenstabilisationszone

Abb. 10-2. Prallblech, das in den geradwandigen Kanal eingefügt wurde, um eine Flammenstabilisierungszone zu erzeugen

auf den Druckverlust erreicht wird. Da die Brennkammerkonstruktion die Erzeugung von turbulenten Zonen mit komplizierten Strömungen und chemischen Reaktionseffekten beinhaltet, muß auf empirische Methoden zurückgegriffen werden. Ein einfacher stumpfer Körper, wie ein Prallblech, das in die Strömung eingesetzt wird, ist der einfachste Fall der Flammenstabilisierung. Obwohl die grundlegenden Strömungsmuster in jeder Brennkammerprimärzone ähnlich sind (Brennstoff und Luft vermischt, gezündet durch Rückströmen der Flamme und verbrannt in einer hoch turbulenten Region), gibt es verschiedene Wege, um die Flammenstabilität in der Primärzone zu erhalten.

Jedoch sind diese komplizierter und schwieriger zu analysieren als das einfache Prallblech. Die Abb. 10-3 und 10-4 zeigen 2 derartige Konstruktionen. In einer wird ein starker Wirbel durch Drallschaufeln erzeugt, die um die Düse herum angeordnet sind. Ein anderes Strömungsmuster wird erzeugt, wenn die Verbrennerluft durch Ringe radialer Strahlen zugeführt wird. Strahleinprall in der Verbrennerachse resultiert in eine stromauf gerichtete Strömung. Diese formiert eine radförmige Rezirkulationszone, die die Flamme stabilisiert.

Geschwindigkeit ist ein wichtiger Faktor in der Auslegung der Primärzone. Ein fixierter Geschwindigkeitswert in der Brennkammer erzeugt einen begrenzten Bereich der Mischungsstärke, in dem die Flamme stabil ist. Verschiedene Flammenstabilisierungsanordnungen (Prallbleche, Strahlen- oder Drallschaufeln) führen zu verschiedenen brennbaren Mischungen bei einer gegebenen Geschwindigkeit. Abbildung 10-5 zeigt ein allgemeines Stabilitätsdiagramm, in

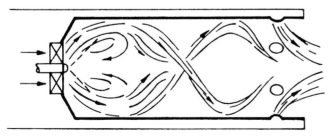

Abb. 10-3. Flammenstabilisierungsregion, erzeugt durch Drallschaufeln

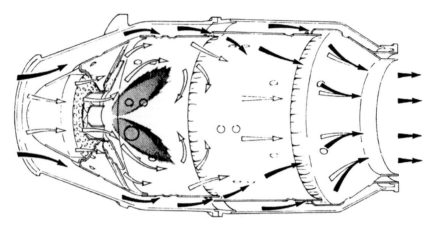

Abb. 10-4. Flammenstabilisierung, die durch zusammenprallende Strahlen und allgemeine Luftstrommuster hervorgerufen wird (© Rolls Royce Limited)

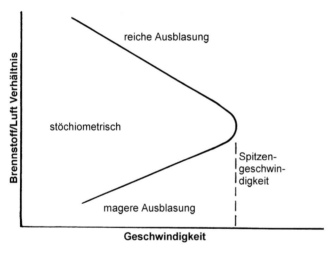

Abb. 10-5. Bereich der brennbaren Brennstoff/Luft-Verhältnisse über der Gasgeschwindigkeit in der Brennkammer

dem sich die Bereiche der brennbaren Mischungen verringern, wenn die Geschwindigkeiten steigen. Eine Änderung der Prallbereichsgröße beeinflußt den Bereich der brennbaren Grenzen und der Druckverluste. Um einen breiten Betriebsbereich der Brennstoff/Luft-Verhältnisse zu erreichen, ist die Brennkammer so ausgelegt, daß sie deutlich unter der Auslöschgeschwindigkeit betrieben werden kann. Gasturbinenkompressoren arbeiten mit fast konstanten Luftgeschwindigkeiten bei allen Lastzuständen. Diese konstante Luftgeschwindigkeit resultiert daraus, daß der Kompressor mit einer konstanten Drehzahl arbeitet und in den Fällen, bei denen der Massenstrom als eine Funktion des Lastzustands variiert, variiert der statische Druck ähnlich; der Volumenstrom der Luft ist fast

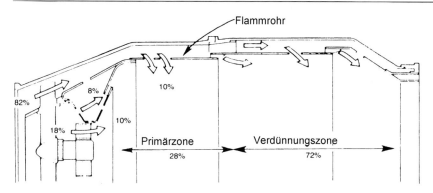

Abb. 10-6. Addition von im Flammrohr verteilter Strömung zwischen Primär- und Verdünnungszone

konstant. Deshalb kann die Geschwindigkeit als ein Kriterium für die Brennkammerauslegung benutzt werden, dies gilt speziell in bezug auf die Flammenstabilisierung.

Die Wichtigkeit der Luftgeschwindigkeit in der Primärzone ist bekannt. In der Primärzone liegen die Brennstoff/Luft-Verhältnisse etwa bei 60:1; die verbleibende Luft muß irgendwo zugeführt werden. Die Sekundär- oder Verdünnungsluft sollte nur dann zugeführt werden, wenn die Primärreaktion vollendet ist. Verdünnungsluft sollte graduell zugeführt werden, so daß sie nicht die Reaktion auslöscht. Die Addition eines Flammrohrs als eine Basiskomponente der Brennkammer verhütet dies, wie in Abb. 10-6 gezeigt. Flammrohre sollten so ausgelegt werden, daß sie die geforderten Auslaßprofile produzieren und daß sie eine lange Lebensdauer in der Brennkammerumgebung haben. Eine ausreichende Lebensdauer wird durch Filmkühlung der Brennkammerwand gesichert.

Abbildung 10-7 zeigt eine Brennkammer einer ringförmigen Brennkammeranordnung. Auf der linken Seite ist eine Übergangszone, in der Luft, die mit hoher Geschwindigkeit vom Kompressor einströmt, zu einer niedrigen Ge-

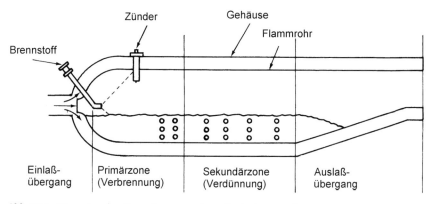

Abb. 10-7. Eine einzelne Brennkammer einer Kreisringanordnung

Flammenstabilisierung

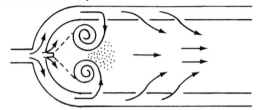

Abb. 10-8. Strömungsmuster durch Drallschaufeln und radiale Strahlen

schwindigkeit und höherem Druck diffundiert und um die Innenwände der Brennkammer verteilt wird.

Die Luft tritt in einen kreisringförmigen Raum zwischen den Brennkammerinnenwänden und dem Gehäuse und strömt durch Löcher und Schlitze in den Innenraum der Brennkammer, angetrieben durch die Druckdifferenz. Die Auslegung dieser Löcher und Schlitze teilt die Wände des Heißgasbereichs in verschiedene Zonen für Flammenstabilisierung, Verbrennung, Verdünnung und liefert eine Filmkühlung der Heißgaswände.

10.3.1
Flammenstabilisierung

Mit Hilfe von Drallschaufeln, die um die Kraftstoffdüse herum angeordnet sind, tritt eine starke Wirbelströmung in die Verbrennungsluft der Verbrennungsregion ein. Abbildung 10-8 zeigt eine passende Verteilung von axialem und rotierendem Impuls. An der Verbrennerachse wird eine Niedrigdruckregion erzeugt, die eine Rückströmung der Flamme zur Brennstoffdüse hervorruft. Zur gleichen Zeit liefern radiale Löcher in den Heißgaswänden der Brennkammer Luft in das Zentrum des Wirbels, wodurch die Flamme deutlich anwächst. Strahlwinkel und Durchströmung durch die Löcher ist derart, daß der Zusammenprall der Strahlen um die Brennkammerachse herum in eine Strömungsausrichtung in Stromrichtung resultiert. Der Hauptstrom in Strömungsrichtung formiert eine reifenförmige Rezirkulationszone, die die Flamme stabilisiert.

10.3.2
Verbrennung und Verdünnung

Mit der reifenförmigen (torroidal) Luftströmung arbeiten die Brennkammern ohne sichtbaren Rauch, wenn sie gut für ein Primärzonen-Äquivalenzverhältnis unter 1,5 entwickelt wurden. Sichtbarer Rauch ist ein Luftverschmutzungsproblem.

Nach der Verbrennung verläßt die angereicherte, brennende Mischung die Verbrennungszone und die Strömung zwischen den Reihen von Luftstrahlen tritt in das Brennkammerrohr (liner) ein. Jeder Strahl enthält Luft und brennenden Kraftstoff und fördert beides zur Brennkammerachse. Hierbei werden reifen-

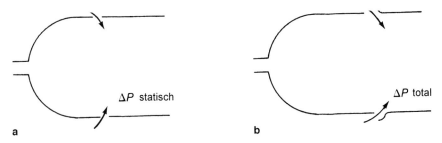

Abb. 10-9a,b. Filmkühlung einer Brennkammerbewandung

förmige Rückströmungsmuster um jeden Jet herum erzeugt. Diese führen zu intensiver Turbulenz und Vermischung im gesamten Verbrenner.

Das Verbrennungsprodukt wird mit Luft, die durch Löcher in die Brennkammer eintritt, verdünnt. Dadurch werden die Temperaturen für das Schaufelmaterial passend gemacht, um genug Volumenstrom in der Verdünnungszone zu erreichen. Die Luft wird durch einkommende Strahlen durchdrungen, hauptsächlich aufgrund konvergierender Spiele, wodurch hohe, lokale Drücke erzeugt werden.

10.3.3
Filmkühlung der heißen Brennkammerwände

Die heißen Brennkammerwände erfahren eine hohe Temperatur, weil von der Flamme und der Verbrennung Wärmestrahlung ausgeht. Um die Lebensdauer der Brennkammerwände zu verbessern, ist es notwendig, die Temperatur dieser Wände zu verringern und ein Material mit hoher Beständigkeit gegen thermische Spannungen und Alterung zu benutzen. Die Methode der Luftfilmkühlung reduziert die Temperaturen sowohl inner- als auch außerhalb der Oberfläche der Brennkammerwände [6]. Diese Reduktion wird durch Befestigung eines Metallrings innerhalb der Brennkammer erreicht, wodurch man ein definiertes, kreisringförmiges Spiel erhält. In diesen Spielbereich strömt Luft durch eine Reihe von kleinen Löchern im Heißgasbereich und wird durch die Metallringe so ausgerichtet, daß sie als Kühlungsluftfilm entlang der heißen Blechinnenseiten strömt. Abbildung 10-9a zeigt, wie die Strömung durch den statischen Druckabfall entlang der Brennkammerwandinnenseite induziert wird. In Verbrennern mit großen Luftmassenströmen kann dieser Druckabfall zu klein und somit nicht effektiv sein. In diesen Verbrennern ist es notwendig, die totale Druckdifferenz zu benutzen. Dieser Aufbau ist in Abb. 10-9b dargestellt.

10.4
Brennstoffverdampfung und -zündung

In den meisten Gasturbinen wird flüssiger Treibstoff versprüht und in die Brennkammern in Form eines feines Sprays injiziert. Eine typische Niederdruck-Ver-

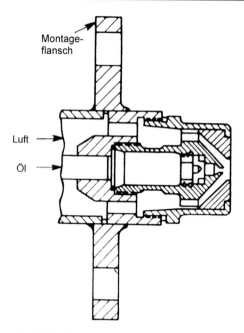

Abb. 10-10. Niederdruck-Luftversprüher (Genehmigung von General Electric Company)

sprühungsdüse für Brennstoff ist in Abb. 10-10 dargestellt. Der Brennstoffspray führt aufgrund von Impuls und Reibung der Treibstofftropfen Luft mit sich. Dieser Prozeß erzeugt jedoch eine Region niedrigen Drucks innerhalb des Spraykerns, wodurch dieser stromab der Düse konvergiert. Dieser Region niedrigen Drucks wird eine stromab gerichtete, axiale Strömung der Verbrennungsprodukte entgegengesetzt, wodurch die Konvergenz in der Brennkammer verhindert wird.

In einer einfachen Brennstoffversprühungsdüse variiert die Volumenstromrate mit der Quadratwurzel des Drucks. Luftfahrtturbinen werden über einen weiten Bereich von Höhen- und Lastzuständen betrieben. Sie benötigen Versprüher, die einen Kapazitätsbereich von etwa 100:1 mit einem moderaten Bereich von Brennstoffdrücken haben. Diesen weiten Bereich erhält man mit: Düsen mit Doppelöffnung, Düsen mit gesteuertem Sprühwinkel, Düsen mit variablem Bereich oder Luftversprühungsdüsen.

Die Düsen mit Doppelmündung bestehen aus zwei konzentrischen Simplex-Brennstoffdüsen. Die äußere Düse hat zwei- bis zehnmal größere Strömungskapazität als die innere Düse. Die Zündung geschieht üblicherweise mit einem Zünder, der mit einem kapazitiven Hochenergie-Austrittszündsystem verbunden ist.

Bei Installationen mit Vielfachverbrennung sind alle Verbrenner über Rohre verbunden, die nahe an dem stromauf angebrachten Ring aus Wandlöchern angebracht sind. Zünder sind nur in einigen der Verbrenner vorhanden. Wenn

10.4 Brennstoffverdampfung und -zündung

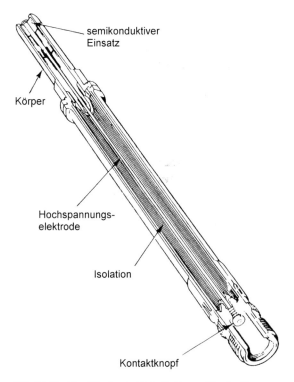

Abb. 10-11. Ein Zündstab (© Rolls Royce Limited)

ein Verbrenner zündet, wird die Flamme durch den plötzlichen Druckanstieg in den verbindenden Rohren zu den benachbarten Brennkammern gezwungen, wodurch diese sofort gezündet werden.

Ein Zündrohr ist in Abb. 10-11 dargestellt. Dieses Rohr liefert die Zündenergie auf seiner Oberfläche. Dadurch muß die Energie nicht über eine Luftlücke springen. Das Ende des Zündrohrs ist mit einem semikonduktiven Material überzogen und mit einem Knopf geformt, der eine elektrische Leckage zwischen der zentralen Hochspannungselektrode und dem Körper herstellt. Diese Entladung findet in Form eines hochintensiven Blitzes zwischen der Elektrode und dem Körper statt.

10.4.1 Überlegungen zur Brennkammerkonstruktion

Querschnittsfläche. Die Querschnittsfläche der Brennkammer wird festgestellt, indem der Volumenstrom am Brennkammereinlaß durch die Referenzgeschwindigkeit geteilt wird, die für die vorliegenden Turbinenbedingungen auf der Basis der nachgewiesenen Leistung einer ähnlichen Maschine als passend ausgewählt wurde.

Eine andere Basis zur Auswahl einer Brennkammerquerschnittsfläche folgt aus den Korrelationen der thermischen Beladung pro Flächeneinheit des Querschnitts. Die thermische Beladung ist proportional zur Strömung in der Primärzone, weil Brennstoff/Luft-Mischungen in allen Verbrennern fast stöchiometrisch sind.

Länge. Die Brennkammerlänge muß ausreichend sein, um Flammenstabilität, Verbrennung und die Vermischung mit Verdünnungsluft zu erlauben. Ein typischer Wert für das Verhältnis Länge zu Durchmesser für die Brennkammerrohre liegt im Bereich 3–6. Verhältnisse für den Gehäusebereich gehen von 2–4.

Druckverlust. Der minimale, praktische Druckverlust – ohne die Diffusorverluste – ist etwa das 14fache des Referenzgeschwindigkeitsdrucks. Es werden manchmal auch höhere Werte benutzt. Einige Werte für die Druckverluste sind: 30 m/s (100 fps), 4%; 24 m/s (80 fps), 2,5%; 21 m/s (70fps), 2%; 15 m/s (50 fps), 1%.

Volumetrische Wärmeverlustraten. Die Wärmeverlustrate ist proportional zum Wert des Brennstoff/Luft-Verhältnisses und dem Brennkammerdruck. Sie ist eine Funktion der Brennkammerkapazität. Der tatsächliche, für die Verbrennung erforderliche Raum variiert mit dem Druck, soweit chemische Grenzen berührt werden, mit dem Exponenten 1,8.

Brennkammerwandlöcher. Brennkammerwandfläche zu Gehäusefläche und Brennkammerwand-Befestigungsfläche zu Gehäusefläche sind bzgl. der Brennkammerleistungen sehr wichtig. Zum Beispiel hat der Druckverlustkoeffizient einen Minimalwert im Bereich von 0,6 des Verhältnisses Brennraumfläche/Gehäusefläche mit einem Temperaturverhältnis von 4:1.

Die Praxis hat gezeigt, daß die Durchmesser der Löcher in der Primärzone nicht größer als 0,1 des Brennraumdurchmessers sein sollten. Rohrförmige Brennräume mit etwa 10 Ringen mit jeweils 8 Löchern ergeben einen guten Wirkungsgrad. Wie vorstehend diskutiert, führen Drallschaufeln mit Löchern zu einer besseren Brennkammerleistung. In der Verdünnungszone kann die Größenanpassung dieser Löcher eingesetzt werden, um das erforderliche Temperaturprofil zu erreichen.

Zuverlässigkeit der Brennkammern. Die Wärme der Verbrennung, die Druckfluktuationen und die Schwingungen im Kompressor können Risse in den Brennraumwänden und in der Düse hervorrufen. Zusätzlich entstehen auch Korrosions- und Verdrehungsprobleme.

Die Grate an den Löchern in den Brennraumwänden sind sehr bedenklich, weil sich in den Löchern die Spannungen jeglicher mechanischer Schwingungen konzentrieren, und durch schnelle Temperaturschwankungen hohe Temperaturgradienten in dieser Region auftreten. Dies ist die Ursache thermischer Materialermüdung. Es ist notwendig, die Kanten an den Löchern auf verschiedene Arten zu ändern, um die Spannungskonzentration zu reduzieren. Einige Änderungsmethoden werden angewandt, um die Lochkanten zu glätten und zu polieren.

Aufgrund höherer Widerstandswerte gegen die Materialermüdung werden die Materialien Nimonic 75 mit Nimonic 80 und Nimonic 90 eingesetzt. Nimonic 75 ist eine 80–20-Nickel-Chrom-Legierung, die mit einer kleinen Menge Titankarbid versteift wird. Nimonic 75 hat einen exzellenten Widerstand gegen Oxidation und Korrosion bei höheren Temperaturen, eine beachtliche Kriechfestigkeit und einen guten Ermüdungswiderstand. Zusätzlich kann es leicht gedrückt, gezogen und geformt werden.

10.4.2
Luftverschmutzungsprobleme

Rauch. Allgemein gilt, daß viel sichtbarer Rauch in kleinen, lokalen, brennstoffreichen Zonen erzeugt wird. Der allgemeine Ansatz zur Vermeidung des Rauchs ist die Entwicklung magerer Primärzonen mit einem Äquivalenzverhältnis zwischen 0,9 und 1,5. Ein anderer ergänzender Weg zur Vermeidung des Rauchs ist die Lieferung relativ kleiner Luftmengen exakt in diese lokalen, überreichen Zonen. Eine Vorrichtung benutzt einen Drallhut um die Drallschaufeln herum. Mit diesem wird eine hocheffektive Vermischung von Brennstoff und Luft geliefert [4].

Kohlenwasserstoffe und Kohlenmonoxid. Kohlenwasserstoffe (HC) und Kohlenmonoxid (CO) entstehen nur bei unvollständiger Verbrennung, was typischerweise bei Leerlaufbedingungen auftritt. Offenbar kann der Leerlaufwirkungsgrad durch eine detaillierte Konstruktion für bessere Brennstoffversprühungen und höhere lokale Temperaturen verbessert werden.

Oxidation von Stickstoff. Der größte Anteil von Stickstoffoxiden, die bei der Verbrennung entstehen, sind NO, mit den verbleibenden 10% als NO_2. Diese Produkte sind sehr problematisch aufgrund ihres giftigen Charakters und ihrer Menge, speziell bei Vollastbedingungen. Der Entstehungsmechanismus des NO kann wie folgt erklärt werden:
1. Bindung von atmosphärischem Sauerstoff und Stickstoff bei hohen Flammentemperaturen
2. Angriff der Kohlen- oder Kohlenwasserstoffradikale auf Brennstoff- oder Stickstoffmoleküle, was zu NO-Entstehung führt
3. Oxidation des chemisch gebundenen Stickstoffs im Brennstoff.

Untersuchungen zur NO_X-Reduktion enthalten die folgenden Ansätze [7-9]:
1. Gebrauch einer reichen Primärzone, in der wenig NO entsteht, gefolgt von einer schnellen Verdünnung in der Sekundärzone
2. Gebrauch einer sehr mageren Primärzone zur Minimierung der Spitzen-Flammtemperatur durch Verdünnung
3. Gebrauch von Wasser oder Dampf, der dem Brennstoff zugeführt wird, um damit die kleine Zone hinter der Brennstoffdüse zu kühlen
4. Gebrauch von inertem Austrittsgas, das in die Reaktionszone rezirkuliert.

Die große Abhängigkeit der NO_X-Entstehung von der Temperatur zeigt den direkten Effekt von Wasser- oder Dampfinjektion auf die NO_X-Reduktion.

Abb. 10-12a. Draufsicht auf eine große, seitlich angebrachte Brennkammer mit speziellen Ziegeln (Genehmigung von Brown-Bovery Turbomachinery, Inc.); **b** Ziegel für eine große, seitlich angebrachte Brennkammer (Genehmigung von Brown-Bovery Turbomachinery, Inc.)

Jüngere Forschungsarbeiten zeigten eine 85%-Reduktion von NO_x durch Dampf- oder Wasserinjektion mit optimierter Verbrenner-Aerodynamik.

10.5
Typische Brennkammeranordnungen

Alle Gasturbinenbrennkammern liefern die gleiche Funktion; jedoch gibt es verschiedene Methoden zur Anordnung der Brennkammern in der Gasturbine. Die Konstruktionen gliedern sich in 3 Hauptkategorien:
1. Rohrförmig (einzelne Brennkammer)
2. ringförmig angeordnete Brennkammern
3. kreisringförmige Brennkammer.

Konstruktionen mit rohrförmigen oder Einzelbrennkammern werden vorzugsweise von vielen europäischen Industriegasturbinen-Konstrukteuren eingesetzt. Die großen, einzelnen Brennkammern haben den Vorteil des einfachen Aufbaus und langer Lebensdauer, aufgrund der niedrigen Raten freigegebener Wärme. Diese Brennkammern sind manchmal sehr groß. Sie variieren zwischen kleinen Brennkammern mit ca. 15 cm Durchmesser und ca. 30 cm Höhe und großen Brennkammern mit über 3 m Durchmesser und 9–12 m Höhe. Die großen Brennkammern benutzen spezielle Ziegel für die Brennraumwände. Jede Beschädigung der Brennraumwand kann leicht korrigiert werden, indem die beschädigten Ziegel ausgetauscht werden. Abbildung 10-12 zeigt eine solche Brennraumwand. Die rohrförmigen Brennkammern können als geradlinig oder als umkehrdurchströmte Konstruktionen ausgelegt werden. Die meisten großen Einzelbrennkammern nutzen die Umkehrströmungskonstruktion. In dieser Konstruktion tritt die Luft durch einen ringförmigen Querschnitt zwischen Brennkammer und dem Heißgasrohr in die Turbine ein (s. Abb. 10-13). Die Luft strömt dann zwischen dem Brennraum und dem Brennkammergehäuse und tritt durch poröse Eintrittspunkte in die Verbrennungszone ein. Etwa 10% der Luft erreicht die Verbrennungszone, etwa 30–40% der Luft wird für Kühlungszwecke genutzt und der Rest strömt in die Verdünnungszone. Umkehrströmungskonstruktionen sind viel kürzer als die geradlinig durchströmten Konstruktionen.

Die rohrförmige Einzelbrennkammer hat für große Einheiten üblicherweise mehr als eine eingebaute Düse. In vielen Fällen wird ein Ring von Düsen in den Bereich der Primärzone plaziert. Die radiale und kreisförmige Verteilung der Temperatur zu den Turbinendüsen ist nicht so eben wie in kreisringförmig angebrachten Einzelbrennkammern.

Brennkammern in Kreisringanordnungen sind der am weitest verbreitete, in Gasturbinen eingesetzte Brennkammertyp. Die Industriegasturbinen, die von U.S.-Gesellschaften konstruiert werden, haben Brennkammern in Kreisringanordnung (s. Abb. 10-14). Der Vorteil dieser Brennkammern ist ihre einfache Instandhaltung. Sie haben auch eine bessere Temperaturverteilung als die seitlich angebrachten Einzelbrennkammern, und sie können als gerade durchströmte oder umkehrdurchströmte Auslegungen ausgeführt werden. Wie bei den Einzelbrennkammern sind die meisten dieser Brennkammern mit Umkehrströmungsauslegung in Industrieturbinen ausgestattet.

10 Brennkammern

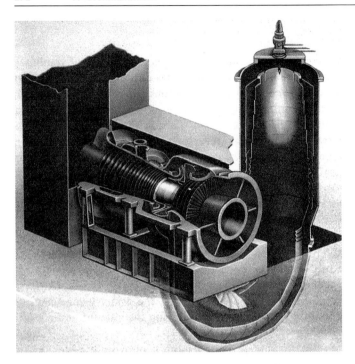

Abb. 10-13. Verbrenner mit Einzelbrennkammer (Genehmigung von Brown-Bovery Turbomachinery, Inc.)

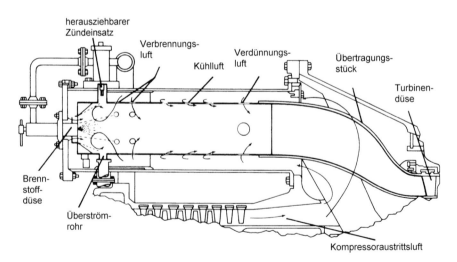

Abb. 10-14. Einzelbrennkammer für Kreisringanordnung für eine Gasturbine in schwerer Ausführung (Genehmigung von General Electric Company).

10.5 Typische Brennkammeranordnungen

In den meisten Luftfahrttriebwerken werden kreisringförmig angeordnete Brennkammern vom gerade durchströmten Typ verwendet (s. Abb. 10-15). Der gerade durchströmte Typ der kreisringförmig angeordneten Brennkammern benötigt einen viel kleineren Frontquerschnitt als die kreisringförmig angeordneten Brennkammern mit Umkehrströmung. Die kreisringförmig angeordneten Brennkammern benötigen auch mehr Kühlluftströmungen als eine einzelne oder kreisringförmige Brennkammer, weil die Oberfläche der kreisringförmig angeordneten Einzelbrennkammern viel größer ist. Die Menge der Kühlluft ist in Turbinen, die ein Gas mit hohem Brennwert benutzen, kein großes Problem. Doch für Turbinen mit Gas mit niedrigem Brennwert kann die Luft, die in der Primärzone erforderlich ist, bis zu 35% der Gesamtluft ausmachen, womit die für Kühlzwecke einsetzbare Luftmenge reduziert wird.

Höhere Temperaturen benötigen auch mehr Kühlung. Mit steigenden Temperaturen werden die Einzelbrennkammern oder kreisringförmigen Brennkam-

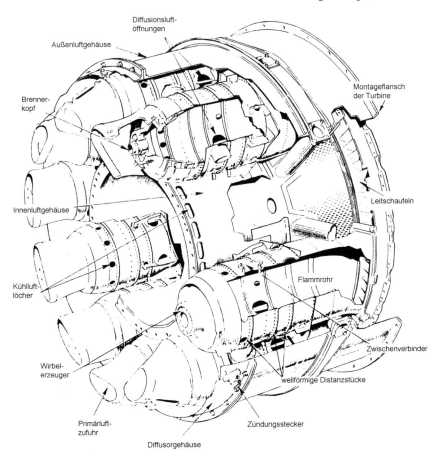

Abb. 10-15. Einzelbrennkammern des „gerade durchströmten" Typs (© Rolls-Royce Limited)

294 10 Brennkammern

merkonstruktionen attraktiver. Die kreisringförmig angeordneten Brennkammern haben eine gleichmäßigere Verbrennung, weil jede ihre eigene Düse hat, und eine kleinere Verbrennungszone, die zu vielen, gleichmäßigen Strömungen führt. Die Entwicklung kreisringförmig angeordneter Einzelbrennkammern ist üblicherweise billiger, da nur eine Brennkammer getestet werden muß, anstatt einer gesamten Einheit, wie in einer kreisringförmigen Brennkammer oder in einer großen Einzelbrennkammer. Deshalb können die Brennstoff- und Luftanforderungen so niedrig sein, ca. 8–10% der totalen Anforderung. Kreisringförmige Brennkammern werden hauptsächlich in Luftfahrttyp-Gasturbinen eingesetzt, bei denen der Frontquerschnitt wichtig ist. Dieser Brennkammertyp ist üblicherweise ein gerade durchströmter.

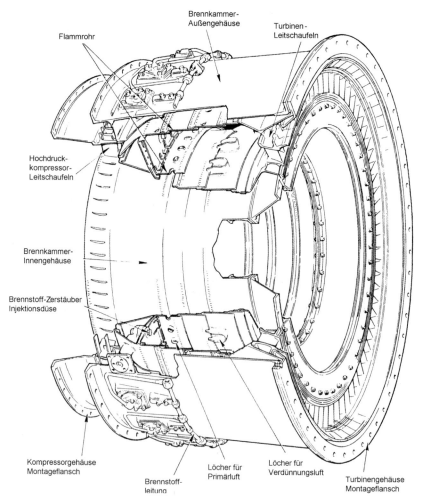

Abb. 10-16. Luftfahrt-Kreisringbrennkammer (© Rolls-Royce Limited)

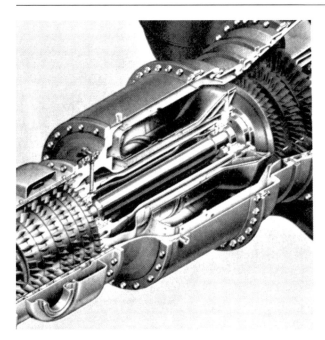

Abb. 10-17. Industrie-Kreisringbrennkammer (Genehmigung von Solar Turbines Incorporated)

Der Außenradius der Brennkammer ist der gleiche wie der des Kompressorgehäuses, womit das Stromliniendesign erreicht werden kann, wie in Abb. 10-16 dargestellt. Die Kreisringbrennkammer benötigt, wie bereits angemerkt, weniger Kühlluft als die kreisringförmig angeordneten Einzelbrennkammern, und deshalb nimmt ihre Wichtigkeit für Hochtemperaturanwendungen zu. Auf der anderen Seite ist es viel schwieriger, die Kreisringbrennkammer für die Instandhaltung zu erreichen, und sie tendiert zu einem weniger vorteilhaften Radial- und Kreisringprofil, im Vergleich zu den kreisringförmig angeordneten Einzelbrennkammern. Die Kreisringbrennkammern werden auch bei einigen neueren Industriegasturbinenanwendungen eingesetzt (s. Abb. 10-17). Die höheren Temperaturen und die Gase mit niedrigerem Brennwert werden den Gebrauch von Kreisringbrennkammern in Zukunft fördern.

10.6 Literatur

1. Grabman, J., Jones, R.E., Mayek, C.J., and Niedzwicki, R.W.: Aircraft Propulsion. Chapter 4, NASA SP-259
2. Hawthorne, W.R. and Olsen, W.T., eds., Design and Performance of Gas Turbine Plants. 11 (1960), Princeton Univ. Press, pp. 563–590
3. Faires, V.M. and Simmang, C.M.: Thermodynamics. 6th ed., The Macmillan Co., New York 1978, pp. 345–347

4. Clarke, J.S. and Lardge, H.E.: The Performance and Reliability of Aero-Gas Turbine Combustion Chambers. ASME 58-GTO-13, 1958
5. Ballal, D.R. and Lefebvre, A.H.: A Proposed Method for Calculating Film Cooled Wall Temperatures in Gas Turbine Combustor Chamber. ASME Paper #72-WA/HAT-24, 1972
6. O'Brien, W.J: Temperature Measurement for Gas Turbine Engines. SAE Paper #750207, 1975
7. Hazard, H.R.: Reduction of NOx by EGR in Compact Combustor. ASME Paper #73-WA/GT-3, 1973
8. Hilt, M.B. and Johnson, R.H.: Nitric Oxide Abatement in Heavy Duty Gas Turbine Combustors by Means of Aerodynamics and Water Injection. ASME Paper #72-GT-22, 1972
9. Singh, P.P., Young, W.E., and Ambrose, M.J.: Formation and Control of Oxides of Nitrogen Emission from Gas Turbine Combustion System. ASME Paper #72-GT-22, 1972

Teil III
Werkstoffe, Brennstofftechnik und Brennstoffsysteme

11 Werkstoffe

Temperaturgrenzen sind die kritischsten begrenzenden Faktoren für Gasturbinenwirkungsgrade. Die Abb. 11-1a,b zeigen, wie höhere Turbineneintrittstemperaturen sowohl den spezifischen Brennstoff- als auch den Luftverbrauch mindern und somit den Wirkungsgrad erhöhen. Werkstoffe und Edelstähle, die hohen Temperaturen ausgesetzt werden können, sind sehr teuer – sowohl in der Anschaffung als auch in der Bearbeitung. Abbildung 11-1 zeigt die relativen Kosten der Rohmaterialien. Aus diesem Grund ist die Kühlung der Schaufeln, Düsen und Übertragungsstücke der Brennkammer ein integraler Bestandteil der gesamten Werkstoffproblematik.

Da die Auslegung von Turbomaschinen komplex ist und der Wirkungsgrad in direktem Bezug zur Leistungsfähigkeit der Werkstoffe steht, ist die Auswahl der Werkstoffe von primärer Wichtigkeit. Gas- und Dampfturbinen zeigen ähnliche Problembereiche, doch sind diese unterschiedlicher Größenordnung. Turbinenkomponenten müssen unter einer Vielzahl von Spannungen, Temperaturen und Korrosionsbedingungen betreibbar sein. Kompressorschaufeln arbeiten bei relativ niedrigen Temperaturen, doch werden sie hohen Belastungen ausgesetzt. Die Brennkammer arbeitet bei einer relativ hohen Temperatur und niedrigen Belastungsbedingungen, die Turbinenschaufeln unter extremen Spannungs-, Temperatur- und Korrosionsbedingungen. Diese Bedingungen sind bei Gasturbinen extremer als bei Dampfturbinenanwendungen. Daraus folgt, daß die Materialauswahl für individuelle Komponenten auf unterschiedlichen Kriterien sowohl für Gas- als auch Dampfturbinen beruht.

Eine Konstruktion ist nur so effizient wie die Leistungsfähigkeit der ausgewählten Komponentenwerkstoffe. Brennkammerrohre und Turbinenschaufeln sind die kritischsten Komponenten in bestehenden, langlebigen Hochleistungs-Gasturbinen. Die extremen Spannungs-, Temperatur- und Korrosionsbedingungen fordern die Werkstoffe der Gasturbinenschaufeln in besonderem Maße. Andere Turbinenkomponenten zeigen ebenfalls Problembereiche für den Betrieb, jedoch in geringerem Maß. Aus diesem Grund wird die Metallurgie der Gasturbinenschaufeln für Lösungen verschiedener Problembereiche diskutiert. Definitionen potentieller Lösungen stehen auch in bezug zu anderen Turbinenkomponenten.

Die Wechselwirkungen von Spannung, Temperatur und Korrosion erzeugen einen komplexen Mechanismus, der mit existierender Technologie nicht vorhergesagt werden kann. Die benötigten Materialcharakteristika in einer hochbelasteten und langlebigen Turbinenschaufel beinhalten begrenztes Kriechen,

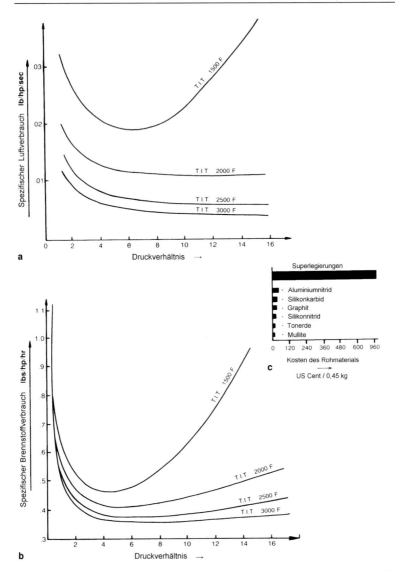

Abb. 11-1a-c. Spezifischer Luft- und Brennstoffverbrauch über dem Druckverhältnis und der Turbineneintrittstemperatur für eine Fahrzeuggasturbine (mit Rohmaterialkosten) (0,01 lb/hp/sec = 0,03 kg/kw/s; 1500 °F ≈ 816 °C; 2000 °F ≈ 1093 °C; 2500 °F ≈ 1371 °C; 3000 °F ≈ 1649 °C)

hohe Bruchfestigkeit, Widerstand gegen Korrosion, gute Dauerbruchfestigkeit, niedrige Koeffizienten, thermische Expansion und hohe thermische Konduktivität zur Reduzierung thermischer Dehnung. Der Ausfallmechanismus einer Turbinenschaufel beruht hauptsächlich auf Kriechen und Korrosion und erst in zweiter Linie auf thermischem Dauerbruch. Die Erfüllung dieser Auslegungskriterien für Turbinenschaufeln sichern hohe Leistungen, lange Lebensdauer und minimale Instandhaltung.

Der ideale Werkstoff, der alle Auslegungskriterien erfüllen kann, wurde bisher noch nicht entwickelt. Spezielle Materiallegierungen erfüllen aktuelle Forderungen. Exotische Werkstoffe wie eutektische Verbundwerkstoffe und keramische Werkstoffe werden für zukünftigen Gebrauch untersucht. Vor der Diskussion über die Werkstoffauswahl ist es jedoch wichtig, das allgemeine Verhalten der Metalle zu verstehen.

11.1 Allgemeines, metallurgisches Verhalten in Gasturbinen

11.1.1 Kriechen und Bruch

Der Schmelzpunkt unterschiedlicher Materialien variiert enorm, ebenso ihre Festigkeiten bei verschiedenen Temperaturen. Bei niedrigen Temperaturen deformieren sich alle Materialien elastisch, dann plastisch und zeitabhängig. Bei hohen Temperaturen unter konstanten Lastbedingungen wird ebenfalls Deformation festgestellt. Dieses hochtemperatur- und zeitabhängige Verhalten wird als Kriechbruch bezeichnet. Abbildung 11-2 zeigt das Schema eines Kriechverlaufs in den verschiedenen Stufen. Die Anfangs- oder elastische Dehnung spielt sich im ersten Bereich ab. Dieser setzt sich in einen plastischen Dehnungsbereich

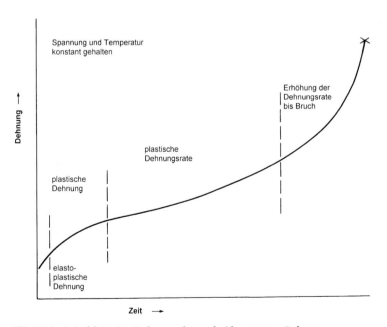

Abb. 11-2. Zeitabhängige Dehnungskurve bei konstanter Belastung

mit vermindernder Rate fort. Dann folgt eine nominal konstante plastische Dehnungsrate, gefolgt von einer steigenden Dehnungsrate bis zum Bruch.

Diese Art des Kriechens hängt vom Werkstoff, der Spannung, der Temperatur und der Umgebung ab. Begrenztes Kriechen (weniger als 1%) ist für Turbinenschaufelanwendungen erforderlich. Gegossene Superlegierungen fallen bei nur minimaler Dehnung mit Sprödbruch aus – sogar bei angehobenen Betriebstemperaturen.

Spannungsbruchdaten werden oftmals in einer Larson-Miller-Kurve dargestellt, die die Leistungsfähigkeit einer Legierung in einer kompletten und kompakten grafischen Weise aufzeigt. Während sie weitgehend eingesetzt werden, um das Dehnungsbruchverhalten einer Legierung über einen weiten Temperatur-, Lebens- und Spannungsbereich zu zeigen, ist es auch sinnvoll, die Eigenschaften bei erhöhten Temperaturen vieler Legierungen anzuzeigen. Der Larson-Miller-Parameter ist

$$P_{LM} = T(20 + \log t) \cdot 10^{-3} \tag{11-1}$$

mit

P_{LM} = Larson-Miller-Parameter
T = Temperatur, °R (°C = ((°R – 459,69)–32) · 5/9; 1400 °R = 505 °C)
t = Bruchzeit (h).

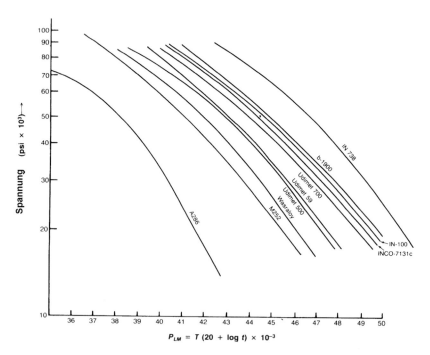

Abb. 11-3. Larson-Miller-Parameter für Turbinenschaufellegierungen (14,504 · 10³ psi = 100 N/mm²)

Die Larson-Miller-Parameter sind in Abb. 11-3 dargestellt und spezifizieren Turbinenschaufellegierungen. Ein Vergleich von A-286- und Udimet-700-Legierungskurven zeigt die deutlichen Unterschiede der Materialfähigkeiten. Das Betriebsleben der Legierungen (in h) kann für ähnliche Spannungen und Temperaturbedingungen verglichen werden.

11.1.2
Dehnbarkeit und Bruch

Die Dehnbarkeit wird üblicherweise durch Dehnung und Einschnürung im Querschnitt gemessen. In vielen Fällen sind nicht alle 3 Stufen des Kriechens vorhanden, wie sie in Abb. 11-2 dargestellt sind.

Bei hohen Temperaturen oder Spannungen wird nur sehr wenig primäres Kriechen festgestellt, während bei Superlegierungen Ausfälle bereits nach kleinen Verformungen auftreten. Dieser Verformungsanteil ist durch die Dehnbarkeit gekennzeichnet. In einer Zeit-Kriech-Kurve sind 2 Arten von Dehnungen interessant. Die erste Dehnung beruht auf der plastischen Dehnungsrate, die zweite ist die totale Dehnung oder Längung bis zum Bruch. Dehnbarkeit ist in ihrem Verhalten regellos und nicht immer wiederholbar – dies gilt auch unter Laborbedingungen. Die Dehnbarkeit eines Metalls wird durch die Korngröße, die Form des Probestücks und der bei der Herstellung angewandten Technik beeinflußt. Ein aus der Dehnung resultierender Bruch kann auf 2 Arten erfolgen: spröde oder zäh. Dies ist abhängig von der Legierung. Ein Sprödbruch ist intergranular, d.h., er zerbricht die Kornstruktur mit wenig oder keiner Dehnung. Ein zäher Bruch ist transgranular, d.h., in den Korngrenzen, und er ist typischerweise ein normaler, zäher Dehnungsbruch. Turbinenschaufellegierungen tendieren dazu, bei Betriebstemperaturen niedrige Duktilität zu zeigen. Als Ergebnis hieraus werden Oberflächenschäden durch Erosion oder Korrosion initiiert, und danach pflanzen sich die Risse schnell fort.

11.1.3
Thermische Ermüdung

Thermische Ermüdung von Turbinenschaufeln ist ein sekundärer Ausfallmechanismus. Temperaturdifferenzen, die sich während des An- und Abfahrens der Turbine entwickeln, führen zu zyklischen, thermischen Spannungen. Daraus folgt thermische Ermüdung. Diese thermische Ermüdung erfolgt in niedrigen Zyklen und ist dem Ausfallmechanismus des Kriechbruchs ähnlich. Die Analyse thermischer Ermüdungen ist im Prinzip ein Problem des Wärmeübergangs und Eigenschaften wie dem Elastizitätsmodul, dem thermischen Expansionskoeffizienten und der thermischen Konduktivität.

Die wichtigsten metallurgischen Faktoren sind Zähigkeit und Härte. Hochdehnbare Materialien tendieren zu einem größeren Widerstand gegen thermische Ermüdung. Sie scheinen auch gegen Rißbeginn und -wachsen resistenter zu sein. Gegenwärtig laufen Forschungsprogramme, um zu demonstrieren, daß spröde Materialien für Anwendungen, die Hochtemperaturstrukturen benötigen, erfolgreich eingesetzt werden können. Die bisher durchgeführten Untersuchungen haben gezeigt, daß Silikonnitride und Silikonkarbide in ihren unterschiedlichen Formen und Fertigungsverfahren die zwei wahrscheinlichsten Werkstoffe für zukünftige Keramikmaschinen sind. Beide Materialien zeigen eine passende Bearbeitungsfähigkeit, die erforderliche Festigkeit bei hohen Temperaturen und sie haben den speziellen Widerstand, die Verfügbarkeit und die Herstellbarkeit, um als zukünftige Gasturbinenkomponenten geeignet zu sein.

Tabelle 11-1. Betriebs- und Instandhaltungslebensdauer von Industrieturbinen

Angewandter Brennstoff	Inspektionsart (Betriebsstunden)				Erwartete Lebensdauer (Austausch) (Betriebsstunden)		
	Starts/ Stunde	Service	Kleine Grenze	Haupt- grenze	Brenn- kammer- verbin- dungen	Erste Stufe Leit- schaufeln	Erste Stufe Leit- schaufeln
Grundlast	*	+	+	+	+	+	+
Erdgas	1/1000	4500	9000	28.000	30.000	60.000	100.000
Erdgas	1/10	2500	4000	13.000	7500	42.000	72.000
Destillatöl	1/1000	3500	7000	22.000	22.000	45.000	72.000
Destillatöl	1/10	1500	3000	10.000	6000	35.000	48.000
Restbrennstoff	1/1000	2000	4000	5000	3500	20.000	28.000
Restbrennstoff	1/10	650	1650	2300			
Systemspitzenlast x							
Erdgas	1/10	3000	5000	13.000	7500	34.000	
Erdgas	1/5	1000	3000	10.000	3800	28.000	
Destillat	1/10	800	2000	8000			
Destillat	1/5	400	1000	7000			
Turbinenspitzenlast x							
Erdgas	1/5	800	4000	12.000	200	12.000	
Erdgas	1/1	200	1000	3000	400	9000	
Destillat	1/5	300	2000	6000			
Destillat	1/1	100	800	2000			

* 1/5 = Ein Start pro 5 Betriebsstunden
x Kein Restbrennstoffgebrauch aufgrund niedriger Lastfaktoren und hoher Kapitalkosten
Grundlast = normale, maximale, kontinuierliche Last
Systemspitzenlast = normale, maximale Last für kurze Dauer und tägliche Starts
Turbinenspitzenlast = extra Last aufgrund einer Betriebstemperatur von 50 bis 100 °F oberhalb Grundtemperatur für kurze Zeitdauern
Service = Inspektion von Brennkammerteilen, benötigte Stillstände etwa 24 h
Kleine Grenze = Inspektion von Brennkammer plus Turbinenteilen, benötigte Stillstände etwa 80 h
Hauptgrenze = komplette Inspektion und Revision, benötigte Stillstände etwa 160 h

Anmerkung: Instandhaltungszeiten sind Schätzungen und hängen von der Personalverfügbarkeit und dem Ausbildungsstand, der Ersatzteil- und der Geräteverfügbarkeit und der Planung ab. Endoskopietechniken können helfen, die Stillstandszeiten zu reduzieren.

Die Betriebspläne einer Gasturbine bedingen thermische Ermüdung mit niedriger Frequenz. Die Anzahl der Starts pro Stunde der Betriebszeit berühren direkt die Schaufellebensdauer. Tabelle 11-1 zeigt weniger Starts pro Betriebszeit mit der daraus folgenden erhöhten Turbinenlebensdauer.

11.1.4
Korrosion

Ni-basierte Superlegierungen für Turbinenschaufeln bauen die Materialeigenschaften in wirklichen Endgebrauchs-Atmosphären ab. Dieser Abbau kann durch Erosion oder Korrosion erfolgen. Harte Partikel, die auf die Turbinenschaufeln aufschlagen und Material von der Schaufeloberfläche entfernen, erzeugen Erosion. Solche Partikel können durch den Turbineneinlaß eintreten. Ebenso kann es sich um gelöste Oberflächenablagerungen aus den Brennkammern handeln.

Korrosion wird als heiße Korrosion und Schwefeleinwirkungsprozeß beschrieben. Heiße Korrosion ist eine beschleunigte Oxidation von Legierungen, die durch die Ablagerung von Na_2SO_4 hervorgerufen wird. Die Oxidation erfolgt durch die Aufnahme von Salz, Schwefel entsteht durch die Verbrennung des Brennstoffs. Korrosion durch Schwefeleinwirkung wird als heiße Korrosion betrachtet. Diese enthält alkalische Schwefelanteile. Korrosion ruft einen Abbau des Schaufelmaterials hervor und reduziert die Lebensdauer der Komponenten.

Der Mechanismus der heißen Korrosion ist bisher nicht vollständig untersucht, und es gibt deutliche Kontroversen auf diesem Gebiet. Jedoch kann die heiße Korrosion allgemein diskutiert werden. Sie besteht aus 2 Mechanismen:

1. *Beschleunigte Oxidation*
   während Anfangsphasen – Schaufeloberflächen sauber
   Na_2SO_4 + Ni (Metall) → NiO (porös)
2. *Katastrophale Oxidation*
   geschieht mit anwesenden Bestandteilen von Mo, W und V – reduziert NiO-Schicht, erhöht Oxidationsrate.

11.1.5
Reaktionen nickelbasierter Legierungen

Schützende Oxidationsfilme
$2Ni + O_2 \rightarrow 2NiO$
$4Cr + 3O_2 \rightarrow 2Cr2O_3$
Schwefelverbindungen
$2Na + S + 2O_2 \rightarrow Na_2SO_4$
Na – von NaCl (Salz)
S – des Brennstoffs

Andere Oxide
$$2Mo + 3O_2 \rightarrow 2MoO_3$$
$$2W + 3O_2 \rightarrow 2WO_3$$
$$4V + 5O_2 \rightarrow 2V_2O_5$$

Die Ni-basierte Legierungsoberfläche ist einem oxidierenden Gas ausgesetzt, es bilden sich Oxide und durchgehende Oxidfilme (Ni) (Cr_2O_3 usw.). Diese Oxidfilme sind Schutzschichten. Die metallischen Ionen diffundieren zur Oberfläche der Oxidschicht, verbinden sich mit dem geschmolzenen Na_2SO_4 und zerstören die Schutzschicht. Ni_2S und Cr_2S_3 resultieren (Verschwefelung):

$$NaCl \text{ (Seesalz)} \rightarrow Na + Cl$$
$$Na + S \text{ (Brennstoff)} + 2O_2 \rightarrow Na_2SO_4$$

Cl-Korngrenzen – *rufen intergranulare Korrosion hervor*

Der Anteil der Korrosion hängt von der Nickel- und der Chrommenge in der Legierung ab. Die Oxidfilme werden porös und verlieren ihre Schutzwirkung, wodurch die Oxidationsrate erhöht wird (beschleunigte Oxidation). Für die katastrophale Oxidation wird Na_2SO_4 und Mo, W und/oder V benötigt. Rohöle haben hohe V-Anteile; Asche hat 65% V_2O_5 oder höhere Anteile. Vanadium kann im Metall legiert sein. Eine galvanische Zelle wird generiert:

$$\begin{array}{l} MoO_3 \\ WO_3 \\ V_2O_5 \end{array} \quad \rightarrow \text{Kathode} - \text{Anode} \leftarrow Na_2So_4$$

Die galvanische Korrosion löscht den schützenden Oxidfilm und erhöht die Oxidationsrate. Das Korrosionsproblem beinhaltet: (1) Erosion, (2) Verschwefelung, (3) interkristalline Korrosion und (4) heiße Korrosion. Die 20%-Chromlegierung erhöht den Oxidationswiderstand. 16%-Cr-Legierungen (Inconel 600) sind weniger widerstandsfähig. Chrom in Legierungen reduziert die Oxidation in den Korngrenzen, während hohe Ni-Legierungen dazu tendieren, entlang den Korngrenzen zu oxidieren. Alterungsgehärtete Gasturbinenschaufeln mit 10–20% Cr korrodieren (phosphorisieren) bei mehr als 760 °C (1400 °F). Ni_2S formiert sich in den Korngrenzen. Die Zugabe von Kobalt zur Legierung erhöht die Temperatur, bei der der Angriff auftritt. Um die Korrosion zu reduzieren, kann entweder der Chrom-Anteil erhöht oder Beschichtung angewandt werden (Al oder Al + Cr).

Für erhöhte Festigkeit bei angehobenen Temperaturen wird eine hochnickelhaltige Legierung benutzt. Ein Chromanteil oberhalb 20% wird für Korrosionsbeständigkeit benötigt. Die optimale Zusammensetzung zur Befriedigung der Interaktion von Spannung, Temperatur und Korrosion wurde bislang nicht entwickelt. Die Korrosionsrate steht direkt in bezug zur Zusammensetzung der Legierung, zum Spannungsniveau und zu den Umgebungsbedingungen. Die korrosive Atmosphäre enthält Chlorsalze, Vanadium, phosphorhaltige Bestandteile und bestimmte Eigenschaften. Andere Verbrennungsprodukte wie NO_x, CO, CO_2 tragen auch zum Korrosionsmechanismus bei. Die Atmosphäre ändert sich mit dem eingesetzten Brennstofftyp. Brennstoffe wie Erdgas, Diesel Nr. 2, Naphtha, Butan, Propan, Methan und fossile Brennstoffe produzieren unterschiedliche Verbrennungsprodukte, die den Korrosionsmechanismus in unterschiedlicher Weise berühren.

11.2 Werkstoffe für Gasturbinenschaufeln

Von allen Gasturbinenkomponenten müssen die Schaufeln der ersten Stufe die schwierigste Kombination von Temperatur, Streß und Umgebung aushalten. Bei den Gasturbinenschaufellegierungen wurden seit 1950 deutliche Fortschritte gemacht (s. Abb. 11-4). Die Abbildung zeigt, daß die Temperaturfähigkeiten dieser Legierungen mit einer Rate von etwa 9,4 °C (15 °F) pro Jahr verbessert wurden.

Während diese Erhöhung auf den ersten Blick nicht sehr groß zu sein scheint, korrespondiert sie doch mit einer Erhöhung der erreichten, abgegebenen Leistung zwischen 1,5 und 2 % und einer Verbesserung des Wirkungsgrads von 0,3 bis 0,6 %. Dies zeigt, daß die Entwicklung neuer Legierungen, obgleich sehr zeitaufwendig (3–5 Jahre) und teuer, sehr nützlich ist. Sie liefert einen signifikanten Nutzen bzgl. der Turbinen (Dollar/kWh) und bzgl. der Kosten des Turbinenbetriebs. In Abb. 11-4 sind die erhöhten Brenntemperaturen während der gesamten Zeitperiode dargestellt. Die Verbesserung ist das Ergebnis der Kombination von Materialverbesserungen und Konstruktionsentwicklungen, wie hohle Schaufelkonstruktionen, Luftkühlungen und verbesserte Brennertechnologie.

Vakuumgegossene Ni-basierte Legierungen, bestärkt durch spezielle Härteverfahren mit Wärmebehandlungen, werden gegenüber den kobaltbasierten Legierungen, die für Düsen benutzt werden, favorisiert, da sie höhere Festigkeiten erreichen. Die Festigkeitsunterschiede sind in Abb. 11-3 dargestellt. Bei diesen wird die Spannungsbruchfestigkeit von gegenwärtig benutzten Ni-basierten

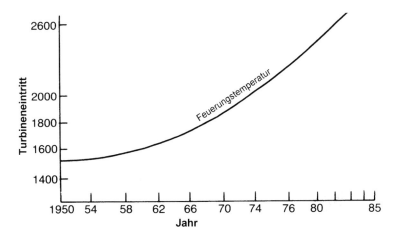

Abb. 11-4. Die Verbesserung der Brenntemperaturen

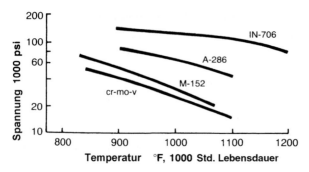

Abb. 11-5. Turbinenrad Legierungsvergleich (Genehmigung von General Electric Company) (14,504 · 103 psi = 100 N/mm^2; 800 °F ≈ 427 °C; 1000 °F ≈ 538 °C; 1200 °F ≈ 649 °C))

Schaufellegierungen (IN-738 und U-500) mit den gegenwärtig genutzten kobaltbasierten Düsenlegierungen (FSX-414) verglichen. Hier wird die für den Bruch geforderte Spannung als eine Funktion einer parameterbezogenen Zeit und Temperatur (Larson-Miller-Parameter) dargestellt ist.

Das Spannungsbruchverhalten, das in Abb. 11-3 gezeigt wird, ist nur ein Konstruktionsparameter, der das Leben einer Komponente beschreibt. Andere Variablen, inklusive Niedrigzyklusermüdung (low-cycle fatigue), Korrosion und Oxidation sind auch während der Auslegung zu berücksichtigen. Sie können durch variierende Maschinenbetriebsbedingungen beeinflußt werden. Einige in den Turbinen angewandte Legierungen sind hier erwähnt.

IN-738. Gegenwärtig sind die Schaufeln der ersten Stufe der meisten zweistufigen Hochleistungsturbinen und einige der zweiten Stufen dreistufiger Hochleistungsturbinen aus IN-738 hergestellt. Diese Legierung wurde zuerst von der International Nickel Co. entwickelt. Um die Korrosionslebensdauer weiter zu erhöhen, wurden jüngst beschichtete Schaufeln eingeführt. Daraus resultierte eine 50–100%ige Verlängerung der Korrosionslebensdauer von IN-738.

U-500. Die Schaufeln der letzten Stufe einiger Turbinen sind gegenwärtig aus U-500 oder Nimonic hergestellt. Beides sind Legierungen, die früher für erste Stufen benutzt wurden. Wie IN-738 sind nickelbasierte Legierungen mit Temperaturabschreckungen gehärtet. Diese Legierungen konnten in den ersten Stufen nicht mehr angewendet werden, als der Einsatz höherer Feuerungstemperaturen höhere Kriechfestigkeit und Oxidationsbeständigkeit erforderte. Aufgrund der niedrigeren Metalltemperatur der Schaufeln in den letzten Stufen ist ihre Anwendung in den hinteren Stufen bei Turbinen mit höheren Feuerungstemperaturen die logische und konservative Fortsetzung.

11.3
Legierungen für Turbinenräder

Cr-Mo-V. Turbinenräder und Scheiben einwelliger Schwerlastturbinen werden aus 1% Cr, 1% Mo und 0,25% V-Stahl hergestellt. Diese Legierung ist die gleiche, wie sie in den meisten Hochdruckdampfturbinenrotoren eingesetzt wird, sowohl im gelöschten als auch im getemperten Zustand, um die Zähigkeit der Bohrung zu erhöhen. Durch zusätzlichen Stoff in der Peripherie wird die Spannungsbruchfestigkeit in der Schwalbenschwanznut (Peripherie) erhöht. Hiermit wird eine niedrigere Abkühlrate während des Abschreckens erzielt. Die Spannungsbrucheigenschaften in dieser Legierung sind in Abb. 11-5 dargestellt.

12-Cr-Legierungen. Diese Legierungen haben Eigenschaften, die sich besonders für die Herstellung von Turbinenrädern eignen. Dies sind gute Zähigkeit bei hohen Spannungsniveaus, gleichmäßige Eigenschaften innerhalb dicker Bereiche und besonders hohe Festigkeit bei Temperaturen von etwa 343 °C (650 °F).

Die M-152-Legierung mit 2–3 % Nickelanteil gehört zur Familie der 12-Cr-Legierungen. Sie wird bei Turbinenscheiben aufgrund ihrer ausgesprochen hohen Rißfestigkeit und den zusätzlichen Eigenschaften, die bei den 12-Cr-Legierungen üblich sind, eingesetzt. Die M-152-Legierung ist durchschnittlich in der Bruchfestigkeit, zwischen Cr-Mo-V- und A-286-Legierungen (Abb. 11-5), hat jedoch eine höhere Reißfestigkeit als beide. Diese Punkte, zusammen mit ihrem besonders gutem Expansionskoeffizient und der guten Bruchfestigkeit, machen diese Legierung für weite Einsatzmöglichkeit in Gasturbinenanwendungen attraktiv.

A-286. A-286 ist eine austenitische, eisenbasierte Legierung, die seit vielen Jahren im Luftfahrtmaschinenbau und seit etwa 1965 bei Industriegasturbinen eingesetzt wird. Technologische Fortschritte ermöglichten es, Barren ausreichender Größe herzustellen, um diese Räder zu produzieren. Seit dieser Zeit wurde A-286 für Industriescheiben eingesetzt und hat ein exzellentes Betriebsverhalten gezeigt. Tabelle 11-2 zeigt die Zusammensetzungen von Hochtemperaturlegierungen.

11.4 Zukunftswerkstoffe

11.4.1 Schaufelwerkstoffe

In der Industrie werden fortwährend Entwicklungen und Untersuchungen von konventionellen nickelbasierten Gußlegierungen durchgeführt. Man erwartet Fortschritte mit der gleichen Rate, wie in Abb. 11-6 dargestellt. GTD-III, das in den Jahren 1973–1975 entwickelt wurde, zeigt eine Verbesserung der Bruchfestigkeit gegenüber IN-738, was einer erhöhten Temperaturbeständigkeit von etwa 22 °C (40 °F) entspricht. Die Zusammensetzung dieser Legierung ist einzigartig, da sie ausgeglichene Anteile hitzebeständiger Elemente (Mo, Ta, Cb) enthält, um lokalisierte, beschleunigte Heißkorrosionsräder zu vermeiden. Mit erhöhter Feuerungstemperatur hat die Luftkühlung in den Rädern ebenfalls die Anwendung von Stahlrädern erweitert.

Tabelle 11-2. Hochtemperaturlegierungen – nominale Zusammensetzung (%)

	Cr	Ni	Co	Fe	W	Mo	Ti	Al	Cb	V	C	B	Ta
Schaufeln													
S816	20,0	20	BAL	4	4	4			4		0,4		
NIM 80A	20,0	BAL		4			2,3	1			0,05		
M-252	19,0	BAL	10	2		10	2,5	0,75			0,1		
U-500	18,5	BAL	18,5			4	3	3			0,07	0,006	
RENE 77	15,0	BAL	17			5,3	3,35	4,24			0,07	0,02	
IN 738	16,0	BAL	8,3	0,2	2,6	1,75	3,4	3,4	0,9		0,11	0,01	1,75
GTD 111	14,0	BAL	9,5		4	1,5	3	5			0,11	0,01	3
Bereiche - 1. Stufe													
X-40	25	10	BAL	1	8						0,5	0,01	
X-45	25	10	BAL	1	8						2,5	0,01	
FSX	29	10	BAL	1	7						0,25	0,01	
N-155	21	20	20	BAL	2,5	3					0,2		
Turbinenräder													
Cr-Mo-V	0,1	0,5		BAL		1,25				0,25-0,5	0,3		
A-286	0,15	25		BAL		1,2	2	0,3		0,25	0,08	0,006	
M-152	0,12	2,5		BAL		1,7				0,3	0,12		
IN 706	0,16	41		BAL			1,70	0,40	3	0,00	0,06	0,006	

Der Gebrauch austenitischer Superlegierungen war bis Mitte der 60er Jahre nicht möglich, da wenig Erfahrung und ein Kapazitätsmangel in der Schmiedeindustrie mit Radgrößen auch für kleinste Maschinen vorlag. Diese Hindernisse

11.4 Zukunftswerkstoffe

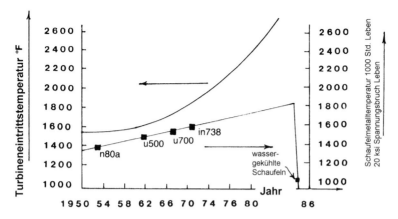

Abb. 11-6. Verbesserungen bei der Feuerungstemperatur und den Schaufelmaterialien (1000 °F ≈ 538 °C; 2000 °F ≈ 1093 °C)

konnten überwunden werden, und ein Gebrauch austenitischer Superlegierungen wird erwartet.

11.4.2
Werkstoffe für Turbinenräder

Wie bereits aufgezeigt, ist die Auswahl von Werkstoffen für Turbinenräder nicht nur durch die Spannungen festgelegt, denen der Werkstoff widerstehen muß, sondern auch durch die Größe der zu fertigenden Räder. Die exotischeren Superlegierungswerkstoffe (z.B. A-286) wurden nur für kleinere Maschinen angewandt; größere Räder wurden aus den mehr traditionellen, niedriglegierten Stählen gefertigt.

Der Aufwand für Werkstoffe zukünftiger Turbinenräder verfolgt 2 Hauptwege: Räder mit Superlegierungen in festeren Legierungen zu fertigen und auch größere Radgrößen, wie sie in der Vergangenheit ausgeführt wurden. Kürzlich vervollständigte Entwicklungsprogramme enthalten z.B. die Entwicklung von Herstellungsprozessen für IN-706-Räder im großen Maßstab. Sie beinhalten die vollständige Untersuchung der Eigenschaften dieser Legierung. IN-706 ist eine nickelbasierte Legierung, mit Eigenschaften, die denen des A-286 überlegen sind. Sie ist auch zur Produktion in großen Maschinen geeignet. Der zweite Weg besteht in der Entwicklung 12%iger Chromstähle, die noch bessere Eigenschaften haben, d.h. hauptsächlich besseres Kriech- und Bruchverhalten als das von M-152-Legierungen.

Alle üblichen Prüfungen und Untersuchungen sind während der Entwicklung der Räderwerkstoffe erforderlich – so wie dies bei Taschen- und Düsenelementwerkstoffen der Fall ist. Wichtige Aspekte sind z.B. Dehn- und Kriech-Bruch-Eigenschaften, metallurgische Stabilität, Bruchmechanik-Charakteristika und die Fertigung im kommerziellen Maßstab.

11.4.3
Keramische Werkstoffe

Der Tag, an dem Turbinen bei 1380–1650 °C (2500–3000 °F) betrieben werden, und damit die doppelte, abgegebene Leistung bei der Hälfte der Maschinengröße im Vergleich zu heute liefern, ist möglicherweise nicht so weit entfernt: Dieser Traum kann aufgrund keramischer Werkstoffe und einzigartiger Kühlsysteme Realität werden. Keramische Werkstoffe wurden bis vor kurzem als zu spröde, zu schwer herzustellen und nicht für Flugmaschinen geeignet angesehen. Jedoch führt der Zusatz von Aluminium zu einem Verbundwerkstoff, der höhere Zähigkeit hat.

Temperaturgrenzen von Flugtriebwerk-Legierungen stiegen seit 1945 stetig um etwa 11 °C (20 °F) pro Jahr. Transpiration und intern gekühlte Metallschaufeln erzielten höhere Temperaturen und effizienteren Betrieb. Jedoch hat die direkte Korrelation zwischen Wirkungsgrad und Herstellungskosten zu einer Situation geführt, in der Superlegierungen schrumpfende Kapitalrückflüsse zeigen. Da mehr und mehr Kühlluft für die Superlegierungskomponenten benötigt wird, verringert sich der Wirkungsgrad der Triebwerke bis zu zu einem Punkt, bei dem Turbineneintrittstemperaturen von etwa 1260 °C (2300 °F) das Optimum zeigen und sie an diesem Punkt für Antriebsanwendungen nicht ökonomisch sind.

Die Verwendung nichtgekühlter, keramischer Schaufeln, die 1380 °C (2500 °F) tolerieren können, liefert Verbesserungen im Brennstoffverbrauch von mehr als 20% im Vergleich zu einer Turbineneintrittstemperatur von 980 °C (1800 °F). Diese Rate repräsentiert eine fast 50%ige Verbesserung des spezifischen Luftverbrauchs. Diese Verbesserung bedeutet, daß für die gleiche Triebwerksgröße die abgegebene Leistung sich fast verdoppelt oder, mit anderen Worten (und möglicherweise wichtiger für Autohersteller), kann die Größe des Strömungsbereichs im Triebwerk auf die Hälfte reduziert und hierbei die gleiche Leistungsabgabe beibehalten werden.

Keramische Werkstoffe sind ziemlich unempfindlich gegen Verschmutzungen wie Natrium oder Vanadium, die in Niedrigpreisbrennstoffen vorhanden sind. Diese sind hochkorrosiv bei den gegenwärtig angewandten Nickellegierungen. Keramische Werkstoffe sind auch bis zu 40% leichter als vergleichbare Hochtemperaturlegierungen – ein zusätzliches Plus in der Anwendung. Doch das größte Plus sind die Materialkosten. Ihre Kosten betragen etwa 5% der Kosten für Superlegierungen.

Trotz aller Vorteile keramischer Werkstoffe sind diese spröde, und solange dieses Problem nicht überwunden ist, wird ihre Verwendung in Gasturbinen nicht praktikabel sein.

11.5
Beschichtungen für Gasturbinenwerkstoffe

Schaufelbeschichtungen wurden ursprünglich durch die Luftfahrt-Triebwerkindustrie für Luftfahrt-Gasturbinen entwickelt. Metalltemperaturen in Schwerlast-Gasturbinen sind niedriger als in Luftfahrttriebwerken. Jedoch sind Schwerlast-Gasturbinen i.allg. exzessiven Verschmutzungen oder beschleunigten Angriffen, die als Heißkorrosion bekannt sind, ausgesetzt.

Beim Vorhandensein von Natriumsulfat (Na_2SO_4) wird die Heißkorrosion deutlich beschleunigt. Natriumsulfat ist ein Verbrennungsprodukt. Einige Anteile pro Million (ppm) Natrium und Sulfat sind ausreichend, um große Heißkorrosionsschäden zu verursachen. Natrium liegt als natürliche Verschmutzung im Brennstoff vor. Schwefel kann als natürliche Verschmutzung in Brennstoff eingebracht werden oder in der Atmosphäre von Aufstellorten, die in der Nähe von Salzwasser oder verschmutzten Gegenden liegen.

Heißkorrosion ist deutlich unterschiedlich zur reinen Oxidation in einer Luftfahrzeugumgebung; somit haben Beschichtungen von Schwerlastgasturbinen unterschiedliche Fähigkeiten im Vergleich zur Beschichtung in Luftfahrttriebwerken. Die Entwicklungen dieser Beschichtungen zeigt Abb. 11-7. Beschichtungen, wie sie heute angewandt werden, bestehen 10–20 mal länger als Beschichtungen, die vor 10 Jahren eingesetzt wurden. Beschichtete Schaufeln stehen bis zu 2 mal länger im Feld als unbeschichtete Schaufeln.

Die RT-22-Beschichtung ist ein Edelmetall, das mit einer gleichmäßigen Elektroplatierung eine dünne Schicht (0,0064 mm = 0,00025 inch) Platin auf die Krümmung der Tragflügeloberfläche aufträgt. Hiernach werden diffusiv stufenweise weitere Schichten Aluminium und Chrom aufgetragen. Die daraus resul-

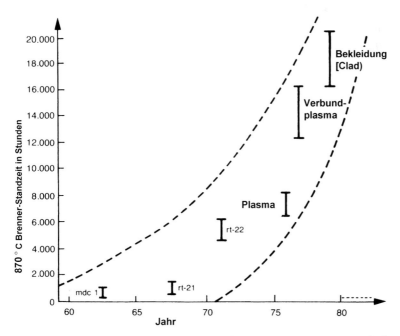

Abb. 11-7. Entwicklungen von Beschichtungen (Genehmigung von General Electric Company)

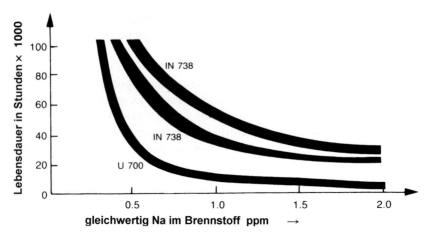

Abb. 11-8. Auswirkung von Natrium auf die Turbinenrotor-Lebensdauer (Genehmigung von General Electric Company)

tierende äußere Haut der Beschichtung hat eine extrem korrosionbeständige, intermatellische Platin-Aluminium-Zusammensetzung.

In einem Test wurden Korrosionsvergleiche beschichteter und unbeschichteter IN-738-Schaufeln durchgeführt. Die Schaufeln wurden nebeneinander in derselben Maschine unter ähnlichen korrosiven Bedingungen betrieben. Die zwei Schaufeln wurden entfernt, um sie zwischendurch nach 11.300 Servicestunden (289 Starts) zu untersuchen. Die Einheit verbrannte saures Erdgas mit etwa 3,5% ppm Schwefel und war in einer Region aufgestellt, in der die Oberfläche der Umgebung des Aufstellungsorts bis zu 3% Natrium enthält.

Die nichtbeschichtete Schaufel zeigte einen Korrosionsangriff von 0,13 mm (0,005 inch) über 50% der konkaven Tragflügeloberfläche mit etwa 0,25 mm (0,01 inch) Angriffsfläche an der Basis des Tragflügels. Die Untersuchung der beschichteten Schaufel zeigte keinen sichtbaren Beweis des Angriffs, außer an einem kleinen, aufgerauhten Punkt an der Eintrittskante, etwa 25 mm (1 inch) oberhalb der Plattform, und an einem zweiten Punkt in der Mitte der konvexen Seite, etwa 25 mm (1 inch) unterhalb der Spitze.

Metallografische Untersuchungen anderer Gebiete führten zu ähnlichen Korrosionsgraden an den 2 Schaufeln. An keinem Punkt der beschichteten Schaufel hatte die Korrosion das Basismaterial angegriffen, obgleich in den 2 Gebieten an der beschichteten Schaufel etwa 0,05 mm (0,002 inch) der im Original 0,076 mm (0,003 inch) dicken Beschichtung oxidativ angegriffen war.

Erfahrungen mit unbeschichteten IN-738-Schaufeln in dieser sehr aggressiven Umgebung zeigen, daß etwa 25.000 Stunden Schaufellebensdauer erreicht werden können. Die beschichtete Schaufellebensdauer, basierend auf dieser Zwischenuntersuchung, sollte zusätzliche 20.000 Stunden Lebensdauer erbringen.

Erfahrungen zeigen, daß die Lebendauer sowohl unbeschichteter als auch beschichteter Schaufeln in hohem Maße vom Umfang der Brennstoff- und Luftverschmutzung abhängen.

RT-22-Beschichtungen, die in weniger schwierigen Umgebungen als vorstehend beschrieben betrieben werden, halten länger. Die Auswirkung kombinierter Natriumverschmutzungen in der Einlaßluft und im Brennstoff auf die Schaufellebensdauer ist in Abb. 11-8 gezeigt.

Eine Serie von Richtlinien ermöglicht es den Gasturbinenbetreibern zu untersuchen, ob die spezifische Anwendung Beschichtungen erfordert oder nicht. Diese Richtlinien sind in Tabelle 11-3 dargestellt. Felderfahrungen zeigten, daß Beschichtungen in etwa 2/3 aller Schwerlasteinheiten im Betrieb vorteilhaft für den Kunden sind.

Tabelle 11-3. Turbinenbeschichtungen von Herstellern

Beschichtungsbezeichnung	Turbinenhersteller	Hauptbeschichtungselemente	Beschichtungstechnik[a]	Typische Anwendungen
UC	PWA 45[b]	Al	PC	Co-basierte Leitschaufeln
870	PWA 25	Al, Si	PC	Ni-basierte Teile
RT-5	PWA 32	Al, Cr	DPC	Ni-basierte Leitschaufeln
RT-17	PWA 62	Al, Cr	DPC	TD Nickel
RT-19	PWA 27	Al, Ni	DPC	Co-basierte Leitschaufeln (Hochtemperatureinsatz)
RT-21	PWA 273	Al	PC	Ni-basierte Lauf- und Leitschaufeln
(Lizenz)[c]	CODEP B	Al	PC	Lauf- und Leitschaufeln
(Lizenz)[d]	Alpak	Al	PC	Allison Turbinenteile
(Lizenz)[e]	PWA 73	Al	PC	Ni-basierte Lauf- und Leitschaufeln
(Genehmigung)[f]	Rolls Royce	Al	PC	Rolls-Royce Turbinenteile
RT-22	GE P16-AG2[g]			
	IM 6257[h]	Pt, Al	EP / CP	Ni-basierte Laufschaufeln
BB	IM 6255	Rh, Al	EP / PC	Ni-und Co- basierte Lauf- und Leitschaufeln
RT-44		Pt, Rh, Al	EP / PC	Co-basierte Leitschaufeln
(Lizenz)[d]	PWA 68	Co, Cr, Al, Y	EB / PVD	Äußere Beschichtung für schwierigen Einsatz – Elektronenstrahlbeschichtungsgerät, wurde für den Betrieb 1977 installiert
(Lizenz)[d]	PWA 270	Ni, Co, Cr, Al	EB 7 PVD	

a Beschichtungstechnik
 Pack cementation (PC), Duplex pack cementation (2 Stufen) (DPC), Electroplating (EP), Physikal. Dampfablagerung durch Elektronenstrahlschmelzung (EP/PVD)
b Pratt & Whitney-Aircraft-Vorschriften
c GE-Beschichtungen, lisensiert von Chromalloy
d GM-Allison-Beschichtungen, lisensiert von Chromalloy
e PWA-Beschichtungen
f Rolls-Royce-Beschichtungen mit Erlaubnis -
g General-Electric-Co.-Vorschriften
h Turbo-Power & Marine-Vorschriften (United Technologies Corp.)

11.5.1
Zukunftsbeschichtungen

Die Untersuchung von noch korrosionsbeständigeren Beschichtungsmaterialien war ein Gebiet intensiver Forschung und Entwicklung in den vergangenen 3 Jahren. Die Fähigkeiten neuer Beschichtungen werden zunächst im Labor untersucht, um ihre Korrosionsbeständigkeit und die Auswirkung auf mechanische Eigenschaften festzustellen.

Die vielversprechendsten Beschichtungen der „nächsten Generation" sind Auftragsbeschichtungen (overlay coatings). Sie unterscheiden sich von Diffusionsbeschichtungen (wie RT-22) dadurch, daß zumindest einer der Hauptbestandteile (üblicherweise Nickel) in einer Diffusionsbeschichtung vom Basismetall stammt. In einer Auftragsbeschichtung stammen alle Bestandteile der Beschichtung von einer externen Quelle. Der Vorteil der Auftragsbeschichtungen ist, daß korrosionsbeständige Zusammensetzungen angewandt werden können, da die Zusammensetzung nicht durch die Basismetallzusammensetzung begrenzt ist.

Die externe Auftragungsquelle kann die Auftragung mit Elektronenstrahldampf sein, „sputtering", Plasmaspray, „cladding" oder eine Anzahl anderer Techniken. Die vielversprechendste Anwendung von Auftragsbeschichtung scheint Hochgeschwindigkeitsplasma zu sein. Für diese Technik werden Puderteilchen der benötigten Beschichtungszusammensetzung im Plasmafeld auf Geschwindigkeiten beschleunigt, die bis zu dreifache Schallgeschwindigkeit erreichen. Der Einschlag des Puders auf das Werkstück ergibt eine wesentlich stärkere Verbindung zwischen der Beschichtung und dem Werkstück, als es mit konventionellen Plasmasprayauftragungen mit Unterschallgeschwindigkeit erreicht werden kann. Zusätzlich können viel höhere Beschichtungsdichten mit diesem Hochgeschwindigkeitsplasma erzielt werden.

Eine Gesellschaft hat eine „Explosionskanone" (detonation gun) entwickelt und patentiert, um Beschichtungsanwendungen durchzuführen. Im Prinzip detoniert in der Kanone eine dosierte Mischung aus Sauerstoff, Azetylen und Partikeln der benötigten Beschichtungsmaterialien und schlägt diese bei mehrfachen Überschallgeschwindigkeiten auf die Werkstückoberfläche. Das Werkstück bleibt bei ziemlich niedrigen Temperaturen, so daß seine metallurgischen Eigenschaften nicht verändert werden.

11.5.2
Neuere Fortschritte in Beschichtungstechnologien

Die Superlegierungen, die gegenwärtig von Gasturbinentriebwerksherstellern für die Fertigung von Lauf- und Leitschaufeln für die Heißbereiche der Turbinen benutzt werden, sind hauptsächlich entweder nickel- oder kobaltbasiert, mit Bestandteilen, die die mechanischen Hochtemperatureigenschaften verbessern. Ihre chemische Zusammensetzung enthält ausreichende Anteile von Materialien (hauptsächlich Chrom und Aluminium), die diese Legierung beständig gegen

11.5 Beschichtungen für Gasturbinenwerkstoffe

chemische Reaktionen machen, wie sie während des Triebwerkbetriebs auftreten. Obgleich die Betriebsumgebungen von Turbinenlauf- und Leitschaufeln in einem weiten Maße variieren, was von der Triebwerkskonstruktion und der Anwendung abhängt, sind die Anforderungen an die Schutzbeschichtungen prinzipiell die gleichen. Dies sind Widerstand gegen Heißkorrosion und Oxidation für lange Intervalle zyklischen Triebwerkbetriebs.

Eine Auswahl von Hochtemperaturbeschichtungen für neue und bereits eingesetzte Turbinenkomponenten ist verfügbar. Sie unterscheiden sich sehr in Komplexität und Kosten. Somit können die Betreiber Schutzbeschichtungen für ihre Teile zu vernünftigen Preisen erhalten. Unter bestimmten Umständen können Beschichtungen, die nur ein oder zwei Elemente, wie z.b. Aluminium oder Chrom enthalten, ausreichend sein. Schwieriger Betrieb kann jedoch eine Kombination bestimmter Additive erfordern, um die benötigte Schutzbeschichtung zusammensetzen zu können. Die Anwendungsmöglichkeiten und die -kosten hängen in hohem Maße von der angewandten Beschichtungstechnik ab. Die größte Anzahl von Teilen, die in der Produktion heute beschichtet werden, und somit auch die niedrigsten Beschichtungskosten pro Einheit, erhält man mit Auftragszementierung (pac cementation). Bei diesem Prozeß werden vermischte Pulver, Behälter und Hochtemperaturöfen benutzt. Mit bestimmten Ausnahmen kann der in der regulären Produktion eingesetzte Prozeß auch für ein Element pro Zyklus angewandt werden. Beschichtungen mehrerer Elemente benötigen mehrere Beschichtungszyklen. Diese Prozedur hat einen schnell schrumpfenden ökonomischen Rückgewinn der Investition. Gegenwärtig werden für pac cementation in großem Umfang in der Produktion Aluminium, Chrom, Nickel und Silikon eingesetzt.

Ein neuerer Fortschritt bei Hochtemperaturbeschichtungen für schwierigen, hochkorrosiven Betrieb ist die Kombination der pac cementation mit niedrigen Einheitskosten und der Wirtschaftlichkeit von Elektroplatierung, um Beschichtungen mehrerer Elemente mit aluminiumhaltigen Edelmetallen zu erhalten. Diese Beschichtungen sind in mehreren Kombinationen von Platin und Rhodium für Anwendungen mit kobalt- und nickelbasierten Schaufeln verfügbar.

Einige Luftfahrtturbinen der letzten Generation benötigen sehr komplexe Beschichtungen in ihren Hochdruckturbinensektionen. Diese Beschichtungen enthalten 4 oder 5 Elemente, die gleichzeitig aufgetragen werden. Sie werden nur dann erfolgreich angewandt, wenn der Auftrag der Substanz durch Plasmasprühen, „sputering" oder Dampfwolkenkondensation erfolgt. Die Beschichtungen, die gegenwärtig im Produktionsbereich angewandt werden, sind in Tabelle 11-3 aufgeführt. Sie zeigt auch die Spezifikation der Turbinenhersteller, die primären Beschichtungselemente, die angewandte Beschichtungstechnik und die typischen Anwendungen. Speziellere Beschichtungen, die in kleinem Umfang angewandt werden, und der weite Bereich der Beschichtungen, die gegenwärtig entwickelt werden, sind nicht aufgeführt.

12 Brennstoffe

Der Hauptvorteil der Gasturbine war ihre Brennstoffflexibilität. Das gesamte Brennstoffspektrum reicht von Gasen bis zu festen Brennstoffen. Gasartige Brennstoffe beinhalten traditionell Erdgas, Prozeßgas, Kohlegase mit niedrigen Brennwerten und verdampfte Brennölgase. „Prozeßgas" ist ein weiter Terminus, der zur Beschreibung von Gasen eingesetzt wurde, die in einigen Industrieprozessen anfielen. Prozeßgase beinhalten Raffineriegas, produziertes Gas, Koksofengas, Hochofengas und weitere. Erdgas ist üblicherweise die Basis, auf der die Leistung einer Gasturbine verglichen wird, da es ein Brennstoff ist, der eine längere Maschinenlebensdauer ermöglicht.

Verdampfte Brennölgase verhalten sich etwa wie Erdgas, da sie hohe Leistung mit einer minimalen Reduktion der Komponentenlebensdauer liefern. Über 40% der installierten Turbinenleistung wird mit flüssigen Brennstoffen erzielt. Flüssige Brennstoffe reichen von leichtem, flüssigem Naphtha über Kerosin zu schweren, viskosen Restölen. Die Klassen flüssiger Brennstoffe und ihrer Anforderungen sind in Tabelle 12-1 dargestellt.

Die leichten Destillate sind als Brennstoff dem Erdgas gleich. Zwischen leichten Destillaten und Erdgasbrennstoffen können 90% der installierten Einheiten gezählt werden. Bei der Handhabung flüssiger Brennstoffe muß Verschmutzung vermieden werden. Die sehr leichten Destillate wie Naphtha benötigen bei der Konstruktion der Brennstoffsysteme aufgrund ihrer hohen Flüchtigkeit besondere Berücksichtigung. Allgemein wird ein Brennstofftank mit schwimmendem Deckel eingesetzt, in dem kein Raum für Verdampfung vorhanden ist. Die schweren, wahren Destillate (heavy true distillates) wie Nummer 2 Destillatöl können als Standardbrennstoff vorgesehen werden. Der „wahre" Destillat-Brennstoff ist ein guter Turbinenbrennstoff; jedoch muß aufgrund von Spurenelementen wie Vanadium, Natrium, Kalium, Blei und Kalzium, die im Brennstoff gefunden werden, der Brennstoff behandelt werden. Die korrosiven Effekte von Natrium und Vanadium sind sehr schädlich für die Lebensdauer der Turbine.

Vanadium ist ursprünglich als metallische Verbindung im Rohöl vorhanden. Es ist durch den Destillationsprozeß in schwere Ölanteile konzentriert. Natriumverbindungen sind oftmals in Form von Salzwasser präsent. Dies liegt an salzigen Lagerstätten, Transporten über Seewasser oder Sprühnebeleinträgen in einer ozeanischen Umgebung.

Brennstoffbehandlungen sind teuer und entfernen nicht alle Spuren dieser Metalle. Solange die Brennöleigenschaften in spezifische Grenzen fallen, ist keine

Tabelle 12-1. Vergleich von flüssigen Brennstoffen für Gasturbinen

Allgemeine Brennstofftypen	Wahre Destillate und Naphtha	Vermischte schwere Destillate und Rohöle mit niedrigen Ascheanteilen	Restbrennstoff und Rohöle mit hohen Ascheanteilen
Brennstoff, vorgeheizt	nein	ja	ja
Brennstoffversprühung	Mech./Niedrigdruckluft	Hochdruck/Niedrigdruckluft	Hochdruckluft
Entsalzen	nein	manchmal	ja
Brennstoffvermeidung	üblicherweise keine	etwas	immer
Turbinenwaschung	nein	ja, außer Destillat	ja
Anlaßbrennstoff	mit Naphtha	einige Brennstoffe	ja
Grundkosten des Brennstoffs	höchste	mittlere	niedrigste
Beschreibung	hohe Qualitätsdestillate, im wesentlichen aschefrei	niedrige Asche, begrenzte Verschmutzungsniveaus	niedrige Flüchtigkeit, hohe Ascheanteile
Beinhaltete Brennstofftypen	wahre Destillate (Naphtha, Kerosin, Nr. 2 Diesel, Nr. 2 Brennstofföl, JP-4, JP-5)	hohe Qualitätsrohöle, leicht verschmutzte Destillate, Navy-Destillate	Restbrennstoffe und Niedrigqualitätsrohöle (Nr. 5 Brennstoff, Nr. 6 Brennstoff, Bunker C)
Beinhaltete Brennstofftypen	1-GT, 2-GT, 3-GT	3-GT	4-GT
Turbineneinlaßtemperatur	höchste	mittlere	niedrigste

spezielle Behandlung benötigt. Mischungen (blends) sind Restbrennstoffe, die mit leichteren Destillaten gemischt wurden, um ihre Eigenschaften zu verbessern. Die spezifische Dichte (gravity) im Verhältnis zu Wasser und Viskosität kann durch Vermischen reduziert werden. Etwa 1% der insgesamt installierten Maschinen können mit diesen Mischungen betrieben werden.

Eine letzte Brennstoffgruppe enthält Rohöle mit hohen Ascheanteilen und Restbrennstoffen. Dies betrifft 5% der installierten Einheiten. Ein Restbrennstoff ist ein Nebenprodukt der Destillation mit hohem Ascheanteil. Niedrige Kosten machen ihn attraktiv; jedoch müssen immer spezielle Geräte dem Brennstoffsystem hinzugefügt werden, bevor sie genutzt werden können. Rohöl ist als Brennstoff attraktiv, da es in Pumpanwendungen direkt aus der Pipeline verbrannt werden kann. Tabelle 12-2 zeigt Betreiberdaten. Diese weisen eine bemerkenswerte Reduktion bei Brennstoffen auf, die vom Betriebstyp und dem genutzten Brennstoff abhängen. Tabelle 12-2 zeigt ebenfalls, daß Erdgas bei weitem der beste Brennstoff ist. Die Auswirkung verschiedener Brennstoffe auf die abgegebene Arbeit der Turbine ist in Abb. 12-1 ersichtlich. Diese Abbildung zeigt,

12 Brennstoffe

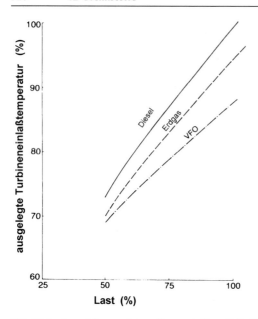

Abb. 12-1. Auswirkung einiger Brennstoffe auf die Turbineneintrittstemperatur

daß verdampfte Brennstofföle die höchsten Leistungen liefern. Diese hohe Leistung wird erzielt, wenn Dampf mit den heißen Brennstoffgasen vermischt wird, die bei 370 °C (700 °F) in die Brennkammern eintreten. Korrosionseffekte wurden mit diesem Brennstoff nicht festgestellt, da der Dampf nicht in der Turbine kondensiert.

12.1
Brennstoffspezifikation

Um zu entscheiden, welcher Brennstoff eingesetzt wird, müssen viele Faktoren berücksichtigt werden. Die Anforderung besteht darin, hohen Wirkungsgrad, minimale Stillstände und ein insgesamt wirtschaftliches Bild zu erreichen. Nachfolgend einige Brennstoffanforderungen, die bei der Konstruktion eines Verbrennungssystems und jeglicher notwendiger Brennstoffbehandlungsvorrichtungen wichtig sind:
1. Heizwert
2. Sauberkeit
3. Korrosivität
4. Ablagerungs- und Verschmutzungstendenzen
5. Verfügbarkeit.

Die Erwärmung von Brennstoffen berührt die Gesamtgröße des Brennstoffsystems. Üblicherweise ist die Brennstoffvorwärmung im Zusammenhang mit gasförmigen Brennstoffen von größerer Wichtigkeit, da flüssige Brennstoffe alle von

Petroleumrohölen kommen und kleine Heizwertvariationen zeigen. Gasförmige Brennstoffe können andererseits von 10,87 kWh/m^3 (1050 Btu/ft^3) für Erdgas bis zu 3,1 kWh/m^3 (300 Btu/ft^3) oder darunter für Prozeßgase variieren. Die Brennstoffsysteme müssen somit für die Prozeßgase größer sein, da für den gleichen Temperaturanstieg mehr Leistung benötigt wird.

Die Sauberkeit des Brennstoffs muß überwacht werden, wenn der Brennstoff naturgemäß „schmutzig" ist, oder wenn er Verschmutzungsanteile während des Transports aufnehmen kann. Die Art der Verschmutzung hängt vom einzelnen Brennstoff ab. Die Definition der Sauberkeit betrifft hierbei Partikel, die ausgeschieden werden können und nichtlösliche Verschmutzungen. Diese Verschmut-

Tabelle 12-2. Betriebs- und Instandhaltungslebensdauer von Industrieturbinen

Angewandter Brennstoff	Inspektionsart (Betriebsstunden)				Erwartete Lebensdauer (Austausch) (Betriebsstunden)			
	Starts/ Stunde	Service	Kleine Grenze	Hauptgrenze	Brennkammerverbindungen	Erste Stufe Leitschaufeln	Erste Stufe Leitschaufeln	
Grundlast	*	+	+	+	+	+	+	
Erdgas	1/1000	4500	9000	28.000	30.000	60.000	100.000	
Erdgas	1/10	2500	4000	13.000	7500	42.000	72.000	
Destillatöl	1/1000	3500	7000	22.000	22.000	45.000	72.000	
Destillatöl	1/10	1500	3000	10.000	6000	35.000	48.000	
Restbrennstoff	1/1000	2000	4000	5000	3500	20.000	28.000	
Restbrennstoff	1/10	650	1650	2300				
Systemspitzenlast x								
Erdgas	1/10	3000	5000	13.000	7500	34.000		
Erdgas	1/5	1000	3000	10.000	3800	28.000		
Destillat	1/10	800	2000	8000				
Destillat	1/5	400	1000	7000				
Turbinenspitzenlast x								
Erdgas	1/5	800	4000	12.000	200	12.000		
Erdgas	1/1	200	1000	3000	400	9000		
Destillat	1/5	300	2000	6000				
Destillat	1/1	100	800	2000				

* 1/5 = Ein Start pro 5 Betriebsstunden
x Kein Restbrennstoffgebrauch aufgrund niedriger Lastfaktoren und hoher Kapitalkosten
Grundlast = normale, maximale, kontinuierliche Last
Systemspitzenlast = normale, maximale Last für kurze Dauer und tägliche Starts
Turbinenspitzenlast = extra Last aufgrund einer Betriebstemperatur von 50 bis 100 °F oberhalb Grundtemperatur für kurze Zeitdauern
Service = Inspektion von Brennkammerteilen, benötigte Stillstände etwa 24 h
Kleine Grenze = Inspektion von Brennkammer plus Turbinenteilen, benötigte Stillstände etwa 80 h
Hauptgrenze = komplette Inspektion und Revision, benötigte Stillstände etwa 160 h

Anmerkung: Instandhaltungszeiten sind Schätzungen und hängen von der Personalverfügbarkeit und dem Ausbildungsstand, der Ersatzteil- und der Geräteverfügbarkeit und der Planung ab. Endoskopietechniken können helfen, die Stillstandszeiten zu reduzieren.

zungen können Schäden oder verschmutzende Ablagerungen im Brennstoffsystem hervorrufen und dann zu schlechter Verbrennung führen.

Korrosion durch den Brennstoff tritt üblicherweise im heißen Bereich des Triebwerks auf, entweder in der Brennkammer oder in den Turbinenschaufeln. Korrosion steht in bezug zu den Mengen bestimmter schwerer Metalle im Brennstoff. Die Brennstoffkorrosivität kann durch spezielle Behandlungen deutlich reduziert werden. Sie werden später in diesem Kapitel diskutiert.

Ablagerungen und Verschmutzungen können im Brennstoffsystem und im Heißbereich der Turbine auftreten. Ablagerungsarten hängen von den Mengen bestimmter Verbindungen ab, die im Brennstoff enthalten sind. Einige Verbindungen, die Ablagerungen hervorrufen, können durch Brennstoffbehandlung entfernt werden.

Schließlich muß die Brennstoffverfügbarkeit bedacht werden. Wenn zukünftige Reserven unbekannt sind oder saisonale Schwankungen erwartet werden, ist Doppelbrennstoffähigkeit (dual fuel) vorzusehen.

Brennstoffanforderungen sind durch mehrere Brennstoffeigenschaften definiert. Außerdem sind die Anforderungen an den Heizwert auch eine Eigenschaft und braucht nicht extra erwähnt zu werden.

Sauberkeit ist ein Maß für das Wasser, die Sedimente und den Feststoffanteil. Wasser und Sedimente werden hauptsächlich in flüssigen Brennstoffen gefunden, während Feststoffanteile in gasförmigen Brennstoffen gefunden werden. Feststoffanteile und Sedimente rufen Verstopfungen von Brennstofiltern hervor. Wasser führt zur Oxidation im Brennstoffsystem und schlechter Verbrennung. Ein Brennstoff kann durch Filtration gereinigt werden.

Kohlenstoffrestanteile, Fließpunkte und Viskosität sind wichtige Eigenschaften in bezug auf Ablagerung und Verschmutzung. Kohlenstoffreststoffe werden durch Verbrennung einer Brennstoffprobe und der Feststellung des Gewichts der verbliebenen Kohlenstoffmenge gefunden. Die Kohlenstoffrestwerteigenschaft zeigt die Tendenz eines Brennstoffs, Kohlenstoffe in den Brennstoffdüsen und Brennkammerrohren abzulagern. Der Fließpunkt ist die niedrigste Temperatur, bei der ein Brennstoff durch Gravitationseinwirkung fließen kann. Die Viskosität steht in bezug zum Druckverlust in der Rohrströmung. Sowohl der Fließpunkt als auch die Viskosität messen die Tendenz eines Brennstoffs, das Brennstoffsystem zu verschmutzen. Manchmal ist die Erwärmung des Brennstoffsystems und die Verrohrung notwendig, um eine gute Strömung zu sichern.

Der Ascheanteil flüssiger Brennstoffe ist im Zusammenhang mit der Sauberkeit der Korrosion und den Ablagerungscharakteristika des Brennstoffs wichtig. Asche ist das Material, das nach der Verbrennung übrigbleibt. Asche ist in 2 Formen präsent: (1) Als feste Partikel im Material, das als Sediment bezeichnet wird, und (2) als Öl oder wasserlösliche Spuren metallischer Elemente. Wie früher bereits angemerkt wurde, ist Sediment ein Maßstab für die Sauberkeit. Die Korrosivität eines Brennstoffs steht in bezug zu mehreren Spurenelementen in der Brennstoffasche. Bestimmte Brennstoffe mit hohen Ascheanteilen haben die Tendenz, korrosiv zu sein. Schließlich steht die Ablagerungsrate direkt in bezug

12.1 Brennstoffspezifikation

Tabelle 12-3. Spezifikationen gasförmiger Brennstoffe

Heizwert	3,1–5,17 kWh/m^3 (300–500 Btu/ft^3)
Feste Verschmutzungen	< 30 ppm
Flammbarkeitsgrenzen	2,2 : 1
Zusammensetzung – S, Na, K, Li (Schwefel + Natrium + Kalium + Lithium)	< 5 ppm (Wenn diese in alkalische Metaschwefel formiert werden)
H$_2$O (Gewichtsanteile)	< 25%

zum Ascheanteil im Brennstoff, da Asche das Brennstoffelement ist, das nach der Verbrennung verbleibt.

Tabelle 12-3 ist eine Zusammenfassung der Spezifikationen für gasförmige Brennstoffe. Die 2 zu beachtenden Hauptbereiche sind der Heizwert mit seiner möglichen Variation und der Verschmutzungsgrad. Brennstoffe außerhalb einer Spezifikation können genutzt werden, wenn einige Änderungen durchgeführt sind.

Heute werden gasförmige Brennstoffe mit Heizwerten zwischen 3,1 und 10,35 kWh/m^3 (300–1000 Btu/ft^3) eingesetzt; jedoch werden zukünftige Systeme Gas mit Heizwerten unterhalb von 1,04 kWh/m^3 (100 Btu/ft^3) nutzen. Obgleich weite Heizwertbereiche mit verschiedenen Brennstoffsystemen erreicht werden können, ist die maximale Variation, die in einem gegebenen Brennstoffsystem genutzt werden kann, ± 10%.

Der Schwefelanteil muß in Gasturbineneinheiten mit Wärmerückgewinnungssystemen am Austritt gesteuert werden. Wenn Schwefel im Austrittsbereich kondensiert, kann Korrosion entstehen. In Einheiten ohne Wärmerückgewinnung am Austritt gibt es kein Problem, da Schornsteintemperaturen deutlich über dem Taupunkt liegen. Schwefel kann jedoch die Korrosion im Heißbereich bei der Verbrennung mit bestimmten alkalischen Metallen wie Natrium und Kalium fördern. Dieser Korrosionstyp ist Verschwefelung oder heiße Korrosion und wird durch begrenzte Zugabe von Schwefel und alkalischen Metallen gesteuert. Die Verschmutzungsanteile, die in einem Gas gefunden werden, hängen vom Gas ab. Übliche Verschmutzungen beinhalten Teer, Lampenschwarz (lamp black), Koks, Sand und Schmieröl.

Tabelle 12-4 ist eine Zusammenfassung der Spezifikationen für flüssige Brennstoffe, die von Herstellern für den effizienten Maschinenbetrieb aufgestellt wurden. Die Grenze für Wasser und Sediment wird bei 1% des maximalen Volumens gesetzt, um Verschmutzung des Brennstoffsystems und Beeinträchtigung des Brennstoffilters zu vermeiden. Die Viskosität ist auf 20 Zentistokes an den Brennstoffdüsen limitiert, um Verstopfungen der Brennstoffleitungen zu verhüten. Es ist auch empfehlenswert, daß der Fließpunkt etwa 9 °C (20 °F) unterhalb der minimalen Umgebungstemperatur liegt. Falls diese Spezifikationen nicht erfüllt werden können, können sie korrigiert werden, indem die Brennstoffleitungen geheizt werden. Kohlenstoffablagerungen sollten weniger als 1 Gew.-%, basierend auf 100% der Probe, sein. Der Wasserstoffanteil steht in bezug zur Tendenz des

Tabelle 12-4. Spezifikation für flüssige Brennstoffe

Wasser und Sediment	1% (V%) max.
Viskosität	20 Zentistokes an der Brennstoffdüse
Fließpunkt	etwa 9 °C (20 °F) unterhalb minimaler Umgebungstemperatur
Kohlenstoffrestbestände	1,0% (Gewicht) basierend auf 100% der Probe
Wasserstoff	11% (Gewicht) minimal
Schwefel	1,0% (Gewicht) maximal

Typische Ascheanalyse und Spezifikationen

Metall	Blei	Kalzium	Natrium und Kalium	Vanadium
Spezifisch, maximal (ppm)	1	10	1	0,5 unbehandelt
Naphtha	0–1	0–1	0–1	500 behandelt
Kerosin	0–1	0–1	0–1	0-0,1
Leichtes Destillat	0–1	0–1	0–1	0-0,1
Schweres Destillat, (wahr)	0–1	0–1	0–1	0-0,1
Schweres Destillat, (vermischt)	0–1	0–5	0–20	0,1/80
Restbestände	0–1	0–20	0–100	5/400
Erdöl	0–1	0–20	0–122	0,1/80

Brennstoffs zur Raucherzeugung. Brennstoffe mit niedrigeren Wasserstoffanteilen emittieren mehr Rauch als Brennstoffe mit höheren Wasserstoffanteilen. Der Schwefelstandard hat den Zweck, die Systeme mit Wärmerückgewinnung im Austrittskanal vor Korrosion zu schützen.

Die Analyse der Asche erhält besondere Aufmerksamkeit, da bestimmte Spurenmetalle in der Asche Korrosion hervorrufen. Vorrangig zu berücksichtigen sind: Vanadium, Natrium, Kalium, Blei und Kalzium. Die ersten vier sind begrenzt, aufgrund ihrer Beiträge zur Korrosion bei erhöhten Temperaturen. Jedoch können alle diese Elemente Ablagerungen auf den Schaufeln hervorrufen.

Natrium und Kalium sind begrenzt, weil sie bei erhöhten Temperaturen mit Schwefel reagieren und Metalle durch heiße Korrosion oder Verschwefelung korrodieren. Der Mechanismus der Heißkorrosion ist bisher nicht voll geklärt; jedoch kann er im allgemeinen Terminus diskutiert werden. Es wird angenommen, daß die Ablagerungen alkalischer Sulfate (Na_2SO_4) an den Schaufeln die schützende Oxidschicht reduzieren. Korrosion ergibt sich aus der fortwährenden Formierung und der Entfernung der Oxidschicht. Außerdem tritt Oxidation an den Schaufeln auf, wenn flüssiges Vanadium auf den Schaufeln abgelagert ist. Glücklicherweise tritt Blei nicht sehr oft auf. Seine Präsenz beruht zuallererst auf Verschmutzungen durch verbleite Brennstoffe oder ist ein Resultat bestimmter Raffineriepraktiken. Heute gibt es keine Brennstoffbehandlungen, die dem Auftreten von Blei entgegenwirken.

12.2
Brennstoffeigenschaften

Erdgas hat einen Btu-Gehalt von etwa 8,3–8,7 Wh/m³ (1000–1050 Btu/ft³). Per Definition können Gase mit niedrigem Btu zwischen 0,83 und 2,9 Wh/m³ (100–350 Btu/ft³) variieren. Bisher waren die Erfolge gering, wenn Gase mit einem Heizwert niedriger als 1,66 Wh/m³ (200 Btu/ft³) verbrannt wurden. Um die gleiche Energie wie Erdgas zu liefern, muß ein 1,24 Wh/m³ (150 Btu/ft³)-Gas mit niedrigem Btu mit einer Rate genutzt werden, die 7 mal größer ist, als die von Erdgas, basierend auf einer volumetrischen Basis. Deshalb muß die Massenstromrate etwa 8–10 mal größer sein als die von Erdgas. Die Flammbarkeit von Gasen mit niedrigem Btu hängt sehr stark von der CH_4-Mischung und anderen Inertgasen ab. Abbildung 12-2 zeigt diesen Effekt mittels grafischer Darstellung. Eine Mischung von CH_4-CO_2 von weniger als 2 Wh/m³ (240 Btu/ft³) ist nicht flammbar und eine CH_4-N_2-Mischung von weniger als etwa 1,2 Wh/m³ (150 Btu/ft³) ist wenig flammbar. Gase mit niedrigem Heizwert nahe diesen Werten haben stark begrenzte Flammbarkeitsgrenzen im Vergleich zu CH_4 in der Luft. Verdampftes Brennölgas wird produziert durch Mischung von überhitztem Dampf mit Öl und nachfolgender Verdampfung des Öls, um hiermit ein Gas zu liefern, dessen Eigenschaften und Heizwerte nahe dem Erdgas liegen.

Wichtige Eigenschaften flüssiger Brennstoffe für eine Gasturbine sind in Tabelle 12-5 dargestellt. Der Zündpunkt ist die Temperatur, bei der Dampf mit der Verbrennung beginnt. Er ist die maximale Temperatur, bei der ein Brennstoff sicher gehandhabt werden kann.

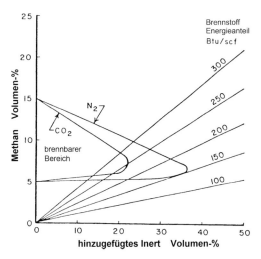

Abb. 12-2. Flammbare Brennstoffmischung von CH_4-N_2 und CH_4-CO_2 bei einem Druck von 1 atm mit mehreren Energieniveaus (100–350 Btu/ft³ entspricht 0,82–2,9 Wh/m³)

Tabelle 12-5. Brennstoffeigenschaften (1 °F = -17,22 °C; 60 °F = 15,6 °C; 100 °F = 37,78 °C)

	Kerosin	Dieselbrennstoff #2	Brenner Brennstoff Öl #2	JP-4	Schwere Erdölreste mit hohen Ascheanteilen	Typische lybische Erdöle	Navy-Destillate	Schwere Destillate	Erdöle mit niedrigen Ascheanteilen
Zündpunkt °C	54/71	48/104	66/93	<RT	79/129	0	86	92	10/93
Fließpunkt °C	-46	-48 bis -12	-23/-1	0	-9/35	20	-12	0	-9/43
Viskosität CS @ 38 °C	1,4/2,2	2,48/2,67	2,0/4,0	0,79	100/1800	7,3	6,11	6,2	2/100
SSU	0	34,4		0	0	0	45,9		0
Schwefel-%	0,01/0,1	0,169/0,243	0,1/0,8	0,047	0,5/4	0,15	1,01	1,075	0,1/2,7
Sp. gr. @ 38 °C	0,78/0,83	0,85	0,82–0,88	0,7543@16 °C	0,92/1,05	0,94	0,874	0,8786	0,80/0,92
Wasser und ded.	0	0	0	0		0,1% Gewicht	0	0	0
Heizwert kWh/kg	12,47/12,73	11,85	12,78/12,67	12,08/12,16	12,83/12,21	11,79	0	11,79	12,78/12,54
Wasserstoff-%	12,8/14,5	12,83	12,0/13,2	14,75	10/12,5	0	0	12,4	12/13,2
Kohlenstoffrest 10% untere Werte (buttoms)	0	0	0	0	0	0	0	0	0
Asche ppm	0,01/0,1	0,104	0,03/0,3	0	0	035705	0	0	0,3/3
Na + K ppm	35551	0,001	0/20	0	100/1000	36 ppm	0	0	20/200
V	1,5	0	0/1	0	1/350	2,2/4,5	0	0	0/50
Pb	0/0,1	0	0/0,1	0	5/400	0/1	0	0	0
Ca	0/0,5	0	0/1	0	0	0	0	0	0
	0/1	0/2	0/2	0	0/50	0	0	0	0

Der Fließpunkt ist die niedrigste Temperatur, bei der ein Brennstofföl gelagert werden kann und noch in der Lage ist, nur durch sein Eigengewicht zu fließen. Brennstoffe mit höheren Fließpunkten sind erlaubt, wenn die Rohre erwärmt wurden. Wasser und Sediment im Brennstoff führt zur Verschmutzung des Brennstoffsystems und Behinderungen in den Brennstoffiltern.

Die Kohlenstoffreste sind Kohlenstoffverbindungen, die im Brennstoff verbleiben, nachdem die flüchtigen Komponenten verdampft wurden. Es werden zwei unterschiedliche Kohlenstoffrestversuche eingesetzt: einer für leichte Destillate und ein anderer für schwerere Brennstoffe. Für die leichten Brennstoffe werden 90% des Brennstoffs verdampft und der Kohlenstoffrest befindet sich in den verbleibenden 10%. Für schwere Brennstoffe kann 100% der Probe benutzt werden, da die Kohlenstoffreste groß sind. Diese Versuche geben eine ungefähre Vorstellung davon, wie Kohlenstoffablagerungen im Verbrennungssystem formiert werden. Die metallischen Verbindungen, die in der Asche vorhanden sind, stehen in bezug zu den Korrosionseigenschaften des Brennstoffs.

Viskosität ist ein Maß für den Strömungswiderstand und ist für die Auslegungen des Brennstoffpumpsystems wichtig.

Die spezifische Gravitation ist das Gewicht des Brennstoffs im Verhältnis zu Wasser. Diese Eigenschaft ist wichtig für die Auslegung von zentrifugal wirkenden Brennstoffwaschsystemen. Der Schwefelanteil ist wichtig bei Emissionsbedenken und im Zusammenhang mit den Alkalimetallen, die in der Asche vorhanden sind. Schwefelreaktionen mit Alkalimetallen formen Verbindungen, die in einem Prozeß, der als Verschwefelung bezeichnet wird, korrodieren.

Luminität ist der Anteil chemischer Energie im Brennstoff, der als thermische Strahlung freigegeben wird.

Schließlich steht das Gewicht des Brennstoffs, leicht oder schwer, in bezug zu seiner Flüchtigkeit. Die meist flüchtigen Brennstoffe verdampfen leicht und verflüchtigen sich früh im Destillationsprozeß. Schwere Destillate verflüchtigen sich später. Der Anteil, der nach der Destillation verbleibt, wird als Rest (residual) bezeichnet. Der Ascheanteil des Brennstoffs ist hoch.

Zur katastrophalen Oxidation wird das Vorhandensein von Na_2SO_4 und Mo, W oder V hervorgerufen. Erdöle haben hohe V-Anteile; Asche kann 65% V_2O_5 oder mehr haben. Die Rate, mit der die Korrosion fortschreitet, steht in bezug zur Temperatur. Bei Temperaturen von mehr als 815 °C (1500 °F) treten Angriffe durch Verschwefelung schnell auf. Bei niedrigeren Temperaturen mit vanadiumreichen Brennstoffen können Oxidationen, die durch Vanadiumpentoxid katalysiert werden, Verschwefelungen erreichen. Die Auswirkung der Temperatur auf IN-718-Korrosion durch Natrium und Vanadium ist in Abb. 12-3 gezeigt. Die Korrosionsgrenze wird üblicherweise im Bereich von 593 bis 649 °C (1100–1200 °F) liegend akzeptiert. Dies kann nicht als eine freizugebende Feuertemperatur angenommen werden, da Verluste in Wirkungsgrad und Leistungsausgabe vorliegen. Abbildung 12-4 zeigt die Auswirkung von Natrium, Kalium und Vanadium auf die Lebensdauer. Erlaubte bzw. tolerierbare Grenzen von 100, 50, 20 und 10% der normalen Lebensdauer mit unverschmutztem Brennstoff bei Standardfeuerungstemperaturen sind dargestellt.

12.3
Brennstoffbehandlung

Erdgas benötigt keine Brennstoffbehandlung; jedoch Gase mit niedrigen Brennwerten, speziell, wenn sie von verschiedenen Kohlevergasungsprozessen stammen, benötigen mehrere Reinigerarten, die in einer Gasturbine eingesetzt werden. Diese Zyklen können sehr komplex werden. Ein Beispiel ist ein typisches System, das einen Zyklus mit Dampf im unteren Bereich nutzt, um einen hohen Wirkungsgrad zu erzielen. Verdampftes Brennölgas ist bereits von seinen Verunreinigungen durch den Verdampfungsprozeß befreit.

Eine Brennstoffbehandlung zur Korrosionsvermeidung wurde für flüssige Brennstoffe mit niedrigen Graden entwickelt. Natrium, Kalium und Kalziumverbindungen sind häufiger im Brennstoff in Form von Seewasser vorhanden. Diese Verbindungen resultieren aus salzigen Lagerstätten und dem Transport über Seewasser. Auch können sie in Nebelform aus ozeanischen Umweltumgebungen in den Kompressor getragen werden. Methoden, die dazu dienen, das Salz zu entfernen und die Anteile von Natrium, Kalium und Kalzium zu reduzieren, beruhen auf der Wasserlöslichkeit dieser Anteile. Die Entfernung dieser Anteile durch ihre Wasserlöslichkeit wird als Brennstoffwaschung bezeichnet. Brennstoffwaschsysteme werden in 4 Kategorien eingeteilt: zentrifugal, gleichstromelektrisch, wechselstrom-elektrisch und Hybride.

Ein zentrifugaler Brennstoffreinigungsprozeß besteht aus der Mischung von 5 bis 10% Wasser mit Öl plus einem Emulsionsbrecher, um die Teilung von Wasser und Öl zu unterstützen. Dann dispensiert ein Mischer das Waschwasser in die Ölströmung, um die Verunreinigungen aufzunehmen und hierbei eine Wasserlösung zu formen. Die Zentrifugen separieren dann dieses Ölwasser aus dem Öl. Ein Schema dieses Systems ist in Abb. 12-5 dargestellt. Wenn die spezifische Gravität dieses Brennstoffs oberhalb 0,96 liegt oder die Viskosität 3500 SSU @ bei 38 °C (100 °F) überschreitet, ist die zentrifugale Separation nicht praktizierbar, und die spezifische Gravität einer der Komponenten muß erhöht werden.

Das Wassergewicht kann durch eine Lösung aus Epsom-Salz erhöht werden. Spezifische Gravität des Brennstoffs kann durch Brennstoffvermischung vermindert werden. Abbildung 12-6 zeigt, daß die Beziehung linear ist, und die Mischung eine spezifische Gravität hat, die der Mittelwert der Anteile ist. Jedoch ist Viskositätsvermischung eine logarithmische Beziehung, wie in Abb. 12-7 dargestellt. Zur Reduzierung der Viskosität von 10.000 auf 3000 SSU, d.h. einer 3:1-Reduktion, wird eine Verdünnung von nur 1:10 benötigt. Ein zusätzlicher Vorteil des Zentrifugalverfahrens ist, daß die Ablagerungen im Brennstoffsumpf und die Feststoffanteile, die eine Verschmutzung des Brennstoffsystems hervorrufen können, entfernt werden.

Elektrostatische Separatoren arbeiten mit einem Prinzip, das ähnlich dem der zentrifugalen Separatoren ist. Das Salz wird zuerst in Wasser aufgelöst, und dann wird das Wasser separiert. Elektrostatische Separatoren nutzen ein elektrisches Feld, um Wassertropfen zu binden und hiermit den Durchmesser zu vergrößern,

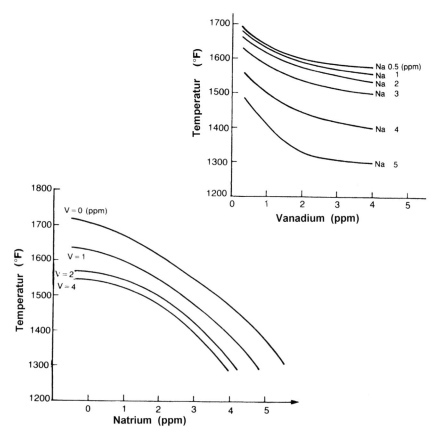

Abb. 12-3. Die Temperaturauswirkung bei IN 718 bzgl. Korrosion durch Natrium und Vanadium (1200 °F = 649 °C; 1500 °F = 816 °C; 1800 °F = 982 °C)

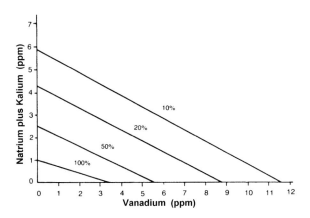

Abb. 12-4. Auswirkung von Natrium, Kalium und Vanadium auf die Brennkammerlebensdauer

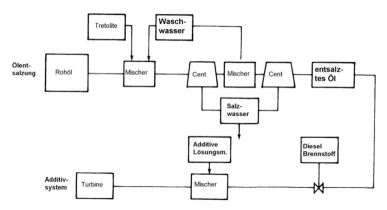

Abb. 12-5. Ein typisches Behandlungssystem für Restbrennstoffe

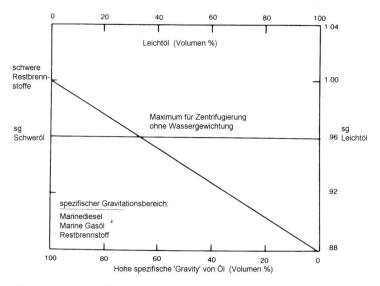

Abb. 12-6. Brennstoffverschnitt zur Reduktion der spezifischen Gravität (Verhältnis Dichte zur Wasserdichte). Spezifische Gravität Schweröl = 1,0 Leichtöl = 0,88

um schließlich eine hierdurch erhöhte Absetzrate zu bewirken. Die Gleichstromseparatoren sind am effizientesten mit leichtem Brennstoff niedriger Konduktitvität. Die Wechselstromseparatoren werden mit schwerem, hochkonduktivem Brennstoff genutzt. Elektrostatische Separatoren sind aufgrund von Sicherheitsüberlegungen attraktiv (keine rotierende Maschine), sowie aufgrund von Instandhaltungsbetrachtungen (wenige Revisionen). Jedoch ist die Entfernung der abgesetzten Schlämme schwieriger. Wasserwaschsysteme sind in Tabelle 12-6 zusammengefaßt.

Vanadium tritt in einer metallischen Verbindung in Erdöl auf und konzentriert sich durch den Destillationsprozeß in den Schwerölanteilen. Wenn flüssiges

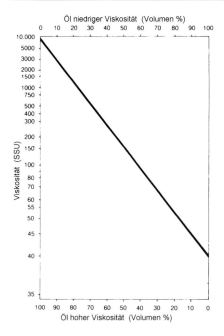

Abb. 12-7. Brennstoffviskosität-Verschneidungsdiagramm. Hochviskoses Öl = 10.000 SSU. Niedrigviskoses Öl = 40 SSU

Tabelle 12-6. Auswahl von Brennstoff-Waschsystemen

Brennstoffe	Waschsystem
Destillate	Zentrifugale oder elektrostatische Gleichstrom-Entsalzer
Schwerdestillate	Zentrifugale oder elektrostatische Wechselstrom-Entsalzer
Leichte/mittlere Erdöle	Zentrifugale oder elektrostatische Wechselstrom-Entsalzer
Leichte Restbrennstoffe	Zentrifugale oder elektrostatische Wechselstrom-Entsalzer
Schweröle	Zentrifugale Entsalzung und hybride Systeme
Schwere Restbrennstoffe	Zentrifugale Entsalzung und hybride Systeme

Vanadium sich auf den Schaufeln ablagert und wie ein Katalysator agiert, so nennt man dies Schaufeloxidation. Vanadiumverbindungen sind öllöslich und werden aus diesem Grund durch Brennstoffwaschungen nicht betroffen. Ohne Additive formt Vanadium Verbindungen mit niedrigen Schmelztemperaturen, die sich an den Schaufeln in Form geschmolzener Feststoffe ablagern, die schnelle Korrosion hervorrufen. Jedoch kann durch den Zusatz passender Verbindungen (z.B. Magnesium) der Schmelzpunkt des Vanadiums ausreichend gesteigert werden, um zu verhindern, daß diese Verbindungen unter Betriebsbedingungen in flüssige Form kommen können. Somit können die festen Ablagerungen auf den Schaufeln vermieden werden. Kalzium wurde zunächst als verhütender Zusatz ausgewählt, bis Versuche zeigten, daß es bei 954 °C (1750 °F) effektiver war. Nachfolgende Versuche zeigen, daß Magnesium bei 899 °C (1650 °F) und darunter den besseren Schutz gibt. Jedoch bei Temperaturen von 954 °C (1750 °F) und darüber vermeidet Magnesium Korrosion nicht länger, sondern *beschleunigt* sie sogar. Magnesium liefert auch mehr Ablagerungen als kalziumbasierte Inhibitatoren. Ein Magnesium/Vanadium-Verhältnis von 3:1 reduziert Korrosion mit einem Faktor von 6 zwischen Temperaturen von 843 und 760 °C (1550 und 1400 °F).

Welche Magnesiumverbindung als Inhibitator ausgewählt wird, hängt von den Brennstoffeigenschaften ab. Für niedrige Vanadiumkonzentrationen (unter 50 ppm) wird eine öllösliche Verbindung, wie Magnesiumsulfat, im korrekten Verhältnis zum vorhandenen Vanadium zugefügt. Die Kosten für öllösliche Inhibitatoren führen bei Konzentrationen über 50 ppm dazu, daß sie nicht mehr eingesetzt werden können.

Bei höheren Vanadiumkonzentrationen werden Magnesiumsulfat oder Magnesiumoxid als Inhibitatoren eingesetzt. Beide sind in den Materialkosten ungefähr gleich, doch die Wirksamkeit von Magnesiumsulfat wurde bereits nachgewiesen, während Magnesiumoxid immer noch untersucht wird. Magnesiumsulfat benötigt bei weitem die höchsten Kosten, da es zuerst aufgelöst und dann auf eine bekannte Konzentration eingestellt werden muß. Es wird mit einem Öl und einem emulgierenden Zusatz gemischt, um eine Emulsion zu formen, die im Brennstoff schweben kann. Zwei unterschiedliche Injektionsprozeduren werden benutzt. Eine Methode besteht darin, die Lösung mit entsalztem Brennstoff in einem Dispersionsmischer kurz vor der Brennkammer zu mischen. Das Inhibitationsöl verbrennt schnell, üblicherweise innerhalb einer Minute nach dem Mischen, da die Lösung die Tendenz hat, sich abzusetzen. Die Lösung kann auch in den Brennstoff vor den Servicetanks dispergiert werden. Um das Absetzen aus der Lösung zu verhindern, wird in den Tanks mittels Verteilungsköpfen eine Zirkulation aufrecht erhalten. Da ein Verhältnis Magnesium zu Vanadium von (3,25±0,25) : 1 in der Praxis eingesetzt wird, ist die zweite Dispersionsmethode die Standardanwendung, weil die Tanks als „innerhalb Spezifikation" vor der Verbrennung zertifiziert werden können. Genaues Wissen über die Verschmutzer ist für die erfolgreiche Inhibition unabdingbar.

Ein anderer Ansatz zur Reinigung des Brennstoffs ist die Nutzung von Systemen mit verdampften Brennöl (VFO: Vaporized Fuel Oil System [1]). Diese Technologie wurde entwickelt, um Erdgas-Brennstoff-Systeme in Flüssigbrennstoffe umzuwandeln. Das Verfahren beinhaltet die Mischung von Dampf mit flüssigem Brennstoff und nachfolgender Verdampfung dieser Mischung. Die verdampfte Mischung zeigt die gleichen Verbrennungseigenschaften wie Erdgas.

VFO arbeitet gut bei Gasturbinen. In einem 9-Monate-Versuchsprogramm wurden die Verbrennungseigenschaften von VFO in einer Verbrennungsversuchseinheit studiert. Eine Gasturbine wurde auch mit VFO betrieben. Der Versuch wurde als eine Studie der Verbrennungscharakteristika von VFO ausgeführt, um deren Erosions- und Korrosionseffekte und den Betrieb einer Gasturbine mit VFO zu untersuchen. Die Verbrennungsversuche wurden in einem Verbrennungsversuchsmodul ausgeführt, das aus einer GE-Frame-5-

Brennkammer mit Heißgasrohr gebaut wurde. Der Gasturbinenversuch wurde an einer Ford-Model-707-Industriegasturbine ausgeführt. Sowohl das Verbrennungsmodul als auch die Gasturbine wurden bei der Untersuchung von Erosion und Korrosion benutzt. Die Verbrennungsversuche zeigten, daß VFO die Flammenmuster, Temperaturprofile und Flammenfarben von Erdgas erreicht. Der Betrieb der Gasturbine zeigte, daß die Gasturbine mit VFO nicht nur gut lief, sondern auch ihre Leistung verbessert wurde. Die Turbineneintrittstemperatur war mit VFO bei einer gegebenen Abgableistung niedriger als mit Erdgas und auch mit Dieselbrennstoff. Dieses Phänomen beruht auf der Vergrößerung der Massenströmung am Austritt, die durch den Zusatz von Dampf in Diesel für den Verdampfungsprozeß hervorgerufen wurde. Nach den Versuchen wurde eine gründliche Inspektion derjenigen Materialien im Verbrennungsmodul und in der Gasturbine durchgeführt, die in Kontakt mit dem verdampften Brennstoff oder Verbrennungsgas kamen. Die Inspektion zeigte auf, daß keine beschädigenden Auswirkungen an einer der Komponenten durch den Einsatz von VFO vorlagen.

Die VFO-Technologie liefert eine Methode, mit der Erdgassysteme zu flüssigen Brennstoffen gewandelt werden können, ohne daß neue Brennstoffleitungen, Düsen oder Steuerungssysteme erforderlich wären. Außerdem offeriert VFO auch eine Methode, um verschmutzte Brennstoffe zu waschen. Das VFO-Verfahren verdampft nur einen Teil des flüssigen Brennstoffs; die Verschmutzungsanteile bleiben im verbleibenden flüssigen Brennstoff. Die verbleibende Flüssigkeit kann entweder als Brennstoff oder als Grundstock für andere Prozesse genutzt werden. Es wurde festgestellt, daß nach Verdampfung von 90% des Brennstoffs die verbliebenen 10% die für die Verdampfung benötigte Wärme liefern. Die Wärme, die zur Verdampfung des flüssigen Brennstoffs benötigt wird, wird in der Gasturbine als zusätzliche Wärme, die in die Brennkammer eingetragen wird, zurückgewonnen. Somit ist das Verfahren sehr effizient. Der einzige Verlust ist die Energie in den erwärmten Gasen, die den Verdampferaustritt verlassen.

Die Gesamtkosten für eine VFO-Einheit können niedriger sein als die Kosten konventioneller Behandlungsaufbauten für flüssige Brennstoffe. Das U.S. Department of Energy führte eine Untersuchung durch, die zeigte, daß die Betriebskosten eines Systems zur Behandlung von flüssigem Brennstoff über eine 20-Jahresperiode etwa US$ 0,5 MM Btu Abgableistung betragen. Diese Kosten beinhalten die anfängliche Kapitalinvestition, Instandhaltung und Betriebskosten. Die anfänglichen Kosten einer VFO-Einheit mit einer Abgableistung von 800 MM Btu/hr (benötigt für eine 60 MW Gasturbine) sind etwa US$ 1150 /MMBtu/hr Abgableistung (US$ 920.000 insgesamt). Die Betriebskosten einer VFO-Einheit sind sehr niedrig, da die einzige Leistungsanforderung die elektrische Leistung ist, die für den Antrieb mehrerer kleiner Pumpen erforderlich ist. Die Energie, die zur Verdampfung des Öls benötigt wird, wird durch die Verbrennung des nicht verdampften Öls erhalten. Alle weiteren Ausgaben für den Betrieb eines VFO-Systems resultieren aus der Instandhaltung. Die Instandhaltung ist mit gut ausgewählten Komponenten minimal.

12.4
Schwere Brennstoffe

Bei schweren Brennstoffen muß die Umgebungstemperatur und der Brennstofftyp berücksichtigt werden. Auch bei hohen Umgebungstemperaturen könnte aufgrund der hohen Viskosität des Schweröls Brennstoffvorwärmung oder Vermischung benötigt werden. Wenn die Einheit für den Betrieb in extrem kalten Regionen geplant ist, könnten die schwereren Destillate zu zähflüssig werden. Brennstoffsystemanforderungen begrenzen die Viskosität auf 20 Zentistokes in den Brennstoffdüsen.

Brennstoffsystemverschmutzung steht in bezug zu den Wasser- und Sedimentanteilen im Brennstoff. Ein Nebenprodukt der Brennstoffwaschung ist die Entfernung von Ablagerungen (Schlämmen) im Brennstoff. Die Waschung beseitigt solche nichtgewollten Anteile, die Verstopfung, Ablagerung und Korrosion im Brennstoffsystem hervorrufen. Der letzte Teil der Behandlung ist die Filterung kurz vor dem Eintritt in die Turbine. Gewaschener Brennstoff sollte weniger als 0,025% Bodenablagerungen und Wasser haben.

Häufig sind nichtsichtbarer Rauch und keine Kohlenstoffablagerungen die Auslegungsanforderungen. Rauch ist ein Umweltproblem, während übermäßige Kohlenstoffe die Brennstoffsprayqualität berühren und höhere Heißgasverbindungsteiltemperaturen hervorrufen, beruhend auf der erhöhten Strahlungsemission von Kohlenstoffpartikeln, verglichen mit dem umgebenen Gas. Rauch und Kohlenstoff sind brennstoffbezogene Eigenschaften. Die Wasserstoffsättigung beeinflußt Rauch und freie Kohlenstoffe. Die niedrig gesättigten Brennstoffe, wie Benzol (C_6H_6), tendieren zu Raucherzeugung; die besseren Brennstoffe, wie Methan (CH_4), sind gesättigte Kohlenwasserstoffe. Ihre Auswirkung ist in Abb. 12-8 dargestellt. Die Siedetemperatur ist eine Funktion des Molekulargewichts. Schwerere Moleküle tendieren dazu, bei einer höheren Temperatur zu sieden. Da die weniger gesättigten Moleküle mehr wiegen (hohes Molekulargewicht), kann man erwarten, daß Schweröle und schwere Destillate zur Raucherzeugung neigen. Diese Erwartung wird in der Praxis bestätigt. Die Konstruktionslösung, die erstmals von General Electric an ihrer LM 2500 eingeführt wurde, zeigt eine ringförmige Brennkammer, wie in Abb. 12-9 dargestellt. Sie hat eine erhöhte Strömung und Verwirbelung aufgrund des „Dome", der den Brennstoffinjektor umgibt. Die erhöhte Strömung hilft, „reiche Taschen" zu vermeiden und fördert die gute Vermischung [2]. Der axiale Wirbelerzeuger erreicht eine Nicht-Rauchbedingung und reduziert die Verbindungsteil (liner)-Temperaturen.

Spezielle Aufmerksamkeit muß auf die Brennkammerwände gerichtet werden. Brennstoffe niedrigen Grads tendieren zur Freigabe eines höheren Anteils ihrer Energie mit thermischer Strahlung anstatt mit Wärme. Diese Energiefreisetzung, gekoppelt mit dem größeren Durchmesser einer einzigen Brennkammer und der Formierung von Kohlenstoffablagerungen, kann zu einem Überhitzungsproblem an den Verbindungsteilen führen. Ein Lieferant bevorzugt den

12.4 Schwere Brennstoffe

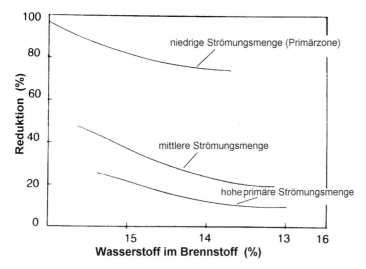

Abb. 12-8. Auswirkung von Wasserstoffsättigung auf Rauch in primärer Strömung

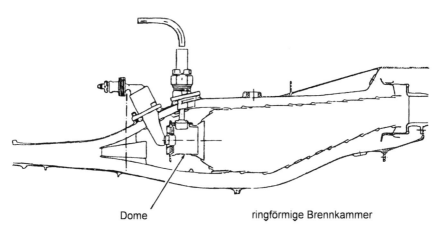

Abb. 12-9. Querschnitt einer ringförmigen Brennkammer mit hoher „Dome"-Strömungskonfiguration (Genehmigung von General Electric Company)

Gebrauch metallischer Ziegel als Brennkammer-Rohrwandverkleidung [3]. Die Ziegel werden in speziellen Schlitzen in der Wand festgehakt.

Die Ziegel haben auf ihrer Rückseite fein geteilte Rippen. Die Rippen formen eine Doppelwandstruktur, indem sie die Lücke zwischen der Rohrwand und dem Ziegel überbrücken. Dieser Zwischenraum wird mit Luft durchströmt, wodurch starke Kühlung erreicht wird. Die Standardausführung mit metallischen Blättern wurde nicht mehr angewandt, da Verwindungen aufgetreten waren.

12.5
Reinigung von Turbinenkomponenten

Ein Brennstoff-Behandlungssystem beseitigt effektiv Korrosion als ein Hauptproblem beseitigt, jedoch rufen die Asche im Brennstoff und das zusätzliche Magnesium Ablagerungen in der Turbine hervor. Intermittierender Betrieb von 100 h oder weniger bereitet kein Problem, weil der größte Teil der Ablagerung sich durch Neuanfeuerung ablöst und keine spezielle Reinigung erfordert. Jedoch erreicht die Ablagerung bei kontinuierlichem Betrieb keinen konstanten Statuswert und verstopft den Erststufen-Düsenbereich mit einer Rate zwischen 5 und 12% pro 100 h. Somit ist z.Zt. der Gebrauch von Schwerölen auf Anwendungen begrenzt, bei denen ein kontinuierlicher Betrieb von mehr als 1000 h nicht benötigt wird.

Wenn Bedarf besteht, die Laufzeit zwischen den Stillständen zu erhöhen, kann die Turbine durch die Einbringung milder, abrasiver Elemente in das Verbrennungssystem gereinigt werden. Die abrasiven Mittel sind Walnußschalen, Reis und Spent-Katalysat. Reis ist ein sehr schwaches, abrasives Mittel, da es dazu tendiert, in kleinste Teile zu zerfallen. Üblicherweise ist eine maximale Blockade von 10% in der Laufradbeschaufelung der ersten Stufe tolerierbar, bevor abrasive Reinigung gestartet wird. Abrasive Reinigung liefert 20–40% der verlorenen Leistung zurück, indem es 50% der Ablagerungen beseitigt. Wenn die Frequenz der Einträge abrasiver Materialien inakzeptabel hoch wird und nicht vermeiden kann, daß die Leitschaufelblockade größer als 10% wird, dann wird eine Wasserwaschung erforderlich. Wasser- oder Lösungsmittelwaschung kann effektiv 100% der verlorenen Leistung zurückgewinnen. Ein typisches Betriebsdiagramm ist in Abb. 12-10 gezeigt.

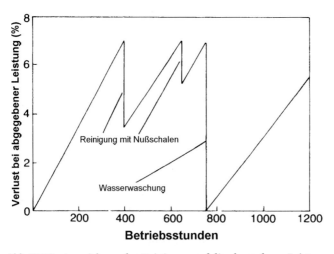

Abb. 12-10. Auswirkung der Reinigung auf die abgegebene Leistung

12.6
Brennstoffwirtschaftlichkeit

Da die Brennstoffeigenschaften von Gasturbinen nicht die Kosten bestimmen, können unter bestimmten Umständen die besseren Gasturbinenbrennstoffe preiswerter sein als die schlechteren. Die Auswahl des meistwirtschaftlichen Brennstoffs hängt von vielen Überlegungen ab, von denen die Brennstoffkosten nur eine ist. Jedoch sollten die Betreiber immer den wirtschaftlichsten Brennstoff verbrennen, der nicht der billigste Brennstoff sein muß.

Brennstoffeigenschaften müssen bekannt sein und die Wirtschaftlichkeit muß berücksichtigt werden, bevor ein Brennstoff ausgesucht wird. Die Eigenschaften des Brennstoffs berühren die Kosten des Brennstoffbehandlungsgeräts in hohem Maße. Eine Verdopplung der Viskosität verdoppelt, grob gesagt, die Kosten des Entsalzungsgeräts, und eine spezifische Gravität (Verhältnis Brennstoffflüssigkeitsdichte zu Wasserdichte) von mehr als 0,96 kompliziert in hohem Maße das Waschsystem und erhöht die Kosten. Der Versuch, die letzten Spuren metallischer Elemente zu beseitigen, berührt die Kosten der Brennstoffwaschung etwa so, wie in Tabelle 12-7 dargestellt. Die hohen Kosten eines Brennstoffbehandlungssystems beruhen auf den Brennstoffwaschsystemen, die Kosten für das Zündsystem belaufen sich auf etwa 10% dieses Betrags. Die Brennstoffströmungsmenge und auch der Brennstofftyp berühren die Investitionskosten des Brennstoffbehandlungssystems, wie in Abb. 12-11 dargestellt.

Gasturbinen benötigen so wie andere mechanische Vorrichtungen Inspektionen, Instandhaltung und Service. Instandhaltungskosten beinhalten das Verbrennungssystem, den Heißgaspfad und die Hauptinspektionen (s. Kap. 21). Die Auswirkung des Brennstofftyps auf die Instandhaltungskosten ist in Tabelle 12-8 dargestellt. Ein Kostenfaktor ist gezeigt, bei dem Erdgas als Bezugseinheit benutzt wird. Die Kosten für Instandhaltung sind Gegenstand starker Änderungen.

Tabelle 12-7. Auswirkung der Qualität des gewaschenen Brennstoffs auf die Systemkosten

Natriumreduktion	Waschsystemkosten
100 → 5 ppm Na	1× Dollars
100 → 2 ppm Na	2× Dollars
100 → 1 ppm Na	4× Dollars
100 → ½ ppm Na	8× Dollars

Tabelle 12-8. Ungefähre Gesamtinstandhaltung und Kostenfaktoren für eine Gasturbine

Brennstoff	Erwartete tatsächliche Instandhaltungskosten (mils/kWh)	Erwarteter Instandhaltungskostenfaktor
Erdgas	0,3	1,0 = Bezugslinie
Nr. 2 destilliertes Öl	0,4	1,25
Typisches Erdöl	0,6	2,0
Nr. 6 Restöl	1,0	3,33

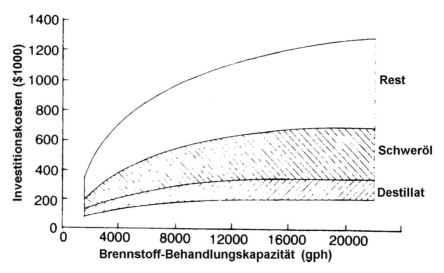

Abb. 12-11. Investitionskosten für Gasturbinenbrennstoffbehandlungsvorrichtungen (gph = Gramm pro Stunde) (Genehmigung von General Electric Company)

In Anbetracht der großen Schwierigkeiten bei der Aufstellung der erwarteten Instandhaltungskosten für unterschiedliche Anwendungen sollte die Tabelle 12-8 nur als grober Leitfaden zur Schätzung der Kosten benutzt werden. Diese Daten basieren auf tatsächlichen Instandhaltungskosten für Schwerlast-Gasturbinen. Es wurde gezeigt, daß die Auswahl des wirtschaftlichsten Brennstoffs neben den Kosten von vielen Faktoren abhängt. Tabelle 12-9 faßt die hauptsächlichen Überlegungen bei der Brennstoffauswahl zusammen.

Tabelle 12-9. Wirtschaftlichkeitsfaktoren, die die Brennstoffauswahl beeinflussen

I. Brennstoffkosten

II. Betrieb
   1. Leistungsabgabe für gegebene Turbine
   2. Wirkungsgrad-Degradation
   3. Stillstände (downtime)

III. Kapitalinvestition
   1. Brennstoffwaschung und Inhibition
   2. Brennstoff-Qualitätsüberwachung
   3. Turbinenwaschung und Reinigung

IV. Betriebszyklus
   1. Kontinuierlicher Betrieb erforderlich
   2. Gesamtjahresbetrieb
   3. Starts und Stops

12.7
Betriebserfahrung

Frühe U.S.-Erfahrung im Schwerölbetrieb datiert zurück auf die beginnenden 50er Jahre. Einige Gesellschaften stellten die Gasturbinen so ein, daß sie mit Schwerölbrennstoff für Eisenbahnanwendungen betrieben werden konnten. Beim Betrieb mit niedriger Einlaßtemperatur (732 °C = 1350 °F) war die Korrosion mit niedrigschwefelhaltigem Schweröl begrenzt; jedoch wurde festgestellt, daß eine Erhöhung der Eintrittstemperatur von starker Korrosion begleitet wurde. Aufgrund der Vorteile erhöhter Feuerungstemperaturen wurden Forschungsarbeiten zur Brennstoffbehandlung gestartet. Schließlich wurden die korrosionhervorrufenden Materialien entdeckt, und ein Brennstoffbehandlungssystem zur Begrenzung der Korrosion wurde entwickelt.

Kraftwerke sowohl für Spitzenleistung als auch für Reservebetrieb erreichten 30.000 Stunden zwischen großen Revisionen. Zwischen diesen Betriebsphasen trat das Ablagerungsproblem an den Turbinendüsen auf. Es entwickelten sich auch Ablagerungen an den Brennstoffdüsen und hiermit eine Situation, die Abweichungen im Winkel des Brennstoffsprays hervorrufen kann und hierzu in bezug stehende Verbrennungsprobleme. Aus diesem Grund benötigten sowohl die Turbine als auch die Brennstoffdüsen regelmäßige Reinigung.

Wie vorstehend diskutiert, diktieren die wirtschaftlichen Anforderungen in hohem Maße die Brennstoffauswahl. Nach einer Woge von Interesse an Gasturbinen in den frühen 50er Jahren stagnierte der Gebrauch in den 60er Jahren aufgrund von Kosten, Problemen und Verfügbarkeit von Erdgas. Neuerdings ist jedoch die Verfügbarkeit von optimalem Brennstoff unsicher. Die Brennstoffdaten eines Herstellers auf die Gesamtanzahl von installierten Triebwerken sind in Tabelle 12-10 gegeben. Diese Daten zeigen, daß, obgleich nur 40% der installierten Einheiten mit Erdgas betrieben werden, 67% der Gesamtstunden und 82% der Gesamtleistung für Erdgasanwendungen summiert wurden. Diese Daten zeigen ebenfalls das Ausmaß des Mißverhältnisses bei Einsatz von knappem Erdgas. Es ist die Verminderung der Verfügbarkeit, die zu steigendem Interesse an allen flüssigen Brennstoffen, Naphtha oder Schwerölen und Gasen mit niedrigen Brennwerten, geführt hat. Der allgemeine Trend besteht heute darin, Auslegungen für mehrere Brennstoffe durchzuführen, um maximale Flexibilität zu erlauben.

Tabelle 12-10. Typische Hersteller-Brennstoffdaten auf insgesamt installierte Leistung

Brennstoff	Einheiten %	Betriebsstunden %	Gesamtleistung %
Erdgas	40,0	67	82,0
Dual-Brennstoff-System	28,6	12	4,0
Destillatöl	24,0	7	0,6
Restöl	5,0	9	9,0
Erdöl	0,8	3	0,4
Andere	1,6	2	3,0

12.8
Literatur

1. Boyce, M.P., Trevillion, W., Hoehing, W.W.: A New Gas Turbine Fuel, Diesel & Gas Turbine Progress. March 1978 (Reprint)
2. Bahr, D.W., Smith, J.R., Kenworthy, N.J.: Development of Low Smoke Emission Combustors for Large Aircraft Turbine Engines. AIAA Paper Number 69–493
3. Brown Boveri Turbomachinery, Inc.: MEGA PAK CT, The simple cycle combustion-turbine plant designed for today's energy needs. Pub. No. 4875-B10-7610

Teil IV
Nebenkomponenten und Zubehör

13 Lager und Dichtungen

13.1 Lager

Die Lager in einer Gasturbine stützen und positionieren die rotierende Komponente. Die radiale Abstützung wird allgemein durch die Radiallager und die axiale Positionierung durch die Axiallager durchgeführt. Einige Triebwerke, hauptsächlich Luftfahrt-Jettriebwerke, haben Kugel- oder Kegelrollenlager für die radiale Abstützung, doch bei fast allen Industriegasturbinen werden Gleitlager benutzt.

Gleitlager können entweder vollständig rund oder geteilt sein. Die Lagerschalen können schwer sein, wie sie in großkalibrigen Lagern für schwere Maschinen eingesetzt werden, oder dünn, wie sie in Präzisionslagereinsätzen in Triebwerken mit interner Verbrennung eingesetzt werden [1]. Die meisten Lagermuffen sind geteilt, um den Service und den Ersatz zu erleichtern. Oftmals ist bei geteilten Lagern, bei denen die gesamte Last nach unten gerichtet ist, die obere Hälfte nur eine Abdeckung, um die Lager zu schützen und die Öleinbauten zu halten. Abbildung 13-1 zeigt eine Anzahl verschiedener Gleitlager. Nachfolgend die Beschreibung einiger einschlägiger Gleitlager:

1. *Ebener Wellenzapfen.* Das Lager ist mit einem gleichmäßig verteilten Spiel (in der Größenordnung von 38–50 mm pro 25 mm des Wellenzapfendurchmessers) zwischen dem Wellenzapfen und dem Lager gebohrt.
2. *Lager mit Umfangsnut.* Normalerweise hat die Ölnut etwa die halbe Lagerlänge. Diese Anordnung liefert eine bessere Kühlung, doch sie reduziert die Kapazität der Traglast, indem sie das Lager in 2 Teile teilt.
3. *Lager mit zylindrischen Bohrungen.* Ein weiterer Lagertyp, der in Turbinen eingesetzt wird. Er hat eine geteilte Konstruktion mit 2 axialen, ölführenden Nuten an der Teilung.
4. *Druck oder Drucksperre.* Dieses Lager wird vielfach eingesetzt, wenn Lagerstabilität benötigt wird. Es ist ein ebenes Wellenzapfenlager mit einer Drucktasche, die in die unbelastete Hälfte eingeschnitten ist. Diese Tasche ist etwa 0,8 mm tief und hat eine Breite von 50% der Lagerlänge. Die Nut oder der Kanal decken einen Winkel von 135° und enden abrupt in einer scharfkantigen Sperre. Die Rotationsrichtung verläuft so, daß das Öl den Kanal herunter gegen die scharfe Kante gepumpt wird. Drucksperrungslager sind für nur eine Rotationsrichtung. Sie können im Zusammenhang mit zylindrisch gebohrten Lagern genutzt werden, wie in Abb. 13-1 dargestellt.

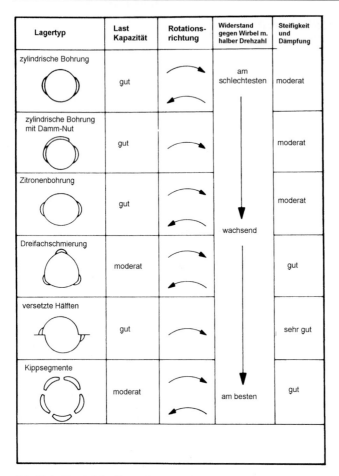

Abb. 13-1. Vergleich allgemeiner Lagertypen

5. *Zitronen- oder elliptische Bohrung.* Die Lager sind mit Scheiben an der Teilungslinie gebohrt. Diese werden vor der Installation entfernt. Die resultierende Bohrungsform nähert sich einer Ellipse, die ein Hauptachsenspiel hat, das etwa dem Zweifachen des Kleinstachsenspiels entspricht. Elliptische Lager sind für beide Rotationsrichtungen einsetzbar.
6. *3-Flächen-Lager.* Das 3-Flächen-Lager wird kaum in Turbomaschinen eingesetzt. Es hat eine moderate Last/Trag-Kapazität und kann in beide Richtungen betrieben werden.
7. *Abgesetzte Hälften.* Im Prinzip funktioniert dieses Lager sehr ähnlich wie ein Drucksperrlager. Seine Last/Trag-Kapazität ist gut. Es ist auf eine Rotationsrichtung beschränkt.
8. *Kippsegmentlager.* Dieses Lager wird bei heutigen Maschinen am meisten verwendet. Es besteht aus mehreren Lagersegmenten, die um den Umfang der

Welle herum angeordnet sind. Jedes Segment kann kippen, um hiermit die effektivste Arbeitsposition einzunehmen. Die wichtigste Eigenschaft ist die Selbstausrichtung, wenn sphärische Aufhängungen benutzt werden. Dieses Lager bietet die größte Erhöhung der Dauerhaltbarkeit aufgrund folgender Vorteile:

a) Selbstausrichtung für optimale Ausrichtung und minimales Limit.
b) Thermische Leitfähigkeit zum Abführen der im Ölfilm durch Dissipation entstandenen Wärme.
c) Eine dünne Weißmetallschicht kann mit Zentrifugalwirkung eingegossen werden. Sie hat eine gleichmäßige Dicke von etwa 0,13 mm. Dickes Weißmetall reduziert stark die Lebensdauer des Lagers. Eine Weißmetalldicke im Bereich von 0,25 mm reduziert die Lagerlebensdauer um mehr als die Hälfte [2].
d) Die Ölfilmdicke ist kritisch für die Berechnung der Lagersteifigkeit. In einem Kippsegmentlager kann diese Dicke auf verschiedene Weise geändert werden: (a) Änderung der Segmentanzahl; (b) Richten der Last auf oder zwischen die Segmente; (c) Änderung der axialen Segmentlänge.

Die vorstehende Liste enthält einige der meistverbreitetsten Wellenzapfenlager. Sie sind in der Reihenfolge wachsender Stabilität aufgeführt. Alle Lager, die für erhöhte Stabilität ausgelegt wurden, haben höhere Herstellungskosten und reduzierte Effektivität. Die gegen Wirbel ausgelegten Lager (antiwhirl bearings) sind alle einer parasitären Last auf die Wellenzapfen ausgesetzt, die höhere Leistungsverluste in den Lagern hervorruft und damit auch einen höheren Ölstrom zur Kühlung der Lager erfordert. Viele Faktoren gehen in die Auswahl der richtigen Konstruktion der Lager ein. Einige die Lagerkonstruktion berührende Faktoren sind:

1. Wellendrehzahlbereich
2. Maximaler Wellenausrichtfehler, der toleriert werden kann
3. Kritische Drehzahlanalyse, unter Einfluß der Lagersteifigkeit auf diese Analyse
4. Beladung der Kompressorlaufräder
5. Öltemperaturen und Viskosität
6. Fundamentsteifigkeit
7. Axiale Bewegung, die toleriert werden kann
8. Schmierungssystemtyp und seine Verunreinigung
9. Maximale Schwingungsniveaus, die toleriert werden können.

13.2
Prinzipien zur Lagerauslegung

Das Wellenzapfenlager ist ein Lager mit einem Fluidfilm. Dies meint, daß ein vollständiger Fluidfilm die stationäre Lageroberfläche komplett vom rotierenden Wellenzapfen separiert – die 2 Komponenten, die das Lagersystem ausmachen [3]. Diese Trennung wird durch eine Druckbelastung des Fluids erreicht. Diese

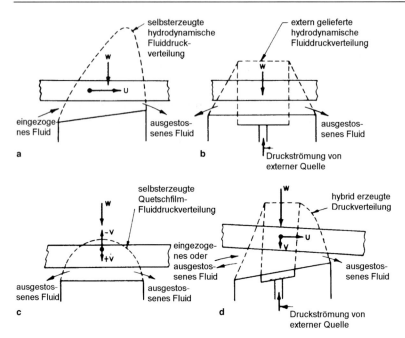

Abb. 13-2. Fluidfilmschmierungen. **a** Hydrodynamisch, **b** hydrostatisch, **c** gequetschter Film, **d** hybrid

Druckbelastung im Spielzwischenraum erzwingt einen Ausgleich in der Lagerbelastung. Dieser Ausgleich erfordert, daß das Fluid ständig in den Spalt einströmt und dort dem Druck ausgesetzt wird. Abbildung 13-2 zeigt die 4 Schmierungsmoden in einem Fluidfilmlager [4]. Das Lager mit dem hydrodynamischen Modus ist das weitverbreitetste Lager und wird auch oft als „Selbstagierendes" Lager bezeichnet.

Wie aus Abb. 13-2a ersichtlich, induziert sich der Druck durch eine Relativbewegung zwischen den beiden Oberflächen der Lagerkomponenten. Der Film ist bei dieser Schmierung keilförmig. Abbildung 13-2b zeigt den hydrostatischen Schmierungsmodus. Bei diesem wird das Schmiermittel extern unter Druck gesetzt und dann in das Lager geleitet. Abbildung 13-2c zeigt den Quetschfilm-Schmierungsmodus. Dieses Lager erhält seine lasttragende Fähigkeit und Trennung, weil ein viskoses Fluid nicht plötzlich zwischen 2 Oberflächen, die sich einander annähern, ausgequetscht werden kann. Abbildung 13-2d zeigt ein hybrides Lager, das die vorstehenden Moden kombiniert. Der meistverbreitete, hybride Typ kombiniert den hydrodynamischen und hydrostatischen Modus.

Eine weitere Untersuchung des hydrodynamischen Modus ist gerechtfertigt, da er der am häufigsten eingesetzte Schmierungstyp ist. Er hängt von der Geschwindigkeit der Lagerkomponenten und der Existenz der keilförmigen Konfiguration ab. Das Wellenzapfenlager erzeugt einen natürlichen Keil, wie in Abb. 13-3 dargestellt, der Bestandteil seiner Konstruktion ist. Abbildung 13-3

13.2 Prinzipien zur Lagerauslegung

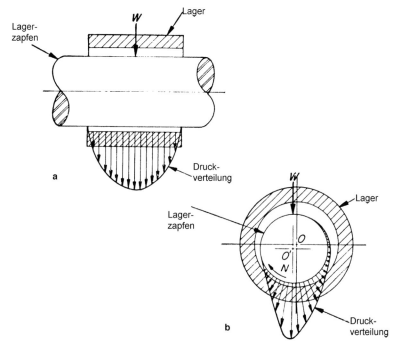

Abb. 13-3. Druckverteilung in einem vollen Wellenzapfenlager. **a** Axial; **b** Umfang

zeigt auch die Druckverteilung im Lager. Die Fluidfilmdicke hängt vom Schmierungsmodus und der Anwendung ab. Sie variiert zwischen 2,5 und 250 µm. Für hydrostatische, ölgeschmierte Lager beträgt die Filmdicke 0,2 mm. Im speziellen Fall des Ölquetschfilmlagers, bei dem Kapazität bereitgestellt werden muß, um extrem hohe, wiederholende Belastungen zu tragen, ohne daß hierbei Lagerschäden auftreten dürfen, kann die Ölfilmdicke unterhalb 2,5 µm sein. Da die Filmdicke sehr wichtig ist, ist das Verständnis der Oberfläche ebenfalls sehr wichtig.

Alle Oberflächen, unabhängig von ihrer Güte, haben Spitzen und Täler. Generell gilt, daß die mittlere, herausragende Höhe 5–10 mal größer sein kann als der Oberflächen-RMS-Wert. Wenn die Oberfläche geschabt ist, dann bildet sich fast sofort ein Oxidfilm.

Abbildung 13-4A zeigt die relative Abtrennung des vollen Films, des Mischfilms und der Grenze. Wenn ein voller Film existiert, ist die Lagerlebensdauer fast unendlich. Die Begrenzung im Falle des vollen Films beruht auf Schmierungsabrissen, stoßartigen Belastungen, Lageroberflächenerosion und „fretting" der Lagerkomponenten. Die Abb. 13-4B und 13-4C zeigen Querschnitte, die die verschiedenen Verschmutzungstypen darstellen. Öladditive sind „Verschmutzungen", die vorteilhafte Oberflächenfilme formieren.

Die Lagergesundheit kann am besten durch Auftragen einer ZN/P über der Reibungskoeffizient-Kurve beschrieben werden. Abbildung 13-5 zeigt eine der-

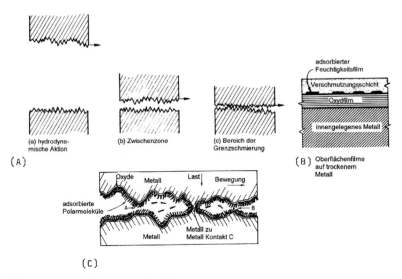

Abb. 13-4. Vergrößerte Lageroberflächen

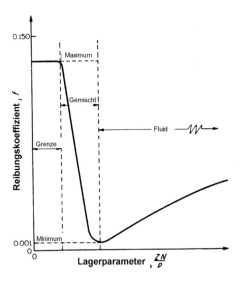

Abb. 13-5. Klassische ZN/P-Kurve

artige Kurve, bei der Z die Schmiermittelviskosität in Zentipoise ist, N die Drehzahl des Wellenzapfens und P die Projektion der belasteten Fläche.

Da die Lagerdrehzahl für gegebene Schmiermittel und Belastungen ansteigt, ist die Reibung am niedrigsten, wenn sich ein voller Film entwickelt hat. Hiernach steigt die Kurve aufgrund der erhöhten Scherungskräfte im Schmiermittel wieder an.

13.2 Prinzipien zur Lagerauslegung

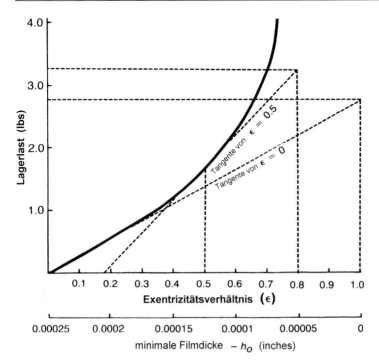

Abb. 13-6. Lastkapazität eines Wellenzapfenlagers über der minimalen Filmdicke und dem Exzentrizitätsverhältnis
(1 lb = 0,45 kg; 4 lbs = 1,81 kg; 0,00025 inches = 0,00635 mm; 0,00005 inches = 0,00127 mm)

Der Lagerfluidfilm arbeitet wie eine Feder mit nichtlinearer Charakteristik. Abbildung 13-6 zeigt eine Kurve der Lagerlast über der Filmdicke bei exzentrischem Verhältnis. Die Lagersteifigkeit kann für jeden Lasttyp dargestellt werden, indem eine Linie aufgetragen wird, die tangential zur Kurve am Lastpunkt verläuft [5]. Dann kann die Filmsteifigkeit eingesetzt werden, um die kritische Drehzahl des Rotors zu bestimmen.

Bei höheren Drehzahlen und weniger verbreiteten flüssigen Schmiermitteln ist das Auftreten von Turbulenz im Fluidfilm nicht mehr so selten [6]. Normalerweise kann für dünne Filme erwartet werden, daß diese laminar sind, doch bei höheren Drehzahlen, niedriger Viskosität und manchmal auch bei Fluiden mit hohen Dichten, kann das Schmiermittel im Schmierspalt turbulent strömen. Diese Turbulenzen führen zu einem anormalen Anstieg des Energieverbrauchs. Im Vergleich zu Bedingungen mit laminarer Strömung kann das Erreichen einer kritischen Reynolds-Zahl den Leistungsverbrauch auch im Umschlagbereich verdoppeln und, tief im turbulenten Bereich, kann der Leistungsverbrauch bis zum 10fachen ansteigen [7-9]. Obwohl dieses Phänomen aufgrund seines Zufallcharakters schwierig zu analysieren ist, gibt es erstaunlich viele theoretische Arbeiten über dieses Thema. Zusätzlich sind auch einige experimentelle

Arbeiten verfügbar. Als Richtschnur läßt sich sagen, daß der Umschlagpunkt bei einer Reynolds-Zahl von etwa 800 liegt. Bezüglich der Filmdicke gibt es Beweise, daß unter turbulenten Bedingungen der Umschlagpunkt tatsächlich größer ist, als mit Laminarstromtheorie berechnet.

13.3
Die Kippsegment-Wellenzapfenlager

Normalerweise werden Kippsegmentlager für Wellenzapfen in Betracht gezogen, wenn die Wellenbelastungen niedrig sind, da diese Lager über die eingebaute Fähigkeit verfügen, gegen Ölwirbelschwingungen zu bestehen. Jedoch hat dieses Lager, wenn es richtig ausgelegt wird, eine sehr hohe Tragfähigkeit. Es kann kippen und die Kräfte, die im hydrodynamischen Ölfilm entwickelt werden, aufnehmen. Es arbeitet deshalb mit einer optimalen Ölfilmdicke bei gegebenen Last- und Spielzuständen. Über einen weiten Lastbereich zu arbeiten, ist sehr nützlich in Hochgeschwindigkeits-Getriebe-Untersetzungen mit mehreren Kombinationen von Ein- und Ausgangswellen.

Ein anderer wichtiger Vorteil der Kippsegment-Wellenzapfenlager besteht darin, Wellenausrichtfehler aufzunehmen. Aufgrund seiner kurzen Welle-zu-Durchmesser-Verhältnisse kann es kleinere Ausrichtfehler ziemlich leicht ausgleichen.

Wie früher gezeigt, variiert die Lagersteifigkeit mit der Ölfilmdicke, so daß die kritische Drehzahl zu einem bestimmten Grad direkt durch die Ölfilmdicke beeinflußt wird. Wiederum hat das Kippsegment-Wellenzapfenlager im Bereich der kritischen Drehzahlen den größten Grad an Auslegungsflexiblität. Es gibt hochentwickelte Computerprogramme, die den Einfluß verschiedener Last- und Konstruktionsfaktoren auf die Steifigkeit des Kippsegment-Wellenzapfenlagers aufzeigen. Folgende Möglichkeiten gibt es bei Auslegungen der Kippsegmentlager:

1. Die Anzahl der Segmente kann von 3 bis zu jeder praktizierbaren Anzahl variiert werden.
2. Die Belastung kann entweder direkt auf das Segment oder zwischen diese Segmente plaziert werden.
3. Die Belastungseinheit auf das Segment kann entweder durch Einstellung der Winkellänge oder der axialen Länge auf das Lagersegment variiert werden.
4. Eine parasitische Vorlast kann ins Lager konstruiert werden. Dies wird durch Variation des kreisförmigen Kurvenverlaufs auf das Segment in Beziehung zum Kurvenverlauf der Welle erreicht.
5. Ein optimaler Abstützpunkt kann ausgewählt werden, um eine maximale Ölfilmdicke zu erhalten.

Bei einem Hochgeschwindigkeits-Rotorsystem ist es notwendig, die Kippsegmentlager zu nutzen, da diese eine besondere, dynamische Stabilität aufweisen. Ein Hochgeschwindigkeits-Rotorsystem wird bei Drehzahlen oberhalb der 1. kriti-

13.3 Die Kippsegment-Wellenzapfenlager

schen Drehzahl des Systems betreiben. Hierfür muß berücksichtigt werden, daß ein Rotorsystem den Rotor, die Lager, das Lagerabstützsystem, die Dichtungen, die Kupplungen und andere Teile, die am Rotor angebracht sind, beinhaltet. Die natürliche Frequenz des Systems ist deshalb abhängig von der Steifigkeit und den Dämpfungseffekten dieser Komponenten.

Kommerzielle Mehrzweck-Kippsegmentlager sind üblicherweise für die Rotation in verschiedene Richtungen ausgelegt, so daß die Mittellinie des Zapfens auf der Mitte des Segments liegt. Jedoch müssen die allgemein angewandten Auslegungskriterien zur Erhaltung maximaler Stabilität und Tragfähigkeit so ausgelegt werden, daß die Mittellinie des Zapfens bei 2/3 des Segmentwinkels in Rotationsrichtung liegt. Die Vorlast auf das Lager ist ein anderes wichtiges Ausrichtungskriterium für die Kippsegmentlager. Lagervorlast ist das Spiel des montierten Lagers geteilt durch das Fertigungsspiel.

$$\text{Vorlastverhältnis} = C'/C = \frac{\text{Filmdicke, konzentrisch zur Zapfenmitte}}{\text{Fertigungsspiel}}$$

Eine Vorlast von 0,5 bis 1,0 führt zu stabilem Betrieb, da ein konvergierender Keil zwischen dem Lagerzapfen und den Lagersegmenten erzeugt wird.

Die Variable C' ist ein eingebautes Spiel und hängt von der radialen Zapfenposition ab. Die Variable C ist ein Fertigungsspiel. Dies ist bei einem gegebenen Lager fest eingestellt. Abbildung 13-7 zeigt 2 Segmente eines Kippsegmentlagers mit 5 Segmenten, bei dem die Segmente so eingebaut wurden, daß das Vorlastverhältnis < 1 ist und Segment 2 ein Vorlastverhältnis von 1,0 hat [10]. Die volle

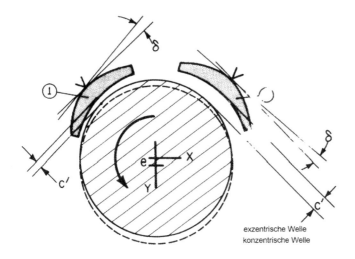

Kippsegment 1 $C'/C < 1.0$ verengendes Spiel
Kippsegment 2 $C'/C > 1.0$ erweiterndes Spiel

Abb. 13-7. Kippsegmentlager-Vorlast

Linie in Abb. 13-7 stellt die Position des Lagerzapfens in der konzentrischen Position dar. Die gestrichelte Linie zeigt die Lagerzapfen in einer Position mit einer Last, die auf die unteren Segmente wirkt.

Nach Abb. 13-7 arbeitet Segment 1 mit einem gut konvergierenden Keil, während Segment 2 mit einem komplett divergierenden Film arbeitet, was darauf hinweist, daß dieses Segment komplett entlastet ist. Deshalb arbeiten Lager mit einem Vorlastverhältnis von 1,0 oder größer mit einigen ihrer Segmente in komplett entlastetem Zustand. Dadurch wird die Gesamtsteifigkeit des Lagers reduziert und seine Stabilität vermindert, da die oberen Segmente nicht helfen, Kreuzkopplungs-Einflüssen zu widerstehen.

Unbelastete Segmente sind auch Gegenstand des Flatterns (flutter), was zu einem Phänomen führt, das als „Führungskantenverriegelung" (leading-edge lockup) bekannt ist. Aufgrund dieses Phänomens wird das Segment gegen die Welle gezwungen und dann in dieser Position durch die Reibungswechselwirkungen zwischen Welle und Segment gehalten. Deshalb ist es von primärer Wichtigkeit, daß die Lager mit Vorlast ausgelegt werden. Dies gilt speziell für Schmiermittel niedriger Viskositäten. In vielen Fällen sind Fertigungsgründe und die geforderte Fähigkeit zur Rotation in beide Richtungen der Grund, daß viele Lager ohne Vorlast produziert werden.

Die Lagerauslegung ist auch durch den Wechsel des Films vom laminaren zum turbulenten Bereich berührt. Die Umschlaggeschwindigkeit N_t kann mit folgender Beziehung berechnet werden:

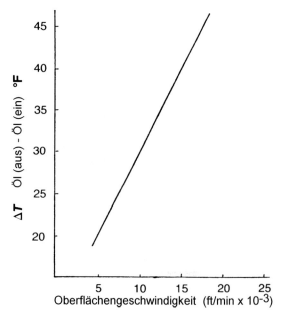

Abb. 13-8. Austrittstemperaturkriterien
($\Delta T = 20$ °F $= 11,1$ °C; 10 ft/min·$10^{-3} = 3,05$ m/min·10^{-3})

$$N_t = 1{,}57 \cdot 10^3 \frac{v}{\sqrt{DC^3}}$$

mit
- n = Viskosität des Fluids
- D = Durchmesser (inch) (1 inch = 25,4 mm)
- C = diametrales Spiel (inch)

Turbulenz ruft mehr Energieabsorbtion hervor. Dadurch wird die Öltemperatur erhöht, was zu ernsten Erosions- und „Freß"-Problemen im Lager führen kann. Es ist vorteilhaft, die Ölaustrittstemperatur unter 77 °C (170 °F) zu halten, doch bei Hochgeschwindigkeitslagern kann dieses Ideal nicht erfüllt werden. In derartigen Fällen ist es besser, die Temperaturdifferenz zwischen den Öleintritts- und Ölaustrittstemperaturen zu überwachen, wie in Abb. 13-8 gezeigt.

13.4 Lagermaterialien

Seit Issaac Babbitt bereits im Jahr 1839 seine spezielle Legierung patentierte, wurde nichts mehr entwickelt, das alle exzellenten Eigenschaften eines ölgeschmierten Lageroberflächen-Werkstoffs umfaßt. Weißmetalle haben exzellente Kompatibilität, kerbfreie Charakteristika und das konkurrenzlose Vermögen, Schmutz einzubetten und geometrische Fehler in Maschinenaufbau und Betrieb auszugleichen. Sie sind jedoch relativ schwach bzgl. ihres Ermüdungswiderstands, speziell bei erhöhten Temperaturen und bei einer Dicke von mehr als etwa 0,4 mm (s. Abb. 13-9). Allgemein gilt, daß die Auswahl eines Lagermaterials immer ein Kompromiß ist und keine bestimmte Zusammensetzung alle gewünschten Eigenschaften beinhalten kann. Weißmetalle können kurzzeitige Risse des Ölfilm tolerieren und Wellen- oder Laufschäden bei kompletten Ausfallsereignissen gut minimieren. Zinn-Weißmetalle sind geeigneter als bleibasierte Materialien, da sie einen besseren Korrosionswiderstand haben, geringere Tendenz zum Festkleben an der Welle und leichter auf eine Stahlschale verbunden werden können.

In der Praxis werden für Weißmetalle maximale Auslegungstemperaturen von etwa 149 °C (300 °F) angewandt, und Konstrukteure setzen ihr Limit etwa 28 °C (50 °F) niedriger an. Unter dem weichmachenden Einfluß der ansteigenden Temperatur beginnt das Material zu kriechen. Kriechen kann mit reichlichen Filmdicken auftreten, so daß sich auf der Lageroberfläche, wo die Strömung auftrat, Rippen bilden. Bei Zinn-Weißmetallen wurde beobachtet, daß Kriechtemperaturen von 190 °C (375 °F) für eine Lagerbelastung unter 13,8 bar (200 psi) bis etwa 127–132 °C (260–270 °F) für stetige Lasten von 69 bar (1000 psi) reichen. Dieser Bereich kann durch die Verwendung sehr dünner Weißmetallschichten, wie in Fahrzeuglagern, verbessert werden.

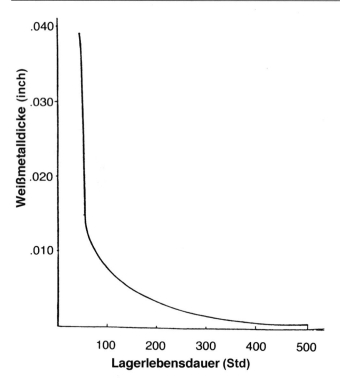

Abb. 13-9. Weißmetall-Ermüdungscharakteristika
(0,01 inches = 0,254 mm; 0,04 inches = 1,02 mm)

13.5
Lager- und Welleninstabilitäten

Eine der ernsthaftesten Formen der Instabilität, die im Wellenzapfenlagerbetrieb auftritt, nennt man „Halbfrequenzwirbel". Sie wird durch selbsterregte Schwingungen hervorgerufen und zeichnet sich durch einen Verlauf der Wellenmittellinie aus, die auf einem Orbit um das Lagerzentrum mit einer Frequenz von etwa der halben Wellendrehzahl gemessen wird (s. Abb. 13-10).

Wird die Drehzahl erhöht, kann das Wellensystem stabil sein, bis die „Wirbelgrenze" erreicht ist. Ist die Grenzdrehzahl erreicht, wird das Lager instabil, und ein weiterer Anstieg der Drehzahl produziert weitere gefährliche Instabilitäten, bis möglicherweise Fressen auftritt. Anders als bei gewöhnlichen kritischen Drehzahlen kann die Welle nicht den Bereich „durchlaufen". Die Instabilitätsfrequenz wird dann ansteigen und diesem halben Verhältnis folgen, wenn die Wellendrehzahl erhöht wird. Diese Instabilität tritt hauptsächlich im Zusammenhang mit leicht belasteten Hochgeschwindigkeitslagern auf. Heute ist diese Instabilitätsform erforscht. Sie kann exakt theoretisch vorhergesagt und durch Veränderung der Lagerauslegung vermieden werden.

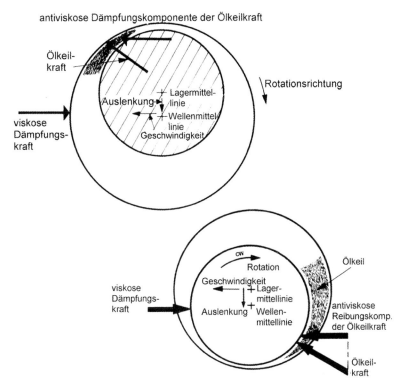

Abb. 13-10. Ölwirbel

Es sollte angemerkt werden, daß das Kippsegmentlager fast komplett frei von Instabilität ist. Jedoch können unter bestimmten Umständen die Kippsegmente selbst instabil werden, in Form des Schuhflatterns (shoe flutter), wie weiter vorne bereits erwähnt.

Alle rotierenden Maschinen schwingen während des Betriebs. Der Lagerausfall wird hauptsächlich durch ihre Unfähigkeit hervorgerufen, gegen zyklische Spannungen zu bestehen. Das Schwingungsniveau, das eine Einheit tolerieren kann, ist in den Grenzwertdiagrammen in Abb. 13-11 dargestellt. Diese Diagramme werden von vielen Betreibern modifiziert, um kritische Maschinen wiederzugeben, bei denen viel niedrigere Niveaus angegeben werden. Die Diagramme müssen mit Bedacht genutzt werden, da verschiedene Maschinen verschiedene Gehäuse und Rotoren haben. Deshalb variiert die Übertragbarkeit des Signals.

13.6
Axiallager

Die wichtigste Funktion eines Axiallagers ist, den nicht-ausgeglichenen Kräften des Arbeitsfluids in der Maschine zu widerstehen und den Rotor in seiner Posi-

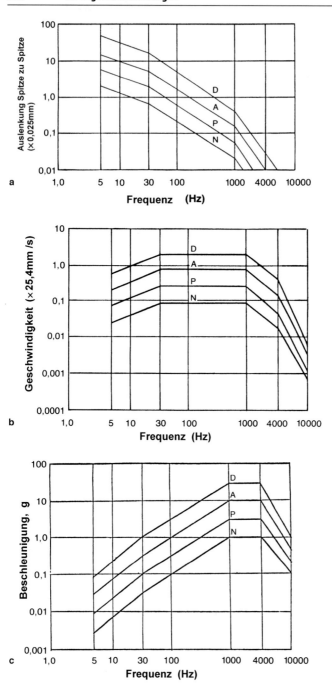

Abb. 13-11. Grenzwertdiagramme. **a** Auslenkung, **b** Geschwindigkeit, **c** Beschleunigung
D gefährlich, Abschaltung, *A* anormal, wird sich weiter verschlechtern. Inspektion so früh wie möglich, *P* Probleme, unter genauer Beobachtung halten, *N* normal

13.6 Axiallager

Lagertyp	Lastkapazität	Rotationsrichtung	Toleranz für Last- und Geschwdk.-wechsel	Toleranz für Fehlausrichtung	Raumbedarf
ebene Scheibe 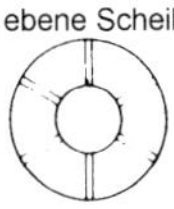	schwach		gut	moderat	kompakt
keilförmige Flächen  bidirektional	moderat		schwach	schwach	kompakt
unidirektional	gut		schwach	schwach	kompakt
Kippsegmente 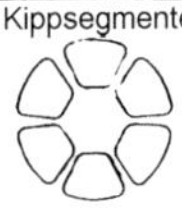 bidirektional	gut		gut	gut	größer
unidirektional	gut		gut	gut	größer

Abb. 13-12. Vergleich von Axiallagern

tion zu halten (innerhalb vorgeschriebener Grenzen). Eine komplette Analyse der Axialkraft muß durchgeführt werden. Wie bereits erläutert, reduzieren Kompressoren mit gegenläufig angeordneten Rotoren die von den Axiallagern aufzunehmende Kraft in hohem Maße. Abbildung 13-12 zeigt verschiedene Axiallager. Ebene, mit Nuten versehene Schubscheiben werden selten mit stetigen Belastungen eingesetzt. Ihr Einsatz beschränkt sich auf Fälle, bei denen die Schubbelastung nur sehr kurz, nur bei Stillstand oder bei niedrigen Geschwindigkeiten auftritt. Gelegentlich wird dieser Lagertyp für leichte Belastungen eingesetzt ($< 33{,}8$ N/cm^2, entspricht < 50 lb/in^2). Unter diesen Umständen ist der Betrieb aufgrund kleiner Störungen, die in der nominal flachen Lageroberfläche vorhanden sind, möglicherweise hydrodynamisch.

Müssen von den Schubscheiben deutliche, kontinuierliche Belastungen aufgenommen werden, muß ein Profil in die Lageroberfläche eingearbeitet werden, um einen Fluidfilm zu erzeugen. In diesem Profil können entweder keilförmige Zuspitzungen oder kleine Stufen in Abständen eingearbeitet werden. Das Axiallager mit keilförmigen Stufen kann, wenn es richtig ausgeführt ist, ähnliche Lasten wie ein Kippsegment-Axiallager tragen. Mit perfekter Ausrichtung kann es sogar die Last eines selbstausrichtenden Kippsegment-Axiallagers tragen, das sich auf der Rückseite des Segments entlang der Radiallinie ausrichtet. Für den Betrieb mit variabler Drehzahl sind Kippsegmentlager, wie sie in Abb. 13-13 dargestellt sind, im Vergleich zu konventionellen Lagern mit Schmierfilmkeilen vorteilhaft. Die Segmente können sich frei ausrichten, um den richtigen Schmierwinkel über einen weiten Drehzahlbereich zu erzeugen. Die selbstjustierende Eigenschaft gleicht individuelle Segmentbelastungen aus und reduziert die Sensitivität zur Wellenfehlausrichtung, die während des Service auftreten kann. Der Hauptnachteil dieses Lagertyps ist, daß Standardkonstruktionen mehr axialen Raum benötigen als nichtjustierende Axiallager.

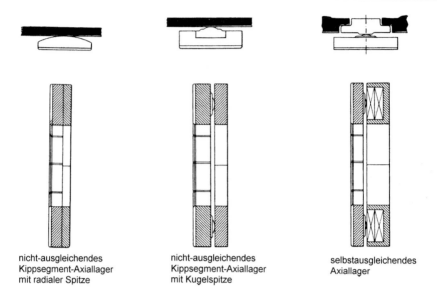

nicht-ausgleichendes Kippsegment-Axiallager mit radialer Spitze

nicht-ausgleichendes Kippsegment-Axiallager mit Kugelspitze

selbstausgleichendes Axiallager

Abb. 13-13. Verschiedene Axiallager

13.7
Faktoren, die die Axiallagerausrichtung berühren

Die prinzipielle Funktion eines Axiallagers ist, dem Schubungleichgewicht zu widerstehen, das sich zwischen den Arbeitsfluiden einer Turbomaschine entwickelt hat, und die Rotorposition innerhalb tolerierbarer Grenzen zu halten. Nach einer sorgfältigen Analyse der Schubbelastung sollte das Axiallager so ausgelegt sein, daß es die Last mit der effizientesten Methode aufnehmen kann. Viele Versuche haben bewiesen, daß Axiallager in der Lastaufnahme durch die Stärke der Weißmetalloberfläche in der hochbelasteten Zone und der Temperaturzone des Lagers begrenzt sind. In normalen, stahlunterstützten Weißmetall-Kippsegment-Axiallagern ist diese Kapazität auf 17,2–34,5 bar (250 und 500 psi) mittleren Drucks beschränkt. Es sind die Temperaturakkumulation auf der Oberfläche und die Kantenpressung (Hertzsche Flächenpressung) (pad crowning), die dieses Limit bewirken.

Die schubtragende Kapazität kann deutlich verbessert werden, indem die Flachheit des Schmierpolsters (pad) erhalten bleibt und die Wärme aus der belasteten Zone abgeleitet wird. Mit Materialien mit hohen, thermischen Leitfähigkeiten und ausreichender Dicke und Tragfähigkeit, kann die maximale, ständige, axiale Tragfähigkeit auf bis zu 69 bar (1000 psi) oder mehr erhöht werden. Diese neue Grenze kann eingesetzt werden, um entweder den Sicherheitsfaktor zu erhöhen und hierbei die Kapazität einer gegebenen Lagergröße zur Aufnahme von Belastungen durch Kompressorpumpen zu verbessern oder um die Axial-

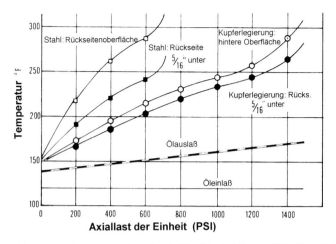

Abb. 13-14. Temperaturcharakteristika für Axiallager (100 °F = 37,8 °C; 300 °F = 149 °C; 200 psi = 13,8 bar; 1400 psi = 96,5 bar)

lagergröße zu vermindern, und somit die Verluste, die durch eine gegebene Belastung hervorgerufen werden.

Da ein Werkstoff mit höherer thermischer Leitfähigkeit (Kupfer oder Bronze) ein wesentlich besserer Lagerwerkstoff ist als der konventionelle Stahlhintergrund, ist es möglich, die Weißmetalldicke auf 0,25–0,75mm zu reduzieren. Eingebettete Thermoelemente und Widerstandsthermofühler (RTD) zeigen die Belastung im Lager an, wenn sie gut positioniert sind. Bei Temperaturüberwachungssystemen wurde festgestellt, daß diese genauer anzeigen als Indikatoren der axialen Position. Diese neigen dazu, bei hohen Temperaturen Linearisierungsprobleme zu haben.

Bei einem Wechsel von Stahlhintergrund zu Kupferhintergrund sind unterschiedliche Kriterien anzuwenden [11]. Abbildung 13-14 zeigt typische Kurven für 2 Hintergrundmaterialien. Dieses Diagramm zeigt auch, daß die Temperatur des ausströmenden Öls ein schwacher Indikator für den Lagerbetriebszustand ist, da die Temperaturänderung des austretenden Öls zwischen niedriger Last und der Last bei Lagerausfall sehr gering ist.

13.8 Leistungsverlust des Axiallagers

Die bei verschiedenen Axiallagertypen verbrauchte Leistung, ist in jedem System zu berücksichtigen. Leistungsverluste müssen genau vorhergesagt werden, so daß der Turbinenwirkungsgrad berechnet und das Ölversorgungssystem gut ausgelegt werden kann.

Abbildung 13-15 zeigt den typischen Leistungsverbrauch bei Axiallagern als Funktion der Drehzahl der Einheit. Der totale Leistungsverbrauch ist üblicher-

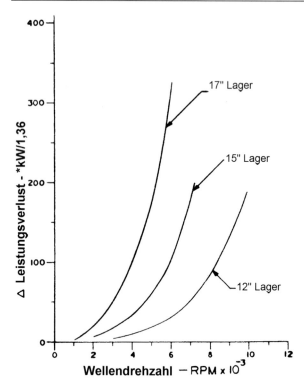

Abb. 13-15. Unterschiede bei den totalen Leistungsverlustdaten – Test minus Reibungsverluste nach Liste über der Wellendrehzahl für 6×6-Segment-Doppelelement-Axiallager

weise etwa 0,8–1% der totalen ausgelegten Leistung der Einheit. Neue vektorisierte Schmierlager, die in Versuchen geprüft werden, zeigen vorläufige Zahlen einer Reduktion der Leistungsverluste von bis zu 30% [12].

13.9
Dichtungen

Dichtungen sind sehr wichtige und oft kritische Komponenten in Turbomaschinen, speziell bei Hochdruck- und Hochgeschwindigkeitsmaschinen. Dieses Kapitel befaßt sich mit den prinzipiellen Dichtungssystemen, die zwischen den Rotor- und Statorelementen von Turbomaschinen eingesetzt werden. Es gibt 2 Hauptkategorien: (1) berührungslose Dichtungen und (2) Kontaktdichtungen.

Da diese Dichtungen ein integraler Anteil des Rotorsystems sind, berühren sie die dynamischen Betriebscharakteristika der Maschine; es werden z.B. die Steifigkeit und die Dämpfungsfaktoren durch Dichtungsgeometrie und Drücke geändert. Somit müssen diese Auswirkungen sorgfältig untersucht werden und als wichtiger Faktor während der Auslegung des Dichtungssystems Berücksichtigung finden.

13.10
Berührungsfreie Dichtungen

Diese Dichtungen finden extensiven Einsatz in Hochgeschwindigkeits-Turbomaschinen und haben eine gute mechanische Zuverlässigkeit. Sie sind keine positiven Dichtungen. Es gibt 2 Systeme berührungsfreier Dichtungen (oder Spieldichtungen): Labyrinth- und Ringdichtungen.

13.10.1
Labyrinthdichtungen

Das Labyrinth ist eine der einfachsten Dichtungsvorrichtungen. Es besteht aus einer Serie kreisförmiger Metallstreifen, die sich von der Welle oder der Wellenbohrung im Gehäuse in Form einer Kaskade von kreisringförmigen Öffnungen ausdehnt. Labyrinthdichtungsleckagen sind größer als die von Spielbuchsen, Kontaktdichtungen oder Dichtungen mit geschlossenem Film im Dichtspalt. Deshalb werden Labyrinthdichtungen eingesetzt, wenn ein kleiner Verlust im Wirkungsgrad toleriert werden kann. Sie sind manchmal eine wertvolle Ergänzung der primären Dichtung.

In großen Gasturbinen werden Labyrinthdichtungen bei statischen und auch bei dynamischen Anwendungen eingesetzt. Die grundlegende, statische Funktion tritt dort auf, wo die Gehäuseteile ohne Kontakt zueinander bleiben müssen, um thermische Expansionen aufnehmen zu können. An diesen Verbindungsstellen minimiert das Labyrinth die Leckagen. Dynamische Labyrinthanwendungen sowohl für Turbinen als auch Kompressoren sind Zwischenstufendichtungen, Deckscheibendichtungen, Ausgleichskolben und Enddichtungen.

Die Hauptvorteile der Labyrinthdichtungen sind ihre Einfachheit, Zuverlässigkeit, Toleranz gegen Schmutz, Systemanpaßbarkeit, sehr niedrige Wellenleistungsverbräuche, Flexibilität in der Werkstoffauswahl, minimale Auswirkungen auf die Rotordynamik, Reduktion von Rückentspannungen, Integration des Drucks, kaum Druckgrenzen und Toleranz bei großen thermischen Änderungen. Die Hauptnachteile sind hohe Leckagen, Verluste im Maschinenwirkungsgrad, erhöhte Pufferkosten, Toleranz beim Eindringen von Fremdkörpern, was zu Schäden an anderen kritischen Teilen wie Lagern führen kann, die Möglichkeit von Hohlraumverstopfungen durch niedrige Gasgeschwindigkeiten oder Rückdiffusion und die Unfähigkeit ein einfaches Dichtungssystem bereitzustellen, das die OSHA- oder EPA-Standards erfüllt. Aufgrund einiger dieser Nachteile werden viele Maschinen zu anderen Dichtungstypen geändert.

Labyrinthdichtungen sind einfach zu fertigen und können aus konventionellen Materialien gemacht werden. Frühe Ausführungen von Labyrinthdichtungen benutzten messerscharfe Dichtungen und relativ große Kammern als Taschen zwischen den Spitzen. Diese relativ langen Spitzen konnten leicht beschädigt werden. Die modernen, funktionelleren und zuverlässigeren Labyrinthdichtungen bestehen aus kräftigen, eng plazierten Dichtstreifen. Einige Labyrinthdichtungen

13 Lager und Dichtungen

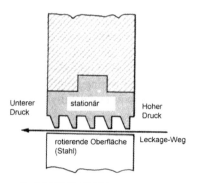

a. einfachste Konstruktion,
(Labyrinthwerkstoffe:
Aluminium, Bronze, Weiß-
metall oder Stahl)

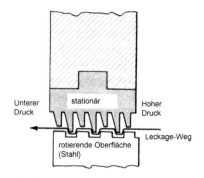

b. Schwieriger herzustellen, es
liefert aber einen engeren Dichtspalt
(gleicher Werkstoff wie in a.)

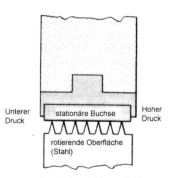

c. rotierender Labyrinthtyp vor Betrieb.
(Buchsenmaterial: Weißmetall, Alumnium,
nichtmetallische oder andere Weichmaterialien)

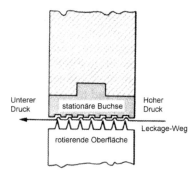

d. rotierendes Labyrinth, nach Betrieb.
Radiale und axiale Bewegung
von rotorgeschnittenen Nuten
im Buchsenmaterial zur Simulierung
des gestuften Typs, wie in b gezeigt

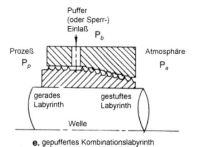

e. gepuffertes Kombinationslabyrinth

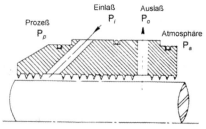

f. gepuffertes und ventiliertes gerades Labyrinth

Abb. 13-16. Verschiedene Labyrinthdichtungen

sind in Abb. 13-16 dargestellt. Abbildung 13-16a zeigt die einfachste Dichtung, Abb. 13-16b zeigt eine Dichtung mit Nuten, die schwieriger zu fertigen ist, jedoch eine engere Dichtung liefert. Abbildung 13-16c und 13-16d zeigen rotierende Dichtungen des Labyrinthtyps. Abbildung 13-16e zeigt eine einfache Labyrinthdichtung mit einem Sperrgas, für das ein Druck aufrecht erhalten werden muß, der oberhalb des Prozeßgasdrucks und des Austrittsdrucks liegt (dieser kann höher oder niedriger als der atmosphärische Druck sein). Das Sperrgas produziert eine Fluidbarriere zum Prozeßgas. Der Absauger (eductor) saugt Gas von der Ventilation nahe dem atmosphärischen Ende ab. Abbildung 13-16f zeigt ein gesperrtes, gestuftes Labyrinth. Das gestufte Labyrinth liefert eine engere Dichtung. Die nicht berührungsfreie, stationäre Dichtung wird üblicherweise aus weichen Materialien wie Weißmetall oder Bronze gefertigt, während die stationären oder rotierenden Labyrinthstreifen aus Stahl gefertigt werden. Diese Materialauswahl erlaubt den Zusammenbau der Dichtungen mit minimalen Spielen. Die Dichtstreifen können deshalb in die weicheren Materialien einschneiden, um die notwendigen Laufspiele zu liefern, die zur Einstellung auf die dynamischen Bewegung des Rotors erforderlich sind.

Zur Aufrechterhaltung maximaler Dichtungseffektivität ist es sehr wichtig, daß die Dichtstreifen scharfe Kanten in Strömungsrichtung behalten. Diese Forderung ist ähnlich der, die an Mündungsscheiben gestellt wird. Eine scharfe Kante führt zu einer maximalen Strömungseinschnürung und somit zu maximaler Beschränkung der Leckageströme (Abb. 13-17).

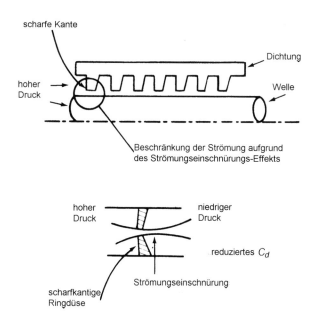

Abb. 13-17. Theorie zum Aufbau mit Messerkanten

Hohe Fluidgeschwindigkeiten werden in den engsten Stellen der Dichtungsspalte generiert, dann wird die kinetische Energie durch Strömungsablösungen in der Kammer hinter diesen engsten Stellen dissipiert. Somit ist das Labyrinth eine Vorrichtung, in der ein vielfacher Verlust der Geschwindigkeitsdruckhöhe auftritt. In einem geraden Labyrinth gibt es eine Geschwindigkeitsübertragung, die zu Effektivitätsverlusten führt. Dies gilt speziell, wenn die Abstände zwischen den Dichtspalten klein sind. Um den aerodynamischen Blockageeffekt dieser Übertragung zu maximieren, können die Durchmesser gestuft oder versetzt werden, um einen Aufprall der expandierenden Mündungsströmungen auf feste, die Strömung verstellende Oberflächen hervorzurufen. Die Leckage ist etwa proportional dem Kehrwert der Quadratwurzel der Anzahl der Labyrinthdichtstreifen. Das heißt, wenn die Leckage in einem Vierpunktlabyrinth halbiert werden soll, muß die Anzahl der Dichtstreifen auf 16 erhöht werden. Die Leckageformel von Elgi [13] kann geändert und geschrieben werden als

$$\dot{m}_l = 0{,}9 A \left[\frac{\frac{g}{V_o}(P_o - P_n)}{n + \ln \frac{P_n}{P_o}} \right]^{1/2}$$

Für Stufenlabyrinthe wird die Gleichung

$$\dot{m}_l = 0{,}75 A \left[\frac{\frac{g}{V_o}(P_o - P_n)}{n + \ln \frac{P_n}{P_o}} \right]^{1/2}$$

mit

$\dot{m}_l$ = Leckage, (lb/sec) · 0,45 kg/sec
A = Leckagequerschnitt bei einem Dichtspalt, (sq ft) · 929 cm^2
P_O = Absolutdruck vor dem Labyrinth, (lb/sq ft) · 4,88 · 10^{-4} kg/cm^2
V_O = spezifisches Volumen vor dem Labyrinth, (cu ft/lbm) · 63 · 10^{-3} cm^3/kg
P_n = Absolutdruck nach dem Labyrinth, (lb$_f$/sq ft) · 0,49 · 10^{-3} kg/cm^2
n = Anzahl der Dichtstreifen

Die Leckage einer Labyrinthdichtung kann minimal gehalten werden durch: (1) minimales Spiel zwischen dem Dichtstreifen und der Dichtungsbuchse, (2) scharfe Kanten an den Dichtstreifen zur Reduzierung der Durchflußkoeffizienten und (3) Nuten oder Stufen im Strömungspfad zur Reduzierung der Druckhöhenverluste zwischen den Stufen.

Die Labyrinthbuchse kann flexibel montiert werden, um radiale Bewegung für selbstausrichtende Effekte zu erlauben. In der Praxis ist ein Radialspiel von < 0,2 mm schwierig zu erzielen, ausgenommen bei sehr kleinen, hochpräzisen Maschinen. In größeren Turbinen werden üblicherweise Spiele von 0,4–0,5 mm eingesetzt. Während des Maschinenaufbaus ist es wichtig, diese Spiele zu messen und auf-

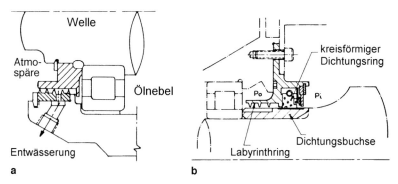

Abb. 13-18. Rückpumpdichtung

zuzeichnen, da mechanische Störungen oder Verluste zum aerodynamischen Wirkungsgrad oft auf inkorrekte Labyrinthdichtungsspiele zurückgeführt werden können.

Die Rückpumpdichtung (windback seal) ist dem Labyrinth sehr ähnlich [14], doch arbeitet sie nach einem vollständig unterschiedlichen Betriebsprinzip. Eine schraubenförmig gewundene Oberflächenkante am Umfang greift das Leckageöl auf und schiebt es entlang den Windungen in einer internen Rückströmung zurück, wie in Abb. 13-18a dargestellt.

Derartige Rückwindungsstrukturen sind besonders einfach aufgebaut. Die Spiele um die Welle herum sind groß und die Vorrichtung hat eine hohe Zuverlässigkeit. Reichen Wellendrehzahlen in die niedrigen Regionen, wo derartige Windungseffekte für einen effektiven Betrieb nicht ausreichen würden, können die Windungen durch spezielle Konfigurationen der Wellenoberfläche verstärkt werden. Die rückführenden Windungen werden auch als Zusätze zu anderen Dichtungstypen eingesetzt, s. Abb. 13-18b. Diese rückführenden Windungen können mit kreisförmigen Dichtungen eingesetzt werden, um zu verhindern, daß Ölspritzer den Dichtungskohlenstoff erreichen, da hieraus Verkohlungsprobleme entstehen könnten. Sie werden in ölgesperrten Dichtungen für Kompressoren benutzt, um die kleinen, internen Leckagen in einen unter Druck stehenden Ablauf zu leiten, womit praktisch die komplette Leckage zurückerhalten wird.

13.10.2
Ringdichtungen

Die eingeschränkte Ringdichtung ist im wesentlichen eine Serie von Ringen, in denen die Bohrungen ein kleines Spiel um die Welle herum aufbauen. Somit ist die Leckage durch den Strömungswiderstand in der Spaltfläche limitiert und wird durch die laminare oder turbulente Reibung gesteuert. Die API-617-Spezifikation [15] charakterisiert diesen Dichtungstyp. Die meisten dieser Dichtungstypen (restrictive seals) sind schwimmende Dichtungen, im Gegensatz zu fixierten Dichtungen. Die schwimmenden Dichtungen erlauben eine viel kleinere

13 Lager und Dichtungen

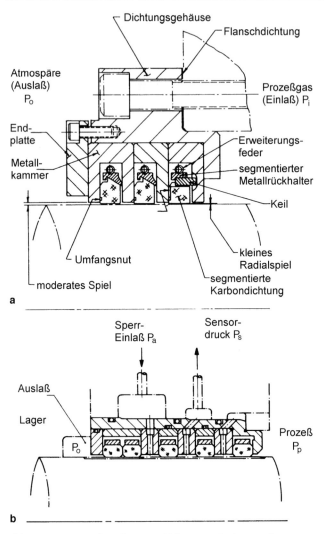

Abb. 13-19. Eingeschränkte Ringdichtung, schwimmender Typ

Leckage. Sie können vom segmentierten (s. Abb. 13-19a) oder vom festen Typ (s. Abb. 13-19b) sein.

Aufgrund des minimalen Kontakts zwischen dem stationären Ring und dem Rotor sind diese Dichtungen, wenn sie sorgfältig ausgeführt wurden, ideal für rotierende Hochgeschwindigkeitsmaschinen.

Bei adäquater Schmierung und verfügbarem Kühlfluid wird der Dichtungsring zufriedenstellend funktionieren. Er wird aus weißmetallbeschichtetem Stahl, Bronze oder Kohlenstoff gefertigt. Soll Luft oder Gas abgedichtet werden, so sind Kohlenstoffdichtungsringe einzusetzen. Kohlenstoff hat selbstschmierende Eigenschaften. Die Dichtung wird durch Leckageströmung gekühlt. Abhängig von den Betriebstemperaturen und der Umwelt werden Aluminiumlegierungen und Silber ebenfalls zur Fertigung von Dichtungsringen genutzt. Die Einschränkung der Leckage hängt vom Strömungstyp und der Buchse ab. Es gibt 4 Strömungstypen: kompressible und inkompressible, wobei jede Strömung entweder laminar oder turbulent sein kann. Runddichtungen werden in 2 Kategorien geteilt: fixierte und schwimmende Unterbrechungsringe, je nachdem, ob sie am stationären Gehäuse befestigt sind oder nicht.

Befestigte Dichtungsringe. Der befestigte Dichtungsring besteht aus einer eigenen Buchse, die an einem Gehäuse, in dem die Welle mit einem kleinen Spiel rotiert, befestigt ist. Der Aufbau des Gehäuses ist nur mit niedrigen Kosten verbunden. Jedoch verhält sich die Dichtung, da sie befestigt ist, wie ein redundantes Lager, wenn radiale Berührung auftritt, und sie benötigt, ähnlich wie eine Labyrinthdichtung, ein großes Spiel. Deshalb müssen lange Einbauten benutzt werden, um die Leckage innerhalb akzeptabler Grenzen zu halten. Da lange Einbauten oftmals Ausrichtungs- und Reibungsprobleme nach sich ziehen, sind steifere Wellen erforderlich, um die Betriebsdrehzahlen im unterkritischen Bereich zu halten. Die befestigten, buchsenartigen Dichtungen arbeiten fast immer mit größeren Exzentrizitäten. Dies und die Kombination eines großen Spiels und eines großen Exzentrizitätsverhältnisses produziert große Leckagen pro Längeneinheit. Fixierte Dichtungsringe sind deshalb nicht praktikabel, wenn Leckagen unvertretbar sind.

Schwimmende Dichtungsringe. Spieldichtungen, die freie Bewegungen in radiale Richtung relativ zur Welle und zum Maschinengehäuse ausführen können, werden als schwimmende Dichtungen bezeichnet. Diese Dichtungen haben Vorteile, die sehr enge ringförmige Dichtungen mit Spiel nicht erreichen. Die schwimmende Charakteristik erlaubt ihnen, sich frei mit den Wellenbewegungen und Verbiegungen zu bewegen und dadurch die Auswirkungen ernsthaften Anreibens zu vermeiden.

Differentiale thermische Ausdehnung ist ein Problem hoher Temperaturen, wenn die Wellen und Dichtungsbuchsen aus unterschiedlichen Materialien sind, oder wenn es einen deutlichen Temperaturgradient zwischen ihnen gibt. Zum Beispiel haben die üblicherweise eingesetzten Kohlenstoffdichtungsmaterialien einen linearen, thermischen Expansionskoeffizienten, der ein Drittel bis ein Fünftel des Stahls beträgt. Dies erfordert die Konstruktion einer kontrollierten, thermischen Expansion in den Kohlenstoff-Dichtungsbuchsen. Dies wird erreicht, indem der Kohlenstoff in die aufnehmenden Metallringe eingeschrumpft wird. Diese haben einen Expansionskoeffizienten, der dem des Wellenmaterials gleich ist oder ihn überschreitet.

Bei kritischen Anwendungen ist es gut, Buchsen aus einem Werkstoff mit einem leicht höheren thermischen Expansionskoeffizienten als dem der Welle einzusetzen. Hiermit wird erreicht, daß bei plötzlichem Anstreifen der Welle an der Dichtung die Buchsen von den Wellen wegwachsen. Das große Moment, das mit hoher Scherintensität auftritt, kann es erforderlich machen, die Dichtungsbuchsen gegen Rotation zu sichern, falls die unausgeglichenen Druckkräfte, die sie gegen die Dichtungswände pressen, nicht ausreichend sind, um Rotation zu verhindern.

Die Ansammlung von Schmutz und anderen Fremdmaterialien zwischen Dichtungsring und Sitz führt zur Beschädigung des Wellenzapfens und bei einer schwimmenden Dichtung zu starker Rotation des Dichtungsrings. Weiche Materialien, wie Weißmetall und Silber, sind dafür bekannt, daß sie Verschmutzungen einfangen und Wellenbeschädigungen hervorrufen können.

13.11
Mechanische Dichtungen

Diese Dichtungsanordnung hat eine bewegte Dichtung zwischen flachen, hochpräzise endbearbeiteten Oberflächen. Ihre primäre Funktion ist die Vermeidung von Leckagen. Wird sie an rotierenden Wellen eingesetzt, dann arbeiten die dichtenden Oberflächen in einer Ebene senkrecht zur Mittellinie der Welle, und die Kräfte, die die Kontaktfläche zusammenhalten, verlaufen als Konsequenz hieraus parallel zur Wellenachse. Damit eine Dichtung richtig arbeitet, müssen 4 Dichtungspunkte funktionieren, wie in Abb. 13-20 gezeigt. (1) Die Stopfbuchsen(stuffing-box)-Stirnfläche muß abgedichtet sein. (2) Die Leckage an der Welle muß abgedichtet sein. (3) Der Gleitring muß in einer schwimmenden Ausführung abgedichtet sein. (4) Die dynamischen Kräfte (rotierend und stationär) müssen abdichtend wirken. Grundsätzlich haben die meisten mechanischen Dichtungen folgende Komponenten:
1. rotierender Dichtungsring
2. stationärer Dichtungsring
3. Federvorrichtung, um Druck zu liefern
4. statische Dichtungen.

Eine komplette Dichtung hat 2 Basiseinheiten: die Gleitringeinheit und den Sitz der Dichtung (Gegenstück zum Gleitring). Die Gleitringeinheit besteht aus dem Gehäuse, dem Gleitring und dem Federaufbau. Der Dichtungssitz ist das Gegenstück, das die Kombination der präzisionsgeläppten Oberflächen, die den Dichtungseffekt hervorrufen, komplettiert.

Der Gleitring kann entweder rotieren oder stehenbleiben (in bezug zum Körper). Entweder rotiert der Dichtring oder der Sitz und das Gegenstück bleibt stationär. Die Bewegung der Dichtungsaktion hängt von der Richtung und vom Druck ab. Dies ist in Abb. 13-21 illustriert, wo rotierende und stationäre Gleitringe gezeigt werden.

Man benötigt eine Vorrichtungsart, die eine mechanische Last ausübt (üblicherweise eine Feder), um sicherzustellen, daß im Fall eines Verlusts des hydraulischen Drucks die Dichtflächen geschlossen bleiben. Die Last auf die Dichtungsfläche wird als Grad des Dichtungsausgleichs bezeichnet. Abbildung 13-22 zeigt, was mit diesem Dichtungsausgleich gemeint ist. Eine komplett aus-

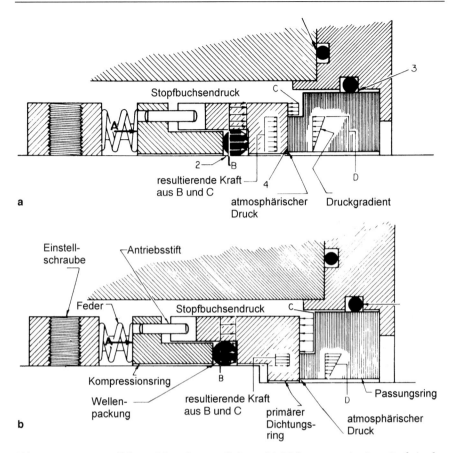

Abb. 13-20. Unausgeglichene (a) und ausgeglichene (b) Dichtungen mit einer Stufe in der Welle

geglichene Kombination tritt auf, wenn die einzige auf die Dichtungsfläche wirkende Kraft die Federkraft ist, d.h., wenn keine hydraulischen Drücke auf die Dichtungsoberfläche wirken. Die einzusetzende Federart hängt von mehreren Faktoren ab: dem verfügbaren Raum, den geforderten Belastungscharakteristika, dem Umfeld, in dem die Dichtung betrieben werden soll, usw. Basierend auf diesen Überlegungen kann entweder eine Einzel- oder eine Mehrfachfederanordnung angewandt werden. Wenn ein sehr kleiner, axialer Raum verfügbar ist, können „Belleville"-Federn, Fingerscheiben und gekurvte Scheiben eingesetzt werden.

Eine ziemlich neue Entwicklung ist die Anwendung magnetischer Kräfte, um einen Dichtspalt aufrechtzuerhalten. Magnetische Dichtungen haben sich bereits bei einer Reihe von Fluiden und unter schwierigen Betriebsbedingungen bewährt. Sie sind kompakter und leichter, liefern eine sehr gleichmäßige Vertei-

13 Lager und Dichtungen

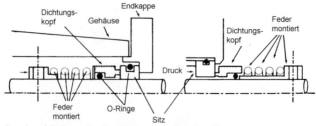

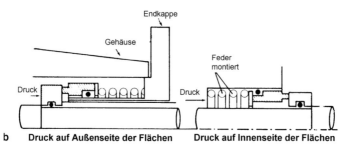

Abb. 13-21. Rotierende (a) und stationäre (b) Dichtungsköpfe

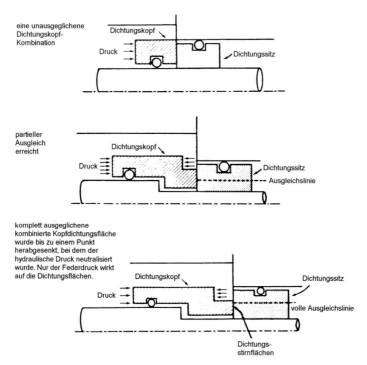

Abb. 13-22. Ein Lagerentlastungskonzept

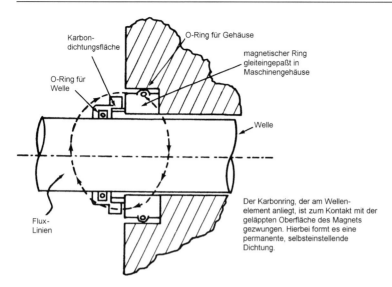

Abb. 13-23. Einfache magnetische Dichtung

lung der Dichtungskraft und sind leicht einzubauen. Abbildung 13-23 zeigt eine einfache, magnetische Dichtung.

Wellendichtungselemente können in 2 Gruppen aufgeteilt werden. Die erste kann als Druckdichtung bezeichnet werden und enthält O-Ringe, V-Ringe, U- und kantenförmige Konfigurationen. Die zweite Gruppe sind Balg-Typ-Dichtungen, die eine statische Dichtung zwischen sich und der Welle erzeugen. Abbildung 13-24 zeigt einige typische Balg-Typ-Dichtungen.

Eine typische mechanische berührende Wellendichtung hat 2 Hauptelemente, wie aus Abb. 13-25 ersichtlich ist. Dieses sind die Öl-zu-Druckgas-Dichtung und die Öl-zu-unverschmutztem-Dichtungsölablauf-Dichtung oder Druckabsenkungsbuchse (break down bushing). Dieser Dichtungstyp hat normalerweise eine Sperrung durch ein einfach geöffnetes Labyrinth, das innerhalb der Dich-

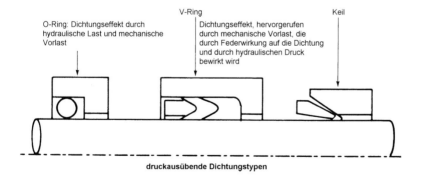

Abb. 13-24. Verschiedenen Wellendichtungselemente

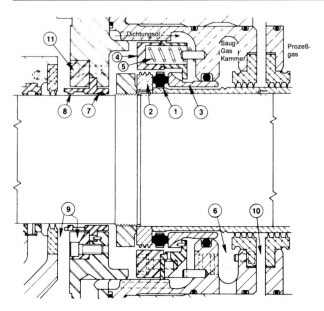

1. rotierender Kohlenstoffring
2. rotierender Dichtungsring
3. stationäre Buchse
4. Federrückhalter
5. Feder
6. Ablaßöffnung für Gas und verschmutztes Öl
7. schwimmender, weißmetallbeschichteter Stahlring
8. Dichtungsabstreifring
9. Dichtungs-Ölablaßleitung
10. Sperrgas-Injektionsöffnung
11. Bypass-Anschlußöffnung

Abb. 13-25. Mechanisch berührende Wellendichtung

tung plaziert ist, und eine positive Unterbrechungsvorrichtung, die den Gasdruck im Gehäuse aufrecht erhält, wenn der Kompressor im Stillstand ist und Dichtungsöl nicht benutzt wird. Für Betriebsunterbrechungen wird der Kohlenstoffring leicht zwischen dem rotierenden Dichtungsring und der stationären Buchse gehalten. Hierbei wird ein Gasdruck aufrechterhalten, damit kein Gas als Leckage ausströmt, wenn kein Öldruck vorhanden ist.

Im Betrieb wird der Druck des Dichtungsöls mit einer Differenz von 2,4 bis 3,4 bar (35–50 psid) über dem Druck des Prozeßgases gehalten, das von der Dichtung abgehalten wird. Dieses Hochdrucköl tritt in die Spitze ein, wie aus Abb. 13-25 ersichtlich ist, und füllt den Dichtungshohlraum komplett aus. Ein Teil des Öls (ein relativ kleiner Prozentsatz im Bereich zwischen 2–8 g/Tag (gpd) pro Dichtung, abhängig von der Maschinengröße) wird über die Kohlenstoffring-Dichtungsflächen gedrückt, die sandwichartig zwischen dem rotierenden Dichtungsring (rotiert mit Wellendrehzahl) und der stationären Buchse (nichtrotierend und von einer Reihe von am Umfang angebrachten Federn gegen den Kohlenstoff gedrückt) eingebaut sind. Somit kann die wirkliche Rotationsdrehzahl des Kohlenstoffrings irgendwo zwischen Drehzahl Null und der vollen Rotationsdrehzahl liegen. Öl, das diese Dichtungsflächen überschreitet, gerät in Kontakt mit dem Prozeßgas und wird somit zu „verschmutztem Öl".

Der Großteil des Öls strömt über den nichtverschmutzten Dichtungsölablauf aus, nachdem es einen Druckabfall vom Auslegungsdichtungsöldruck zum atmosphärischen Druck über die Druckabsenkungsbuchse erfährt. Eine Düse wird parallel zwischen die Druckabsenkungsbuchse plaziert, um die richtige Menge des Ölstroms zur Kühlung zu dosieren. Das verschmutze Öl strömt zur Reinigung durch einen Auslauf zum Entgaser. Der Ölablauf des Lagers kann entweder mit dem unverschmutzten Dichtungsölablauf kombiniert oder separat gehalten werden; jedoch wird ein Separatsystem die Lagerbreite erhöhen und die kritischen Drehzahlen mindern.

13.12
Auswahl der mechanischen Dichtungen und Anwendung

Nachfolgend eine Liste der Faktoren, die nachgewiesenermaßen bei der Auslegung und Auswahl von Dichtungssystemen hilfreich waren [16]:
1. Produkt
2. Dichtungsumgebung
3. Dichtungsaufbau
4. Maschine
5. Sekundärpackung
6. Kombination der Dichtungsflächen
7. Dichtungsstutzenplatte der Dichtung (seal gland plate)
8. Hauptkörper der Dichtung.

13.12.1
Produkt

Die physikalischen und chemischen Eigenschaften der abzudichtenden Flüssigkeit ruft Beschränkungen des Dichtungsaufbaus, des Werkstoffs und der Dichtungsausführung, die eingesetzt wird, hervor.

Druck. Der relative Druck des abzudichtenden Materials führt zu der Überlegung, ob eine ausgeglichene oder nicht ausgeglichene Dichtungsausführung genutzt werden soll. Der Druck, der von einer Last auf die Dichtungsfläche ausgeübt wird, ist ein wichtiges Kriterium für die Werkstoffauswahl der Dichtungsfläche.

Kann der Einsatz unterhalb des Atmosphärendrucks erfolgen, dann müssen besondere Überlegungen angestellt werden, um das Material effektiv abzudichten. Die meisten unausgeglichenen Dichtungsausführungen sind bis zu einem Druck von 6,9 bar (100 psig) in der Stopfbuchse anwendbar. Bei mehr als 6,9 bar (100 psig) sollten ausgeglichene Dichtungen eingesetzt werden.

Dichtungshersteller nehmen für die Kombination der Dichtungsflächen in ihren Konstruktionen die PV-Zuordnung als Basis. Diese sind Vielfache der

Dichtungsflächenbelastungen (*P*) und der Rutschgeschwindigkeiten (*V*) der Dichtungsflächen. Die maximale *PV*-Relation für eine unausgeglichene Dichtung ist etwa 200.000 und für eine ausgeglichene Dichtung etwa 2.250.000.

Temperatur. Die Temperatur der gepumpten Flüssigkeit ist wichtig für die Auswahl der Dichtungsflächenmaterialien und die Verschleißleben dieser Flächen. Dies ist hauptsächlich ein Resultat der Änderungen der Schmierfähigkeit des Fluids mit Temperaturänderungen.

Übliche Dichtungsausführungen können Fluidtemperaturen im Bereich zwischen −18 und +93 °C (0–200 °F) handhaben. Wenn Temperaturen oberhalb des 93 °C- (200 °F) Bereichs liegen, werden spezielle Metallbalgdichtungen bis zum Bereich von 343 °C (650 °F) eingesetzt. Niedrige Temperaturen (−73 bis −18 °C, −100 bis 0 °F) benötigen ebenfalls spezielle Aufbauten, da die meisten Kohlenwasserstoffe wenig Schmierfähigkeit in diesem Bereich haben.

Am wichtigsten ist es, eine Temperatur zu meiden, die eine Zündung der Flüssigkeit ermöglichen könnte. Mechanische Dichtungen arbeiten mit vielen Flüssigkeiten gut, mit den meisten Gasen aber schwach.

Schmierfähigkeit. In jeder mechanischen Dichtungskonstruktion gibt es Reibbewegung zwischen den dynamischen Dichtungsflächen. Diese Reibbewegung wird meistens vom gepumpten Fluid geschmiert. Deshalb muß die Schmierfähigkeit der gepumpten Flüssigkeit bei der gegebenen Betriebstemperatur berücksichtigt werden, um festzustellen, ob die gewählte Dichtungsausführung und Dichtflächenkombination befriedigend arbeiten wird.

Die meisten Dichtungshersteller begrenzen die Geschwindigkeit ihrer Dichtung auf 27 m/s (90 fps) mit guter Schmierung der Dichtflächen. Dies beruht hauptsächlich auf den Zentrifugalkräften, die auf die Dichtung wirken und dazu tendieren, ihre axiale Flexibilität einzuschränken.

Abrasion. Bei der Untersuchung der Installation einer Dichtung in eine Flüssigkeit, die Festpartikel enthält, müssen verschiedenen Faktoren berücksichtigt werden. Ist die Dichtung so aufgebaut, daß die dynamische Bewegung der Dichtung durch Verschmutzung der Dichtungsteile eingeschränkt werden kann? Der Dichtungsaufbau, der üblicherweise beim Vorhandensein abrasiver Teile bevorzugt wird, ist ein in einer Ebene eingebrachter Einsatz mit einer Dichtflächenkombination aus sehr hartem Material. Jedoch sind Giftigkeit oder Korrosionsanfälligkeit des Materials ein möglicher Grund für den Einsatz anderer Aufbauten.

Korrosion. Wird die Korrosionsanfälligkeit des gepumpten Materials berücksichtigt, muß untersucht werden, welche Metalle für den Dichtkörper akzeptabel sind, welches Federmaterial eingesetzt werden kann, welche Dichtflächenmaterialien zur gepumpten Flüssigkeit kompatibel sind (d.h., ob der Binder, der Kohlenstoff, das Wolframkarbid oder das Basismaterial der beschichteten Dichtungsflächen angegriffen wird) und welches Elastomer- oder Dichtungsmaterial eingesetzt werden kann. Die Korrosionsrate beeinflußt die Entscheidung, ob eine Ausführung mit einfacher oder mehrfacher Feder genutzt wird, da die Feder einen größeren Korrosionsanteil tolerieren kann, bevor sie deutlich geschwächt ist.

Giftigkeit. Dieser Faktor wird ein zunehmend wichtiger Punkt, der bei der Auslegung mechanischer Dichtungen zu berücksichtigen ist. Da die reibenden Dichtungsflächen Schmierung und Kühlung benötigen, kann man erwarten, daß Dampf über die Dichtflächen austreten kann. Dies ist tatsächlich der Fall. Für eine normale Dichtung kann eine Leckage von ein paar ppm bis 10 cc/min erwartet werden. Es wird auch allgemein akzeptiert, daß die Rate der Dichtungsleckage sich mit der Drehzahl erhöht.

13.12.2
Zusätzliche Produktüberlegungen

1. Ist das Produkt temperaturempfindlich? Die Wärme, die von den Dichtungsflächen generiert wird, kann Polymerisation hervorrufen.
2. Ist das Produkt scherempfindlich, d.h., wird es sich durch Turbulenz verhärten?
3. Ist das Produkt hoch entflammbar, müssen mögliche Zündquellen beachtet werden.
4. Personalschutz bei gefährlichem Betrieb für den Fall von Dichtungsleckagen muß eingeplant werden.
5. Produkte mit gelöstem Gas müssen sorgfältig belüftet werden. In den meisten Fällen muß der abgedichtete Raum mit einer Verbindung zurück zur Saugseite der Pumpaktion belüftet werden.
6. Dichtungen sind bei kaltem Betrieb sehr empfindlich gegen Feuchtigkeit. Das System muß nach einer Reparatur „ausgetrocknet" werden können.
7. Druck und Temperatur der Dichtung während des normalen Betriebs, Hochlauf- und Abfahrphasen sowie Anfangsbedingungen müssen berücksichtigt werden.
8. Der Dampfdruck der Produkte muß bekannt sein, um Verdampfung in der Stopfbuchse zu verhüten.

13.12.3
Dichtungsumgebung

Sobald eine adäquate Definition des Produkts gemacht ist, kann die Auslegung der Dichtungsumgebung ausgewählt werden. Es gibt 4 allgemeine Parameter, die von einem Umgebungssystem reguliert oder geändert werden können:
1. Drucksteuerung
2. Temperatursteuerung
3. Fluidersatz
4. Beseitigung atmosphärischer Luft.

Die meistverbreiteten Steuerungssysteme der Umgebung beinhalten Zündung, Sperrflüssigkeiten, Löschung und Heiß/Kühlsysteme. Jedes wird zur Regulierung der vorstehend erwähnten Parameter gebraucht.

13.12.4
Überlegung zum Dichtungsaufbau

Für den Dichtungsaufbau sind 4 Punkte zu berücksichtigen:
1. Doppeldichtungen waren der Standard für giftige oder tödliche Produkte. Doch sie boten nur bedingte Zuverlässigkeit aufgrund von Instandhaltungsproblemen und Dichtungsauslegungen. Die doppelte, mit den Stirnseiten zueinander angeordnete Dichtung, sollte näher betrachtet werden.
2. Eine Doppeldichtung darf nicht bei Einsatz mit Schmutz eingesetzt werden – die innere Dichtung fällt dann aus.
3. Der API-Standard ist eine gute Richtlinie zum Einsatz ausgeglichener und unausgeglichener Dichtungen. Die Anwendung einer ausgeglichenen Dichtung bei zu niedrigem Gegendruck kann zum Abheben der Dichtflächen führen.
4. Die Anzahl von Aufbauten und Nebeneigenschaften ist größer als 100. Unabhängig vom Dichtungslieferanten bestimmt der Aufbau üblicherweise den Erfolg.

13.12.5
Ausrüstung

Die Ausrüstung bei der Dichtungsauswahl wird häufig zu wenig berücksichtigt. In den meisten Fällen führt eine schlechte Ausrüstung auch zu schlechter Dichtungsleistung, unabhängig vom ausgewählten Dichtungsaufbau. Ebenfalls muß beachtet werden, daß verschiedene Pumpen mit gleichem Wellendurchmesser und TDH verschiedene Dichtungsprobleme haben können (Anmerkung: Die gleichen Überlegungen können für Störungsbeseitigungen eingesetzt werden.).

13.12.6
Sekundärpackung

Sekundärpackungen sollten mehr Berücksichtigung finden, speziell, wenn Teflon eingesetzt wird. Die meisten Dichtungskonstruktionen, die einen O-Ring für Dichtungspackungen benutzen, liefern eine ähnliche Leistung. Verschiedene Dichtungsausführungen unter Anwendung von Teflon-Wellenpackungen bietet eine große Leistungsvielfalt. Abhängig vom Dichtungsaufbau kann es Unterschiede in der Leistung des stationären Rings geben.

13.12.7
Dichtungsflächenkombinationen

Bei der Auswahl von Dichtungsflächenkombinationen hat es in den letzten 8 bis 10 Jahren deutliche Fortschritte gegeben. Stellitierte Oberflächen wurden bei Petroleum- und petrochemischen Dichtungsanwendung ausgemustert. Verbesserte Keramikarten werden als Standardmaterialien angeboten. Die Kosten für

Wolframkarbid sind deutlich gesunken. Nachläppdienste für Wolfram sind in der Umgebung der meisten Industriegebiete verfügbar. Silikonkarbid etabliert sich auf dem Markt, speziell für abrasive Einsätze. Die Fertigungstechnologie von Wolframkarbid in Komposit- oder Überlagerungstechniken wird von allen großen Dichtungsherstellern angeboten. Die Dynamik der Dichtungsflächen ist heute besser erforscht.

13.12.8
Dichtungsstutzenplatte

Die Dichtungsstutzenplatte befindet sich zwischen dem Pumpen- und dem Dichtungslieferant. Der Pumpenlieferant kann gute preiswerte Edelstahlstutzen fertigen, allerdings in beschränkter Anzahl, da der Dichtungsstutzen gegossen ist und mit mehreren Dichtungskonstruktionen zusammenpassen muß. Es gibt auch einige Dichtungsstutzen, die leicht durch Verschraubung verformt werden können. Spezielle Dichtungsstutzen, die Erwärmung, Löschung und Entlüftung mit einer schwimmenden (throat) Buchse an ANSI-Pumpen benötigen, sollten vom Dichtungslieferanten angefertigt werden. Dichtungskonstruktionen an vielen ANSI-Pumpen sind nicht sehr beeindruckend.

13.12.9
Hauptkörper der Dichtung

Die Konstruktionen einzelner Hersteller weichen deutlich voneinander ab. Der Terminus „Dichtungskörper" bezieht sich auf alle rotierenden Teile an einer Druckdichtung (pusher seal), ausgenommen sind Wellenpackung und Dichtring. Die Konfigurationen oder Optionen, die für den Dichtungskörper angeboten werden, können der Hauptgrund sein, die Konstruktion für den bestimmten Betriebszustand nicht anzuwenden.

13.13
Dichtungssysteme

In den letzten Jahren wurden diese Systeme komplizierter, um die Forderungen moderner, chemischer Prozesse und die Gesetzesvorschriften zu erfüllen. Ein einfaches Dichtungssystem ist das gesperrte und abgesaugte Dichtungssystem mit beschränkten Ringen. Dieses System muß, wie in Abb. 13-26 gezeigt, mit einem Sperrdruck arbeiten, der größer als der Prozeß- und Absaugdruck ist. Der Absaugdruck muß im Gegensatz hierzu unterhalb des Atmosphärendrucks liegen. Bei diesem System treten Probleme auf, wenn das Absaugsystem keine ausreichende Kapazität hat, der Sperrgasdruck nicht höher als der Prozeßdruck ist und in vielen Fällen die Ringe rückwärts installiert sind.

Die komplexen Dichtungssysteme beinhalten viele verschiedene Komponenten, um die effizienteste Dichtung bereitzustellen. Abbildung 13-27 zeigt ein

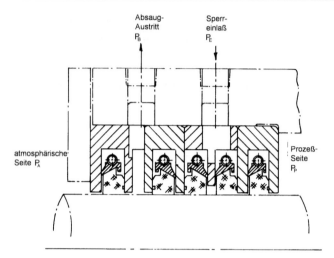

Abb. 13-26. Beschränkendes Ringdichtungssystem mit sowohl Sperr- als auch Absaugöffnungen

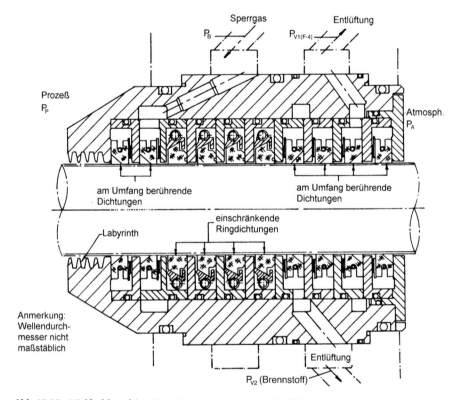

Abb. 13-27. Vielfachkombination eines segmentierten Gasdichtungssystems

System mit 3 verschiedenen Dichtungen. Die Labyrinthdichtung liefert die erste Beschränkung, durch die verhindert wird, daß die im Prozeßgas enthaltenen Polymere die Dichtungsringe verstopfen. Den Labyrinthdichtungen folgen die 2 segmentierten, kreisförmigen Kontaktdichtungen und die 4 segmentierten Beschränkungsringdichtungen, die die Primärdichtungen in dieser Kombination sind. Die primären Beschränkungsringdichtungen werden von vier kreisförmig segmentierten Dichtungsringen gefolgt. Ein Sperrgas wird auch am ersten Satz der kreisförmigen Kontaktdichtung eingeführt, und eine Absaugung ist in der Mitte der hinteren, kreisförmigen Dichtung plaziert. Somit ist dieses Dichtungssystem sehr effektiv, um Leckage zu verhindern, und auch um das abgesaugte Gas im weiteren Prozeß zu nutzen.

Gaskompressoren, die mit hochgiftigen oder flammbaren Gasen arbeiten, können redundante Systeme erfordern, um die Vermeidung von Leckagen zu sichern. Bei vielen Anwendungen, z.B. mit Kühlprozeßgasen, sind gesperrte Dichtungen mit flüssigkeitsgesperrten Dichtungsflächen erforderlich. Eine populäre Technik ist die Anwendung von Labyrinthdichtungen, die mit einem flüssigen Dichtungsmedium gesperrt sind.

13.14
Zugehöriges Ölsystem

Einer der Vorteile mechanischer, berührender Dichtungen ist, daß das zugehörige Ölversorgungssystem relativ einfach sein kann im Vergleich zu einem System,

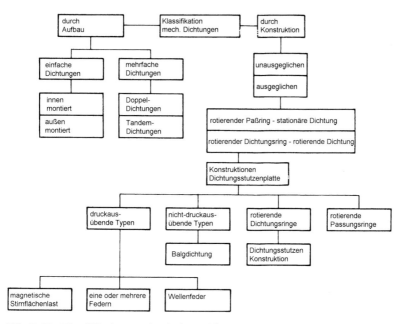

Abb. 13-28. Klassifikation mechanischer Dichtungen

das für andere Dichtungstypen erforderlich sind (s. Abb. 13-28). Das relativ hohe Öl-zu-Gas-Differential und der weite zulässige Bereich erlauben einfache Differentialregulatoren, die für die Steuerung des Ölversorgungssystem eingesetzt werden können. Ein komplexer Überkopf-Tankaufbau ist nicht erforderlich. Die dunklen Linien in Abb. 13-29 [17] stellen das Dichtungsölsystem dar, das für diesen Dichtungstyp gebraucht wird. Dichtungsöl wird von einem gesteuerten Führer „A" entnommen und fällt über eine relativ billige Regulierungssteuerung zum geforderten ΔP. Der Meßpunkt für dieses ΔP-Kontrollsystem ist hinter dem

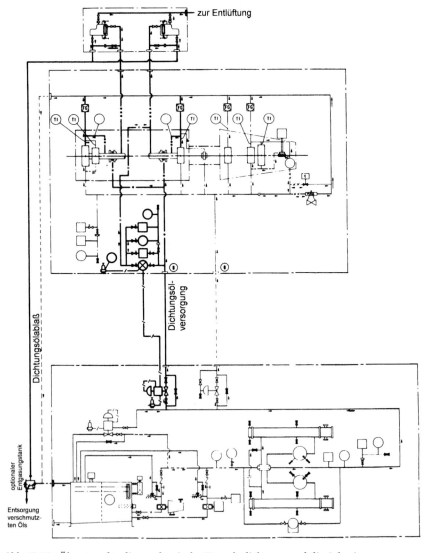

Abb. 13-29. Ölsystem für die mechanische Kontaktdichtung und die Schmierung

verschmutzen Ablaufhohlraum auf der Hochdruckseite des Kompressors. Durch Messungen hinter dem Hochdruckende wird ein Minimalwert ΔP von Öl zu Gas immer an beiden Enden des Kompressors aufrechterhalten.

Jede Druckeinwirkung durch eingesetztes Sperrgas auf den Hohlraum des verschmutzen Ablaufs wird automatisch festgestellt, indem ein Sensorpunkt in den Hohlraum für den Ablauf des kontaminierten Öls eingesetzt wird. In dem dargestellten System vereinigt das „unverschmutzte Öl" sich sofort mit dem Schmieröl und läuft zurück zum Reservoir, in dem das „kontamierte Öl" von einem Ablauf eingesammelt und automatisch abgeführt wird, um entweder entsorgt oder über den Entgasungstank zurück zum Reservoir geführt zu werden.

13.15 Literatur

1. Leopard, A.: Principles of Fluid Film Bearing Design and Application. Proceeding of the 6th Turbomachinery Symposium, Texas A&M University, December, 1977, pp. 207–230
2. Herbage, B.S.: High Speed Journal and Trust Bearing Design. Proceedings of the 1st Turbomachinery Symposium, Texas A&M University, Oct., 1972, pp. 56–61
3. Abramovitz, S.: Fluid Film Bearings, Fundamentals and Design Criteria and Pitfalls. Proceedings of the 6th Turbomachinery Symposium, December, 1977, pp. 189–204
4. Survey, prepared by the Franklin Institute Research Laboratories, NASA SP 5058, 1969
5. Abramovitz, S.: Fluid Film Bearing Design Considerations. Proceedings of 1st Turbomachinery Symposium, Texas A&M University, October, 1972, pp. 39–53
6. Reynolds, O.: Theory of Lubrication. Part I, Trans. Roy. Soc., London 1886
7. Wilcock, D.F.: Turbulence in High Speed Journal Bearings. Trans. ASME 72 (1950)
8. Smith, M.I. and Fuller, D.D.: Journal Bearing Operation at Super Laminar Speeds: Trans. ASME, Vol. 78, April, 1956
9. Abramovitz, S.: Turbulence in Tilting Pad Thrust Bearing. Trans. ASME, Vol. 78, Jan. 1956
10. Shapiro, W. and Colsher, R.: Dynamic Characteristics of Fluid Film Bearings. Proceedings of the 6th Turbomachinery Symposium, Texas A&M University, December, 1977, pp. 39–53
11. Herbage, B.: High Efficiency Fluid Film Thrust Bearings for Turbomachinery. 6th Proceedings of the Turbomachinery Symposium, Texas A&M University, December, 1977, pp. 33–38
12. King, T.L. and Capitao, J.W.: Impact on Recent Tilting Pad Thrust Bearing Tests on Steam Turbine Design and Performance. Proceedings of the 4th Turbomachinery Symposium, Texas A&M University, October, 1975, pp. 1–8
13. Egli: The Leakage of Steam through Labyrinth Seals. Trans. ASME, 1935, pp. 115–122
14. Schmal, R.J.: A Discussion of Turbine and Compressor Sealing Devices and Systems. 6th Proceedings of the Turbomachinery Symposium, Texas A&M University, December, 1977, pp. 153–168
15. Centrifugal Compressors for General Refinery Services. API Standard 617, 2nd edition, April, 1963, American Petroleum Institute, Division of Refining, Washington D.C.
16. Eeds, J.M., Ingram, J.H., and Moses, S.T.: Mechanical Seal Application-A User's Viewpoint. Proceedings of the 6th Turbomachinery Symposium, Houston, Texas, 1977, pp. 171–188
17. Lewis, R.A.: Mechanical Contact Shaft Seal. Proceedings of the 6th Turbomachinery Symposium, Texas A&M University, December, 1977, pp. 149–151

14 Getriebe

Das Getriebe ist eine der wichtigsten Komponenten zwischen dem Hauptantrieb und den angetriebenen Einheiten. Wird das Getriebe nicht sorgfältig ausgewählt, so können viele Probleme auftreten. Das Getriebe überträgt große Leistungen bei hohen Rotationsdrehzahlen. Jüngere Fortschritte in der Turbomaschinentechnologie, speziell bei den Turbinen, Kompressoren, Kupplungen und Lagern, benötigen Getriebe, die hohen externen Kräften widerstehen. Um problemfreie Maschinen auszulegen, ist es wichtig, die Auswirkung des externen Systems auf das Getriebe zu kennen. Somit sollten alle Faktoren, die die Konstruktion, die Anwendung und den Betrieb von Zahnradantrieben beeinflussen, in der Auslegungsphase berücksichtigt werden.

Da Probleme, die mit Getrieben auftreten, komplex sind, können nicht nur die Getriebehersteller allein dafür verantwortlich gemacht werden. Der Getriebelieferant ist weit weniger über den Gesamtaufbau informiert als jede andere Gruppe. Probleme sollten als eine gemeinsame Anforderung von Herstellern und Betreibern behandelt werden. Ein Problem liegt darin, daß das System nicht mit Termini von Federkonstanten und Massen beschrieben werden kann. Das Getriebe ist üblicherweise das einzige Teil, das mit metallischen Teilen in sehr engem Kontakt zu anderen Komponenten betrieben werden muß. Dies kann zu frühen Ausfällen führen. Getriebe sind auch zyklischen Variationen von 0 bis 55.000 Zyklen/min ausgesetzt.

Mit gegenwärtigen Werkstoffen und Wärmebehandlungstechniken ist der Gebrauch hochgehärteter Zahnräder mit Zahnbelastungen von 262–350 kg/cm (1500–2000 Pound/inch) an der Berührungsfläche bei Zahneingriffslinien-Geschwindigkeiten von 100–150 m/s (20.000–30.000 ft/min) nicht ungewöhnlich. Die turbinenangetriebenen Versuchsaufbau-Zahnradantriebe wurden mit Zahneingriffsgeschwindigkeiten bis zu 280 m/s (55.000 ft/min) und Rotationsdrehzahlen, die 100.000 min^{-1} erreichen, ausgeführt. Die Größenordnung interner Kräfte und Werkstoffspannungen gekoppelt mit hohen Drehzahlen haben zu Zahnradantrieben geführt, die dynamisch kompliziert und empfindlich gegen Einflüsse anderer Komponenten in diesem System sind.

Die Systemcharakteristika des gesamten Zugs müssen bekannt sein, um das richtige Getriebe auswählen zu können. Die Hauptpunkte, die das System berühren, sind: (1) Kupplungen, (2) Schwingungen, (3) Betriebsbedingungen, (4) Axiallast und (5) Montagetyp.

Kupplungen sind eine ständige Quelle von Unwuchtschwingungen. Kritische Drehzahländerungen können Spieländerungen und Verschleiß hervorrufen.

Lockere Kupplungen können ebenfalls ernsthafte Gehäuseschwingungen hervorrufen, während die Wellenschwingung niedrig bleiben kann. Deshalb ist es wichtig, die Schwingung mit Beschleunigungsaufnehmern zusätzlich zu den Wegaufnehmern zu überwachen. Getriebeausfälle durch hohe Schwingungen sind üblich, wenn die Verzahnung mit Spielen von um 1/100 mm (einige Hundert μinches) betrieben wird. Beschleunigungsaufnehmer können auch die Zahneingriffsfrequenzen überwachen. Sie agieren somit als frühe Warnvorrichtungen. Betriebsbedingungen müssen im Detail bekannt sein.

In vielen Fällen ist dem Getriebehersteller nur die Auslegungsleistung der Maschine bekannt. Tatsächlich zu übertragende Belastungen können aufgrund der Überlagerung von kritischen Torsions- und lateralen Drehzahlen viel höher sein. Pumpen in Radialkompressoren kann ernsthaft Überlastung hervorrufen und zu Ausfällen führen.

Externe Axialbelastungen sind ein anderes Hauptproblem, und in vielen Fällen führen sie zur Auswahl von doppelt nach außen gewölbten Zähnen. Das Getriebegehäuse und der Montagetyp des Zahnradzugs sind sehr wichtige Punkte für die Gesamtlebensdauer der Einheit, da falsche Montage und Expansion des Getriebegehäuses zu Fehlausrichtungsproblemen führen können.

Eine starke Struktur zur Aufnahme des Gewichts des Zahnradantriebs, des Axialschubs und der Drehmomentreaktion mit minimalen Lastverformungen muß gesichert sein. Es sind mind. 2 Träger zur örtlichen Festlegung für jedes Getriebegehäuse erforderlich, und es ist notwendig, die Gehäuseschwingungen zu minimieren. Idealerweise sollten die Strukturen durch mit Kies gefüllten Stahlbeton verstärkt werden. Der Einschluß von Ölreservoiren in den strukturunterstützenden Hauptkomponenten sollte vermieden werden, da unvermeidbare thermische Änderungen störende Auswirkungen auf die Ausrichtung haben. Wenn eine verstärkte oder betongefüllte Struktur nicht bereitgestellt werden kann, sollten Resonanzen aufgrund von Massen der Zugkomponenten und von Struktursteifigkeit bei den Rotationsfrequenzen oder Harmonischen des Systems vermieden werden.

14.1
Getriebetypen

Die Wahl zwischen einfachen und doppelten (Schrägverzahnung) Evolventen-Zahnrädern ist manchmal schwierig. Beide Verzahnungstypen können mit gleichen Genauigkeitsniveaus ausgeführt werden, soweit die Verzahnungsgenauigkeit allein eine Funktion von Genauigkeit und Herstellung der zähnebearbeitenden Maschine, der Maschinentechnik und der Bedienerfähigkeiten ist. Eine gehobelte Verzahnung wird in einem kontinuierlichen Prozeß erzeugt, indem eine einfach und leicht instandzuhaltende Werkzeugschneide eingesetzt wird. Diese stellt Verzahnungen mit extrem hohen Profilgenauigkeiten, mit fast unmeßbaren Formungenauigkeiten und gleichen Verläufen her. Wenn beide Zahnflanken einer Doppelverzahnung zur gleichen Zeit gespant werden oder nacheinander, ohne das hierbei der Aufbau geändert wird, dann ist der Lagefehler der Zahnspitzen während des Betriebs praktisch nicht feststellbar, und die axiale Schwingungsanregung aus dem Zahneingriffsgitter ist vernachlässigbar. Die gleiche Grundausstattung kann entweder für die Herstellung einfacher oder doppelt nach außen gewölbter Verzahnungen eingesetzt werden. Dies gilt, obgleich der kontinuierliche Endbearbeitungsprozeß, der für die Doppelverzahnung angewandt wird, einen höheren Grad der Genauigkeit in Form und Zahnabstand liefert als der Schleifprozeß, der für die Endbearbeitung der einfach nach außen gewölbten Typen genutzt wird.

Axiallast ist ein wichtiges Problem bei der Auslegung von Getriebeeinheiten. Die Auswirkungen unterscheiden sich je nach Auswahl von Einfach- oder Doppelverzahnung. In jedem Fall ist eine genaue Schätzung der axialen Belastung erforderlich, um ihr eine intelligente Kompensation entgegenzustellen. Mit Doppelverzahnung kann kontinuierliche Axiallast durch eine leichte Erhöhung in der Kapazität ausgeglichen werden, die dem Ungleichgewicht der Last auf die Außenwölbung Rechnung trägt. API 613 und 617 spezifizieren als Anforderung, daß Einfachverzahnungen ein Axiallager haben müssen [1, 2]. Es wird empfohlen (doch nicht gefordert), daß auch Doppelverzahnungen Axiallager haben.

Die Erhöhung der Kosten und die Reduktion des Wirkungsgrads, die hiermit hervorgerufen wird, ist nur ein kleiner Bruchteil dessen, was anfällt, wenn ein Axiallager mit großem Durchmesser für hohe Geschwindigkeiten auf eine Ritzelwelle mit Einfachverzahnung montiert werden muß. Intermittierende Belastung wie die, die bei Zahnkupplungen, die auf eine thermisch expandierende Welle montiert sind, auftritt, ist ein anderes Problem. Dieses Problem wird in einer Getriebeeinheit mit Doppelverzahnung ausgeglichen, indem der richtige Zahneingriffswinkel und die Kupplungsgröße ausgewählt werden, so daß axiale Kupplungskräfte, die aus der Drehmomentübertragung resultieren, niedriger sind als die Axiallast, die durch jede Zahnflanke auf das Zahnrad hervorgerufen wird. Diese Auslegung sichert, daß die Kupplung rutschen kann, um die axiale Belastung zu entspannen, und das Kraftgleichgewicht auf der Doppelverzahnung erhalten bleibt.

Hochgeschwindigkeitszahnkupplungen mit deutlich kleinerem Krümmungsdurchmesser als der des Ritzels werden bevorzugt ausgewählt. Die erzeugten axialen Kräfte sind hoch, und deshalb sollte diese Kombination sehr genau als eine mögliche Problemquelle untersucht werden.

Doppelverzahnung für hohe Geschwindigkeiten ist die erste Auswahlmöglichkeit für die Bestimmung der Genauigkeit von Last und Glätte des Betriebs. Die vorhersagbare Leistung ist relativ unabhängig von Abweichungen der leicht definierbaren und gemessenen Geometrie. Diese Zahnradsätze sind effizienter und zeigen unerreichte Zuverlässigkeit, wenn sie richtig angewandt werden. Die Kupplungsauswahl muß durchdacht sein. Hiermit werden Schwingungs- und Geräuschniveaus gesichert, die oftmals nicht von denen der angeschlossenen Maschine unterscheidbar sind.

In Einfachverzahnungen müssen alle äußerlich erzeugten Kräfte zum Axialschub addiert werden, der von der Verzahnung selbst erzeugt wurde. Die Summe wird an jeder Welle angewandt, um die Hochgeschwindigkeitsaxiallagerung an der Welle auszuwählen. Ein Fehler in der Schätzung der Axial- oder Radialkapazität führt häufig zu Ausfällen der Axiallager oder der zugehörigen Wellen. Einfachverzahnung hat aufgrund asymmetrischer Belastung der Zahnflanke 2 Quellen von Auslegungsschwierigkeiten, die bei Doppelverzahnungen nicht existieren. Das resultierende Zentrum der Zahnpressung oszilliert über die Zahnflanke vor und zurück. Hierdurch werden deutliche Wechselbelastungen auf die Wellenlager ausgeübt. Diese wechselnden Kräfte resultieren in Spitzenkräfte an den Lagern, die deutlich größer sind als die, die berechnet wurden. Dies kann zu frühen Lagerausfällen führen. Zusätzlich bewirken die an der Zahnflanke erzeugten Axialkräfte an der Verzahnung, daß diese in das Gehäuse drückt. Hierdurch treten Ungleichgewichte in der Lagerbelastung auf, wodurch die Lagerung gezwungen wird, aus der parallelen Lage auszulaufen. Eine Verschiebung des Hauptangriffspunkts nach oben wird an der einfachen Schrägverzahnung angewandt, um den Auswirkungen von Wellenfehlausrichtungen entgegenzuwirken.

14.2
Faktoren, die die Verzahnungskonstruktionen berühren

Eine Schnittdarstellung durch das Zahneingriffsgitter von Zahnrad und Ritzel ist in Abb. 14-1 dargestellt. Hier werden einige der Hauptpunkte in Zahnrad- und Ritzelwechselwirkung beschrieben. Abbildung 14-2 zeigt die Terminologie, die zur Beschreibung von Evolventenverzahnungen benutzt wird. Die Hauptfakto-

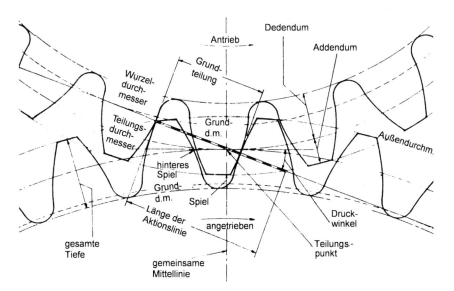

Abb. 14-1. Schnittdarstellung von Zahnrad- und Ritzeleingriff

14 Getriebe

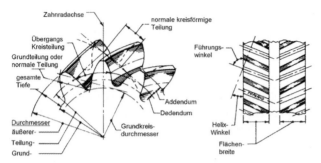

Abb. 14-2. Terminologie der nach außen gewölbten Schrägverzahnungen

ren, die die Getriebeleistung berühren, sind [3]: (1) Druckwinkel, (2) Helix-Winkel, (3) Zahnhärte, (4) Kerbung, (5) Zahngenauigkeit, (6) Lagertypen, (7) Servicefaktor, (8) Getriebegehäuse und (9) Schmierung.

14.2.1
Druckwinkel

Die Entscheidung bzgl. des Druckwinkels muß der Konstrukteur in einem frühen Auslegungsstadium treffen. Konventionell rangieren die Druckwinkel zwischen 14,5° und 25°. Änderungen im Druckwinkel berühren sowohl das Kontaktverhältnis als auch die Länge der Berührungslinien. Mit wachsendem Druckwinkel vermindern sich das Kontaktverhältnis und die Länge der Berührungslinie, wie aus Abb. 14-3 und 14-4 ersichtlich. Das Kontaktverhältnis weist auf die Anzahl der Zähne hin, die miteinander in Kontakt sind. Als eine allgemeine Regel gilt, daß mit höherem Kontaktverhältnis das von der Verzahnung erzeugte Geräusch niedriger wird.

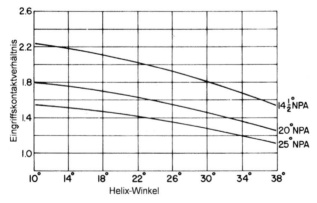

Abb. 14-3. Abhängigkeit des transversen Kontaktverhältnisses mit dem Druck- und dem Helix-Winkel (Genehmigung von Lufkin Industries Inc.)

14.2 Faktoren, die die Verzahnungskonstruktionen berühren

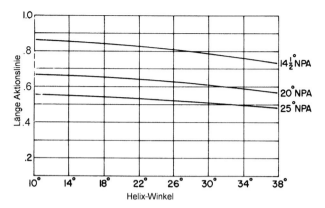

Abb. 14-4. Längenänderung der Berührungslinie mit dem Druck- und dem Helix-Winkel (Genehmigung von Lufkin Industries Inc.)

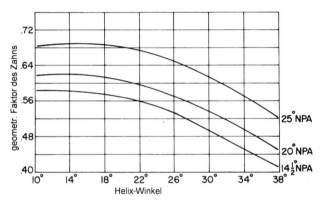

Abb. 14-5. Änderung der Zahnradgeometrie mit dem Druck- und dem Helix-Winkel (Genehmigung von Lufkin Industries Inc.)

Die Festigkeit des Zahns ist ein wichtiger Faktor für die Auswahl des Druckwinkels. Abbildung 14-5 zeigt die Änderung der Zahngeometrie des Zahnrads und des Druckwinkels. Je höher der Druckwinkel, desto höher die Zahnfestigkeit. Das Geräusch, das die Zahnung erzeugt, sinkt mit steigendem Kontaktverhältnis. Somit beinhaltet die Auswahl des Druckwinkels viele Faktoren. Normale Winkel, die heute eingesetzt werden, liegen zwischen 17,5° und 22,5°. Höhere Druckwinkel steigern die Lagerbelastung. Diese Erhöhung ist jedoch kein bestimmender Faktor bei der Auswahl der Druckwinkel.

14.2.2
Helix-Winkel

Die Helix-Winkel (Winkel der Schrägverzahnung, s. Abb. 14-2) variieren zwischen 5° und 45°. Einfache Helix-Winkel liegen zwischen 5° und 20°. Doppelverzah-

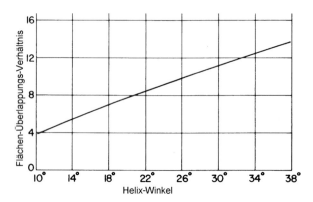

Abb. 14-6. Änderung des Verhältnisses der Flächenüberlappung (Kontakt) mit dem Helix-Winkel (Genehmigung von Lufkin Industries Inc.)

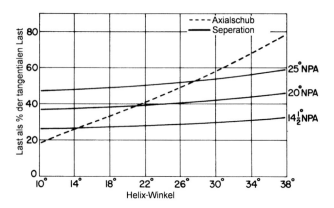

Abb. 14-7. Axial- und Teilungsbelastung als Prozentsatz der übertragenden, tangentialen Kraft (Genehmigung von Lufkin Industries Inc.)

nungs-Winkel liegen zwischen 20° und 45°. Helix-Winkel werden ausgewählt, um minimale Überlappungsverhältnisse und eine gute Lastverteilung zu erhalten. Abbildung 14-6 zeigt die Auswirkung steigender Helix-Winkel auf das Überlappungsverhältnis. Der erzeugte Axialschub ist ebenfalls eine Funktion des Helix-Winkels, wie aus Abb. 14-7 ersichtlich. Eine Erhöhung des Helix-Winkels erhöht den Axialschub; somit ist diese Erhöhung der Hauptgrund für die kleineren Helix-Winkel in einfachen Schrägverzahnungen.

Sowohl Einfach- als auch Doppelverzahnungen haben Vor- und Nachteile. Die Vorteile einer Einfachverzahnung sind: größere Genauigkeit, niedrige Empfindlichkeit gegen Axialschub auf die Kupplung, kein meßbarer Versatz der Zahnspitze und geringere Empfindlichkeit gegen Abscherung der Zähne. Die Nachteile einfach gewölbter Verzahnungen liegen darin, daß sie teure Axiallager und axiale Stirnflächen benötigen und aufgrund des Wärmeaufkommens im Axiallager weniger effektiv sind.

Vorteile der Doppelverzahnungen sind einfache Auslegung und Herstellung, da keine axialen Stirnflächen und Axiallager vorliegen müssen. Es wird nur sehr wenig Axialschub durch die Verzahnung hervorgerufen, und sie sind effizienter als Einfachverzahnungen, bei denen Axiallagerverluste auftreten. Nachfolgend einige Nachteile von Doppelverzahnungen: Sie sind empfindlich gegen formschlüssige Kupplungsverbindungen; es ist schwierig die Verzahnung in ihrer Längsrichtung zu modifizieren; es ist etwas teurer, die Zähne zu schneiden, aufgrund des Aufbaus und der erforderlichen Werkzeugwechsel.

14.2.3
Zahnhärte

Heute verfügbare Verzahnungen haben variable Härten. Sie reichen von 225 BHN bis 60 Rc. Jede Härte hat Vor- und Nachteile, so daß die Faktoren, die die Härte festlegen, sorgfältig untersucht werden müssen.

Verzahnungen im mittleren Bereich sind nicht so empfindlich gegen Betriebsfehler und Verschleiß bis kurz vor dem Ausfall. Außerdem ist bei sehr harten Verzahnungen die Möglichkeit von Kerbentstehung aufgrund hoher Flächenbelastungen und der Gleitgeschwindigkeit wahrscheinlicher. Die Geräuschniveaus mittelharter Verzahnungen steigen mit dem Verschleiß und geben eine Warnung vor dem Getriebeausfall. Wärmebehandlung von mittelharten Verzahnungen ist einfach im Vergleich zu oberflächengehärteten Verzahnungen. Die Härtung der Verzahnungen wird hauptsächlich genutzt, wenn Gewicht und Platz primäre Ziele sind. Sind sie mit Kohlenstoff angereichert, müssen einsatzgehärtete Verzahnungen mittels Schleifen nachbearbeitet werden, um die Endoberfläche zu erhalten. Wenn Nitrierung angewandt wird, kann für die Endbearbeitung Läppen oder Honen genutzt werden. Die Härtung von Verzahnungen führt zu größeren Zahnverformungen und so zu lauteren Getrieben.

14.2.4
Kerbentstehung

Für Hochgeschwindigkeits- oder hochbelastende Intensitäten muß die Kerbentstehung berücksichtigt werden. Die Wahrscheinlichkeit der Kerbentstehung wird mit dem Index der Spitzentemperaturen (flash) vorhergesagt. Liegt der Indexwert unter 275, wird von einem niedrigen Kerbentstehungsrisiko ausgegangen. Werte zwischen 275 und 335 werden als hohe Risiken angesehen. Kupferoder Silberplatierung wird manchmal auf den Getriebezähnen eingesetzt, um Ausfälle während Anfahrphasen, bei denen die Kerbentstehungswahrscheinlichkeit erhöht ist, zu reduzieren. Diese Platierung wirkt als Schmierung bei extremen Drücken, um die Zahnoberflächenrauhigkeit zu trennen, bis die Zähne eingelaufen sind.

Abbildung 14-8 zeigt die Wirkung von Geschwindigkeit und Belastungsintensität auf den Spitzentemperaturindex. Diese Kurven sind ihrer Natur entspre-

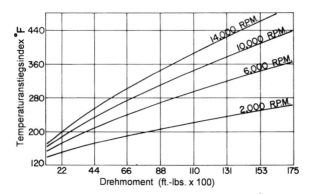

Abb. 14-8. Kerbung, basierend auf dem Temperaturanstiegsindex (flash temperature) bezogen auf Drehzahl und Drehmoment (Genehmigung von Lufkin Industries Inc.)

chend allgemein, da Kerbentstehung eine Funktion von Druckwinkel, Schmierung und Zahngröße ist.

14.2.5
Zahngenauigkeit

Es gibt keine genauen Spezifikationen für Hochgeschwindigkeits-Zahnradantriebe. Die AGMA 390 [4] ist die Norm für Zahnradgenauigkeit. Sie enthält Tabellen mit erlaubten Fehlern, basierend auf der Zahnradgröße und den unterschiedlichen Elementen der Zahnradzähne. Diese Norm bezieht sich nur auf Verzahnungen mit Spiel; werden sie für Hochgeschwindigkeiten mit Verzahnungen mit großen Flächen eingesetzt, dann führt dies zu frühen Ausfällen. In der Regel überwachen Hersteller von Hochgeschwindigkeitsverzahnungen die Zahnräder und Ritzel bzgl. ihrer Verwindungsfreiheit, Führungen, Abweichungen, Teilungen und Oberflächengüte. Blaufärbungen der Zahneingriffsflanken werden für Übertragungsüberprüfungen bei niedrigen Belastungen durchgeführt, um die Genauigkeit der Systeme nachzuweisen.

14.2.6
Lagertypen

Alle Lagertypen können eingesetzt werden, um die Zahnräder aufzunehmen. Normalerweise werden Zahngetriebe, die für turbinenangetriebene Anwendungen eingesetzt werden sollen, mit einfach- oder doppelverzahnten Rädern von Gleitlagern gestützt.

Der meistverbreiteste Typ im Einsatz sind einfache Wellenzapfenlager. Sie haben eine gute Lastaufnahmefähigkeit, doch können sie auch Ölwirbelprobleme hervorrufen. Um diese zu vermeiden, werden Druckdamm- oder Kippsegment-Wellenzapfenlager eingesetzt. Getriebemotoren sind ständig auf sie einwirkenden

Betriebsbelastungen ausgesetzt und benötigen nicht den gleichen Grad von Nullastlagerstabilität wie Kompressorturbinen, auf deren Lager lediglich die Rotorlast wirkt.

Der Ausschluß von Wälzlagern auf Antriebe dieser Klasse kann ungerechtfertigt sein. In unteren Leistungsbereichen kann die Lagergröße leicht angepaßt werden, so daß Überlastung und Wälzlagerermüdung als eine Quelle für Ausfälle ignoriert werden kann. Antriebe, bei denen Wälzlager eingesetzt werden, können manchmal zu zusätzlichen Konstruktionsbreite für den Getriebehersteller führen. Die häufige Anwendung von Wälzlagern bei Gasturbinenkonstruktionen der unteren Gewichtsklasse unterstützt diesen Punkt nachhaltig.

Axiallager variieren vom Kugellager bis zum selbstausrichtenden Kippsegmentlager. Das meistverbreiteste Lager ist das weißmetallbeschichtete, mit ebener Stirnfläche ausgestattete Axiallager. Lager mit ebener Stirnfläche werden manchmal mit zusätzlichen verjüngenden Auflageflächen modifiziert, die die Lastaufnahmekapazität verdoppeln. Kippsegmentlager sind populärer wegen ihrer hohen axiallastaufnehmenden Kapazität und ihrer Fähigkeit, Ausrichtfehler aufzunehmen. Das Kippsegmentaxiallager ist aufgrund der hohen aufnehmbaren Last und den niedrigeren Materialkontaktgeschwindigkeiten auch effektiver.

14.2.7
Servicefaktor

Bei der Getriebeauswahl sind 2 Hauptbereiche zu berücksichtigen. Dies sind der Servicefaktor und die einzusetzenden Antriebstypen. Der Servicefaktor wird als das minimale Verhältnis zwischen berechneter Kapazität und mittlerer, übertragender Belastung für jede Komponente des Systems definiert. Generell wird eines von 3 Kriterien der kontrollierende Einfluß auf die Getriebeantriebe sein. Dies sind Ausfälle durch Zahnoberflächenpitting, Verschleiß oder physikalischen Verlust von Zähnen durch Brüche. Die Konsequenzen der 3 Ausfallmoden unterscheiden sich insbesondere bzgl. der hierbei auftretenden Zeitlänge. Verschleiß kann sich über eine lange Zeitperiode fortsetzen, ohne daß hierdurch die Maschinenbetreibbarkeit oder Zuverlässigkeit berührt wird. Pitting wird, wenn es sich ausbreitet, möglicherweise das Arbeitsprofil der Zähne zerstören und dadurch ihre thermische Charakteristik verändern. Am Ende kann oftmals der Antrieb unbrauchbar werden, da hohe Schwingungsniveaus entstehen, lange bevor die Zähne ihr Tragvermögen verlieren. Der Verlust eines Zahnbereichs durch Bruch hat sofortige Konsequenzen. Die Auswuchtung ist sofort und drastisch beeinträchtigt, und die Verzahnung wird bei großen Zahnbrüchen für den weiteren Betrieb unbrauchbar. Jede Untersuchung des Servicefaktors sollte feststellen, welche der 3 Moden berührt wird.

Gegenwärtige Praktiken beinhalten die automatische Berücksichtigung einer zusätzlichen 50%-Grenze, wenn Getriebeverzahnungen ausgelegt werden. Diese Grenze hat den Effekt, daß Getriebezahnbrüche als Hauptausfallgründe eliminiert werden. Dies bezieht sich nicht auf ernste und unvorhergesehene Überlastung.

Eine Auslegung gegen Ausfälle durch Verschleiß bei hohen Zahnbelastungen führt zur Auswahl von Schwerkörperschmiermitteln, allgemein mit 150 SSU oder mehr bei Liefertemperatur [5]. Pitting-Ausfälle sind die schwierigsten, für die eine Grenze definiert werden kann, da wachsende Verzahnungsgröße oder Härte die einzigen Wege zur Verbesserung der Kapazität sind. Jedoch rufen beide eine Erhöhung der Kosten hervor.

Der Servicefaktor selbst ist von vornherein keine Überlastkapazität, da er entweder empirische oder theoretische Annahmen über die Auswirkung von Faktoren wie Länge des Servicelebens, Drehmomentfluktuation und gefordertes Zuverlässigkeitsniveau beinhaltet. Der Servicefaktor ist so, wie er durch die American Gear Manufacturers Association begründet und in ihren Normen veröffentlicht wurde, für Anwendungen, bei denen Lastanforderungen übertragen werden sollen, vorgesehen. Sollen bestimmte Überlastkapazitäten geplant oder erlaubt werden (ein überdimensionierter Antrieb), müssen zusätzliche Getriebegrößen vorhanden sein, um den Betrieb bei derartigen Niveaus zu ermöglichen. Ähnlich hierzu können Drehmomentbelastungen, die durch Torsionsschwankungen bei fehlerhaftem Betrieb hervorgerufen werden, außerhalb des Betrachtungsbereichs der normalerweise angewandten Servicefaktoren sein. Sie müssen untersucht und separat bereitgestellt werden. Alle Drehmomentschwankungen, die zu einer Teilung der Getriebeverzahnung bei Geschwindigkeit führen, sind sehr schwierig bereitzustellen. Eintragsbelastungen treten während des Zahneingriffs auf. Eine sehr niedrige Lebensdauer ist unter diesen Bedingungen ein häufiges Ergebnis des Betriebs.

14.2.8
Getriebegehäuse

Getriebegehäuse werden aus Werkstoffen wie Gußeisen, Stahl oder Aluminium hergestellt. Vor dem abschließenden Zusammenbau müssen Getriebegehäuse spannungsfrei sein, um ihre Maßstabilität zu behalten. Sie sollten ebenfalls steif genug sein, um Ausrichtungsfehlern widerstehen zu können. Hinreichendes Spiel um die Zahnräder herum sollte vorhanden sein, damit Ölstau vermieden werden kann. Um thermischen Verzug zu verhüten, sollte die Konstruktion in der Lage sein, gleichförmige Gehäusetemperaturen aufrechtzuerhalten. Getriebegehäuse können Ausrichtfehler durch thermischen Verzug verursachen.

14.2.9
Schmierung

Das Öl, das für Hochgeschwindigkeitsgetriebe eingesetzt wird, hat 2 Aufgaben: Schmierung der Zahnräder und Lager sowie Kühlung. Üblicherweise wird nur 10–30% des Öls für Schmierung und 70–90% für Kühlung eingesetzt.

Ein Turbinenöl mit Inhibitatoren gegen Rost und Oxidation sollte bevorzugt eingesetzt werden. Dieses Öl muß sauber gehalten und gekühlt werden, und es muß die korrekte Viskosität haben. Synthetische Öle sollten nicht ohne Herstellergenehmigung eingesetzt werden.

Wenn eine Hochgeschwindigkeits-Getriebeeinheit gewählt wird, sollte die Möglichkeit für den Einsatz eines AGMA-No.2-Öls in Betracht gezogen werden. In den meisten Fällen können die Lagerhülsen im System dieses Öl nutzen und, falls nicht, sollte als Kompromiß ein Öl mit 200 SSU bei 38 °C (100 °F) in Betracht gezogen werden.

Wenn es notwendig ist, ein Öl mit 150 SSU bei 38 °C (100 °F) einzusetzen, dann sollten die Einlaßtemperaturen auf 43–49 °C (110–120 °F) begrenzt sein, um eine akzeptable Viskosität zu erhalten. Das Öl sollte in dem Temperatur- und Druckbereich, der vom Hersteller spezifiziert wurde, bereitgestellt werden. Bis zu einer Geschwindigkeit der Wälzlinie von etwa 4600 m/min (15.000 ft/min) sollte das Öl in das äußere Zahngitter gesprüht werden. Das Einsprühen erlaubt eine bestmögliche Kühlungszeit für die Zahnflächen und nutzt das Öl im höchsten Temperaturbereich an den Zahnrädern. Zusätzlich wird ein Negativdruck hervorgerufen, wenn die Zähne aus dem Zahneingriff herauskommen. Hierdurch wird das Öl in die Zahnräume gesaugt.

Bei mehr als etwa 77 m/s in (etwa 15.000 ft/min) sollte 90% des Öls in das äußere Gitter und 10% in das innere Gitter gesprüht werden. Dieses Verfahren ist eine Sicherheitsvorkehrung, damit das für die Schmierung erforderliche Öl im Zahneingriffsgitter verfügbar ist. Wenn die Geschwindigkeitsbereiche zwischen 127 und 228 m/s (25.000 und 45.000 ft/min) liegen, sollte das Öl auf die Seiten und die Lückenbereiche (bei gegenläufiger Schrägverzahnung) der Zahnräder gesprüht werden, um thermischen Verzug zu minimieren.

14.3
Herstellungsverfahren

Zahnradhersteller nutzen mehrere Methoden für die Herstellung guter Hochgeschwindigkeitsverzahnungen. Die üblichsten sind Wälzfräsen, Wälzfräsen und Schneiden sowie Wälzfräsen, Läppen und Schleifen.

Die Hochgeschwindigkeitsverzahnung erfordert eine abschließende Bearbeitung der Oberfläche nach dem Schneiden. Dies beinhaltet Schaben, Läppen oder Schleifen. Geschabte oder geläppte Zahnräder werden häufiger eingesetzt als geschliffene Räder. Jedoch hat jedes einzelne Herstellungsverfahren Vor- und Nachteile.

14.3.1
Wälzfräsen

Mit diesem Verfahren werden gute Zahnräume und genaue Führung produziert. Hierbei kann wirtschaftlich keine bessere Oberflächengüte als 1 µm (40 µinches) erreicht werden. Das Schneidwerkzeug, bezeichnet als „Fräsrad", ist im Prinzip ein Schneckenrad, das mit Nuten und formentspannten Zähnen versehen ist. Die Nuten liefern die Schneidkanten. Sie können geschärft werden, um das Originalzahnprofil zu erhalten. Da das Werkstück sich mit der Nabe verzahnt, werden die Zähne durch eine Serie von Schnitten geformt. Dies nennt sich Erzeugungsprozeß. Um den Helix-Winkel zu schneiden, wird die Rotation des Werkstücks schwach in bezug zur Fräskopfrotation zurück- oder vorgezogen. Der Vorschub steht in definiertem Bezug zum Werkstück und zum Fräskopf. Mit diesem Prozeß können sehr genaue Verzahnungen hergestellt werden.

14.3.2
Fräsen und Schaben

Das Schaben verbessert Oberflächengüte, Zahnprofil und Führung. Es wird zur Bearbeitung der Zahnspitzen genutzt. Schaben mit ungenauen Schneidwerkzeugen reduziert die Schabgenauigkeit und die Zahnteilung oder die Abweichung auf der Zahneingriffslinie kann nicht verbessert werden. Das Schneidwerkzeug zum Schaben hat entgegengesetzt geformte Zähne und greift im Gitter in das zu schabende Teil ein. Hiermit wird die abschließende Oberflächengüte verbessert.

14.3.3
Schaben und Läppen

Das Läppen verbessert die Oberflächengüte, das Evolventen-Profil, die Führung und den Zahneingriff. Die absolute Genauigkeit ist bei geläppten Verzahnungen nicht so gut, doch ist der Fehleingriffswert üblicherweise ebenso gut wie bei anderen Herstellungsmethoden. Läppen heißt, daß die Verzahnungen auf einem genauen Montagestand mit Null-Gegenspiel laufen. Eine Schneidverbindung, gemischt mit Öl oder Fett, leistet die abschließende Bearbeitung. Läppen wird auch manchmal vor Ort durchgeführt. Dann muß das Schmierungssystem gründlich gereinigt werden, bevor das System wieder in Betrieb genommen wird. Bei nicht sauberem Schmierungssystem können Kerben in den Lagern entstehen.

Endläppen von Hochgeschwindigkeitsverzahnungen erfordert, daß die Verzahnung sorgfältig auf 1,0–1,3 µm (40–50 µinches) Oberflächengüte gefräst wurde. Ein gutes Führungsprofil und eine gute Zahnteilung muß erreicht werden. Läppen wird nur für Oberflächenendbearbeitung und Profilverbesserung benötigt. Falls nötig, kann eine Oberflächengüte von 0,2 bis 0,4 µm (8–15 µinches) erzielt werden. Doch allgemein gilt, daß 0,5–0,8 µm (20–30 µinches) akzeptabel sind.

14.3.4
Schleifen

Schleifen liefert die besten absoluten Werte von Führungen und Evolventen-Profilen. Hier gilt, daß die Zahnteilung nicht so gut wie durch den Zahneingriff in einer Präzisionsfräsmaschine wird. Dies liegt an dem kleineren Indexrad und dem Verfahren mit einfacher Teilung pro Zahn. Das Schleifen erfordert Können und Geduld. Bei Zahnrädern, die zu groß für eine Überprüfung sind, verläßt man sich auf eine UV-Überprüfung mit eingerollter, blauer Färbung, um hiermit Führung und Evolventen-Formgebungen nachzuweisen. Die gegenwärtig eingesetzten Schleifmaschinen haben eine oszillierende Bewegung des Schleifkopfes und benötigen höheren Instandhaltungsaufwand, um gute Verzahnungen zu liefern.

14.3.5
Verzahnungs-Rating

Die API hat mit Hilfe einiger Zahnradhersteller 1977 eine Norm für Beurteilungen von Verzahnungen aufgestellt (API 613) [2]; s. hierzu Kap. 4. Ein übliches Verfahren für den Vergleich und die größenmäßige Auslegung von Zahnrädern beruht auf dem Zahnpittingindex, dem K-Faktor

$$\text{Erlaubtes } K = \frac{\text{Werkstoff} - \text{Indexzahl}}{\text{Servicefaktor}}$$

Der Werkstoffindex basiert auf Härte- und Geometrieparametern. Der Servicefaktor berücksichtigt die Charakteristika von angetriebenem und treibendem Gerät. Die AGMA-211-Norm [6] definiert K als

$$K = \frac{126.000 \cdot P_{sc}}{N_p \cdot d^2 \cdot F} \cdot \frac{M_g + 1}{M_g}$$

mit

P_{sc} = übertragende Leistung
M_g = Zahnradverhältnis
N_p = Ritzeldrehzahl
d = Ritzeleingriffsdurchmesser in Inches (1 inch = 25,4 mm)
F = Nettostirnweite der engsten, ineinander kämmenden Zähne, oder die Summe der Stirnweite jeder Wölbung bei gegenläufiger Verzahnung (inches).

API 613 ist konsistent mit AGMA 211. Jedoch ist API 613 konservativer als das AGMA-Verfahren. Es benutzt Servicefaktoren von 1,5 und 2. Die Belastungseinstufung basiert auf API 613. Sie errechnet sich gemäß

$$S_t = \frac{w_t \cdot P_n \cdot (SF)}{F} \cdot \frac{1{,}8\cos\theta}{J}$$

mit

S_t = Biegespannungszahl
θ = Helix-Winkel
J = Geometriefaktor

SF = Servicefaktor
P_n = normaler Eingriffsdurchmesser.

14.4
Getriebegeräusch

Das Geräusch eines in Betrieb befindlichen Getriebesatzes ist eine Funktion der Rundheit und Konzentrizität der betriebenen Elemente (sowohl Zahnräder als auch Wellen), der genauen Auswuchtung und insbesondere der Kontrolle über Zahnteilungsfehler und der Gleichheit der Gittersteifigkeit, um die Gitterfrequenzanregung zu reduzieren. Es ist bezeichnend, daß für Unterseeboot-Getriebe, bei denen ultimative Geräuschlosigkeit gefordert wird, die Auslegungsrichtwerte folgende sind: mittlere Zahnbelastung, genaue Teilung, große Helix-Winkel und niedrige Druckwinkel – all dies steht in genauem Gegensatz zu den üblichen und notwendigen Praktiken für einfach gewölbte, gehärtete und geschliffene Verzahnungen. Diese haben niedrige Helix-Winkel (für minimalen Axialschub), sehr knappe Zahnfußtiefe (um hinreichende Festigkeit zu bekommen) und hohe Belastung (aufgrund Härtung mit Kohlenstoffanreicherung).

Einige Faktoren, die Zahnradgeräusche hervorrufen können (diese Aufzählung ist nicht vollständig), sind:
1. Zahnteilungs- oder Zahnflankenfehler
2. Kontaktverhältnis
3. Oberflächenendbearbeitung
4. Verschleiß an Zahnflanken oder Pittings
5. Exzessive oder zu kleine Rückspiele
6. Zahnrad-, Wellen- oder Gehäuseresonanz
7. Zahnverformung
8. Eingriffslinienabweichung
9. Belastungsintensität auf die Verzahnungen
10. Kupplungsprobleme
11. Schmierölpumpe und Verrohrung
12. Übertragendes Geräusch von der antreibenden zur getriebenen Maschine.

14.5
Installation und anfänglicher Betrieb

Die Montage von Getriebekästen in Maschinenzüge muß präzise ausgeführt werden. Die sorgfältige Installation von Getriebeeinheiten ist einer der wichtigsten Faktoren für Langzeit- und problemfreien Betrieb. Unabhängig davon, wie genau die Getriebeeinheit hergestellt wurde, kann sie bei falscher Installation in wenigen Betriebsstunden zerstört werden. Die gleiche Sorgfalt wie bei der Installation anderer Hochgeschwindigkeitsmaschinen sollte bei der Installation von Getriebekästen angewandt werden. Die Montageoberfläche sollte eben und auf gleichem Niveau ausgerichtet sein. Sie sollte eine Einebene-Oberfläche aus bearbeitetem Stahl sein, mit einer Höhe, die es erlaubt, die notwendigen Unterlegscheiben einzusetzen, um die Getriebeeinheit richtig zur Verbindung der Wellen ausrichten zu können. Die Unterlegscheiben sollten eine Größe haben, die mindestens gleich den Fußflächen der Einheit ist. Dann sollte die Getriebeeinheit auf dem Fundament ungefähr an der benötigten Position plaziert werden. Ungleiche Auflagen können den Getriebekasten verspannen und somit schließlich den Kontakt der Verzahnungen beeinträchtigen.

Die Wellenausrichtung ist für eine lange Getriebelebensdauer sehr wichtig. Schwache Ausrichtung kann ungleiche Verteilungen der Zahnbelastungen und Verspannungen der Getriebeelemente durch überhängende Momente hervorrufen. Ein Wellenschwingungsniveau von 0,05 mm (2,0 mils) an der Getriebeeinheit, das durch Ausrichtfehler hervorgerufen wird, ist äquivalent zu einer Abweichung der Zahneingriffslinie von 0,05 mm (2,0 mils).

Das Getriebegehäuse muß sorgfältig abgestützt sein, um eine gute innere Verzahnungsausrichtung zu erhalten. Nachdem die Getriebeeinheit installiert ist, muß sichergestellt werden, daß die Auflagestützen in der gleichen Ebene bleiben, wie sie vom Hersteller anhand des Zusammenbaus als Zahnflächenkontakt in der Werkstatt eingestellt wurden. Vor dem Anfahren sollte der Zahnflächenkontakt überprüft werden. Hierfür sind UV-Lichtverfahren und Rotation der Zahnräder oder Bewegung der drehenden Elemente vor und zurück zur Überprüfung des Zahnspiels einzusetzen. Die Inspektion der blau eingefärbten Bereiche sollte etwa 90% Flächenkontakt zeigen. Wenn dieser Kontakt nicht erreicht wurde, sind unter dem Getriebegehäuse unter den richtigen Ecken Unterlegscheiben anzubringen, bis ein akzeptabler Kontakt der Flächen erzielt wird.

Viele große, hochgehärtete oder mit großen Flächenbreiten ausgestattete Zahnräder werden mit Schrägverzahnungswinkel-Modifikationen hergestellt, um den Torsions- oder Biegeverformungen Rechnung zu tragen. Nachdem der Krümmungswinkel modifiziert ist, kann guter Flächenkontakt unter niedriger Belastung nicht erhalten werden. In diesem Fall sollte der Zahnradlieferant Daten bereitstellen, aus denen der Prozentsatz des Flächenkontakts über der Last hervorgeht. Diese könnten als Richtwerte während der Installation und des Anfahrens genutzt werden. Viele Zahnräder haben einen kurzen Bereich mit zurückweichenden Zahnflächen an jedem Ende der Zähne. Dadurch sollen Kantenbelastungen in diesem Bereich vermieden werden. Diese Bereiche haben üblicherweise keinen Kontakt bei niedriger Belastung.

Je größer die Einheit, um so wichtiger wird diese Überprüfung, da große Gehäuse zu mehr flexiblen Verformungen neigen. Auch der Gebrauch von Grundplatten, die vom Original-Maschinenhersteller bereitgestellt werden, eliminiert diese Flächenkontaktprobleme nicht, und die Inspektionsverfahren sollten auch hier durchgeführt werden. Nachdem die Verzahnungsüberprüfung durchgeführt wurde, sind die Fundamentschrauben gleichmäßig zu befestigen und die Ausrichtung erneut zu überprüfen. Es kann notwendig werden, die Unterlegscheiben nochmals auszutauschen und die Fundamentschrauben zu befestigen, bis schließlich die korrekte kalte Ausrichtung erreicht wird.

Die Ausrichtung von Hochgeschwindigkeitsgetriebeeinheiten sollte immer heiß überprüft werden, und Einstellungen, falls notwendig, ausgeführt werden. Die Temperaturen variieren stark innerhalb des Gehäuses und der Wellen, so daß es unmöglich ist, das thermische Wachstum genau zu berechnen. Deshalb sind Ausrichtungsüberprüfungen im heißen Zustand durchzuführen.

Wenn die Ausrichtung komplett durchgeführt ist, sollte die Grundplatte oder das Bett so nahe wie möglich zum Getriebegehäuse auszementiert werden. Wellenzapfenlager werden an den Getriebewellen benutzt, und die richtige Ölströmung ist aufrechtzuerhalten. Das Ölsystem sollte deshalb vor dem Anfahren gründlich überprüft werden. Das Getriebeschmierungssystem wird normalerweise vor jedem Betrieb durchgespült. Bei den üblichen Verfahren werden die Getriebekasten-Komponenten, die von Säure geschädigt werden könnten, abgedichtet und dann das System mit Säure gespült. Danach erfolgt eine neutralisierende Spülung, bevor es mit Schmieröl gefüllt wird. Spraydüsen für das Zahneingriffsgitter sollten überprüft werden, damit sicher ist, daß kein Schmutz durch das System gepumpt wurde. Die Spraydüsen müssen beobachtet oder Hochdruckluft muß in die Spraydüsenversorgungsleitung eingebracht werden.

Wenn möglich, sollte das Getriebe beim ersten Hochfahren eingefahren werden. Geschwindigkeiten und Belastungen sollten in Prozentschritten erhöht werden. Schmieröltemperatur, Druck und Lagertemperaturen sollten beobachtet und Einstellungen am Schmierölsystem durchgeführt werden, wenn diese erforderlich sind. Die Anzahl der Einstellungen hängt von der Komplexität des Systems ab. Der Öldruck ist von primärer Wichtigkeit. Ist eine Nebenpumpe vorhanden, sollte das Öl vor dem tatsächlichen Start umgepumpt werden. Falls nicht, sollte die Pumpe erstversorgt (primed) und die Wellenzapfen mit Öl genäßt werden. Manchmal sind Erstversorgungslöcher vorhanden oder die Wellenzapfen können durch die für die Lagertemperaturdetektoren vorgesehenen Löcher geölt werden.

Es sollten ausreichend Warnvorrichtungen vorhanden sein, um menschliche Fehler so weit wie möglich auszuschalten. Die entsprechenden Setzpunkte sollten sorgfältig überprüft werden. Bei allen Anfahrvorgängen sind die Schwingungen zu überwachen und aufzuzeichnen. Das Schwingungsüberwachungssystem sollte mindestens einen Beschleunigungsaufnehmer enthalten, mit dem jede Schwingung, die bei Zahneingriffsfrequenz erzeugt wird, detektiert werden kann. Die aufgezeichneten Daten sollten gespeichert werden, um sie als Grundlinien-Schwingungsdaten für spätere Referenzwerte bereitzuhalten.

Das Abfahren der Maschine muß, wie die Anfahrvorgänge, sorgfältig und aufmerksam ausgeführt werden. Das Abfahren einer Einheit, die in einer feuchten Atmosphäre betrieben wurde, kann innerhalb sehr kurzer Zeit zu starker Kondensation und nachfolgender Rostbildung an den Zahnrädern, den Wellenzapfen und dem Gehäuse führen. Wenn Wasser sauberen Stahl kontaktiert, greift es sofort den Stahl an. Ist Abfahren bei derartigen Zuständen notwendig, müssen vorbeugende Maßnahmen zur Verhütung von Kondensation durchgeführt werden.

Unter normalen Betriebsbedingungen ist das Öl jeweils nach 2000 Betriebsstunden oder alle 6 Monate, je nachdem, was zuerst eintritt, zu wechseln. Wo Betriebsbedingungen garantiert sind, kann möglicherweise diese Zeitperiode verlängert werden. Auf der anderen Seite können schwierige Betriebsbedingungen es notwendig machen, das Öl noch öfter zu wechseln. Derartige Zustände können auftreten, wenn Temperaturen sehr schnell steigen und fallen. Dies kann Kondensation produzieren, wenn der Betrieb in nebligen und feuchten Atmosphären stattfindet oder wenn chemische Dämpfe vorhanden sind. In jedem Fall sollte der Schmierungslieferant konsultiert werden, wenn ein Schmierungs-Instandhaltungsprogramm aufgestellt wird. Es kann notwendig sein, das Öl periodisch zu analysieren, bis ein vernünftiges Programm erstellt werden kann.

14.6 Literatur

1. API 617, API 617: Centrifugal Compressors for General Refinery Services, Washington
2. API 613: Special Purpose Gear Units for Refinery Services. 2nd edition, Washington D.C. 1977
3. Partridge, J.R.: High-Speed Gears-Design and Application. Proceedings of the 6th Turbomachinery Symposium, Texas A&M Univ., Dec. 1977, pp. 133–142
4. AGMA 390.03, Gear Handbook, Vol. 1: Gear Classification, Materials, and Measuring Methods of Unassembled Gears, Washington D.C. 1973
5. Phinney, J.M.: Selection and Application of High-Speed Gear Drives. Proceedings of the 1st Turbomachinery Symposium, Texas A&M Univ., Oct. 1972, pp. 62–66
6. AGMA 3-211.02: Surface Durability (Pitting) of Helical and Herringbone Gear Teeth, Washington D.C. 1969

Teil V
Installation, Betrieb und Instandhaltung

Teil V

15 Schmierung

Für zuverlässige Turbomaschinenleistung ist es von elementarer Wichtigkeit, ein sorgfältig ausgelegtes, installiertes, betriebenes und instandgehaltenes Schmiersystem zu haben. Das Schmierungssystem einer Turbomaschine ist das „Lebensblut" für dies komplexe und sorgfältig getrimmte Maschinenteil. Das Öl muß in kontinuierlichem Kreislauf gepumpt, wieder aufbereitet, abgelassen und zurück zur Pumpe geführt werden. In einigen Einheiten gibt es unabhängiges und spezielles Turbinenschmieröl, Kompressorschmieröl und Turbinensteuerungsölsysteme. Es gibt kombinierte Systeme mit Turbinenschmieröl und Steuerungsöl von einem System und Kompressorschmieröl von einem anderem, oder mit Turbinen und Kompressorschmieröl von einem System und Turbinensteuerungsöl von einem anderen. In den meisten Fällen wird ein System die gesamte Schmier- und Steuerungsölmenge liefern.

Dieses Kapitel beschäftigt sich mit den Prinzipien, die Betrieb und Instandhaltung von Schmiersystemen beinhalten, und es beschreibt die Hauptkomponenten eines solchen Systems, einschl. Schmiermittel. Die folgenden Hauptpunkte werden diskutiert:
1. Basisölsystem
2. Auswahl von Schmiermitteln
3. Ölsammlung und Prüfung
4. Ölverschmutzung
5. Filterauswahl
6. Reinigung und Spülung
7. Gekoppelte Schmierung.

15.1
Basis Ölsystem

API-Standard 614 [1] deckt detailliert die minimalen Anforderungen für Schmiersysteme, Wellendichtsysteme mit Öl und Steuerungsöl-Versorgungssysteme für spezielle Anwendungen ab.

15.1.1
Schmierölsystem

Ein typisches Schmierölsystem ist in Abb. 15-1 dargestellt. Das Öl wird in einem Reservoir gespeichert, um die Pumpen zu versorgen. Dann wird es gekühlt, gefil-

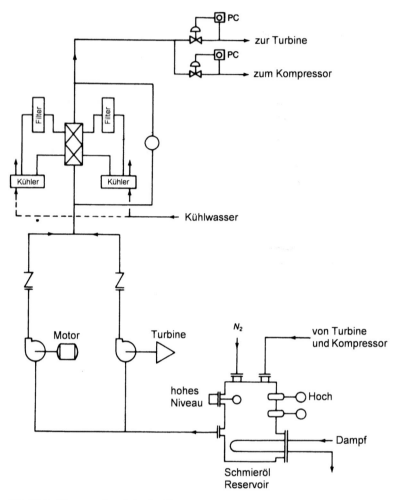

Abb. 15-1. Ein typisches Schmierölsystem

tert, an die Endverbrauchsstellen verteilt und schließlich zurück zum Reservoir geführt. Das Reservoir kann erwärmt werden. Es dient zu Anfahrzwecken und hat eine örtliche Temperaturanzeige, Hochtemperaturalarm und Hoch/Niedrig-Niveaualarme im Kontrollraum, ein Sichtglas und eine gesteuerte, trockene Stickstoffabdeckung, um den Dampf zu minimieren.

Das Reservoir, das in Abb. 15-2 dargestellt ist, sollte separat von der Maschinengrundplatte angebracht und gegen Schmutz- und Wassereintritt abgedichtet sein. Der Boden sollte zum unteren Abflußpunkt geneigt sein, und die Rückführölrohre sollten mit ausreichendem Abstand zur Ölpumpensektion in das Reservoir eintreten, um Störungen der Pumpensektion zu vermeiden. Die Arbeitskapazität sollte mind. 5 min des normalen Ölstroms betragen. Die Reser-

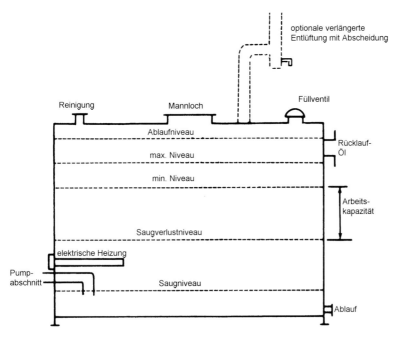

Abb. 15-2. Schmieröltank

verückhaltezeit sollte 10 min sein, wobei sich dieser Wert auf normale Strömung und totales Volumen unterhalb des minimalen Betriebsniveaus bezieht. Eine Heizung für das Öl sollte vorhanden sein. Gibt es eine thermostatkontrollierte elektrische Tauchheizung, sollte die maximale Wattdichte 2,3 W/cm^2 (15 W/Inch^2) betragen. Wird eine Dampfheizung benutzt, sollte das Erwärmungselement extern am Reservoir angebracht sein.

Das Ablaufniveau, das als höchstes Ölniveau im Reservoir während des Leerlaufs erreicht werden kann, wird berechnet, indem davon ausgegangen wird, daß das Öl bei Betrieb in allen Komponenten, Lagern, Dichtungsgehäusen, Steuerungselementen und angebrachten Rohren, die das Öl zurück zum Reservoir führen, enthalten ist. Die Ablaufkapazität sollte auch einen minimalen 10%-Anteil für die verbindenden Rohre enthalten.

Die Kapazität zwischen dem minimalen und maximalen Betriebsniveau in einem Ölsystem, das Dichtungsöl von der Einheit austreten läßt, sollte genug für einen minimalen Betrieb von 3 Tagen sein, ohne daß Öl zum Reservoir zugeführt werden muß. Die freie Oberfläche sollte ein Minimum von 232 cm^2/gpm (0,25 sq ft/gpm) der normalen Strömung haben.

Die Reserveeinbauten sollten glatt sein. Um Taschen zu vermeiden, sollte eine ununterbrochene Endbearbeitung für inneren Schutz gewährleistet sein. Wand-zu-Deckelverbindungen im Reservoir sollten von außen voll durchgeschweißte Nähte haben.

Jede Kammer im Reservoir sollte mit zwei mind. ¾" großen Schraubverbindungen oberhalb des Ablaufölniveaus versehen sein. Diese Verbindungen können für Dienste wie Spülgase, „make up", Ölversorgung und Reinigungsmittelrückführung sein. Eine Verbindung sollte strategisch plaziert werden, um eine effektive Spülung mit dem Reinigungsgas durch die Entlüftung zu gewährleisten.

Das Ölsystem sollte mit einer Hauptölpumpe, einer Standby- und für kritische Maschinen auch mit einer Notpumpe ausgestattet sein. Jede Pumpe muß ihren eigenen Antrieb haben, und Rückschlagventile müssen an jedem Pumpenaustritt installiert sein, um bei Pumpen mit Leerlaufdrehzahl Strömungsumkehr zu vermeiden. Die Pumpmenge der Haupt- und Standby-Pumpen sollte 10–15% größer sein als der maximale Systemverbrauch. Die Pumpen sollten mit unterschiedlichen Primärantrieben ausgestattet sein.

Die Hauptpumpen werden üblicherweise mit einer Dampfturbine und mit einer mit Elektromotor angetriebenen Reservepumpe angetrieben. Eine kleine Turbine zum mechanischen Antrieb ist sehr zuverlässig, solange sie im Betrieb ist, doch bzgl. eines automatischen Starts nach langen Leerlaufperioden ist sie unzuverlässig. Deshalb ist ein Motor der bevorzugte Reservepumpenantrieb. Der Motor im Kontrollraum ist üblicherweise mit einem „Fertig-zum-Start"-Statussignallicht ausgestattet, um den sichtbaren Nachweis zu liefern, daß der elektrische Kreislauf bereit ist. Der Start der Reservepumpen wird durch mehrfache und redundante Quellen indiziert. Der Turbinenantrieb sollte gegen Fehler, die entweder durch niedrige Geschwindigkeit oder niedrigen Dampfladedruck oder beides erzeugt werden können, instandgehalten werden.

Schalter für niedrigen Öldruck sind auf den Pumpen und Austrittsköpfen hinter den Kühlern und Filtern vorhanden. Sie sind manchmal nach den Kühlern und Filtern und immer am Ende der Linie angebracht, wo der reduzierte Öldruck die verschiedenen Maschinenteile versorgt. Ein Signal von jeder dieser Stellen sollte die motorangetriebene Pumpe starten, und alle Alarme sollten im Kontrollraum aktiviert werden. Die Notölpumpe kann mit einem Wechselstrommotor angetrieben werden. Dieser sollte jedoch von einer Energiequelle versorgt werden, die eine andere als die für die Reservepumpe ist. Bei Gleichstromversorgung können auch Gleichstrommotoren eingesetzt werden. Prozeßgas- oder luftgetriebene Turbinen und schnell startende Dampfturbinen werden oft eingesetzt, um die Notpumpen anzutreiben.

Die Pumpleistungen für Schmier- und Kontrollölsysteme sollten auf den jeweiligen maximalen Verbräuchen der Systeme basieren (einschl. kurzzeitigen Verbräuchen) plus mind. 15%. Die Pumpleistung für ein Dichtungsölsystem sollte auf dem Maximalverbrauch plus 10 g/min (gpm) oder 20% basieren; der jeweils größere Wert ist einzusetzen. Der maximale Systemverbrauch sollte einen Zuschlag für normalen Verschleiß beinhalten. Prüfventile an jedem Pumpenaustritt sollen eine Strömungsumkehr bei Pumpenleerlauf verhindern.

Die Pumpen können entweder radial oder vom Verdrängertyp sein. Die Radialpumpen sollten eine Förderhöhenkurve haben, die stetig zum Abschaltpunkt abfällt. Die Reservepumpen sollten mit dem System so verrohrt sein, daß eine

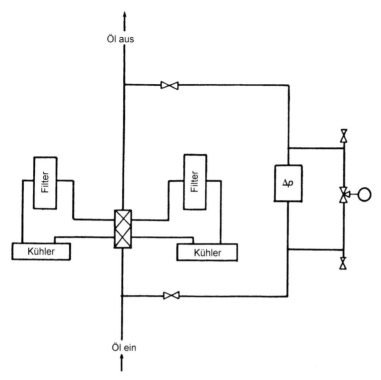

Abb. 15-3. Kühler-Filter-Aufbau

Überprüfung der Pumpe während des Betriebs der Hauptpumpe möglich ist. Um dies zu erreichen, ist eine Drossel erforderlich, die einen Rohranschluß von einem Testablaufventil zur Ölrückführleitung zum Tank hat.

Doppelölkühler (Abb. 15-3) sollten in Parallelschaltung in die Rohrleitung eingesetzt werden, um mit einem mehrfach durchströmten Ventil den Ölstrom zu den Kühlern zu leiten. Das Wasser sollte auf der Rohrseite und das Öl auf der Schalenseite sein. Der ölseitige Druck sollte größer als der wasserseitige Druck sein. Dieses Verhältnis bietet keine Sicherheit, daß Wasser im Fall einer Rohrleckage nicht in das System eintreten kann, doch es reduziert das Risiko. Das Ölsystem sollte mit doppelten, voll durchströmten Ölfiltern ausgestattet sein, die hinter den Ölkühlern angebracht sind. Deshalb ist nur ein mehrfach durchströmtes Ventil erforderlich, um den Ölstrom durch die Kühler-Filter-Kombination zu leiten. Die Filter und Kühler dürfen nicht mit separaten Einlaß- und Auslaßblockventilen angeschlossen werden. Separate Blockventile können Ölströmungsverluste hervorrufen, wenn mögliche menschliche Fehler zu Strömungsunterbrechungen während eines Filteraustauschs führen.

Die Filterung sollte nominal mit 10 μm sein. Für Kohlenwasserstoff und synthetische Öle sollte der Druckabfall im sauberen Filter 0,345 bar (5 psi) bei 38 °C

(100 °F) Betriebstemperatur und normalen Strömungsbedingungen nicht überschreiten. Filtereinsätze haben zur Unterbrechung einen minimalen Differenzdruck von 3,45 bar (50 psi).

Das System sollte einen Sammler haben, um ausreichenden Öldruck aufrechtzuerhalten, während die Reservepumpe von der Leerlaufbedingung aufwärts beschleunigt. Ein Sammler wird zu einem Muß, wenn eine Dampfturbine die Reservepumpe antreibt. Überkopftanks werden von vielen Betreibern spezifiziert, um eine Strömung zu kritischen Maschinenkomponenten zu sichern. Die Auslegung der Tanks variiert je nach Anwendung. In einigen Gasturbinenanwendungen erreichen die Lager noch 20 min nach der Stillsetzung Maximaltemperaturen.

Die Ölkühler und Filter werden von lokalen Temperaturregelkreisläufen gesteuert. Diese haben eine Fernüberwachungsanzeige im Kontrollraum und Hoch-/Niedrigalarme. Die Kühler und Filter haben ebenfalls einen anzeigenden Differenzdruckalarm. Diese versorgen üblicherweise einen gemeinsamen, hohen Alarm, um eine Vorwarnung für die Notwendigkeit des Austauschs von Filterelementen zu geben.

Um den geforderten konstanten Druck zu sichern, ist ein lokaler Drucksteuerungskreislauf für jedes System vorhanden – für Turbinenschmieröl, Kompressorschmieröl und Steuerungsöl. Jedes Öldrucksystem sollte im Kontrollraum aufgezeichnet werden, um Informationen zur Störungsbeseitigung zu liefern. Der Erfolg des Ölsystems hängt nicht nur von der Instrumentierung, sondern auch von der richtigen Plazierung der Instrumente ab.

Die minimalen Alarme und Abschaltungen, die für jeden Hauptantrieb und jede angetriebene Maschine empfohlen werden, sind: ein Niedrig-Öldruckalarm, eine Niedrig-Öldruckabschaltung (um einige Punkte niedriger als der Alarmpunkt), ein Niedrig-Ölniveaualarm (Tank), ein Hoch-Differenzdruckalarm für den Ölfilter, ein Hochtemperaturalarm für das Lagermetall und ein Detektor für Metallspäne (s. Tabelle 15-1).

Jeder druck- und temperaturmessende Schalter sollte in einem separaten Gehäuse angebracht sein. Der Schaltertyp sollte einpolig, doppelt geschaltet, mit „offen" (ohne Energie) für Alarm und „geschlossen" (mit Energie) für Abschaltung sein. Die Druckschalter für die Alarme sollten mit einer „T"-Verbindungs-Druckmeßstelle und einem Auslaßventil für Versuche zum Alarm installiert sein.

Tabelle 15-1. Alarme und Abschaltungen

	Alarm	Abschaltung
Niedriger Öldruck	x	x
Niedriges Ölniveau	x	
Hoher Ölfilter	x	
Hohe Metalltemperatur des Axiallagers	x	
Hohe Öltemperatur des Axiallagers	x	
Metallspäne-Detektor	x	

Die Thermometer sollten in den Ölrohren montiert sein, um das Öl am Austritt jedes radialen und axialen Lagers und bei Ein- und Ausströmung aus den Kühlern zu messen. Es ist zusätzlich empfehlenswert, die Lagermetalltemperaturen zu messen.

Druckmeßstellen sollten am Austritt der Pumpen, den Lagerköpfen, den Steuerungsölverbindungen und dem Dichtungsölsystem eingesetzt werden. Jede Ölablaufverbindung mit atmosphärischem Druck sollte mit „Kugelaugen"-Strömungsindikatoren aus Stahl ausgestattet sein, die die Strömung nicht stören dürfen und eine Sichtkontrolle von der Seite gestatten. Derartige Sichtstellen in den Ölverbindungen können sehr nützlich sein, um eine visuelle Überprüfung bei Ölverschmutzung zu erlauben.

Im Rohrleitungsaufbau und in der Planung ist es sehr wichtig, Lufttaschen und Schmutzsammelstellen zu vermeiden. Bevor ein neues oder geändertes Ölsystem gestartet wird, ist jeder Dezimeter des Gesamtsystems bis zur letzten Verbindung der Maschine methodisch zu säubern, zu spülen, abzulassen, neu zu füllen, und alle Instrumente sind gründlich zu überprüfen.

15.1.2
Dichtungsölsystem

Das Kompressor-Dichtungsölsystem ist mit einer Instrumentierung, die ähnlich dem Schmierungsölsystem ist, ausgelegt und ausgestattet (s. Abb. 15-4). Der einzige wichtige Unterschied ist die Art, wie die Endversorgungssteuerung gehandhabt wird. Da oftmals viele hohe Drücke (103–172 bar/1500–2500 psi) vorliegen, sind die Pumpen normalerweise vom Verdrängertyp. Dies erfordert ein Drucksteuerungsventil, das Öl zurück zum Öltank überströmen läßt. Diese Ölversorgung ist in einem angehobenen Kopftank verfügbar, der für jede Wellendichtung angebracht ist. Der Kopftank wird durch seine eigene Prozeßdichtungs-Druckverbindung unter Druck gesetzt. Hiermit muß der Systemdruck in der Dichtungsölversorgung auf einem Niveau gehalten werden, mit dem die höchste Druckdichtung versorgt werden kann. Die Ölrate zu jeder Dichtung wird durch eine Tankniveausteuerung vom Versorgungssystem aufrechterhalten. Die Tanks haben einen Hoch-/Niedrigniveaualarm, der zum Kontrollraum geführt wird. Der Niedrigniveaualarm warnt bei übermäßigem Ölverbrauch durch die Dichtungen und ruft einen Reservepumpenstart hervor, ähnlich wie die verschiedenen Druckschalter bei Ausfall der Hauptpumpenturbine in vergleichbarer Weise zum Schmierungsölsystem.

Eine Entgasungseinrichtung dient ebenfalls zur Separation der Gaskontaminierungen vom Dichtungsöl. Abbildung 15-5 zeigt einen typischen Entgasungstrommelaufbau. Ein gasdichtes Unterteilungsblech und eine flüssige Dichtung teilen die Entgasungstrommel in 2 Sektionen, um das separierte Gas in einer Seite der Trommel zu halten. Die Gasseite der Trommel wird entlüftet und mit einer Inertgasspülung versehen. Um die Entgasung des Öls zu unterstützen, wird die Trommel mit Elektrizität oder Dampf beheizt.

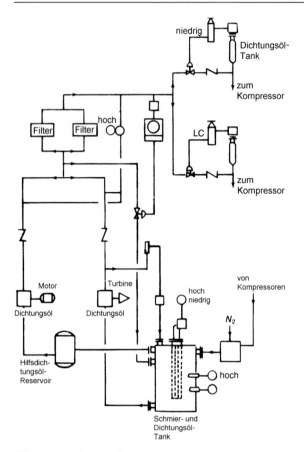

Abb. 15-4. Dichtungsölsystem

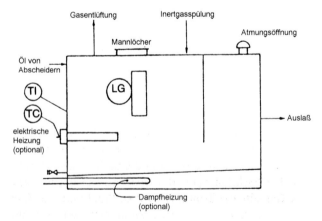

Abb. 15-5. Typischer Aufbau eines Entgasungsbehälters

15.2
Schmiermittelauswahl

Ein gutes Turbomaschinenöl muß einen Rost- und Oxidationsinhibitator haben, gute Endemulsationsfähigkeit und die richtige Viskosität. Es darf nicht zur Verschlammung neigen und muß formresistent sein. Neben der Schmierung muß das Öl die Lager und Getriebe kühlen, es muß übermäßige Metall-zu-Metall-Kontakte während der Starts verhüten, Druck ins Steuerungssystem übertragen, Fremdkörper forttragen, Korrosion reduzieren und sich möglichst langsam abbauen.

Die Auswahl des korrekten Schmiermittels muß beim Hersteller beginnen. Hinweise sind dem Anweisungshandbuch für den Betreiber bzgl. erforderlichem Öl und empfohlenem Viskositätsbereich zu entnehmen. Die örtlichen Umweltbedingungen sind ernsthaft zu berücksichtigen, einschl. dem Grad der Aussetzung zu den äußeren Bedingungen der Elemente, saurem Gas oder Dampfleckage. Als generelle Regel gilt, daß Turbomaschinen mit erstklassigem Turbinen-Grad-Öl geschmiert werden müssen. Jedoch kann es bei bestimmten Umweltbedingungen vorteilhaft sein, ein anderes Öl in Betracht zu ziehen. Wenn eine Maschine niedrigen Konzentrationen von Chlor und wässerigen Chlorsäuregasen (Salzsäure) ausgesetzt ist, kann es z.B. besser sein, ein anderes Öl auszuwählen, das hierfür besser als erstklassiges (Premium) Turbinenöl geeignet ist. Gute Ergebnisse wurden mit dem Einsatz von Öl, das Alkali-Additive enthält, erzielt. Bestimmte Fahrzeug- oder Dieselmotoröle enthalten die optimalen Mengen und Typen von Alkali-Additiven, um das Grundöl vor Reaktionen mit Chlor und HCL zu schützen. In Betriebszuständen, bei denen der Angriff auf das Schmiermittel durch das Gas unbekannt ist, sind Laborversuche empfehlenswert.

15.3
Ölsammlung und Prüfung

Öle von Turbomaschinen sollten in periodischen Abständen überprüft werden, um ihre Eignung für den Dauereinsatz festzustellen. Es können auch visuelle Inspektionen des Öls nützlich sein, um verschmutze Öle festzustellen. Dies gilt für die Fälle, in denen Aussehen und Verhalten durch die Verschmutzung verändert wird.

Eine Ölprobe sollte vom System gezogen und im Labor analysiert werden. Die üblichen Tests [2] am gebrauchten Öl beinhalten: (1) Viskosität, (2) pH- und Neutralisierungszahl und (3) Ablagerungen. Die Versuchsergebnisse zeigen Änderungen zu den Originalspezifikationen und, je nach Stärke dieser Änderungen, ob das Öl in den Maschinen weiter genutzt werden kann.

15.4
Ölverschmutzung

Ölverschmutzung in einer Turbomaschine ist oftmals ein Hauptproblem, mit dem Instandhaltungsgruppen konfrontiert werden. Von Belang ist der Grad der Kontaminierung, die Verschmutzung selbst ist ein ständiges Problem.

Die größte Quelle von Verschmutzungen sind äußere Einflüsse. Atmosphärischer Dreck z.B. ist immer ein ernstes Problem. Er kann in das Ölsystem über Ventile, Entlüftungen und Dichtungen eintreten. Sein Primäreffekt ist Geräteverschleiß, jedoch sind auch Verstopfungen der Ölverbindungen und -versorgungen und auch reduzierte Oxidationsstabilität des Öls schwerwiegende Auswirkungen.

Durch Verschleiß entstandene Metallpartikel, Rostpartikel am Öltank und Ölrohrkorrosionen können zum ernsten Geräteausfall und Ölabbau führen. Es ist wichtig, hierfür passendes Filtergerät bereitzustellen und die genannten Partikel aus dem System zu entfernen. Wasserverschmutzung ist ein ständiges Problem. Wasser bildet sich durch: atmosphärische Kondensation, Dampfleckagen, Ölkühler- und Tankleckagen. Rost von Maschinenteilen und die Auswirkungen der Rostpartikel im Ölsystem lassen Wasser im Öl entstehen. Zusätzlich entsteht im Wasser eine Emulsion, die in Kombination mit anderen Verschmutzungen, wie Verschleißmetallen und Rostpartikeln, als Katalysator agiert, der die Öloxidation fördert.

Die Verschmutzung von Prozeßgas kann ein ernstes Problem sein, speziell während des Hochfahrens. Es muß alles getan werden, um diese Verschmutzung festzustellen und zu vermeiden.

Die meisten Kohlenwasserstoffgase sind im kalten Öl löslicher als im heißen Öl und können die Viskosität zu gefährlichen Niveaus hin mindern. Die dadurch entstehenden Probleme von Axiallagerausfällen während des Hochlaufens können beseitigt werden, indem der Öltank mit Ölheizungen ausgestattet wird, die das Öl auf normale Temperatur aufheizen, bevor die Turbomaschine gestartet wird.

Geräte im HCl- und Chloreinsatz müssen geschützt werden, da hier das Öl den Säuregasen ausgesetzt ist. Offensichtlich besteht ein erster Schutz in der Beseitigung von Dichtungsausfällen. Als Sekundärschutz können diese Maschinen mit einem alkalischen Öl geschmiert werden. Die alkalischen Additive reagieren mit den niedrigen Konzentrationen der sauren Gase und beseitigen die Hinzufügung dieser Säuren zu den Ölmolekülen.

Zur Entfernung nichtlöslicher Verschmutzungen können verschiedene, voll durchströmte Filtertypen eingesetzt werden. Üblicherweise werden Oberflächen- und Tiefenfilter gewählt. Beide Filtertypen sind für die Entfernung aus bestimmten Gründen effektiv.

Oberflächenfilter, die aus dem richtigen Material hergestellt sind, werden nicht durch Wasser im Öl berührt. Wasserbeständige Papierelemente haben viel größere Oberflächen als das Tiefentypelement und führen zu viel niedrigerem

Differenzdruck als Ersatzelemente in Filtern, die zuerst mit Tiefentypelementen ausgestattet waren. Es sind Papierelemente verfügbar, die Partikel bis zu einem Nominalwert von 0,5 µm entfernen.

Das Tiefentyp-Filterelement wird eingesetzt, wenn das Öl frei von Wasser ist und die zu entfernenden Partikelgrößen im Bereich von 5 µm und größer liegen. Allgemein ist das Tiefentypelement wasserempfindlich, und wenn Öl mit Feuchtigkeit verschmutzt ist, wird dieser Elementtyp Wasser absorbieren und einen schnellen Anstieg im Differenzdruck über den Filter erzeugen. Der geforderte maximale Differenzdruck über einem Filter mit sauberen Elementen beträgt 0,35 bar (5 psig) bei normalen Betriebstemperaturen.

15.5
Filterauswahl

Die Filterelemente sollen Partikel von 5 µm Größe entfernen. Sie müssen wasserresistent sein, eine hohe Durchlaßrate bei niedrigem Druckverlust und eine hohe Schmutzaufnahmefähigkeit haben, und sie müssen bruchbeständig sein. Der Druckabfall im sauberen Filter soll nicht größer als 0,35 bar bei 38 °C (5 psig bei 100 °F) sein. Die Elemente müssen bei ihrem Zusammenbruch einen Mindestdifferenzdruck von 3,5 bar (50 psig) haben. Gefaltete Papierelemente sind bevorzugt einzusetzen – unter der Voraussetzung, daß sie die Anforderungen erfüllen. Üblicherweise erreichen die gefalteten Papierelemente 0,35 bar (5 psig) Druckabfall im sauberen Zustand, wenn sie in Filtern eingesetzt werden, die größenmäßig für den Gebrauch in Tiefentypelementen geeignet sind. Dieses Ergebnis wird durch die größere Oberfläche der gefalteten Elemente erreicht. Sie haben mehr als zweimal die Fläche wie ein konventionell gesteckter Scheibentyp oder andere Tiefentypelemente.

Ein Differenzdruckschalter löst den Alarm aus, wenn der Druckabfall einen voreingestellten Wert erreicht. Dies schützt vor dem Abreißen der Ölströmung. Zusätzlich zum Differenzdruckschalter wird ein Zweiweg-Dreianschluß-Ventil mit einer Druckmessung parallel zum Differenzdruckschalter eingeschaltet. Hiermit soll der Einlaß- und Auslaßölfilterdruck genau angezeigt werden. Wenn ein einzelnes Durchflußventil mit einer Kühlerfilterinstallation eingesetzt wird, sollte der Differenzdruckschalter und die Druckanzeige das Kühlerfiltersystem umfassen.

Wasserverschmutzung im Ölsystem kann ernsthaften Schaden in der Turbomaschine hervorrufen. Es sollte alles getan werden, um (1) den Wassereintritt in das System zu vermeiden und (2) passende Wasserabscheidegeräte zur Verfügung zu haben, wenn das Wasser nicht gänzlich draußen gehalten werden kann. Erfahrungen zeigen, daß Konstrukteure zusammen mit Gerätebetreibern effektivere Möglichkeiten haben, um das Wasser aus dem System herauszuhalten. Da die Hauptquellen der Verschmutzung atmosphärische Kondensation, Dampfleckagen und verschmutze Ölkühler sind, sollten vorbeugende Maßnahmen durchgeführt werden.

Kondensation tritt in dem atmosphärisch entlüfteten Ölsystem immer dann auf, wenn die Temperatur in den Dampfräumen unter den Taupunkt abfällt. Dieser Effekt kann in den Ölrückführleitungen und auch im Öltank auftreten. Konsolen, die an ungeschützten Orten installiert sind, sind anfälliger gegen klimatische Änderungen, als solche, die innerhalb von Gebäuden installiert sind. Die äußeren Orte werden direkt durch Temperaturzyklen zwischen Tag- und Nachtbetrieb berührt – auch durch Regenschauer und plötzliche Temperaturabfälle bei anderen Wetteränderungen, speziell in den Herbst- und Winterzeiten. Es konnten große Erfolge beim „Austrocknen" der Ölsysteme erzielt werden, indem einige einfache Änderungen eingebracht wurden. Die erste Stufe ist die Überprüfung der Tankeinheit. Die Entlüftung sollte an der Spitze des Tanks angebracht sein. Sie sollte frei von Hohlräumen sein, in denen sich Kondensat ansammeln und zum Tank zurückfließen kann. Die Länge sollte so kurz wie möglich sein, um die Oberfläche, auf der Kondensat entstehen kann, möglichst klein zu halten. Falls es nicht notwendig ist, die Entlüftung vom Tank abzuführen, sollte eine Wasserfalle so nah wie möglich am Tank angebracht sein, in der das im Entlüftungsbereich entstandene Kondensat entfernt werden kann. Die nächste Stufe ist, ein Inertgas bereitzustellen und aufrechtzuerhalten oder den Tank mit trockener Luft zu spülen. Nicht mehr als 57–142 l/h (2–5 cfh) sind erforderlich. Das Tankspülungssystem ersetzt nicht die Beseitigung anderer Wasserquellen.

Dampf- und Kondensatleckagen sind die in Turbomaschinen am schwierigsten zu vermeidenden Wasserquellen. Es ist jedoch möglich, und es sollte alles getan werden, diese Quellen zu beseitigen. Die Erhaltung der Dampfeinheiten in bestem Zustand ist die erste Maßnahme zur Verhinderung. Die Erfahrung [2] hat gezeigt, daß ggf. die Dampfeinheiten lecken können und ein Dampfkondensat über die Lagerdichtung in das System eintritt. Es gab auch große Erfolge bei der „Austrocknung" des nassen Ölsystems [3]. Hierbei werden die Lagerlabyrinthe mit Inertgas oder trockener Luft durchgespült. Bei einer Methode wird ein 3,2-mm(1/8")-Loch durch den Lagerdeckel und das Labyrinth gebohrt. Ein 6,4-mm-Rohr wird mit dem Loch im Lagerdeckel und einem Rotometer verbunden. Das Labyrinth wird dann mit 425 l/h (15 cfh) trockener Luft oder Inertgas durchspült.

Eine andere Methode ist die Installation eines externen Labyrinths mit Spülvorrichtungen am Lagergehäuse der Maschine, das den notwendigen Raum hat, die externen Dichtungen unterzubringen.

Die Entfernung von freiem Wasser aus Ölsystemen wird üblicherweise mit Zentrifugen oder Aktivkohle-Separatoren durchgeführt. Zentrifugierung ist die kostspieligste Methode, sowohl was den Kapitaleinsatz als auch die Betriebskosten angeht. Die Zentrifugen sind üblicherweise der konventionelle Scheibentyp mit manueller Säuberung. Die Scheiben müssen mindestens einmal pro Woche gereinigt werden, wobei etwa 1 h für die Säuberung erforderlich ist. Die Aktivkohle-Separatoren müssen normalerweise viel seltener gewartet werden. Einige Separatoren benötigen nur einen Elementaustausch pro Jahr, andere jedoch nach 6 oder 3 Monaten und einige einmal pro Monat. Die Frequenz hängt von der Wassermenge im Ölsystem ab. In vielen Fällen konnte der Austausch der Elemente durch den Einsatz eines Vorfilters im System reduziert werden. Dieser entfernt die Partikel (üblicherweise Rost), die das 2-μm-Aktivkohle-Element beeinträchtigen würden. Die erforderliche Zeit zum Austausch sowohl der Vorfilterelemente als auch des Aktivkohle-Separatorelements beträgt weniger als 1 h.

15.6
Säuberung und Spülung

Ernsthafte mechanische Beschädigungen von Turbomaschinen können sich durch Betrieb verschmutzter Ölsysteme ergeben. Es ist besonders wichtig, ein Ölsystem vor dem ersten Start einer neuen Maschine gründlich zu reinigen, und auch nach jeder Überholung einer bestehenden Maschine.

Die einzuhaltenden Schritte vor dem ersten Start und dem Start nach einer Überholung sind ähnlich, mit Ausnahme der Anforderung an Tank und Öl. Bei einer überholten Maschine wird das Öl abgelassen und sein Zustand überprüft. Wenn es keine Wasser- oder Metalländerungen gibt, kann das Öl wieder benutzt werden.

Die Tankeinbauten sind bzgl. Rost und anderen Ablagerungen zu inspizieren. Jeglicher Rost ist mit Kratzern und Drahtbürsten zu entfernen. Die Einbauten müssen mit einer Reinigungslösung gewaschen und mit klarem Wasser gespült werden. Dann müssen die Einbauten durch Beblasen der Oberflächen mit trockener Luft getrocknet werden. Mit einem Sauger müssen Flüssigkeitsblasen entfernt werden.

Neue Papierfilterelemente mit 5 μm sind zu installieren. Die Dampfrohre sind an die Wasserseite des Ölkühlers anzuschließen, um das Öl während der Spülung zu erwärmen. Die Mündungen müssen entfernt und Schutzabdeckungen an den Lagern, Kupplungen, Steuerungen, Überwachungen und anderen kritischen Teilen angebracht werden, um Schäden während der Spülungen zu vermeiden. Es müssen Vorkehrungen mit 40-Maschen-Prüfsieben an jeder Abdeckung getroffen werden. Prüfsiebe mit konischer Form sind vorzuziehen, flache Siebe sind jedoch auch akzeptabel. Alle Kontrollventile müssen in voll geöffnete Positionen gestellt werden, um maximalen Spülfluß zu erlauben. Die Effektivität der Spülung hängt in hohem Maße von hohen Strömungsgeschwindigkeiten durch das System ab, um Ablagerungen in den Tank und die Filter zu transportieren. Es kann notwendig sein, das System in Sektoren aufzuteilen, um dann maximale Geschwindigkeiten durch die abwechselnde Versperrung verschiedener Durchflußlinien während des Spülens zu erreichen.

Es muß folgendermaßen weiter vorgegangen werden: Fülle den Tank mit neuem oder sauberem gebrauchtem Öl. Beginne die Spülung ohne Prüfsiebe mit einem Betrieb der Pumpe oder der Pumpen, um die höchstmögliche Strömungsrate zu erhalten. Erwärme das Öl mit Dampf in den Ölkühlern bis 66 °C (160 °F). Wechsle die Temperaturen zwischen 38 °C und 66 °C (100 °F und 160 °F), um die Verrohrung thermisch zu bewegen. Klopfe die Rohre, um Ablagerungen zu lockern. Dies gilt speziell entlang den horizontalen Bereichen. Spüle durch einen kompletten Temperaturzyklus, schalte ab, installiere die Prüfsiebe und spüle für weitere 30 min. Entferne die Siebe und prüfe die Menge und den Typ der Ablagerungen. Wiederhole die vorstehende Prozedur, bis die Siebe bei zwei nacheinander folgenden Inspektionen sauber bleiben. Beobachte den Druckabfall in den Filtern während des nachfolgenden Betriebs. Akzeptiere keinen Druckabfall, der 1,4 bar (20 psig) überschreitet. Wenn das System sauber erscheint, leere den Öltank und entferne alle Ablagerungen durch Waschen mit einer Reinigungslösung gefolgt von einer Frischwasserspülung. Trockne die Einbauten durch Abblasen mit trockener Luft und sauge alle verbleibenden Wasserblasen heraus. Entferne die Filterelemente, die Abdeckungen und ersetze die Düsen. Stelle die Kontrollanzeigen zurück auf ihre normalen Einstellungen. Fülle den Öltank mit dem gleichen Öl, das während der Spülung benutzt wurde, wenn Labortests befriedigende Werte ergeben; andernfalls fülle neues Öl ein.

Aufgrund der hohen Strömungsgeschwindigkeiten, die während der Spülung erzielt wurden, erlaubt die vorstehende Prozedur die schnellstmögliche Reinigung des Ölsystems. Das Ziel ist, die Ablagerungen in den Tank und die Filter zu transportieren. Die Turbulenz der hohen Strömungsgeschwindigkeiten zusammen mit der thermischen und mechanischen Beanspruchung der Verrohrung sind die Hauptfaktoren, die für eine schnelle und effektive Reinigung des Systems notwendig sind.

15.7
Kupplungsschmierung

Kupplungen sind sehr kritische Teile jeder Turbomaschine. Sie müssen sorgfältig ausgelegt und eine gute Schmierung muß angewendet werden. Die üblichsten Schmierungsmethoden von Zahnkupplungen sind: (1) Schmierpackungen, (2) Ölfüllungen oder (3) kontinuierliche Öldurchströmung.

Die fettgepackten- oder ölgefüllten Kupplungen bieten ähnliche Vor- und Nachteile. Der Hauptvorteil ist der einfache Betrieb. Darüber hinaus sind sie auch wirtschaftlich, leicht instandzuhalten, und die fettgepackte Kupplung hat einen erhöhten Widerstand gegen den Eintritt von Verschmutzung. Zusätzlich kann hohe Zahnführung ausgeglichen werden, da Schmiermittel mit hochviskosem Öl genutzt werden können. Eine wichtige Eigenheit der ölgefüllten Kupplung ist, daß sie ein passendes statisches Fassungsvermögen für das Öl haben muß, um die notwendige Menge Öl bereitzustellen, damit die Zähne während des Betriebs der Kupplung in Öl tauchen können. Der größte Nachteil dieser Kupplungen ist der mögliche Verlust des Schmiermittels während des Betriebs, aufgrund defekter Seitendichtungen, loser Seitenverschraubungen, Schmiermittelstopfen und Rissen in den Kupplungsflanken oder Zwischenstücken.

Ein Schmiermittel einer Zahnkupplung muß starken Belastungen durch Kräfte in der Kupplung widerstehen, die 8000 g´s überschreiten können. Für fettgefüllte Kupplungen sind spezielle Fette erforderlich, um Verschleiß durch Zähnekontakt während des Betriebs bei hohen g-Belastungen in einer Gleitlastumgebung zu verhüten. Diese harten Betriebsbedingungen rufen Fettablösungen bei hohen Geschwindigkeiten hervor und führen zu starkem Verschleiß. Versuche zeigen, daß die Fettablösung eine Funktion der g-Niveaus und der Zeit ist [3]. Deshalb kann die fettgefüllte Kupplung als unpassend für Hochgeschwindigkeitsanwendungen angesehen werden, ausgenommen bei Verwendung von bewährtem Hochgeschwindigkeitskupplungsfett, dann jedoch nur für Dauerbetrieb bis zu einem Jahr. Heute gibt es neue Fette, die bei hohen Geschwindigkeiten nicht abreißen und sich in Zeiträumen von 3 Jahren Dauerbetrieb nicht abbauen.

Die Methode des ununterbrochen strömenden Öls wird hauptsächlich in rotierenden Hochgeschwindigkeitsmaschinen eingesetzt. Sie hat das Potential für maximale Dauerbetriebsperioden bei Betrieb mit hohen Betriebsdrehzahlen. Die Ölströmung liefert auch Kühlung, indem sie die in der Kupplung erzeugte Wärme wegtransportiert. Ein anderer wichtiger Vorteil ist maximale Zuverlässigkeit, da die Ölversorgung konstant und Ölverlust innerhalb der Kupplung kein Problem ist wie bei ölgefüllten oder fettgepackten Kupplungen. Die hauptsächlichen Anforderungen für diese Methode sind: (1) ausreichende Ölströmung in die Kupplung, (2) absolut sauberes Öl und es muß (3) kühlen, um Wärme wegzutransportieren.

Einige Nachteile der Kupplungen mit kontinuierlicher Ölströmung sind: (1) erhöhte Kosten, (2) Ölversorgung und Ölrückführleitungen sind erforderlich und (3) der Eintritt von Fremdkörpern mit dem Öl beschleunigt den Verschleiß.

Fremdmaterial im Öl ist ein Hauptproblem in der kontinuierlich öldurchströmten Kupplung. Da sich in der Kupplung hohe Zentrifugalkräfte entwickeln, werden alle eingesaugten Fremdkörper und Wasser aus dem Öl extrahiert und in die Kupplung eingetragen. Abrasiver Verschleiß wird normalerweise durch eingeschlossenen Schlamm hervorgerufen. Zusätzlich zu den fremden abrasiven Stoffen führt Schlamm Verschleißmaterial mit sich und trägt zur Verschleißrate der Kupplung bei. Die Verschlammung in Kupplungen konnte durch verbesserte Ölfilterung reduziert werden. Filter werden mit Differenzdruckalarmen ausgestattet, so daß ein Austausch vorgenommen werden kann.

Die Zahnkupplung an Turbomaschinen kann erfolgreich sowohl mit Öl- als auch mit Fettmethoden geschmiert werden. Die fettgepackten und ölgefüllten Kupplungen müssen absolut öl- und fettdicht sein, um Verluste des Schmiermittels zu vermeiden. Es sollte das beste verfügbare Hochgeschwindigkeitskupplungsfett eingesetzt werden. Die kontinuierlich durchströmten Kupplungstypen sollten mit absolut sauberem Öl kontinuierlich mit der ausgelegten Strömungsrate versorgt werden.

15.8
Schmierungsmanagement-Programm

Ein gut geplantes und gemanagtes Schmierungsprogramm ist ein wichtiger Faktor im Gesamtinstandhaltungsplan eines Werks. Ein Schmierungsprogramm [4] beinhaltet die Entwicklung eines Schmierperioden-Instandhaltungsprogramms, das Sammeln und Testen des Öls und die Entwicklung eines spezifischen Verfahrens zur Anwendung der Schmiermittel. Der Anfangsschritt in der Entwicklung eines ausführlichen Fabrikschmierungsprogramms ist eine Fabrikuntersuchung zur Feststellung bestehender Schmierungspraktiken. Bei der Untersuchung sollten Maschinenzeichnungen und externe Maschineninspektionen genutzt werden.

Eine detaillierte Liste von Schmiermitteln und ihre Anwendung kann aus den Untersuchungsergebnissen zusammengestellt werden. Die Kombination der Liste der Schmierungstypen mit den aktuellen Plänen führt zur Veröffentlichung eines Hauptplans der Schmierungen.

Die monatlichen Schmierungsplanungen können dann an das jeweilige Instandhaltungspersonal weitergeleitet werden, um als Merkhilfe zu dienen. Die Weiterleitung der Schmierungsplanung sichert nicht ihre Ausführung. Deshalb sollten Kontrolleure prüfen, ob die erforderten Schmierungen geleistet wurden.

Als Teil eines Schmierungsprogramms sollten die Öle periodisch getestet werden. Diese Tests fordern, daß Öl für Labortests aus dem System gezogen wird. Die üblichen Tests werden ausgeführt, um den Zustand des Öls, Viskosität, pH-Wert und Neutralisationszahl, Aussehen, Farbe und Geruch festzustellen und eine Prüfung nach Fremdpartikeln im Öl durchzuführen. Die Ergebnisse sollten durchgesehen und mit den Charakteristika des neuen Öls verglichen werden, um die Lebenscharakteristika des Öls festzustellen.

Ein Programm zur Untersuchung jedes neuen Schmiermittelprodukts kann eingesetzt werden, um die Ersatzmöglichkeit vorhandener Schmiermittel zu bezeichnen. Die allgemeinen Charakteristika neuer Schmiermittel erhält man aus den von den Lieferanten gegebenen Spezifikationen oder aus Versuchen mit den Schmiermitteln. Die endgültige Auswahl neuer Schmiermittel sollte nach einer gründlichen Beobachtung des Schmiermittels in verschiedenen typischen Fabrikanwendungen gemacht werden. Nach den monatlichen Inspektionen sollten neue Schmiermittel speziell dahingehend überprüft werden, ob sie die geforderten Eigenschaften erfüllt haben. Während alle Schmiermittelanwendungen wichtig für den Erhalt der Maschine sind, zeigen Zahnkupplungen spezielle kritische Schmierprobleme und fordern besondere Aufmerksamkeit, wie weiter vorne ausführlich erklärt.

Im laufenden Betrieb wurde nachgewiesen, daß, wenn die geforderte Schmierung nicht dauernd durchgeführt wird, auch die bestkonstruierten Einheiten mit Sicherheit ausfallen. Ein gutes Schmierungsmanagement-Programm muß einen monatlichen Schmierungsplan enthalten, die Untersuchung von neuen Schmiermittelprodukten und die Überwachung, daß die vorgeschriebenen Prozeduren vom Instandhaltungspersonal ausgeführt werden.

Ausfälle durch Schmierungsprobleme müssen sorgfältig analysiert werden, um sicherzustellen, daß sie wirklich durch Schmierungsausfälle oder falsche Instandhaltungsprozeduren verursacht wurden. Wenn das Problem isoliert werden konnte, können Korrekturen begonnen werden, um weitere ähnliche Ausfälle zu verhüten. Diese Korrekturen sind abhängig davon, ob eine Änderung der Schmiermittel oder der Verfahren erforderlich ist.

15.9
Literatur

1. API Standard 614: Lubrication, Shaft-Sealing and Control Oil Systems for Special-Purpose Applications. American Petroleum Institute, September 1973
2. O'Connor and J. Boyd (eds.): Standard Handbook of Lubricating Engineering. McGraw-Hill Book Co., 1968
3. Clapp, A.M.: Fundamentals of Lubricating Relating to Operating and Maintenance of Turbomachinery. Proceeding of the 1st Turbomachinery Symposium, Texas A&M Univ., 1972
4. Fuller, D.D.: Theory & Practice of Lubrication for Engineers. Wiley Interscience, 1956

16 Spektrumanalyse

Eine komplette Maschinenanalyse mit hohen Rotationsdrehzahlen benötigt eine komplexe Mischung von Leistungs- und Schwingungsdaten. Der Trend in Richtung totale Analyse wächst mit den Problemen der Energieknappheit und der Notwendigkeit für maximale Nutzung der Produktionsanlagen. Leistungsanalyse ist ein notwendiger Bestandteil für die effektive Nutzung von Turbomaschinen und, wenn sie mit Schwingungsanalyse gekoppelt ist, ein unschlagbares Werkzeug als Gesamtdiagnosesystem.

Der Echtzeitanalysator spielt eine sehr wichtige Rolle, um Schwingungsdaten in einer Weise anzuzeigen, die zur Trenddarstellung von Daten führt. Diese wichtige Rolle des Spektrumanalysators soll in diesem Kapitel im Detail untersucht werden. Sie wächst auch mit einem besseren Verständnis der statistischen Techniken in der Schwingungsanalyse.

Im Prinzip wandelt die Spektrumanalyse eine Kurve mit der Auslenkung über der Zeit in ein Amplitude/Frequenz-Bild. Dies ist unter dem Namen Spektrum bekannt. Die Analyse besteht aus der Zerlegung von zeitlich veränderbaren Signalen in ihre Komponenten als reine Töne. Reine Töne haben sinusartige Wellenformen konstanter Frequenz und Amplitude. Diese Zerlegung eines Signals wird digital ausgeführt. Hierfür wird ein Minicomputer mit einer Fourier-Transformation eingesetzt oder das Signal wird gefiltert.

Von Maschinen mit hohen Drehzahlen erzeugte Signale sind ihrer Natur entsprechend sehr komplex. Sie werden von mehreren Kräften mit einem Nettoeffekt, der die reinen Töne abdeckt, erzeugt. Der Zufallsanteil des Signals, der mit den reinen Tönen vermischt ist, wird als Rauschen bezeichnet. Das Verhältnis der totalen Amplitude (Fläche unter dem Spektrum) zum Rauschen wird als Signal-zu-Rauschen (S/N:Signal/Noise)-Verhältnis bezeichnet. Manchmal wird dieses Verhältnis in Dezibel (db) wie folgt ausgedrückt:

S/N-Verhältnis in db = $20 \log_{10}$ S/N, z.B.

6 db = 2
10 db = 3,16
20 db = 10
40 db = 100

Wenn das S/N-Verhältnis kleiner als 10 db ist, wird es schwierig, den periodischen Anteil des Spektrums vom Rauschen zu unterscheiden.

Es existieren mehrere Analysatorarten, die es erlauben, ein Zeit-Bereichs-Signal in ein Frequenz-Bereichs-Spektrum zu übertragen. Das resultierende Spektrum aller Spektrumanalysatoren entspricht der Auftragung der Amplitude über die Frequenz, die man erhält, wenn ein gegebenes Signal über einen Satz von Filtern mit konstanter Bandbreite geführt und die Abgabe jedes Filters mit seiner Mittelfrequenz festgehalten wird.

Zum Erhalt genauer Lösungen kann dies einfache Verfahren leider nicht eingesetzt werden. Jeder Filter kann nur ein sehr schmales Frequenzband abdecken und die Kosten würden hierdurch sehr ansteigen. Im sog. „Wellenanalysator" oder „Trekkingfilter" (Frequenznachlaufdemodulator) wird ein Filter eingesetzt, der selbsttätig über die angegebene Zeitreihe abläuft, um festzustellen, welche Frequenz eine große Amplitude zeigt. In zeitkomprimierenden Echtzeitanalysatoren (real-time analysis, RTA) verläuft der Filter elektronisch über den Input. Der hier angewandte Term „Echtzeit" meint, daß das Instrument das Signal der Zeitreihe in den Frequenzbereich umwandelt, während das Ereignis tatsächlich stattfindet. In technischen Termini wird „Echtzeit" angewandt, wenn die Sammelrate größer oder gleich der Bandbreite der Filter ist, die die Messungen aufnehmen. RTAs nutzen einen Analog/Digital-Wandler und digitale Schaltkreise, um das Datensignal effektiv zu beschleunigen, und verbessern die Abtastrate des „Sweeping"-Filters. Somit erzeugen sie eine scheinbare Zeitkompression. Beide gegenwärtigen Analysatoren sind im Prinzip Analoginstrumente, und aufgrund der Charakteristika der Analogfilterung können sie bei niedrigen Frequenzen ziemlich langsam sein.

Der Fourier-Analysator ist ein digitales Gerät, das auf der Umwandlung von Zeitreihendaten in den Frequenzbereich unter Gebrauch der schnellen Fourier-Transformation beruht. Die schnellen Fourier-Transformations (FFT)-Analysatoren nutzen einen Minicomputer, um einen Satz simultaner Gleichungen mit Matrixmethoden zu lösen.

Zeitreihen und Frequenzbereiche sind durch Fourier-Reihen und Fourier-Transformationen verknüpft. Durch Fourier-Analyse kann eine Variable, die als Funktion der Zeit ausgedrückt ist, in eine Serie oszillierender Funktionen umgewandelt werden (jede mit einer charakteristischen Frequenz). Diese sind nach der Überlagerung oder Summierung zur gleichen Zeit gleich dem Originalverlauf der Variablen. Dieser Prozeß ist in Abb. 16-1 grafisch dargestellt [1]. Da jedes der oszillierenden Signale eine charakteristische Frequenz hat, zeigt der Frequenzbereich die Amplitude der oszillierenden Funktion bei der entsprechenden Frequenz.

Das Herunterbrechen eines gegebenen Signals in eine Summe oszillierender Funktionen kann mit der Anwendung der Fourier-Reihentechnik oder durch Fourier-Transformation erhalten werden. Für eine periodische Funktion $F(t)$ mit einer Periode t kann eine Fourier-Reihe ausgedrückt werden als

$$F(t) = \frac{a_0}{2} + \sum_{n=1}^{\infty} \left(a_n \cos n\omega t + b_n \sin n\omega t \right) \tag{16-1}$$

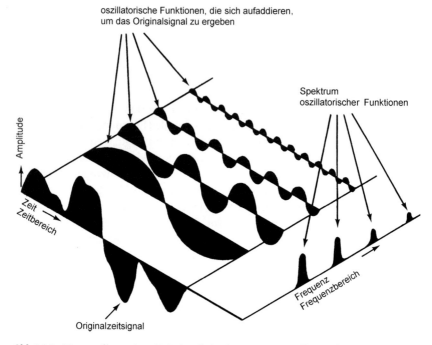

Abb. 16-1. Umwandlung eines Zeitsignals in eine Summe oszillierender Funktionen, aus der ein Spektrum erhalten werden kann

hierbei sind a und b Amplituden der oszillierenden Funktionen $\cos(n\omega t)$ und $\sin(n\omega t)$. Der Wert von ω steht zur charakteristischen Frequenz f in bezug durch

$$\omega = 2\pi f \qquad (16\text{-}2)$$

Die vorstehende Funktion kann auch in einer komplexen Form geschrieben werden als

$$F(t) = \int_{-\infty}^{\infty} G(\omega) e^{i\omega t} d\omega \qquad (16\text{-}3)$$

wobei

$$G(\omega) = \frac{1}{2\pi} \int_{-\infty}^{\infty} F(t) e^{-i\omega t} dt \qquad (16\text{-}4)$$

Die Funktion $G(\omega)$ ist die exponentielle Fourier-Transformierende von $F(t)$ und ist eine Funktion der Winkelgeschwindigkeit ω. In der Praxis ist die Funktion $F(t)$ nicht über den gesamten Zeitbereich gegeben. Aber sie ist bekannt von der Zeit 0 zu einem endlichen Zeitwert T, wie in Abb. 16-2 dargestellt. Die Zeitspanne T kann in K-gleiche Inkremente, jeweils mit Dt, aufgeteilt werden. Aus Berechnungsgründen soll $K = 2^p$ sein, wobei p eine ganze Zahl ist. Zusätzlich soll

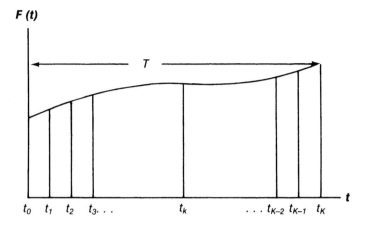

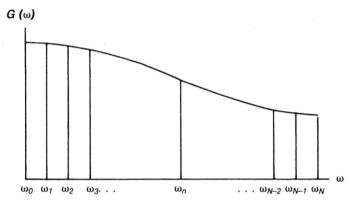

Abb. 16-2. Darstellung der diskreten Fourier-Transformation

auch die Spanne der Winkelgeschwindigkeit ω_n in N Teile aufgeteilt werden, wobei $N = 2^q$ ist. (In der Praxis ist N oftmals gleich K.) Durch setzen von $f = K/NT$ wird das Frequenzintervall $\Delta\omega$

$$\Delta\omega = 2\pi\Delta f = \frac{2\pi K}{NT} \qquad (16\text{-}5)$$

Nun werden diskrete Gleichungen analog zu Gl. (16-3) und (16-4) definiert als

$$F(t_k) = \Delta\omega \sum_{n=0}^{N-1} G(\omega_n) e^{i\omega_n t_k} \qquad (16\text{-}6)$$

und

$$G(\omega_n) = \frac{\Delta t}{2\pi} \sum_{k=0}^{K-1} F(t_k) e^{-i\omega_n t_k} \qquad (16\text{-}7)$$

bei denen die Grenzen aus Berechnungsgründen bei 0 und $N-1$ gesetzt werden. Durch Einsetzen von Euler-Identitäten können (16-6) und (16-7) geschrieben werden als

$$G(\omega_n)_{real} = \sum_{n=0}^{n-1} F(t_k) \cos(\omega_n t_k) \tag{16-8}$$

$$G(\omega_n)_{imaginär} = \sum_{n=0}^{n-1} F(t_k) \sin(\omega_n t_k) \tag{16-9}$$

$$F(t_k) = \Delta\omega \sum_{n=0}^{n-1} \left(G(\omega_n)_{real} \cos(\omega_n t_k) + G(\omega_n)_{imaginär} \sin(\omega_n t_k) \right) \tag{16-10}$$

Der Vergleich der vorstehenden Gleichungen mit den Gln. (16-6) und (16-7) zeigt, daß die Fourier-Transformation in Wirklichkeit nur eine Fourier-Serie über ein endliches Intervall darstellt.

Die Gleichungen können in einer einfacheren Form mit den folgenden Definitionen neu geschrieben werden

$$\overline{F}_k = F(t_k) \tag{16-11}$$

$$G_n = G(\omega_n) \tag{16-12}$$

$$\omega_n = n\Delta\omega = \frac{2\pi nK}{NT} \tag{16-13}$$

$$t_K = K\Delta t \tag{16-14}$$

Hiermit werden (16-6) und (16-7) zu

$$\overline{F}_k = \Delta\omega \sum_{n=0}^{n-1} G_n e^{(2\pi i/N)(nk)} \tag{16-15}$$

$$G_n = \frac{T}{2\pi K} \sum_{K=0}^{K-1} \overline{F}_k e^{(-2\pi i/N)(nk)} \tag{16-16}$$

Wenn wir zusätzlich

$$F_k = \frac{T}{2\pi K} \overline{F}_k \tag{16-17}$$

und

$$W = e^{-2\pi i/N}$$

definieren, erhalten wir

$$G_n = \sum_{k=0}^{K-1} F^{nk} \tag{16-18}$$

oder in der Matrixform

$$[G_n] = [W^{(nk)}][F_k] \quad n = 0, 1, 2, \ldots, N-1; \; k = 0, 1, 2, \ldots, K-1$$
$$k = 0, 1, 2, \ldots, K-1 \tag{16-19}$$

Die Matrizen G und F sind Säulenmatrizen mit Reihennummern n und k. Die Matrixlösung ist mit speziellen Eigenschaften der symmetrischen Matrix vereinfacht, und aufgrund der resultierenden Werte von G_n treten sie in komplex konjugierenden Paaren auf. Allgemein kann geschrieben werden

$$G_n = a_n + ib_n = |G_n|e^{i\alpha_n} \tag{16-20}$$

wobei

$$|G_n| = a_n^2 + b_n^2 \tag{16-21}$$

$$\alpha_n = \tan^{-1}(b_n / a_n) \tag{16-22}$$

Mit der Zeitfunktion $F(t)$ und der Berechnung von W können die Werte von G_n gefunden werden. Ein Weg zur Berechnung der G-Matrix ist die schnelle Fourier-Technik, die als Cooley-Tukey-Methode bezeichnet wird. Sie basiert auf einer Ausdrucksweise der Matrix als ein Produkt von q^2-Matrizen. Hierbei ist q wiederum bezogen auf N mit $N = 2^q$. Für große N wird die Anzahl der Matrixoperationen in hohem Maße durch diese Prozedur reduziert. In den letzten Jahren wurden verbesserte Hochgeschwindigkeitsprozessoren entwickelt, um die Fast-Fourier-Transformation auszuführen. Die Berechnung ist für die diskrete Fourier-Transformation und die schnelle Fourier-Transformation im Prinzip die gleiche. Die Unterschiede der 2 Methoden liegen im Gebrauch bestimmter Beziehungen zur Minimierung von Berechnungszeit vor der Ausführung diskreter Fourier-Transformation [2, 3].

Das Finden von Werten für G_n erlaubt die Feststellung des Frequenzbereichsspektrums. Die Leistungsspektrum-Funktion, die in guter Näherung mit einer Konstanten mal dem Quadrat von $G(f)$ bestimmt wird, wird zur Feststellung des Leistungsanteils in jeder Komponente des Frequenzspektrums gebraucht. Die hieraus resultierende Funktion ist eine reale Quantität und hat als Einheit V^2. Aus dem Leistungsspektrum kann das Breitbandrauschen herausgefiltert werden, so daß primäre spektrale Komponenten identifiziert werden können. Das Herausfiltern wird mit einem digitalen Prozeß von Mittelwertbildungen über Ensembles durchgeführt. Dies ist eine Punkt-zu-Punkt-Mittelung eines quadrierten Spektralsatzes.

16.1
Schwingungsmessungen

Erfolgreiche Messungen von Maschinenschwingungen benötigen mehr als einen zufällig plazierten Meßwertaufnehmer, der installiert wird, und ein Stück Draht, das ein Signal zum Analysator transportiert. Zur Überwachung von Schwingungen stehen 3 Messungsarten zur Verfügung: (1) Auslenkung, (2) Geschwindigkeit und (3) Beschleunigung. Diese 3 Messungsarten betonen unterschiedliche Teile des Spektrums. Um dies im Detail zu verstehen, ist es notwendig, die Unterschiede in den Charakteristika zu berücksichtigen. Wir gehen von einer einfachen harmonischen Schwingung aus. Die Auslenkung x ist gegeben mit

$$x = A \sin \omega t$$

Nachfolgende Differentiation ergibt die Ausdrücke für Geschwindigkeit $\dot{x}$ und Beschleunigung $\ddot{x}$

$$x = A \sin \omega t$$

$$\dot{x} = A\omega \cos \omega t$$

$$\ddot{x} = -A\omega^2 \sin \omega t$$

Im wirklichen Einsatz sind diese spezifiziert als
    Auslenkung: Spitze-zu-Spitze-Messungen = $2A$
    Geschwindigkeit: Maximalwertmessung   = $A\omega$
    Beschleunigung: Maximaler Meßwert   = $A\omega^2$

Dadurch wird festgestellt, daß die gemessene Auslenkung unabhängig von der Frequenz, der Geschwindigkeit proportional zur Frequenz und der Beschleunigung proportional zum Quadrat der Frequenz ist. Wenn die Auslenkung und die Frequenz bekannt sind, können Geschwindigkeit und Beschleunigung berechnet werden.

Zur Messung jedes Signals wird ein Schwingungsaufnehmer eingesetzt. Der Aufnehmer ist eine Vorrichtung, die einige Aspekte der Maschinenschwingungen in eine zeitlich veränderbare Spannung übersetzt. Deren Ausgabe kann analysiert werden. Der zu analysierende Frequenzbereich ist vor der Auswahl des Aufnehmers sorgfältig zu betrachten. Es sollte jedoch nicht vergessen werden, daß es nicht den einen, besten Sensor gibt, d. h. es können mehrere Arten erforderlich sein, um eine gegebene Maschine zu analysieren. In vielen Fällen kann auch eine Vorverarbeitung des Aufnehmersignals erforderlich sein, bevor dieses analysiert werden kann.

16.1.1
Wegaufnehmer

Wirbelstromaufnehmer werden hauptsächlich als Aufnehmer für Auslenkungen eingesetzt. Sie erzeugen ein Wirbelstromfeld, das durch einen konduktiven Werkstoff absorbiert wird, wobei die Rate proportional zum Abstand zwischen Sensor und Oberfläche ist. Sie werden oftmals eingesetzt, um Wellenbewegungen zum Lager zu messen (indem sie innerhalb des Lagers eingebaut werden) oder Axialbewegungen. Sie sind üblicherweise unempfindlich in schwieriger Umgebung, vertragen Temperaturen bis zu 66 °C (250 °F) und sind auch nicht teuer.

Ein Nachteil liegt darin, daß der Wellenoberflächenzustand und die elektrische Drift in falsche Signale resultieren können. Außerdem ist die kleinste Auslenkung, die erfolgreich gemessen werden kann, durch das Signal/Rausch-Verhältnis des Systems begrenzt. Im praktischen Einsatz ist es schwierig, Werte kleiner als 0,0025 mm (0,0001 inch) zu messen. Wenn Wellenauslenkung gemessen wird, sollte die Wellenabweichung von der Mittellinie (die mit gleichen Aufnehmern gemessen wird) kleiner als der kleinste meßbare Wert sein. Um die korrekte Mittenabweichung der Welle zu erhalten, ist es notwendig, daß die Wellenoberfläche präzise geschliffen, poliert und entmagnetisiert wird.

16.1.2
Geschwindigkeitsaufnehmer

Die üblichen Geschwindigkeitsaufnehmer werden aus einer Wicklung, die in einem Magnet montiert ist, hergestellt. Die Bewegung der Wicklung erzeugt ein Spannungssignal proportional zur Geschwindigkeit der Wicklung. Üblicherweise müssen die zu messenden Kräfte relativ groß sein, um eine Signalausgabe zu erzeugen. Jedoch ist das Signal ziemlich stark, wenn der Aufnehmer auf den Maschinenlagern montiert ist. Verstärkung ist dann nicht erforderlich. Geschwindigkeitsaufnehmer sind ziemlich robust, doch auch groß, und kosten etwa 10 x mehr als ein Wegaufnehmer.

Aufgrund von Dämpfungen sind die Transferfunktions-Charakteristika der Wicklungs-Magnetkonstruktion üblicherweise so, daß die Antwort bei niedrigen Frequenzen auf etwa 10 Hz limitiert ist. Am oberen Ende des Frequenzbereichs ist die Resonanzspritze des Aufnehmers selbst der begrenzende Faktor. Somit ist die nutzbare lineare Bandbreite begrenzt. Der Hauptvorteil des Geschwindigkeitsaufnehmers liegt darin, daß es ein Aufbau mit hoher Ausgabe und niedriger Impedanz ist und er somit ein exzellentes Signal/Rausch-Verhältnis (S/N ratio) liefert – auch unter weniger idealen Bedingungen. Der Hauptnachteil des Geschwindigkeitsaufnehmers ist seine Empfindlichkeit gegen Versetzen. Der Aufnehmer ist abhängig von seiner Ausrichtung, so daß, wenn die gleiche Kraft horizontal oder vertikal angreift, der Aufnehmer unterschiedliche Ablesungen liefert.

16.1.3
Beschleunigungsaufnehmer

Die meisten Beschleunigungssensoren bestehen aus einer kleinen Masse, die auf einen piezoelektrischen Kristall moniert ist. Eine Spannung wird produziert, wenn die Beschleunigungen die Masse angreifen und die erzeugte Kraft auf den Kristall wirkt. Beschleunigungssensoren haben einen weiten Frequenzbereich und sind nicht sehr teuer. Sie sind auch temperaturresistent. Beschleunigungssensoren haben 2 hauptsächliche Begrenzungen. Erstens haben sie extrem niedrige Ausgaben bei hohen Impedanzen. Sie benötigen Belastungswiderstände von mindestens 1MΩ. Derartige Anforderungen schließen den Gebrauch langer Kabel aus. Eine Lösung besteht darin, einen Verstärker in den Aufnehmer einzubauen, um verstärkte Signale des Signals mit niedriger Impendanz zu erhalten. Dann ist eine Stromversorgung erforderlich und das Gewicht wird erhöht. Die zweite Begrenzung dieses Aufnehmers kann mit einem Beispiel illustriert werden. Beschleunigung mit 1g bei 0,5 Hz steht für eine Auslenkung von 2540 mm (100 inches). Es ist offensichtlich, daß er in Anbetracht seiner Breitbandantwort (manchmal 0,1 Hz – 15 kHz) bei einem schlechten Signal/Rausch-Verhältnis am unteren Ende deutlich begrenzt ist.

Der eingesetzte Aufnehmertyp sollte der analysierten Maschine angepaßt werden. Die Kenntnis der normalerweise auftretenden Problemarten ist ein Vorteil bei dieser Auswahl. Die berührungslosen Aufnehmer helfen z.B., bei der Wellenauslenkung Ausrichtungsfehler und Auswuchtprobleme zu korrigieren. Jedoch sind sie ungeeignet, Zahneingriffsprobleme und Schaufelpassierfrequenzen zu analysieren. Auch können die Tiefpassfilter, die zur Verdünnung der Hochfrequenzspektren benutzt werden, bei Ausführung einer Signal- oder doppelten Integration auch einen Hochpassfilter haben, der ein niedrigeres Frequenzlimit effektiv erzeugt (oftmals bis zu 5 Hz). Wie zuvor angemerkt, ist ein Hauptkriterium für die Wahl des Aufnehmers der Frequenzbereich, der analysiert werden soll. Abbildung 16-3 zeigt die Frequenzgrenzen, die auf die 3 vorstehend diskutierten Aufnehmer wirken.

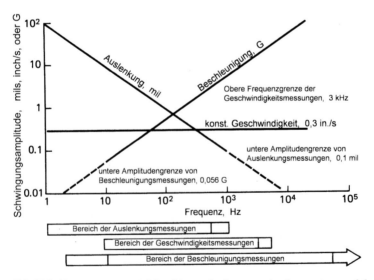

Abb.16-3. Begrenzungen am Maschinenschwingungs-Analysesystem und den Aufnehmern (1 inch = 25,4 mm; 1 mil = 0,0254 mm)

16.2
Aufzeichnung von Daten

Aus vielen Gründen kann es ungünstig sein, den Spektrumanalysator jedesmal mit ins Feld zu nehmen, wenn eine Analyse auszuführen ist. Oftmals sind mehrere Maschinen an mehreren Orten zu analysieren. Zusätzlich können schwierige Umgebungsbedingungen vor Ort existieren, die bei Versuchen zu Gefahren für den Analysator führen können. Eine Möglichkeit, diese Probleme zu lösen, liegt in der Bandaufzeichnung der Daten. Mit einem Band ist eine dauerhafte Aufzeichnung gemacht. Da jeder Kanal des Recorders einen Platz zur Datenaufzeichnung hat, kann diese Aufzeichnung eine Kondensation aus mehreren Inputs sein, entweder von verschiedenen Aufnehmern oder vom gleichen Aufnehmer von verschiedenen Orten. Eine kontinuierliche Überwachung mit der Aufzeichnung ist sehr vorteilhaft. Im Falle eines Maschinenschadens wird eine Analyse der aufgezeichneten Daten helfen, daß Problem zu diagnostizieren.

Die Auswahl des einzusetzenden Aufzeichnungsgeräts ist eine wichtige Entscheidung. Bandrecorder mit Amplitudenmodulation (AM) sind viel preiswerter als Recorder mit Frequenzmodulation (FM). Sie haben üblicherweise eine Spannungsübersteuerungsgrenze von 20 V oder mehr. Ein Recorder zur Frequenzmodulation kann schon bei so einem niedrigen Wert wie 1 V gesättigt sein. Ein Nachteil von Recordern mit Amplitudenmodulation ist die ziemlich hohe Einstiegsfrequenz von etwa 50 Hz (3000 min^{-1}). Daten unterhalb dieser Frequenz werden verdünnt und scheinen um Größenordnungen abgeschwächt zu sein. Ein Frequenzmodulator-Recorder hat keine untere Frequenzgrenze; jedoch ist eine sorgfältige Signalvorverarbeitung nötig (Dämpfung oder Verstärkung), um Bandübersteuerung zu vermeiden. Üblicherweise gilt: Liegen die Probleme bei hohen Frequenzen, ist ein Recorder mit Amplitudenmodulation die beste Auswahl. Unabhängig vom Recordertyp ist die Kalibrierung von Eingangssignalen empfehlenswert, wobei ein bekanntes oszillierendes Signal eingesetzt wird. Die Durchführung erfolgt am besten nach den Anweisungen des Herstellers.

16.3
Interpretation von Schwingungsspektren

Ein Spektrumanalysator findet den Frequenzanteil jeder eingegebenen Zeitreihe korrekt heraus; jedoch ist das Bild der Zeitreihe wie auch sein Frequenzbereich-Gegenstück eines kontinuierlichen Signals zeitlich veränderlich. Eine Mittelung wird benutzt, um zu zeigen, welche Amplituden in einem kontinuierlichen Signal dominieren. Für den größten Teil resultieren Maschinenschwingungen in „stationäre" Signale. Ein stationäres Signal hat statistische Eigenschaften, die sich nicht ändern. Mit anderen Worten: die Mittelung eines Satzes zeitlicher Aufzeichnungen ist die gleiche, unabhängig davon, wann die Mittelung durchgeführt wurde. (Ein stationäres Signal wird von einer Maschine hervorgerufen, die mit konstanter Drehzahl und Belastung betrieben wird. Mittelungen werden auch bei

Diagnostizierung von Hochlaufen und Laständerungen der Maschine genutzt. Mit diesem Gebrauch zeigen die Mittelungen über zugehörige Zeitintervalle die Änderungen in den Schwingungsniveaus und Frequenzen.)

Mittelung ist eine Technik, um das Signal/Rausch-Verhältnis zu verbessern. Zwei oder mehr nachfolgende Spektren, die mit sowohl periodischen als auch zufälligen (Rausch-)Signalen aufgenommen wurden, werden addiert und dann gemittelt. Diese Kombination führt zu einem Spektrum mit einer periodischen Komponente, die fast die gleiche ist, als wenn sie in den beginnenden Signalen beobachtet wird, jedoch mit zufälligen Spitzen, die wesentlich kleinere Amplituden haben. Dieses Resultat tritt auf, da die periodische Spitze in einer fixierten Frequenz des Spektrums steht, während Spitzenwerte des Rauschens mit der Frequenz über das Spektrum fluktuieren [4, 5].

Die Tatsache, daß Mittelung rauschbezogene Signale entfernt, ist durch die in Abb. 16-4a gezeigten beginnenden gemittelten Spektren aufgezeigt. Diese wurden von gespeicherten Daten einer diagnostizierten Maschinen erhalten. Eine Darstellung des normalen beginnenden Spektrums ist im zweiten Spektrum gezeigt. Eine beginnendes Signal, das deutlich durch Rauschen hervorgerufen wurde, war an einem Punkt im Band aufgetreten. Es ist im oberen Spektrum gezeigt. Es muß beachtet werden, daß ein Beitrag des anfänglichen Rauschsignals im gemittelten Signal nicht auftritt. Die große Spitze auf den Schrieben ist die Betriebsfrequenz. Untere Harmonische der Betriebsdrehzahl treten auch auf. Die Wichtig-

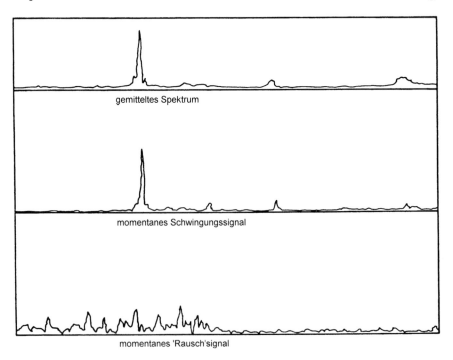

Abb. 16-4a. Rauschminderung durch Mittelung

keit des beginnenden Signals sollte nicht übersehen werden. Während des Hochlaufens können Mittelungen, die über längere Zeit durchgeführt wurden, wichtige Anteile des Spektrum eliminieren, wobei dieses Spektrum sich aufgrund von Drehzahländerungen verändert. Auch nicht-periodische Impulse, so wie die durch zufällige Impulsbelastungen hervorgerufenen, werden durch die Mittelung herausgeglättet. Kurze Mittelungen können in „Wasserfall"-Diagrammen genutzt werden, um das Wachstum bestimmter Frequenzmuster bei Hochläufen aufzuzeigen, s. Abb. 16-4b.

Die Frequenz eines Spektrums kann in 2 Teile aufgeteilt werden. Unterharmonische und Harmonische (bzw. Frequenzen unter und oberhalb der Betriebsdrehzahl). Der unterharmonische Teil des Spektrums kann Ölwirbelung im Radiallager enthalten. Ölwirbel sind bei etwa der halben Drehzahl identifizier-

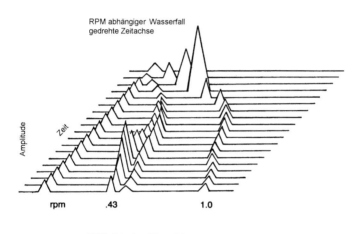

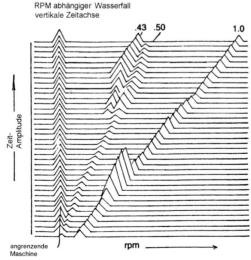

Abb. 16-4b. Wasserfall-Diagramm bei ansteigender Drehzahl

bar (wie einige Komponenten): aufgrund von Strukturresonanzen der Maschine mit dem Rest des Systems, in dem es betrieben wird, und aufgrund hydrodynamischer Instabilitäten in seinem Radiallager. Fast alle unterharmonische Komponenten sind von der Betriebsdrehzahl unabhängig.

Der harmonische Teil des Spektrums kann Vielfache einer Betriebsdrehzahl enthalten, Schaufelpassierfrequenzen (gegeben durch eine Schaufelanzahl mal Betriebsdrehzahl), Zahneingriffsfrequenzen (gegeben durch Zahnanzahl mal Betriebsdrehzahl) und schließlich Resonanzfrequenzen der festen Scheiben der Zahnräder (unabhängig von der Betriebsdrehzahl). Wälzlager können zusätzliche Komponenten addieren, die auf der Anzahl vorhandener rollender Elemente basieren. Hinzu kommt, daß eine einmal pro Umdrehung oder erste harmonische Frequenz durch mechanische Unwucht hervorgerufen werden kann. Tabelle 16-1

Tabelle 16-1. Schwingungsdiagnose

Übliche vorherrschende Frequenz[a]	Schwingungsursache
Betriebsfrequenz bei 0–40 %	Lockerer Zusammenbau der Lagerausrichtung, Lagergehäuse oder Gehäuse und Aufhängung lockere Rotorschrumpfpassungen reibungsinduzierte Wirbel Beschädigung am Axiallager
Betriebsfrequenz bei 40–50 %	Lageraufhängungsanregung lockerer Zusammenbau in der Lagerausrichtung, Lagergehäuse oder Gehäuse und Aufhängung Ölwirbel Resonanzwirbel spielinduzierte Schwingungen
Betriebsfrequenz	Anfängliche Unwucht Rotorverbiegung verlorene Rotorteile Gehäuseverzug, Fundamentverzug Ausrichtungsfehler Rohrkräfte Wellenzapfen und Lagerexzentrizität Lagerbeschädigung Rotor/Lager-System kritisch Kupplung kritisch Strukturresonanzen Axiallagerschäden
Zufällige Frequenzen	Lockere Gehäuse und Aufhängung Druckpulsation Schwingungsübertragung Zahnradfehler Ventilschwingungen
Sehr hohe Frequenzen	Trockener Wirbel Schaufeldurchlauf

[a] Tritt in den meisten Fällen hauptsächlich bei dieser Frequenz auf. Harmonische können oder können auch nicht existieren.

zeigt mehr Hauptdiagnosen. Um diese Frequenzen mit den verschiedenen Maschinenkomponenten zu identifizieren, sollte eine Grundlinienmessung durchgeführt worden sein.

Um in der Lage zu sein, effektive Fehlerbehebung an jeder einzelnen Maschine durchzuführen, ist es notwendig, daß die Vergleichsmessungen der Maschine verfügbar und gründlich analysiert sind. Eine Vergleichsmessung ist das Spektrum der Maschinenschwingungen, wenn die Maschine unter „normalen Bedingungen" betrieben wird. Üblicherweise ist es schwierig, „normale Bedingungen" zu definieren, und dies ist von Natur aus mit Vorurteilen behaftet. Wenn eine Maschine erstmals installiert ist oder nach Durchführung einer Revision, sollte ein Schwingungsspektrum aufgenommen und als Vergleichsmessung zur Untersuchung zukünftiger Spektren gespeichert werden. Wenn eine Vergleichsmessung bestimmt wird, sollte sie sorgfältig untersucht und jede Komponente soweit wie möglich identifiziert werden.

Der erste und wichtigste zu untersuchende Faktor ist die primäre oder fundamentale Anregungsfrequenz (dies meint die Frequenz der erzwingenden Funktion). In bestimmten Maschinen korrespondiert mehr als eine Anregung mit der Betriebsdrehzahl der Maschine. In Maschinen mit geteilten Wellen und Hohlwellen mit unterschiedlichen Drehzahlen gibt es mehr als eine Betriebsdrehzahl.

Die Beziehungen in Tabelle 16-1 helfen, weitere Anregungen zu identifizieren. Diese Information kann zusammen mit der Vergleichsmessung die Ursachen plötzlicher Änderungen im Spektrum erläutern. Jedoch entstehen durch diese Methode Schwierigkeiten, wenn eine neue Maschine auf die Betriebsdrehzahl hochgebracht wird. Hierfür ist keine Vergleichsmessung verfügbar. Der normale Betrieb der Maschine ist nicht bekannt. Informationen über ähnliche Maschinen sind aufgrund der großen Variation zwischen unterschiedlichen Meßreihen der gleichen Maschine von begrenztem Wert. Dieser Mangel an Wissen ist der meistherausfordernde Aspekt bei der Analyse von Maschinenschwingungen.

Bei einer neuen Maschine ist der harmonische Anteil des Spektrums bzgl. seiner Frequenzanteile aufgrund seiner Beziehungen zur Betriebsdrehzahl in etwa bekannt. Die Amplituden dieser Frequenzen sind unbekannt. Im unterharmonischen Teil, bei dem viele Informationen sich nicht auf die Betriebsdrehzahl beziehen, sind sowohl die Frequenzen als auch die Amplituden unbekannt. Zur Vorhersage einiger Charakteristika des unterharmonischen Spektrums wird die Analyse von Übertragungsfunktionen angewandt.

Die Transferfunktionsanalyse bedeutet, eine externe Anregung mit einer bekannten variablen Frequenz durch Gebrauch eines Schwingungsanregers herbeizuführen. Diese Anregung wird auf die stehende Maschinen angewandt. Die beobachteten Schwingungsreaktionen sind ein Maßstab der strukturellen Charakteristika der Maschine. Sie helfen, die verschiedenen Strukturresonanzfrequenzen zu identifizieren, und liefern somit einige Informationen über das unterharmonische Spektrum.

Während des Hochlaufs einer neuen Maschine sollte man versuchen, all die Hauptspitzen im Echtzeitspektrum zu identifizieren. Wenn nichtidentifizierbare

Spitzen auftreten, dann sollte möglicherweise die Drehzahl konstant gehalten werden, bis ein Grund für die Spitze gefunden ist. Wenn sich eine komplett neue Komponente im Spektrum zeigt, ist eine Basismessung, um den Grund einer derartigen Komponente herauszufinden, nur bedingt hilfreich. Üblicherweise ist dies eine Warnung für ein zukünftiges größeren Problem. Wenn die neue Komponente sich mit der Zeit unregelmäßig verändert, weist dies fast sicher auf Probleme hin. Auf der anderen Seite kann eine niedrigere Amplitude, eine Breitbandspitze oder ein Satz von Spitzen, der sich langsam über Jahre im Betrieb aufgebaut hat, das Ergebnis normaler Alterung oder des Absetzungsprozesses und damit völlig harmlos sein. Der Problembereich der Identifikation ist auch ein Beurteilungsgegenstand. Einige Einsichten können durch die Studie veröffentlichter Fallbeispiele gewonnen werden. Doch in vielen Fällen, gerade nach einem Hauptausfall, kann der Ausfallgrund nicht positiv identifiziert werden. Die sorgfältige Untersuchung von Spektraldaten ist ein Analysewerkzeug, das im Zusammenhang mit Leistungsfaktoren zu nutzen ist.

Die Überwachung von Leistungen und Schwingungen sollte in der Weise sorgfältig zwischengeschaltet werden, daß ein Betriebsniveau erreicht werden kann, das frei von übermäßiger Instandhaltung und Stillständen ist. Zusätzlich sollte ein maximaler Wirkungsgrad im Betrieb bei jedem möglichen Betriebspunkt im System erreicht werden. Kompressoren und Turbinenbereiche können effektiv analysiert werden, indem Schwingungsspektren mit Änderungen in den Leistungsdaten kombiniert werden. Hauptsächliche Problembereiche in jeder dieser Komponenten können identifiziert werden, indem sorgfältige Überwachungen und Analysen genutzt werden.

16.4
Subsynchrone Schwingungsanalyse mittels RTA

Rotorsysteme mit flexiblen Wellen und hohen Drehzahlen, speziell solche, die bei mehr als dem zweifachen der ersten kritischen Drehzahl betrieben werden, neigen zu subsynchronen Instabilitäten. Diese Instabilitäten können durch verschiedene Elemente im Rotorsystem induziert werden. Diese berühren den Bereich von Fluid-Film-Lagern, Buchsen und Labyrinthdichtungen bis zu aerodynamischen Komponenten wie Laufrädern, Schrumpfpassungen und Wellenhysteresen. Mit Schwingungsinstabilität liefert die Rotorrotation die Energie und die Quelle der Rotation. In Hochgeschwindigkeitsrotorsystemen sind subsynchrone Instabilitäten der Hauptgrund katastrophalen Versagens von Rotor- und Lagersystemen. Die Anwendung von Hochdruck-Rückinjektionen hat in den letzten Jahren zu sehr vielen Problemen und Ausfällen durch subsynchrone Vibrationen geführt. Die Gründe vieler dieser Probleme wurden nicht identifiziert, weil die konventionellen, analog eingestellten Filter-Schwingungsanalysatoren nicht in der Lage waren, das System zu analysieren – außer wenn katastrophale Niveaus von subsynchronen Schwingungen erreicht waren. Bei dieser Bedingung war der Maschinenausfall sehr schnell erreicht.

16.4 Subsynchrone Schwingungsanalyse mittels RTA

In den frühen bis mittleren Stufen der subsynchronen Schwingungen ist das Phänomen hoch intermittierend und benötigt die schnelle Analyse und hohe Auflösungsfähigkeit des Echtzeitanalysators für die Identifikation.

Diese Studie zeigt die Analyse und Identifikation von subsynchronen Instabilitäten an einem Hochdruck-Radialkompressor, der oberhalb der ersten kritischen Drehzahl der Einheit betrieben wird. Die Versuchsaufzeichnungen, die in Abb. 16-5 bis 16-8 dargestellt sind, zeigen die Schwingungsspektren. Der Radiallagerversatz in Spitze-zu-Spitze-mils (1/1000 Zoll = 0,025 mm) auf der y-Achse ist im logarithmischen Maßstab dargestellt. Dieser Maßstab ermöglicht die Identifikation subsynchroner Schwingungen niedrigen Niveaus, die während der hauptsächlichen Bedingungen von subsynchronen Instabilitäten auftreten.

Abbildung 16-5 zeigt die Schwingungsspektren der Maschine bei einer Betriebsdrehzahl von 20.000 min^{-1}, 35 bar (500 psig) Saugdruck und 83 bar (1200 psig) Austrittsdruck. Hier entsteht eine synchrone Spitze von 0,013 mm (0,5 mil) bei 20.000 min^{-1} aufgrund von Unwucht am Rotorsystem. Dies ist die einzige Komponente, die in der Spektrumdarstellung herausragt. Abbildung 16-6 zeigt das Schwingungsspektrum der Maschine bei 20.000 min^{-1} und einem Saugdruck von 35 bar (500 psig), während der Austrittsdruck auf 86 bar (1250 psig) gesteigert wurde. Im Diagramm ist die 0,0051 mm (0,2 mil) subsynchrone Komponente bei 9000 min^{-1} erkennbar. Bei Gebrauch des Analysators im kontinuierlichen Echtzeitmodus war diese 9000-min^{-1}-Komponente sehr intermittierend und wurde

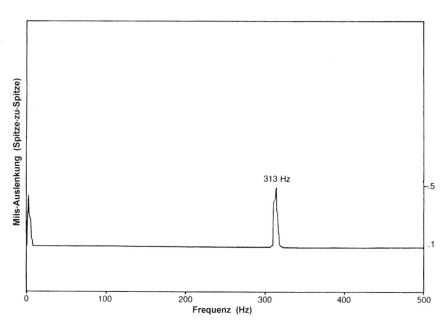

Abb. 16-5. Schwingungsspektrum (n = 20.000 min^{-1}, P_d = 83 bar (= 1200 psig)), (1 mil = 0,0254 mm)

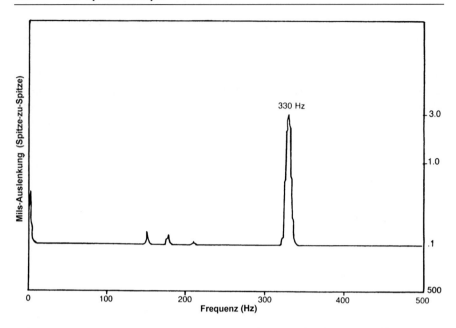

Abb. 16-6. Schwingungsspektrum ($n = 20.000$ min^{-1}, $P_d = 86$ bar (= 1250 psig))

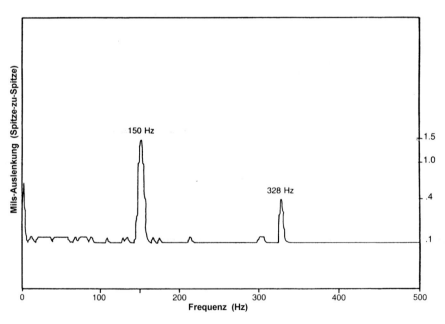

Abb. 16-7. Schwingungsspektrum ($n = 20.000$ min^{-1}, $P_d = 88$ bar (= 1270 psig))

16.4 Subsynchrone Schwingungsanalyse mittels RTA

durch Setzen der Echtzeitanalysator-Steuerung in den „Spitzenhalte"-Modus festgestellt.

Abbildung 16-7 zeigt das Schwingungsspektrum mit Drehzahl und Saugdruck, die konstant gehalten werden, aber mit einem kleinen 1,4-bar(20 psig)-Anstieg im Austrittsdruck. Bemerkenswert ist der große Anstieg in der 9000-min^{-1}-Komponente von 0,0051 zu 0,038 mm (0,2 zu 1,5 mil). Ein weiterer kleiner

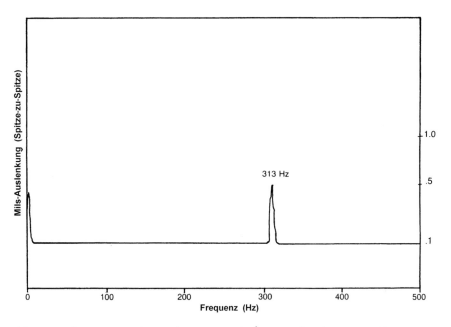

Abb. 16-8. Schwingungsspektrum ($n = 20.000$ min^{-1}, $P_d = 91$ bar (= 1320 psig))

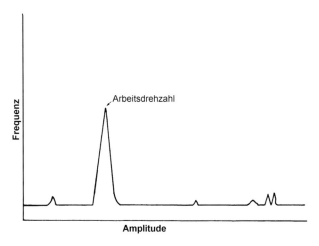

Abb. 16-9. Ein typischer Unwuchtverlauf

Anstieg im Austrittsdruck hätte die subsynchrone Schwingung um mehr als 1,0 mil erhöht und damit die Einheit zerstört.

Nachdem der Saugdruck um einige 3,5 bar (50 psig) erhöht und hierbei der Austrittsdruck aufrecht erhalten wurde, erhält die Einheit ihre Stabilität zurück, wodurch die subsynchrone Komponente eliminiert wird, s. Abb. 16-8. Die subsynchrone Instabilität in dieser Maschine ist das Ergebnis aerodynamischer Erregung des Rotorsystems, die bei einem kritischen Druckanstieg von 53 bar (770 psig) Differenz (35–88 bar; 500–1270 psig) über der Maschine auftrat.

16.5
Synchrone und harmonische Spektren

Die Darstellungen der spektralen Kennungen mit synchronen Drehzahlen und Hochfrequenzspektren enthalten interessante Informationen. Eine Amplitude bei hoher Drehzahl kann Probleme wie Unwucht aufzeigen. Das Spektrum, das diese Unwucht zeigt, ist in Abb. 16-9 aufgetragen. Probleme mit Ausrichtfehlern können ebenfalls analysiert werden. Abbildung 16-10 zeigt eine Auftragung, die von einem am Gehäuse montierten Aufnehmer erhalten wurde, mit der klassischen, hohen Zweimal-pro-Umdrehung-Radialschwingung. Eine hohe, axiale Schwingung existiert ebenfalls, was üblicherweise in elastischen Kupplungen häufiger der Fall ist. Die Aufzeichnung einer Maschine mit hoher Drehzahl ist in Abb. 16-11 dargestellt. Um festzustellen, was die verschiedenen Frequenzkomponenten enthalten, muß eine detaillierte Analyse der Maschinenkomponenten bekannt sein. Diese Information enthält die Anzahl der Schaufeln im Laufrad, die Anzahl der Diffusoren oder Leitschaufeln, die Anzahl der Zahnradzähne, die Resonanzfrequenzen der Schaufeln oder des Gehäuses (für Antireibungs-Lager),

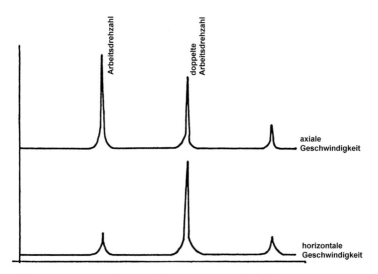

Abb. 16-10. Die typische Darstellung eines Ausrichtfehlers

16.5 Synchrone und harmonische Spektren

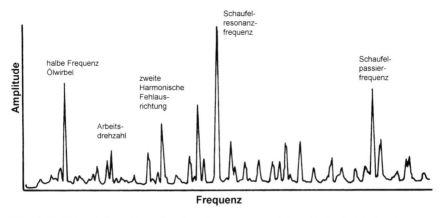

Abb. 16-11. Echtzeitdarstellung für einen Kompressor mit Details der kritischen Frequenzen

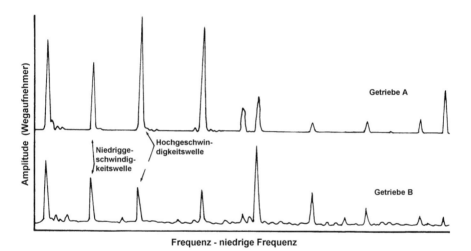

Abb. 16-12. Getriebekasten-Kennung (Niederfrequenz-Ende)

die Anzahl der Kugeln oder Walzen und die Anzahl der Segmente (für Kippsegment-hydrodynamische Lager).

Der Gebrauch von Beschleunigungsaufnehmern für Diagnoseprobleme ist sehr effektiv, da in vielen Fällen die Hochfrequenzspektren viel mehr Informationen als die Niedrigfrequenzspektren geben, die mit den Wegaufnehmern erhalten wurden. Ein Beispiel wird in Abb. 16-12 dargestellt. Dies zeigt, daß die Antriebe mit 2 Zahnrädern in gutem mechanischen Zustand sind. Abbildung 16-3 zeigt die Hochfrequenz-Beschleunigungs-Kennungen. Diese zeigen ein Problem am Zahn A (ein gerissener oder an der Oberfläche beschädigter Zahn).

Beschleunigungsaufnehmer können ebenfalls eingesetzt werden, um Probleme mit Statorwinkeln oder Strömungsabriß an den Spitzen in axial durchströmten

440 16 Spektrumanalyse

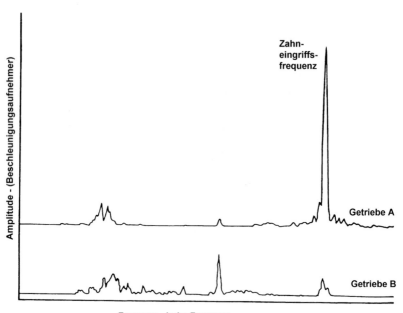

Abb. 16-13. Getriebekasten-Kennung (Hochfrequenz-Ende)

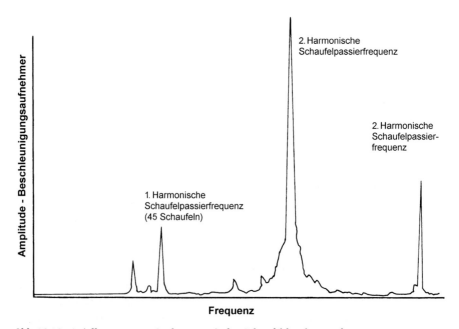

Abb. 16-14. Axialkompressor-Spektrum mit der Schaufeldurchgangsfrequenz

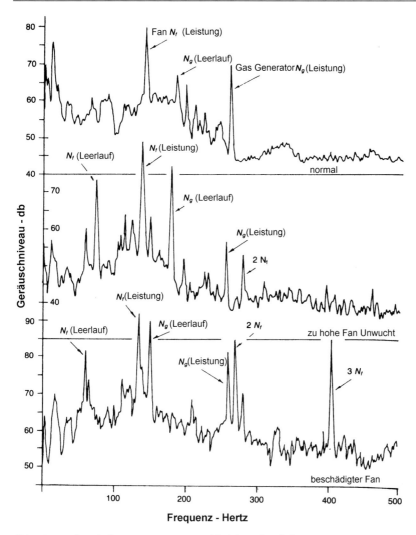

Abb. 16-15. Akustische Kennung von Strahltriebwerken [2]

Kompressoren zu detektieren. Die Analyse mit Wegaufnehmern zeigt, daß hierbei eine akzeptable Hochdrehzahlschwingung vorliegt. Eine Analyse des Beschleunigungsspektrums (Abb. 16-14) zeigt eine starke Frequenzkomponente bei der ersten, zweiten und dritten Harmonischen der Statorbeschaufelung in der fünften Stufe. Eine Inspektion der Schaufeln zeigt Rißbildungen, die durch Ermüdungsbruch bei hohen Wechselbelastungszahlen mit niedrigen Spannungen hervorgerufen wurden (high-cycle fatigue).

Abbildung 16-15 zeigt akustische Kennungen von 3 Strahltriebwerken des gleichen Typs, die in 3 unterschiedlichen Luftfahrzeugen installiert waren [6]. Die Daten wurden im Flugzeug bei Flughöhe aufgezeichnet, ein Triebwerk in

Betrieb, das andere bei Flugleerlauf. Die obere Kennung ist die normale Kennung für diese Triebwerkkonfiguration. In der mittleren Kennung sind die Einmal-pro-Umdrehung – oder die Unwuchtkomponenten des Fans bei beiden Triebwerken – bemerkenswert größer als normal, was eine schlechte Auswuchtung des Fans anzeigt. Auf der anderen Seite ist die Einmal-pro-Umdrehungskomponente des Gasgenerators bei Leistung niedriger als die Norm, was eine bessere Auswuchtung anzeigt. Die unteren Aufzeichnungen zeigen ein drittes Triebwerk mit einem Fan, der durch das Hineinfliegen eines Vogels während des Startvorgangs beschädigt wurde.

Der beschädigte Fan hat eine große Unwucht, die mit der Größe der Einmal-pro-Umdrehungskomponenten dargestellt wird. Zusätzlich sind die Harmonischen der ersten und dritten Ordnung des Fans sehr herausragend im Vergleich zu den anderen beiden Kennungen.

Die Grundlinienkennungen sind ein sehr nützliches Werkzeug für die Detektion zeitlicher Abbauvorgänge am Triebwerk [7]. Abbildung 16-16 vergleicht die Kennungen (signatures) der Maschine nach der Installation und nach einer Anzahl von Betriebsjahren. Das Spektrum zeigt eine Erhöhung der Niveaus im Hochfrequenzbereich, was auf Schaufelflatterprobleme hinweist. Die Inspektion der Einheit erbrachte eine Anzahl gerissener Schaufeln. Ein anderes Beispiel (Abb. 16-17) zeigt die Erhöhung der Resonanzfrequenz des Stators über der Zeit.

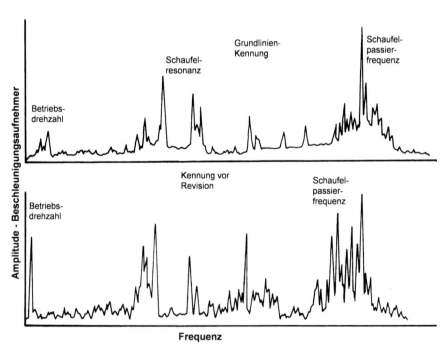

Abb. 16-16. Maschinenanalyse, die den Vergleich von Grundlinienkennungen zur Kennung vor der Revision darstellt

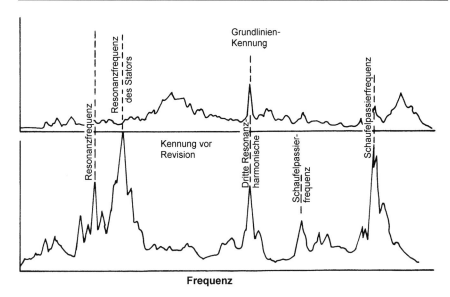

Abb. 16-17. Die Maschinenanalyse zeigt den Vergleich von Grundlinienkennungen zur Kennung vor der Revision

Er weist auf ein hohes Flattern der Schaufeln hin. Die Inspektion erbrachte Risse der Schaufeln dieser Stufe.

Die Spektrumanalyse ist ein sehr nützliches Werkzeug zur Analyse von Maschinenproblemen; Spektren in sowohl subharmonischen als auch hohen Frequenzen werden benötigt, um die Maschinenprobleme voll zu erfassen.

16.6 Literatur

1. Lang, G.F.: The Fourier Transform ... What It is and What It Does. Informal Nicolet Scientific Corporation Monograph, December 1973
2. Bickel, H.J., and Rothschild, R.S.: Real-Time Signal Processing in the Frequency Domain. March 1973, Federal Scientific Monograph 3
3. Bickel, H.J.: Calibrated Frequency Domain Measurements Using the Ubiquitous, Spectrum Analyzer. Federal Scientific Monograph 2, January 1970
4. Mitchell, H.D. and Lynch, G.A.: Origins of Noise. Machine Design Magazine, May 1969
5. Lubkin, Y.J.: Lost in the Forest of Noise. Sound and Vibration Magazine, November 1968
6. Borhaug, J.E. and Mitchell, J.S.: Applications of Spectrum Analysis to Onstream Condition Monitoring and Malfunction Diagnosis of Process Machinery. Proceedings of the 1st Symposium, Texas A&M Univ. 1972, pp. 150–162
7. Boyce, M.P., Morgan, E., and White, G.: Simulating of Rotor Dynamics of High-Speed Rotating Machinery. Proceedings of the First International Conference in Centrifugal Compressor Technology, Madras, India, 1978, pp. 6–32

17 Auswuchtung

Schwingungsprobleme in heutigen Turbomaschinen sind so zwingend und wichtig, wie Probleme in der Konstruktion, Herstellung und allgemeinen Instandhaltung. Enorme Mengen wertvoller Energie bleiben während Maschinenausfällen ungenutzt, und die zugehörigen Kosten von Maschinenstillständen addieren sich zu unproduktiven Gemeinkosten. Die Herstellung von Hochgeschwindigkeitsmaschinen benötigt neue, jeweils passende Techniken zur Reduzierung von Schwingungen.

17.1
Rotorunwucht

Von den Faktoren, die Schwingungen in Turbomaschinen hervorrufen können, steht der unausgewuchtete Rotor an erster Stelle. Ein Mangel an Auswuchtung in einem Rotor kann durch interne Inhomogenitäten und/oder externe Einwirkung hervorgerufen werden. Die allgemeinen Quellen, die dieses Problem hervorrufen können, sind in den folgenden Kategorien klassifiziert:
1. Unsymmetrie
2. Inhomogene Materialien
3. Exzentrizitäten
4. Lagerauswuchtfehler
5. Verschiebung von Teilen aufgrund von Deformation von Rotorteilen
6. Hydraulische und aerodynamische Unwucht
7. Thermische Gradienten.

Ein bestimmter Anteil von Unwucht, der auf Faktoren wie Ausrichtungsfehler, aerodynamischer Koppelung und thermischen Gradienten beruht, kann bei Betriebsdrehzahl mittels Anwendung moderner Auswuchttechniken korrigiert werden. Jedoch sind dies in den meisten Fällen grundlegende Probleme, die korrigiert werden müssen, bevor jegliche Auswuchtung ausgeführt werden kann. Unwucht der Rotormasse aufgrund von Asymmetrien, inhomogenen Materialien, Verwindungen und Exzentrizität kann korrigiert werden, so daß der Rotor laufen kann, ohne ungleiche Kräfte auf die Lagergehäuse auszuüben. In Auswuchtprozeduren werden nur die synchronen Schwingungen berücksichtigt (Schwingungen, in denen die Frequenz gleich der Rotordrehzahl ist).

17.1 Rotorunwucht

In einem realen Rotorsystem können Umfang und Ort der Unwuchten nicht immer gefunden werden. Der einzige Weg, sie zu detektieren, ist die Studie von Rotorschwingungen. Bei sorgfältiger Durchführung kann Größe und Phasenwinkel der Schwingungsamplitude mit elektronischem Gerät aufgezeichnet werden. Die Beziehungen zwischen Schwingungsamplitude und ihrer Kraftauswirkung für eine ungekoppelte Masse sind

$$\overline{F}(t) = \overline{F} e^{i\omega t} \tag{17-1}$$

$$\overline{Y}(t) = \overline{A} e^{i(\omega t - \phi)} \tag{17-2}$$

$$A = \frac{\overline{F}/K}{1 - \left(\frac{\omega}{\omega_n}\right)^2 + i 2\xi \left(\frac{\omega}{\omega_n}\right)} \tag{17-3}$$

$$\phi = \tan^{-1} \frac{2\xi \left(\frac{\omega}{\omega_n}\right)}{1 - \left(\frac{\omega}{\omega_n}\right)^2} \tag{17-4}$$

mit
$\overline{Y}(t)$ = Schwingungsamplitude
$\overline{F}$ = wirkende Kraft
$\overline{A}$ = Verstärkungsfaktor
Φ = Phasenverschiebung zwischen Kraft und Amplitude.

Aus Gl. (17-4) ist zu ersehen, daß die Phasenverschiebung eine Funktion der relativen Rotationsdrehzahl ω/ω_n und des Dämpfungsfaktors ξ ist (s. Abb. 17-1). Die Kraftrichtung ist nicht die gleiche wie die maximale Amplitude. Um eine maximale Wirkung zu erhalten, muß das Ausgleichsgewicht gegenüber der Kraftrichtung eingesetzt werden.

Die Existenz von Unwucht in einem Rotorsystem kann in kontinuierlicher oder diskreter Form vorliegen, wie in Abb. 17-2 dargestellt. Die Herstellung einer exakten Verteilung ist mit heutigen Techniken eine extrem schwierige, wenn nicht unmögliche Aufgabe.

Für einen perfekt ausgewuchteten Rotor soll nicht nur der Schwerpunkt auf der Rotationsachse sein, sondern auch die Trägheitsachse sollte mit der Rotationsachse zusammenfallen (s. Abb. 17-3). Das Erreichen dieser Bedingung ist fast unmöglich. Die Ausrichtung kann als eine Prozedur zur Einstellung der Massenverteilung eines Rotors definiert werden. Hiermit wird die Einmal-pro-Umdrehung-Schwingungsbewegung der Lagerzapfen oder die Kräfte auf die Lager reduziert oder gesteuert. Auswuchtfunktionen können in 2 Hauptgebiete aufgeteilt werden: (1) Feststellung der Größe und des Orts der Unwucht und (2) Installation einer Masse oder von Massen, die der Unwucht entsprechen, um ihren Effekt auszugleichen oder die Entfernung der Unwuchtmasse an exakt ihrem jeweiligen Ort.

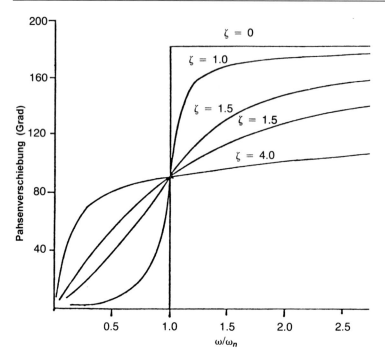

Abb. 17-1. Typische Phasenverschiebung zwischen Kraft und Schwingung – Amplitudendiagramm

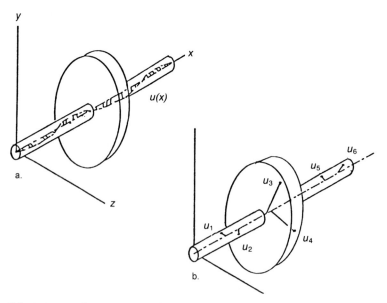

Abb. 17-2. Verteilung von Unwucht in einem Rotor. **a** Eine kontinuierliche verteilte Unwucht, **b** eine diskret verteilte Unwucht

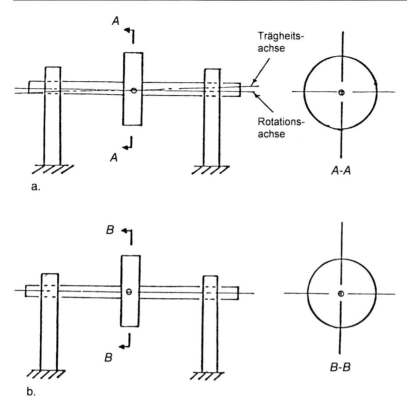

Abb. 17-3. Ausgewuchteter Rotor. **a** Statisch ausgewuchteter Rotor, **b** perfekt ausgewuchteter Rotor

Statische Techniken zur Feststellung von Unwucht können durchgeführt werden, indem ein Rotor auf einen Satz reibungsloser Lagerungen gesetzt wird; ein schwerer Punkt des Rotors hat hierbei die Tendenz herunterzurollen. Die Feststellung des Orts dieses Punkts führt zur Bestimmung der resultierenden Unwuchtkraft, somit kann der Rotor statisch ausgewuchtet werden. Statische Auswuchtung führt dazu, daß der Schwerpunkt des Rotors sich der Mittellinie von 2 Endlagerungen annähert.

Eine dynamische Auswuchtung kann erreicht werden, indem der Rotor entweder auf seinen eigenen Lagerungen oder auf externen Abstützungen rotiert. Unwucht wird hierbei detektiert, indem die Rotorschwingung mit verschiedenen Aufnehmern und Sensoren untersucht wird. Auswuchtung wird dann erreicht, indem Korrekturgewichte in verschiedenen Ebenen, die senkrecht zur Rotationsachse stehen, eingebracht werden. Die Gewichte reduzieren sowohl die Unwuchtkräfte als auch die Unwuchtmomente. Die Plazierung von Ausgleichsgewichten in so vielen Ebenen wie möglich minimiert die Biegemomente über der Welle, die durch die ursprüngliche Unwucht und/oder die Ausgleichsgewichte hervorgerufen werden.

Flexible Rotoren werden ausgelegt, um oberhalb jener Drehzahlen betrieben zu werden, die zu ihrer ersten Eigenfrequenz transversaler Schwingungen gehören. Die Phasenbeziehung der maximalen Schwingungsamplitude erfährt eine signifikante Schwingung, wenn der Rotor oberhalb einer unterschiedlichen kritischen Drehzahl betrieben wird. So wird die Unwucht in einem flexiblen Rotor nicht einfach als eine Kraft und ein Moment berücksichtigt, wenn das Ergebnis des schwingenden Systems in-line (oder in Phase) mit seiner erzeugenden Kraft (der Unwucht) ist. Somit ist die dynamische Zwei-Ebenen-Auswuchtung, die üblicherweise bei einem steifen Rotor angewandt wird, ungeeignet abzusichern, daß der Rotor in seinem flexiblen Modus ausgewuchtet ist.

Die beste Auswuchttechnik für flexible Hochdrehzahlrotoren ist, sie nicht in Maschinen bei niedrigen Drehzahlen auszuwuchten, sondern bei ihren Auslegungsdrehzahlen. Dies ist in der Werkstatt nicht immer möglich; aus diesem Grunde wird es oftmals im Felde ausgeführt. Es werden neue Einrichtungen gebaut, in denen ein Rotor in einer evakuierten Kammer bei Betriebsdrehzahlen in der Werkstatt laufen kann. Abbildung 17-4 zeigt die Evakuierungskammer, Abb. 17-5 den Steuerungsraum.

Eine Hochgeschwindigkeitsauswuchtung sollte aus einem oder mehreren der folgenden Gründe ausgeführt werden:

1. Der tatsächliche Feldrotor wird mit charakteristischen Modenverläufen betrieben, die signifikant unterschiedlich zu denen sind, die während einer Standardherstellungsauswuchtung auftreten.

Abb. 17-4. Evakuierungskammer für einen Hochdrehzahl-Auswuchtungsstand (Genehmigung von Transamerica Delaval, Inc.)

Abb. 17-5. Steuerungsraum für einen Hochdrehzahl-Auswuchtungsstand (Genehmigung von Transamerica Delaval, Inc.)

2. Die Auswuchtung flexibler Rotoren muß mit einer Rotordrehvorrichtung ausgeführt werden, die sich dem fraglichen Modus annähert. Die Betriebsdrehzahl(en) ist (sind) in der Umgebung einer Hauptresonanz im flexiblen Modus (gedämpfte kritische Drehzahl). Wenn diese beiden Drehzahlen sich einander annähern, wird eine knappere Auswuchttoleranz erforderlich. Die Konstruktionen, die ein niedriges Rotor/Lager-Steifigkeitsverhältnis oder Lager in der Nähe der Nodalpunkte der Moden haben, sind besonders zu berücksichtigen.
3. Die vorhergesagte Rotorreaktion auf eine gegebene Unwuchtverteilung ist signifikant. Dieser Analysetyp kann auf einen empfindlichen Rotor hinweisen, der bei Auslegungsdrehzahl ausgewuchtet werden sollte. Hierbei wird auch aufgezeigt, welche Komponenten sorgfältig vor dem Zusammenbau auszuwuchten sind.
4. Die verfügbaren Auswuchtebenen sind weit von den Orten erwarteter Unwucht verschoben und somit relativ ineffizient bei Betriebsdrehzahl. Die Auswuchtregel besteht darin, in den Unwuchtebenen zu kompensieren, wenn dies möglich ist. Eine Auswuchtung bei niedriger Drehzahl, bei der unpassende Ebenen eingesetzt werden, hat einen gegenläufigen Effekt auf den Betrieb des Rotors bei hoher Drehzahl. In vielen Fällen ist der Einsatz schrittweiser Auswuchtung bei niedriger Drehzahl am zusammengebauten Rotor ausreichend für eine adäquate Auswuchtung, da die Kompensationen in den Unwuchtebenen ausgeführt wurden. Dies ist für Rotorkonstruktionen mit steifen Rotoren besonders effektiv.
5. Eine sehr niedrige Herstellungsunwuchttoleranz wird benötigt, um strenge Schwingungsspezifikation zu erfüllen. Schwingungsniveaus unterhalb derer,

die zu einem Standardproduktionsauswuchtungsrotor gehören, werden oftmals am besten mit einer Mehrebenenauswuchtung bei der/den Betriebsdrehzahl(en) erhalten.
6. Die Rotoren anderer, ähnlicher Konstruktionen haben im Feld Schwingungsprobleme erfahren. Auch ein gut ausgelegter und konstruierter Rotor kann starke Schwingungen durch ungenaue oder uneffiziente Auswuchtung erfahren. Diese Situation kann oftmals auftreten, wenn am Rotor mehrere Nachauswuchtungen über eine lange Betriebsperiode ausgeführt wurden und er somit unbekannte Auswuchtungsverteilungen erhält. Ein Rotor, der ursprünglich bei hoher Drehzahl ausgewuchtet wurde, sollte nicht bei niedriger Drehzahl nachgewuchtet werden.

Reichhaltige technische Literatur, die sich mit Auswuchtungen beschäftigt, wurde publiziert. Verschiedene Phasen einer Auswahl von Auswuchtprozeduren, wurden in diesen Veröffentlichungen beschrieben. Jackson [1] und Bently [2] diskutieren die Orbit-Techniken im Detail. Bishop und Gladwell [3], wie auch Linsey [4] diskutieren die modale Auswuchtmethode. Thearle [5], Legrow [6] und Goodman [7] diskutieren frühe Formen der Einflußkoeffizientauswuchtungen. Der Autor [8], Tessarzik [9] und Badgley [10] haben verbesserte Formen der Einflußkoeffizientmethode präsentiert, die zur Auswuchtung flexibler Rotoren über einen weiten Drehzahlbereich und mehrfach biegekritischen Drehzahlen beitragen.

Praktische Anwendungen der Einflußkoeffizientmethode zu Mehrfachebenen-, Mehrfachdrehzahl-Auswuchtungen wurden von Badgley [10] und dem Autor [11] veröffentlicht. Das separate Problem der Auswahl von Auswuchtebenen wird ausführlich von Den Hartog [12], Kellenberger [13] und Miwa [14] für die (N+2)-Ebenen-Methode und von Bishop und Parkinson [15] bei der N-Ebenen-Methode diskutiert.

17.2
Auswuchtverfahren

Es gibt 3 grundsätzliche Rotorauswuchtverfahren: (1) Orbitalauswuchtung, (2) Modalauswuchtung und (3) Mehrebenenauswuchtung. Diese Methoden sind Gegenstand bestimmter Bedingungen, mit denen ihre Effektivität festgelegt wird.

17.2.1
Orbitalauswuchtung

Diese Prozedur basiert auf der Beobachtung der Bewegung des Orbits der Wellenmittellinie. 3 Signalaufnehmer werden eingesetzt. 2 Aufnehmer messen die Schwingungsamplituden des Rotors in 2 zugehörigen, senkrecht aufeinander stehenden Richtungen. Diese 2 Signale zeichnen den Orbit der Wellenmittellinie auf. Der 3. Aufnehmer wird eingesetzt, um die Einmal-pro-Umdrehung-Refe-

17.2 Auswuchtverfahren

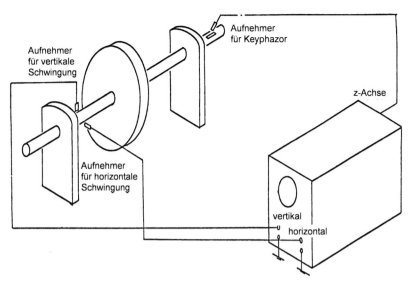

Abb. 17-6. Orbitaufbau

renzpunkte zu registrieren und wird als *Keyphazor* bezeichnet. Eine schematische Darstellung dieser Aufnehmer ist in Abb. 17-6 gezeigt.

Die 3 Signale werden ins Oszilloskop eingespeichert, als vertikale, horizontale und externe Intensitätsmarkierungsinputs. Der Keyphazor erscheint als ein heller Punkt auf dem Bildschirm. In Fällen, in denen der erhaltene Orbit komplett kreisförmig ist, erscheint die maximale Schwingungsamplitude in der Richtung des Keyphazors. Um die Größenordnung der Korrekturmasse zu schätzen, wird ein „Versuch und Irrtum"-Prozeß gestartet. Mit einem perfekt ausgewuchteten Rotor würde der Orbit am Ende zu einem Punkt schrumpfen. Im Falle eines elliptischen Orbits erlaubt eine einfache geometrische Konstruktion, den Phasenort der Unwucht(-Kraft) herauszufinden. Durch den Keyphazor-Markierungspunkt wird eine Senkrechte auf die Hauptachse der Ellipse gezogen, um seinen Umfangskreis, wie in Abb. 17-7 gezeigt, zu durchschneiden. Dieser Schnittpunkt definiert den benötigten Phasenwinkel. Die Korrekturmasse wird, wie früher gezeigt, herausgefunden. Es ist wichtig festzustellen, daß für Drehzahlen oberhalb der ersten Kritischen der Keyphazor gegenüber dem schweren Punkt erscheint.

In der Orbitzahlenmethode wird die Dämpfung nicht berücksichtigt. Deshalb ist diese Methode in der Realität nur für sehr schwach gedämpfte Systeme effektiv. Darüber hinaus sind, da keine Unterscheidung zwischen den Abweichungsmassen und der zentrifugalen Unwucht aufgrund ihrer Rotation gemacht wird, die Auswuchtgewichte nur bei einer bestimmten Drehzahl sinnvoll. Die optimale zu berücksichtigende Auswuchtebene ist die Ebene, die den Schwerpunkt des Rotorsystems enthält, oder von Fall zu Fall jede passende Ebene, die erlaubt, den Orbit zu einem Punkt zu schrumpfen.

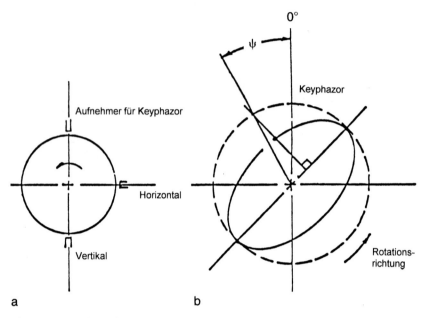

Abb. 17-7. Typische Aufnehmerposition und der Phasenwinkel in einem elliptischen Orbit. **a** Welle und Aufnehmer, **b** Orbit

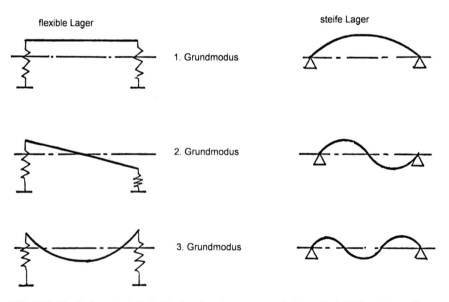

Abb. 17-8. Typische prinzipielle Moden für eine symmetrische und gleichförmige Welle

17.2.2
Modalauswuchtung

Die Modalauswuchtung basiert auf der Tatsache, daß flexible Rotoren ausgewuchtet werden können, indem der Effekt der Unwuchtverteilung in einer Modus-nach-Modus-Sequenz eliminiert wird. Typische prinzipielle Moden einer symmetrischen gleichförmigen Welle sind in Abb. 17-8 dargestellt. Die Verformung eines Rotors bei jeder Drehzahl kann durch die Summe einzelner modaler Verformungen multipliziert mit von der Drehzahl abhängigen Konstanten dargestellt werden.

$$\overline{Y}(x,\omega) = \sum_{r=1}^{\infty} \overline{B}_r(\omega) \times \eta_r(x) \tag{17-5}$$

wobei $\overline{Y}(x, \omega)$ die Amplitude transverser Schwingungen als eine Funktion des Abstands über der Welle bei einer Rotationsdrehzahl ω darstellt. $\overline{B}_r(\omega)$ und $\eta_r(x)$ drücken somit den komplexen Koeffizient bei Rotationsdrehzahl ω und dem prinzipiellen Modus r_{th} aus.

Somit ist ein Rotor, der bei allen kritischen Drehzahlen ausgewuchtet wurde, auch bei jeder anderen Drehzahl ausgewuchtet. Für Endlager-Rotoren ist die empfohlene Prozedur: (1) Auswuchten der Welle als steifen Körper, (2) Auswuchten für jede kritische Drehzahl im Betriebsbereich und (3) Auswuchten der verbleibenden, nichtkritischen Moden bei der Betriebsdrehzahl. Die ausgewählten Auswuchtebenen sind diejenigen, bei denen die maximalen Amplituden der Schwingungen auftreten.

Modale Auswuchtung ist eine der bewährten Methoden für flexible Rotorauswuchtung. Sie wurde auch für Probleme nichtähnlicher lateraler Steifigkeiten, Hysteresewirbel und für komplexe Wellen-Lager-Probleme angewandt. In vielen Diskussionen über modale Auswuchtung wird die Flüssigfilmdämpfung nicht behandelt. In anderen Fällen werden die Wälzlagereffekte vernachlässigt. In solchen Fällen ist der praktische Nutzen der Modalmethode nicht vollständig definiert.

Verschiedene Probleme behindern die Anwendung der modalen Technik für komplexere Systeme. Um die Technik zu nutzen, werden berechnete Informationen zu den modalen Formen und Eigenfrequenzen des auszuwuchtenden Systems gefordert. Die Genauigkeit der berechneten Ergebnisse hängt von den Fähigkeiten des eingesetzten Computerprogramms und den eingegebenen Daten ab (Maße, Koeffizienten, Effektivität der Systemmoden). In Turbomaschinen, in denen Systemdämpfung signifikant ist, wie in den Fluidfilmlagern, treten Probleme auf. Die Modalformen und Resonanzfrequenzen stark gedämpfter Systeme haben oftmals wenig Ähnlichkeit mit den Modusverläufen und Frequenzen ungedämpfter Systeme. Die Zuverlässigkeit modaler Auswuchtung aufgrund vorhergesagter Moden und Frequenzen ist zumindest fraglich, und sie können ohne gute Programme für die Systemreaktionen auch signifikant nachteilig sein.

Zur Zeit existieren keine allgemein anwendbaren Computerprogramme für die Modalauswuchtung, die ihrer Natur nach vergleichbar den Programmen sind, die für die Einflußkoeffizient-(Mehrebenen)-Methode entwickelt wurden. Ein derartiges Programm würde berechnete Modalamplituden und Phasenwinkel und auch die Auswuchtung der gemessenen Amplituden und Phasenwinkel des Rotorlagersystems benötigen. Das Programm würde dann für jeden separaten Rotorwirbelmodus ablaufen, was auch die Residualauswuchtkorrektur bei voller Drehzahl beinhaltet. Zur Zeit existiert keine allgemeine Analyse, die für die Programmierung anwendbar wäre.

17.2.3
Mehrebenenauswuchtung (Einflußkoeffizientenmethode)

Die modale Auswuchtung wurde eingeführt, um die Probleme der superkritischen Rotorunwucht der Dampfturbinen-Generator-Industrie zu erleichtern. Sie kombiniert die verfügbaren Techniken zur Berechnung von Reaktionsamplituden für die einzelnen Schwingungsmoden des Rotors mit den verfügbaren Meßgeräten zur Messung tatsächlich installierter Schwingungsniveaus. In den letzten Jahren wurden mehr Systeme für den superkritischen Betrieb konstruiert. Neuere Sensortypen und Instrumente sind inzwischen erhältlich und ermöglichen präzise Amplituden- und Phasenmessungen. Minicomputer für die Nutzung im Werkstattbereich oder in Auswuchtbänken und Großrechner-Terminals für Im-Feld-Zugriff sind nun weitgehend verfügbar. Die neueste Mehrebenen-Auswuchttechnik schuldet ihren Erfolg den Fortschritten auf diesen Gebieten.

Die Einflußkoeffizientmethode ist einfach anzuwenden, und Daten sind nun leicht verfügbar. Ausgehend von einem Rotor mit n Scheiben liefert diese Methode die Deutung zur Messung der Einflußcharakteristika des Rotors.

Wenn $P_1 \ldots, P_j, \ldots, P_n$ die Kräfte sind, die auf die Welle wirken, dann ist die Verformung Z_i in der i-Ebene gegeben mit

$$Z_i = \sum_{j=1}^{n} e_{ij} P_j; \quad i = 1, \ldots, n \tag{17-6}$$

Diese Gleichung definiert die Einflußmatrix e_{ij}, die Elemente der Matrix werden als Einflußkoeffizienten bezeichnet. Die Einflußmatrix wird erhalten mit

$$P_j = \delta_{ij} \tag{17-7}$$

wobei δ_{ij} das Kronecker-Delta ist und die Größen der Verformungen Z_i ausdrückt. Weil j von 1 bis n variiert, wird hiermit jede Spalte der Einflußmatrix erhalten. Sobald man die Einflußmatrix erhalten hat, ist mit dem Bekanntsein der anfänglichen Schwingungsniveaus in jeder Ebene q_i das Gleichungssystem

$$\sum_{j=1}^{n} e_{ij} F_j = q_i; \quad i = 1, \ldots, n \tag{17-8}$$

für die Korrekturkräfte F_j gelöst. Die Korrekturgewichte können aus den Korrekturkräften berechnet werden.

Allgemein sind die 2N-Sätze von Amplitude und Phase alles, was von der Exaktpunkt-Drehzahl-Auswuchtungsmethode benötigt wird. Für die Auswuchtung mit der Einflußkoeffizientmethode: (1) Anfängliche Unwuchtamplituden und Phasen sind aufgezeichnet, (2) Versuchsgewichte werden sequentiell an ausgewählten Punkten um den Rotor eingefügt, (3) resultierende Amplituden und Phasen werden an passenden Orten gemessen und (4) erforderliche Korrekturgewichte werden berechnet und dem System zugefügt. Auswuchtebenen sind offensichtlich dort, wo die Versuchsgewichte eingesetzt werden. Die Einflußkoeffizienten (oder Systemparameter) können für eine zukünftige Trimmauswuchtung gespeichert werden. Die Methoden benötigen kein vorheriges Wissen über die dynamischen Systemreaktionscharakteristika (obgleich solches Wissen hilfreich ist, um die effektivsten Auswuchtebenen wie auch die Ableseorte und die Versuchsgewichte auszuwählen).

Die Einflußkoeffizientmethode untersucht relative und nicht absolute Verschiebungen. Annahmen über perfekte Auswuchtbedingungen sind nicht erforderlich. Ihre Effektivität ist nicht durch Dämpfung oder durch Bewegungen der Orte, an denen Ablesungen durchzuführen sind, oder durch anfänglich verbogene Rotoren beeinflußt. Die Technik der kleinsten Fehlerquadrate zur Datenauswertung wird angewandt, um einen optimalen Satz von Korrekturgewichten für einen Rotor zu finden, der einen weiten Betriebsdrehzahlbereich haben soll.

Eine Anzahl von Untersuchungen hat sich mit der optimalen Auswahl der notwendigen Anzahl von Auswuchtebenen zur Auswuchtung eines flexiblen Rotors beschäftigt. Um die ideale Auswuchtung vornehmen zu können, sind so viele Wuchtebenen erforderlich, wie Unwuchten vorliegen. Die perfekte Auswuchtung ist entweder undurchführbar oder nicht wirtschaftlich. Zwei sinnvolle Ansätze zur Entscheidung der Anzahl der Auswuchtebenen werden diskutiert.

Eine ist der sog. N-Ebenen-Ansatz. Dieser Ansatz geht davon aus, daß für ein Rotorsystem, das über N kritischen Drehzahlen läuft, nur N-Ebenen erforderlich sind. Die andere Technik, der sog. (N+2)-Ebenen-Ansatz, benötigt 2 zusätzliche Ebenen. Diese sind für das Zweilagersystem und in dieser Auswuchtschule notwendig.

Die N-Ebene basiert auf den Konzepten der modalen Technik. Nach Gl. (17-5) gibt es N prinzipielle Moden, die 0 sein müssen, damit der Rotor, der durch die N-te kritische Drehzahl läuft, perfekt ausgewuchtet ist. Somit sind N-Ebenen, die an den Spitzen der prinzipiellen Moden liegen, ausreichend zur Beseitigung dieser Moden. Aus Sicht der residualen Kräfte und Momente an der Lageraufhängung sind (N+2)-Ebenen besser als N-Ebenen.

Wenn jemand bei Auslegungsdrehzahl auswuchten kann, ist dieser Punkt ideal. Doch beim Versuch, durch die einzelnen Kritischen zu gehen, können Probleme auftreten. Somit ist es am besten, die Einheit durch ihren gesamten Betriebsbereich auszuwuchten. Die Anzahl der auszuwählenden Drehzahlen ist sehr wichtig. Versuche zeigen, daß die besten Auswuchtresultate durch den Betriebs-

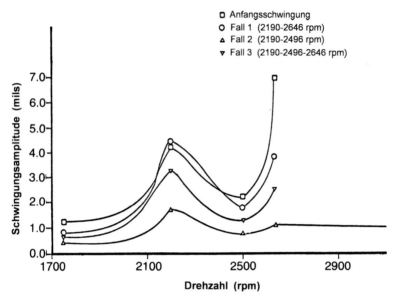

Abb. 17-9. Rotoramplituden für eine Auswuchtung mit kleinstem Fehlerquadrat (1 mil = 0,025 mm; 7 mils = 0,178 mm)

bereich erhalten werden, wenn die Punkte durch ihre kritische Drehzahl gebracht werden und bei einem Punkt kurz hinter der kritischen Drehzahl sind, wie in Abb. 17-9 gesehen werden kann [8].

17.3
Anwendung von Auswuchttechniken

Der Gebrauch der Einflußkoeffiziententechnik für Mehrebenenauswuchtung ist eine Erweiterung der Logik, die in den Standard-Auswuchtmaschinen „fest verdrahtet" ist. Diese Erweiterung wurde durch die Verfügbarkeit besserer Elektronik und leichterem Zugang zu Computern ermöglicht.

Das in der Praxis angewandte Auswuchten kann in jeder sinnvollen Anzahl von Drehzahlen ausgeführt werden. Die Ein-Ebenen-Niedrigdrehzahl-Auswuchtung ist vielleicht die einfachste Anwendung dieser Methode. Hier wird ein bekanntes Gewicht an einem bekannten radialen Ort (oftmals in der Form, daß Wachs mit der Hand hinzugefügt wird) benutzt, um die Auswuchtempfindlichkeit des auszuwuchtenden Teils in einer Drehvorrichtung festzustellen. Dieses Verfahren kann eine Unwuchtkraft effektiv von der Komponente entfernen. Zwei-Ebenen-Auswuchtung ist eine Erweiterung, die erlaubt, Unwuchtmomente wie auch Kräfte zu entfernen. In vielen Fällen können die Empfindlichkeiten dieser Maschinenarten vorher festgestellt werden (die Maschine kann kalibriert sein), wie auch die Werte, die gespeichert werden, um Auswuchtung im ersten Ansatz zu erlauben. Die Auswuchtung eines vollständig zusammengebauten Rotors

17.3 Anwendung von Auswuchttechniken

(steif oder flexibel), der in seiner Laufumgebung betrieben wird, stellt die ultimative Anwendung dar.

Das Auswuchtverfahren muß den Rotordynamiken entsprechen, wie sie durch die Betriebsumgebung spezifiziert sind. Häufig jedoch sind die dynamischen Eigenschaften nicht hinreichend bekannt, wenn das Auswuchtverfahren spezifiziert wird. Daher kann das Auswucht-Verteilungsproblem nicht identifiziert werden; es kann eine unzureichende Zahl von Ebenen bereitstehen; Sensoren können an nicht optimalen Punkten plaziert sein oder kritische Drehzahlen können vollständig übersehen werden. Es ist die Verantwortlichkeit des Endbenutzers der Maschine, sich zu vergewissern, daß folgende Punkte vom Hersteller berücksichtigt wurden:

1. Die Positionen der kritischen Drehzahlen im Drehzahlbereich für das gesamte Rotorsystem.
2. Die Modalformen (Unwuchtproblem-Verteilungen) des Rotors bei den Kritischen.
3. Die wahrscheinlichste Unwuchtverteilung im abschließend installierten Rotor, unter Berücksichtigung von Herstellungstoleranzen, Auswucht-Restfehlern nach Auswuchtung mit niedriger Drehzahl, Zusammenbautoleranzen usw.
4. Die Reaktion des gesamten Rotorlagersystems auf diese Unwucht unter Berücksichtigung der Dämpfung in Lagern, Verbindungen, Dämpfern usw.
5. Vorbereitungen für die Beseitigung von „Unwuchtverteilungsproblemen" bei jeder Herstellungsstufe, ob bei Bearbeitung, Niedriggeschwindigkeits- oder Hochgeschwindigkeitsauswuchtung.
6. Vorbereitungen für die zukünftige Auswuchtung des endgültigen Rotorzusammenbaus, falls dies notwendig ist.

All die vorstehenden Schritte sind zu einem kleinen Teil der Kosten eines Ersatzrotors kommerziell verfügbar.

Komponentenauswuchtung in der Fabrik ist aus einem einfachen Grund nötig: Der Massenschwerpunkt der Komponentenkonstruktion (oder eines jeden Abschnitts langer Komponenten) liegt nicht in der beabsichtigten Rotationsachse. Das Problem tritt aufgrund von Herstellungstoleranzen, Einschlüssen im Metall usw. auf. Deshalb ist die Komponente in einer oder mehreren Auswuchtstufen zu bearbeiten. Im Auswuchtbetrieb werden Rotorunwucht-Empfindlichkeiten (Wechselwirkungskoeffizienten) für eine Anzahl von Rotoren festgestellt und gespeichert.

Die Auslegung eines Produktionsrotor-Auswuchtprozesses beginnt mit einem analytischen Optimisierungsprozeß, der üblicherweise am besten während der Systemauslegung durchgeführt wird. Ein Unwuchtreaktions-Computerprogramm wird mit einem Auswucht-Computerprogramm, mit dem die Schwingungsamplituden als Funktion der Unwucht berechnet werden, gekoppelt. Diese Programme errechnen die optimalen Orte für Schwingungsaufnehmer, Korrekturebenen und optimale Auswuchtgeschwindigkeiten. Mehrebenen-Auswuchtung des Rotorzusammenbaus kann konventionell in einer Auswuchtvorrichtung durchgeführt werden, in der die tatsächliche Umgebung, in der der Rotor betrieben werden soll, dynamisch simuliert wird. Es wird ein Antriebsmotor und möglicherweise ein Vakuumsystem benötigt. Dies hängt von der Rotorkonfiguration und der Auswuchtdrehzahl ab.

Es ist wichtig, daß die abschließenden Auswuchtkorrekturen nicht an Komponenten durchgeführt werden, die später unter Betriebsbedingungen im Feld ausgewechselt werden müssen. Teile wie Turbinenräder, die während der Feldinstandhaltung als ausgewuchtete Teile ersetzt werden müßten, können offensichtlich nicht ausgebaut und ersetzt werden, ohne den Auswuchtungszustand des Zusammenbaus zu verändern, wenn sie für Auswuchtkorrekturen benutzt werden. Die Auslegung des Auswuchtverfahrens sollte deshalb auch bei der Auslegung der Instandhaltbarkeit für beste Ergebnisse integriert werden.

Sobald das Rotorsystem installiert wurde, ist Maschinenstillstand im Zusammenhang mit Schwingung ein sehr wichtiger Kostenpunkt. Es ist z.B. nicht unüblich, daß Produktionswerte in Höhe von mehreren 10.000 US$/Tag durch einen Kompressor in der chemischen Fabrik verloren gehen können. Somit ist die Stillsetzung einer Maschine zur Nachwuchtung des Rotors eine Entscheidung, die nicht leicht genommen werden kann. Der optimale Ansatz ist die Festlegung von Korrekturen während des Maschinenlaufs. Der Stillstand muß dann nur lang genug sein, um die Auswuchtgewichte zu installieren. Die Mehrebenen-Auswuchtprozedur erlaubt die leichte Durchführung dieses Verfahrens, nachdem die Rotorempfindlichkeiten gemessen wurden.

Bei der Feldauswuchtung (Trimmauswuchtung) sind jedoch die Rotordrehzahl und die Systemtemperaturen die zu berücksichtigenden Schlüsselfaktoren. Es wird aufgrund von Prozeßanforderungen oftmals schwierig sein, die Drehzahl zu steuern; Systemtemperaturen können Stunden oder sogar Tage benötigen, um sich zu stabilisieren. Schwingungen sollten jedesmal aufgezeichnet werden, wenn die Einheit still gesetzt wird, um Gewichte einzusetzen. Dadurch kann die Länge der Zeit festgestellt werden, die für die thermische Stabilisierung erforderlich ist. Die Berücksichtigung der Orte kritischer Drehzahlen, der Modalformen der Schwingungen und der Wahrscheinlichkeit des Auftretens, was man mit separaten Studien der Rotordynamik erhalten kann, kann ebenfalls die Ergebnisse sehr verbessern. Dadurch können bessere Anleitungen für die Auswahl der besten Meßaufnehmer und Auswuchtebenenorte festgelegt werden.

Die Minimierung der Anzahl der Hochläufe ist ein wichtiger Faktor, da die Anzahl der Starts das Maschinenleben reduziert. Der kritische Aspekt in dieser Minimierung ist die korrekte Auswahl der Auswuchtebenen beim Start des Prozesses. Diese Auswahl ist sehr wichtig, weil der auszuwuchtende Rotor oftmals aus mehreren Einheiten (Turbine, Kompressor) besteht, die durch Kupplungen verbunden sind. Dadurch gibt es eine große Anzahl verfügbarer Korrekturebenen. Üblicherweise ist die Auswuchtung nur in einer „Zone" (an der Turbine oder an der Kupplung) bei einer bestimmten Drehzahl erforderlich. Der kritische Ort kann fast exakt festgelegt werden, indem auf eine vorherige analytische Empfindlichkeitsstudie der Unwuchtreaktion Bezug genommen wird. Eine derartige Studie, die den gesamten Rotor und die Kupplungen beinhaltet, zeigt auf, daß die Ebenen, bei denen bestimmte Unwuchtverteilungen (falls vorhanden) vorliegen, bei einer bestimmten Drehzahl Schwingungen hervorrufen. Ein Maschinenzug, der aus präzise ausgewuchtetem Kompressor mit einer präzise ausgewuchteten Kupplung besteht, wird manchmal starke Schwingungen bei mehr als einer Drehzahl zeigen. Diese Schwingungen ergeben sich üblicherweise, da der Rotorzusammenbau eine oder mehrere biegekritische Drehzahlen im Drehzahlbereich hat. Bei diesen werden die Modalformen durch Restunwuchten erzwungen, die in den präzis ausgewuchteten Unterbaugruppen vorliegen. Es muß betont werden, daß eine ausgewuchtete Rotorunterbaugruppe nicht eine Unwucht von Null hat. In der Realität hat sie eine Restunwuchtverteilung, die die Unterbaugruppe unter den Auswuchtbedingungen nicht anregt. Existiert keine analytische Studie, muß sich der Auswuchtingenieur auf Schwingungsablesungen der verfügbaren Sensoren verlassen und am Ende auf seine Beurteilung und gesammelte Erfahrung zur Auswahl der Korrekturorte.

Sobald die kritischen Zonen entlang der Rotorachse identifiziert sind, müssen die Empfindlichkeitssensoren dieser Ebenen berechnet werden. Wenn Unwucht-Empfindlichkeitsfaktoren für die Auswuchtebenen und Sensoren bei den in Frage kommenden Drehzahlen nicht verfügbar sind, müssen Läufe mit Versuchsgewichten durchgeführt werden. Thermische Stabilisierungszeiten sind wichtig, da der Prozeß signifikante Zeitperioden verbrauchen kann. Wenn die Empfindlichkeiten verfügbar sind, können Korrekturwerte berechnet werden, die auf den während des Betriebs kurz vor der Abschaltung gemessenen Schwingungsniveaus beruhen, und die Einheit kann ausgewuchtet und sehr schnell wieder gestartet werden.

Oftmals ist es verlockend zu versuchen, den Prozeß zur Ermittlung des Empfindlichkeitsfaktors zu verkürzen, indem Korrekturgewichte in verfügbaren Ebenen einzeln eingesetzt werden, basierend auf Vermutungen oder Ein-Ebenen-Vektordiagrammen. Manchmal kann diese Abkürzung zu einem ausgewuchteten Rotor führen, häufiger wird jedoch das Gegenteil erreicht. Diese Unwuchtergebnisse aufgrund von Versuchsgewichten in hinteren Ebenen sind aber nicht die einzige Störung von der „Als-ist-Bedingung". Die Datenblätter A, B und C zeigen einen typischen Prozeß der Feldauswuchtung mit einem Computerprogramm, das diese Auswuchttechnik anwendet.

Der Auswuchtingenieur muß versuchen, für jede Maschine, die er auswuchtet, eine Auswuchtungsaufzeichnung zu erhalten, da in den meisten Fällen das Maschinensystem einige nicht wiederholbare Elemente enthält. Komponenten, die empfindlich für thermische Änderungen sind, wie Dämpfer, Lagerausrichtung usw., können oftmals Probleme hervorrufen. Wenn eine Nichtwiederholbarkeit vorliegt, muß der Ingenieur zuerst untersuchen, ob eine andere Korrekturaktion angezeigt wird oder nicht. Falls nicht, dann ist die erhaltene Auswuchtqualität strikt durch den Bereich der nicht wiederholbaren Elementenvariabilität limitiert. Dieses Qualitätsniveau ist ohne Erfahrung entweder zur individuellen Maschine oder zu einer Familie ähnlicher Maschinen schwer zu erreichen. Der

Auswuchtingenieur muß jeden Rotor durch Anwendung der Hauptwerte für jeden Parameter auswuchten, und er muß eine detaillierte Aufzeichnung unterschiedlicher Ergebnisse erhalten. Diese Aufzeichnungen enthalten im Prinzip die Restwerte der Unwuchterfahrungen für jeden Fall. Vom Standpunkt der Auswuchtprozedur in mehreren Ebenen enthalten sie Aufzeichnungen von Sensibilitätsparametern für alle Maschinen, die als Pflichtbeitrag in der Prozedur der Versuchsgewichte erhalten werden.

17.4
Nutzeranweisungen für Mehrebenen-Auswuchtung

Nachfolgend sind die empfohlenen Stufen zur Auswuchtung eines Rotors bei Gebrauch einer Mehrebenen-Auswuchttechnik aufgeführt. Die Stufen sind für ein spezifisches Programm anwendbar; jedoch benötigen auch andere Programme etwa die gleichen Informationen:

1. Wähle die Anzahl der Auswuchtebenen und installiere eine gleiche oder größere Anzahl von Schwingwegaufnehmern. Installiere einen Tachometer, der einen Einmal-pro-Umdrehung-Puls irgendwo am Rotor abgibt. Liefere dieses Tachometersignal und das Wegaufnehmersignal von einer Ebene als Zeitsignal in ein Phasenmeter, um die Rotationsdrehzahl in rpm anzugeben, die Schwingungsamplitude in Spitze-zu-Spitze-mm (mils) und den Phasenwinkel der maximalen Amplitude in Grad des Tachometerpulses.
2. Notiere die Anzahl der Auswuchtebenen und die Auswuchtdrehzahl in min^{-1} (rpm) auf Datenblatt A. Danach drehe die Maschine bei niedriger Drehzahl (weniger als 25% der Auswuchtdrehzahl) und messe die Anfangsabweichungs-Amplitude (run out) und Phase in jeder Ebene. Nun drehe die Maschine bei Auswuchtdrehzahl und messe die Endschwingungsamplitude und Phase in jeder Ebene. Zeichne alle diese Daten auf Datenblatt A auf.
3. Nimm ein leeres Datenblatt B. Trage die Ebenennummer ein. Plaziere ein Versuchsgewicht an jedem Radius und jedem Winkel in der Ebene. Verzeichne diese Werte auf dem Blatt. Nun betreibe die Maschine bei Auswuchtdrehzahl und messe die Schwingungsamplitude und Phase in jeder Ebene. Wiederhole die Prozedur für jede Ebene. (Plaziere nur ein Versuchsgewicht in nur einer Ebene zur gleichen Zeit). Nach Fertigstellung sollten so viele Datenblätter B entsprechend der Ebenenanzahl erstellt sein.
4. Datenblatt C beschreibt die für den Nutzer verfügbaren Optionen. Wähle die richtige Auswahl für jede Option.

17.4 Nutzeranweisungen für Mehrebenen-Auswuchtung

Datenblatt A

Anzahl der Auswuchtebenen		Drehzahl in min^{-1}	
		Amplitude	Phase
Anfangsabweichungs(run out)- Amplitude und Phase in der Ebene	1		
	2		
	3		
	4		
	5		
End-Amplitude und -Phase vor Auswuchtung in der Ebene	1		
	2		
	3		
	4		
	5		

Datenblatt B

Versuchsgewicht	Radius	Ebene Winkel	
		Amplitude	Phase
Schwingungsamplitude und Phase in der Ebene	1		
	2		
	3		
	4		
	5		

Datenblatt C

Option

1 – Wenn das gleiche Gewicht wie das Versuchsgewicht zur Auswuchtung eingesetzt wird, wird das Programm den Radius bestimmen (NS1=1). Zur Berechnung der Gewichte bei einem fixiertem Radius NS1=2.
$\qquad$ NS1=_____

2 – Radius, an dem die Auswuchtgewichte plaziert werden. Wenn NS1=2, gebe den Radius für die örtliche Festlegung in jeder Ebene (dies ist nicht anwendbar, falls NS1=1)

Ebenennummer	1	2	3	4	5
Radius					

3 – Wenn die Auswuchtung zu der Anfangsabweichung auszuführen ist, dann NS2=1
Wenn die Ausrichtung zu Amplitude 0 auszuführen ist, dann NS2=2
$\qquad$ NS2=_____

4 – Wenn hinzuzugebende Gewichte benutzt werden, NS3=1
Wenn Bohrungen gesetzt werden, NS3=2 $\qquad$ NS3=_____

5 – Wenn Gewichte nur für eine bestimmte Anzahl von gleichmäßig verteilten Orten zu plazieren oder zu entfernen sind, NS4=1
Wenn sie überall plaziert werden können, NS4=2   NS4=_____
6 – Wenn NS4=1, dann gebe die Anzahl von Bohrungen und den Winkel zu der ersten Bohrung in jeder Ebene

Ebenennummer	Nr. der Bohrungen	Nr. der 1. Bohrung
1		
2		
3		
4		
5		

17.5
Literatur

1. Jackson, C.: Using the Orbit to Balance. Mechanical Engineering, February 1971, pp. 28–32
2. Balancing Rotating Machinery. Bently Nevada Corp., Report 1970, Minden, Nevada
3. Bishop, R.E.D. and Gladwell, G.M.L.: The Vibration and Balancing of an Unbalanced Flexible Rotor. J. Mech. Eng. Soc. 1 (1959), pp. 66–77
4. Lindsey, R.J.: Significant Developments in Methods for Balancing High-Speed Rotors. ASME Paper No. 69-Vibr-53
5. Thearle, E.L.: Dynamic Balancing of Rotating Machinery in the Field. Trans. ASME 56 (1934), pp. 745–753
6. Legrow, J.V.: Multiplane Balancing of Flexible Rotors-A Method of Calculating Correction Weights. ASME Paper No. 71-Vibr-52
7. Goodman, T.P.: A Least-Squares Method for Computing Balance Corrections. ASME Paper No. 63-WA-295
8. Boyce, M.P., White, G., and Morgan, E.: Dynamic Simulation of a High-Speed Rotor. International Conference on Centrifugal Compressors at Madras, India, February 1978
9. Tessarzik, J.M., Badgley, R.H., and Anderson, W.J.: Flexible Rotor Balancing by the Exact-Point Speed Influence Coefficient Method. Transactions ASME, Inst. of Engineering for Industry, Vol. 94, Series B, No. 1, February 1972, p. 148
10. Badgley, R.H.: Recent Development in Multiplane-Multispeed Balancing of Flexible Rotors in the United States. Presented at the Symposium on Dynamics of Rotors, IUTAM, Lyngby, Denmark, August 12, 1974
11. Boyce, M.P.: Multiplane, Multispeed Balancing of High-Speed Machinery. Keio University, Tokio, Japan, July 1977
12. Den Hartog, J.P.: The Balancing of Flexible Rotors. Air, Space, and Industr., McGraw-Hill, New York 1963
13. Kellenberger, W.: Should a Flexible Rotor be Balanced in N or (N+2) Planes? Trans. ASME Journal of Engineering for Industry, May 1972, pp. 548–560
14. Miwa, S.: Balancing of a Flexible Rotor (3rd Report). Bulletin of the ASME, Vol. 16, No. 100, October 1973, pp. 1562–1572
15. Bishop, R.E.D. and Parkinson, A.G.: On the Use of Balancing Machines for Flexible Rotors. ASME Paper No. 71-Vibr.-73

18 Kupplungen und Ausrichtung

Kupplungen verbinden in den meisten Turbomaschinen die Antriebsmaschine mit der angetriebenen Maschine. Flexible Hochleistungskupplungen, wie sie in Turbomaschinen eingesetzt werden, müssen 3 Hauptfunktionen leisten: (1) die effiziente Übertragung mechanischer Leistung bei konstanter Geschwindigkeit direkt von einer Welle zur anderen, (2) Kompensation von Ausrichtfehlern, ohne hohe Spannungen zu erzeugen und mit minimalen Leistungsverlusten und (3) axiale Bewegungen einer Welle erlauben, ohne daß großer Axialschub oder andere Kräfte erzeugt werden [1].

Drei Haupttypen flexibler Kupplungen erfüllen diese Forderungen. Der erste Typ ist die mechanisch verbundene Kupplung. Hier wird die Flexibilität durch eine Rutsch- und Rollbewegung erreicht. Mechanisch verbundene Kupplungen beinhalten Zahnradkupplungen, Ketten- und Kettenradkupplungen und Rutsch- oder Oldham-Kupplungen.

Der zweite Typ ist die Kupplung aus elastischem Material. In elastischen Kupplungen wird die Flexibilität als Funktion der Materialflexibilität erreicht. Die elastischen Kupplungen nutzen komprimierte Elastomere (in Zapfen und Hülsen, Blöcken, spinnenartigen Formen, Elastomerkreisringformen und Metalleinsatztypen); Elastomer in Scherung (Sandwichtyp und Reifentyp); Stahlfedern (Blattfedern, Spiralwindungstypen, Stahlscheiben und Membrankupplungen).

Der dritte Typ ist die kombinierte mechanische und Materialkupplung mit Flexibilität, die durch Rutschen oder Rollen und auch flexible Verformungen erreicht wird. Die kombinierten Kupplungen umfassen die kontinuierlichen und unterbrochenen Metallfeder-Gitterkupplungen, nichtmetallische Zahnkupplungen, nichtmetallische Kettenkupplungen und Rutschkupplungen mit nichtmetallischen Rutschelementen.

Für die Wahl der Kupplung müssen Last und Drehzahl bekannt sein. Abbildung 18-1 zeigt die Beziehung zwischen Kupplungstyp, Größe der Umfangsgeschwindigkeit und Drehzahl. Die Belastungen in diesen flexiblen Hochleistungskupplungen sind wie folgt:

1. *Zentrifugalkraft.* Variiert in der Wichtigkeit, abhängig von der Systemdrehzahl.
2. *Stationär übertragendes Moment.* Glatte, nicht schwingende Momente in den elektrischen Motoren, Turbinen und eine Auswahl von ruhigen, drehmomentabsorbierenden belasteten (angetriebenen) Maschinen.
3. *Zyklisch übertragende Drehmomente.* Pulsierende oder zyklische Drehmomente in Hauptarbeits- und Belastungsmaschinen wie Kolbenkompressoren, Pumpen und Schiffahrtpropellern.

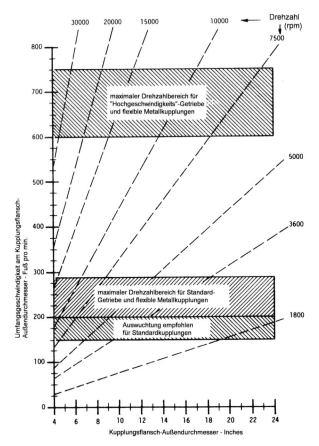

Abb. 18-1. Betriebsspektrum flexibler Kupplungen
(100 ft = 30,5 m, 800 ft = 244 m; 4 inches = 102 mm, 24 inches = 610 mm)

4. *Zusätzliche zyklische Drehmomente.* Hervorgerufen durch Herstellungsfehler in den Antriebskomponenten (speziell Zahnrädern) und Unwucht rotierender antreibender Komponenten.
5. *Spitzendrehmoment (Transient).* Hervorgerufen bei Startbedingungen, plötzlichen Stößen oder Überlast.
6. *Moment bei Anfahrstößen.* Eine Funktion gelockerter Teile im System oder des Rückspiels. Allgemein haben mechanisch verbundene, flexible Kupplungen ein systemimmanentes Spiel.
7. *Ausrichtfehlerlasten.* Alle flexiblen Kupplungen generieren zyklische oder stetige Momente mit sich selbst, wenn Ausrichtfehler vorliegen.
8. *Rutschgeschwindigkeit.* Ein Faktor, der nur in mechanisch verbundenen Kupplungen auftritt.
9. *Resonanzschwingungen.* Jede der erzwungenen Schwingungsbelastungen, wie zyklische oder Ausrichtfehlerbelastungen, können eine Frequenz haben, die

sich mit der Eigenfrequenz des rotierenden Wellensystems überlagert. Zusätzlich kann dies auch mit jeder Komponente des gesamten Kraftwerks und seines Fundaments auftreten und somit Schwingungsresonanzen anregen.

Die Gasturbine ist ein Hochdrehzahl-, Hochdrehmoment-Antrieb und benötigt folgende Charakteristika ihrer Kupplung:
1. Niedriges Gewicht, niedriges Überhangmoment
2. Hochdrehzahl-Kapazität zur Aufnahme zentrifugaler Spannungen
3. Hohes Auswuchtpotential
4. Fähigkeit zur Aufnahme von Ausrichtfehlern.

Zahn-, Scheiben- und Membrankupplungen sind dafür am besten geeignet. Tabelle 18-1 zeigt einige der Hauptcharakteristika dieser Kupplungen.

18.1 Zahnkupplungen

Eine Zahnkupplung besteht aus 2 Sätzen ineinander kämmender Zähne: Jeder Kamm hat eine interne und eine externe Verzahnung mit der gleichen Anzahl von Zähnen. Es gibt 2 Haupttypen von Zahnkupplungen, die in Turbomaschinen

Tabelle 18-1. Scheiben, Membranen und Zahnkupplungen[a]

	Scheibe	Membran	Zahnrad
Geschwindigkeitskapazität	Hoch	Hoch	Hoch
Kraft-zu-Gewicht-Verhältnisse	Mittel	Mittel	Hoch
Schmierung erforderlich	Nein	Nein	Ja
Ausrichtungsfehler-Kapazität bei hoher Drehzahl	Mittel	Hoch	Mittel
Systemimmanente Auswuchtung	Gut	Sehr gut	Gut
Gesamtdurchmesser	Niedrig	Hoch	Niedrig
Normaler Fehlermodus	Plötzlich (Dauerbruch)	Plötzlich (Dauerbruch)	Fortschreitend (Verschleiß)
Überhangmoment an Maschinenwellen	Mittel	Mittel	sehr niedrig
Erzeugter Impuls, Ausrichtfehler mit Antriebsmoment	Mittel	Niedrig	Mittel
Kapazität axialer Bewegung	Niedrig	Mittel	Hoch
Widerstand zu axialen Bewegungen			
Plötzlich auftretend	Hoch	Mittel	Hoch
Graduell auftretend	Hoch	Mittel	Niedrig

[a] Diese Tabelle ist nur ein grober Anhalt.

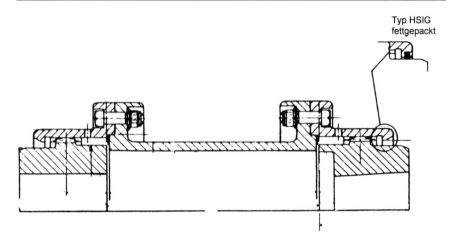

Abb. 18-2. Zahnkupplungen (männliche Zähne, integral in der Nabe)

eingesetzt werden [2]. Der erste Zahnkupplungstyp hat die männliche Verzahnung integral in der Nabe, wie in Abb. 18-2 dargestellt. In dieser Kupplung strömt die in den Zähnen erzeugte Wärme anders in die Welle, als sie dies durch die Buchse in die umgebende Luft tut. Die Buchse erwärmt sich deshalb stärker und expandiert mehr als die Nabe. Diese Expansion und die zentrifugale Kraft, die auf die Buchse wirkt, rufen ihr schnelles Wachstum hervor – bis zu 0,08–0,10 mm (3–4 mils) mehr als die Nabe. Hierdurch wird eine Exzentrizität hervorgerufen, die zu einer großen Unwuchtkraft führen kann. Somit ist diese Kupplung eher in Einheiten mit niedrigen Leistungen einzusetzen.

Der zweite Kupplungstyp (s. Abb. 18-3), hat eine männliche Verzahnung, die integraler Bestandteil der Spule ist. Es wird die gleiche Menge Wärme produziert, aber die hohlgebohrte Spule nimmt Wärme in ähnlicher Weise wie die Buchse auf, so daß kein unterschiedliches Wachstum auftritt.

Die Führung der Zahnkupplungen ist in der männlichen Zahnform so eingesetzt, daß die losen Mitglieder der Kupplungen in konzentrischer Weise bei Drehzahlen abgestützt werden (s. Abb. 18-4).

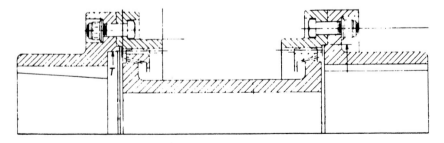

Abb. 18-3. Zahnkupplungen (männliche Zähne integral in der Spule)

18.1 Zahnkupplungen

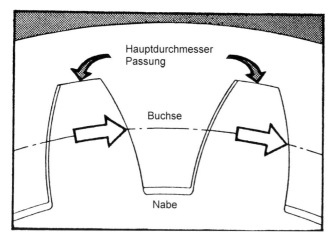

Abb. 18-4. Schema der in Kupplungsanwendungen benutzten Verzahnung

Ein anderer zu untersuchender Bereich ist der Gleitreibungskoeffizient bei Zahnkupplungen. Er ruft einen Widerstand zur notwendigen axialen Bewegung hervor, wenn sich der Rotor erwärmt und expandiert. Diese relative Gleitbewegung zwischen den Kupplungselementen nimmt das Ausrichtfehlerproblem in Zahnkupplungen auf.

Die relative Bewegung zwischen der Verzahnung ist in axialer Richtung oszillierend und hat eine niedrige Amplitude und eine relativ hohe Frequenz. Einige Vorteile der Zahnkupplungen sind:

1. Sie können mehr Leistung pro kg Stahl oder pro mm Durchmesser übertragen als jede andere Kupplung.
2. Sie haben eine hohe Toleranz; sie akzeptieren Fehler bei der Installation und sonstige Fehlbehandlung viel leichter als jeder andere Kupplungstyp.
3. Sie sind zuverlässig und sicher; es fliegen auch bei Ausfall keine Metall- oder Gummistücke umher. Sie können länger unter korrosiven Bedingungen betrieben werden als viele andere Kupplungstypen.

Ein Hauptnachteil bei Zahnkupplungen ist das Ausrichtfehlerproblem. Die Zahngleitgeschwindigkeit ist direkt proportional zum Zahneingriffs-Ausrichtfehlerwinkel und der Rotationsdrehzahl. Somit muß der Ausrichtfehler von Hochdrehzahlantrieben auf einem Minimum gehalten werden, um die Gleitgeschwindigkeit auf einen akzeptablen Wert zu begrenzen.

Die Kupplung muß in der Lage sein, bei kaltem Start hervorgerufene Ausrichtfehler aufzunehmen [3]. Die physikalische Ausrichtfehlerfähigkeit einer Zahnkupplung sollte niemals als die akzeptable Betriebsbedingung für Hochgeschwindigkeitsanwendungen angenommen werden. Diese Grenzen der Ausrichtfehler gegen Betriebsdrehzahl werden am besten auf der Basis einer konstanten relativen Gleitgeschwindigkeit zwischen den Verzahnungen ausgedrückt.

18 Kupplungen und Ausrichtung

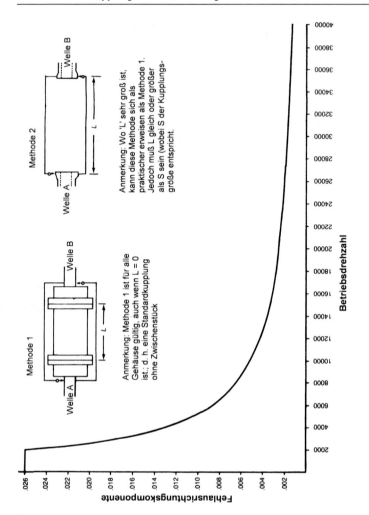

Fehlausrichtungsmessungen
Sie müssen durchgeführt werden; von „Welle A" bis „Welle B" und dann von „Welle B" zu „Welle A"
(s. Illustration). Die größte Messung ist mit dem Limit zu vergleichen, das aus der Kurve berechnet wird.

Nutzung der Kurve
1. Bestimme maximale Drehzahl der Kupplung.
2. Gehe mit diesem Wert in die Kurve und lies den zugehörigen Wert für „Fehlausrichtungskomponente" ab.
3. Multipliziere diesen „Fehlausrichtungskomponenten"-Wert mit „L/2S + 1"
   (wobei S = Kupplungsgröße; L wie in den Illustrationen gezeigt).
4. Der hiermit erhaltene Wert bezeichnet den maximal empfohlenen T.I.R.-Durchmesserauslauf.
Anmerkung: Für Marine- und Spulkupplungen ist der maximal empfohlene
T.I.R. = (L/2S − 0,3) × Fehlausrichtungskomponente

Abb. 18-5. Empfohlene Grenzen von Ausrichtfehlern gegen Betriebsdrehzahl (Referenz 3)

Abbildung 18-5 zeigt empfohlene Grenzen des Ausrichtfehlers bei Betriebstemperatur. Das Diagramm basiert auf einer maximalen konstanten Gleitgeschwindigkeit von 33 mm/s (1,3 inches/s) und beinhaltet Kupplungsgröße, Drehzahl und den axialen Abstand zwischen der kämmenden Verzahnung. Zahnkupplungen können axiales Wachstum besser tolerieren als andere Kupplungen.

Bei Scheibenkupplungen ist das axiale Wachstum durch den Bereich der Scheibenverformungen begrenzt. Somit müssen die Komponenten mit höherer axialer Genauigkeit eingestellt werden als bei Zahnkupplungen.

Hochgeschwindigkeitskupplungen müssen sehr sorgfältig ausgewuchtet werden. Bei niedrigem Überhangmoment berührt der Effekt des Kupplungsüberhangmoments nicht nur die Belastungen des Maschinenlagers, sondern auch die Wellenschwingungen.

Der Vorteil einer Reduktion des Überhangmoments besteht nicht nur in der Verringerung der Lagerbelastungen, sondern auch in der Minimierung der Wellenverformung, was zu einer Reduktion der Schwingungsamplitude führt. Die Reduktion des Kupplungsüberhangmoments führt zu einer aufwärts gerichteten Verschiebung der kritischen Drehzahlen der Welle. Diese Änderung der Eigenfrequenzen resultiert in einer Erhöhung der Spreizung zwischen den Eigenfrequenzen. Für viele Anwendungen ist die Reduktion des Überhangmoments eine absolute Notwendigkeit, damit das System zufriedenstellend bei der benötigten Betriebsdrehzahl betrieben werden kann.

Die Hochgeschwindigkeitskupplungen haben 5 Komponenten – üblicherweise 2 Naben, 2 Muffen und 1 Zwischenstück. Um eine gute Auswuchtung zu erreichen, sollte jede Nabe separat, dann das Zwischenstück und schließlich die zusammengebaute Kupplung ausgewuchtet werden.

Die Kupplungen sind für den Zusammenbau sorgfältig zu markieren, bevor sie von den Auswuchtdornen entfernt werden.

Schmierungsprobleme müssen beim Einsatz von Zahnkupplungen aufmerksam beobachtet werden. Das relative Gleiten zwischen den Zähnen von Nabe und Buchse benötigt eine gute Schmierung, um ein langes Komponentenleben zu sichern. Diese Gleitbewegung ist alternierend und durch niedrige Amplituden und relativ hohe Frequenzen charakterisiert.

Zahnkupplungen können entweder mit Schmiermittel gepackt oder kontinuierlich geschmiert werden [4]. Jedes System hat Vor- und Nachteile, und die Auswahl hängt von den Bedingungen ab, unter denen die Kupplung arbeitet.

18.1.1
Ölgefüllte Kupplungen

Sehr wenige Hochleistungskupplungen nutzen dieses System, da großvolumige Kupplungen benötigt werden. Jedoch ist es auch das System mit der besten Schmierungsmethode, und manchmal auch das zuerst eingesetzte. Ein Hauptnachteil besteht darin, daß sich an defekten Flanschdichtungen usw. Schmiermittelleckagen bilden können.

18.1.2
Fettgefüllte Kupplungen

Neben der Möglichkeit, ein gutes Schmiermittel auswählen zu können, hat die Fettfüllung den Vorteil, die Kupplungen gegen die Umgebung abzudichten. Die Hochleistungskupplung arbeitet mit sehr kleinen Ausrichtabweichungen und erzeugt üblicherweise kaum Wärme. In vielen Fällen empfangen die Kupplungen mehr Wärme von den Wellen als sie erzeugen. Nur wenige Fettarten können bei Temperaturen > 120 °C (250 °F) arbeiten. Aus diesem Grunde können fettgepackte Kupplungen nicht in einem Gehäuse arbeiten, das die Dissipation der Wärme vermeidet. Fette zersetzen sich bei großen Zentrifugalkräften. In vielen Hochgeschwindigkeitskupplungen erreichen die Kräfte 8000 g's [5]. Es gibt neue Schmiermittel, die sich bei hohen Belastungen nicht zersetzen.

Ein weiterer Nachteil der Fettschmierung sind die Instandhaltungsanforderungen. Kupplungshersteller empfehlen üblicherweise Nachschmierung nach jeweils 6 Monaten. Es gibt jedoch fettgepackte Kupplungen, die noch nach 2 Jahren instandhaltungsfreiem Betrieb in sehr gutem Zustand waren.

18.1.3
Kontinuierlich geschmierte Kupplungen

Schmierung bei kontinuierlichem Ölstrom kann eine ideale Methode darstellen, wenn:
1. die Freiheit zur Auswahl des Öltyps besteht
2. ein unabhängiger Schmierkreislauf vorhanden ist.

Aus Sicht des Nutzers ist keine Bedingung akzeptabel, nicht nur aufgrund der zusätzlichen Kosten für einen unabhängigen Schmierungskreislauf, sondern auch, weil es fast unmöglich ist, eine Vermischung des Öls dieses Kreislaufs mit dem Schmieröl der restlichen Maschine zu vermeiden.

In der Praxis werden kontinuierlich geschmierte Kupplungen mit dem Öl des Hauptschmierungssystems versorgt. Dieses Öl ist nicht das beste für Kupplungen, und bringt auch große Verschmutzungen zu den Kupplungen. Die im Ölsumpf angesammelten Verschmutzungen verkürzen das Kupplungsleben.

Ölsumpf sammelt sich innerhalb einer Kupplung aus 2 Gründen an: (1) das Schmiermittel ist nicht rein und (2) die Kupplung zentrifugiert und trennt die Verschmutzungen.

Es kann wenig dagegen getan werden, daß sich in der Kupplung die Verschmutzungen abtrennen. Die g-Kräfte in einer Kupplung sind sehr hoch, und der Öldamm, der in die Konfiguration der Kupplungshülse eingebaut ist, verhindert, daß die abgelagerten Verschmutzungen über ihn hinweggehen können.

Einige Hersteller bieten Kupplungen ohne diesen Damm oder mit radialen Bohrungen versehene Kupplungshülsen an. Erfahrungen haben gezeigt, daß

solche Kupplungen im Ölsumpf keinen Schmutz ansammeln. Der Damm erfüllt jedoch 2 nützliche Zwecke:
1. Er hält ein Ölniveau, das hoch genug ist, damit die Zähne komplett in Öl eintauchen.
2. Er hält eine Ölmenge innerhalb der Kupplung, auch wenn das Schmierungssystem ausfällt.

Ohne Öldamm entfallen diese beiden Eigenschaften. Um die gleiche Leistung für eine dammlose Kupplung zu erreichen, sollte die Ölströmung zur Kupplung neu untersucht werden. Öl kann jedoch nicht in einer dammlosen Kupplung gehalten werden. Aus diesem Grunde wird sie von einigen Betreibern nicht akzeptiert. Es gilt abzuwägen, was schwerwiegender ist. Ein möglicher Kupplungsausfall durch Ansammlung im Ölsumpf oder ein unfallverursachter Ausfalls des Schmierungssystems.

18.1.4
Ausfallmoden von Zahnkupplungen

Die Hauptgründe für Ausfälle bei Zahnkupplungen sind Verschleiß oder Oberflächenermüdung, die durch einen Mangel an Schmiermitteln, inkorrekte Schmierungen oder übermäßige Oberflächenspannungen hervorgerufen werden. Durch Überlast oder Ermüdung hervorgerufene Komponentenbrüche sind i.allg. von zweitrangiger Wichtigkeit.

Hochgeschwindigkeiten benötigen relativ leichte Verzahnungselemente. Alle Oberflächenhärtungsprozeduren rufen Verspannungen hervor – um diese Verspannungen auf ein Minimum zu reduzieren, wird vorzugsweise Nitrierung als Härtungsmethode eingesetzt. Diese Methode wird angewandt, nachdem alle Bearbeitungsschritte komplettiert und keine weiteren Korrekturen an der Zähnegeometrie zu machen sind.

Nitrierung erlaubt erhöhte Zahnbelastungen. Der Umfang der erhöhten Kapazität ist nicht exakt bekannt, doch eine 20%-Erhöhung der Belastung bei $10.000–12.000$ min^{-1} hat sich als zuverlässig erwiesen. Ein weiterer Vorteil der nitrierten Kupplung ist ein Reibungskoeffizient, der niedriger ist als für durchgehärtete Teile. Die Reibungswärme in der Kupplung vermindert sich. Noch wichtiger ist, daß die Übertragung axialer Kräfte durch die reduzierte Reibung verringert wird.

In vielen Fällen erfolgte vor der Nitrierung eine Nachbearbeitung der Zähne, um die Zahnformen zu korrigieren oder kleine Fehler zu minimieren, wenn derartige Fehler bei der Formgebung der Zähne hervorgerufen wurden.

Zur Sicherung des fast perfekten Zahnkontakts muß die Verzahnung nach der Nitrierung in eine Passung geläppt werden. Läppen beseitigt die Einfahrperiode, die andernfalls 70–120 h benötigt. Während dieser Einfahrperiode tritt üblicherweise eine Überlastung der Zahnoberflächen auf.

Tabelle 18-2. Typische Ausfälle von Zahnkupplungen

Standard- oder geschlossene Schmierung	Kontinuierliche Schmierung
Verschleiß Fretting-Korrosion „Wurmspuren" Kalte Strömung Schmierungstrennung	Verschleiß Korrosiver Verschleiß Kupplungsverschmutzung Kerbbildung und Verschweißung „Wurmspuren"-Bildung

Tabelle 18-3. Diagnostische Analyse von Zahnkupplungen

Beschädigungen oder Belastungszeichen	Grund
Abbau der Getriebezahnoberflächen (hohe Verschleißraten, Kerben, Wurmspuren (worm tracking))	Niedrige Ölviskosität und/oder hohe Ausrichtfehler
Getriebezahnoberflächenabbau und Überhitzung	Fehlausrichtung, hohe Gleitgeschwindigkeit
Zahnbruch und Verschleiß	Großer Ausrichtfehlerwinkel
Gebrochene Nabe, Paßfedern geschert	Zu viel Schrumpfpassung an der Welle
Abschluß – Verschlissene und gebrochene Zähne	Verschmutztes Schmierungssystem, übermäßige Fehlausrichtung
Wurmspuren (worm tracking)	Fehlausrichtung, Separation des Schmiermittels, niedrige Ölviskosität
Gebrochener End- oder Abdichtungsring	Zu großer Zwischenraum Welle-zu-Welle und Fehlausrichtung
Oberflächenbeschädigungen in den Bohrungen	Falsche Ausbautechniken, unzureichende oder falsche Erwärmung, übermäßige Überschneidung in der Passung
Verfärbung der Bohrung	Falsche hydraulische Passung, Verschmutzung zwischen Welle und Nabe
Bruch von Komponenten	Überlastung oder Ermüdung, stoßartige Belastung
Kaltströmung, Verschleiß und Fressen	Hohe Schwingungen
Schraubenscherung, Dehnung der Schraubenbohrung	Übermäßige Setzerscheinungen an den Muttern
Ablagerungen von Schmierstoffbestandteilen	Zentrifugale Kräfte
Zurückhaltung von Ölnebelverschmutzungen	Zentrifugale Kräfte
Schmierstoffabbau	Hohe Umgebungstemperatur

Zum Erreichen der maximalen Zuverlässigkeit sollten nitrierte Verzahnungen spezifiziert sein. Die Zusatzkosten für die Passläppung sind unerheblich.

Der Hauptfehler bei Zahnkupplungen sind Oberflächenausbrüche (fretting) auf den Zahnoberflächen. Diese Oberflächenausbrüche können durch unzulängliche Schmierung hervorgerufen werden. Schmierungsprobleme können durch das angewandte Schmierungssystem kategorisiert werden. Die 2 Schmierungssysteme sind: der Einzeleinsatz und die kontinuierliche Schmierung. Tabelle 18-2 zeigt einige der üblichen Probleme bei Zahnkupplungen, abhängig vom angewandten Schmierungssystem. Ausrichtfehler sind ein weiteres Problem bei Zahnkupplungen. Übermäßige Ausrichtfehler können zu verschiedenen Problemen wie Zahnbruch, Kerbbildung, kalte Strömung, Verschleiß und Oberflächenschäden (pitting) führen. Befestigungen sind eine andere Problemquelle bei Kupplungen.

Kupplungsbefestigungen sollten gut wärmebehandelt sein, damit sie den bei Hochgeschwindigkeitskupplungen auftretenden großen Kräften standhalten. Befestigungen sollten sorgfältig mit dem erforderlichen Drehmoment befestigt sein, und nach 4- bis 6maligem Auseinanderbau sollte der gesamte Befestigungssatz erneuert werden. Schraubenscherung oder Schraubenlochdehnung resultiert daraus, daß sich die Schrauben in den Gewinden setzen, bevor die Kupplungsflansche fest sind. Somit werden die Kräfte durch die Schrauben und nicht durch die Flanschoberflächen übertragen. Schrauben und Muttern sollten innerhalb sehr kleiner Toleranzen gewichtsmäßig ausgewuchtet sein. Tabelle 18-3 zeigt eine Diagnoseanalyse für die Fehler von Zahnkupplungen.

18.2
Metallmembrankupplungen

Die Metallmembrankupplung [7, 8] ist relativ neu bei Turbomaschinenanwendungen. Obgleich der erste aufgezeichnete Einsatz auf das Jahr 1922 zurückgeht – sie wurde an einer Kondensationsdampfturbine in einer Lokomotive eingesetzt –, kamen die geformten Membranen bis in die späten 50er Jahre nicht zu einem weitverbreiteten Einsatz.

Membrankupplungen nehmen mit ihrer Flexibilität Systemfehlausrichtungen auf. Ermüdungsresistenz ist das Hauptleistungskriterium. Die erwartete Lebensdauer einer Membrankupplung, die innerhalb ihrer Auslegungsgrenzen betrieben wird, ist theoretisch unendlich. Abbildung 18-6 zeigt eine typische Metallmembrankupplung.

Abbildung 18-7 zeigt einen Schnitt durch eine Membrankupplung. Die Kupplung hat nur 5 Teile: die 2 festen Flansche, 1 Spulenstück und 2 Ausrichtungsringe. Diese 5 Teile sind fest miteinander verschraubt, und Fehlausrichtung wird durch flexible Verformung der 2 Membranen an der Spule aufgenommen. Das Spulenstück ist aus 3 separaten Teilen zusammengesetzt: 2 Membranen und ein Zwischenrohr. Diese Teile sind mit Elektronenstrahlen zusammengeschweißt. Das Herz dieser Kupplungen ist die flexible Scheibe; sie ist aus einem vakuumentgasten Edelstahl gefertigt, geschmiedet mit in radiale Richtung orientierten Körnern und mit hochgenauen Werkzeugmaschinen zum endgültigen Profil der Kontur bearbeitet.

Die Kontur des Profils ist in Abb. 18-8 gezeigt. Die Membran unterliegt einer axialen Verformung. Die Kräfte, die auf die Scheibe wirken und die Spannungen

18 Kupplungen und Ausrichtung

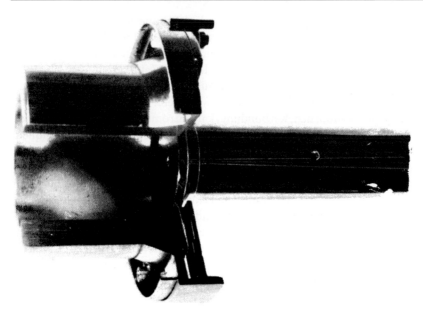

Abb. 18-6. Metallmembrankupplung (ein Ende). (Genehmigung von Koppers Company, Inc.)

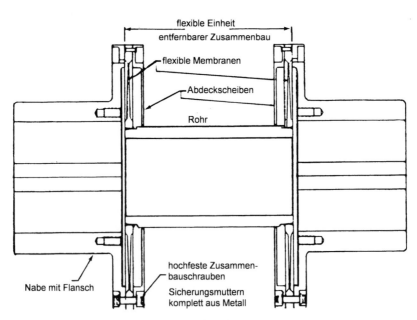

Abb. 18-7. Schema einer typischen Membrankupplung (Genehmigung von Koppers Company, Inc.)

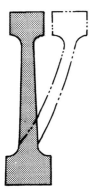

Abb. 18-8. Axiale Verformung in einer Scheibe

erzeugen, sind durch Scherkräfte, zentrifugale Kräfte und axiale Verformung hervorgerufen. Standardmethoden zur Berechnung zentrifugaler Kräfte in einer rotierenden Scheibe [9] zeigen, daß sowohl tangentiale als auch radiale Spannungen mit einer Verringerung des Radius schnell ansteigen.

Die durch axiale Verformungen entstehenden Spannungen sind an den Naben viel größer als am Membranaußendurchmesser (s. Abb. 18-9). Es soll eine gleichmäßige Spannungsverteilung in der Membran aufrechterhalten werden, wenn die verschiedenen, auf die Membran wirkenden Kräfte maximal sind. Deshalb muß die Membran so eingesetzt werden, daß die Profilkonturen sowohl an der Nabe als auch am Außendurchmesser derart verbunden sind, daß die Spannungen reduziert werden.

Membrankupplungen sind bei Axialversatzproblemen empfindlicher als Zahnkupplungen, da die Membran eine maximale Verformung hat.

Theoretisch wird eine Membrankupplung keine Probleme oder Ausfälle haben, solange sie innerhalb ihrer „Auslegungsgrenzen" betrieben wird. Die Membran versagt bei übermäßigem Drehmoment. Zwei ausgeprägte Ausfall-

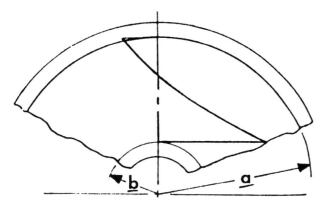

Abb. 18-9. Spannungsverteilung unter axialer Verformung

moden können gefunden werden – eine bei Axialverschiebung gleich Null, die andere bei großer axialer Verschiebung [10]. Axialverschiebung gleich Null ist durch eine kreisförmige Rißlinie charakterisiert, die durch den dünnsten Teil der Membran geht. Der Riß ist relativ glatt und deshalb ist eine Verformung der Scheibe nicht sichtbar. Die große axiale Verschiebung der Winkelfehlausrichtung, die zum Scheibenausfall führt, ist durch eine Rißlinie charakterisiert, die einem Zufallspfad folgt, der vom dünnsten zum dicksten Teil der Scheibe geht. Die Rißlinie ist sehr unregelmäßig und es entstehen ernste Verformungen in dem Teil der Scheibe, der nicht versagt hat. Der Ausfall in diesem Modus stellt sich so dar, daß die Rißlinie sich über 270° fortsetzt, bevor die Scheibenverformung eintritt. Dies zeigt, daß die Drehmomentbelastung nur einen kleinen Teil der totalen Spannungen in der Scheibe ausmacht. Bei Metallmembrankupplungen können Probleme auch durch korrosive Vorgänge an den Membranen auftreten. Somit müssen Beschichtungen sehr sorgfältig ausgeführt werden, um die Membran gegen Beschädigungen durch kritische Umgebungsbedingungen zu schützen.

18.3
Metallscheibenkupplungen

Der Hauptunterschied zwischen Metallmembrankupplungen und den typischen flexiblen Metallscheibenkupplungen besteht darin, daß die Membran zwischen den Naben und dem Zwischenstück durch Scheiben ersetzt wird. Abbildung 18-10 zeigt ein Schema dieser Kupplungen. Eine typische flexible Metallscheibenkupplung besteht aus 2 Naben, die fest mit einer Übergangspassung oder einem Flanschbolzen am Antrieb und der angetriebenen Welle der angeschlossenen Maschine befestigt sind.

Um Fehlausrichtungen auszugleichen, sind an jedem Anschlußflansch dünne Scheibensätze befestigt. Ein Zwischenstück überspannt die Lücke zwischen den Wellen und ist an jedem flexiblen Element an beiden Enden befestigt.

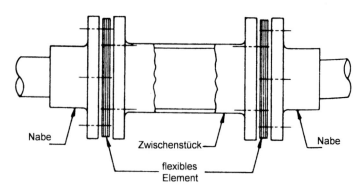

Abb. 18-10. Typische flexible Metallscheibenkupplungen

18.3 Metallscheibenkupplungen

Die funktionalen Anforderungen und Charakteristika des flexiblen Elements bestehen darin, ein vorgeschriebenes Drehmoment zu übertragen und hierbei auch alle Systemüberlastungen, wie Knicke oder permanente Verformungen, aufzunehmen. Mit anderen Worten, sie müssen Torsionsstabilität aufweisen. Jedoch müssen die flexiblen Elemente hinreichende Flexibilität haben, um parallele, Winkel- oder axiale Fehlausrichtung aufzunehmen, ohne übermäßige Kräfte und Momente auf die Maschinenwellen und Lager zu übertragen. Unter Aufrechterhaltung der Spannungsniveaus, die innerhalb der Dauerbruchgrenzen des flexiblen Materials liegen, müssen die beiden vorstehend genannten Anforderungen erfüllt werden. Flexible Metallkupplungen sind bekannt dafür, daß sie manchmal Schwingungen mit großen Amplituden in axiale Richtung zeigen, wenn sie mit der Eigenfrequenz der Kupplung angeregt werden.

Der Umfang der in einer flexiblen Metallkupplung vorhandenen Dämpfung wird als relativ klein betrachtet, obgleich bekannt ist, daß sie für die Scheibenkupplung mit dünnen Scheiben größer ist als für eine Kupplung, die aus einer einteiligen Membran besteht. Der Grund für die größere Dämpfung besteht darin, daß die Konfiguration der dünnen Scheiben unter Bedingungen axialer Bewegung einen mikroskopischen Anteil von Bewegung zwischen den einzelnen dünnen Scheiben aufnimmt, wie in Abb. 18-11 dargestellt. Da das Element mit einer Schraubenvorspannung zusammengehalten wird, gibt es eine Reibungskraft, die sich dem Rutschen widersetzt.

Die Felderfahrung der Hersteller und Betreiber von Turbomaschinen hat gezeigt, daß die axiale Resonanzfrequenz einer flexiblen Metallkupplung manchmal Probleme hervorrufen kann, die durch den gesamten Antriebszug reflektiert werden können. Bei Scheibenkupplungen mit dünnen Scheiben tritt dieses Problem nur auf, wenn es eine extern angreifende Funktion gibt. Diese Bedingung kann ein Ergebnis aerodynamischer oder hydraulischer Schwingungen im Maschinenzug sein. Sie kann auf Querschnittsabweichungen in den axialen Muffen beruhen, auf Zahnradungauigkeiten oder elektrischen Anregungen bei motorangetriebenen Maschinen. Es ist möglich, einen Betrieb der Kupplungen bei oder nahe der Resonanz zu vermeiden, wenn dies während des Auslegungsstadiums des Systems berücksichtigt wird. Jedoch treten derartige Probleme nicht immer auf, nachdem eine Maschine in Betrieb genommen wurde. Mehr Informationen bzgl. Natur und Größenordnung externer Anregungen sind erforderlich.

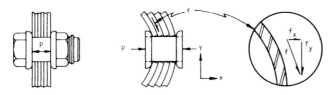

Abb. 18-11. Reibdämpfung in einer Metallscheibenkupplung

18.4
Turbomaschinen-Vergrößerungen

Wenn eine vorhandene Kupplung durch einen neuen Kupplungstyp ersetzt werden soll, z.B. aufgrund einer Maschinenvergrößerung, dann muß eine genaue Untersuchung vorgenommen werden. Hierfür müssen die neuesten Techniken eingesetzt und die Art des zu verkuppelnden rotierenden Systems untersucht werden. Kupplungen, ob Zahn- oder Scheibenkupplung, sollten nicht einfach aus einem Katalog „herausgepickt" werden. Einige Informationen sind sehr alt und einige wurden bereits auf anderen Wegen im Feld überholt. Leider sind derartige Engineering-Untersuchungen mit vielbeschäftigten Maschinenlieferanten nicht einfach zu arrangieren.

Daher tendiert man dahin, die offensichtlichen Charakteristika der bestehenden Kupplungen zusammenzuführen und abzuwarten, was passiert. Viele ältere Konstruktionen haben relativ schwere Wellen mit großen Durchmessern. Retrofits an ihnen waren sehr erfolgreich und problemlos [11]. Teile dieses Erfolgs beruhen auf der Kooperation zwischen Ingenieuren der Kupplungshersteller und den Herstellern der rotierenden Maschinen. Die Gesellschaften, die als erste Scheibenkupplungen angeboten haben, um deren Erfolg zu sichern, haben ebenfalls großen Anteil durch ihre Leistungen und zusätzlichen Anstrengungen.

Wenn für Retrofits und neue Installationen die verfügbare Zeit dieser Ingenieure verbraucht wird, steigt das Potential für Unterlassungen. Deshalb sollte mehr Zeit für diese Arbeit bereitgestellt werden.

Kupplungsanwendung ist eine Engineering-Aufgabe, die auch die Konstrukteure von Kupplungen und rotierenden Maschinen angeht. Der Betreiber kann im Rahmen seiner Einkaufstechnik die Wahl des Kupplungstyps, mit dem seine Betriebs- und Instandhaltungsleute zu arbeiten haben, festlegen und hiermit diese Anstrengungen unterstützen oder behindern.

In jedem Fall sollte eine gute Einkaufsvorschrift sicherstellen, daß die Auswahl und Auslegung der Kupplung der Rotorkonstruktionsarbeit nachfolgt und die Kupplungen von Wettbewerbsangeboten ausnehmen. Die Kupplung ist zu wichtig, um die Zuverlässigkeit aufgrund anfänglicher Kosteneinsparungen zu riskieren.

Scheibenkupplungen werden aus 2 Gründen als Ersatz für Zahnkupplungen genutzt: (1) Sie benötigen keine Schmierungen und (2) kann die Maschinenleistung mit ihnen vergrößert werden.

Kompressor- und Antriebsmaschinenwellen zeigen oft, daß sie bei Leistungsvergrößerung überlastet sind. Jedoch kann eine Änderung von konventionellen Zahnkupplungen zu den neueren Membrankupplungen die Wellenspannungen genug mindern, damit der Ersatz der Wellen aufgrund von Leistungsvergrößerungen von Kompressoren oder Kompressorantrieben vermieden werden kann.

Eine genaue Untersuchung, wie der Maschinenlieferant seine maximal erlaubten Spannungsniveaus erreicht, kann oftmals zeigen, daß diese Wellenauswechslungen durch Optimierung der Kupplungsauswahl ohne ungebührliche

18.4 Turbomaschinen-Vergrößerungen

Risiken vermieden werden können. Dies basiert auf der Tatsache, daß Zahnkupplungen das Potential haben, sowohl Torsions- [12, 13] als auch Biegespannungen in der Welle hervorzurufen. Membrankupplungen hingegen tendieren dazu, hauptsächlich Torsionsspannungen und im Bestfall nur geringfügige Biegespannungen hervorzurufen.

Um festzustellen, ob eine Maschinenleistung ohne Installation einer größeren Welle erhöht werden kann, sind die auf die Wellen wirkenden Kräfte zu berechnen. Diese Kräfte können in 3 separate Kategorien eingeteilt werden: (1) Torsions-, (2) Axial- und (3) Biegekräfte [14]. Torsionskräfte sind eine Funktion der Rotationsdrehzahl der Welle und der übertragenen Leistung. Sie können berechnet werden mit

$$T = \frac{63.000 \ (hp)}{rpm}$$

(1,36 hp = 1kW). Die Torsionsspannung τ_T kann berechnet werden mit

$$\tau_T = \frac{16T}{\pi d^3}$$

Es ist eine allgemein akzeptierte Annahme, daß die axiale Spannung 20% der Torsionsspannung nicht überschreiten wird. τ_a kann deshalb erhalten werden mit $\tau_a = 0{,}20\,\tau_T$. Diese 2 Spannungen sind für jeden Kupplungstyp gleich; jedoch wird die Biegespannung abhängig vom eingesetzten Kupplungstyp variieren.

Es gibt 3 relevante Biegemomente, die von einer Zahnkupplung hervorgerufen werden, wenn das Drehmoment mit Winkel- oder paralleler Fehlausrichtung übertragen wird.

1. *Durch Kontaktpunktverschiebung hervorgerufenes Moment.* Dieses Moment wirkt in der Winkelfehlausrichtungsebene und tendiert dazu, die Kupplung zu längen. Es kann ausgedrückt werden als

$$M_c = \frac{T}{\frac{D_p}{2}} \cdot \frac{X}{2}$$

mit

T = Wellendrehmoment
D_p = Eingriffsdurchmesser der Zahnkupplung
X = Zahnflächenlänge (Abb. 18-12)

2. *Durch Kupplungsreibung hervorgerufenes Moment.* Dieses Moment wirkt in einer Ebene in einem rechten Winkel relativ zur Winkelfehlausrichtung. Es hat die Größenordnung

$$M_f = T\mu$$

hierbei ist μ der Reibungskoeffizient.

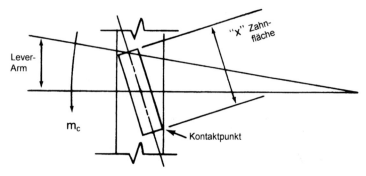

Abb. 18-12. Verschiebung im Kontaktpunkt

3. Durch eine Torsionsspannung, die durch den Fehlausrichtungswinkel α dreht, hervorgerufenes Moment. Es wirkt in die gleiche Richtung wie das Reibungsmoment M_f und kann ausgedrückt werden als

$M_T = T \sin \alpha$

Das Gesamtmoment ist die Vektorsumme der individuellen Momente

$$M_{total} = \sqrt{M_c^2 + \left(M_f + M_T\right)^2}$$

Die Kupplung mit gekrümmter Membran ruft 2 Biegemomente hervor:

1. Durch Winkelfehlausrichtung hervorgerufenes Moment. Dieses führt zu einer Biegung der Membran

$M_B = k_B \alpha$

In diesem Ausdruck ist k_B die auf den Winkel bezogene Federkonstante der Membran (lb–in/Grad) und α der Fehlausrichtungswinkel. Dieses Moment wirkt in der Winkelfehlausrichtungsebene so wie M_c in der Zahnradkupplungsanalyse.

2. Durch ein drehendes Drehmoment mit einem Fehlausrichtungswinkel α hervorgerufenes Moment. Dies kann ausgedrückt werden als

$M_T = T \sin \alpha$

das Gesamtmoment ist nun

$$M_{total} = \sqrt{M_B^2 + M_T^2}$$

Der Vergleich der durch Zahnkupplungen hervorgerufenen Biegemomente mit durch eine Kupplung mit gekrümmter Membran vorliegenden zeigt, daß erstere signifikant und letztere fast vernachlässigbar sind. Die zyklische Biegespannung, die auf eine mit Zahnkupplungen ausgerüstete Welle wirkt, kann berechnet werden durch

$$\sigma_a = \frac{M_{total} \cdot C}{I}$$

mit
C = Wellenradius
I = Flächenträgheitsmoment der Wellen

Zusätzlich gibt es eine Hauptdehnspannung, die auf die Querschnittsfläche der Welle wirkt. Dieser Effekt bewirkt, daß die Spannung

$$\sigma_m = \frac{T\mu}{(D_p/2)(\pi C^2)\cos\Theta}$$

wird, wobei Θ der Druckwinkel ist, der für die Zahnradzähne angenommen wird.

Die Zyklusbiegespannung, gesehen von der mit Membrankupplung ausgerüsteten Welle, kann mit einer schnellen Verhältnisberechnung berechnet werden

$$\frac{\sigma_a(Membrankupplung)}{\sigma_a(Zahnkupplung)} = \frac{M_{total}(Membrankupplung)}{M_{total}(Zahnkupplung)}$$

Die Hauptdehnspannung, die auf den Querschnittsbereich der mit Membrankupplungen ausgestatteten Welle wirkt, hängt sowohl davon ab, wie weit die Membran axial von ihrer neutralen Ruhelage ausgelenkt wird, als auch von der axialen Federkonstante der Membran.

Für kombinierte Biegung und Torsion kann der Sicherheitsfaktor mit folgender Beziehung berechnet werden:

$$n = \frac{1}{\sqrt{\left(k_f \frac{\sigma_a}{\sigma_e} + \frac{\sigma_m}{\sigma_{y.p.}}\right)^2 + 3\left(k'_f \frac{\tau_a}{\sigma_e} + \frac{\tau_m}{\sigma_{y.p.}}\right)^2}}$$

mit
σ_e = Dauerhaltbarkeitsgrenze für Zug
σ_{yp} = Minimale Dehnstärke bei Zug

Der Spannungskonzentrationsfaktor k_f resultiert aus der Paßfederlage und muß in Torsionsspannungsberechnungen angewandt werden [15]. Faktor k'_f berücksichtigt die Wellenstufe und muß in Biegespannungsberechnungen angewandt werden.

18.5 Wellenausrichtungen

Die erfolgreiche Wellenausrichtung einer Gasturbine zu der von ihr angetriebenen Einheit ist von großer Wichtigkeit. Ein Hauptanteil der Betriebsprobleme,

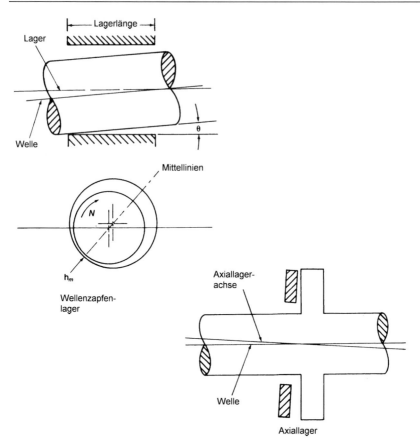

Abb. 18-13. Fehlausrichtung in Wellenzapfen- und Axiallagern

wie sie im Feld erfahren werden, kann oftmals fehlerhafter Ausrichtung zugeordnet werden. Betriebsprobleme, die durch Fehlausrichtung hervorgerufen werden, beinhalten übermäßige Schwingungen, Kupplungsüberhitzung, Verschleiß und Lagerausfälle.

Typische Fehlausrichtungsprobleme zeigen sich bei zweifacher Rotationsdrehzahl mit axialen Schwingungen bei ein- oder zweifacher Drehzahl. Mit flexiblen Membrankupplungen können Schwingungen in gewissem Maße unterdrückt werden. Aus diesem Grunde sollten Züge mit diesen Kupplungen periodisch überwacht werden, um abzusichern, daß sie ausgerichtet sind.

Perfekte Ausrichtung – exakte Wellenkolinearität unter Betriebsbedingungen – ist schwierig und wirtschaftlich kaum zu erreichen. Der Grad tolerierbarer Fehlausrichtung ist eine Funktion der Kupplungslänge, Größe und Drehzahl. Einige Gesellschaften spezifizieren eine minimale Länge des Kupplungszwischenstücks von 450 mm (18 inches), da längere Kupplungslängen höhere Fehlauswuchtung tolerieren können.

Das von der Maschine tolerierte Maß der Fehlausrichtung hängt auch vom Lagertyp und von den eingesetzten Axiallagern ab. Kippsegmentlager reduzieren das Fehlauswuchtungsproblem in hohem Maße. Abbildung 18-13 zeigt Fehlausrichtung in Wellenzapfen- und Axiallagern. Die Fehlauswuchtung auf ein Wellenzapfenlager bewirkt, daß die Welle das Ende des Lagers berührt. Somit ist die Wellenzapfenlänge ein Kriterium der Größe der Fehlausrichtung, die ein Lager tolerieren kann; eine kürzere Länge kann offensichtlich höhere Fehlausrichtung tolerieren. Der zu erzielende Effekt auf das Axiallager ist, ein Segment der Axiallagerwinkelfläche zu belasten und das entgegengesetzte Segment zu entlasten. Dieser Effekt wird mit größeren Belastungen und weniger flexiblen Lagern ausgeprägter.

18.5.1
Das Verfahren zur Wellenausrichtung

In jedem Ausrichtprozeß gibt es im Prinzip 3 Stufen: (1) die Vorausrichtungs-Untersuchung, (2) die kalte Ausrichtung und (3) die heiße Ausricht-Nachprüfung.

Die Vorausrichtungs-Untersuchung. Diese Untersuchung wird bereits weit vor dem kalten Ausrichten durchgeführt. Dabei werden Verrohrung, Einzementierung, Fundamentverschraubungen usw. untersucht und sichergestellt, daß diese sorgfältig ausgeführt und von guter Qualität sind.

Nochmals werden Gehäuseverzug, Rohrdehnungen, Fehlausrichtungen von Maschinenständen relativ zur Grundplatte usw. untersucht und Korrekturen vorgenommen, damit diese Probleme keine Ausrichtprobleme verursachen können.

Rohrdehnungen sind bei weitem die größten Problemverursacher. Deshalb sollte die Verrohrung sorgfältig überprüft werden, um zu sichern, daß sie gut und entsprechend den Spezifikationen ausgeführt wurden. Es wurden Rohrdehnungen bis zu 5,6 mm (0,22 inches) beobachtet.

Eine typische Rohrdehnung tritt auf, wenn 2 Flansche sich nicht treffen, die Rohrverbinder sie aber zusammenzwingen. Schlecht angesetzte oder Scherkräften ausgesetzte Rohraufhängungen können ebenfalls ernsthafte Rohrspannungsprobleme verursachen.

Kalte Ausrichtung. Zwei Techniken werden für die kalte Ausrichtung bevorzugt eingesetzt: (1) die Stirnflächen-Außendurchmesser(OD)-Methode und (2) die Gegenüberliegende-Meßanzeiger-Methode. Beide Techniken nutzen Meßuhren zur Anzeige der Drehung. Für Hochgeschwindigkeits-Turbomaschinen ist die Gegenüberliegende-Meßanzeiger-Methode die überlegene und sollte deshalb eingesetzt werden [16].

Abbildung 18-14 zeigt einen Stirnflächen-OD-Anzeigenaufbau. Wie der Name zeigt, ist eine Ausrichtvorrichtung an einer Kupplungsnabe befestigt, und Stirnflächen-OD-Ablesungen werden an der gegenüberliegenden Nabe aufgenommen. Die Stirnflächen- und OD-Meßuhrablesungen geben einen Hinweis auf die Winkeligkeit und die Mittellinienabweichungen der Wellen. Die Probleme dieser

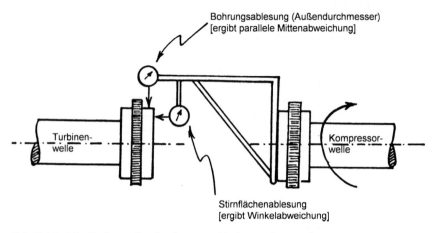

Abb. 18-14. Stirnfläche-Außendurchmesser (OD), Anzeiger-Aufbau

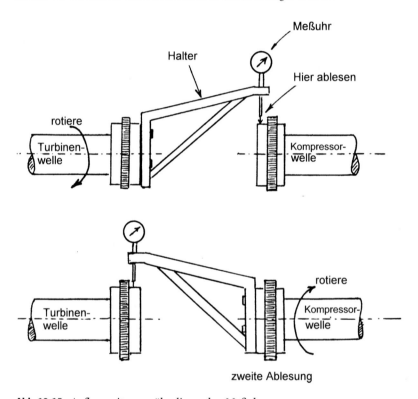

Abb. 18-15. Aufbau mit gegenüberliegenden Meßuhren

Methode sind zahlreich. Zunächst gibt es das Problem eines axialen Drifts an der Welle. Dies macht es schwierig, konsistente Ablesungen zu erhalten. Zum zweiten sind Ungenauigkeiten in der Geometrie der Kupplungsnabe zu berücksichtigen. Drittens ist der Stirnflächendurchmesser, an dem die Ablesungen aufgenommen werden, relativ klein, und Fehler werden über die Länge der Maschine um Größenordnungen verstärkt. Die Gegenüberliegende-Meßanzeiger-Methode ist in Abb. 18-15 dargestellt. Sie mißt nur den OD (Außendurchmesser) der Kupplungsnaben oder Wellen und beseitigt das Problem axialer Wellenbewegungen. Durch die Spanne über die gesamte Kupplung ist Winkelfehlausrichtung enorm verstärkt. Sowohl für die Stirnflächen-OD als auch die Gegenüberliegende-Meßanzeiger-Methode ist es wichtig, daß ein Durchhängen an der Ausrichtvorrichtung festgestellt wird. Abbildung 18-16 zeigt eine Methode für die Bestim-

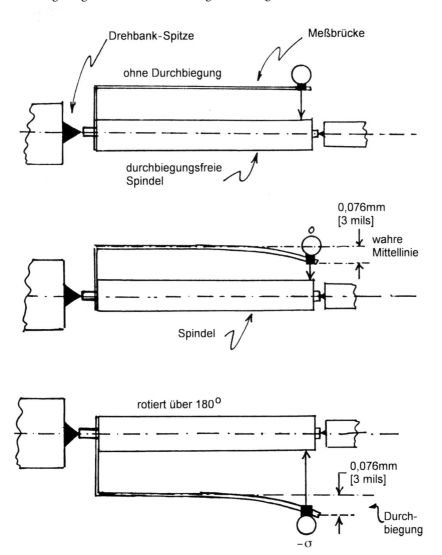

Abb. 18-16. Methode zur Bestimmung der Durchhängung

mung der Durchhängung. Sobald diese Durchhängung festgestellt ist, muß sie permanent auf ihre obere Querverbindung eingestempelt werden. Die Ausrichtvorrichtung sollte als ein wichtiges Präzisionswerkzeug angesehen werden und muß mit Sorgfalt gelagert und behandelt werden, so daß sie wieder eingesetzt werden kann, wenn ein nachträgliches Ausrichten erforderlich ist.

Sobald die Drehindikatoren-Ablesungen durchgeführt sind, können 2 Wellenmittellinien auf Zeichenpapier aufgetragen werden. Zu diesem Zeitpunkt werden angenommene thermische Ausdehnungen eingesetzt, um die Unterlegscheiben festzulegen und die Kolinearitäten der Wellen zu erhalten, wenn die Einheiten bei heißen Bedingungen fahren. Die von den Herstellern gelieferten Werte sind leider nicht immer korrekt, und Rohrdehnungen und andere externe Kräfte können ins Spiel kommen. Aus diesem Grunde ist die Heißausrichtungsnachprüfung auszuführen.

Eine einfache grafische Darstellung, wie für die Gegenüberliegende-Meßanzeiger-Methode auszuführen ist, zeigt die grundlegenden Prinzipien. Ein Dampfturbinen-Kompressor-Zug ist in Abb. 18-17 dargestellt. Es wird angenommen, daß dieser Zug eine neue Installation ist, und die vom Hersteller geschätzten thermischen Wachstüme sind wie in Abb. 18-17 angezeigt. Gegenüberliegende-Meßanzeiger-Ablesungen wurden genommen, um die relativen Wellenpositionen zu bestimmen. Sobald Ablesungen ausgeführt sind, werden die geschätzten thermischen Wachstüme unter Einbringung von Unterlegscheiben eingesetzt in der Hoffnung, eine gute heiße Ausrichtung zu erreichen. Die Nachprüfung der Heißausrichtung wird zur Feststellung des tatsächlichen ther-

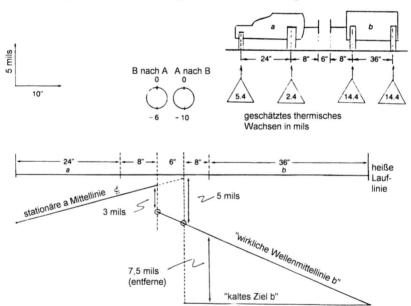

Abb. 18-17. Grafische Darstellung für den Aufbau mit gegenüberliegenden Meßuhren (3 mils = 0,076 mm, 5 mils = 0,127 mm, 7,5 mils = 0,19 mm)

mischen Wachstums benötigt. Dann werden, falls erforderlich, abschließende Unterlegscheibenänderungen ausgeführt. Dieses Beispiel beinhaltet nur vertikale Bewegungen. Horizontale Bewegungen erhält man auf ähnliche Art und Weise. Für die grafische Darstellung wird eine Verstärkungsskala an der vertikalen y-Achse von 25,4 mm (1 inch) gleich 0,13 mm (5 mils) vertikalem Wachstum benötigt, während die x-Achse eine Skala von 25,4 mm (1 inch) gleich 254 mm (10 inches) Zuglänge bzw. Turbosatzlänge hat.

In diesem Beispiel wird angenommen, daß Maschine A befestigt werden muß und alle Bewegungen auf Maschine B bezogen werden müssen. Wie in Abb. 18-17 gezeigt, wird zuerst eine „heiße Lauflinie" gezeichnet. Diese Linie ist dort, wo die Wellen sein sollen, wenn die Maschine betrieben wird.

Nun wird unter Gebrauch thermischen Wachstums von Maschine A und B eine „Kaltziel-B"-Linie gezeichnet. Diese Linie ist dort, wo Welle B liegen sollte. Wird Welle B heiß, entsteht eine Kolinearität mit Welle A auf der heißen Lauflinie.

Die nächste Stufe ist die Nutzung der Drehindikatoranzeigen, um festzustellen, wo die Wellen tatsächlich relativ zueinander liegen. Die B-zu-A-Ablesungen zeigen, daß Welle B um 0,08 mm (3 mils) (halbe Drehanzeigeablesung) unterhalb Welle A liegt, und die A-zu-B-Ablesungen zeigen, daß Welle A um 0,13 mm (5 mils) oberhalb Welle B liegt. Sobald diese beiden Punkte bestimmt sind, kann Welle B gezeichnet werden. Diese Linie ist die „tatsächliche Welle-B"-Linie. Sobald dieses Verfahren durchgeführt ist, können die benötigten Unterlegscheibenänderungen leicht gefunden und die „benötigten" Anzeigeablesungen zu den Fräsmaschinen gegeben werden.

Eine ähnliche Prozedur folgt für horizontale Bewegungen. Wenn die heiße Ausrichtungsüberprüfung zeigt, daß eine ernsthafte Abweichung von den erwarteten thermischen Wachstümen und ein nichtakzeptabler Anteil von Fehlausrichtung vorliegen, können weitere Unterlegscheibenänderungen durch ähnliche Auftragung erzielt werden.

Heiße Ausrichtungsüberprüfung. Diese Technik erlaubt es, den tatsächlichen Ausrichtungszustand der heißen Maschine festzustellen. Sobald die Maschinen laufen, ist es nicht möglich, die Meßuhrentechnik an den Wellen anzuwenden.

Das alte Konzept einer „heißen Überprüfung" – in der die Einheiten stillgesetzt und die Kupplungen so schnell wie möglich geöffnet wurden, um die Meßuhrablesungen auszuführen – sollte nicht benutzt werden. Die heute genutzten, kontinuierlich geschmierten Kupplungen benötigen für die Zerlegung so viel Zeit, daß eine nicht vernachlässigbare Abkühlung eintritt. Aus diesem Grunde wurden diverse Heißausrichtungstechniken entwickelt: optische und Lasermethoden, Wegaufnehmermethoden und eine rein mechanische, bei der Meßuhren für heiße Ausrichtungsüberprüfungen eingesetzt werden. In diesen Methoden wurde der Ansatz gemacht, die kalte Position der Welle als Vergleichsmessung einzusetzen, um dann die Messungen der Wellenbewegungen (oder der Lagergehäuse) von der kalten zur heißen Position zu messen. Das Ziel besteht darin, die Änderungen in vertikaler und horizontaler Position jedes Wellenendes zu finden. Sobald dieses Verfahren entlang dem Zug ausgeführt ist, können die

Maschinen abgeschaltet werden, um mit passenden Unterlegscheibenänderungen akzeptable heiße Ausrichtung zu erreichen.

Im Prinzip nutzen die optischen Methoden Geräte wie Ausrichtungsteleskope, Jig-Transits und Sichtniveaus. Instrumente mit eingebauten optischen Mikrometern zur Messung von Auslenkungen zu einer Referenzsichtlinie erlauben eine akkurate Untersuchung von Bewegungen der Zielobjekte, die an der Maschine befestigt sind [17].

Optische Ausrichtreferenzpunkte befinden sich an den Lagergehäusen der Einheiten. Ein Jig-Transit wird dann in einiger Entfernung vom Zug aufgestellt. Es werden Ablesungen durchgeführt und in der vertikalen Ebene für jeden Referenzpunkt des Zuges aufgezeichnet. Dann wird das Transit bewegt und wieder Ablesungen in der horizontalen Ebene aufgenommen. Diese Prozedur sollte zeitgleich mit den Ablesungen an den gegenüberliegenden Meßuhren durchgeführt werden. Ist der Zug in seiner Betriebsbedingung, dann können weitere Ablesungen aufgenommen werden. Die 2 Datensätze und die Meßuhrablesungen der kalten Ausrichtung ermöglichen die Feststellung vertikaler und horizontaler Wachstüme an jedem Punkt.

Der Vorteil dieses Systems liegt in seiner Genauigkeit. Sobald die Referenzmarken an der Maschine sind, gibt es keine Notwendigkeit mehr, sich der Maschine zu nähern. Jedoch sind die benötigten Geräte teuer und empfindlich und müssen sorgfältig angewandt werden. Darüber hinaus rufen Hitzewellen oftmals einige Probleme bei der Aufnahme der Ablesungen hervor. Die Ausrichtung mit Lasertechniken wurde ebenfalls eingesetzt. Diese Geräte sind jedoch teuer und können nur in bestimmten Situationen angewandt werden, wie z.B. für eine Lagerausrichtungsüberprüfung. Dies wenden hauptsächlich Turbomaschinenhersteller während der Herstellung und dem Zusammenbau ihrer Einheiten an.

Wegaufnehmer wurden ebenfalls eingesetzt, um die Maschinenbewegungen zu messen. Die Wegaufnehmer werden in spezielle, wassergekühlte Säulen montiert und dienen als „Ziele", die in Lagergehäusen oder auf anderen Teilen der Einheit montiert werden. Änderungen in den Spaltabständen werden dann an elektrischen Anzeigen dargestellt [18]. Das Dodd-Bar-System nutzt auf luftgekühlten Stangen montierte Wegaufnehmer, die zwischen den Lagern der 2 auszurichtenden Maschinen angebracht sind. Das Dodd-Bar-System erlaubt eine kontinuierliche Anzeige der relativen Positionen der 2 Wellen [19]. Ein anderes System nutzt innerhalb der Kupplung angebrachte Wegaufnehmer zur kontinuierlichen Anzeige des Ausrichtzustands. Digitale Ablesungen von Ausrichtwinkeln usw. sind mit diesem System verfügbar [20].

Ein rein mechanisches Ausrichtungssystem, das Meßuhren nutzt, wurde ebenfalls entwickelt [21]. Das System nutzt festmontierte Kugeln aus rostfreiem Stahl, die am Lagergehäuse und am Maschinenfundament angebracht sind. Eine federbelastete Vorrichtung mit einer Meßuhr wird befestigt, mit der der Abstand zwischen den 2 Kugeln genau festgestellt werden kann. Zusätzlich wird der Winkel an den Kugeln gemessen. Abbildung 18-18 zeigt eine typische Konfiguration. Kalte Ablesungen werden genommen, wenn die Ablesungen an den gegenüberliegen-

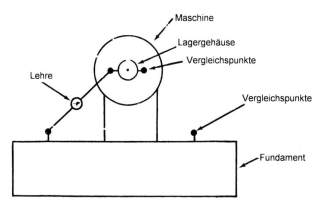

Abb. 18-18. Heißausrichtsystem mit Meßuhr

den Meßuhren durchgeführt werden; heiße Ablesungen dann, wenn die Maschine „Online" ist. Diese beiden Ablesungen sind zur Darstellung der vertikalen und horizontalen Bewegung der Welle ausreichend. Das gleiche Verfahren folgt an jedem Ende der Einheiten im Zug. Berechnungen können entweder grafisch oder mit einem Rechner ausgeführt werden. Direkte Ausgaben sind der Grad der Fehlausrichtung und die Unterlegscheibenänderungen, die zur Korrektur der Fehlausrichtung erforderlich sind.

Die korrekte Ausrichtung ist von großer Wichtigkeit, um eine hohe Verfügbarkeit der Einheit zu erhalten. Ausrichtverfahren müssen sorgfältig geplant werden. Die Werkzeuge müssen i.allg. sorgfältig überprüft und während der Ausrichtung ebenso sorgfältig angewandt werden. Zeit, Anstrengungen und Geldmittel, die für eine gute Ausrichtung eingesetzt werden, zahlen sich stets aus.

18.6 Literatur

1. Wright, J.: Which Flexible Coupling? Power Transmission & Bearing Handbook, Industrial Publishing Co., 1971
2. Kramer, K.: New Coupling Applications or Applications of New Coupling Designs. Proceedings of the 2nd Turbomachinery symposium, Texas A&M Univ., Oct. 1973, pp. 103–115
3. Webb, S.G. and Calistrat, M.M.: Flexible Couplings. 2nd Symposium on Compressor Train Reliability, Manufacturing Chemists Assn., April 1972
4. Calistrat, M.M.: Gear Coupling Lubrication. Amer. Soc. of Lubrication Engineers, 1974
5. Calistrat, M.M.: Grease Separation Under Centrifugal Forces. Amer. Soc. of Mech. Eng., Pub. 75-PTG-3
6. Calistrat, M.M. and Webb, S.G.: Sludge Accumulation in Continuously Lubricated Couplings. Amer. Soc. Of Mech. Eng., 1972
7. Wright, J.: Which Shaft Couplings is Best-Lubricated or Non-Lubricated? Hydrocarbon Processing, April 1975, pp. 191–196
8. Contoured Diaphragm Couplings. Technical Bulletin, Bendix Fluid Power Corp
9. Timoshenko, S.: Strength of Materials Advanced Theory & Problems. 3rd ed. Van Nostrand Reinhold Pub., 1956

10. Calistrat, M.M.: Metal Diaphragm Coupling Performance. Proceedings of the 5th Turbomachinery Symposium, Texas A&M Univ., Oct. 1976, pp. 117–123
11. Bloch, H.P.: Less Costly Turboequipment Uprates Through Optimized Coupling Section. Proceedings of the 4th Turbomachinery Symposium, Texas A&M Univ., 1975, pp. 149–152
12. Calistrat, M.M. and Leaseburge, G.G.: Torsional Stiffness of Interference Fit Connections. Amer. Soc. of Mech. Eng., Pub. 72-PTG-37
13. Wright, J.: A Practical Solution to Transient Torsional Vibration in Synchronous Motor Drive Systems. Amer. Soc. of Mech. Eng., Pub. 75-DE-15
14. Wilson, C.E., Jr.: Mechanisms-Design Oriented Kinematics. Amer. Technical Society, 1969
15. Peterson, R.E.: Stress Concentration Factors. John Wiley & Son, 1953
16. Jackson, C.J.: Cold and Hot Alignment Techniques of Turbomachinery. Proceedings of the 2nd Turbomachinery Symposium, Texas A&M Univ., 1973, pp.1–7
17. Campell, A.J.: Optical Alignment of Turbomachinery. Proceedings of the 2nd Turbomachinery Symposium, Texas A&M Univ., 1973, pp. 8–12
18. Jackson, C.J.: Alignment Using Water and Eddy-Current Proximity Probes. Proceedings of the 9th Turbomachinery Symposium, Texas A&M Univ., 1980, pp. 137–146
19. Dodd, R.V.: Total Alignment Can Reduce Maintenance and Increase Reliability. Proceedings of the 9th Turbomachinery Symosium, Texas A&M Univ., 1980, pp. 123–126
20. Finn, A.E.: Instrumented Couplings: The What, The Why, and The How of the Indikon Hot Alignment Measuring System. Proceedings of the 9th Turbomachinery Symposium, Texas A&M Univ., 1980, pp. 135–136
21. Essinger, J.N.: Benchmark Gauges for Hot Alignment of Turbomachinery. Proceedings of the 9th Turbomachinery Symposium, Texas A&M Univ., 1980, pp. 127–133

19 Regelungssysteme und Instrumentierung

Die Instrumentierung der Gasturbinen hat sich in den vergangenen Jahren von einfachen Regelungssystemen zu komplexeren Diagnostik- und Monitoringsystemen entwickelt. Diese sind dafür ausgelegt, daß große Katastrophen vermieden werden, und um die Einheit in ihrer Spitzenleistung betreiben zu können.

Bevor wir fortfahren können, ist es notwendig, die grundlegenden Messungen von Turbomaschinen und die Begrenzungen verschiedener Aufnehmer und anderer Diagnosegeräte zu verstehen. Im folgenden Abschnitt werden einige fundamentale Prinzipien repräsentativer Schwingungsmonitoringsignale diskutiert.

19.1
Schwingungsmessungen

Die Schwingungsmessung wird in Kap. 16 detailliert beschrieben. Zur Überwachung einer Maschine bzgl. Schwingungsproblemen ist der Gebrauch von Wegaufnehmern, Geschwindigkeitsaufnehmern und Beschleunigungsaufnehmern erforderlich, um das mechanische Verhalten der Maschine vollständig zu beschreiben. Wegaufnehmer messen die Bewegung der Welle am Ort des Aufnehmers. Zur Messung der Wellendurchbiegung entfernt vom Aufnehmerort sind sie jedoch nicht sehr geeignet. Sie können Probleme wie Unwucht, Fehlausrichtung und einige subsynchrone Schwingungsinstabilitäten wie Ölwirbel und Hysteresewirbel anzeigen. Beschleunigungsaufnehmer nehmen, da sie auf dem Gehäuse montiert sind, die Schwingungsprobleme im Spektrum auf, die von der Welle zum Gehäuse übertragen werden. Sie werden eingesetzt, um viele Probleme zu diagnostizieren, speziell solche, die eine Hochfrequenzreaktion zeigen, wie Schaufelflattern, Trockenreibungswirbel, Pumpen und Verschleiß der Zahnradflanken. Geschwindigkeitsaufnehmer werden aufgrund ihrer flachen Reaktion auf die Amplitude als Funktion der Frequenz als eine Start/Stop-Vorrichtung genutzt. Dies bedeutet, daß die Voreinstellung zur Alarmierung des Bedieners gleich sein kann, unabhängig von der Drehzahl der Einheit. Der Einsatz von Geschwindigkeitsaufnehmern als Diagnostikwerkzeug ist ziemlich begrenzt.

Die Geschwindigkeitsaufnehmer sind sehr richtungsabhängig – sie lesen unterschiedliche Werte für die gleiche Kraft ab, wenn der Aufnehmer in eine andere Richtung plaziert wird.

Es sind Diagramme verfügbar, um von einem Messungstyp zum anderen zu konvertieren, wie in Abb. 19-1 dargestellt. Viele dieser Diagramme zeigen auch

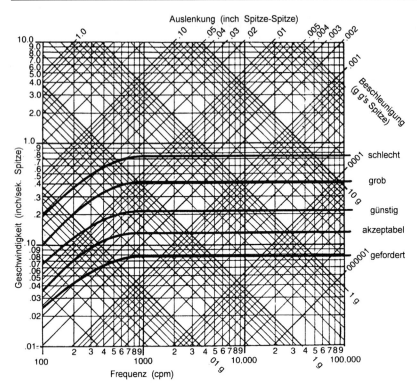

Abb. 19-1. Schwingungsnomograph und Beurteilungsdiagramm (Genehmigung von IRD Mechanalysis, Inc.) (1 inch = 25,4 mm, 0,01 inches = 0,254 mm)

ungefähre Schwingungsgrenzen. Sie demonstrieren die Unabhängigkeit von Geschwindigkeitsmessungen relativ zur Frequenz, außer bei sehr niedrigen und sehr hohen Frequenzen, wo die Amplitudengrenzen innerhalb des Betriebsdrehzahlbereichs konstant sind. Diese Grenzen sind Näherungen – der Typ der Maschine, des Gehäuses, des Fundaments und der Lager muß berücksichtigt werden, um abschließende Schwingungsgrenzen festzulegen.

19.2
Druckmessungen

Fast alle Gasturbinen werden mit einer bestimmten Druckmeßvorrichtung ausgestattet, obgleich Anzahl und Einbringungsort variieren können. Diese Aufnehmer bestehen aus einer Membran und Dehnungsaufnehmern. Wenn Druck ausgeübt wird, wird die Membrandeformation durch die Dehnungsaufnehmer gemessen. Das resultierende Ausgabesignal variiert linear mit Druckänderungen über dem Betriebsbereich.

Aufgrund von Temperaturbeschränkungen sind die Aufnehmer, die üblicherweise nicht oberhalb 177 °C (350 °F) arbeiten, außerhalb der Maschine plaziert.

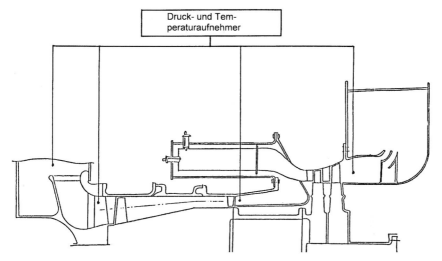

Abb. 19-2. Anbringungsorte für Druck- und Temperaturaufnehmer in einer typischen Gasturbine

Eine Sonde wird dann innerhalb plaziert, um die Luft zu diesem Aufnehmer zu führen. Die meisten Hersteller stellen Aufnehmer bereit, um den Kompressoreintritts-, Kompressoraustritts- und den Turbinenaustrittsdruck zu messen. Diese Aufnehmer werden üblicherweise entlang den Austrittsquerschnitten der Turbomaschine angebracht. Deshalb können die Druckablesungen aufgrund von Grenzschichteffekten leicht abweichen.

Zusätzlich zu diesen Standardorten wird empfohlen, Aufnehmer an allen Ausgleichskammern im Kompressor und an jeder Seite des Luftfilters anzubringen. Die Wahl der neuen Positionen dient nicht zur Messung der Leistung der Einheit, sondern um Problembereiche zu diagnostizieren.

Durch den Gebrauch von Druckaufnehmern in den Ausgleichskammern ist es möglich, Schaufelspitzen-Strömungsabriß (tip stall) zu detektieren. Eine Matrix von Druckaufnehmern am Kompressoraustritt ermöglicht die genaue Ablesung von Austrittsdrücken und ist ebenfalls bei der Diagnose von Kompressorströmungsabriß hilfreich. Mögliche Orte für diese Aufnehmer sind in Abb. 19-2 gezeigt.

19.3 Temperaturmessungen

Temperaturmessung ist wichtig für die Gasturbinenleistung. Gastemperaturen am Austritt sollten überwacht werden, um eine Überhitzung der Turbinenkomponenten zu vermeiden. Die meisten Gasturbinen sind in ihrem Austrittsbereich mit einer Serie von Thermoelementen ausgerüstet. Die direkte Messung der Turbineneintrittstemperaturen ist sehr nützlich. Doch aufgrund der Turbinenbeschädigungen, die entstehen, wenn ein Thermoelement bricht und die Turbinenschaufeln passiert, sind Thermoelemente nicht grundsätzlich stromauf in der Turbine installiert. Die Lageröltemperatur wird normalerweise am Ölaustritt überwacht. Hiermit werden gute Ölcharakteristika erreicht. Jedoch ist diese Temperatur keine genaue Indikation des Lagerzustands, da die Lager während des Betriebs lokale heiße Punkte entwickeln können. Um die Lagertemperatur genau zu messen, sollten die Aufnehmer in den Lagern selbst angebracht sein. Die Temperaturen zeigen Probleme in den Lagerzapfen oder den Axiallagern vor der Entwicklung eines Schadens an. Zusätzlich zu den Turbinenaustrittstemperaturen sind die Messungen der Eintritts- und Austrittstemperaturen am Kompressor notwendig, damit die Kompressorleistung bestimmt werden kann. Empfohlene Temperaturüberwachungsorte sind in Abb. 19-2 dargestellt.

Für die meisten Punkte, die eine Temperaturüberwachung erfordern, können entweder Thermoelemente oder Widerstandsthermofühler (RTDs: resistive thermal detectors) angewandt werden. Jeder Temperaturaufnehmer hat seine eigenen Vor- und Nachteile. Beides sollte in Betracht gezogen werden, wenn Temperaturen zu messen sind. Da es eine deutliche Konfusion in diesem Bereich gibt, ist eine kurze Diskussion der beiden Aufnehmerarten notwendig.

19.3.1
Thermoelemente

Die verschiedenen Thermoelemente stellen Aufnehmer bereit, die für Temperaturen von −201 bis +2760 °C (−330 bis +5000 °F) anwendbar sind. Die nutzbaren Bereiche einiger Thermoelemente sind in Abb. 19-3 gezeigt. Thermoelemente erzeugen eine Spannung, die proportional zur Temperaturdifferenz zwischen 2 Meßorten von unähnlichen Metallen ist. Durch Messung dieser Spannungen kann die Temperaturdifferenz festgestellt werden. Es wird angenommen, daß die Temperatur an einem dieser Meßorte bekannt ist; somit kann die Temperatur am anderen Meßort festgestellt werden. Da die Thermoelemente Spannung produzieren, ist keine externe Leistungsversorgung für den Testaufbau erforderlich; jedoch ist für eine genaue Messung ein Referenzmeßort gefordert. Für ein Temperaturüberwachungssystem müssen die Referenzmeßorte an jedem Thermoelement angebracht sein oder ähnliche Thermoelementdrähte müssen vom Thermoelement zum Überwachungsmonitor, an dem der Referenzmeßort liegt, installiert sein. Sorgfältig ausgelegte Thermoelementsysteme können bis etwa ±1 °C (±2 °F) genau sein.

19.3.2
Widerstandstemperaturfühler

RTDs stellen Temperaturen fest, indem sie die Änderung des Widerstands eines Elements in Abhängigkeit zur Temperatur messen. Platin wird allgemein in RTDs genutzt, weil es mechanisch und elektrisch stabil ist, unempfindlich gegen

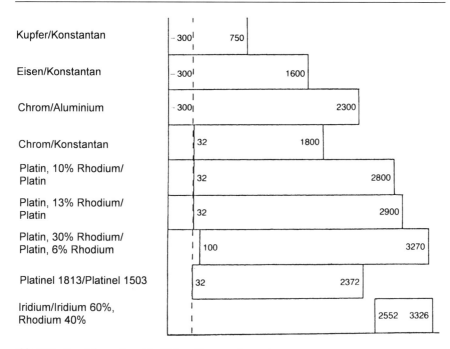

Abb. 19-3. Bereiche unterschiedlicher Thermoelemente

Verschmutzungen und sehr rein hergestellt werden kann. Der nutzbare Bereich von Platin-RTDs ist −270 bis +1000 °C (−454 bis +1832 °F). Da die Temperatur anhand des Widerstands im Element festgestellt wird, kann jede elektrische Verbindung genutzt werden, um die RTDs mit dem Anzeigegerät zu verbinden; jedoch muß elektrischer Strom zu den RTDs geliefert werden. Ein sorgfältig ausgelegtes Temperaturüberwachungssystem, das RTDs nutzt, kann bis ±0,01 °C (±0,02 °F) genau sein.

19.4 Regelungssysteme

Alle Gasturbinen sind vom Hersteller mit einem Regelungssystem ausgerüstet. Das Regelungssystem hat 3 fundamentale Funktionen: (1) Hochfahr- und Abfahrsequenz, (2) Regelung für stationären Betrieb, wenn die Einheit in Betrieb ist, und (3) Schutz der Gasturbine.

Das Regelungssystem erfordert Eingaben für die Drehzahlfestlegung, Temperatursteuerung, Flammendetektion und für Schwingungen. Das Drehzahlüberwachungssystem erhält seine Eingaben von magnetischen Aufnehmern in Form einer Wechselspannung mit einer Frequenz proportional zur Rotationsdrehzahl der Welle. Ein Frequenz/Spannungswandler liefert Spannung proportional zur Drehzahl, die mit Referenzwerten verglichen wird. Wenn die gemessene Spannung unterschiedlich zur Referenzspannung ist, wird eine Drehzahländerung gemacht. Dementsprechend kann die benötigte Drehzahl manuell in einen Bereich zwischen 80 und 105% der Auslegungsdrehzahl gesetzt werden.

Die Temperaturregelung erhält ihre Signale von Thermoelementen, die im Austrittsbereich montiert sind. Diese bestehen normalerweise aus Eisenkonstantan oder Chromaluminium, vollständig eingeschlossen in Magnesiumoxidverkleidungen zur Vermeidung von Erosion. Häufig wird pro Verbrennungskammer ein Thermoelement eingebaut. Die Ausgabe der Thermoelemente wird üblicherweise in 2 unabhängigen Systemen gemittelt, mit jeweils der Hälfte der Thermoelemente in jeder Gruppe. Die Ausgabe der 2 Systeme wird verglichen und für Entscheidungen genutzt, die eine Temperatureingabe benötigen. Diese Redundanz schützt das System gegen Abschaltung, falls ein Thermofühler versagt.

Das Schutzsystem ist unabhängig vom Regelungssystem und liefert Schutz gegen Überdrehzahl, Übertemperatur, Schwingungen, Flammverlust und Schmierverlust. Das Überdrehzahlschutzsystem hat üblicherweise einen Aufnehmer, der am Zahnrad oder der Welle der Nebenaggregate montiert ist und die Gasturbine bei ungefähr 110% der maximalen Auslegungsdrehzahl abschaltet. Das Übertemperatursystem hat Thermofühler, die denen der normalen Temperaturregelung ähnlich sind, mit einem ähnlich redundanten System. Das Flammendetektionssystem besteht aus mind. 2 Ultraviolett-Flammdetektoren. Sie „fühlen" eine Flamme in den Verbrennungskammern.

In Gasturbinen mit mehrfachen Verbrennungskammern sind die Detektoren in den Kammern montiert, die nicht mit Zündkerzen ausgerüstet sind, damit die Flammenausbreitung zwischen den Kammern während des Hochlaufs gesichert ist. Sobald eine Einheit läuft, muß mehr als ein Aufnehmer den Verlust einer Flamme anzeigen, um die Maschine abzuschalten, obgleich der Flammverlust in nur einer Kammer am Überwachungsmonitor angezeigt wird. Schwingungsschutz kann auf jeder der 3 Messungsmoden Beschleunigung, Geschwindigkeit oder Auslenkung basieren – jedoch wird Geschwindigkeit oftmals angewandt, um konstante Abschaltniveaus über dem Betriebsdrehzahlbereich anzuwenden. An der Gasturbine sind normalerweise 2 Aufnehmer angebracht, mit zusätzlichen Aufnehmern an der angetriebenen Komponente. Es sind Schwingungsüberwachungsmonitore eingestellt, um bei einem bestimmten Schwingungsniveau eine Warnung zu liefern und dann bei einem höheren Niveau abzuschalten. Normalerweise ist das Regelungssystem so ausgelegt, daß es eine Warnung im Falle eines offenen Kreises, Erdschluß oder Kurzschluß liefert.

19.4.1
Hochfahrsequenz

Eine der Hauptfunktionen eines kombinierten Regelungsschutzsystems ist, die Hochfahrphase auszuführen. Diese Sequenz sichert, daß alle Untersysteme der Gasturbine zufriedenstellend funktionieren und die Turbine sich nicht zu schnell erwärmt oder während der Startphase überhitzt. Die exakte Sequenz variiert bei jeder Herstellermaschine. Die Details sollten dem Besitzer- oder Betreiberhandbuch entnommen werden.

Die Gasturbinenregelung ist für ferngesteuerten Betrieb ausgelegt, um aus dem Stillstand zu starten, bei synchroner Drehzahl zu beschleunigen, für automatische Synchronisation mit dem System und nach Drücken der Startauswahlknöpfe belastet zu werden. Die Regelung ist ausgelegt, um automatisch zu überwachen und zu überprüfen, wenn die Einheit die Startsequenz bei Belastungsbedingungen durchläuft. Eine typische Hochfahrsequenz für eine große Gasturbine läuft wie folgt ab:

Startvorbereitungen. Die notwendigen Stufen zur Vorbereitung der zugehörigen Dienste und der Anlage sind für eine typische Hochfahrsequenz folgende:
1. Schließe alle zugehörigen Regelungs- und Bedienungsschalter.
2. Ist der Computer abgeschaltet, schließe den Computerschalter, starte den Computer und gib die Tageszeit ein. Unter normalen Bedingungen verbleibt der Computer im aktiven Betriebszustand.
3. Setze den Instandhaltungsschalter auf „Auto".
4. Registriere jedmögliche Alarmbedingung.
5. Prüfe, daß alle Ausschaltrelais zurückgesetzt sind.
6. Bringe den „Steuerung-lokal"-Schalter in die geforderte Position.

Anfahrbeschreibung. Wenn die Einheit für den Start vorbereitet wird, leuchtet die „Fertig-zum-Start"-Lampe. Mit lokaler Kontrolle startet das Betätigen eines bestimmten Druckknopfs den Hochfahrvorgang:
1. Minimallast-Start
2. Grundlast-Start
3. Spitzenlast-Start.

Die Hauptkontaktfunktion liefert:
1. Zweiter Zubehör-Schmierpumpenstarter: aktiv
2. Instrumentenluft-Magnetventil: aktiv
3. Magnetventil am Druckaufnehmer im Verbindungsrohr des Brennkammergehäuses: aktiv

Wenn die Nebenaggregat-Schmierölpumpe einen ausreichenden Druck aufgebaut hat, schließt sich der Kreislauf zum Schließen des Turbinenzahnrad-Starters. Für den Aufbau des Schmieröldrucks sind 30 s erlaubt, ansonsten wird die Einheit abgeschaltet. Mit dem Signal, daß der Drehvorrichtungsstreckenstarter aufgenommen ist, setzt sich die Sequenz fort. Sobald der Schmieröldruck ausreichend ist, wird der Startvorrichtungskreislauf aktiviert. Der Drehvorrichtungsmotor wird bei Erreichen von etwa 15% der Drehzahl ausgeschaltet. Hat die Turbine die Feuerungsdrehzahl erreicht, wird das Turbinenüberdrehzahl-Magnetventil und das Ventilations-Magnetventil für einen Neustart (reset) aktiviert. Mit dem Aufbau von Überdrehzahl-Abschaltungsöldruck wird der Zündkreislauf aktiviert.

Die Zündung aktiviert oder startet dann:
1. Zündtransformator
2. Zündzeitfunktion (30 s sind für die Etablierung von Flammen an beiden Detektoren erlaubt oder die Einheit soll nach mehreren Versuchen abgeschaltet werden)
3. Angepaßte Brennstoffkreisläufe (wie für den Modus des ausgewählten Brennstoffs festgelegt)
4. Verdampfung in der Luft
5. Zündzeitfunktion (zur Abschaltung der Zündung nach der anzuwendenden Zeit)

Beim Erreichen von ungefähr 50% der Drehzahl, gemessen im Drehzahlkanal, wird die Startvorrichtung angehalten. Die Abblasventile werden nahe der synchronen Drehzahl geschlossen, jedes bei einem bestimmten Druck in der Brennkammerschale. Nachdem Brennstoff eingebracht und die Zündung bestätigt ist, wird die Drehzahlreferenz mit einer voreingestellten, variablen Rate erhöht und der Brennstoffventil-Positionseinstellpunkt festgelegt. Die charakterisierte Drehzahlreferenz und die Kompressoreintrittstemperatur liefern ein Freigabesignal für die Brennstoffversorgung, das die Position des Brennstoffventils einstellt, um die benötigte Beschleunigung aufrechtzuerhalten. Die Drehzahlreferenz wird mit dem Drehzahlsignal der Welle verglichen und jede Abweichung liefert ein Kalibrierungssignal zur Aufrechterhaltung der benötigten Beschleunigung. Dieser Steuerungsmodus wird durch maximale Schaufelgeschwindigkeiten und Austrittstemperaturen, die mit der benötigten Turbineneintrittstemperatur korrespondieren, begrenzt. Wird die benötigte Beschleunigung nicht erreicht, muß die Einheit abgeschaltet werden. Diese Steuerung vermeidet jegliche Hauptausfälle der Turbine.

Mit dem Überschreiten der Leerlaufdrehzahl ist die Turbine fertig zur Synchronisation und die Steuerung übernimmt diese Aufgabe. Sowohl manuelle als auch automatische Synchronisation ist lokal verfügbar. Die Einheit wird synchronisiert und der Hauptschalter geschlossen. Die Drehzahlreferenz wird umgeschaltet, um zu einer Lastreferenz zu werden. Die Drehzahl/Lastreferenz wird automatisch bei der voreingestellten Rate erhöht, so daß das Brennstoffventil bei der ungefähren, für die benötigte Last erforderlichen Position, steht. Für Instandhaltungsplanungen zählt der Computer die normalen Starts und akkumuliert die Stunden bei den einzelnen Lastniveaus.

Abschaltung. Die normale Abschaltung soll sich in geordneter Weise vollziehen. Eine lokale oder eine ferngesteuerte Anforderung zur Abschaltung wird zuerst den Brennstoff mit einer voreingestellten Rate reduzieren, bis die minimale Last erreicht ist. Die Haupt- und Feldschalter und die Brennstoffventile werden abgeschaltet. In einer Notabschaltung werden Haupt- und Feldschalter und Brennstoffventile sofort abgeschaltet, auch wenn die Last noch nicht auf ein Minimum reduziert wurde. Alle Problemabschaltungen sind Notabschaltungen. Die Turbine läuft herunter, und während der Öldruck der motorangetriebenen

Pumpen abfällt, setzt die Gleichstromnebenaggregat-Schmierölversorgungspumpe ein. Bei etwa 15% Drehzahl wird der Motor der Drehvorrichtung neu gestartet. Nähert sich die Einheit der Drehvorrichtungsdrehzahl (etwa 5 min^{-1}), wird die Verbindungskupplung der Drehvorrichtung aktiviert. Dies ermöglicht, daß der Drehvorrichtungsmotor die Turbine langsam weiter dreht. Unterhalb der Zünddrehzahl kann die Einheit wieder gestartet werden; jedoch muß sie von jeglichen Brennstoffresten komplett ausgespült sein. Dies wird erreicht, indem der gesamte Volumenstrom der Turbine mind. 5 mal durch diese geschoben wird.

Wenn die Turbine an der Drehvorrichtung verbleibt, wird sie weiter gedreht, bis die Turbinenaustrittstemperatur auf 66 °C (150 °F) abfällt und eine passende Zwischenzeit (bis zu 60 h) vergangen ist. An diesem Punkt wird die Drehvorrichtung und die Nebenaggregatschmierölpumpe abgeschaltet, und die Abschaltsequenz ist beendet. Zur Feststellung einer Abfahrbedingung werden mehrere Kontaktstatus- und Analogwerte gespeichert (eingefroren), um diese, falls gefordert, anzuzeigen.

Generatorschutz. Die Generatorschutzrelais sind in einer Schaltwand montiert, die üblicherweise ein Watt-Meter und verschiedene Aufnehmer, Übertragungseinheiten und optionale Wattstunden-Meter enthält.

Die Generatorschutzgeräte bestehen aus folgenden Teilen:
1. Generatordifferenz
2. Negativsequenz
3. Rückwärtsleistung
4. Ausschaltrelais
5. Generator-Erde-Relais
6. Spannungskontrolliertes Überstromrelais.

19.5
Monitoring- und Diagnosesysteme

Zur Vermeidung übermäßiger Stillstände und zur Aufrechterhaltung einer hohen Verfügbarkeit sollte eine Turbine kontinuierlich überwacht und alle Daten bzgl. der Hauptproblembereiche analysiert werden.

Um eine effektive Überwachung und Diagnostik von Turbomaschinen zu erhalten, ist es notwendig, sowohl die mechanischen als auch die aerothermischen Betriebsdaten der Maschinen aufzunehmen und zu analysieren. Die Instrumentierung und Diagnostik muß ebenfalls maßgeschneidert sein, um zu den individuellen Maschinen im System zu passen. Das System muß auch die individuellen Forderungen des Endnutzers erfüllen. Die Gründe hierfür sind, daß es aufgrund unterschiedlicher Installation und Betrieb deutliche Unterschiede bei Maschinen gleichen Typs oder Herstellers geben kann.

19.5.1
Anforderungen an ein effektives Diagnosesystem

1. Das System muß Informationen zur Diagnose und Fehlervorhersage in einem zeitlichen Rahmen liefern, bevor ernsthafte Probleme in überwachten Maschinen auftreten.
2. Wenn eine Maschinenstillegung notwendig wird, müssen die Diagnosen präzise genug sein, um eine Problemidentifikation und deren Lösung mit minimaler Stillstandszeit zu liefern.
3. Das System soll vom Produktionspersonal genutzt und gut genug verstanden werden können, so daß die Anwesenheit eines Ingenieurs bei notwendigen zu treffenden Entscheidungen nicht erforderlich ist.
4. Das System sollte einfach und zuverlässig sein und vernachlässigbare Stillstände für Reparaturen, Routineeinstellungen und Überprüfungen haben.
5. Das System muß wirtschaftlich sein, d.h., die Kosten für Betrieb und Instandhaltung müssen geringer sein als die Kosten der Produktionsstillstände und Maschinenreparaturen, die eingetreten wären, wenn die Maschine nicht mit dem System überwacht und Störungen vorhergesagt worden wären.
6. Systemflexibilität zur Erweiterung mit Verbesserungen auf den jeweiligen Stand der Technik ist erforderlich.
7. Systemfähigkeiten zur Erweiterung mit den projektierten Vergrößerungen bei installierten Maschinen oder Erhöhung der Anzahl der zu berücksichtigenden Meßkanäle.
8. Der Gebrauch hoher Computerleistung bei dem im Werk verfügbaren System kann deutliche Kosteneinsparungen ergeben. Systemkomponenten, die zu

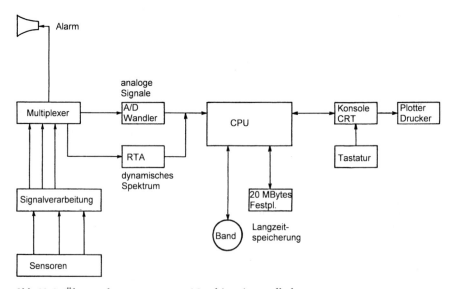

Abb. 19-4. Überwachungssystem zur Maschineninstandhaltung

dem existierenden Computersystem passen, sind deshalb eine notwendige Vorbedingung.

19.5.2
Diagnostiksystemkomponenten und Funktionen

1. Instrumentierung und Instrumentationsmontage
2. Signalverarbeitung und Verstärker für Instrumentierung
3. Datenübertragungssystem (Kabel, Telefonmodem oder Funk)
4. Datenintegritätsüberprüfung, Datenauswahl, Datennormalisierung und Speicherung
5. Grundlinienerzeugung und Vergleichbarkeit
6. Problemerkennung
7. Diagnoseerzeugung
8. Prognoseerzeugung
9. Vorort-Anzeige (onsite-)
10. System zur Kurvenaufzeichnung, Dokumentation und Berichtausgabe.

Abbildung 19-4 zeigt eine schematische Darstellung eines typischen Systems und Abb. 19-5 ein typisches installiertes System.

Abb. 19-5. Ein typisches Computersystem für Turbomaschinen-Überwachungen und Diagnosen

19.5.3
Dateneingabe

Der Erhalt guter Dateneingaben ist eine fundamentale Anforderung, da jedes Analysesystem nur so gut ist wie die Eingaben in dieses System. Es muß eine vollständige Überprüfung der verschiedenen zu überwachenden Züge durchgeführt werden, um eine optimale Auswahl der Instrumente zu erhalten.

Folgende Faktoren sind zu berücksichtigen: der Instrumententyp, sein Meßbereich, Genauigkeitsanforderungen und die während des Betriebs geltenden Umgebungsbedingungen. Diese Faktoren müssen sorgfältig untersucht werden, um Instrumente mit optimaler Funktion und Kosten auszuwählen, damit die Gesamtanforderungen des Systems erfüllt werden. So sollte z.B. der Frequenzbereich des Schwingungssensors für die Überwachung und Diagnose angepaßt sein, und er sollte auch zum Frequenzbereich des Analysegeräts passen. Die Sensoren sollten für zuverlässigen Betrieb und Genauigkeit ausgewählt werden, wobei die zu erfüllenden Umgebungsbedingungen berücksichtigt werden müssen (z.B. die Anwendung in Hochtemperatur-Turbinengehäusen). Widerstandstemperatursensoren mit ihrer höheren Genauigkeit und Zuverlässigkeit im Vergleich zu den Thermoelementen können für die Analysegenauigkeit und Zuverlässigkeit notwendig sein. Die Kalibrierung der Instrumentierung sollte nach einem Plan durchgeführt werden, der nach der Analyse der Zuverlässigkeitsfaktoren aufgestellt wurde.

Alle Daten sollten auf ihre Gültigkeit überprüft werden, und es sollte festgestellt werden, ob sie innerhalb akzeptabler Grenzen liegen. Daten, die außerhalb der vorbestimmten Grenzen liegen, sollten verworfen und die Fehleranzeige für weitere Untersuchungen angezeigt werden. Ein unvernünftiges Ergebnis oder Analyse sollte eine Identifikationsroutine für mögliche Diskrepanzen in den Eingabedaten aufrufen.

19.5.4
Anforderungen an die Instrumentierung

Es ist besonders wichtig, daß die Instrumentierungsanforderungen an die Anforderungen der zu überwachenden Maschinen angepaßt werden. Jedoch sollten die Instrumentierungsanforderungen sowohl die Schwingungs- als auch aerothermischen Überwachungsanforderungen erfüllen.

Jede existierende Instrumentierung sollte genutzt werden, wenn es nötig ist. Obwohl es Vorteile für den Einsatz berührungsfreier Sensoren gibt, die für die Messung von Lagerzapfen-Auslenkungen in die Maschinen eingebaut sind, ist es oftmals unmöglich, diese Instrumentierung in bestehende Maschinen einzubauen. Passend ausgewählte und angeordnete Beschleunigungsaufnehmer können die Erfordernisse der Schwingungsüberwachung der Maschinen gut erfüllen. Beschleunigungsaufnehmer sind oftmals eine wichtige Ergänzung zu Wegaufnehmern, um die hohen Frequenzen abzudecken, die durch Zahneingriff, Schaufeldurchlauf, Anstreifen und andere Bedingungen hervorgerufen werden.

19.5.5
Typische Instrumentierung (Minimale Anforderungen für jede Maschine)

(Anmerkung: Anbringungsorte und Sensortypen hängen vom betrachteten Maschinentyp ab.)
1. Beschleunigungsaufnehmer
   a. am Maschineneinlaß-Lagergehäuse vertikal
   b. am Maschinenaustritts-Lagergehäuse vertikal
   c. am Maschineneinlaß-Lagergehäuse axial
2. Prozeßdruck
   a. Druckverlust über den Filter
   b. Druck am Kompressor und Turbineneintritt
   c. Druck am Kompressor und Turbinenaustritt
3. Prozeßtemperaturen
   a. Temperatur am Kompressor und Turbineneintritt
   b. Temperatur am Kompressor und Turbinenaustritt
4. Maschinendrehzahl
   a. Maschinendrehzahl an allen Wellen
5. Axiallagertemperatur
   a. Thermoelemente oder Widerstandstemperaturelemente, die im vorderen und hinteren Axiallager eingebettet sind.

19.5.6
Empfehlenswerte Instrumentierung (Optional)

1. Berührungslose Wirbelstrom-Schwingwegaufnehmer zum:
   a. Einlaßlager, vertikal
   b. Einlaßlager, horizontal
   c. Austrittslager, vertikal
   d. Austrittslager, horizontal
2. Berührungslose Wirbelstromaufnehmer zur Messung der Spiele an der:
   a. vorderen Stirnfläche des Axiallagers
   b. hinteren Stirnfläche des Axiallagers (Anmerkung: Der berührungsfreie Sensor ist bei der Messung des Spiels mit einer Gleichstromspannung empfindlich bzgl. Aufnehmer- und Treibertemperaturvariationen. Es muß eine sorgfältige Untersuchung am Sensortyp, an seinen Befestigungen und am Ort dieser Messungen vorgenommen werden.)
3. Prozeßströmungs-Messungen am Maschinenein- oder -austritt
4. Radiale Lagertemperatur-Thermoelemente oder Widerstands-Temperaturelemente, eingebettet in jedem Lager, oder Temperatur am Schmiermittelaustritt jedes Lagers
5. Schmieröldruck, Temperatur und Korrosionsfühler
6. Dynamische Druckaufnehmer am Kompressoraustritt zur Identifikation von Strömungsinstabilitäten

7. Brennstoffsystem (Messungen des Wasseranteils, Korrosionsmessungen und Brennwertdetektor)
8. Analyse des Austrittsgases
9. Drehmomentmessungen.

Abbildung 19-6 zeigt mögliche Instrumentierungsorte für eine Industriegasturbine und einen Radialkompressor.

19.5.7
Kriterien für die Sammlung aerothermischer Daten

Die in Turbomaschinen vorliegenden Betriebsdrücke, -temperaturen und -Drehzahlen sind sehr wichtige Parameter. Der Erhalt genauer Drücke und Temperaturen hängt nicht nur vom Typ und der Qualität der ausgewählten Aufnehmer ab, sondern auch von ihren Anbringungsorten im Gaspfad der Maschine. Diese Faktoren sollten sorgfältig untersucht werden. Die Genauigkeit der geforderten Druck- und Temperaturmessungen hängt von den zu leistenden Analysen und Diagnosen ab. Tabelle 19-1 zeigt einige Kriterien für die Auswahl aerothermischer Instrumentierungen von Druck- und Temperatursensoren für die Messungen des Kompressorwirkungsgrades. Hierbei ist anzumerken, daß die prozentualen Genauigkeitsanforderungen an die Temperatursensoren kritischer sind als an die Drucksensoren. Die Anforderungen hängen auch vom Kompressordruckverhältnis ab.

Tabelle 19-1. Kriterien für die Auswahl von Druck- und Temperatursensoren für Kompressor-Wirkungsgradmessungen[a]

Kompressor-Druckverhältnis P_2/P_1	P_2-Empfindlichkeit %	T_2-Empfindlichkeit %
6	0,704	0,218
7	0,750	0,231
8	0,788	0,240
9	0,820	0,250
10	0,848	0,260
11	0,873	0,265
12	0,895	0,270
13	0,906	0,277
14	0,933	0,282
15	0,948	0,287
16	0,963	0,290

[a] Die Tabelle zeigt die benötigten Prozentänderungen in P_2 und T_2, um eine 1/2%ige Prozentänderung für den Wirkungsgrad des Luftkompressors hervorzurufen. Es wurden Idealgas-Gleichungen benutzt.

19.5 Monitoring- und Diagnosesysteme

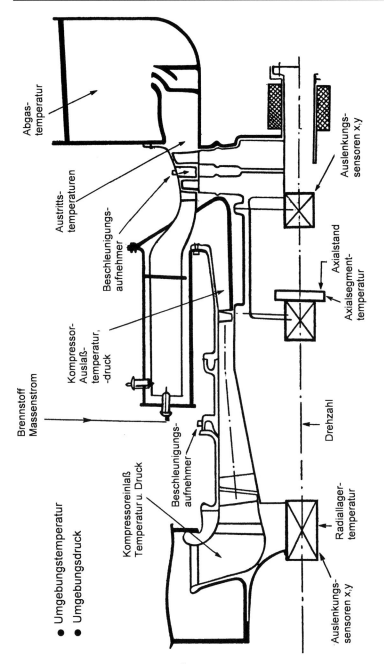

Abb. 19-6a. Instrumentierung für Überwachung und Diagnosen an einem Gasturbinentriebwerk

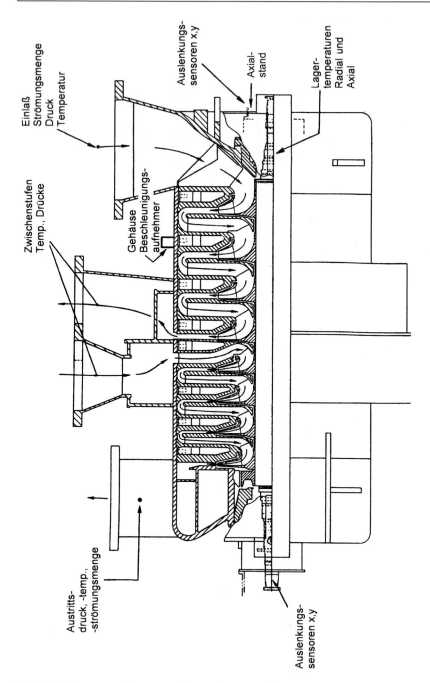

Abb. 19-6b. Instrumentierung zur Überwachung und für Diagnosen an einem Radialkompressor

19.5.8
Druckabfall im Filtersystem

Das erste Auslegungsziel für das Filtersystem ist der Schutz der Gasturbine. Die Leistung des Lufteinlaßfiltersystems für die Gasturbine hat wichtige und weitreichende Einflüsse auf die Gesamtinstandhaltungskosten, Zuverlässigkeit und Verfügbarkeit der Gasturbine. Es gibt 3 Hauptergebnisse unzureichender Luftfilterung: (1) Erosion, (2) Verschmutzung im axial durchströmten Kompressor und (3) Korrosion an den Gasturbinen-Heißgaspfad-Einlässen. Die Wichtigkeit des Einlaßluftfilters, bezogen auf jedes dieser 3 Phänomene, kann an der Berücksichtigung der Tatsache erkannt werden, daß die Gasturbine etwa 200–250 m^3 (7000–9000 ft^3) Luft/min für jedes produzierte MW Leistung einsaugt.

19.5.9
Temperatur- und Druckmessungen für Kompressoren und Turbinen

Temperatur und Druck repräsentieren 2 der Hauptparameter, die in einem Überwachungssystem gemessen und ausgewertet werden. Alle Gasturbinentriebwerke sind mit dieser Sensorart ausgestattet; jedoch variiert ihre exakte Anzahl und auch ihr Anbringungsort deutlich bei den einzelnen Herstellern.

An jedem Meßort können Druckaufnehmer an einer Aufhängung angebracht werden. Diese Aufnehmer leiten den Luftdruck für die Messungen zu externen Druckaufnehmern, während sie als Verkleidung für die passenden Thermoelemente an diesem Ort dienen (jedes Thermoelement sitzt innerhalb der Druckmeßstelle).

Die elektrische Ausgabe des Thermoelements variiert mit der Temperatur. Diese Ausgabe wird durch ein flexibles Kabel zu einem externen Signalaufbereitungskreislauf zur Verstärkung und Verarbeitung des Signals für die Übertragung zum Monitoringsystem geleitet.

Druckaufnehmer müssen aufgrund der Temperaturbeschränkungen außerhalb des Triebwerks angebracht werden. Ein Druckaufnehmer kann üblicherweise Temperaturen bis zu 177 °C (350 °F) widerstehen. Dies ist in Anbetracht der Temperaturen an dem zu messenden Punkt ziemlich niedrig. Die elektrische Ausgabe des Aufnehmers wird im mV/V-Bereich liegen und muß deshalb verstärkt und verarbeitet werden, um sie zum Überwachungssystem zu leiten. Die Standorte sind wie folgt:

1. *Kompressoreintritt.* Die Einheit ist aus Chromaluminium (Nickellegierung) aufgebaut und durch ein freies Anschlußstück charakterisiert, das aus einem bloßen Draht mit Keramikisolation besteht. Eine einzige Einheit ist gefordert.
2. *Kompressoraustritt.* Es gilt das gleiche wie bei den Kompressoreinlaß-Thermoelementen. Ein oder zwei Einheiten sind in diesem Bereich gefordert.
3. *Turbineneintrittstemperatur.* Das Thermoelement besteht aus Platin-Platinrhodium mit einem Endstück, das mit einer Keramikisolation umgeben ist. Typischerweise sind 9–12 Einheiten in diesem Bereich gefordert.

4. *Turbinenaustritt.* Das Thermoelement besteht aus Chromaluminium mit einem freien Endstück. 9–12 Einheiten sind gefordert.

19.5.10
Auswahl der Schwingungsinstrumentierung

Die Schwingungsinstrumentierung, ihr Frequenzbereich, ihre Genauigkeit und ihre Anbringungsorte innerhalb oder an der Maschine müssen sorgfältig analysiert werden. Hierbei sind auch die erhaltenen Diagnoseergebnisse zu berücksichtigen. Diese Richtlinien wurden bereits früher diskutiert.

Der berührungslose Wirbelstromsensor für Auslenkungen ist der effizienteste zur Überwachung und Schwingungsmessung nahe den Drehzahl- und den Subdrehzahlfrequenzen. Während der Auslenkungssensor in der Lage ist, Schwingfrequenzen von mehr als 2 kHz zu messen, ist die Amplitude der Schwingungsauslenkungsniveaus, die bei Frequenzen oberhalb 1 kHz auftreten, extrem klein und geht im Rauschniveau des auslesenden Systems verloren oder wird dort begraben. Der Beschleunigungsaufnehmer ist am besten für Messungen hoher Frequenzen wie Schaufelpassier- und Zahneingriffsfrequenzen geeignet. Jedoch liegen die Signale bei einfacher Drehzahl üblicherweise bei niedrigen Beschleunigungsniveaus und können im Rauschen des überwachenden Meßsystems verloren gehen. Werden Messungen mit Beschleunigungsaufnehmern durchgeführt, kann eine Tiefpassfilterung und zusätzliche Verstärkungsstufen notwendig sein, um die Signale bei Rotationsdrehzahl hervorzubringen.

Geschwindigkeitssensoren sind aufgrund ihres üblicherweise begrenzten Betriebsfrequenzbereichs von 10–2 Hz nicht für Anwendungen in einem Diagnosesystem für Hochgeschwindigkeitsmaschinen zu empfehlen. Geschwindigkeitssensoren haben bewegte Elemente und können Zuverlässigkeitsprobleme bei Betriebstemperaturen von mehr als 121 °C (250 °F) aufwerfen. Gehäusetemperaturen von Gasturbinentriebwerken liegen normalerweise bei 260 °C (500 °F) oder höher; somit müssen die Anbringungsorte der Sensoren sorgfältig bzgl. der Temperaturniveaus untersucht werden. Beschleunigungsaufnehmer sind für diese höheren Temperaturen leichter verfügbar als Geschwindigkeitsaufnehmer. Bei diesen angehobenen Betriebstemperaturen sind Hochfrequenzbeschleunigungsaufnehmer (20 kHz und mehr) nur von einigen wenigen ausgesuchten Herstellern verfügbar.

19.5.11
Auswahl von Systemen zur Analyse von Schwingungsdaten

Das Gesamtschwingungsniveau einer Maschine ist für eine anfängliche oder oberflächliche Überprüfung befriedigend. Jedoch können, wenn eine Maschine ein scheinbar akzeptables Gesamtschwingungsniveau hat, unterhalb dieses Niveaus einige niedrigere Schwingungsniveaus bei diskreten Frequenzen versteckt sein, die als gefährlich bekannt sind. Ein Beispiel hierfür sind die subsynchronen Instabilitäten in einem Rotorsystem.

In einer Schwingungsdatenanalyse ist es oftmals notwendig, die Daten vom Zeitbereich in den Frequenzbereich zu transformieren oder, mit anderen Worten, eine Spektrumanalyse der Schwingung zu erhalten. Diese Analyse kann man mit den zuerst eingesetzten einstellbaren Filteranalysatoren preiswert erhalten. Aufgrund der systemimmanenten Begrenzungen ist die Analyse zeitaufwendig. Dies gilt auch bei Anwendung des automatischen Durchlaufens durch das Filterband des gesamten Frequenzbereichs, wenn niedrige Frequenzen analysiert werden. Wenn Spektraldaten für die Computereingabe digitalisiert werden müssen, bestehen zusätzliche Einschränkungen bei einstellbaren Filteranalysesystemen.

Echtzeit-Spektrumanalysatoren nutzen die „Zeitkompression" oder die „Fast-Fourier-Transformations"-(FFT)Techniken. Diese werden zur Durchführung von Schwingungsspektralanalysen in computerisierten Diagnosesystemen weitverbreitet eingesetzt. Die FFT-Analysatoren nutzen die digitale Signalverarbeitung und sind somit einfacher in moderne Digitalcomputer zu integrieren. FFT-Analysatoren sind oftmals Hybriden, die Mikroprozessoren und FFT-spezialisierte Schaltkreise nutzen.

Die FFT kann in einen Computer eingebracht werden, der die FFT-Algorithmen für rein mathematische Berechnungen nutzt. Während diese Berechnung ein fehlerfreier Prozeß ist, kann seine Einbringung in einen digitalen Computer mehrere Fehlermöglichkeiten erzeugen. Zur Vermeidung dieser Fehler ist es von besonderer Wichtigkeit, die Signalverarbeitung vor dem Computer bereitzustellen. Derartige Signalverarbeitung minimiert Fehler wie Störsignale und Signalverluste, wie sie während der Sammlung und Digitalisierung im Zeitbereich auftreten. Solche Signalverarbeitungssysteme erfordern für die Anwendungen der mathematischen FFT deutlich erhöhten Aufwand und Komplexibilität. Die computerisierte FFT ist auch langsamer als ein spezialisierter FFT-Analysator. Das führt ebenfalls zu Begrenzungen in der Frequenzauflösung. Somit wird die Nutzung eines spezialisierten FFT-Analysators als die höchstzuverlässigste und kosteneffektivste Lösung zur Ausführung von Frequenzspektrumanalysen und Auftragungen in einem Computersystem für Maschinendiagnose angesehen.

Eine sorgfältige Analyse muß bzgl. des Spektrumanalysesystems und der Computertechniken für die Schwingungsanalyse durchgeführt werden. Verschiedene zu berücksichtigende Faktoren sind:
1. Frequenzanalysebereiche
2. Ein- oder Mehrkanalanalyse
3. Dynamischer Bereich
4. Genauigkeit der notwendigen Messungen
5. Geforderte Geschwindigkeit, mit der die Analysen durchzuführen sind
6. Systemportabilität, speziell wenn das Analysesystem sowohl für Labor- als auch für Feldeinsatz benutzt werden soll
7. Einfachheit der Integration in das Host-Computersystem.

19.6
Nebenanlagen-Systemüberwachung

19.6.1
Brennstoffsystem

Da die Zuverlässigkeit von Gasturbinen in der Energieindustrie in den letzten Jahren, aufgrund von Heißkorrosionsproblemen, niedriger war als gefordert, wurden Techniken entwickelt, die Parameter, die diese Probleme hervorrufen, zu detektieren und zu steuern. Durch Überwachung des Wasseranteils und der korrosiven Verschmutzung in der Brennstoffzuleitung konnte jede Änderung in der Brennstoffqualität bemerkt und Korrekturmaßnahmen gestartet werden. Die Überlegung ist, daß Na-Verschmutzungen im Brennstoff von externen Quellen hervorgerufen werden, wie z.B. von Seewasser. Somit wird durch Überwachung des Wasseranteils der Na-Anteil automatisch überwacht. Diese Online-Technik paßt für dünne destillierte Brennstoffe. Bei schwereren Brennstoffen sollte eine umfassendere Analyse des Brennstoffes durchgeführt werden, bei der mind. einmal pro Monat eine Einzelanalyse durchzuführen ist. Die Daten sollten dann direkt in den Computer eingegeben werden. Das Wasser- und Korrosionsdetektionssystem arbeitet auch im Zusammenhang mit der Einzelanalyse für die schwereren Brennstoffe.

Ein Meßgerät für den Brennwert kann im Brennstoffqualitätssystem als Hilfe genutzt werden, um den Wirkungsgrad des Turbinensystems festzustellen. Eine Einrichtung zur Detektion von Wasser kann in das Korrosionsüberwachungssystem eingebracht werden. Diese Überwachungseinrichtung basiert auf der Detektion von Änderungen der dielektrischen Konstante durch unbekannte Fluidkomponenten, die den Meßbereich passieren. Sie liefert eine kontinuierliche und verzögerungsfreie Überwachung des Prozentanteils von Wasser, das für Qualität oder Prozeßüberwachung geeignet ist.

Der Sensor selbst basiert auf einem Detektionsprinzip mit ausgeglichenen Kapazitätsbrücken. Dieses nutzt einen Hochfrequenzoszillator mit einer Servoamplitudensteuerung im geschlossenen Kreislauf, um abzusichern, daß Belastung oder Änderung der Spannungsversorgung nicht die Stabilität und Genauigkeit dieses Instruments beeinträchtigt. Die Ausgabe von der Brücke ist direkt mit einem Vorverstärker verbunden, um das detektierte Signal zum benötigten Niveau hochzustufen, und auch um die nichtlinearen Charakteristika der Wassermessung zu korrigieren. Diese Messung erhält man durch eine nichtlineare Rückkopplungsschleife.

Die korrigierte und verstärkte Ausgabe ist dann direkt mit einem Konstantstromverstärker verbunden, der 0,5 oder 4–20 mA Ausgabe liefern kann. Diese Signalausgabe erlaubt, daß das Detektionssystem an einem Ort mit einem Abstand vom Meßpunkt angebracht werden kann, der den leichten Einsatz ermöglicht. Dieses Wasserdetektionssystem bietet: (1) eine genaue Möglichkeit zur Wassermessung, (2) leichte Installation und minimale Instandhaltung, (3) ein einfaches zweistufiges Kalibrierungsverfahren und (4) Langzeitstabilität und entsprechenden Service.

Ein Korrosionsfühler wird eingesetzt, um den korrosiven Zustand des Brennstoffs zu überwachen. Dies kann mit einem entsprechenden Fühler erreicht werden, der Metall im Schmiermittel detektieren kann.

Ein Brennwertmeßgerät wird zur Feststellung des Brennstoffheizwerts eingesetzt. Das Meßgerät ist eine kapazitive Vorrichtung, die ideal für Echtzeit-Online-Brennwertmessungen von flüssigen Brennstoffen für Gasturbinen, wie Naphtha, ist. Somit ist es eine wertvolle Komponente bei der Feststellung des Turbinenwirkungsgrads.

19.6.2
Drehmomentmessung

Diese Messung kann am besten durch den Einsatz eines mechanischen Systems oder verschiedene elektronische Systeme ausgeführt werden. Alle diese Systeme sind teuer und benötigen in vielen Fällen wiederholte Kalibrierung. Das mechanische System (Abb. 19-7) ist ein phasenabhängiges System mit 3 Zahnrädern, das die Auslenkung zwischen 2 Zahnrädern und die proportionale Wellenverdrehung mißt. Ein drittes Zahnrad wird angebracht, damit alles, was keine Wellenverdrehung darstellt, in den ersten 2 Zahnrädern auftritt. Dieses Signal wird benutzt, um dadurch auftretende Fehler zu eliminieren.

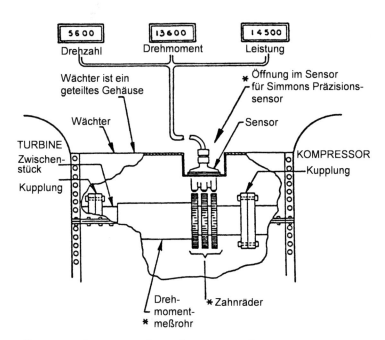

Abb. 19-7. Drehmomentmeßgerät für eine Gasturbine

19.6.3
Bezugslinie für Maschinen

Mechanische Bezugslinie. Die Schwingungsbezugslinie für eine Maschine kann als der normale oder durchschnittliche Betriebszustand definiert werden. Er kann in einem Schwingungsspektrum mit der Schwingungsfrequenz auf der x-Achse und der Schwingungsamplitude (Spitze-zu-Spitze-Auslenkung, Spitzengeschwindigkeit oder Spitzenbeschleunigung) auf der y-Achse dargestellt werden. Da das Schwingungsspektrum in verschiedenen Positionen unterschiedlich sein wird, muß es auf eine spezifische Meßposition oder einen Sensoranbringungsort an der Maschine bezogen werden. Werden tragbare Schwingungsmeßgeräte eingesetzt, muß abgesichert sein, daß der Sensor wieder exakt am gleichen Punkt an der Maschine angebracht wurde wie bei der Schwingungsablesung. Änderungen der Grundlinie mit der Maschinendrehzahl und den Prozeßzuständen sollten untersucht und dort, wo notwendig, Grundlinien für jeden Drehzahlbereich und Prozeßzustand erzeugt werden. Wenn die Betriebsschwingungsniveaus die Niveaus der Grundlinie jenseits gesetzter Werte überschreiten, sollte ein Alarmsignal aktiviert werden, um diese Zustände untersuchen zu können.

Aerothermische Grundlinie. Zusätzlich zu den Grundlinien des Schwingungsspektrums hat eine Maschine auch eine aerothermische Leistungsgrundlinie oder ihren normalen Betriebspunkt auf der aerothermischen charakteristischen Linie. Signifikante Abweichungen des Betriebspunkts hinter seinem Basispunkt sollten Alarmsignale erzeugen.

Wenn ein Kompressor jenseits seiner Pumpgrenze betrieben wird, sollte ein Gefahrenalarm aktiviert werden. Eine typische Kompressorcharakteristik ist in Abb. 19-8 dargestellt. Einige andere Überwachungs- und Betriebsausgaben sind: Verluste in der Kompressorströmung, Verluste im Druckverhältnis und Erhöhung der Betriebsbrennstoffkosten aufgrund von z.B. Betrieb abseits vom Auslegungspunkt oder mit einem verschmutzten Kompressor.

Da aerothermische Leistungen von Kompressoren und Turbinen sehr empfindlich auf Einlaßtemperaturen und Druckvariationen reagieren, ist es wichtig, die aerothermischen Leistungsparameter wie Strömungsmenge, Drehzahl, Leistung usw. auf Standardkonditionen zu normalisieren. Wenn diese Korrekturen zu Standardzuständen nicht angewandt werden, kann anscheinend eine Leistungsdegradation auftreten, obgleich tatsächlich eine Leistungsänderung vorlag, die ausschl. aus Änderungen von Umgebungsdruck und Temperatur resultierte. Einige der Gleichungen zum Erhalt von Korrekturen zu Standardzuständen sind in Tabelle 19-2 gegeben.

19.6.4
Datentrends

Die erhaltenden Daten sollten zunächst bzgl. Sensorfehlern korrigiert werden. Dies beinhaltet üblicherweise Korrekturen der Sensorkalibrierung.

19.6 Nebenanlagen-Systemüberwachung

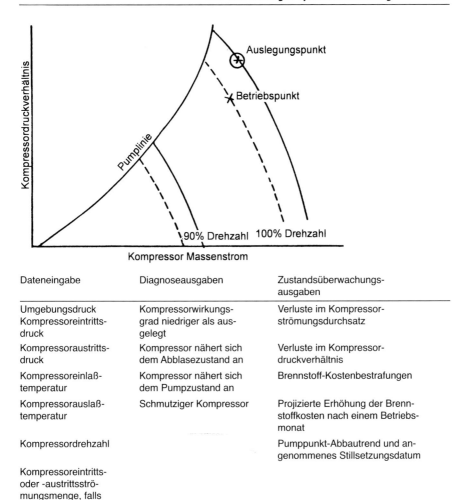

Dateneingabe	Diagnoseausgaben	Zustandsüberwachungsausgaben
Umgebungsdruck Kompressoreintrittsdruck	Kompressorwirkungsgrad niedriger als ausgelegt	Verluste im Kompressorströmungsdurchsatz
Kompressoraustrittsdruck	Kompressor nähert sich dem Abblasezustand an	Verluste im Kompressordruckverhältnis
Kompressoreinlaßtemperatur	Kompressor nähert sich dem Pumpzustand an	Brennstoff-Kostenbestrafungen
Kompressorauslaßtemperatur	Schmutziger Kompressor	Projizierte Erhöhung der Brennstoffkosten nach einem Betriebsmonat
Kompressordrehzahl		Pumppunkt-Abbautrend und angenommenes Stillsetzungsdatum
Kompressoreintritts- oder -austrittsströmungsmenge, falls verfügbar		

Abb. 19-8. Aerothermische Zustandsüberwachung von Kompressoren

Die Trendtechnik enthält im wesentlichen die Bestimmung des Verlaufs einer Kurve, die von den erhaltenden Daten abgeleitet wurde. Der Kurvenverlauf wird sowohl von einem Langzeittrend, über 168 h, und einem Kurzzeittrend, der auf den letzten 24 h basiert, berechnet. Wenn der Kurzzeitverlauf vom Langzeitverlauf um ein voreingestelltes Limit abweicht, bedeutet dies, daß die Abbaurate verändert ist, was die Instandhaltungsplanung berührt. Somit könnte das Programm auch die Verzerrung des Langzeitverlaufs durch den Kurzzeitverlauf berücksichtigen. Abbildung 19-9 zeigt diesen Trendtyp in schematischer Darstellung. Zahlreiche statistische Techniken sind für die Trenddarstellung verfügbar.

Trenddaten werden genutzt, um in der Instandhaltungsplanung hilfreiche Vorhersagen zu erhalten. Mit Bezug auf Abb. 19-10 ist es z.B. möglich einzuschätzen,

Tabelle 19-2. Aerothermische Leistungsgleichungen für Gasturbinen zur Korrektur auf Standardzustände

Faktoren zur Korrektur auf Standardtemperatur und -druckzustände	
Angenommener Standardtag-Druck	1,01 bar (14,7 psia)
Angenommene Standardtag-Temperatur	15,6 °C (60 °F)
Versuchszustände	
Einlaßtemperatur	T_i °R
Einlaßdruck	P_i psia
Korrigierte Kompressoraustrittstemperatur	= (beobachtete Temperatur) $(520/T_i)$
Korrigierter Kompressoraustrittsdruck	= (beobachteter Druck) $(14,7/P_i)$
Korrigierte Drehzahl	= (beobachtete Drehzahl) $\sqrt{520/T_i}$
Korrigierter Luftstrom	= (beobachtete Strömung) $(14,7/P_i) \sqrt{T_i/520}$
Korrigierte Leistung	= (beobachtete Leistung) $(14,7/P_i) \sqrt{T_i/520}$

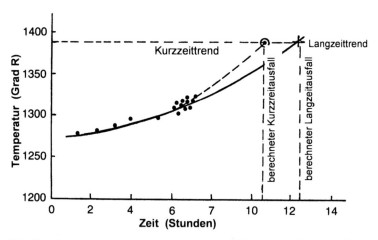

Abb. 19-9. Temperatur über der erwarteten Ausfallzeit (1200 °R = 394 °C, 1400 °R = 505 °C)

wann Kompressorsäuberungen notwendig sein werden. Abbildung 19-10 wurde erstellt, indem die Kompressoraustrittstemperaturen und -drücke an jedem Tag aufgezeichnet wurden. Die Punkte wurden verbunden und eine gestrichelte Linie projiziert, um vorherzusagen, wann eine Reinigung benötigt wird. In diesem Falle wurden 2 Parameter überwacht, doch da ihre Daten abwichen, basierte die Reinigung auf dem ersten Parameter, der den kritischen Punkt erreichte. Der Gebrauch eines Trends von Temperaturen und Drücken liefert einen Quer-Check zur Gültigkeit der Diagnosen.

19.6 Nebenanlagen-Systemüberwachung

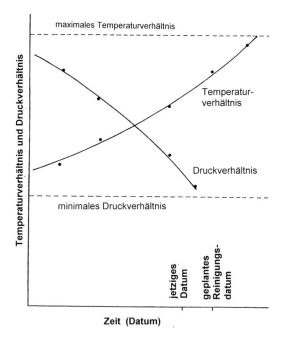

Abb. 19-10. Datentrenddarstellung zur Vorhersage der Instandhaltungsplanung

19.6.5
Aerothermische Kompressorcharakteristika und Kompressorpumpen

Abbildung 19-11 zeigt ein typisches Leistungskennfeld für einen Radialkompressor. Es zeigt Wirkungsgrad-Muschelkurven (efficiency islands) und konstante aerothermische Geschwindigkeitslinien. Für das totale Druckverhältnis ergibt sich eine Änderung mit Strömungsmenge und Drehzahl. Üblicherweise werden Kompressoren auf einer Arbeitslinie betrieben, die einen Sicherheitsabstand zur Pumplinie hat.

Das Kompressorpumpen ist im Prinzip ein nichtstabiler Betrieb und sollte deshalb sowohl in der Auslegung als auch im Betrieb vermieden werden. Pumpen wurde traditionell definiert als die untere Grenze stabilen Kompressorbetriebs. Es beinhaltet eine Strömungsumkehr. Diese Strömungsumkehr tritt aufgrund einer Art aerodynamischer Instabilität innerhalb des Systems auf. Üblicherweise ist ein Teil des Kompressors der Grund der aerodynamischen Instabilität. Jedoch ist es möglich, daß der Systemaufbau diese Instabilität verstärkt. Normalerweise ist das Pumpen mit übermäßigen Schwingungen und einem hörbaren Geräusch verbunden. Es gab jedoch auch Fälle, in denen nichthörbare Pumpprobleme Ausfälle hervorgerufen hatten.

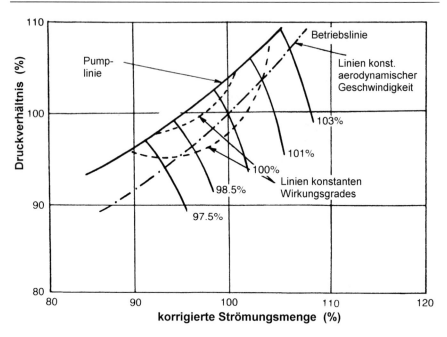

Abb. 19-11. Typisches Kompressorkennfeld

19.7
Fehlerdiagnose

Die Problemuntersuchung bei Turbomaschinen ist komplex, aber mit Hilfe von Leistungs- und mechanischen Signalen können Lösungen zur Diagnose verschiedener Fehlertypen gefunden werden. Dies wird durch den Gebrauch mehrerer Eingaben und einer Matrix erreicht. Einige Beispiele der Probleme werden in den nächsten Abschnitten gegeben.

19.8
Kompressoranalyse

Eine Kompressoranalyse wird durchgeführt, indem die Ein- und Auslaßdrücke und die Temperaturen sowie Umgebungsdruck, Schwingungen an jedem Lager und Druck und Temperatur des Schmierungssystems überwacht werden. Tabelle 19-3 zeigt die Auswirkung verschiedener Parameter auf einige der Hauptprobleme, die in einem Kompressor auftreten. Die Überwachung dieser Parameter erlaubt die Detektion von:
1. *Verstopften Luftfiltern.* Ein verstopfter Luftfilter kann detektiert werden, indem ein Anstieg des Druckverlusts über den Filter festgestellt wird.
2. *Kompressorpumpen.* Das Pumpen kann detektiert werden, indem ein plötzlicher Anstieg der Wellenschwingung zusammen mit einer Instabilität des

19.8 Kompressoranalyse

Tabelle 19-3. Kompressordiagnosen

	η_c	P_2/P_1	T_2/T_1	Massenstrom	Schwingung	ΔT Lager	Lagerdruck	Totraumdruck
Verschmutzter Filter	↓		↓					
Pumpen	↑	Variabel		↓	Hohe Fluktuation	↑	↑	Hohe Fluktuation
Verschmutzung	↓	↓	↑	↓	↑			
Beschädigte Schaufeln	↓	↓	↑	↓	↑			Hohe Fluktuation
Lagerausfall					↑	↑	↓	

Austrittsdrucks festgestellt wird. Ist mehr als eine Stufe vorhanden, sind die in den Toträumen zwischen den Stufen angebrachten Fühler nützlich, um den Ort der Problemstufe durch Überprüfung der Druckfluktuationen zu bestimmen.

3. *Kompressorverschmutzung.* Dies wird durch Absenkung von Druckverhältnis und Strömung angezeigt, die im Zeitverlauf zusammen mit einer Erhöhung der Austrittstemperatur auftritt. Die Änderung der Temperatur und des Druckverhältnisses tendiert zur Absenkung des Wirkungsgrads. Tritt eine Schwingungsänderung auf, weist dies auf eine kritische Verschmutzung hin, die aus übermäßigen Ablagerungen auf dem Rotor entstanden ist.

4. *Lagerausfall.* Symptome von Lagerproblemen beinhalten einen Verlust des Schmiermitteldrucks, eine Erhöhung der Temperaturdifferenz über dem Lager und eine Erhöhung der Schwingung. Wenn Ölwirbel oder andere Lagerinstabilitäten vorliegen, gibt es eine Schwingung bei subsynchroner Frequenz.

19.8.1 Brennkammeranalyse

In der Brennkammer sind die einzigen Parameter, die gemessen werden können, der Brennstoffdruck und die Gleichmäßigkeit der Verbrennungsgeräusche. Turbineneintrittstemperaturen werden üblicherweise aufgrund sehr hoher Temperaturen und begrenzter Fühlerlebensdauer nicht gemessen. Tabelle 19-4 zeigt den Effekt verschiedener Parameter auf wichtige Brennkammerfunktionen.

Die Messung der beiden Parameter erlaubt die Detektion von:
1. *Verschmutzten Düsen.* Es wird ein Anstieg im Brennstoffdruck im Zusammenhang mit erhöhten Verbrennungsungleichmäßigkeiten angezeigt. Dies ist ein verbreitetes Problem, wenn Restbrennstoffe (residual fuels) eingesetzt werden.
2. *Gerissenen oder versetzten Brenngasrohren.* Dies wird durch eine Erhöhung der Ablesung des akustischen Meßgeräts und einer großen Spreizung der Austrittstemperatur angezeigt.

19 Regelungssysteme und Instrumentierung

Tabelle 19-4. Brennkammerdiagnosen

	Brennstoff-druck	Ungleichmäßigkeit in der Brennkammer (Geräusch)	Austrittstemperaturspreizung	Austrittstemperatur
Verstopfung	↑	↑	↑	↑
Brennkammerverschmutzung	↑ oder ↓	↑	↑	↓
Überströmrohrausfall	↑ oder ↓	–	↑ +	–
Versetzte oder gerissene Brenngasrohre	↑ oder ↓	↑	↑	–

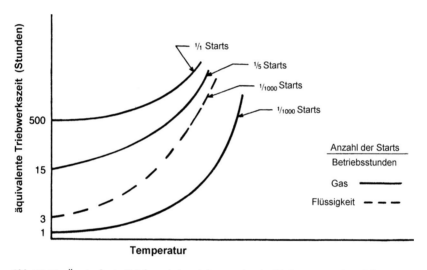

Abb. 19-12. Äquivalente Triebwerksbetriebsstunden im Verbrennungsbereich

3. *Brennkammerinspektion oder -revision.* Diese basiert auf äquivalenten Triebwerksstunden, die sich aus der Anzahl von Starts, dem Brennstoff und den Temperaturen errechnen. Abbildung 19-12 zeigt den Effekt dieser Parameter auf die Lebensdauer der Einheit. Zu beachten ist der starke Effekt, den der Brennstoff und die Anzahl der Starts auf die Lebensdauer haben.

19.8.2
Turbinenanalyse

Um eine Turbine zu analysieren, ist es notwendig, die Drücke und Temperaturen über der Turbine, die Wellenschwingungen und die Temperaturen und Drücke des Schmierungssystems zu messen. Tabelle 19-5 zeigt die Auswirkungen, die die

Tabelle 19-5. Turbinendiagnose

	η_t	P_3/P_4	T_3/T_4	Schwingung	ΔT Lager	Kühlluftdruck	Scheibenraumtemperatur	Lagerdruck
Verschmutzung	↓		↓	↑			↑	
Beschädigte Schaufeln	↓		↓	↑				
Verbogene Düsen	↓	↓	↓	↑			↑	
Lagerschäden				↑	↑			↓
Kühlluftausfälle				↑		↓	↑	

verschiedenen Parameter auf wichtige Funktionen der Turbine haben. Die Analyse dieser Parameter hilft bei der Vorhersage von:
1. *Turbinenverschmutzung.* Eine Erhöhung der Turbinenaustrittstemperatur zeigt dies an. Bei starker Verschmutzung, die Rotorunwucht hervorruft, treten Änderungen der Schwingungsamplitude auf.
2. *Beschädigte Turbinenschaufeln.* Daraus resultiert ein von einer Erhöhung der Austrittstemperatur begleiteter großer Schwingungsanstieg.
3. *Verbogene Düse.* Die Austrittstemperatur steigt an, und es kann eine Erhöhung der Turbinenschwingung vorliegen.
4. *Lagerfehler.* Die Symptome von Lagerproblemen für eine Turbine sind die gleichen wie für einen Kompressor.

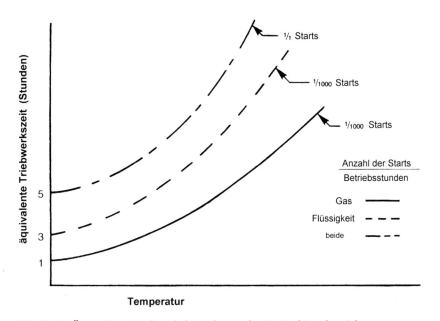

Abb. 19-13. Äquivalente Triebwerksbetriebsstunden im Turbinenbereich

5. *Kühlluftfehler.* Probleme mit dem Schaufelkühlungssystem können durch eine Erhöhung des Druckabfalls in den Kühlleitungen detektiert werden.
6. *Turbineninstandhaltung.* Diese sollte auf den „äquivalenten" Triebwerkbetriebsstunden basieren, die eine Funktion der Temperatur, des eingesetzten Brennstoffs und der Anzahl der Starts sind. Abbildung 19-13 zeigt die Korrektur, die zu den Laufstunden für eine Einheit mit intermittierender Last mit Hochfahr/Stop-Betrieb angewandt werden kann.

19.8.3
Turbinenwirkungsgrad

1. Mit den gegenwärtig hohen Kosten für Brennstoffe können sehr signifikante Einsparungen erreicht werden, indem der Betriebswirkungsgrad der Maschinen überwacht und im Betrieb vorliegende Ineffektivitäten abgestellt werden. Einige dieser im Betrieb vorliegenden Ineffektivitäten können sehr einfach

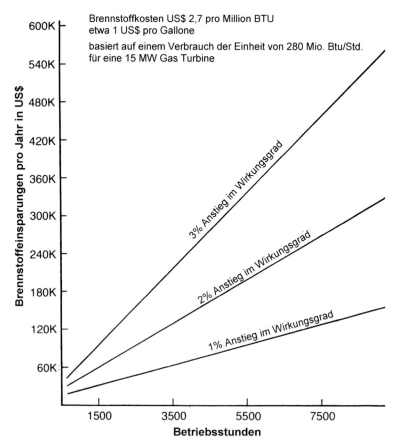

Abb. 19-14. Einsparungen vs. Wirkungsgrad

korrigiert werden, z.B. durch Waschen oder Säubern des Kompressors der Gasturbineneinheit. In anderen Fällen kann es notwendig sein, ein Lastverteilungsprogramm zu entwickeln, das einen maximalen Gesamtwirkungsgrad der im Werk stehenden Maschinen für gegebene Lastanforderungen erreicht.
2. Abbildung 19-14 zeigt die signifikant auftretenden Verluste in US$, wenn eine Turbine mit einem sehr kleinen prozentualen Wirkungsgradabbau betrieben wird.
3. Tabelle 19-6 zeigt ein Lastverteilungsprogramm für eine 87,5-MW-Leistungseinheit von Dampf- und Gasturbinen. Die Auswahl von Maschinen und ihrer Last für den Betrieb mit bestem Wirkungsgrad kann programmiert werden, wenn der Wirkungsgrad der individuellen Einheiten überwacht wird. Das Programm wählt die zu betreibenden Einheiten aus, um die angeforderten Leistungen bei einem maximalen Gesamtwirkungsgrad der Kombination der Einheiten zu liefern.

Tabelle 19-6. Lastteilungsprogramm, Beschreibung von Kraftwerkseinheiten

Einheit	Auslegungs-MW	Turbinentyp	Wirkungsgrad am ausgelegten Leistungspunkt
1	2,5	Dampf	22
2	2,5	Dampf	22
3	5,0	Dampf	24
4	5,0	Dampf	24
5	5,0	Dampf	24
6	7,5	Dampf	25
7	15,0	Dampf	30
8	15,0	Dampf	23
9	15,0	Gas	21
10	15,0	Gas	21

Kombination von Einheiten, um effiziente Leistung zu erhalten
Lastverteilungen für unterschiedliche Anforderungen

Totalbedarf =	30,00 MW		Totalbedarf =	50,00 MW
total gelieferte Ausgabe =	30,00 MW		total gelieferte Ausgabe =	50,00 MW
Einheiten nicht in Betrieb =		1 4 9 0	Einheiten nicht in Betrieb =	1 4 0 0
Einheit 1 =	0,00	0,00	Einheit 1 =	0,00 0,00
Einheit 2 =	0,00	0,00	Einheit 2 =	2,50 22,01
Einheit 3 =	2,50	21,00	Einheit 3 =	5,00 24,50
Einheit 4 =	0,00	0,00	Einheit 4 =	0,00 0,00
Einheit 5 =	5,00	24,50	Einheit 5 =	5,00 24,50
Einheit 6 =	7,50	25,19	Einheit 6 =	7,50 25,19
Einheit 7 =	15,0	29,91	Einheit 7 =	15,0 29,81
Einheit 8 =	0,00	0,00	Einheit 8 =	0,00 0,00
Einheit 9 =	0,00	0,00	Einheit 9 =	0,00 0,00
Einheit 10 =	0,00	0,00	Einheit 10 =	15,0 21,00
maximaler Gesamtwirkungsgrad = 27,04			maximaler Gesamtwirkungsgrad = 25,02	

Leistungsbedarf = MW (Maximaler Bedarf = 87,5)

19.9
Diagnosen mechanischer Probleme

Das Aufkommen neuer zuverlässigerer und empfindlicher Schwingungsinstrumentierungen wie dem Wirbelstromsensor und dem Beschleunigungsaufnehmer, gekoppelt mit moderner Technologie von Analysegeräten (der Echtzeitschwingungs-Spektrumanalysator und preisgünstige Computer) gibt dem Maschinenbauingenieur sehr leistungsfähige Hilfen zum Erhalt der Maschinendiagnosen.

Tabelle 19-7 zeigt Schwingungsdiagnosen. Während dies ein allgemeines Kriterium oder eine grobe Bezugslinie für Diagnosen mechanischer Probleme ist, kann es auch zu einem sehr leistungsfähiges Diagnosesystem entwickelt werden,

Tabelle 19-7. Schwingungsdiagnosen

Übliche Frequenz [a]	Schwingungsgrund
Betriebsdrehzahl 0–40%	Lockerer Zusammenbau der Lagerausrichtung, Lager gehäuse oder Gehäuse und Aufhängung Lockere Rotorschrumpfpassungen Reibungsinduzierte Wirbel Axiallagerschäden
Lauffrequenz 40–50%	Erregung der Lageraufhängung Loser Zusammenbau von Lagerausrichtung, Lagergehäuse und Gehäuse und Grundrahmen Ölwirbel Resonanzwirbel Spielinduzierte Schwingungen
Lauffrequenz	Anfängliche Unwucht Rotorverbiegung Gelöste Rotorteile Gehäuseverzug Fundamentverzug Ausrichtfehler Rohrkräfte Lagerzapfen und Lagerexentrizität Lagerschäden Systemkritische des Rotor-Lagers Kupplungskritische Strukturelle Resonanz Axiallagerschäden
Zufallsverteilte Frequenz	Lockerungen im Gehäuse oder in der Aufhängung Druckpulsationen Zahnradungenauigkeiten Ventilschwingungen
Sehr hohe Frequenz	Trockene Wirbel Schaufeldurchlauf

[a] Tritt in den meisten Fällen bei dieser Frequenz dominierend auf; Harmonische können existieren oder nicht.

wenn spezifische Probleme und ihre zugehörigen Frequenzbereichs-Schwingungsspektren in einem computerisierten System aufgezeichnet und korreliert werden. Mit der enormen Speicherkapazität eines Computersystems können zeitliche Verläufe vorheriger Fälle wieder aufgerufen und effiziente Diagnosen erhalten werden.

19.9.1 Datengewinnung

Zusätzlich zu seinem Wert als Diagnose- und Analysewerkzeug liefert ein Datengewinnungsprogramm eine extrem flexible Methode der Datenspeicherung und Wiederabrufbarkeit. Bei der sorgfältigen Auslegung eines Überwachungssystems für die Maschineninstandhaltung kann ein Ingenieur oder Techniker den gegenwärtigen Betrieb einer Einheit mit dem Betrieb derselben oder einer anderen Maschine unter ähnlichen Bedingungen in der Vergangenheit vergleichen. Dies kann erreicht werden, indem ein oder mehrere begrenzende Parameter ausgewählt und andere anzuzeigende Parameter, die erscheinen, wenn begrenzende Parameter erreicht sind, definiert werden. Dies eliminiert die Suche durch große Datenmengen. Einige Beispiele, wie dieses System genutzt werden kann, sind:

1. *Erkenntnisse zur Zeit.* In diesem Modus gewinnt der Computer Daten, die während einer spezifizierten Zeitperiode aufgenommen wurden. Dies setzt den Nutzer in die Lage, den interessierenden Zeitbereich zu untersuchen.
2. *Erkenntnisse zur Umgebungstemperatur.* Störungen in einer Gasturbine können während einer unüblichen heißen oder kalten Periode auftreten. Für den Betreiber mag hieraus der Wunsch folgen zu untersuchen, wie diese Einheit bei diesen Temperaturen in der Vergangenheit funktionierte.
3. *Erkenntnisse zur Turbinenaustrittstemperatur.* Die Austrittstemperatur kann ein wichtiger Parameter bei Störungsuntersuchungen sein. Eine Analyse dieses Parameters kann die Existenz eines Problems bestätigen, das entweder im Brennkammer- oder Turbinenbereich sein könnte.
4. *Erkenntnisse zu Schwingungsniveaus.* Die Inspektion von Daten, die in diesem Modus erhalten wurden, kann nützlich sein, um folgende Störungen festzustellen: Kompressorverschmutzung, Kompressor- oder Turbinenschaufelfehler, verbogene Düsen, ungleiche Verbrennungen und Lagerprobleme.
5. *Erkenntnisse zur abgegebenen Leistung.* In diesem Modus sollte der Nutzer den interessierenden Leistungsabgabebereich eingeben und nur Daten erhalten, die in diesem bestimmten Leistungsbereich auftreten. Auf diese Weise muß er nur diejenigen Daten berücksichtigen, die den Problembereich bestimmen.
6. *Erhalt von 2 oder mehr begrenzenden Parametern.* Durch den Erhalt von Daten mit Grenzen zu verschiedenen Parametern können diese Daten untersucht und noch weiter reduziert werden. Diagnosekriterien können hiermit entwickelt werden.

19.10 Zusammenfassung

1. Die Überwachung mechanischer Charakteristika von Turbomaschinen, wie Schwingungen, wurde im vergangenen Jahrzehnt vielfach angewandt. Das Aufkommen des Beschleunigungsaufnehmers und des Echtzeitschwingungs-Spektrumanalysators hat den Computereinsatz erfordert, um die großen Analyse- und Diagnosemöglichkeiten dieser Instrumente zu erfüllen und zu nutzen.
2. Die hohen Kosten für Maschinenersatz und Stillstände machen die Betriebszuverlässigkeit der Maschinen sehr wichtig. Jedoch gewinnt mit den heutigen und zukünftigen Erhöhungen der Brennstoffkosten auch die aerothermische Überwachung zunehmend an Bedeutung. Aerothermische Überwachung kann nicht nur erhöhte Betriebseffektivität für Turbomaschinen, sondern auch, wenn sie mit mechanischer Überwachung kombiniert wird, ein Gesamtsystem liefern, das die mechanischen und aerothermischen Funktionen besser überwacht als einzelne Systeme.
3. Während es früher Bedenken bzgl. der Zuverlässigkeit von Computersystemen gab, haben sie zwischenzeitlich eine weite Akzeptanz erfahren und ersetzen sehr schnell die analogen Systeme.
4. Die systematische Anwendung moderner Technologie (Instrumentierung, sowohl mechanisch als auch aerothermisch mit preiswerten Computern) und auch die Engineeringerfahrungen mit Turbomaschinen, werden zur Entwicklung und Anwendung kosteneffektiver Systeme führen.

20 Versuche und Überprüfungen an Kompressoren

Eine sorgfältige Leistungsuntersuchung eines dynamischen rotierenden Kompressors ist für den Anlagenerrichter von enormer Wichtigkeit, da mit dieser Untersuchung die Fähigkeit definiert wird, einen spezifischen Job zu leisten. Hierzu gehören auch die Anforderungen an den Energieaufwand. Da der Kompressionsprozeß häufiger kontinuierlich statt intermittierend ist (wie bei Kolbenkompressoren), erlauben die physikalischen Dimensionen des Kompressors keine genaue Leistungsfeststellung. Statt dessen müssen die Charakteristika der Maschine durch Berechnungen festgestellt werden. Bei diesen wird die vom Gas geleistete Arbeit bestimmt, wie sie aus den beobachtbaren Gaszuständen gemessen werden kann [1]. Während der Errichter einer Kompressoranlage mit relativen Werten zur Bestimmung der Entwicklungsarbeit ziemlich zufrieden sein könnte, müssen zum effektiven Vergleich einer Maschine mit gleichartigen Maschinen absolute Feststellungen gemacht werden. Um derartige Vergleiche zu ermöglichen, wurden von der ASME mit dem Power Test Code 10 (PTC 10) praktische Regeln erstellt [2]. Dies sind Richtlinien für die Ausführung und das Berichten zu Versuchen an einem Kompressor unter bestimmten Bedingungen. Die thermodynamische Leistung eines Kompressors an einem spezifizierten Gas mit unbekannten Eigenschaften kann während des Kompressionsprozesses festgestellt werden, bei dem unter spezifizierten Bedingungen weder Kondensation noch Verdampfung auftritt und keine Injektion von Flüssigkeiten vorliegt.

Die Vorschriften definieren Bedingungen und liefern Methoden, mit Hilfe derer ein Kompressor mit einem passenden Testgas in Versuchen überprüft wird. Die Resultate können in die anzunehmende Leistung desselben Kompressors für den Fall umgerechnet werden, wenn dieser das spezifische Gas bei Auslegungsbedingungen fördert. Es werden auch Richtlinien für Versuche an Kompressoren mit Ein- oder Auslässen zwischen den Stufen, zwischengekühlten Kompressoren und ungekühlten, tandemangetriebenen Kompressoren für extern verrohrte Zwischenkühler geliefert.

20.1
Versuchsplanungen

Die Notwendigkeit, Radialkompressoren zur Erfüllung der PTC 10 im Feld zu testen, erfolgt üblicherweise aus einem von zwei Gründen. Meistens hat der Betreiber bemerkt, daß ein Maschinenzug nicht die gewünschte Leistung erbringt. Der

Betreiber weiß, daß die Kompressoreinheit nicht ihren Auftrag erfüllt, doch er weiß nicht notwendigerweise den Grund hierfür. Der Energieverbrauch der Einheit kann z.B. die Auslegungsgrenze überschreiten. Dies mag evtl. die Quelle einer Störung im Dampfausgleichssystem des Werks sein (dies entspricht einer Überlastung des Kühlwassersystems im Werk) oder ein scheinbarer „Flaschenhals" für die Erreichung der geforderten Produktionsmengen. Diese und möglicherweise auch andere Faktoren können diktieren, daß ein Versuch auszuführen ist, um die Betriebscharakteristika eines Kompressors komplett zu definieren.

Ein anderer Grund für Feldversuche zur Erfüllung der Vorschriften liegt darin, die Vertragsanforderungen zu erfüllen, in denen Versuche entsprechend den Vorschriften vorgeschrieben sind, bevor die Maschine vom Errichter des Werks akzeptiert wird.

Unabhängig vom Grund für den Versuch ist die Planung ein grundlegendes Element für den Versuch. Dies sollte frühzeitig in der konzeptionellen Stufe der Kompressorinstallation berücksichtigt werden. Zusätzlich hierzu kann die PTC 10 hilfreich zur Überwachung der Leistung des Geräts sein. Jedoch werden für diesen Versuch die Resultate kaum detailliert berichtet. Für den Betreiber sind sie nur als eine relative Indikation eines Maschinenzustands von Interesse. Die wirkliche Anforderung in diesem Test ist die Konsistenz in der Versuchsvorschrift, so daß schrittweise Testergebnisse vollständig vergleichbar mit früheren Ergebnissen sind.

Zurückblickend kann gesagt werden, daß die meisten Versuchssituationen im Feld eine Anwendung der Versuchsvorschriften ausschließen. Sobald festgestellt wird, daß eine strikte Einhaltung der Vorschriften nicht möglich ist, wird es von wesentlicher Bedeutung, daß alle interessierten Gruppen (dies meint Betreiber, Einkäufer, Vertragsnehmer und alle Maschinenlieferanten) sich vorher über die Absichten eines Versuchs einig sind. Hierzu gehört die Art der Durchführung und welche Maschinenleistung die Anforderungen an einen Test befriedigend erfüllen kann.

Für Feldversuche eines Kompressors in Übereinstimmung mit PTC 10 muß die anfängliche Versuchsplanung ausgeführt werden, während die Kompressorinstallation im Planungsstadium ist. Sind die einzelnen Kostenanteile zur Bereitstellung einer ausreichenden Anzahl von passenden Instrumentierungseinrichtungen relativ klein zur Zeit des Aufbaus, verhindern die Kosten für Produktionsverluste und den Einbau in eine in Betrieb befindliche Maschine üblicherweise ihren nachträglichen Einbau.

Wie aus den ASME-Versuchsvorschriften und -Ergänzungen hervorgeht, ist die Genauigkeit von Messungen von primärer Wichtigkeit für die erfolgreiche Durchführung von Maschinenversuchen. Jedoch ist allzu häufig die Installation bereits komplett und die Maschine läuft, bevor die Aufmerksamkeit sich auf die benötigte Genauigkeit richtet. Die Beschreibungen der benötigten Verrohrungen und Instrumentierungen werden in späteren Abschnitten geliefert. Einige weitverbreitete Schwächen, die manchmal Zweifel an der Gültigkeit von Feldversuchen aufkommen lassen, werden ebenfalls später diskutiert.

20.2
Klassifikation von Versuchen

Drei bestimmte Versuchsklassen finden sich in den Vorschriften.

20.2.1
Klasse 1

Diese Klasse beinhaltet alle Versuche, die mit dem spezifizierten Gas (entweder als perfektes oder reales Gas behandelt) bei der Drehzahl, dem Einlaßdruck, der Einlaßtemperatur und den Kühlungszuständen, für die der Kompressor ausgelegt ist und bei denen er betrieben werden soll, ausgeführt werden sollen. Die spezifizierten Betriebsbedingungen und die Schwankungen der Versuchsablesungen sollten eng innerhalb der Grenzen gesteuert werden, wie sie in den Tabellen 20-1 und 20-2 angegeben sind. Innerhalb dieser Grenzen sind die Einstellungen, die zu den Ergebnissen zu machen sind, auf einem Minimum zu halten und die Genauigkeit der Resultate liegen am Maximum. Klasse-1-Versuche sollten möglichst immer durchgeführt werden, da sie normalerweise zu den genauesten Ergebnissen führen.

20.2.2
Klasse 2 und Klasse 3

Diese Versuche sind für die Fälle vorgesehen, in denen die Kompressoren nicht zuverlässig mit dem spezifizierten Gas bei spezifizierten Betriebsbedingungen überprüft werden können. Methoden für die Vorhersage der Leistung bei spezifi-

Tabelle 20-1. Tolerierbare Abweichung von spezifizierten Betriebszuständen für Klasse-1-Versuche [2]

Variable	Symbol	Einheit	Abweichungen[a] (%)
a. Einlaßdruck	P_i	psia (1psia = 0,07 bar)	5[b]
b. Einlaßtemperatur	T_i	R (1 °R = −273 °C)	8[b]
c. Spezifisches Dichteverhältnis (gravity) des Gases	G	Verhältnis	2[b]
d. Drehzahl	N	rpm	2
e. Kapazität	q_i	cfm	4
f. Kühltemperaturdifferenz		°F	5[c]
g. Kühlwasser-strömungsmenge		gpm	3

[a] Abweichungen basieren auf dem spezifischen Wert, bei dem Drücke und Temperaturen absolut sind.
[b] Der kombinierte Effekt der Variablen a, b und c soll nicht mehr als 8% Abweichungen in der Einlaßgas-Dichte bewirken.
[c] Der Unterschied ist definiert als Einlaßgastemperatur minus Einlaßkühlwassertemperatur.

Tabelle 20-2. Tolerierbare Schwankungen von Versuchsablesungen während eines Versuchsdurchlaufs aller Versuche der Klasse 1, 2 und 3 [2]

Messungen	Symbol	Einheit	Schwankungen[a]
Einlaßdruck	P_i	psia (1psia = 0,07 bar)	2,0%
Einlaßtemperatur	T_i	R (1 R = –273 °C)	0,5%[b]
Austrittsdruck	P_d	psia	2,0%
Düsendifferenzdruck	P_1-P_2	psi	2,0%
Düsentemperatur	T_I	R	0,5%
Drehzahl	N	rpm	0,5%
Drehmoment	τ	lb-ft (1lb-ft = 1,37 Nm)	1,0%
Leistungsaufnahme des Elektromotors		kW	1,0%
Spezifisches Dichteverhältnis des Versuchsgases	G	Verhältnis	0,25%
Kühlwassereintrittstemperatur		°F (1 °F = –17 °C)	3 °F[b]
Kühlwasserströmungsmenge		gpm	2,0%
Spannung in der Stromversorgung		V	2,0%

[a] Druck- und Temperaturschwankungen für Gas, ausgedrückt als Prozente mittlerer absoluter Werte. Temperaturschwankungen für Wasser sind die Abweichung vom Mittel in °C (°F).
[b] Werte sind nicht anwendbar für Leistungsmessungen durch Wärmebilanz oder Wärmeaustauschermethoden.

zierten Zuständen aus einem Versuch, der bei unterschiedlichen Betriebszuständen und/oder mit anderen Gasen durchgeführt wurde, werden später diskutiert.

Die Zuverlässigkeit dieser Methoden beruht auf einem genauen Wissen der Gaseigenschaften, der Auswahl von Methoden, die für die Berechnung und die Umrechnung der Versuchsergebnisse genutzt werden, und des Umfangs der Abweichung von den fundamentalen Auslegungsparametern wie Volumenverhältnis und Volumen-zu-Drehzahlverhältnis, Machzahl und Reynolds-Zahl. Grenzen für diese Abweichungen sind in Tabelle 20-3 dargestellt. Diese Grenzen sind zwingend. Klasse-2-Versuche weichen von Klasse-3-Versuchen nur durch die Berechnungsmethoden ab. Wenn die thermodynamischen Eigenschaften des Versuchsgases oder des spezifizierten Gases von den Gesetzen für perfekte Gase von denen in Tabelle 20-4 gezeigten Grenzen abweichen, sollten die Berechnungsmethoden nach Klasse-3-Versuchen eingesetzt werden. Andernfalls können die Berechnungsmethoden für Klasse 2 eingesetzt werden.

Versuchsgas ist eine der ersten Abweichungen von den Vorschriften, die manchmal in Betracht zu ziehen sind. Während der Kompressorhersteller üblicherweise seine Werkstattversuche mit fast jedem benötigten Gas durchführen kann, wird im Feld das Gas, das im Prozeß oder der Pipeline vorhanden ist, genommen. In einigen Fällen wird es schwierig sein, das gleiche Gas für den gesamten Test zu liefern oder auch nur lang genug, um einen genauen Datenpunkt zu erhalten.

20.2 Klassifikation von Versuchen

Tabelle 20-3. Tolerierbare Abweichung spezifizierter Auslegungsparameter für Klasse-1- und Klasse-3-Versuche [2]

Variable	Symbol	Testwertgrenzen der Auslegungspunkte in %	
		Minimum	Maximum
Volumenverhältnis	q_i/q_d	95	105
Kapazität-zu-Drehzahl-Verhältnis	q_i/N	96	104
Maschinenmachzahl 0–0,8	M_m	50	105
über 0,8		95	105
Maschinen-Reynolds-Zahlen mit Auslegungswert:	R_e		
unter 200.000 radial		90	105
über 200.000 radial		10[a]	200
unter 100.000 Axialkompressor		90	105
über 100.000 Axialkompressor		10[b]	200

Mechanische Verluste sollen 10% der insgesamt aufgenommenen Wellenleistung bei Versuchsbedingungen nicht überschreiten.

[a] Minimal tolerierbare Reynolds-Zahl der Versuchsmaschine ist 180.000.
[b] Minimal tolerierbare Reynolds-Zahl der Versuchsmaschine ist 90.000.

Tabelle 20-4. Abweichung der Gaseigenschaften von den Gesetzen für perfekte Gase von Test- und spezifiziertem Gas, erlaubt für Klasse-2-Versuche [2]

Druckverhältnis	Maximalverhältnis $\dfrac{\gamma_{max}[a]}{\gamma_{min}}$	Maximale Kompressibilitätsfunktionen		Minimale Kompressibilitätsfunktionen	
		X	Y	X	Y
1,4	1,12	0,279	1,071	−0,344	0,925
2,0	1,10	0,167	1,034	−0,175	0,964
4,0	1,09	0,071	1,017	−0,073	0,982
8,0	1,08	0,050	1,011	−0,041	0,988
6,0	1,07	0,033	1,008	−0,031	0,991
32,0	1,06	0,028	1,006	−0,025	0,993

Wenn diese Grenzen entweder für das Testgas oder das spezifizierte Gas an irgendeinem Zustandspunkt entlang des Kompressionspfads überschritten sind, sollen die Methoden, die für die Berechnung von Klasse-3-Versuchen beschrieben sind, eingesetzt werden.

[a] Maximal- und Minimalwerte von g entweder über Versuchs- oder spezifizierte Zustandsbereiche:

$$X = \frac{T}{V}\left(\frac{\partial V}{\partial T}\right)_P - 1 \qquad Y = -\frac{P}{V}\left(\frac{\partial V}{\partial P}\right)_T$$

Dieser Problembereich kann oftmals in bestimmtem Maße gelöst werden, indem während des Testverlaufs einige Gasproben aufgenommen werden. Doch in manchen Fällen wird das Gas sich durch Reaktionen im Probenbehälter leicht ändern, wodurch die Relevanz der Laboranalyse zerstört werden kann.

20.3
Rohranordnungen

Der Standort der Druck-, Temperatur- und Strömungsmeßvorrichtungen sollte in einem spezifischen Bezug zum Kompressoreintritt und den Austrittsöffnungen stehen, wie in diesem Abschnitt beschrieben und illustriert wird. Minimallängen gerader Rohrleitungen sind für die Strömungsmeßvorrichtungen und für bestimmte Druckmessungen erforderlich. Strömungsausrichter und/oder Gleichrichter sollten in der Umgebung von Drosselventilen und Krümmern eingesetzt werden, wie in Abb. 20-1 dargestellt.

Die Rohranordnung ist meistens kein Grund zur Änderung von Feldversuchen. Der gewundene Pfad, den die Verrohrung oftmals nehmen muß, um den Kompressor zu erreichen oder ihn zu verlassen, kann festlegen, wie der Kompressor arbeiten wird, wenn die Verrohrung auch die Strömungsmeßvorrichtung enthält. Dies kann bewirken, daß das Strömungsmeßgerät so angebracht ist, daß das Primärelement des Meßgeräts nicht die ASME-Vorschriften erfüllt. Oftmals ist

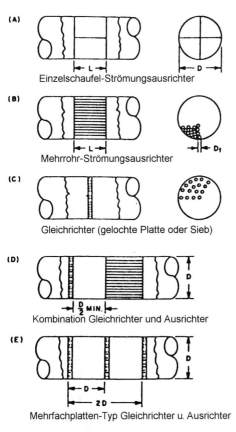

Abb. 20-1. Strömungsgleichrichter und Ausrichter [2]

20.3 Rohranordnungen

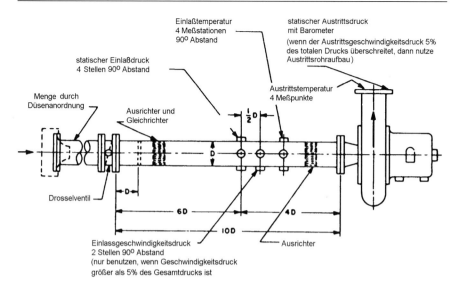

Abb. 20-2. Langes Einlaßrohr [2]

das einzige Strömungsmeßgerät für den installierten Kompressor dasjenige des Abblaseregelsystems. Dieses ist empirisch kalibriert, wobei absolute Genauigkeit nicht beabsichtigt wurde. Sogar ein Prozeßströmungsmeßgerät wird schließlich einen größeren Nutzen als eine relative Anzeige haben, die als eine Absolutanzeige eingesetzt wird. In jedem Fall ist die Inspektion des Primärelements eines Strömungsmeßgeräts vor dem Test zwingend.

Ventile in Rohrsystemen benötigen ebenfalls Aufmerksamkeit. Es muß sorgfältig abgesichert werden, daß jegliche Verzweigungen im System richtig positioniert sind und der Gasströmung durch den Kompressor vollständig Rechnung getragen wird. Es muß sichergestellt werden, daß ein geschlossenes Ventil keine signifikante Strömung als Resultat einer Leckage liefert. Dieser Faktor kann besonders wichtig werden, wenn Seitenströmungen beinhaltet sind, da einige Systeme keine Einrichtungen für Seitenstromrechnungen haben. Jeder Versuch wird als ein kompletter Fehler beurteilt, wenn festgestellt wird, daß es unberücksichtigte Gasmengen gab, die im Versuch nicht oder zusätzlich durch den Kompressor strömten.

20.3.1
Verrohrung am Einlaß

In Werkstattversuchen können Kompressoren ohne Einlaßrohr betrieben werden, wenn die Luft bei den vorherrschenden Atmosphären und Drücken die für den Versuch benötigten Zustände erfüllt. Jedoch sollte der Einlaß mit einem Sieb geschützt und ein gut gerundeter Einlauf eingesetzt werden, um die Einströmverluste zu minimieren. In diesem Falle wird der Einlaßstagnationsdruck mit einem Barometer gemessen, und die Temperatur sollte am Sieb gemessen werden.

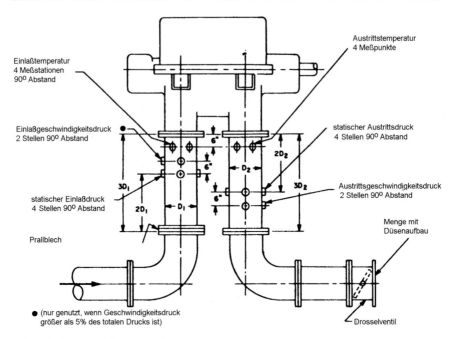

Abb. 20-3. Kurzes Einlaßrohr [2]

Kompressoren mit axialen Einströmungen, die einen Krümmer oder ein Drosselventil vor dem Einlaß haben, sollten ein „langes Einlaßrohr" (Abb. 20-2) mit nicht weniger als einer Länge von 10 Rohrdurchmessern haben. Ein Strömungsausrichter sollte vor der druckmessenden Station installiert sein, weil bei einigen Zuständen in einem axialen Einlaß das Laufrad einen Wirbel produziert, der deutliche Fehler in der Messung des Eintrittsdrucks hervorrufen kann.

Kompressoren ohne axialen Einlaß können mit einem „kurzen Einlaßrohr" überprüft werden. Dieses sollte nicht weniger als 3 Rohrdurchmesser Länge haben, wie in Abb. 20-3 dargestellt. Die Anbringungsorte der Druck-, Temperatur-, und Strömungsmengen-Meßvorrichtungen sind in Abb. 20-3 dargestellt. Die vorstehend beschriebenen Zustände können in Feldversuchen unmöglich erreicht werden. Somit kann eine Pitot-Traverse benutzt werden, um das Geschwindigkeitsprofil festzustellen und die Strömungsmenge zu berechnen.

20.3.2
Verrohrung am Austritt

Für Kompressoren, die zum Abblasen betrieben werden, ist eine Austrittsverrohrung nicht notwendig, wenn der Geschwindigkeitsdruck nicht mehr als 50% des Druckanstiegs ausmacht. Der statische Austrittsdruck wird mit einem Barometer gemessen, und die Temperatur des austretenden Gases sollte am Austritt des Kompressors gemessen werden.

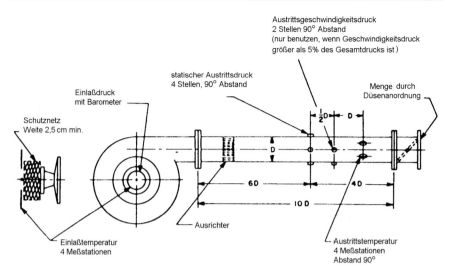

Abb. 20-4. Langes Austrittsrohr [2]

Kompressoren mit einem schneckenförmigen Diffusor sollten mit einem „langen Austrittsrohr", das eine Länge von nicht weniger als 10 Rohrdurchmessern hat, im Abnahmeversuch überprüft werden (s. Abb. 20-4). Strömungsausrichter und Leitschaufeln sind erforderlich, weil schneckenförmige Diffusoren mit dem „Kurzrohr"-Aufbau überprüft werden können, wie in Abb. 20-3 dargestellt.

20.3.3
Geschlossener Rohrkreislauf

Dieser Versuch beschränkt sich üblicherweise auf die Vorrichtungen in der Werkstatt des Herstellers. Der geschlossene Aufbau liefert eine wirtschaftliche Methode für Versuche mit vielen Gasen statt Luft, unter präzise kontrollierten Druck- und Temperaturbedingungen. Die grundlegenden Elemente dieses Aufbaus sind, wie in Abb. 20-5 dargestellt, der Wärmetauscher, das Drosselventil, das Primärelement zur Strömungsmessung, das Einlaßrohr und das Austrittsrohr.

Eine Modifikation des Systems mit geschlossenem Rohrkreislauf zur Überprüfung von Kompressoren mit Seitenströmungen ist in Abb. 20-6 dargestellt. Für Versuche mit kondensierbaren Gasen ist der Rohraufbau in Abb. 20-7 dargestellt.

Eine Kombination dieser Aufbauten kann bei Bedarf eingesetzt werden, womit in der Verrohrung Stationen zur Messung der Strömungen, der Temperatur und des Drucks für jede Seitenströmung unabhängig und in Erfüllung der Anforderungen dieses Abschnitts beinhaltet sein können.

Es sollten Vorkehrungen getroffen werden, um Flüssigkeitsreste aus dem Versuchskreislauf zu entfernen. Der Versuchskreislauf sollte nicht mit Luft oder

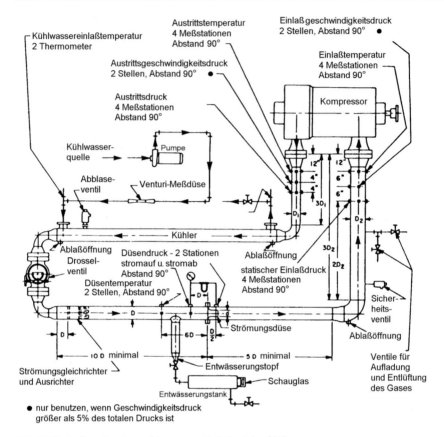

Abb. 20-5. Aufbau 1 mit geschlossenem Rohrkreislauf [2]

irgendeinem oxidierenden Gas beschickt werden, wenn die Wellendichtungen des Kompressors mit zündbaren Fluiden geschmiert werden. Vorbeugende Maßnahmen sollten gegen Überdrücke, Übertemperaturen, Kühlwasserverluste und andere unsichere Fehlfunktionen getroffen werden.

20.4
Datenaufnahme

Das primäre Ziel aller Kompressorversuche ist der Erhalt guter Daten. Jedoch kann ein guter Versuchsaufbau eine teure, zeitaufwendige Aufgabe sein. Die beste Überprüfung ist die grobe Feldkalkulation, die ein Auftragen der Ergebnisse erlaubt. Mit dem Aufkommen programmierbarer Handrechner wird diese Aufgabe in hohem Maße vereinfacht. Schlechte Daten führen unweigerlich zu einer nichtregulären Kurve oder zu berechneten Werten, die nicht anwendbar sind. Es treten zahlreiche Hindernisse und starke Kostenanstiege auf, wenn, lange nach-

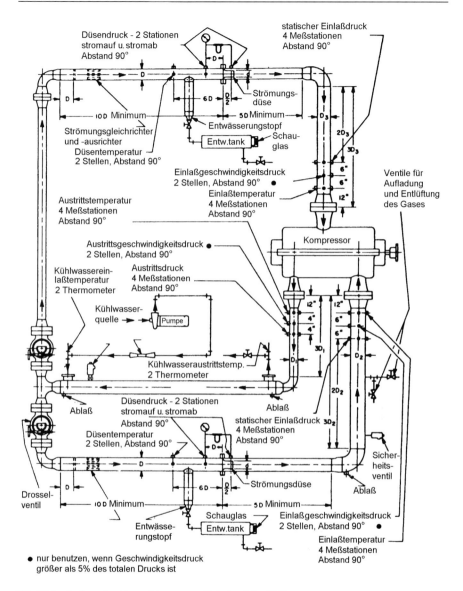

Abb. 20-6. Aufbau 2 mit geschlossenem Rohrkreislauf [2]

dem der Versuchsaufbau abgebaut wurde, die reduzierten Daten eine Maschine beschreiben, die einen Wirkungsgrad größer als 100% hat.

Für Feldversuche bedarf es hier einer abschließenden Warnung. Es gibt keinen Weg, bei dem eine einzelne Förderhöhe über dem Volumenstrommeßpunkt die Leistungscharakteristika einer Maschine verifizieren kann. Ein motorgetriebener Kompressor, der im Prozeßbetrieb eingesetzt wird und keine Variationen von

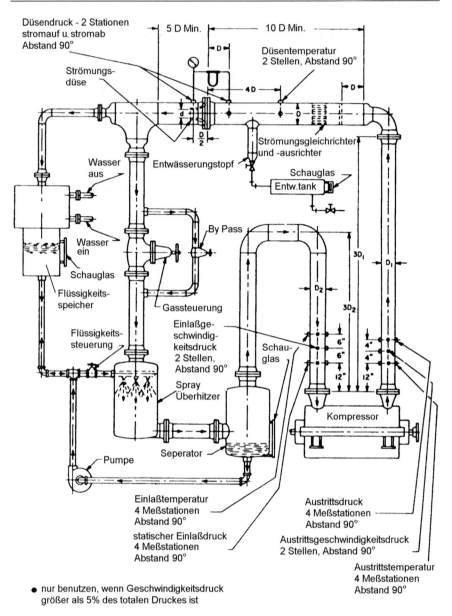

Abb. 20-7. Geschlossener Kreislauf für kondensierbare Gase [2]

20% der Strömungsmenge erlaubt, ist prinzipiell eine nicht überprüfbare Maschine. Konfrontiert mit einer Einpunkt-Versuchssituation müssen größere Vorsichtsmaßnahmen als normal ausgeführt werden, um die bestmöglichen Daten mit aussagekräftigen Informationen zu erhalten.

20.4 Datenaufnahme

Die Untersuchung der Kompressorleistung beinhaltet die Feststellung der Kapazität, des Druckverhältnisses, der verbrauchten Leistung und der Abblasecharakteristika für die spezifischen Testbedingungen. Dies beinhaltet Einlaßtemperatur und -druck, Austrittsdruck, Kompressordrehzahl und Gaseigenschaften. Mehrere Messungen der folgenden Parameter werden benötigt:
1. Einlaßtemperatur
2. Einlaßdruck
3. Austrittstemperatur
4. Austrittsdruck
5. Barometerdruck
6. Kompressordrehzahl
7. Differenzdruck über das Strömungsmeßgerät (oder Pitot-Rohraufbau)
8. Temperatur und Druck am Strömungsmeßgerät
9. Gaseigenschaften.

20.4.1
Druckmessungen

Die folgenden Instrumente werden zur Druckmessung benutzt.
1. Bourdon-Rohrlehren
2. Totgewicht-Lehren (nur für Kalibrationszwecke)
3. Flüssigkeitsmanometer
4. Staudruckrohre
5. Pitot-statische Rohre
6. Druckaufnehmer
7. Druckübertrager
8. Barometer.

Bourdon-Rohrversuchslehren guter Qualität sind in hohem Maße für Druckmessungen von > 1,4 bar (20 psi) einsetzbar. Sie sollten gegen eine Versuchseinrichtung mit Totgewichten in ihrem normalen Betriebsbereich kalibriert werden. Bei der Auswahl einer Drucklehre ist es wichtig, daß der Druckwert oberhalb des Mittelpunkts auf dem Meßbereich liegt.

Differenz- und subatmosphärische Drücke sollten mit Manometern gemessen werden, die ein Fluid enthalten, das bei Kontakt mit dem Testgas chemisch stabil ist. Um zu vermeiden, daß die Manometerflüssigkeit in die Prozeßverrohrung gelangen kann, sollten Quecksilberfallen benutzt werden. Die Fehler dieser Instrumente sollten 0,25% nicht überschreiten.

Ein üblicher Fehler bei der Druckmessung ist die Unsicherheit beim Aufbau, daß statische Druckbohrungen zu permanenten Leckagen in der Rohrwand führen können. Diese Fehlermöglichkeit ist ein zusätzlicher, im frühen Planungsstadium zu bedenkender Punkt, da korrekte Bohrungen vor Aufstellung der Maschine leicht zu liefern sind. Eine Inspektion dieser Bohrungen nach Anlauf des Betriebs ist jedoch ein Luxus, den das Versuchsteam nur selten bieten kann.

Eine andere Falle bei Druckmessungen, die speziell für Messungen der Strömungsmengen wichtig ist, ist das Potential für die Ansammlung von Flüssigkeiten in Meßrohren. Allzu oft haben von Überkopfrohren kommende Meßrohre keine Vorrichtungen, um einen flüssigkeitsfreien Status aufrechtzuerhalten. Dies gilt auch, wenn das fließende Fluid bei Meßrohrtemperatur kondensierbar ist.

Die Kalibrierung der Druckmeßvorrichtung enthält eine andere Falle für die Versuchsmannschaft. Allzu oft wird ein Versuch durch die Berechnungsstufe im Feld durchgeführt, bevor schlechte Daten aufzeigen, daß die Meßaufnehmer möglicherweise mit zu großem minimalen Inkrement aus den Versandkartons ausgepackt und installiert wurden, wobei man sich auf die Kalibrierung des Lieferanten verlassen hatte. Vorortkalibrierung aller Instrumente ist immer eine gute Absicherung gegen schlechte Versuche.

Manchmal werden neue Maschinen mit einem Anfahrsieb (startup screen) im Kompressoreinlaßrohr in Betrieb genommen, um dort gegen Schweißperlen oder Festkörper aus dem Aufbau zu schützen, die in einem neuen oder wieder aufgebauten Rohrsystem nach der Installation verblieben sein können. Unabhängig vom Alter der Installation muß sichergestellt werden, daß Messungen, die die Saug- oder Austrittszustände definieren, nicht durch solche Vorrichtungen beeinflußt werden.

Einlaß- und Austrittsdrücke sind als Staudrücke am Einlaß und Austritt definiert. Sie sind die Summen statischer und dynamischer Drücke an den jeweiligen Punkten. Statische Drücke sollten an 4 Punkten in der gleichen Ebene des Rohrs gemessen werden, wie im Verrohrungsaufbau gezeigt. Geschwindigkeitsdrücke mit weniger als 5% des Druckanstiegs können berechnet werden mit

$$P_v = \frac{(V_{av})^2 p}{2g_c \times 144} = \frac{(V_{av})^2 p}{9266,1} \quad (20\text{-}1)$$

wobei V_{av} das Verhältnis der gemessenen Strommenge zum Querschnitt des Rohrs ist.

Wenn der dynamische Druck > 5% des Druckanstiegs ist, sollte er mit einer Pitot-Rohrtraverse an 2 Stellen festgestellt werden. Für jede Stelle besteht die Traverse aus 10 Ablesungen an Orten, deren Fläche gleich dem Rohrquerschnitt ist (s. Abb. 20-8). Der mittlere dynamische Druck P_v ist gegeben mit

$$P_v = \frac{p \sum V_p^3}{288 g_c n_t V_{av}} \quad (20\text{-}2)$$

wobei an jedem Traversenpunkt

$$V_p = \sqrt{\frac{9266,1 p_v}{\rho}}$$

gilt, und n_t gleich der Anzahl der Traversenpunkte ist.

Der barometrische Druck sollte am Versuchsort mit 30-min-Intervallen während des Versuchs gemessen werden.

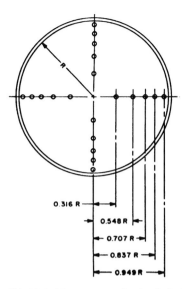

Abb. 20-8. Traversenpunkte im Rohr [2]

20.4.2
Temperaturmessungen

Die Temperatur kann mit jedem der folgenden Instrumente gemessen werden:
1. Quecksilber im Glasthermometer
2. Thermoelemente
3. Widerstandstemperaturfühler
4. Thermometer-Wells.

Thermoelemente sind aufgrund ihrer Einfachheit in der Basiskonstruktion und im Betrieb der bevorzugte Instrumententyp. Sie können ein hohes Niveau an Genauigkeit erreichen, sind für Fernablesungen anpaßbar, robust und relativ preiswert. Unabhängig von der Temperaturmeßvorrichtung, die eingesetzt wird, wird die Vorortkalibrierung des gesamten Meßsystems verlangt. Üblicherweise kann eine Zweipunktüberprüfung mit gefrorenem und kochendem Wasser ausgeführt werden. Zum Schluß sollten alle Vorrichtungen bei einer gemeinsamen Temperatur überprüft werden. Diese liegt vorzugsweise im mittleren Bereich der erwarteten Temperaturen, so daß jede abweichende Vorrichtung ausgemustert werden kann. Diese Überprüfung ist speziell für Maschinen mit niedriger Förderhöhe erforderlich, bei denen der Temperaturanstieg nur leicht sein wird.

Versuchspläne werden häufig unter der Annahme vorbereitet, daß ein Laborthermometer ein Betriebsthermometer in einem vorhandenen Thermometer-Well ersetzen kann. Während diese Auswechslung befriedigend sein kann, muß der Durchführende sorgfältiger Versuche berücksichtigen, daß Thermo-Wells brechen und möglicherweise in die Maschine eintreten können oder eine gefährliche Leckage hervorrufen, so daß die Feststellung der wahren Gastemperatur unmöglich ist. Der Kompromiß kann sein, das Well kurz und/oder dickwandig auszuführen. In jedem Fall kann die Metallmasse, die der Umgebungstemperatur ausgesetzt ist, diejenige überschreiten, die dem Gas ausgesetzt ist. Dies kann zu deutlichen Fehlern führen, wenn die Gastemperatur sich deutlich von der Umgebungstemperatur unterscheidet. Hochdrucksysteme, die dickwandige Rohre erfordern, sind besonders anfällig für diese Art von Fehler. Jedoch kann der Einsatz eines Fluids mit guter Wärmeübertragung diesen Fehler minimieren. Die beste Gastemperaturablesung erhält man, indem ein dünnwandiges Thermoelement mit seiner Meßschleife direkt dem Gas nahe dem Strömungszentrum ausgesetzt wird. Das Fehlerpotential steigt in dem Maße, in dem Abweichungen von diesem Ideal gemacht werden.

Eintritts- und Austrittstemperaturen sind die Stautemperaturen an den jeweiligen Punkten und sollten mit einer Genauigkeit von 0,5 °C (1 °F) gemessen werden. Wenn die Geschwindigkeit der Gasströmung größer als 38 m/s (125 fps) ist, sollte der Geschwindigkeitseffekt bei der Temperaturmessung mit einem Fühler für totale Temperaturen berücksichtigt werden. Dieser Fühler ist ein Thermoelement mit einem heißen Bereich, der mit einem Schild an der Kappe ausgestattet ist. Diese Kappe hat ihren Öffnungspunkt stromauf. Eine Abweichungskorrektur muß dann gemacht werden, wenn in einer Feldversuchssituation das Gas nicht sauber ist.

20.4.3
Strömungsmessungen

Gasströmung durch den Kompressor wird mit Strömungsdüsen oder anderen Vorrichtungen, die im Rohr installiert sind, gemessen. Zu den vielfältigen Vorrichtungen gehören:
1. *Mündungsplatten*. Entweder konzentrische, exzentrische oder segmentierte Mündungen. Die Auswahl hängt von der Qualität des behandelten Fluids ab.
2. *Venturi-Rohre*. Diese bestehen aus einem gut gerundeten Einströmbereich, einem Einströmstück mit konstantem Durchmesser und einem divergierenden Bereich. Ihre Genauigkeit ist hoch; jedoch ist die Installation im Feld sehr schwierig, wenn sie nicht von vornherein geplant ist.
3. *ASME-Strömungsdüse*. Diese Düsen liefern genaue Messungen. Ihr Einsatz ist begrenzt, da sie nicht leicht in den Prozeß im Werk integriert werden können; doch sind sie für Werkstattversuche hervorragend geeignet. Venturi-Meter und Düsen können etwa 60% mehr Strömung handhaben als Mündungsplatten mit variablen Druckverlusten.
4. *Krümmer-Strömungsmengen-Meßgeräte*. Das Prinzip der Zentrifugalkräfte im Krümmer wird eingesetzt, um den Differenzdruck innerhalb und außerhalb des Krümmers zu erhalten. Dieser kann dann zum Austrittsdruck in Bezug gesetzt werden.

20.4 Datenaufnahme

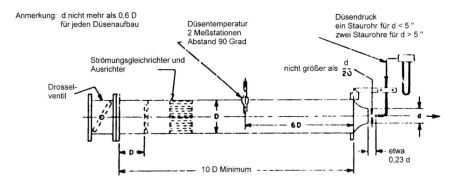

Abb. 20-9. Strömungsdüse für unterkritische Strömung [2]

Andere Techniken zur Strömungsmessung durch den Kompressor beinhalten:
1. Kalibrierte Druckabfälle vom Einlaßflansch zum Auge des Laufrads der ersten Stufe im Radialkompressor. Dies gilt, wenn solche Daten vom Hersteller verfügbar sind.
2. Eine Strömungsmarkierungstechnik, in der Freon in den Beistrom injiziert wird. Dann wird die Durchgangszeit zwischen 2 Detektionspunkten gemessen.
3. Den Einsatz von Geschwindigkeitstraversentechniken, wenn aufgrund der Rohrkonfiguration keine Düsen oder Mündungsplatten usw. benutzt werden können.

Obige Techniken wurden in Abschn. 20.4.1 beschrieben. Üblicherweise ist eine der Strömungsmeßvorrichtungen und die benötigte Instrumentierung als Teil der Werksverrohrung vorhanden. Die Auswahl der Techniken hängt vom erlaubten Druckabfall, dem Strömungstyp, der benötigten Genauigkeit und den Kosten ab.

Die Düsenaufbauten für verschiedene Anwendungen variieren deutlich. Für unterkritische Strömungsmessungen am Auslaßende, an dem der Düsendifferenzdruck p kleiner als der barometrische Druck ist, können Strömungen mit Staurohren und Manometern gemessen werden, wie in Abb. 20-9 gezeigt. Bei kri-

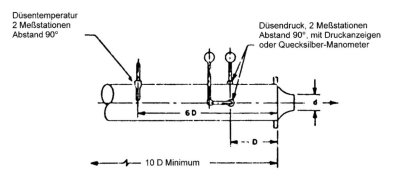

Abb. 20-10. Strömungsdüse für kritische Strömung [2]

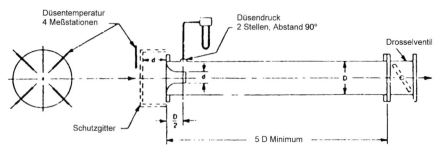

Abb. 20-11. Düse für Austrittsstücke [2]

tischen Messungen, bei denen der Druckabfall p größer als der barometrische Druck ist, sollte die Strömung mit statischen Druckmeßstellen stromauf der Düse gemessen werden, wie in Abb. 20-10 dargestellt. Für Kompressoren, die als Ausblasmaschinen (Exhausters) betrieben werden, wird der Differenzdruck an 2 statischen Meßstellen gemessen, die sich stromab der Düse am Einlaß befinden, wie in Abb. 20-11 dargestellt. Der Düsenaufbau zur Strömungsmessung mit einem geschlossenen Kreislaufsystem ist in Abb. 20-5 gezeigt.

20.4.4
Leistungsmessung

Die Leistung, die von einem Kompressor verbraucht wird, kann direkt an der Antriebswelle oder an der Kupplung gemessen werden. Sie kann auch indirekt aus Messungen der elektrischen Eingabe zum Antriebsmotor gemessen werden, durch Wärmebilanzmethoden oder aufgrund der Wärme, die am Wärmetauscher in einem geschlossenen Kreislaufaufbau absorbiert wird. Typische Hindernisse für gute Feldversuche sind Dampfturbinen ohne Strömungsmengenmeßgeräte, Maschinen ohne Brennstoffmeßanzeiger, Motoren mit unzuverlässigen Potential- und Strommeßvorrichtungen.

Das Drehmoment an der Antriebswelle kann mit Dehnmeßstreifen oder optischen Vorrichtungen gemessen werden. Es ergibt zusammen mit der Kompressordrehzahl die verbrauchte Wellenleistung hp_{sh}

$$hp_{sh} = \frac{\tau N}{5252,1} \tag{20-3}$$

Wenn ein Elektromotor zum Antrieb des Kompressors eingesetzt wird, ist

$$hp_{sh} = \frac{\text{Nettoleistungsaufnahme} \cdot \text{Motorwirkungsgrad}}{0,7457} - \text{Getriebeverlust} \tag{20-4}$$

mit der Wärmebilanzmethode

$$hp_{sh} = \frac{\dot{m}(h_d - h_i) + Q_r + Q_m + Q_{sl}}{42,408} \tag{20-5}$$

mit

$\dot{m}$ = Massenstromrate, lbm/min (1 lbm = 0,454 kg)
h_d = Enthalpie am Austritt, Btu/lbm (1 Btu/lbm = 1,33 · 10⁻⁴ kWh/kg)
h_i = Einlaßenthalpie, Btu/lbm
Q_r = Externe Wärmeverluste am Gehäuse, Btu/lbm
Q_m = Totale mechanische Verluste, Btu/lbm
Q_{sl} = Äquivalent für die externen Dichtungsverluste, Btu/lbm

20.4.5 Drehzahlmessungen

In den meisten Fällen können Drehzahlen mit einem elektrischen Zähler gemessen werden, der durch einen Generator mit magnetischen Pulsen oder einem Rad mit 60 Zähnen angetrieben wird. Letztere Methode wird bevorzugt und der Hersteller des Antriebs installiert üblicherweise ein Zahnrad auf der Antriebswelle. Optische Aufnehmer können benutzt werden, indem ein reflektierendes Band auf der Welle angebracht wird. Es muß sorgfältig darauf geachtet werden, das Band nicht in direktem Licht zu plazieren. Mit einem Synchronmotorantrieb kann die Drehzahl berechnet werden, wobei nur ein kleiner Fehler durch die Anzahl der Pole und der Netzfrequenz auftritt.

20.5 Versuchsverfahren

Das Ziel aller Kompressorversuche ist, ein wie in Abb. 20-12 dargestelltes Kompressorkennfeld zu erhalten. In diesem Kennfeld sind die korrigierten Strö-

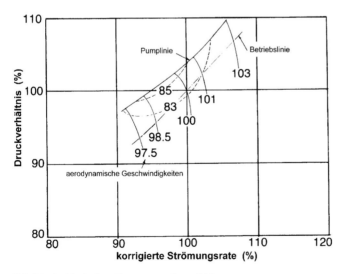

Abb. 20-12. Typisches Kompressorkennfeld

mungsmengen über dem Druckanstieg bei verschiedenen aerodynamischen Geschwindigkeiten aufgetragen. Die aerodynamischen Geschwindigkeiten zeigen die Auswirkungen, die die Umgebungstemperatur auf die Betriebscharakteristik des Kompressors hat.

Bei der Auswahl eines bestimmten Testverfahrens sollte die Planung des Betriebs und die Art der verfügbaren Variablen berücksichtigt werden. Um die Charakteristika des Kompressors zu erhalten, sollten Daten für unterschiedliche Werte von Q/N, dem Strömungs-zu-Drehzahl-Verhältnis, aufgezeichnet werden. Die Auswahl der Techniken, die zur Variation des Q/N-Verhältnisses genutzt werden, hängt von der Flexibilität des Kompressors oder dem Hauptantrieb mit variabler Drehzahl ab.

Für einen Antrieb mit festen Drehzahlen wird der Kompressor nahe seines Überlastzustands betrieben. Bei Drosselung entweder des Einlaß- oder des Auslaßventils wird die Strömung inkremental vermindert. Genaue Strömungseinstellungen können ausgeführt werden, indem ein By-pass um das Drosselventil benutzt wird. Die Daten werden an jedem Ventil der Strömung aufgezeichnet, bis ein minimaler Strömungsmengen-Betriebspunkt erreicht wird. Auch die Aufnahme von Punkten über einen großen Bereich von Umgebungstemperaturen führt zu Daten für die Betriebsdrehzahlkurve. Für Antriebe mit variablen Drehzahlen kann die Strömung durch Änderung der Drehzahl variiert werden. Charakteristika des Kompressorzustands sollten durch konstant gehaltene Drehzahl-Einlaßbedingungen stabilisiert werden können. Alle gemessenen Parameter sollten überwacht und bei Abweichungen 2 Ablesungssätze aufgezeichnet werden. Das Verfahren wird für alle Betriebspunkte wiederholt. Üblicherweise wird eine Drehzahllinie mit einem Minimum von 3 Punkten festgestellt; jedoch sind 5 Punkte zu bevorzugen. Die Abblaslinie wird ebenfalls mit einem Minimum von 3 Drehzahlkurven festgestellt. Sie ist üblicherweise parallel zur Betriebslinie. Es sollte sorgfältig darauf geachtet werden, daß der Kompressor nicht in den Pumpzustand gestoßen wird, wenn er nahe den minimalen Strommengenzuständen betrieben wird.

Gasproben sollten mit regelmäßigen Intervallen gesammelt und auf ihre Eigenschaften analysiert werden. Proben, die am Einlaß und Austritt des Kompressors gesammelt werden, liefern eine wichtige Einsicht in die Änderungen der Molekulargewichte und der Prozentsätze der Gaskomponenten. Diese Proben in regelmäßigen Intervallen können ebenfalls für statistische Analysen genutzt werden.

20.6
Versuchsberechnungen

Die Berechnungen verschiedener Parameter basieren auf der Annahme, daß die Basismessungen den früher ausgeführten Techniken folgen. Der Kompressor wird in Versuchen bei mehreren Bruchteilen x der Auslegungsdrehzahl untersucht

20.6 Versuchsberechnungen

$$xN_{Design} = \frac{xN_{Test}}{\sqrt{\Theta}}; \quad \Theta = \frac{T_{t1}}{520} \tag{20-6}$$

Die Abszisse der Kompressor-Leistungscharakteristika wird mit der Massenstromrate korrigiert. Dies ist gegeben mit

$$\dot{m}_c = \frac{\dot{m}\sqrt{\Theta}}{\delta} \tag{20-7}$$

hierbei ist $\dot{m}$ die Massenstromrate, die basierend auf der benutzten Strömungsmeßvorrichtung berechnet wird, und

$$\delta = \frac{p_{t1}}{14,7} \tag{20-8}$$

Der adiabatische Wirkungsgrad der Einheit kann berechnet werden, indem folgende Beziehung benutzt wird:

$$\eta_{ad} = \frac{T_{t1}\left\{\left(\frac{P_{t2}}{P_{t1}}\right)^{\frac{\gamma-1}{\gamma}} - 1\right\}}{\Delta T_{act}} \tag{20-9}$$

Der polytrope Index der Kompression für Gasmischung kann mit folgender Beziehung berechnet werden:

$$\frac{n-1}{n} = \frac{\ln\left(\frac{T_{t2}}{T_{t1}}\right)}{\ln\left(\frac{P_{t2}}{P_{t1}}\right)} \tag{20-10}$$

Diese Beziehung führt zu einem polytropen Wirkungsgrad, der für perfektes Gas wie folgt berechnet wird:

$$\eta_p = \frac{\frac{(\gamma-1)}{\gamma}}{\frac{(n-1)}{n}} \tag{20-11}$$

Polytrope Wirkungsgrade sind gestützte Werte der Taylor-Reihen. Sie stimmen bei niedrigen Druckverhältnissen gut mit dem adiabaten Wirkungsgrad überein. Bei Hochdruckverhältnissen sind sie größer, wie in Abb. 20-13 ersichtlich. Für reale Gase kann der Index der adiabaten Kompression k wie folgt berechnet werden:

$$\frac{\gamma-1}{\gamma} = \frac{R'}{M_{mix}c_{p\,mix}} Z\left[+T_{r\,mix}\left(\frac{\partial Z}{\partial T_{r\,mix}}\right)_{Pr\,mix}\right] \tag{20-12}$$

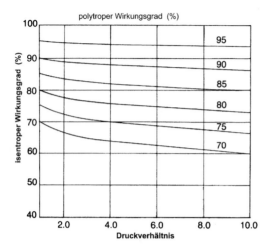

Abb. 20-13. Polytrope und isentrope Wirkungsgrade

wobei der Ausdruck

$$R'Z + \left[T_{r\,mix} \left(\frac{\partial Z}{\partial T_{r\,mix}} \right)_{P_{r\,mix}} \right]$$

dargestellt wird als eine Funktion von $T_{r\,mix}$ und $P_{r\,mix}$, der reduzierten Temperatur und dem Druck der Mischung. Diese Funktion wird in Abb. 20-14 und 20-15 gezeigt.

Als ein Beispiel bestimmen die folgenden Stufen $c_{p\,mix}$, M_{mix}, $T_{r\,mix}$ und $P_{r\,mix}$. Die spezifische Wärme der Gasmischung bei konstantem Druck wird geschätzt als

$$c_{p\,mix} = \sum x_i c_{pi} \qquad (20\text{-}13)$$

wobei x_i der molekulare Bruchteil der i_{th}-Komponente des Gases ist.

Erdgas wird auf einen Druck von 14,5 bar bei 49 °C (210 psig bei 120 °F) komprimiert. Methan, Äthan und Propan sind die Hauptkomponenten des Gases mit Eigenschaften, wie in Tabelle 20-15 dargestellt.

Dann ist

1. $M_{mix} = (0,84 \cdot 16,0) + (0,10 \cdot 30,1) + (0,06 \cdot 44,1) = 19,10$
2. $T_{crmix} = (0,84 \cdot 344) + (0,10 \cdot 550) + (0,06 \cdot 66)\,°R = 384\,°R$.
   ($384\,°R = -60\,°C$)

   Somit ist

   $$T_{r\,mix} = \frac{T_{mix}}{T_{cr\,mix}} = \frac{120 + 460}{384} = 1,510$$

3. $P_{crmix} = (0,84 \cdot 673) + (0,10 \cdot 708) + (0,06 \cdot 617)$ psia
   $= 676,1$ psia
   ($676,1$ psia $= 46,6$ bar)

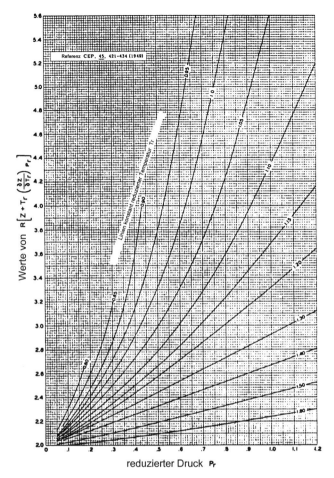

Abb. 20-14. Isentrope Z-Funktion (niedriger Bereich) (Courtesy of Chemical Engineering Progress)

Somit ist

$$P_{r\,mix} = \frac{P_{mix}}{P_{cr\,mix}} = \frac{210 + 14{,}7}{676{,}1} = 0{,}3324$$

Mit Hilfe dieser Größen kann der adiabate Index γ mit Gl. (20-12) berechnet werden.

Die mit einem Kompressor entwickelte polytrope Förderhöhe wird berechnet als

$$H_p = \frac{Z_{av} R T_{t1} \left[\left(\dfrac{P_{t2}}{p_{t1}} \right)^{\frac{n-1}{n}} - 1 \right]}{\left(\dfrac{n-1}{n} \right)} \tag{20-14}$$

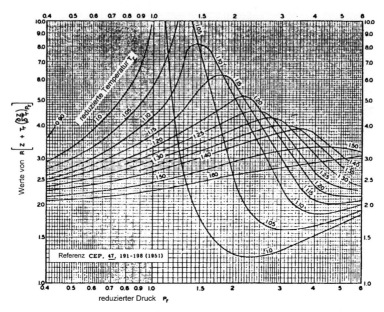

Abb. 20-15. Isentrope Z-Funktion (oberer Bereich) (Courtesy of Chemical Engineering Progress)

wobei R die universelle Gaskonstante ist.

Der mittlere Kompressibilitätsfaktor Z_{av}, der zur Berechnung der vom Kompressor entwickelten Förderhöhe notwendig ist, wird wie folgt berechnet [3]:

$$Z_{av} = \frac{Z_{in} + Z_{ex}}{2}$$

$$Z_{in} = Z_{in}^{\circ} + \omega Z_{in}'$$

und

$$Z_{ex} = Z_{ex}^{\circ} + \omega Z_{ex}' \tag{20-15}$$

$(Z_{in}^{\circ}, Z_{in}')$ und $(Z_{ex}^{\circ}, Z_{ex}')$, die zu den Einlaß- und Austrittszuständen von Temperatur und Druck gehören, wurden als Funktionen von T_{rmix} und P_{rmix} aufgetragen (Abb. 20-16 und 20-17). Der Exzentrizitätsfaktor kann festgestellt werden als

$$\omega = \frac{3}{7}\left[\frac{\ln(P_{er} \text{ in atm})}{\frac{T_{er}}{T_{boil}} - 1}\right] - 1 \tag{20-16}$$

T_{boil} ist der normale Siedepunkt der Gaskomponente bei 1,01 bar (14,7 psia). Für eine Mischung von Gasen

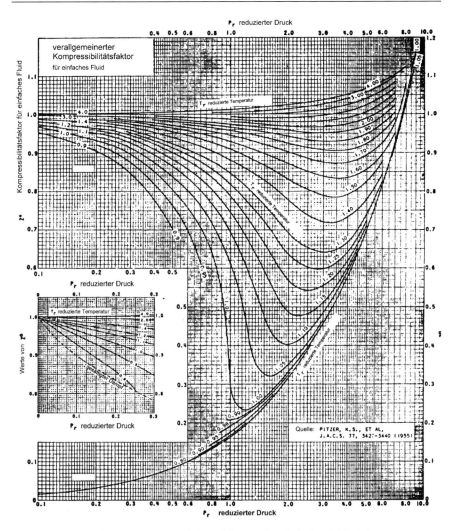

Abb. 20-16. Generalisierte Kompressibilitätsfaktoren für einfache Fluide [4]

$$\omega_{mix} = \sum x_i m_i \qquad (20\text{-}17)$$

Alternativ kann der Kompressibilitätsfaktor durch Anwendung der verschiedenen empirischen Zustandsgleichungen, wie z.B. die Benedict-Webb-Rubin-Gleichungen, festgestellt werden. Die Gleichung ist in ihrer verialen Form gegeben als

$$\begin{aligned}P &= \rho R'T + \left(B_0 R'T - A_0 R'T - A_0 - \frac{C_0}{T_2}\right)\rho^2 \\ &+ (bR'T - a)\rho^3 + a\alpha\rho^6 + \frac{c\rho^3}{T^2}(1+\gamma\rho^2)e^{-\gamma\rho^2}\end{aligned}$$

$$(20\text{-}18)$$

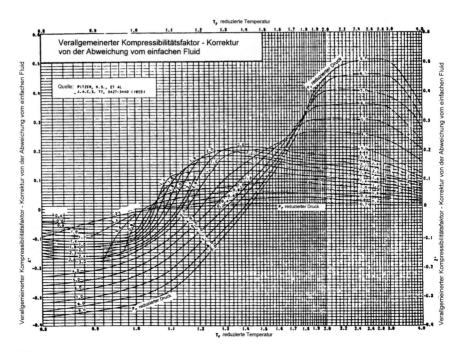

Abb. 20-17. Generalisierte Kompressibilitätsfaktorkorrektur für Abweichungen von einfachem Fluid [4]

Die empirischen Konstanten sind $B_0, A_0, b, a, \alpha, c$ und γ. Durch Neuanordnung der Gl. (20-18) wird der Ausdruck für den Kompressibilitätsfaktor zu

$$Z = 1 + \left(B_0 - \frac{A_0}{R'T} - \frac{C_0}{R'T}\right)\rho + \left(b - \frac{a}{R'T}\right)\rho^2 + \frac{a\alpha}{R'T}\rho^5 + \frac{c\rho^2}{R'T^3}\left(1 + \gamma\rho^2\right)e^{-\gamma\rho^2} \tag{20-19}$$

Diese Zustandsgleichung wird weithin zur Untersuchung der thermodynamischen Eigenschaften einer Anzahl von Einzelkomponenten-Kohlenwasserstoffsysteme angewandt. Ein System, das eine Kombination dieser Kohlenwasserstoffe liefert, wird mit Hilfe der folgenden Beziehungen zwischen den System- und Komponetenkonstanten gehandhabt:

$$B_{0mix} = \sum x_i B_{0i}; \qquad A_0^{1/2}{}_{mix} = \sum x_i A_{0i}^{1/2}$$

$$C_{0mix} = \sum x_i C_{0i}^{1/2}; \qquad b^{1/3}{}_{mix} = \sum x_i b_i^{1/3}$$

$$a^{1/3}{}_{mix} = \sum x_i a_i^{1/3}; \qquad \alpha^{1/3}{}_{mix} = \sum x_i \alpha_i^{1/3}$$

$$c^{1/3}{}_{mix} = \sum x_i c_i^{1/3}; \qquad \gamma^{1/2}{}_{mix} = \sum x_i \gamma_i^{1/2} \tag{20-20}$$

Die relativen Variationen dieser Konstanten sind in Bezug zur Konstante B_0 für eine Anzahl von Kohlenwasserstoffen zu nehmen, wie in Abb. 20-18a-d darge-

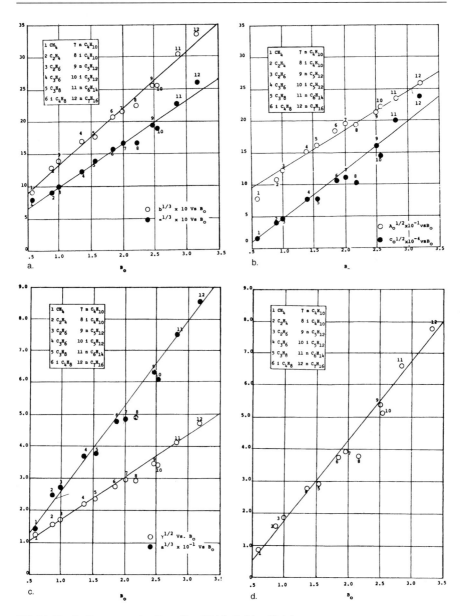

Abb. 20-18a-d. Konstante der Benedict-Webb-Rubin-Gleichungen

stellt. Diese Graphen und die Gln. (20-18) und (20-19) ermöglichen die Berechnung des Kompressibilitätsfaktors. Es ist jedoch wichtig festzustellen, daß die Benedict-Webb-Rubin-Gleichung des Zustands für Systeme mit mehr als 2 Komponenten-Kohlenwasserstoffen nicht mehr gültig ist [5].

Schließlich wird die Leistung zum Antrieb des Kompressors mit folgender Beziehung geschätzt:

$$hp = \frac{\dot{m}H_p}{\eta_p} \qquad (20\text{-}21)$$

20.7 Literatur

1. Boyce, M.P., Bayley, R.D., Sudhakar, V., and Elchuri, V.: Field Testing of Compressors. Proceedings of the 5th Turbomachinery Symposium, Texas A&M Univ., 1976, pp. 149–160
2. ASME Power Test Code 10 (PTC10). Compressors and Exhausters, Amer. Soc. of Mechanicals Engineers, 1965
3. Edminster, W.C.: Applied Hydrocarbon Dynamics. Vol. 1, Gulf Publishing Co., Houston, TX, 1961, pp. 1–3
4. Journal of the American Chemical Society, 1955, Amer. Chem. Soc.
5. Canjar, L.N.: There's a Limit to Use of Equations of State. Petroleum Refiner, February 1956, p. 113

21 Instandhaltungstechniken

Herstellung und Instandhaltung von Turbomaschinen sind vollkommen unterschiedliche Dinge. Die Herstellung beinhaltet die Formgebung und den Zusammenbau verschiedener Teile mit geforderten Toleranzen. Die Instandhaltung beinhaltet die Aufrechterhaltung der Toleranzen durch eine Serie intelligenter Kompromisse. Der Kern der Instandhaltungstechniken ist, diese Kompromisse intelligent zu halten.

Zur Lösung der Instandhaltungsprobleme können diese Techniken in 4 Basiskategorien unterteilt werden:
1. Personaltraining
2. Werkzeug und Werkstattausrüstung
3. Ersatz und Austauschteile
4. Maschinenzuverlässigkeitsverbesserung.

21.1
Personaltraining

Die Ausbildung muß ein zentrales Thema sein. Die Tage, an denen ein Mechaniker mit einem Hammer, einem Schraubenzieher und einem Schraubenschlüssel bewaffnet war, sind vorbei. Kompliziertere Instandhaltungswerkzeuge müssen dem Mechaniker in die Hand gegeben werden und er muß für ihre Nutzung ausgebildet werden.

Die Mitarbeiter müssen trainiert, motiviert und geführt werden, so daß sie Erfahrungen sammeln und sich weiter entwickeln können, nicht zu Mechanikern, sondern zu sehr fähigen Technikern. Gutes Training ist teuer, doch es führt zu großen Kapitalrückflüssen (Einsparungen). Maschinen sind zu höherer Komplexität gewachsen und ihre Handhabung erfordert mehr Wissen aus vielen Bereichen. Die alten traditionellen handwerklichen Fähigkeiten müssen für den Instandhaltungsbedarf komplizierter Geräte erweitert werden. Gemeinsame Anstrengungen von Maschinenpersonal und Management sind notwendig, um diese Änderungen hervorzubringen.

21.1.1
Basistraining für Maschinisten

Das meiste Basistraining kann vom vorhandenen Firmenpersonal entwickelt und ausgeführt werden. Dadurch kann es speziell für die vorhandenen Geräte zugeschnitten werden und sehr detailliert sein. Das Training muß sorgfältig

geplant und verwaltet werden, um die Forderungen jeder Situation zu erfüllen. Typische Maschinen, die hiermit abgedeckt sind, beinhalten:
1. Ausrichtung mit gegenüberliegenden Meßuhren
2. Gasturbinenüberholung
3. Instandhaltung mechanischer Dichtungen
4. Instandhaltung der Lager.

21.1.2
Praktisches Training

Nachdem der Maschinist sein grundlegendes Training erhalten hat, sollten seine „On-the-job"-Erfahrungen sein Training fortsetzen und seine Kenntnisse überprüfen. Die Verteilung schwierigster Aufgaben wird kompetentere Leute entwickeln. Wenn eine Person auf einen bestimmten Aufgabentyp beschränkt ist, wird sie möglicherweise Fachmann auf diesem Gebiet werden, doch die Neugier, ein Hauptmotivator, wird evtl. sinken.

Lenken Sie die Aufmerksamkeit ihrer Maschinisten auf die Lösung schwieriger Probleme. Diese Vorgehensweise veranlaßt den Maschinisten, alleine nach neuen Informationen zu suchen. Der Bezug zu API-Spezifikationen sollte hierbei üblich sein. Eine Bücherei mit Zugang zur Werkstatt, die Zeichnungen, geschriebene Maschinenhistorien, Kataloge und andere Literatur zum Gebiet der Maschineninstandhaltung bereitstellt, ist vorteilhaft.

21.1.3
Auffrischungstraining

Um diese Seminare auszuführen, sollten verschiedene Berater in die Fabrik eingeladen werden. Es sollten auch Ingenieure zu verschiedenen Kurzlehrgängen und Herstellerschulungen geschickt werden. Mit dieser Vorgehensweise erhalten die Mitglieder „Up-to-date"-Trainings.

21.2
Werkzeuge und Werkstattausrüstung

Viele Instandhaltungswerkzeuge sollten für den Mechaniker verfügbar sein. Endoskope und Schwingungsanalysatoren sind sehr wichtig für das gesamte Instandhaltungsprogramm. Die Werkstattausrüstung sollte auch eine gute Auswuchtmaschine enthalten. Sie macht sich innerhalb kürzester Zeit durch schnelle und genaue dynamische Auswuchtungen bezahlt.

Es wurden Techniken zur Überprüfung des Auswuchtzustands von Zahnkupplungen für große Hochgeschwindigkeitskompressoren und Turbinenantriebseinheiten entwickelt. Diese Techniken führten zur Lösung vieler Schwingungsprobleme. Hochgeschwindigkeitskupplungen sollten routinemäßig auf ihren Auswuchtzustand überprüft werden.

21.3
Austauschteile

Ersatzteilprobleme sind Gegenstand des Maschineninstandhaltungsgeschäfts. Ersatzteilkosten, lange Lieferzeiten und Qualität sind Probleme, die jedermann berühren. Gemeinsame Betreiber-„Ersatzteilbanken" wurden von vielen Betreibern entwickelt, um die hohen Kosten zu reduzieren und schnellere Auswechselungen bei minimalen Investitionen zu ermöglichen.

21.4
Verbesserung der Maschinenzuverlässigkeit

Hohe Instandhaltungskosten und niedrige Betriebszuverlässigkeit gehen Hand in Hand. Normalerweise ist die niedrige Zuverlässigkeit ein größerer Wirtschaftlichkeitsfaktor als die hohen Instandhaltungskosten. Fast ein Drittel der ungeplanten (und kostenintensiven) Stillstände in einer Raffinerie werden durch Maschinenversagen hervorgerufen. Maschinenumbauten (revamps) und Änderungen sind zur Verbesserung der Zuverlässigkeit notwendig. Diese Umbauten bestehen aus Regelungsneuauslegungen, Lageränderungen, Rotorneuauslegungen, Schmierungssteuerungen usw.

21.4.1
Inspektion

Wie alle Leistungsausrüstungen benötigen Gasturbinen geplante Inspektionen mit Reparaturen oder Austausch beschädigter Komponenten. Sorgfältig ausgelegte und ausgeführte Inspektionen und vorbeugende Instandhaltungsprogramme können sehr viel zur Erhöhung der Verfügbarkeit von Gasturbinen beitragen und ungeplante Instandhaltungen reduzieren. Inspektionen und vorbeugende Instandhaltung können teuer sein, doch nicht so kostspielig wie erzwungene Stillstände. Fast alle Hersteller betonen und beschreiben Vorgehensweisen zur vorbeugenden Instandhaltung, um die Zuverlässigkeit ihrer Maschinen zu sichern. Jedes Instandhaltungsprogramm sollte auf den Empfehlungen des Herstellers basieren. Inspektionen und Prozeduren der vorbeugenden Instandhaltung können auf die individuellen Geräteanwendungen maßgeschneidert werden. Hierbei sind Bezüge zum Herstelleranleitungsbuch, dem Betreiberhandbuch und der Checkliste für vorbeugende Instandhaltung herzustellen.

Inspektionen reichen von täglichen Überprüfungen, die während des Betriebs der Einheit durchgeführt werden, bis zu Hauptinspektionen, die eine fast totale Zerlegung der Gasturbine erfordern. Tägliche Inspektionen sollten die folgenden Überprüfungen beinhalten (aber sie sind nicht auf diese beschränkt):
1. Schmierölniveau
2. Ölleckagen am Treibwerk

3. Gelöste Befestigungen, Rohr- und Leitungsbefestigungen und elektrische Verbindungen
4. Einlaßfilter
5. Auslaßsysteme
6. Steuerungs- und Anzeigelichter des Überwachungssystems.

Die tägliche Inspektion sollte mit der richtigen Leistung weniger als eine Stunde erfordern. Sie kann vom Betriebspersonal durchgeführt werden.

Das Intervall zwischen gründlichen Inspektionen hängt von den Betriebsbedingungen in der Gasturbine ab. Hersteller geben allgemeine Richtlinien für die Feststellung der Inspektionsintervalle an, die auf den Auslaßtemperaturen, dem Typ und der Qualität des genutzten Brennstoffs und der Anzahl der Starts basieren. Tabelle 12-2 zeigt Zeitintervalle für verschiedene Inspektionen, die auf Brennstoffen und Hochfahrphasen basieren. Kleinere Inspektionen sollten nach etwa 3000–6000 Betriebsstunden oder nach etwa 200 Starts geleistet werden. Diese Inspektionen erfordern einen Stillstand für 2–5 Tage, was von der Teileverfügbarkeit und dem Umfang der auszuführenden Reparaturen abhängt. Während dieser Inspektionen sollten das Verbrennungssystem und die Turbine überprüft werden.

Die erste kleine Inspektion oder Revision einer Turbine stellt das wichtigste Datum in ihrer Instandhaltungsgeschichte dar und sollte immer unter der Überwachung eines erfahrenen Ingenieurs durchgeführt werden. Alle Daten sind sorgfältig aufzunehmen und mit den bei der Errichtung erlangten Daten zu vergleichen, um jegliche Setzänderung, Ausrichtfehler oder starken Verschleiß, der während des Betriebs aufgetreten ist, festzuhalten.

Zwischeninspektionen sind ebenfalls von großer Wichtigkeit, da sie die Herstellerempfehlungen bestätigen oder dazu beitragen, Instandhaltungstendenzen für die speziellen Betriebsbedingungen zu etablieren.

Vor den Hauptinstandhaltungen sollte eine Zusammenkunft zwischen der Betriebsabteilung und den Herstelleringenieuren vereinbart werden, um den Zeitpunkt des Turbinenstillstands zu diskutieren und vorauszuplanen. Kurze Zeit bevor die Turbine aus dem Betrieb genommen wird, sollte ein kompletter Betriebstest bei Null-, halber und normaler maximaler Last durchgeführt werden. Hierzu ist vorzugsweise der Herstelleringenieur hinzuzuziehen. Diese Überprüfungen liefern Referenztemperaturen und -drücke, die zum Vergleich mit identischen Tests dienen, die sofort durchgeführt werden, nachdem die Einheit überholt wurde. Die Betriebsüberprüfungen sollten mit einem Versuch zur Überdrehzahlabschaltung enden und aufzeigen, ob der Regelung und dem Abschaltmechanismus während der Abschaltung besondere Aufmerksamkeit zu schenken ist. Diese speziellen Daten dienen gemeinsam mit den aufgezeichneten Betriebsdaten als Fallgeschichte, die mit dem Herstelleringenieur durchgesehen werden sollte, um den Brennpunkt oder verschiedene Punkte festzustellen, die besonderer Aufmerksamkeit und Untersuchung bedürfen:

1. Erhöhung oder Änderung der Schwingung
2. Sinken der Austrittstemperatur am Luftkompressor

3. Änderung bei Schmieröltemperatur und -druck
4. Luft- oder Verbrennungsgasausblasung an den Wellendichtungen
5. Inkorrekte Thermoelementanzeigen
6. Änderung der Temperatur im Radraum
7. Brennstofföl oder Gasleckagen
8. Brennstoffkontrollventile arbeiten unbefriedigend
9. Hydraulische Kontrollöldrücke wechseln
10. Die Turbinenüberwachung schwankt stark
11. Änderung im Bereichsniveau der Getriebekästen
12. Arbeitet die Überdrehzahlvorrichtung befriedigend?
13. Weißmetall oder anderer Werkstoff wird in den Schmierölsieben gefunden
14. Schmierölanalyse zeigt Anstieg des Korrosionsfaktors
15. Änderung im Druckabfall über dem Wärmetauscher
16. Turbogenerator erreicht vorgeschriebene Last bei ausgelegter Umgebungs- und Austrittstemperaturbedingung.

Die Vorbereitungen für den Stillstand sollten so komplett wie möglich durchgeführt werden, um Verlustzeiten und Konfusion bei Beginn der Arbeiten auszuschließen.

Eine Liste aller Punkte, die inspiziert oder repariert werden sollen, sollte angefertigt werden. Diese Liste sollte mit dem Herstelleringenieur vorbereitet werden. Ein detaillierter Plan, der die Zeit für die Stillsetzung beinhaltet und die verfügbare Instandhaltungsmannschaft berücksichtigt, sollte aus dieser Liste formuliert werden. Planen Sie die Arbeit mit der Erwartung, die schlechtesten Bedingungen vorzufinden – die unerwarteten Arbeiten, die nach dem Öffnen der Maschine auftauchen, können hiermit kompensiert werden. Diese Prozedur wird den möglichen Bedarf an kostspieligen Überstunden deutlich reduzieren.

Werkzeuge vor Ort sollten vom Ingenieur des Herstellers überprüft werden. Alle speziellen oder regulären Geräte, die nicht zur Verfügung stehen, jedoch benötigt werden, um Teile der Arbeit zu erledigen, sollten angefordert und vor der Stillsetzung vor Ort sein. Genaue Stillsetzungszeiten müssen festgelegt werden und die Turbine für die auftragsausführende Mannschaft oder die Instandhaltungsmannschaft des Werks vorbereitet sein. Das gesamte Personal sollte zum Startzeitpunkt bereit sein.

Versorgungseinrichtungen wie Druckluft oder elektrische Verbindungen sollten für den Betrieb der Werkzeuge usw. vorbereitet sein. Ausreichende Schlauchlängen und Verbinder sind ebenso erforderlich wie elektrische Verlängerungskabel. Lufttrockner oder Wasserseparatoren sind im Luftsystem zu installieren, da trockene Luft notwendig ist, um die Turbinenteile mit Granulat zu strahlen.

Vor der Entfernung von Flanschschrauben an der Turbine oder einer anderen Änderung des normalen Turbinensitzes müssen die Spiele zwischen der letzten Reihe der rotierenden Turbinenschaufeln und ihrem Radgehäuse gemessen werden. Hierbei sind sowohl die horizontalen als auch die vertikalen Positionen aufzuzeichnen. Nachweise zu den Flanschspreizungen oder Verwindungen an der

Hauptturbine sind mit Fühlerlehren zwischen jeder der Flanschschrauben festzustellen. An jeder Turbinenaufhängung sind zum Vergleich mit Originalablesungen Höhenüberprüfungen zu machen. Dadurch wird festgestellt, ob Bewegungen an diesen Punkten bestehen. Wenn alle äußeren Überprüfungen gemacht wurden, sind strukturelle Balkenunterstützungen unter die Turbine an den Mittelpunkten zwischen den normalen Turbinenstützen zu plazieren. Schraubstützen müssen eingesetzt werden, um Druck unter die Turbine zu bringen, bis eine leichte Änderung an der Meßuhr ablesbar ist. Zu diesem Zweck sind nur Schraubstützen und keine hydraulischen oder Liftstützen einzusetzen. Flanschschrauben und die obere Hälfte des Turbinengehäuses können dann entfernt werden.

21.4.2
Endoskop-Inspektion

Endoskop-Inspektionen werden ausgeführt, um folgende Vorteile in einem Instandhaltungsprogramm zu erhalten:
1. Interne Vor-Ort-Sichtprüfungen ohne Ausbau
2. Verlängerung der Perioden zwischen geplanten Inspektionen

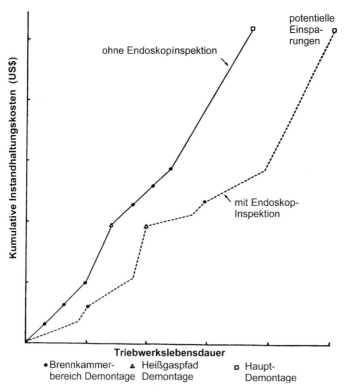

Abb. 21-1. Auswirkungen der Endoskopie auf die geplante Instandhaltung

3. Genaue Planung von Instandhaltungsaktionen
4. Überwachung des Zustands interner Komponenten
5. Erhöhung der Vorhersage von geforderten Teilen, speziellen Werkzeugen und qualifiziertem Personal.

Abbildung 21-1 zeigt die Zeitersparnis, die bei richtigem Gebrauch von Endoskopie-Inspektionen für geplante Instandhaltung erreicht werden kann.
  Das Endoskop hat seine eigene Lichtquelle innerhalb der internen Passagen des Triebwerks. Nachdem es eingesetzt wurde, kann das flexible Endoskop manövriert werden, um den kompletten heißen Teil des Strömungspfads zu inspizieren. Die Ergebnisse der Sichtinspektion können für die weitere Planung von Ausbauten an der Gasturbine eingesetzt werden. Da das Endoskop eine monokulare Vorrichtung ist, ist es extrem schwer, Größe und Abstand zu schätzen. Das Instandhaltungspersonal sollte gut geschult sein, um die Endoskopie effektiv einsetzen zu können. Fotografien, speziell farbige, können als Referenz zur Historie der Maschine genutzt werden. Zusätzlich zur Durchführung von Inspektionen, bei denen die Gasturbine nicht im Betrieb ist, konnten Methoden zur Inspektion während des Betriebs entwickelt werden. Bei diesen wird ein Kühlluftfilm um das Endoskopierohr herumgeleitet. Dieses System wird visuelle Inspektionen an den heißen Teilen bis zu den Turbinenschaufeln der ersten Stufe ermöglichen, ohne die Einheit stillzulegen.

21.5
Reinigung von Turbomaschinen

Es gibt mind. 3 Gründe für die „On-stream"-Reinigung.
(1) Die Wiederherstellung der Systemfähigkeiten. Ist die Einheit eine Antriebsmaschine, wird ihre maximale Leistung bei Verschmutzung möglicherweise absinken. Die Reinigung stellt das alte Niveau wieder her. Ist die Maschine ein dynamischer Kompressor, können Verschmutzungen seine Förderhöhe und somit die maximale Strömungsrate des Gases reduzieren. Die Reinigung stellt das Kapazitätsniveau wieder her.
(2) Die Erhöhung des Maschinenwirkungsgrads. In den meisten Fällen wird Verschmutzung den Kraftstoffverbrauch oder den Leistungsverbrauch für eine bestimmte Aufgabe erhöhen. Die Ablagerungen verändern die Strömungskontur. Das Entfernen der Ablagerungen kann die Originalprofile und deren Effektivität wiederherstellen.
(3) Verhindern von Ausfällen durch abnormale Betriebszustände. Verschmutzung der Rotorschaufeln an Turbinen kann Axiallagerausfälle hervorrufen. Ablagerungen an den Ventilen der Turbinenregelung und an Abschalt- und Drosselventilen können die Ursache von Überdrehzahlausfällen sein. Verschmutzung von Labyrinthen des Ausgleichskolbens und der Ausgleichsverbindungen ruft Axiallagerschäden in zentrifugalen Maschinen hervor. Rotorablagerungen, die nicht gleichmäßig verteilt sind oder ungleich abbröckeln,

können Schwingungen durch Unwucht hervorrufen. Es kann auch andere ähnliche Effekte geben, die zu Ausfällen einer Einheit führen können.

21.5.1
Verschmutzungsindikatoren

Voraussetzung für ein Säuberungsprogramm ist ein System zur Feststellung von Verschmutzungen. Natürlich muß dieses System den Hauptgrund für die Säuberung abdecken. Bei einer Gasturbine kann der Hauptgrund die Leistungsfähigkeit oder der Wirkungsgrad sein. Bei einem Radialkompressor kann der Hauptgrund für die Reinigung die Wiederherstellung der Kapazität, die Verbesserung des Wirkungsgrads oder die Reduzierung der axialen Belastung sein.

Die Auswahl eines Verschmutzungsdetektionssystems wird durch die Sicherheit und Komplexität der Reinigungsprozedur stark beeinflußt. Die Prozedur kann z.B. darin bestehen, 5 kg des verwendeten Katalysats in den Saugbereich der Gasturbine einzuwerfen oder die Injektion einiger Liter Wasser in eine einstufige mechanische Antriebsturbine mit einem 15 °C (30 °F) überhitzten Einlaß. In jedem Fall ist das Schadensrisiko und der Personalbedarf niedrig. Die Reinigung sollte routinemäßig durchgeführt werden.

Verschmutzungsindikatoren enthalten:
1. Gasturbinenaustrittstemperatur
2. Den Exponenten $(n-1)/n$ an einem Kompressor oder einer Gasturbine, wobei γ entweder bekannt oder relativ konstant ist
3. Den Exponenten $(n-1)/n$ in einem Abschnitt der Maschine relativ zu einem anderen Bereich, der dasselbe Gas enthält
4. Das Druckverhältnis in einem Abschnitt einer Maschine relativ zu einem anderen Abschnitt
5. Axialkraft oder axiale Lagermetalltemperatur
6. Ausgleichslinie zum Saug-Differenzdruck
7. Kompressoraustrittsdruck und Temperatur
8. Hohe Schwingungsanzeigen.

21.5.2
Reinigungstechniken

Es gibt 2 grundsätzliche Ansätze zur Reinigung: abrasive und Lösungsmittelreinigung. Abrasion ist die einfachere Methode, doch üblicherweise die weniger effektive. Abbildung 21-2 zeigt, daß abrasive Reinigung die Einheit nicht zur vollen Leistung zurückbringt und daß es eine Verschlechterung in der maximalen Leistung nach wiederholten Reinigungen gibt. Die verbreitetsten abrasiven Mittel sind 1/64"-Nußschalen oder verwendete Katalysate. Die abrasiven Mittel müssen eine ausreichende Masse haben, die den Impuls zur Schmutzablösung enthalten. Jedoch folgen Partikel mit hohen Massen nicht dem Gasstrom. Sie werden auch von führenden Kanten der bewegten Räder und Schaufeln getroffen. Als Konse-

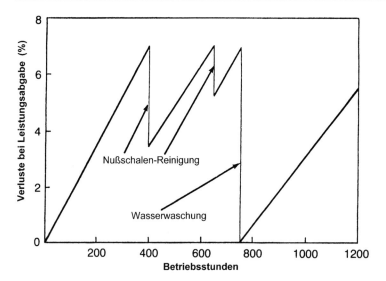

Abb. 21-2. Auswirkungen der Reinigung auf die erzeugten Leistungen

quenz hieraus werden die nachlaufenden Kanten nicht abradiert. Je näher der Schmutz am Injektionspunkt ist, desto weniger signifikant ist die asymmetrische Verteilung.

Die abrasiven Mittel müssen auch ausreichend fest sein, um dem Bruch beim Aufprallen zu widerstehen. Reis ist ein schwaches Mittel, da es dazu tendiert, beim Aufprall zu zerplatzen und kleine Partikel sich in den Lagern und Dichtungen absetzen können. Wiederum gilt, daß die Festigkeit weniger signifikant ist, wenn die Injektion näher an den Ablagerungen durchgeführt werden kann.

Ein anderes Problem der abrasiven Mittel ist die Frage, was mit ihnen nach der Reinigung geschehen soll. In einer Gasturbine mit einfachem Zyklus werden sie möglicherweise verbrannt. Jedoch können sie sich in einer regenerativen Einheit im Regenerator ablagern. Einige Regeneratorausbrände wurden durch diese Ablagerungen hervorgerufen. In Dampfsystemen werden sie möglicherweise zu Verstopfungsfallen innerhalb des Systems.

Bei Diskussionen über abrasive Reinigung wird immer die Möglichkeit der Verursachung von Labyrinthschäden betont. Tatsächlich hat sich gezeigt, daß diese Einwände grundlos sind. Es ist nicht bekannt warum, aber es kann darauf beruhen, daß die Partikel zu groß sind, um in die Dichtungsspalte einzudringen. In einem Radialkompressor tritt ein typisches Radialspiel von 0,2 mm an den Wellenlabyrinthen der Zwischenstufe auf, im Vergleich zur Partikelgröße von 1,5 mm. Das Augenlabyrinth hat ein viel größeres Spiel, doch ein abrasives Partikel muß eine etwa 180° große Wende machen, um es zu erreichen. Es ist unwahrscheinlich, daß dies geschieht.

Wie werden die abrasiven Mittel in die Maschine eingeführt? Bei Luftkompressoren können sie in den Öffnungsbereich eingeworfen werden. Wenn der

Saugbereich oder Injektionspunkt unter Druck steht, werden sie mit einem Blastopf (blow pot) eingebracht. Ein Eduktor sollte eingesetzt werden, um die abrasiven Mittel, die den Blastopf verlassen, in einen fluidisierten Zustand zu bringen, bevor sie in den Hauptgasstrom eingebracht werden. Ein guter Startwert für die Injektionsrate ist 0,1 Gew.% der Gasströmungen.

Die Lösungsmittelreinigung ist eine wesentlich empfindlichere Technik als die Abrasion. In Wirklichkeit ist eine gewisse abrasive Aktivität vorhanden. Der Grundgedanke ist, die Ablagerungen aufzulösen. Diese Lösung muß dann aus dem System entfernt werden, bevor der gelöste Stoff sich wieder ablagert. Jede Anwendung mit Lösungsmittelreinigung weist verschiedene Probleme auf. 2 Methoden seien genannt:

1. *Wasserwaschungen*. Diese Methode wird zum Entfernen von Ablagerungen benutzt. Destilliertes Wasser wird in den Lufteintritt mit einer spezifizierten Rate und Maschinendrehzahl eingesprüht. Diese Drehzahl ist normalerweise reduziert, so daß das Wasser nicht schlagartig im Kompressor verdampft und somit ineffektiv für weitere Stufen oder Diffusoren wird.
2. *Lösungsmittelwaschungen*. Diese Methode wird zum Entfernen von Öl oder ölartigen Ablagerungen benutzt. Eine Mischung aus Lösungsmittel und Wasser wird in den Einlaß gesprüht, während die Gasturbine vom Starter gedreht wird. Die Einheit verbleibt für eine Zeitperiode im Leerlauf, damit das Lösungsmittel die Ablagerungen auflösen kann. Diese Prozedur wird wiederholt, bis destilliertes Wasser benutzt werden kann, um die Ablagerungen aus dem Kompressor und den Ablaßöffnungen der Brennkammern[1] herauszuspülen.

21.6
Instandhaltung des Heißgasbereichs

In die Turbine integrierte Brennkammern können entfernt oder mit einem Endoskop gründlich nach Rissen oder verbrannten Gebieten inspiziert werden. Kurze individuelle Risse sind nicht unüblich und benötigen keine sofortige Aufmerksamkeit. Jedoch sollte eine Reparatur ausgeführt werden, wenn diese Risse so gruppiert sind, daß ihre Fortsetzung oder der Beginn eines anderen Risses das Herausbrechen eines Metallstücks verursachen kann. Risse dieser Art können normalerweise mit dem vom Hersteller empfohlenen Schweißmaterial geschweißt werden. Dies hängt von der eingesetzten Metallart ab. Verbrannte oder beschädigte Bereiche in Brennkammern oder Körben können ausgeschnitten und neue Abschnitte eingeschweißt werden. Jedoch sollten verbrannte Bereiche

---

[1] Lösungsmittelwaschungen des Heißgasbereichs fordern, daß die Einheit zur Leerlaufdrehzahl heruntergebracht wird. Die Metalltemperaturen in der Einheit sollten etwa 93 °C (200 °F) haben. Um diese Temperatur in einer akzeptablen Zeit zu erreichen, kann die Einheit durch den Anlaßrotor angetrieben werden. Für eine große Turbine erfordert der gesamte Waschzyklus etwa 16–20 h.

bzgl. Ort, Muster oder Wiederholungen in allen Kammern untersucht werden, um den Grund der Verbrennung festzustellen.

Individuell verbrannte Bereiche können auf eine verschmutzte Brennstoffdüse oder Ausrichtungsfehler der Brennkammer hinweisen. Ähnlichkeiten verbrannter Bereiche in unterschiedlichen Kammern können durch anormal hohe Brenntemperaturen während der Startphasen verursacht werden, die auf übermäßigem Brennstoffverbrauch beruhen. Sie können auch durch Flüssigkeitsschlieren (slugs) erzeugt werden, die mit dem Brenngas eintreten, durch übermäßig schnelle Starts oder bei Überlastungen der Turbine. Die Brennkammerpositionen wie auch die wirklichen Kammern oder Körbe sollten permanent numeriert sein, und eine vollständige Aufzeichnung sollte für jeden Korb bzgl. Servicestunden, Reparaturen oder Ersatz und ihrem Ort in der Turbine bei jedem Inspektionsdatum gemacht werden. Die Korbenden oder die Stellen, an denen sie aufgehängt sind, sollten bzgl. übermäßigen Verschleiß durch Schwingungen oder Expansions- und Kontraktionsbewegungen inspiziert werden. Reparaturen dieser Teile sollten, wenn nötig, durch Ausschneiden und Einschweißen von neuen Materialien oder Ersetzen der Federdichtungen ausgeführt werden. Die stationären Schaufeln oder Düsen der ersten Turbinenstufe können oberflächlich nach Verwindungen oder Kerben inspiziert werden. Dies erfolgt durch den Turbinenzugang durch die beiden Kammerbereiche oder durch Entfernen von Inspektionsplatten. In Turbinen bestimmter Größe (und mittels ziemlich schwieriger Manöver) kann die letzte Reihe oder die rotierenden Schaufeln der Turbine durch den Turbinenzugang durch das Austrittsgehäuse inspiziert werden. Diese Gelegenheit sollte genutzt werden, um, falls möglich, das Schaufelspitzenspiel an 4 Punkten des Umfangs zu messen. Der Vergleich dieser Spielmessungen mit den Messungen nach der Installation oder zu einigen zurückliegenden Zeitpunkten gibt einen Hinweis, ob Anstreifungen aufgetreten waren oder ob der Dichtungsring verwunden und unrund geworden sein könnte. Er zeigt auch an, ob der Rotor unter seiner Originallage ist und ob dann weitere Untersuchungen bei der Revision nötig sind.

Wenn die Heißgasbereiche geöffnet sind, sollten Vorinspektionen nach Rissen oder Verwindungen durchgeführt werden, um die durchzuführende Arbeit abschätzen zu können. Die Lager benötigen aus dem gleichen Grund Inspektionen nach Verschleiß und Ausrichtungen. Die Übergangsstücke sollten auf Risse und Verschleiß an den Kontaktpunkten inspiziert werden. Verschleiß tritt üblicherweise zwischen den Übergangsstücken und dem Befestigungsteil zum Brennkammerrohr auf, ebenfalls bei der Befestigung der Düsen der ersten Stufe. Der zylindrische Bereich des Übergangsstücks kann ausgetauscht werden, wenn der Verschleiß zu groß ist; Verschleiß an den Düsenenden des Übergangsstücks ist kritischer, da er exzessive Schwingungen des Übergangsstücks erlaubt. Diese können zu Rißbildungen führen. Übergangsstücke sollten ausgetauscht werden, wenn 50% der inneren oder äußeren Dichtung auf die Hälfte der ursprünglichen Dicke reduziert ist. Wenn das Übergangsstück selbst in sehr gutem Zustand ist, können die Dichtungen abgedreht und ersetzt werden. Die neuen schwimmenden Dichtungen sind zuverlässiger als die alten festen Dichtungen. Übergangsstücke sollten ersetzt werden, wenn Risse im Körper gefunden werden.

Turbinenschaufeln sollten gründlich nach Erosion und Rissen inspiziert werden. Die kritischsten Bereiche im Turbinenrotor sind die „Christbaumbereiche", in denen die Schaufeln am Rotor befestigt sind und die Führungskante der Schaufel nahe der Nabe liegt. Die hintere Kante der Turbinenschaufel ist üblicherweise der heißeste Schaufelabschnitt. Diese Bereiche sollten sorgfältig gereinigt und mit Spray-Penetrant nach Rissen überprüft werden. Die Einlaßleitschaufeln der ersten Stufe und die rotierenden Schaufeln sollten entfernt und mit einem No. 200 grit Aluminiumoxid sandgestrahlt werden oder mit einem anderen bewährten Sandstrahlmaterial. Dann sollten sie gründlich auf Risse inspiziert werden. Hierfür ist rote Tinte oder schwarzes Licht (UV-Licht) einzusetzen. Die Einlaßschaufeln der ersten Stufe benötigen möglicherweise spezielle Aufmerksamkeit, die bei dieser Gelegenheit vorgenommen werden kann. Eine Leitschaufelverwindung kann durch Einsatz eines Zwischenstücks mit korrektem Querschnittsbereich in die Leitschaufeln behoben werden. Die Schaufelspitze des Zwischenstücks wird mit einer Flamme bis zum Rotglühen erwärmt, anschließend die Leitschaufelkante mit einem Hammer abgeflacht. Risse kürzer als 40 mm können ausgeschliffen und verschweißt werden, falls sie nicht unter die Endbefestigungsringe gelaufen sind. In diesem Falle müssen die Leitschaufeln entfernt und dann geschweißte oder neue Leitschaufeln eingebaut werden. Wenn die Leitschaufeln geschweißt wurden, sind sie kontinuierlich nach neuen Rissen zu überprüfen, die wiederum ausgeschliffen, verschweißt und regelmäßig geprüft werden müssen.

Während der Reparatur der Einlaßleitschaufeln der 1. Stufe sollten die oberen und unteren Leitschaufelbereiche verschraubt und zusammengeklemmt werden. Der gesamte Ring sollte auf einer flachen ebenen Oberfläche liegen oder ausreichend in einer horizontalen Ebene aufgehängt sein, um Wärmeverbindungen des Rings durch die Erwärmung der Schaufeln während der Reparatur zu vermeiden.

Nach Begradigung oder Herausnahme jeglicher Verwindungen in den rückwärtigen Schaufelkanten der Leitschaufeln sollten die senkrechten Abstände zwischen den Hinterkanten jeder Leitschaufel und der Oberfläche der nächsten sorgfältig gemessen werden. Ein mittlerer Wert dieser Abstände sollte ermittelt und dann zu einem Plus- oder Minusprozentsatz korrigiert werden, wie er vom Hersteller genehmigt ist. Diese Methode trägt dazu bei, eine gleiche Verteilung der Gasströmung in den rotierenden Schaufeln der 1. Stufe zur Vermeidung von Schaufelschwingungen zu sichern.

Rotierende gerissene Turbinenschaufeln können nicht im Feld repariert werden. Wenn eine oder zwei Schaufeln mechanisch beschädigt sind, kann der Hersteller eine Feldreparatur oder einen Austausch der beschädigten Schaufeln empfehlen. Zeigen jedoch mehrere Schaufeln Ermüdungsrisse, wird empfohlen, den gesamten Satz auszutauschen, da die verbleibenden Schaufeln den gleichen

Betriebsbedingungen ausgesetzt waren und deshalb nur eine kleine restliche Dauerhaltbarkeit haben.

Sowohl die oberen als auch die unteren Hälften der Wellenzapfenlager sollten bzgl. Ausrichtfehler, Verschleiß und auch übermäßigem „In-line"-Verschleiß, der bei Turbinen mit vielen Starts auftreten kann, inspiziert werden. Ein Hinweis auf den Zustand der Axiallager kann durch Entfernen einer kleinen Sektion der Turbinenwelle erhalten werden. Dies wird üblicherweise am Reglerende ausgeführt und die Welle wird hierfür axial bewegt. Der Umfang der axialen Wellenbewegung zeigt das Axialspiel auf, das bei 0,3–0,4 mm als normal angesehen werden kann.

Falls die Turbine nicht aus der Ausrichtung abweicht oder die Welle nicht verbogen ist, was mit Überprüfungen der vertikalen und horizontalen Spiele und dem Aussehen der Lageroberflächen festgestellt werden kann, dann wird empfohlen, den Rotor nicht zu entfernen. Einige Turbinenkonstruktionen können jedoch das Entfernen des Rotors erfordern, um untere Bereiche der Wellenscheibe oder der Einlaßleitschaufeln entfernen zu können. Beim Entfernen des Rotors muß die Trennung der Kupplungen mit besonderer Vorsicht vorgenommen werden. Kupplungsflanken sind zu markieren und Überprüfungen der Flucht für die Ausrichtung sind durchzuführen, so daß sie wieder richtig zusammengebaut werden können. Jedoch sollten diese Arbeiten immer unter Überwachung des Herstellers durchgeführt werden. Die Arbeiten sollten so ausgeführt werden, daß sie strikt mit dem geplanten Ablaufdiagramm übereinstimmen. Dieses soll immer auf dem letzten Stand gehalten werden. Extraarbeit und Verzögerungen treten möglicherweise auf; jedoch wird eine gute Planung bestimmte Abweichungen erlauben und somit wenig Änderungen hervorrufen. Falls deutliche Änderungen auftreten, muß das Programm angepaßt werden, damit zusätzliche Ausfallzeiten und möglicherweise erforderliches Extrapersonal ausgewiesen werden kann.

21.7
Kompressorinstandhaltung

Neben der Überprüfung des Heißgasbereichs sollten die Kompressorschaufeln im Axialkompressor auch inspiziert werden. Die Kompressorinspektion ist zur Feststellung des mechanischen und aerodynamischen Zustands des Kompressors durchzuführen. Die meisten axial durchströmten Kompressoren haben gesteckte Rotoren mit Schraubverbindungen durch alle Scheiben. Diese Schrauben sind zu inspizieren und falls eine gelöst ist, muß die Dehnung der Schrauben festgestellt werden.

Die Axialkompressorleistung reagiert empfindlich auf den Zustand der Rotorschaufeln. Während einer Hauptinspektion sind alle Schaufeln zu reinigen und mit UV-Licht-Tests auf Risse zu untersuchen. Werden Risse in einer Schaufel gefunden, muß sie ersetzt werden. Manchmal können kleine Risse ausgeblendet werden, doch diese Prozedur sollte vom Hersteller genehmigt sein.

Der Umfang des Verschleißes an den Schaufeln eines Axialkompressors ist üblicherweise abhängig von der Einwirkung von Fremdpartikeln. Staub ist das verbreitetste Fremdpartikel. Die maximalen und minimalen Schaufellängen sind aufzuzeichnen und dem Hersteller mitzuteilen. Dieser sollte seinerseits in der Lage sein, den Leistungsverlust durch Verschleiß und die Verminderung der strukturellen Festigkeit mitzuteilen.

Wenn der Lufteinlaß einer Salzwasserverschmutzung ausgesetzt ist, sind Rotor- und Statorschaufeln hinsichtlich „pittings" zu überprüfen. Ernsthaftes Pitting der Schaufelwurzeln kann zu strukturellen Ausfällen führen; dann sollte der Hersteller informiert werden.

Statorschaufeln sind genauso wichtig wie Rotorschaufeln. Es ist der gleiche Aufwand für Reinigung, Inspektion und nichtzerstörende Testprozeduren anzuwenden. Hierbei ist zu beachten, daß die Verschleißmuster auf den Statorschaufeln unterschiedlich sind. Auch hier ist wieder der Hersteller über den Verschleißzustand zu informieren. Er sollte Empfehlungen zum weiteren Betrieb oder zum Austausch machen.

Zur Fertigstellung der erforderlichen Reparaturen und Austäusche muß die Gasturbine zerlegt werden. Die Zerlegung sollte unter sorgfältiger und erfahrener Überwachung durchgeführt werden. Dadurch wird sichergestellt, daß alle Arbeiten die anzuwendenden Kriterien erfüllen. Schaufelspiele, Lagerspiele und -abstände sind zu überprüfen und während des Zusammenbaus aufzuzeichnen. Der Mechaniker muß sorgfältig darauf achten, das richtige Drehmoment zum Anziehen der Schrauben und Muttern einzusetzen. Es gibt eine sehr starke Tendenz bei Mechanikern, ein Drehmoment, das sich richtig „anfühlt", anstelle eines Drehmomentschlüssels zu verwenden. Das Drehmoment ist ein sehr wichtiger Aspekt des Zusammenbaus. Falsche Drehmomente können Komponentenverwindung und Versatz hervorrufen. Dies gilt speziell für die Komponenten, die hohen Temperaturen während des Betriebs ausgesetzt sind.

21.8
Lagerinstandhaltung

Bei Hochgeschwindigkeitsmaschinen sind einzelne Lagerausfälle selten, wenn sie nicht durch falsche Ausrichtung, Versatz, falsche Spiele oder Schmutz hervorgerufen wurden. Üblicher sind Ausfälle durch Schwingungen oder Rotorwirbel. Einige von ihnen haben ihren Ursprung in den Lagern, andere können durch die Lager verstärkt oder vermindert werden. Dies gilt auch für die Lagergehäuse und für Lagerstützstrukturen [1, 2].

Während der Inspektion sind alle Wellenzapfenlager sorgfältig zu inspizieren. Wenn die Maschinen nicht unter übermäßigen Schwingungen oder Schmierungsproblemen leiden, können die Lager wieder eingebaut und weiter genutzt werden. 4 Stellen sind während der Inspektionsperioden auf Verschleiß zu überprüfen:
1. Weißmetalloberfläche der Lagerbuchse
2. Lagerbuchsenoberfläche am untersten Punkt und Sitz im Rückhaltering

3. Dichtungsringbohrung oder Endplatten
4. die Lagerbuchsendicke am untersten Punkt oder über Kugel und Hülse; alle Schuhe sollten innerhalb 0,0005 % die gleiche Dicke haben.

Während der Inspektion sind folgende Überprüfungen auszuführen:
1. Alle Führungskanten der Lagerbuchsen müssen einen gleichen Radius über die volle Länge der Buchsen haben. Die Radien sind zum Erhalt der richtigen Größe abzufeilen.
2. Leichte Oberflächenrisse auf dem Weißmetall erfordern nicht notwendigerweise den Ersatz der Buchsen. Wenn kein Verschleiß festgestellt wird, sind die Oberflächen leicht mit einem geradkantigen Werkzeug nachzuarbeiten, um jegliche Aufwerfung zu entfernen, die durch die Risse hervorgerufen wurde.
3. Die Buchsen sind nur als komplette Sätze zu ersetzen, wenn:
   a. radiales Spiel mehr als 0,02–0,04 mm über das nominale Konstruktionsspiel angewachsen ist
   b. vordere oder hintere Kanten der Buchsen Verschleißzeichen zeigen.
4. Die Ersatzteile der Kippsegment- und Stützkugelkombinationen sollten zusammen geläppt werden, um sie zu einer integralen Einheit zu machen. Wenn ein neues oder gebrauchtes Lager für Reinigung oder Inspektion ausgebaut wird, ist darauf zu achten, daß die Kippsegmente oder Stützkugelkombinationen nicht vermischt werden.
5. Beim Wiedereinbau ist darauf zu achten, daß die Kippsegmente oder Stützkugelkombinationen an ihre Originalorte im aufnehmenden Ring eingebaut werden. Ein nicht ordnungsgemäßer Einbau der Kippsegmente und Stützkugelkombinationen kann Änderungen in der Spielkonzentrizität hervorrufen. Eine Exzentrizität von nur 0,025 mm kann ernste Schwingungsprobleme auslösen.

21.8.1
Spielprüfungen

1. Prüfe Gehäuseaußendurchmesser (OD) und -innendurchmesser (ID), um sicherzustellen, daß das Gehäuse rund ist.
2. Überprüfe die Bohrungen und Stirnendplatten nach Kanten, tiefen Kratzern oder Kerben. Nacharbeit mit Schleifstein oder Kratzern ist erforderlich, sowie die Polierung mit sehr feinem Aluminiumoxid-Polierpapier.
3. Überprüfe die Tragflächen auf vollen Kontakt. Nutze Schleifen oder Läppen, falls Zapfen oder angehobene Kanten vorliegen.
4. Überprüfe Wellenzapfenoberflächen der Schuh- und Gehäuseringe nach Kratzern, Kerben oder Erosion. Schleifsteinnacharbeit falls notwendig.
5. Bei Kippsegmentlagern ist die Zapfenoberfläche auf Ebenheit (blue shot) und der Kontaktbereich zu überprüfen, die Position ist festzustellen. Dies gilt nicht nur für die kontaktierende Oberfläche im Zentrum, sondern auch an den unteren Abschnitten der Zapfenbohrung im hinteren Teil.
6. Stelle sicher, daß die Stifte nicht in den Aufnahmebohrungen ausschlagen.

7. Für Kugel- und Fußkonstruktionen ist sicherzustellen, daß die Kugel richtig und fest in der Gegenbohrung sitzt.
8. Überprüfe das Wellenspiel wie folgt:
   a. Wähle einen stumpfen Dorn, in dem der Minimumdurchmesser gleich dem Wellenzapfendurchmesser plus dem minimal gewünschten Spiel (etwa 0,015 mm pro 10 mm Wellendurchmesser) und der große Durchmesser gleich dem Wellenzapfendurchmesser plus dem geforderten Spiel (etwa 0,02 mm pro 10 mm Wellendurchmesser) ist.
   b. Baue die Lagerhälften ein.
   c. Verschiebe das zusammengebaute Lager über den kleineren Durchmesser des Dorns.
   d. Drücke das Lager leicht auf die Rückseite des Gehäuses und verschiebe es hinunter zum nächstgrößeren Durchmesser.
   e. Der Dorn sollte rotieren und der äußere Durchmesser (OD) des Gehäuses angezeigt werden.

21.8.2
Axiallagerausfall

Ein Axiallagerausfall ist mit das Schlimmste, was an einer Maschine auftreten kann, da dadurch die Maschine oft beschädigt und manchmal komplett zerstört werden kann. Um die Zuverlässigkeit eines Axiallageraufbaus zu untersuchen, ist zuerst zu berücksichtigen, wie ein Fehler entstanden ist. Die Eigenheiten der verschiedenen Konstruktionen sind zu untersuchen.

Ausfallbeginn. Ausfälle durch Lagerüberlastung während des normalen Betriebs (Konstruktionsfehler) sind heute selten. Trotz der vielen Vorsorgemaßnahmen, die vom Lagerkonstrukteur durchgeführt wurden, treten mehr Schubprobleme auf als angenommen. Die Gründe hierfür sind etwa in der Reihenfolge ihrer Wichtigkeit:
1. *Fluid slugging.* Wenn ein Flüssigkeitsteil (slug) eine Turbine oder einen Kompressor passiert, so kann dies den Schub auf ein mehrfaches des normalen Niveaus erhöhen – auch dann, wenn nur einige Liter durchfließen. Sofortige Ausfälle des hinteren Lagers können aus dem „Fluid slugging" resultieren.
2. *Aufbau von Festkörpern in Rotor- und/oder Statorpassagen (Verstopfung von Turbinenräumen).* Dieses Problem kann über Leistungs- oder Druckverteilungen in der Maschine (Druck in der 1. Stufe) festgestellt werden, lange bevor Ausfälle auftreten.
3. *Betrieb abseits des Auslegungspunkts.* Speziell nach Rückdruck (Vakuum), Einlaßdruck, Extraktionsdruck, Dämpfen. Viele Ausfälle werden durch Überlastung und/oder Drehzahlabweichung von der Auslegung hervorgerufen.
4. *Kompressorpumpen.* Speziell in zweifluteten Maschinen.
5. *Getriebekupplungsschub.* Ein häufiger Grund für Ausfälle, speziell an hinteren Schublagern. Der Schub ist hoch, wenn die Ausrichtung perfekt ist (Reibungskoeffizient 0,4–0,6), er sinkt auf ein Minimum, wenn eine kleine Fehlausrich-

tung vorhanden ist (etwa 0,1 bei 25° Winkelfehlausrichtung). Die Reibung steigt schnell wieder auf 0,5 oder mehr an, mit einer Erhöhung der Fehlausrichtung (dies sind nur grobe Zahlen, um die Basisbeziehungen zu zeigen). Der Schub wird durch Reibung in den beladenen Zähnen hervorgerufen, was zu thermischer Expansion führt. Deshalb kann der Schub sehr hoch werden, da er keine Beziehung zum normalen Schub durch Druckverteilung in der Maschine hat (wofür das Axiallager ausgelegt worden sein kann). Der Kupplungsschub kann entweder zu einer Addition oder einer Subtraktion normalen Schubs führen. Viel hängt von der Zahngeometrie und der Kupplungsqualität ab. Ein geradseitiger Zahn kann nur Fehlausrichtungen aufnehmen, wenn der Zahn mit ausreichend Spiel paßt, um Verkantungen des männlichen Zahns in sein weibliches Gegenstück aufzunehmen. Wenn das Spiel nicht ausreicht, um etwas Verkantung zu erlauben, werden z.B. bei vertikaler Fehlausrichtung die Zähne beider Seiten verbunden sein. Dies kann sehr hohe Schübe hervorrufen. Manchmal kann man metallische Geräusche hören, die sich aufbauen, bis der Rotor schließlich mit einem sehr bemerkbaren Geräusch rutscht. Dann sind Geräusch und Schwingung verschwunden, zumindest für einige Zeit. Dieses Phänomen ist eine Tortur für die Axiallager und kann Ausfälle in jede Richtung hervorrufen. Schmutz in den Kupplungen kann diese Situation verschlechtern oder sie sogar hervorrufen.

6. *Schmutz im Öl*. Ein üblicher Grund für Ausfälle, speziell wenn er in Kombination mit anderen Faktoren auftritt. Der Ölfilm am Ende der Ölkante ist nur einige μm dick. Wenn dort Schmutz durchgeht, kann das ein Zerreißen des Films hervorrufen und das Lager kann „ausbrennen". Deshalb ist eine sehr feine Filterung des Öls erforderlich. Doch der beste Filter reicht nicht aus, wenn das Instandhaltungspersonal das Filter- oder Lagergehäuse nach der Inspektion offenläßt und Regen und Sand eingeblasen werden können, oder wenn es die nassen Filterelemente auf sandigen Boden stellt, oder wenn bei Unfällen Löcher in die Elemente geschlagen werden. Dies geschieht viel zu oft. Sobald eine Maschine zerstört ist, ist es sehr schwierig, die Ursache zu rekonstruieren.

7. *Plötzlicher Verlust des Öldrucks*. Dies wird manchmal beim Umschalten der Filter oder Kühler beobachtet.

Ausfallschutz. Glücklicherweise ist nun die richtige und zuverlässige Instrumentation verfügbar, um die Axiallager gut genug zu überwachen, um sicheren Dauerbetrieb zu sichern und katastrophale Ausfälle im Falle eines Systemversagens zu verhindern.

Temperatursensoren, wie Widerstandsthermofühler, Thermoelemente und Thermistoren können zur Messung der Metalltemperaturen direkt in das Axiallager installiert werden [3]. Bei der Installation gemäß Abb. 21-3 sind die Widerstandsthermofühler (RTD) in die Weißmetallageroberfläche eingebettet. Dies ist die empfindlichste Zone des Schuhs – 70% von der Führungskante und 50% radial. Die Position des Sensors ist kritisch, um die sicheren Betriebsgrenzen herzustellen. Solange die Probe generell in der Zone maximaler Temperatur ist, ist

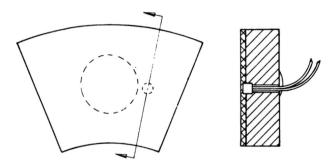

Abb. 21-3. Widerstandstemperaturfühler (RTD), in die Lageroberfläche eingebettet

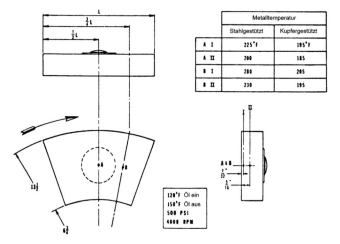

Abb. 21-4. Temperaturverteilung der Lageroberfläche (200 °F = 93 °C, 225 °F = 107 °C; 500 psi = 34,5 bar)

sie hochempfindlich gegen Belastung, obgleich das Temperaturniveau deutlich variieren kann, wie aus Abb. 21-4 ersichtlich. Die Temperatur ist auch vom Segmentrückenmaterial abhängig. Bei 34,5 bar (500 psi) Belastung registriert der Zentralsensor bei A-II 93 °C (200 °F), während er bei B-I 138 °C (280 °F) im stahlgestützten Teil des Lagers registriert. Hierzu muß gesagt werden, daß diese Temperaturen typisch sind und mit Größe, Typ, Drehzahl und Schmierart von Lager zu Lager variieren. Der Unterschied in einem Lager mit kupfergestütztem Teil kann als ziemlich signifikant angesehen werden: mit Ablesungen bei A-II von 85 °C (185 °F) und B-I von 96 °C (205 °F). Die Position des Sensors in Bezug zur Oberfläche ist weniger signifikant in diesem Lager, als in dem mit stahlgestütztem Teil. Nochmals, die Position in der empfindlichen Zone ist wichtig, um sichere Betriebsgrenzen bzgl. der Temperatur zu etablieren.

Wegaufnehmer für den Axialstand an der Welle sind eine andere Methode, um die Rotorposition und die Unversehrtheit des Axiallagers zu überwachen. Eine

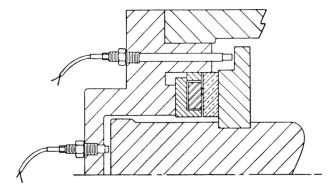

Abb. 21-5. Übliche Meßaufnehmer für Axiallagerüberwachung

typische Installation ist in Abb. 21-5 dargestellt. In diesem Fall werden 2 Positionen überwacht: die eine ist am Schubläufer und die andere am Ende der Welle, nahe der Mittellinie. Diese Methode stellt Schublagerauslauf und Rotorbewegungen fest. In vielen Fällen ist diese ideale Positionierung der Meßaufnehmer nicht möglich. Die Aufnehmer sind vielfach indirekt auf den Rotor und auf andere geeignete Orte bezogen, und zeigen deshalb nicht die wahre Bewegung des Rotors in Bezug zum Axiallager.

Eine kritische Installation sollte Metalltemperatursensoren im Lagersegment haben. Axiale Wegaufnehmer sind als Backup-System einzusetzen. Wenn die Metalltemperaturen hoch sind und die Änderungsrate dieser Temperaturen schnell variiert, sollte von einem Axiallagerausfall ausgegangen werden.

21.9 Kupplungsinstandhaltung

Die Hauptinspektion sollte auch detaillierte Inspektionen jeder Kupplung im Turbosatz beinhalten. Zahnkupplungen sind auszubauen und die Zähne auf Hinweise oder Probleme zu inspizieren. Die üblichsten Ausfälle im Zusammenhang mit kontinuierlich geschmierten Zahnkupplungen sind:
1. Verschleiß
2. korrosiver Verschleiß
3. Kupplungsverschmutzungen
4. Kerbentstehung und -verschweißung.

Kupplungen mit abgedichteten Schmiersystemen neigen zu Verschleißproblemen, die ähnlich denen bei Kupplungen mit kontinuierlicher Schmierung sind, doch müssen sie auch nach „fretting"-Korrosion und kalter Strömung überprüft werden. Diese Probleme ergeben sich aus dem normalen Kupplungsbetrieb. Falls aus bestimmten Gründen übermäßige Ausrichtfehler existieren, können zusätzliche Beschädigungen auftreten, die zu Zahnbruch, Kerbwirkungen und Pittings führen.

Scheibenkupplungen sollten auf Risse in den Kupplungen oder in der verbindenden Welle überprüft werden. Falls keine Schäden bestehen, die repariert werden können, ist die Kupplung vor dem Wiedereinbau auszuwuchten.

21.10
Rückverjüngung gebrauchter Turbinenschaufeln

21.10.1
Betriebsschäden in Turbinenschaufeln

Zwei bestimmte Schadensarten können erkannt werden: Oberflächenbeschädigung und interner Materialabbau. Oberflächenschäden können entweder durch mechanische Einwirkungen oder Korrosion auftreten, und dies üblicherweise auf dem Schaufeltragflügelprofil. In beiden Fällen können leichte Schäden durch Nacharbeit der Oberfläche entfernt werden. Schaufeln mit ernsten Oberflächenschäden oder Rissen sind auszumustern. Einige dieser Schaufeln können mit Hochtemperaturbeschichtungen versehen werden. Bei richtiger Anwendung können sie die Lebensdauer der Schaufeln deutlich erhöhen. In einigen Fällen sogar über die von neuen Schaufeln. Neuere Fortschritte bei Hochtemperaturbeschichtungen für schwierigen Heißkorrosionseinsatz führten zur gepackten Zementierung, die niedrige Kosten pro Einheit verursacht, und zur wirtschaftlichen Elektroplattierung, die zu Beschichtungen mit Mehrfachelementen mit teuren Metall-Aluminium-Verbindungen geführt haben. Diese Beschichtungen sind mit verschiedenen Kombinationen aus Platin, Rhodium und Aluminium für Anwendungen an kobalt- und nickelbasierten Leit- und Laufschaufeln verfügbar.

Interne Degradation wird durch Mikrostrukturänderungen hervorgerufen, die sich aus der dauernden Einwirkung hoher Temperaturen unter Spannung ergeben. Die mikrostrukturellen Änderungen sind für die Reduzierung der mechanischen Eigenschaften verantwortlich. 3 Formen interner Degradation wurden nachgewiesen: (1) beschleunigtes Auftreten von Überalterung, (2) Änderungen in den Karbidkristallen in der Grenzschicht und (3) Lückenbildung oder Void-Entstehung.

Ein deutlicher Teil der Zwischentemperaturfestigkeit von nickelbasierten Turbinenschaufellegierungen resultiert aus feinem y' mit Ni_3 (Al, Ti). Die y'-Partikel wachsen allgemein als eine Funktion der Zeit zum Wachstumsgesetz mit dem Exponent 1/3. Hierbei vollzieht sich die zugehörige Verminderung der Festigkeit. Die Morphologie der Karbidkristalle und auch ihre Menge im Wandbereich kann sich mit der Zeit ändern. Da die Wärmebehandlungen des Edelstahls, die die Karbidentstehung hervorrufen, allgemein für Kurzzeiteigenschaften optimiert wurden, sind Langzeitänderungen in der Karbidstruktur üblicherweise nachteilig. Dies gilt insbesondere bzgl. Eigenschaften wie Duktilität und Kerbempfindlichkeit. Lückenbildung – (cavitation) Entstehung und Wachstum von Lücken und rauhen Grenzflächen – stellt die 1. Stufe zum Kriechausfall dar. Im

21.10 Rückverjüngung gebrauchter Turbinenschaufeln

Laufe der Zeit verbinden sich die isolierten Lücken und bilden Risse. Anscheinend befindet sich das Schaufelmaterial in einem Vorzustand zum Kriechen oder kurz davor, bevor Kavitationsspuren mit optischen Mikroskopen entdeckt werden können.

Es ist nicht bekannt, in welchem Maße jeder der vorstehenden Mechanismen zur Turbinenschaufeldegradation während des Einsatzes beiträgt. Es ist auch möglich, daß jede Legierung unterschiedlich auf die jeweiligen Temperatur/Spannungs-Kombinationen antwortet. Abbildung 21-6 zeigt die typische Variation in der Spannungsbruchlebensdauer, die bei 735 °C (1350 °F) innerhalb der Einsatzzeit für geschmiedete Inconel-X-750-Schaufeln festgestellt wurde.

Interne Betriebsschäden durch beschleunigte Oberflächenaufrauhung und Änderung in den oberflächennahen Karbidkristallen sollten i.allg. reversibel sein, mit konventionellen Wärmebehandlungen, die komplette Auflösungen beinhalten, gefolgt durch kontrollierte Fällung bei niedrigen Temperaturen. In bezug auf Kriechlücken ist es unklar, ob Lückenbildungsschäden durch konventionelle Wärmebehandlungen entfernt werden können.

Normale Nacherwärmungsbehandlungen können die Schaufeleigenschaften teilweise wieder herstellen; jedoch scheint es nicht möglich zu sein, die Eigenschaften wieder vollständig zurück zu gewinnen, obgleich die Mikrostrukturen vergleichbar mit denen der neuen Schaufeln sind. Dieses Nichterreichen der

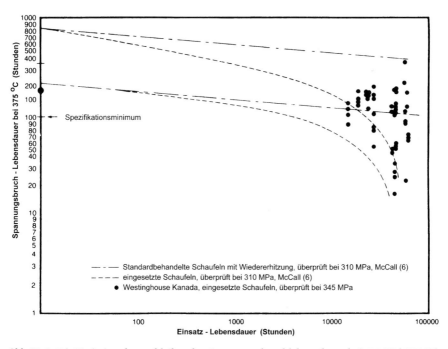

Abb. 21-6. Die Variation der verbleibenden Spannungsbruchlebensdauer bei 735 °C (1350 °F) mit der Einsatzzeit in geschmiedeten Inconel-alloy-X-750-Turbinenschaufeln (Genehmigung von Westinghouse Electric Corp., Gasturbine Div.)

ursprünglichen Eigenschaften weist darauf hin, daß Kavitationsspuren vorhanden sein können und nicht durch konventionelle Nacherwärmungsbehandlungen beseitigt wurden. Das heiße isostatische Druckverfahren (HIP) ist eine Alternative zur sicheren Entfernung dieser Lücken. Dies wurde bereits bei der Entfernung auch großer interner Schrumpfporösitäten in Investment-Gehäusen demonstriert [4][2]. Die Resultate der HIP-Behandlung (Abb. 21-7) zeigen klar, daß der HIP-behandelte Werkstoff den kommerziellen und im Labor konventionell wiedererwärmt behandelten Materialien überlegen ist. Kostenschätzungen zeigen, daß gebrauchte Schaufeln zu einem Bruchteil der Kosten neuer Schaufeln wieder verjüngt werden können.

21.11
Reparatur und Rehabilitation von Turbomaschinenfundamenten

In vielen Fällen können Schwingungsprobleme an Turbomaschinen auf fehlerhafte Aufstellung zurückgeführt werden. Sobald die Problembereiche identifiziert sind, kann die Korrektur der Defekte ein logisches Verfahren sein. Neu ist hierbei, daß dieses Ergebnis oftmals mit der richtigen Auswahl und Anwendung von Adhesiven erreicht werden kann.

Die meisten Turbomaschinen werden auf strukturellen Stahlplattformen montiert, die als Grundplatten oder Rahmen bezeichnet werden. Diese Plattformen werden dann auf einer Betonmasse vor Ort installiert (entweder durch direkte Einbetonierung oder durch Montage auf eigenen Platten), um zum Maschinenfundament zu werden. Plattformen sollten immer als Teile des Fundaments und nicht als Teile der Maschine betrachtet werden.
Probleme mit Plattformen fallen in eine oder beide der folgenden Kategorien:
1. falsche Installation
2. nicht ausreichende Masse oder Festigkeit.

Falsche Installation ist keine Konstruktionsschwäche. Dieser Fehler kann jederzeit nach der Installation leicht im Feld korrigiert werden. Unzureichende Masse oder Festigkeit ist eine Konstruktionsschwäche, die durch die Komplexität der Ursprünge von Schwingungen in rotierenden Hochgeschwindigkeitsmaschinen und ihrer Empfindlichkeit auf Schwingungen hervorgerufen wird. Nichtsdestotrotz können Masse und Festigkeit im Feld erhöht werden. Doch die Her-

---

[2] Die HIP-Behandlung wird in einem 5-Zonen-Ofen ausgeführt. Dieser steht in einem Stahldruckbehälter, der bis zu 1380 bar (20.000 psi) mit Argon unter Druck gesetzt und zu Temperaturen von 1230 °C (2250 °F) aufgeheizt werden kann. Die im Ofen plazierten Schaufeln dürfen nicht irgendwelchen unnötigen Lasten ausgesetzt werden, und stecken deshalb in separaten Aufnahmen. Zwischen den Zyklen wird die Ofentemperatur bei 800 °C (1470 °F) aufrechterhalten, damit eine maximale Lebensdauer der Kanthal-Elemente erzielt wird. Das unter Druck stehende Argon wird durch 2 Membrankompressoren, die in Serie geschaltet sind, geliefert und kann am Ende jedes Zyklus zurückgewonnen werden.

21.11 Reparatur und Rehabilitation von Turbomaschinenfundamenten

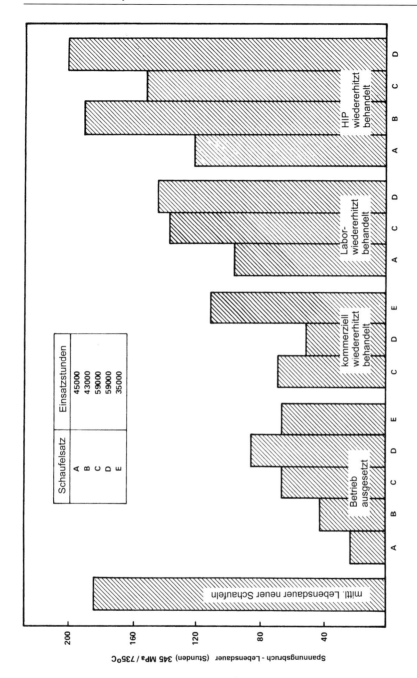

Abb. 21-7. Vergleich der Wechselspannungslebensdauer bei 345 MPa/ 735 °C (50 ksi/1350 °F) im Betrieb belastet, kommerziell wiedererhitzt-behandelt, labor-wiedererhitzt behandelt und HIP-wiedererhitzt behandelt mit Inconel X-750 Turbinenschaufeln (Genehmigung durch Westinghouse Electric Corp., Gas Turbine Div.)

ausforderung besteht darin, dies zu tun, statt Kleinkorrekturen von Installationsdefekten durchzuführen.

21.11.1
Installationsdefekte

Ein typischer Kompressorzug mit 1 Turbine und 2 Kompressorstufen, ist in Abb. 21-8 dargestellt. Die Doppel-T-Träger auf der Plattform sind in die Betonstruktur einzementiert. Wenn die richtigen Zementierungstechniken während der Originalinstallation ausgeführt werden, sollte der Mörtel die gesamte untere Oberfläche aller Längs- und Quer-Doppel-T-Träger einfassen [5].

Zementbasierte Mörtel nehmen die lastlagernden Oberflächen der Plattformen nicht gut auf. Nach einer gewissen Zeit baut Schmieröl sowohl die Zementgruppen als auch den Beton ernsthaft ab. Da die meisten Plattformen nicht für Ölabläufe konstruiert wurden, verschlimmert sich dieses Problem. In vielen Fällen können bis zu 150–200 mm (6–8 inch) Öl innerhalb der Plattformhohlräume gefunden werden. Dies ist nicht nur ein Problem des erhöhten Ölverbrauchs, sondern auch die Ursache ernsthafter Feuergefahr.

Alle Plattformen, unabhängig von der benutzten Einzementierung, sollten mit Ölabläufen konstruiert sein. Epoxydmörtel werden für die Plattforminstallationen empfohlen, da sie sehr gute Ölbarrieren gegen den darunterliegenden Beton bilden. Zementmörtel sollten nur für zeitweise Installationen benutzt werden.

Wenn Unterschiede in den Schwingungsamplituden zwischen dem unteren Flansch der Plattformträger und der Betonstruktur festgestellt werden, sollte die gesamte untere Oberfläche der Plattform mit der Betonstruktur verbunden werden. Diese Verbindung wird erreicht, indem eine Technik benutzt wird, die als Druckmörtelung bekannt ist. Mit dieser Technik werden Löcher durch die unteren Flansche an Orte nahe dem Gewebe des Zentrums gebohrt. Sie sollten sich in einem Bereich um das Zentrum von ungefähr 460 mm (18 inch) befinden. Diese Löcher werden dann durchstoßen und gewöhnliche Installationsteile (fittings) installiert. Dann kann die Druckmörtelung vorgenommen werden, wobei entweder automatische Injektionsgeräte oder konventionelle Schmierpistolen eingesetzt werden.

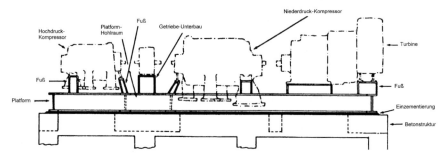

Abb. 21-8. Ein typischer Kompressorzug, der 1 Turbine und 2 Kompressorstufen enthält

Einige Hersteller empfehlen, daß ihre Plattformen auf Schienen oder Platten aus einem Stück installiert werden sollen. Diese sind in das Betonfundament einzuzementieren. Manchmal sind die Installationen entweder schwach konstruiert oder der Auftragnehmer hat die Platten vor der Einzementierung nicht völlig gereinigt. Der Adhäsionsverlust kann in übermäßige Schwingungen oder Bewegungen der Platte im Zementbett resultieren. Tritt dieses Problem auf, sollte mit Druckmörtelung gearbeitet werden. Hierbei werden relativ hohe Erfolgsgrade erreicht, wenn die richtigen Techniken eingesetzt werden. Nachfolgend sind einige Hauptpunkte zur Berücksichtigung bei der Konstruktion und Einmörtelung der gesamten Platte angegeben:

1. Überprüfung zur Feststellung, ob der Block sich zwischen der Gerätebasis und der einzelnen Platte befindet, um die Last richtig zu übertragen.
2. Die Ecken der einzelnen Platte sollten einen mind. 5-cm-(2 inch) Radius haben, um das Entstehen von Spannungsspitzen und nachfolgenden Rissen zu verhindern.
3. Es sollte ausreichend Aggregat in der Epoxydmischung sein. Nicht ausreichende Mengen führen zu einer Schicht nicht gefülltem Epoxyds an den Oberflächen des Mörtels. Der lineare Koeffizient der thermischen Expansion des ungefüllten Epoxyds kann in der Größenordnung von $1,5 \times 10^{-3} - 2,03 \times 10^{-3}$ mm ($6-8 \times 10^{-5}$ Inches) pro 25 mm (Inch) Dicke pro 0,5 °C (°F) erwartet werden. Der lineare Koeffizient der thermischen Expansion für den Epoxydmörtel darunter kann in der Größenordnung von $5,08 \times 10^{-4}$ mm (2×10^{-5} Inches) per 25 mm (Inch) Dicke pro pro 0,5 °C (°F) erwartet werden. Dieser Unterschied in den thermischen Expansionsraten führt zur Rißfortpflanzung. Dies gilt speziell bei Kühlungen, wenn das System zyklischen Temperaturen wie bei Tag- und Nachtwechseln ausgesetzt ist.
4. Es ist sicherzustellen, daß die schaumförmige Oberfläche nicht direkt unterhalb der Einzelplatte auftritt. Eine schaumförmige Oberfläche wird durch unzureichendes Aggregat bei der Herstellung des Epoxydmörtels hervorgerufen. Die Epoxydadhäsion hat eine Dichte von etwa 1,08 kg/l (9 Pfund/Galone). Dieses Aggregat hat eine Kerndichte von etwa 1,7 kg/l (14 Pfund/Galone), was etwa 25–30% Hohlräume bedeutet. Bei der Zubereitung eines Epoxydmörtels werden die Komponenten immer gemischt, bevor das Aggregat zugeführt wird. Nachdem das Aggregat der Mischung zugeführt wurde, fällt es auf den Grund und führt Luft in die Mischung ein. Wenn ein dünnflüssiger Mörtel zubereitet wurde, kann die Luft einfach aufsteigen und eine schwache schaumförmige Oberfläche hervorrufen.

21.11.2
Erhöhung von Masse und Festigkeit

Werden übermäßige Schwingungen im Getriebekasten des Kompressorzugs festgestellt (Abb. 21-8) und auf die darunterliegende Plattform übertragen, dann kann ein Dämpfungseffekt durch Erhöhung der Festigkeit in der unteren Aufhängung erzeugt werden. Dieser Effekt wird erreicht, indem zuerst die Plattformhohlräume und danach die Getriebekastenaufhängung mit Epoxydmörtel gefüllt werden.

Stellen die Turbinen und die Kompressorstützfüße eine kleine Querschnittsfläche bereit, dann ist es zweifelhaft, ob die Steifigkeit ausreichend ist. Somit muß sich auf die Erhöhung der Masse der Füße konzentriert werden. Diese Erhöhung wird erreicht, indem die Hohlräume mit speziellem Mörtel aus Epoxyd und Stahlschrott gefüllt werden. Die Dichte dieses speziellen Mörtels kann über 4800 kg/m^3 (300 Pfund/ft^3) betragen. Um diesen speziellen Mörtel zu injizieren, ist ein Rohr in das Zugangsloch, das in die Seite des Fußes nahe der Oberkante gebohrt wurde, zu installieren. Die gleichen Techniken können angewandt werden, um die Fundamente unterhalb von viel kleineren Geräten zu stabilisieren.

21.12
Anfahrverfahren für große Maschinen

Viele dieser Probleme können schnell durch deduktive Überlegungen gelöst werden, sofern beim Erhalt der Anfahrdaten sorgfältig vorgegangen wurde. Nachfolgend werden gute Richtwerte gegeben, doch ist die Aufzählung nicht als komplett anzusehen:
1. Vor dem Anfahren ist der Turbosatz allgemein kennenzulernen. Hierbei sind herauszufinden:
   a. kritische Drehzahlen des Turbosatzrotors
   b. Betriebsdrehzahlen, Temperaturen und Drücke
   c. unübliche Betriebscharakteristika
   d. funktionieren alle Schwingungsüberwachungssysteme und wo liegen die Alarm- und Gefahrengrenzwerte
2. Für Turbinen ist herauszufinden:
   a. langsames Rollen (slow roll) (von 0,5–3,0 h, dies hängt von der Betriebserfahrung ab) um bei Rotordurchhängen zu entlasten und allen Systemen eine Aufwärmung zu gestatten
3. Bei einer langsamen Drehzahl von < 800 min^{-1} sind die anzuwendenden Schwingungsdaten bei langsamem Rollen aufzunehmen:
   a. elektrische Spaltspannungen
   b. Meßfühleridentifikation
   c. totale elektrische und mechanische Abweichungen
   d. Key-Phazor-Beziehungen
   e. Schwingungswerte in Schwingweg, Geschwindigkeit und Beschleunigung
4. Alle Meßinstrumente, Lehren, Sichtgläser, Öltemperaturen, Außentemperaturen, Ausgleichsleitungsdrücke, Oberflächenkondensatortemperaturen usw. sind zu beobachten.
5. Die Maschine ist *durch* die erste Kritische zu bringen und die Maschinenleistung ist für 15 min zu beobachten.

6. Die Maschine ist zwischen die erste Kritische und der minimalen Regelstellung zu bringen. Die Leistung ist für weitere 15 min zu beobachten.
7. Es ist schnell zur minimalen Regelungsstellung zu gehen, um sicher zu stellen, daß der Rotor durch jede andere Kritische so leicht wie möglich hindurchgeht.
8. Bei minimaler Regelstellung sind zusätzliche Schwingungsablesungen aufzunehmen.
9. Alle Ablesungen und Beobachtungen sind aufzuzeichnen und für zukünftige Referenzen zu speichern. Eine Kopie ist dem Überwacher und dem Ingenieur der Einheit zu schicken.

Während des Hochlaufens sind alle Schwingungssignale auf Band aufzuzeichnen. Die Aufzeichnungen können analysiert und schriftlich festgehalten werden, um Grundlinienschwingungsdaten für zukünftige Untersuchungen der Maschinenleistung zu erhalten.

21.13
Typische Probleme, die an Gasturbinen auftreten

Es gibt viele Fehler im Zusammenhang mit einer Gasturbine, da diese Einheiten sehr komplex in ihrem Gesamtaufbau sind. In den Heißgasbereichen treten wesentlich öfter Probleme auf als im Kompressor. Dies liegt an den hohen Temperaturen, die im Heißgasbereich vorliegen. Heißgasfehler sind üblicherweise mit Problemen bei den Brennstoffen verbunden. Turbinenfehler können sehr kostspielig sein. Die mittleren Kosten liegen bei etwa US$ 500.000 für Einheiten zwischen 10–50 MW und bei etwa US$ 700.000 für Einheiten über 50 MW. Diese mittleren Ausfälle resultieren aus Stillständen zwischen 12 und 16 Wochen. Die Betriebsart der Einheit ist ein Hauptfaktor bei Problemen. Die Einheit hat einen problemlosen Betrieb, wenn sie eine Grundlasteinheit ist.

Intermitierender Betrieb und Spitzenlastbetrieb führt zu mehr Problemen und reduziert die Lebensdauer vieler heißer Teile. Spitzenlasteinheiten machen nur etwa 20% der Einheiten oberhalb des 10-MW-Bereichs aus. Die kleineren Einheiten (zwischen 1 und 10 MW) werden üblicherweise als Stand-by-Leistungsgeneratoren betrieben oder für Kompressorantriebe, meistens auf Offshore-Plattformen. Die Reparaturkosten für kleine Einheiten liegen bei etwa US$ 55.000–100.000. Diese Einheiten werden kaum für den Spitzenbetrieb benutzt.

Tabelle 21-1 zeigt einige der häufigeren Gründe für Fehler beim Leistungsbereich. Die Zahlen in der Tabelle stellen die Prozentwerte der Fehler dar, die durch verschiedene Probleme hervorgerufen wurden. Es ist ersichtlich, daß in allen Leistungsbereichen mehr als 80% der Probleme bei Gasturbinen im Heißgasbereich auftreten. Brennstoff- und Turbinendüsen der ersten Stufe sind die Hauptproblembereiche.

Brennstoffdüsen verstopfen leicht und können sich lösen, dadurch wird eine große Brennstoffströmung verursacht. Diese zündet und kann zu ernsthaften Verbrennungsproblemen führen. Eine Anzahl derartiger Fälle ist in Einheiten für

Abb. 21-9. Verbrannte Turbinenschaufeln der 1. Stufe. Zu beachten ist die einheitliche Verbrennung

doppelten Brennstoffgebrauch aufgetreten. In den meisten Fällen hatten sich die Brennstoffdüsen gelöst und sind herausgefallen. Aufgrund von Konstruktionsbeschränkungen geht eine derartige Düse nicht durch die Turbine, doch eine sehr große Menge Brennstoff tritt in die Brennkammer ein. Dieser Brennstoff wird dann in das Übergangsstück transportiert und durch die Düsen der 1. Stufe. Diese Düsen agieren als Flammenhalter. Sie rufen eine Zündung des Brennstoffs hervor und erzeugen eine große Flamme, die die Düsen und Rotorschaufeln der ersten Stufe ausbrennt. Abbildung 21-9 zeigt ausgebrannte Rotorschaufeln der 1. Stufe.

Zu beachten ist, wie gleichmäßig die Schaufeln verbrannt wurden. Die Abb. 21-9 bis 21-12 zeigen, daß die Flamme gewinkelt war und daß die Leitschaufeln der 1. Stufe als Flammenhalter agiert haben. Abbildung 21-10 zeigt den Schaden an den Leitschaufeln der 1. Stufe, die als Flammenhalter agierten. Deutlich wird, daß die Rückhaltescheibe aufgrund der intensiven Hitze geschmolzen ist.

Ein anderes übliches Verbrennungsproblem betrifft die Verbindungsrohre. Sie werden in ringförmigen Brennkammeranordnungen benutzt, um die Verbrennung in allen Kammern zu sichern und den Druck auszugleichen. Die Strömung heißer Gase durch die Verbindungsrohre wird durch blockierte Brennstoffdüsen um ein Vielfaches erhöht. Dies kann zu Rohrausfällen, wie in Abb. 21-11 gezeigt, führen.

Risse in Rohrkammerbewandungen können durch Flüssigkeiten im Brennstoff oder durch blockierte Düsen hervorgerufen werden. Diese können heiße

21.13 Typische Probleme, die an Gasturbinen auftreten

Tabelle 21-1. Die häufigsten Ausfallgründe bei Gasturbinen (%)

Abgegebene Leistung MW	Art des Betriebs	Brennstoffdüse	Risse in den Heißgasteilen	Überstromrohr zwischen den Brennkammern	Übertragungsstück hinter Brennkammer	Leitschaufeln in 1. Stufe	Leitschaufeln in 2. und 3. Stufe	Turbinenschaufeln	Turbinenscheibe	Eintrittsleitrad	Kompressorschaufeln
1–5	Kontinuierliche Grundlast	30	5	0	5	15	5	20	3	0	0
	Intermittierend	5	11	0	5	20	10	20	5	0	0
	Spitzenlast	5	15	0	10	20	9	20	6	0	0
5–15	Kontinuierliche Grundlast	20	10	0	7	10	5	15	5	1	5
	Intermittierend	17	15	0	10	15	8	15	5	2	4
	Spitzenlast	15	18	0	10	15	7	15	5	2	4
15–35	Kontinuierliche Grundlast	20	10	5	3	5	4	10	3	2	6
	Intermittierend	10	10	5	5	8	5	15	5	4	6
	Spitzenlast	10	10	7	7	10	5	15	5	4	6
15–35	Grundlast	20	12	5	5	10	5	10	3	2	5

Tabelle 21-1. (Fortsetzung)

Abgegebene Leistung MW	Art des Betriebs	Kompressorscheibe	Kompressordiffusor	Radiallager	Axiallager	Dichtungen	Kupplungen	Fremdkörperbeschädigungen	Schmiersystemausfall	Ausrichtfehler	Zahnradausfälle	Welle
1–5	Kontinuierliche Grundlast	2	3	5	2	4	0	0	1	0	0	0
	Intermittierend	2	4	4	5	3	2	2	2	0	0	0
	Spitzenlast	2	4	4	0	3	2	0	0	0	0	0
5–15	Kontinuierliche Grundlast	1	0	4	3	4	2	2	1	2	3	0
	Intermittierend	0	0	3	3	3	0	0	0	0	0	0
	Spitzenlast	0	0	3	3	3	0	0	0	0	0	0
15–35	Kontinuierliche Grundlast	1	0	5	3	3	4	2	3	3	5	3
	Intermittierend	1	0	7	3	3	4	2	1	1	3	2
	Spitzenlast	1	0	7	3	3	4	2	0	1	0	0
>35	Grundlast	2	0	3	4	3	2	2	1	3	2	1

Abb. 21-10. Verbrannte Leitschaufeln der 1. Stufe

Abb. 21-11. Beschädigte Verbindungsrohre

Bereiche in den Brennkammerwänden bilden, wie in Abb. 21-12 gezeigt. In vielen Turbinen wurde die Injektion von Dampf oder Wasser in die Brennkammer benutzt, um NO_x-Emissionsforderungen zu erfüllen. Diese Dampfinjektion reduziert die Temperatur im heißen Bereich, wodurch die produzierte NO_x-

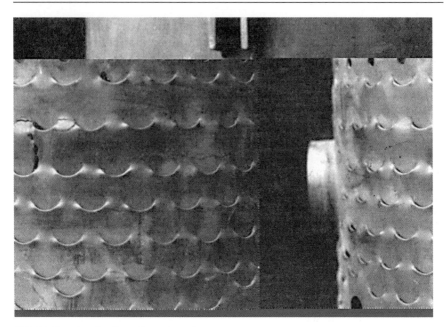

Abb. 21-12. Risse im Brennkammerrohr

Menge reduziert wird. Wenn dieser Dampf durch die Brennstoffdüse gesprüht wird, kann er auf die Brennkammerwände prallen, was einen Temperaturgradient hervorruft, der zu Rissen führen kann. Bei einer Dampfinjektion, die entweder für NO_x-Steuerungen oder für zusätzliche Leistungen (5% Dampf produziert durch sein Gewicht 12% mehr Arbeit und erhöht den Wirkungsgrad um ein paar Prozent) gefordert wird, muß Dampf in den Kompressordiffusor injiziert werden, um sicher und effektiv zu sein. Durch diesen Prozeß kann der Dampf sich vollständig mit der Luft vermischen, bevor diese in die Brennkammer eintritt. Dadurch werden Beschädigungen der Brennkammerwand durch Dampfinjektion reduziert.

Düsenverbiegungen in den Turbinendüsen der 1. Stufe sind ein anderes übliches Problem. Verbiegung kann durch ungleiche Verbrennung oder Kühlluftverluste an der Düse hervorgerufen werden und kann den Turbinenwirkungsgrad vermindern, indem die Luftgeschwindigkeit und der Strömungswinkel verändert werden. Ein anderes Problem bei Turbinendüsen (Leitschaufeln) tritt mit den zweiten und stromab liegenden Düsen auf. Dieses Problem entsteht durch Flüssigkeiten, die im Brennstoff enthalten sind, oder durch Zündausfälle während des Hochfahrens. Flüssige, im Brennstoff enthaltene Kohlenwasserstoffe prallen auf die Turbine, rufen heiße Stellen hervor und führen zu gerissenen Schaufeln. Zündausfälle während des Hochfahrens können zu einer Akkumulation von Brennstoff in den Taschen führen. Wenn schließlich die Verbrennung beginnt, ruft dies Explosionen und/oder Feuer an den Orten, wo der Brennstoff gefangen ist, hervor. Diese Brennstoffansammlung geschieht in Bereichen, in denen die Geschwindigkeit niedriger ist und die Schaufeln als Flammenhalter agieren. Somit sind die Leitschaufeln der 2. Stufe ideale Kandidaten für dieses Problem. Das Problem kann vermieden werden, indem der Brennstoff nach einem Zündausfall aus der Turbine heraus gedrückt wird. Diese Funktion kann automatisch oder manuell erfolgen. Üblicherweise ist ein 5-min-Intervall erforderlich, und mind. das Fünffache des gesamten Luftvolumens muß ausgetauscht werden, bevor das nächste Hochfahren begonnen werden kann.

Kompressorprobleme werden aufgrund nicht so schwieriger Umgebung, in der sie im Vergleich zur Turbine betrieben werden, minimiert. Der Kompressor benötigt einen Filter mit guter Qualität und hoher Wirksamkeit. In Gegenden mit hohem Luftfeuchtigkeitsanteil sollte ein Regenschild vor den hochwirksamen Filtern eingesetzt werden. Es kommt häufig vor, daß eine sehr hohe Erosionsrate an den Schaufelspitzen des Kompressors festgestellt wird, wenn dieser in sandigen Regionen mit schwacher oder ohne Filterung betrieben wird (Abb. 21-13). Ein hochwirksamer Filter ist üblicherweise ein zweistufiger Filter mit einem Trägheitsfilter für die 1. Stufe und einem Taschenfilter in der 2. Stufe. Die Spitzenerosion an den Schaufeln führt zu Wirkungsgradabfall oder Kompressorpumpen. Schaufelflattern und rotierende Abrißströmung sind Probleme, die im Kompressor aufgrund schlechter Auslegung oder Verschmutzung der Schaufeln

Abb. 21-13. Kompressor mit hoher Erosion an den Schaufelspitzen durch unzureichende Filtersysteme

auftreten. Die Änderung von Schaufelwinkeln kann normalerweise das Problem lösen, jedoch ist die Ausrichtung sehr unpraktisch. Abrasive Säuberung des Kompressors oder eine Wasserwaschung stellt üblicherweise die Schaufeloberflächen wieder her und erzeugt somit den Original-Auslegungswinkel. In einigen Fällen werden Schaufelflatterprobleme durch „Bleed-off"-Ventile hervorgerufen. Deren übermäßige Aktivität kann zu Kompressorpumpen in den hinteren Stufen führen. Die tolerierbare Menge des „Bleed-off" liegt in den meisten Einheiten zwischen 12 und 17%.

Radialkompressoren können Probleme am Einströmteil und an den Schaufelspitzen erzeugen. Diese Teile der Laufschaufeln können durch aerodynamische Kräfte erregt werden. Schaufelscheiben können Spannungen an den Rotorspitzen haben, die zu Rissen führen. Um dieses Problem zu lösen, wird das kritische Teil entfernt und eine „Scalloped"-Scheibe entsteht, wie in Abb. 21-14 dargestellt [6]. Dieser Scheibentyp ruft einige Wirkungsgradverluste hervor (etwa 2–4%).

Probleme durch Schaufelermüdung sind üblich. Bei Zwischenstufenkühlung wird Kühlwasser auf die Schaufeln übertragen. Diese Wasserpartikel prallen gegen die Schaufeln und erzeugen hohe Spannungen, die üblicherweise nahe dem Schaufelaustritt liegen. Die Risse breiten sich weiter aus, und die Schaufel wird dann einer zyklischen Belastung ausgesetzt, die zum Bruch führt. Da dies normalerweise in den 1. Stufen des Gehäuses auftritt, können ernsthafte Schäden entstehen, da die Schaufelteile stromab gehen und alles im Strömungspfad hinwegfegen. Abbildung 21-15 zeigt die Querschnittsfläche einer solchen Schaufel. Abbildung 21-16 zeigt die Auswirkung, wenn die Schaufel den Rest des Rotors passiert.

Andere Probleme, die erfahrungsgemäß bei Kompressoren und Turbinen entstehen, treten in den Regeneratoren, den Wellen, den Zahnrädern, den Dichtungen und den Kupplungen auf. Probleme mit Regeneratoren treten oft durch eine

Abb. 21-14. Rotor mit „Scalloped"-Schaufeln

21.13 Typische Probleme, die an Gasturbinen auftreten

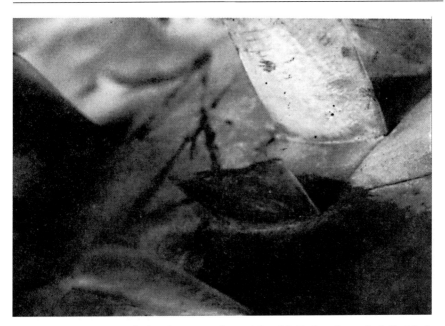

Abb. 21-15. Querschnittsfläche einer ermüdeten Schaufel. Zu beachten sind die Marken nahe den Hinterkanten, die auf zyklische Ermüdung hinweisen

Leckage im System auf. Abrasive Reinigung von Kompressoren, die zu einem Regenerator führen, sollten auf den Gebrauch von „Spint"-Katalysaten oder andere, nicht entflammbare Reiniger beschränkt werden. Abrasive Reiniger wie Erdnußschalen und Reis sollten nicht eingesetzt werden, da sie die Tendenz haben, sich in Ecken anzusammeln. Dort können sie heiße Stellen hervorrufen oder auch ein Feuer, das sich durch die Wand brennt. Wellenprobleme sind üblicherweise nicht sehr verbreitet, doch hier und da kann eine Welle durch übermäßige Last brechen. Dies hat viele Ursachen. Meistens resultieren die Probleme aus dem Austausch des Antriebstyps einer Turbine zu einem synchronen Elektromotorantrieb. Mit dem zuletzt genannten Antrieb werden sehr hohe Torsionsspannungen erzeugt, die zu Wellenversagen führen können, wenn die Einheit innerhalb von Sekunden vom Ruhezustand zur Auslegungsdrehzahl gebracht wird. Rotorlager erfahren üblicherweise eine Instabilität, die als „Oil-Whirl" bekannt ist. Diese Phänomene sind detailliert in Kap. 5 beschrieben. In einigen Fällen kann dieses Problem durch die Änderung der Öltemperatur gemindert oder beseitigt werden, andernfalls muß eine Änderung in der Lagerkonstruktion durchgeführt werden. Entweder wird ein Druckdammlager oder, in extremen Fällen, ein Kippsegmentlager gewählt.

Axiallagerprobleme entstehen durch Fehlausrichtung oder weil die Einheit sehr nahe an der aktiven Schuboberfläche betrieben wird. Um Schub zu kompensieren, wird ein Ausgleichskolben eingesetzt. Dieser Ausgleichskolben kompensiert den aerodynamischen Schub. Ein Beispiel zeigt ein vierstufiger Rotor,

Abb. 21-16. Die Auswirkungen von Schaufelversagen auf die Kompressorbeschaufelung

gemäß Abb. 21-17. Die Luft auf der rechten Seite des Ausgleichskolbens hatte niedrigen Druck am Kompressoreintritt. Diese Luft strömte ursprünglich vom Einlaß zum Kompressor. Nach einer Routineinstandhaltung wurde entschieden, daß die Luft vom Bereich vor dem Einlaßluftkühler entnommen wird und nicht vom Bereich hinter ihm. Diese kleine Änderung im Druck war groß genug, das System zu destabilisieren. Der Rotor schraubte sich selbst in die Zwischenscheibe und rief große Verluste hervor.

Getriebeprobleme beruhen auf Gehäuseverzug, falscher Zahnkühlung oder großem Rückspiel an den Zähnen. Ausrichtfehler liefern auch einen großen Beitrag zu diesem Problem. Zähne sollten auf korrekten Einbau überprüft werden. In einigen Fällen ist ein Läppen der Oberflächen anzuweisen. Es muß immer sorgfältig darauf geachtet werden, daß keine Läppschleifmittel in das Schmiermittel und die Lager eintreten. Die Kühlung der Hochgeschwindigkeitszähne wird erreicht, indem man einen Schmierölstrahl auf die Zähne richtet, wenn sich die Verzahnung voneinander löst. In Anwendungen mit sehr hohen Geschwindigkeiten sollte das Öl auf das Gehäuse gerichtet werden, um den thermischen Verzug des Gehäuses zu reduzieren.

Kupplungsprobleme werden auch direkt oder indirekt durch falsche Schmierung oder ein hohes Niveau von Fehlausrichtung hervorgerufen. Zahnkupplungen sollten ein kontinuierliches Schmierungssystem haben und nicht nur fettgepackt sein. Fett tendiert dazu, sich bei hohen Geschwindigkeiten zu separieren; jedoch kann neues Fett, daß z.Z. entwickelt wird, dieses gesamte Kupplungsbild in Zukunft ändern. In vielen Fällen wurden Zahnkupplungen durch

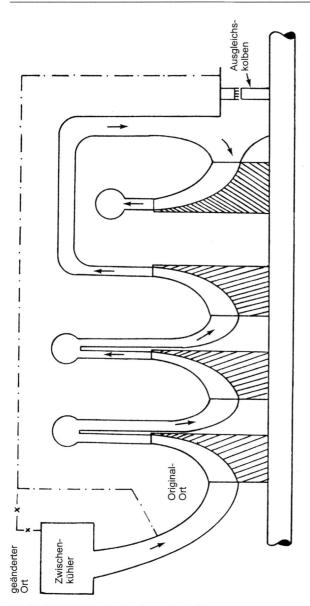

Abb. 21-17. Schubkräfte in einem Radialkompressor

Scheibenkupplungen ersetzt. Diese Kupplungen haben eine höhere Toleranz für Winkelausrichtprobleme und benötigen auch keine Schmierung. Ausrichtprobleme im System können häufig durch die Verrohrung des Systems verschlimmert werden. Rohrspannungen können sehr hoch ansteigen und die Einheit verschieben, wodurch große Fehlausrichtungen im System hervorgerufen werden.

Dichtungsprobleme können hohe Leckagen und Schubprobleme hervorrufen. Die hohen Leckagen reduzieren den Wirkungsgrad der Einheit und können auch zur Verschmutzung des Schmiermittels führen. Schubprobleme werden durch Luftleckagen hinter den Dichtungen hervorgerufen und führen zur Unwucht der Schubkräfte im System.

Die vorstehenden Probleme treten häufiger im Gasturbinenzug auf. Reguläre und vorbeugende Instandhaltung ist der Schlüssel zu einem erfolgreichen Betrieb. Probleme werden auftreten, doch mit der richtigen Überwachung der Strömung, der Aerodynamik und der mechanischen Probleme kann eine vorbeugende Instandhaltung meistens Hauptausfälle oder Katastrophen vermeiden.

21.14
Literatur

1. Sohre, J.: Operating Problems with High-Speed Turbomachinery-Causes and Correction. 23rd Annual Petroleum Mechanical Engineering Conference, Sept. 1968
2. Sohre, J.: Reliability Evaluation for Trouble-Shooting of High-Speed Turbomachinery. ASME Petroleum Mechanical Engineering Conference, Denver, CO
3. Herbage, B.S.: High Efficiency Film Thrust Bearings for Turbomachinery. Proceedings of the 6th Turbomachinery Symposium, Texas A&M Univ., 1977, pp. 33–38
4. VanDrunen, G. and Liburdi, J.: Rejuvenation of Used Turbine Blades by Host Isostatic Processing. Proceedings of the 6th Turbomachinery Symposium, Texas A&M Univ., 1977, pp. 55–60
5. Renfro, E.M.: Repair and Rehabilitation of Turbomachinery Foundation. Proceedings of the 6th Turbomachinery Symposium, Texas A&M Univ., 1977, pp. 107–112
6. Nelson, E.: Maintenance Techniques for Turbomachinery. Proceedings of the 2nd Turbomachinery Symposium, Texas A&M Univ., 1973

Sachverzeichnis

Amplitudenfaktor 114
Anregungen in rotierenden Maschinen 116
API-Norm 403
– 613 81, 395
– 614 81, 401
– 616 81
– 617 81
– 670 81
– 671 81
Ausfallgründe bei Gasturbinen 581
Ausrichtfehler 438, 468
Ausrichtungsüberprüfung 487
Axialkompressor 15
Axiallagerüberwachung 571

Belastungen, periodische 128
Benedict-Webb-Rubin-Gleichungen 551
Betrieb, unbemannter 11
Bewegung, harmonische 106
Bewegungsgleichung 108
Biegekritische Drehzahl 119
Brayton-Rankine-Zyklus 48
Brayton-Zyklus 26
Brennkammer 17
–, externe 20
–, ringförmige 20
– Wirkungsgrad 276
Brennstoff/Luft-Verhältnisse 282
Brennstoff
– Eigenschaften 326
– systeme 87
– viskosität 331

Campbell-Diagramm 135
Cantilever-Typ 22
Carnot-Zyklus 31
Corioliskraft 175
– zirkulation 162
Curtis-Turbine 253

Dämpfung, viskose 112
Dampfinjektion 584
– zyklus 43, 45

Dehnungskurve 301
Diagnosesystem 500
Dichtungsöl 380
– system 408
Dichtungsringe, schwimmende 367
Diffusionsverluste 241
Dimensionsanalyse 65
Doppelölkühler 405
Drehmomentmeßgerät 511
Drehzahlen, kritische 82
–, spezifische 67
Druck, statischer 54
–, totaler 54
Druckverhältnis, optimales 38
Druckziffer 67
Durchflußzahl 67
Durchmesser, spezifischer 67

Eigenfrequenz 115
– der Schaufeln 82
Einlaßtemperatur 35
Endoskopie auf die geplante
    Instandhaltung 568
Energiegleichung 61
Entgasungsbehälter 408
Epoxydmörtel 577
Erosion an den Schaufelspitzen 585
Euler-Gleichung 152
Eulersche Bewegung 53
– Turbinengleichung 60, 206
Evakuierungskammer 448

Fallgeschichte 556
Fehlausrichtung 482
Feldauswuchtung 458
Festkörperkritische 119
Flammenstabilisierung 281
Flexibilität, asymmetrische 128
Flexible Welle 83
Flexible Kupplung 464
Fourier-Transformation 421
Freiheitsgrad 105

Sachverzeichnis

Gasdichtungssystem 378
Gase mit niedrigen Brennwerten 20
Gasturbine, kleine radiale 13
–, luftfahrtabgeleitete 10
–, mittelgroße 12
Gedämpftes System 108
GE-Frame-5 74
Gesamtwirkungsgrad, thermischer 27
Geschwindigkeit, absolute 60
–, relative 60
Geräuschproblem 245
Getriebe 90
– kasten-Kennung 439
Gleichungen, aerothermischen 57
Gravität, spezifische 330
Grenzschichtentwicklung 162
Grenzwertdiagrammen 355
Grundlinienkennungen 442

Heiße Isostatische Druckverfahren (HIP) 574
Hochgeschwindigkeitsauswuchtung 448
Hochtemperaturbeschichtungen 317
Hysteresewirbel 130

IGVs 147
Impulsgleichung 58
– turbinen 72
Inspektion 567
– perioden 566
Instabilitäten, subsynchrone 435
Instandhaltungslebensdauer
  von Industrieturbinen 304

Keyphazor 451
Kippsegmentlager-Vorlast 351
Komponentenauswuchtung 457
Kompressordiagnosen 517
– kennfeld 543
– leistungskennfeld 178
Kompressoren, axial durchströmte 15
Kontinuitätsgleichung 58
Korrosion, heiße 305
Kosten 4
Kräfte, die an ein Rotor-Lager-System
  angreifen 126
Kraftwerkstypen 5
Kühlverfahren 259

Lageroberfläche 348, 570
Lagrangsche Bewegung 53
Larson-Miller-Parameter 302
Laufradbeschaufelungen 149
– durchströmung 156
Legierungen 308

Leistungskennfeld 34, 70
Lieferantenforderungen 101

Machzahl 56, 153
Maschineninstandhaltung 500
Maschinenschwingungs-Analysesystem 428
Mehrebenenauswuchtung 456
Membrankupplung 474
Mikrostrukturänderungen 572
Mischstrom-Turbine 23
Moden, prinzipielle 452

NO_x-Reduktion 289

Ölbehälter 93
– wirbel 133, 350
Orbitaufbau 451
Oszillation, stationäre 111

Phasenverschiebung 446
PTC 10 525

Radialkompressoren 16
Reaktionsturbinen 72
Regenerator 16, 37
– effektivität 30
Reibungswirbel, trockener 131
Reinigung, abrasive 335, 561
Reynolds-Zahl 66, 230
Rohrkreislauf 534
Rotor-Reaktionsdiagramm 84
Rotorsystem 445

Schallgeschwindigkeit 56
Schaufeldurchgangsfrequenz 440
– kühlungskonzept 260
Schluckgrenze 70
Schmierölsystem 92, 402
– tank 403
Schutzsysteme 98
Schwerbauweise (Heavy Duty) 8
Schwingungen 96
Schwingungsdiagnose 432, 522
– instrumentierung 508
– niveau 355
– nomograph 492
– probleme 444
– systeme 104
Spannungsbruchlebensdauer 573
Spektrumanalysator 509
Steife Welle 83
Strömung, reversible adiabate 54
Strömung im Turbinenrotor 235
Strömungsabriß 222

Sachverzeichnis

- gleichrichter 530
Superlegierungen, austenitischer 310
System, kritisch gedämpftes 109
-, überdämpftes 109
-, ungedämpftes freies 107

Temperatur, statische 55
-, totale 55
Temperatureffekt 4
Thermoelemente 495
Trenddaten 514
Triebwerksbetriebsstunden, äquivalente 520
Turbinen, axiale 22
-, radial eingeströmte 22
Turbinenleistungskennfeld 272
- schaufeldegradation 573
- verluste 270
Turbokompressor 14

Überkopftank 95
Umwandlung eines Zeitsignals 422
Unwucht 115, 128, 446
- verlauf 437

Verbrennungsprozeß 279
Vordrallarten 154

Wärmerate 3
- rückgewinnung 24
Wärmetauscher, regenerativer 29
Wasserfall-Diagramm 431
Weißmetalle 353
Wellenausrichtfehler 128
Wirbel, aerodynamische 133
Wirkungsgrad 251
-, adiabater 62
-, polytroper 64

Zahnkupplungen 466
Zahnrad- und Ritzeleingriff 385
Zahnradgenauigkeit 390
Zustandsgleichung 56
- überwachung 513
- isentrope 56
Zwischenerhitzung 32
- kühlung 31
Zyklen 50
Zyklus mit 2 Wellen 35
Zyklus, offener, einfacher 33
Zyklus-Wirkungsgrad 26